U0340225

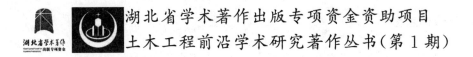

湖北省学术著作出版专项资金资助项目

土木工程前沿学术研究著作丛书（第 1 期）

钢结构平面外稳定理论

（下册）

张文福　著

武汉理工大学出版社

·武　汉·

图书在版编目(CIP)数据

钢结构平面外稳定理论(下册)/张文福著. —武汉:武汉理工大学出版社,2019.1
ISBN 978-7-5629-5702-7

Ⅰ.①钢⋯　Ⅱ.①张⋯　Ⅲ.①钢结构—结构稳定性—研究生—教材　Ⅳ.①TU391

中国版本图书馆 CIP 数据核字(2018)第 211075 号

项目负责人:杨万庆　高　英　汪浪涛　　　　责　任　编　辑:王一维　高　英
责 任 校 对:张明华　　　　　　　　　　　　封 面 设 计:橙　子
出 版 发 行:武汉理工大学出版社
地　　　　址:武汉市洪山区珞狮路 122 号
邮　　　　编:430070
网　　　　址:http://www.wutp.com.cn
经　销　者:各地新华书店
印　刷　者:武汉中远印务有限公司
开　　　　本:787×1092　1/16
印　　　　张:28
字　　　　数:790 千字
版　　　　次:2019 年 1 月第 1 版
印　　　　次:2019 年 1 月第 1 次印刷
印　　　　数:1~1000 册
定　　　　价:138.00 元

前　言

本书源自于作者在东北石油大学的研究生教学实践和相关科学研究工作的积累。

全书分为上、下两册。上册为钢结构平面内稳定理论,第一部分介绍 Euler 柱的数学力学模型:微分方程模型和能量变分模型,Euler 柱模型在有限元、转角-位移法、框架屈曲简化分析方法和非保守力下屈曲的应用;第二部分介绍 Timoshenko 柱模型的理论基础,微分方程模型和能量变分模型,Timoshenko 柱模型在有限元、转角-位移法、格构柱以及高层框架-剪力墙等体系屈曲分析中的应用。下册为钢结构平面外稳定理论,第一部分介绍 Kirchhoff 薄板屈曲的微分方程模型和能量变分模型,刚周边假设下其组合扭转与弯扭屈曲的板-梁理论;第二部分介绍薄壁构件组合扭转、钢柱和钢梁弯扭屈曲及畸变屈曲的板-梁理论,弹性支撑钢梁的弯扭屈曲分析。

本书是为适应土木工程学科研究生教学需要而编写,与经典稳定理论著作和教材相比,本书既注重梁、板和薄壁构件力学模型之间的区别,更注重它们的联系,据此作者提出了薄壁构件组合扭转和弯扭屈曲的板-梁理论,为解决钢-混凝土组合结构、空翼缘钢梁等复杂构件的组合扭转和弯扭屈曲问题奠定了理论基础;同时,相关的理论推导较为详尽,既可满足研究生开展相关科学研究的需要,也可满足高年级本科生和工程师的自学需求。书中部分 matlab 程序的源代码大多以二维码的形式出现,读者可直接用微信扫码下载阅读。

在该书的成稿过程中,要感谢国家自然科学基金(51178087,51578120)、黑龙江省自然科学基金(A9915,E200811)、南京工程学院科研基金(YKJ201617)等项目的资助;感谢在东北石油大学工作期间,校院提供的科研平台及课题组成员计静、刘迎春、刘文洋、陈克珊、柳凯议、邓云、任亚文、梁文锋、谭英昕、李明亮、王总、侯贵兰、谢丹、常亮等在数值模拟和试验验证方面所做大量出色的基础工作;感谢南京工程学院宗兰、黄斌、章丛俊、过轶青、于旭等同事的热情鼓励与帮助;感谢高英编辑及其同事,她们的专业水准及敬业态度保证了出版的进度与质量;还要特别感谢我的夫人赵文艳女士,她的默默付出和深情鼓励是我科研之舟的不竭动力,她对书稿高效认真的校对及润色完善使得该书能得以如期付梓完成。

此外,我更要衷心感谢我的导师钟善桐先生,先生严谨治学和勇于创新的精神时刻鞭策和激励我前行,谨以此书纪念钟善桐先生诞辰 100 周年!

此书仅是作者目前对钢结构稳定理论的认识,疏漏在所难免,敬请各位读者不吝赐教!作者的邮箱为zhang_wenfu@njit.edu.cn。

张文福

2018.4 于英国帝国理工学院

目　　录

11 Kirchhoff 薄板弹性弯曲屈曲

钢结构常用工字形、箱形等梁柱构件,通常由宽而薄的薄壁板件构成,这些构件属于薄壁构件。然而,薄壁构件的屈曲现象是比较复杂的,既可能发生整体屈曲(Overall Buckling),也可能发生局部屈曲(Local Buckling),还可能发生畸变屈曲(Distortional Buckling)。

以工字形和方形钢管轴压柱为例,其最有可能发生两种局部屈曲为:腹板屈曲[图 11.1(a)、(b)、(d)]和翼缘屈曲[图 11.1(c)、(d)]。其力学模型分别可用图 11.1(e)、(f)所示的均匀受压四边简支板和三边简支一边自由板来模拟。

本章主要介绍 Kirchhoff 薄板理论,并讨论几种简单情况下的板件局部屈曲问题。

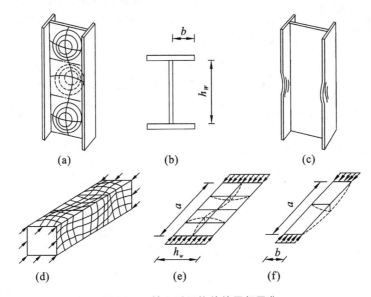

图 11.1 轴心受压构件的局部屈曲

与前面介绍的梁理论类似,板的理论也可分为两类:Kirchhoff 薄板理论和 Reissner-Mindlin 中厚板理论,分别与 Euler 梁理论和 Timoshenko 梁理论对应。即 Kirchhoff 薄板理论是忽略剪切变形影响的板理论,适合分析 $t/b \leqslant 1/8$(b 为两边的最小宽度,t 为板厚)薄板,而 Reissner-Mindlin 中厚板理论是考虑剪切变形影响的板理论,适合分析 $t/b > 1/6$ 的中厚板。

此外,板的理论还分为小挠度理论和大挠度理论。目前工程上一般认为前者适合 $w/t \leqslant 1/5$(w 为最大挠度)情况,而后者适合 $w/t > 1/5$(w 为最大挠度)的情况(曹志远,《板壳振动理论》pg.11)。

本章仅限于讨论 Kirchhoff 薄板的小挠度理论及其在钢结构局部屈曲理论中的应用问题。

11.1 Kirchhoff 薄板的力学模型

11.1.1 基本假设

以图 11.2 所示的坐标系来研究等厚度薄板的应力与变形。其中,"中面"为平分板厚的平面,与 xy 坐标平面一致。

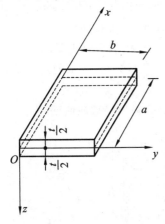

图 11.2 弹性薄板的坐标系

众所周知,与 Euler 梁理论一样,Kirchhoff 弹性薄板理论也是一种近似理论,因为它是以如下 5 个基本假设为基础的。

① 与 Euler 梁类似,忽略厚度方向挤压变形的影响,即认为 $\varepsilon_z = 0$。

② 直法线假设,即变形前的中面法线在变形后仍为直线,且垂直变形后微弯的弹性曲面(中面),即仍是变形后弹性曲面(中面)的法线。据此可知,Kirchhoff 弹性薄板理论忽略了剪切变形的影响。

③ 薄板弯曲屈曲时,中面不产生位移。即与 Euler 梁的中性轴类似,板的中面即为板弯曲变形的中性层。

④ 材料为均匀和各向同性,且符合胡克定律,即应力和应变的关系为线性。

【注】 "均匀"是指各处材料都表现出相同的性能。当所有方向的性能都相同时,材料被称为"各向同性"。(A. C. Ugural)

⑤ 薄板弯曲屈曲时,其变形是微小的。

基于上述假设建立的薄板理论称为 Kirchhoff 弹性薄板理论(以后简称 Kirchhoff 薄板理论)。在绝大多数工程应用中,都可以找到足够的证据以证明上述简化是合理的,因此 Kirchhoff 薄板理论成为工程中最常用的薄板近似理论。

【历史注记】

薄板理论的研究始于 18 世纪末。L. Euler(1707—1783 年)和 J. Bernoulli(1759—1789 年)都曾对此进行过研究,但均未得到正确的微分方程形式。为此,在拿破仑的建议下,法国科学院于 1809 年提出一个悬赏题目:探求板振动的数学理论,并用实验进行校核。然而,到了截止日期(1811 年 10 月),只有莎菲·杰曼(Sophie Germain,1776—1831 年)提交了论文。她假设板的弯曲应变能为

$$U = A \iint \left(\frac{1}{\rho_1} + \frac{1}{\rho_2} \right)^2 \mathrm{d}x\mathrm{d}y \tag{11.1}$$

式中,ρ_1、ρ_2 分别为弯曲面的主曲率半径。莎菲·杰曼试图利用变分原理来获取薄板的微分方程。作为审查人之一的 JL. Lagrange(1736—1813 年)发现:莎菲在计算积分式(11.1)的变分时,存在计算错误,并将她的结果进行了修改,从而得到一个满意的形式

$$D \left(\frac{\partial^2 w}{\partial x^2} + 2 \frac{\partial^2 w}{\partial x \partial y} + \frac{\partial^2 w}{\partial y^2} \right) + \frac{\partial^2 w}{\partial t^2} = 0 \tag{11.2}$$

这就是著名的莎菲·杰曼-拉格朗日方程。

SD. Poisson(1781—1840 年)曾推导得到板的挠度方程

$$D\left(\frac{\partial^2 w}{\partial x^2} + 2\frac{\partial^2 w}{\partial x \partial y} + \frac{\partial^2 w}{\partial y^2}\right) = q \tag{11.3}$$

对于简支边和固定边,Poisson(泊松)给出了正确的边界条件。但对自由边,Poisson 错误地认为边界条件应该是三个,即弯矩、剪力和扭矩。将三个边界条件减少为前两个条件的工作是 GR. Kirchhoff 完成的。

板弯曲的第一个正确解答是 CL. Navier(1785—1836 年)于 1823 年发表的。目前公认的、完善的薄板理论是 GR. Kirchhoff(1824—1887 年)创立的。1850 年 Kirchhoff(克希霍夫)发表了薄板理论的重要论文。文中他提出了两个基本假设:①原来垂直于板中面的线段,当板弯曲时仍旧保持直线且垂直于弯曲了的板中面;②在横向荷载作用下板发生小挠曲时,板的中面并不受到拉伸。这两个假设接近于 Euler 梁理论中截面保持平面的假设。运用这两个假设,Kirchhoff 建立了板弯曲变形能的正确算式

$$U = \frac{1}{2}D\iint\left[\begin{array}{l}\left(\frac{\partial^2 w}{\partial x^2}\right)^2 + \left(\frac{\partial^2 w}{\partial y^2}\right)^2 + 2\mu\frac{\partial^2 w}{\partial x^2} \cdot \frac{\partial^2 w}{\partial y^2} + \\ 2(1-\mu)\left(\frac{\partial^2 w}{\partial x \partial y}\right)^2\end{array}\right] \mathrm{d}x\mathrm{d}y \tag{11.4}$$

基于虚功原理,Kirchhoff 认为对于任何虚位移,分布在板上的荷载 q 所做的功必等于板的变形能的增加,即

$$\iint q \cdot \delta w \mathrm{d}x\mathrm{d}y = \delta U \tag{11.5}$$

将式(11.4)代入上式并进行变分运算,Kirchhoff 就得到了后来为大家所熟知的板的弯曲方程和边界条件。他指出:自由边只存在两个边界条件而不是像 Poisson(泊松)所设想的应该有三个条件。

11.1.2 Kirchhoff 薄板的变形模式解析

严格地说,按照弹性力学的观点,薄板弯曲问题属于一个三维空间问题。本节将证明:由于引入了上述的假设,特别是"直法线"假设,可将三维空间问题转化为类似平面应力的二维问题。

(1)板的横向位移(平面外位移)

按照弹性力学的三维空间问题观点,板内任意点的位移有三个,分别为沿着坐标 x, y, z 方向的位移 u, v, w。其中

$$w = w(x, y, z) \tag{11.6}$$

为沿着图 11.2 所示 z 轴方向的位移,即垂直于薄板方向的位移,习惯称之为板的横向位移。我们称之为板的平面外位移,是与 xy 平面垂直方向的位移。

根据假设①,可忽略厚度方向挤压变形的影响,即

$$\varepsilon_z = \frac{\partial w}{\partial z} = 0 \tag{11.7}$$

可知,横向位移与 z 坐标无关,因此式(11.6)应改写为

$$w = w(x, y) \tag{11.8}$$

此式说明直法线上任意点(x, y 相同但 z 不相同)的位移相等,这点与 Euler 梁相同。

(2) 板的法线转角与曲率(扭率)

根据假设②可知,中面法线的转角等于弹性曲面的相应倾角,即

$$\psi_x = \frac{\partial w}{\partial x}, \quad \psi_y = \frac{\partial w}{\partial y} \tag{11.9}$$

其中,ψ_x、ψ_y 分别为中面法线在平行于 xz 和 yz 平面的截面内的转角,$\frac{\partial w}{\partial x}$、$\frac{\partial w}{\partial y}$ 是弹性曲面在上述截面内的切线倾角。

与 Euler 梁类似,根据小变形假设⑤可知,此时切线倾角的平方与 1 相比仍是小量,据此推导得到

$$\kappa_x = -\frac{\partial^2 w}{\partial x^2}, \quad \kappa_y = -\frac{\partial^2 w}{\partial y^2}, \quad \kappa_{xy} = -2\frac{\partial^2 w}{\partial x \partial y} \tag{11.10}$$

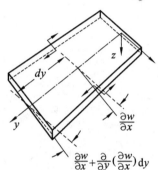

其中,κ_x、κ_y 分别是弹性曲面在 x 方向和 y 方向的曲率,κ_{xy} 为弹性曲面的扭率。

板单元对于 x 轴的扭率示意图如图 11.3 所示。一般著作对此概念基本都不会做过多的介绍。然而,观察此图可以发现,扭率与薄壁构件的圣维南扭转有紧密的联系。了解这个特点,才能正确理解薄壁构件的扭转特性。作者正是利用了此变形特点,才得以建立弹性薄板的组合扭转理论。

(3) 板的纵向位移(平面内位移)与变形叠加(分解)原理

图 11.3 板的扭率示意图

板内的任意点沿着 x、y 方向的纵向位移[图 11.4(a)]可表示为

$$u(x, y, z) = u_0(x, y, 0) - \psi_x \cdot z, \quad v(x, y, z) = v_0(x, y, 0) - \psi_y \cdot z \tag{11.11}$$

式中,$u_0(x, y, 0)$、$v_0(x, y, 0)$ 分别为中面上点沿着 x、y 方向的纵向位移。我们也称 u, v 为板的平面内位移。

根据假设③可知,板屈曲时,中面不产生位移,即

$$u_0(x, y, 0) = v_0(x, y, 0) = 0 \tag{11.12}$$

这是 Kirchhoff 弹性薄板理论的一个重要假设。它隐含着一个重要但很少有人关注的"薄板变形叠加原理"。即在小变形假设⑤成立的前提下,若 Kirchhoff 弹性薄板同时承受平面内的轴向荷载和平面外的横向荷载,则薄板的总变形(纵向位移)可由平面内变形和平面外变形叠加而得到。这就是**薄板的变形叠加原理**。换句话说,薄板的总变形(纵向位移)可以分解为平面内变形和平面外变形两部分,且可分别求解。这就是**薄板的变形分解原理**。其实,这些原理已在薄板大挠度理论中得到应用,但在薄板小挠度理论中尚未见如此明确的阐述。作者正是基于这样的认识,才能够顺理成章地提出薄壁构件约束扭转和屈曲的板-梁理论。

利用此结论和中面法线转角与横向位移(平面外位移)的关系式(11.9),可得

$$u(x, y, z) = -\frac{\partial w}{\partial x} \cdot z, \quad v(x, y, z) = -\frac{\partial w}{\partial y} \cdot z \tag{11.13}$$

此为 Kirchhoff 弹性薄板的纵向位移(平面内位移)表达式[图 11.4(b)]。

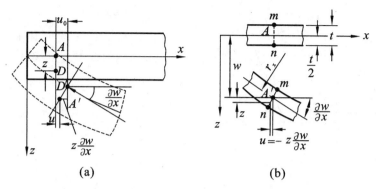

图 11.4   板的纵向位移

11.2   Kirchhoff 薄板弹性弯曲屈曲的数学模型

在研究 Euler 柱的屈曲时,我们假设柱子开始只承受轴线方向的压力。此时柱子是挺直的,并没有垂直形心轴的平面外挠度,即杆件处于轴心受压状态。只有当压力荷载增加到临界值时,压杆才突然发生平面外的弯曲,称之为 Euler 柱的弯曲屈曲。

有关薄板弯曲屈曲的提法为:假设薄板四周边承受应力 σ_x、σ_y、$\tau_{xy}(\tau_{yx})$ 并处于平面应力状态,即此时薄板只能在平行于中面的平面内发生拉压和剪切变形,而没有垂直中面的平面外挠度。只有当这些应力(或其组合应力)达到临界值时,薄板才突然发生平面外的弯曲,这就是 Kirchhoff 薄板的弯曲屈曲。

与 Euler 柱的弯曲屈曲类似,描述 Kirchhoff 薄板弯曲屈曲也有两类基本的数学模型:能量变分模型和微分方程模型。

11.2.1   微分方程模型

(1)几何方程

薄板的几何方程为挠度与曲率的关系,已由式(11.10)给出,即

$$\boldsymbol{\kappa} = \boldsymbol{H}^{\mathrm{T}} w \tag{11.14}$$

其中

$$\boldsymbol{\kappa} = [\kappa_x \quad \kappa_y \quad \kappa_{xy}]^{\mathrm{T}} \tag{11.15}$$

$$\boldsymbol{H} = \left(-\frac{\partial^2}{\partial x^2} \quad -\frac{\partial^2}{\partial y^2} \quad -2\frac{\partial^2}{\partial x \partial y} \right) \tag{11.16}$$

(2)物理方程

$$\boldsymbol{M} = \boldsymbol{D}_f \boldsymbol{\kappa} \tag{11.17}$$

其中

$$\boldsymbol{M} = [M_x \quad M_y \quad M_{xy}]^{\mathrm{T}} \tag{11.18}$$

$$\boldsymbol{D}_f = D \begin{pmatrix} 1 & \mu & 0 \\ \mu & 1 & 0 \\ 0 & 0 & \dfrac{1-\mu}{2} \end{pmatrix} \tag{11.19}$$

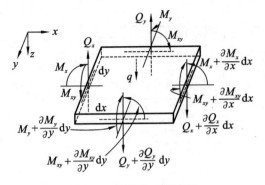

图 11.5　薄板单元隔离体

（3）平衡方程

假设薄板承受横向荷载 q 作用，则以图 11.5 所示的板单元隔离体为研究对象，根据 $\sum M_x = 0$，$\sum M_y = 0$ 和 $\sum z = 0$，可得

$$\left. \begin{array}{c} \dfrac{\partial M_x}{\partial x} + \dfrac{\partial M_{xy}}{\partial y} = Q_x \\[2mm] \dfrac{\partial M_y}{\partial y} + \dfrac{\partial M_{xy}}{\partial x} = Q_y \\[2mm] \dfrac{\partial Q_x}{\partial x} + \dfrac{\partial Q_y}{\partial y} = q \end{array} \right\} \qquad (11.20)$$

从上式中消去 Q_x、Q_y，得

$$\frac{\partial^2 M_x}{\partial x^2} + \frac{\partial^2 M_y}{\partial y^2} + 2\frac{\partial^2 M_{xy}}{\partial x \partial y} = q \qquad (11.21)$$

或者

$$\boldsymbol{HM} = q \qquad (11.22)$$

这就是 Kirchhoff 薄板弯曲的平衡方程。显然，此方程有三个未知数：M_x、M_y 和 M_{xy}，尚无法求解。

（4）薄板弯曲的微分方程

若将物理方程式(11.17)和几何方程式(11.14)依次代入平衡方程式(11.22)，则有

$$\boldsymbol{HM} = \boldsymbol{HD}_f \boldsymbol{\kappa} = \boldsymbol{HD}_f \boldsymbol{H}^{\mathrm{T}} w = q \qquad (11.23)$$

即

$$D\left(\frac{\partial^2 w}{\partial x^2} + 2\frac{\partial^2 w}{\partial x \partial y} + \frac{\partial^2 w}{\partial y^2}\right) = q \qquad (11.24)$$

这一方程最先由 Lagrange 于 1811 年导出，是目前大家熟知的薄板弯曲微分方程。

此方程仅有一个未知量 $w(x, y)$，配以如下的边界条件（以 $x = a$ 为例）可解。

简支边：$w = 0$，$\dfrac{\partial^2 w}{\partial x^2} = 0$

固定边：$w = 0$，$\dfrac{\partial w}{\partial x} = 0$

自由边：$\dfrac{\partial^2 w}{\partial x^2} + \mu\dfrac{\partial^2 w}{\partial y^2} = 0$，$\dfrac{\partial^3 w}{\partial x^3} + (2 - \mu)\dfrac{\partial^3 w}{\partial x \partial y^2} = 0$

需要指出的是，上述正确的自由边的边界条件是 1850 年由 Kirchhoff 利用能量变分模型导出的。

（5）等效荷载法与薄板弯曲屈曲的微分方程

首先将 Euler 梁弯曲微分方程

$$EI\frac{\partial^4 v}{\partial z^4} = q \qquad (11.25)$$

与 Euler 柱弹性弯曲屈曲微分方程

$$EI\frac{\partial^4 v}{\partial z^4} + P\frac{\partial^2 v}{\partial z^2} = 0 \qquad (11.26)$$

做一个对比。我们可以发现:若将 $-P\dfrac{\partial^2 v}{\partial z^2}$ 视为等效外荷载,即用其代替 Euler 梁的外荷载 q,则 Euler 柱的弯曲屈曲微分方程式(11.26)可以直接由 Euler 梁的弯曲微分方程式(11.25)得到。这就是所谓的"等效荷载法"。

若 N_x、N_y、$N_{xy}(N_{yx})$ 分别为平行于 xz 平面、yz 平面和 xy 平面的单位宽度板端外力(量纲:[力]/[长度]),则其等效外荷载为

$$q_{eq} = -N_x\frac{\partial^2 w}{\partial x^2} - N_y\frac{\partial^2 w}{\partial y^2} - 2N_{xy}\frac{\partial^2 w}{\partial x \partial y} \tag{11.27}$$

将其代入薄板弯曲的微分方程式(11.24),可得

$$D\left(\frac{\partial^2 w}{\partial x^2} + 2\frac{\partial^2 w}{\partial x \partial y} + \frac{\partial^2 w}{\partial y^2}\right) + N_x\frac{\partial^2 w}{\partial x^2} + N_y\frac{\partial^2 w}{\partial y^2} + 2N_{xy}\frac{\partial^2 w}{\partial x \partial y} = 0 \tag{11.28}$$

注意上式中,规定压应力为正。

这是首次由圣维南在 1881 年建立的薄板弯曲屈曲微分方程(A. C. Volmir,《柔韧板与柔韧壳》pg. 365)。

后面我们将利用能量变分原理证明:式(11.28)仅适合 D、N_x、N_y、$N_{xy}(N_{yx})$ 均为恒定情况的薄板弯曲屈曲分析。

11.2.2　能量变分模型

(1) 位移场

根据前面的讨论可知,Kirchhoff 弹性薄板的位移场为

$$\begin{cases} u(x,y,z) = -\dfrac{\partial w}{\partial x}z \\[2mm] v(x,y,z) = -\dfrac{\partial w}{\partial y}z \\[2mm] w(x,y,z) = w(x,y) \end{cases} \tag{11.29}$$

(2) 几何方程(线性应变)

可以证明,Kirchhoff 弹性薄板仅有三个非零应变,即

$$\varepsilon_x = \frac{\partial u}{\partial x} = \frac{\partial}{\partial x}\left(-\frac{\partial w}{\partial x}z\right) = -\frac{\partial^2 w}{\partial x^2}z \tag{11.30}$$

$$\varepsilon_y = \frac{\partial u}{\partial y} = \frac{\partial}{\partial y}\left(-\frac{\partial w}{\partial y}z\right) = -\frac{\partial^2 w}{\partial y^2}z \tag{11.31}$$

$$\gamma_{xy} = \frac{\partial u}{\partial y} + \frac{\partial v}{\partial x} = \frac{\partial}{\partial y}\left(-\frac{\partial w}{\partial x}z\right) + \frac{\partial}{\partial x}\left(-\frac{\partial w}{\partial y}z\right) = -2\frac{\partial^2 w}{\partial x \partial y}z \tag{11.32}$$

其余的应变均为零,即

$$\varepsilon_z = \frac{\partial w}{\partial z} = \frac{\partial}{\partial z}[w(x,y)] = 0 \tag{11.33}$$

$$\gamma_{xz} = \frac{\partial u}{\partial z} + \frac{\partial w}{\partial x} = \frac{\partial}{\partial z}\left(-\frac{\partial w}{\partial x}z\right) + \frac{\partial}{\partial x}[w(x,y)] = 0 \tag{11.34}$$

$$\gamma_{yz} = \frac{\partial v}{\partial z} + \frac{\partial w}{\partial y} = \frac{\partial}{\partial z}\left(-\frac{\partial w}{\partial y}z\right) + \frac{\partial}{\partial y}[w(x,y)] = 0 \tag{11.35}$$

上述结果说明：Kirchhoff 弹性薄板理论的应变场与平面应力问题完全相同。至此，我们已将薄板弯曲问题从三维空间问题转化为类似平面应力的二维问题，从而降低了问题的复杂程度。

（3）物理方程

根据上述结论，我们可以将三维空间本构方程转化为下列二维本构方程

$$\sigma_x = \frac{E}{1-\mu^2}(\varepsilon_x + \mu\varepsilon_y) \tag{11.36}$$

$$\sigma_y = \frac{E}{1-\mu^2}(\varepsilon_y + \mu\varepsilon_x) \tag{11.37}$$

$$\tau_{xy} = G\gamma_{xy} \tag{11.38}$$

式中，E、G、μ 分别为杨氏弹性模量、剪切弹性模量和 Poisson（泊松）比。它们之间的关系为

$$G = \frac{E}{2(1+\mu)} \tag{11.39}$$

（4）薄板的平面外变形应变能

根据弹性力学知识，三维空间问题的应变能为

$$U = \frac{1}{2}\iiint_V (\sigma_x\varepsilon_x + \sigma_y\varepsilon_y + \sigma_z\varepsilon_z + \tau_{xy}\gamma_{xy} + \tau_{xz}\gamma_{xz} + \tau_{yz}\gamma_{yz})\mathrm{d}V \tag{11.40}$$

依据几何方程式(11.33) ～ 式(11.35)，可得 Kirchhoff 弹性薄板的平面外变形应变能为

$$U = \frac{1}{2}\iiint_V (\sigma_x\varepsilon_x + \sigma_y\varepsilon_y + \tau_{xy}\gamma_{xy})\mathrm{d}V \tag{11.41}$$

将物理方程式(11.36) ～ 式(11.38) 代入上式，有

$$U = \frac{1}{2}\iiint_V \frac{E}{(1-\mu^2)}\left(\varepsilon_x^2 + \varepsilon_y^2 + 2\mu\varepsilon_x\varepsilon_y + \frac{1-\mu}{2}\gamma_{xy}^2\right)\mathrm{d}V \tag{11.42}$$

再将几何方程式(11.30) ～ 式(11.32) 代入上式，可得

$$U = \frac{1}{2}\iiint_V \frac{E}{(1-\mu^2)}\left[\begin{array}{l}\left(-\frac{\partial^2 w}{\partial x^2}z\right)^2 + \left(-\frac{\partial^2 w}{\partial y^2}z\right)^2 + 2\mu\left(\frac{\partial^2 w}{\partial x^2}\cdot\frac{\partial^2 w}{\partial y^2}z^2\right) + \\ \frac{1-\mu}{2}\left(-2\frac{\partial^2 w}{\partial x\partial y}z\right)^2\end{array}\right]\mathrm{d}V$$

$$= \frac{1}{2}\iint_A \left[\frac{E}{(1-\mu^2)}\int_{-\frac{t}{2}}^{\frac{t}{2}} z^2\mathrm{d}z\right]\left[\begin{array}{l}\left(-\frac{\partial^2 w}{\partial x^2}z\right)^2 + \left(-\frac{\partial^2 w}{\partial y^2}z\right)^2 + 2\mu\left(\frac{\partial^2 w}{\partial x^2}\cdot\frac{\partial^2 w}{\partial y^2}z^2\right) + \\ \frac{1-\mu}{2}\left(-2\frac{\partial^2 w}{\partial x\partial y}z\right)^2\end{array}\right]\mathrm{d}A \tag{11.43}$$

注意到

$$\frac{E}{1-\mu^2}\int_{-\frac{t}{2}}^{\frac{t}{2}} z^2\mathrm{d}z = \frac{Et^3}{12(1-\mu^2)} = D \tag{11.44}$$

为板的抗弯刚度，则可将式(11.43)简写为

$$U = \frac{1}{2}\iint_A D\left[\left(\frac{\partial^2 w}{\partial x^2}\right)^2 + \left(\frac{\partial^2 w}{\partial y^2}\right)^2 + 2\mu\frac{\partial^2 w}{\partial x^2}\cdot\frac{\partial^2 w}{\partial y^2} + 2(1-\mu)\left(\frac{\partial^2 w}{\partial x\partial y}\right)^2\right]\mathrm{d}A \tag{11.45}$$

式中，A 为薄板的中面面积。

此式就是我们从 Kirchhoff 位移场出发，依据几何方程、物理方程推导得到的 Kirchhoff 弹性薄板的平面外变形应变能公式。此结果与经典弹性理论的结果相同，证明我们的前述推导正确。

上式还可被改写为如下的形式

$$U = \frac{1}{2}\iint_A \left\{ D\left(\frac{\partial^2 w}{\partial x^2} + \frac{\partial^2 w}{\partial y^2}\right)^2 - 2(1-\mu)\left[\frac{\partial^2 w}{\partial x^2} \cdot \frac{\partial^2 w}{\partial y^2} - \left(\frac{\partial^2 w}{\partial x \partial y}\right)^2\right]\right\} dA$$

(11.46)

式中的第二项方括号内的曲率称为"高斯曲率"。

（5）薄板弯曲屈曲的初应力势能

如前所述，薄板弯曲屈曲前的状态是在初应力作用下的平面应力状态。初应力为

$$\sigma_{x,0} = -\frac{N_x}{t}, \quad \sigma_{y,0} = -\frac{N_y}{t}, \quad \tau_{xy,0} = -\frac{N_{xy}}{t} = \tau_{yx,0} = -\frac{N_{yx}}{t}$$

(11.47)

式中，N_x、N_y、$N_{xy}(N_{yx})$ 分别为平行于 xz 平面、yz 平面和 xy 平面的单位宽度板端外力（量纲：[力]/[长度]）。注意上式中，规定拉应力为正。

薄板弯曲屈曲时，上述初应力在屈曲位移上所做的功为

$$V = \iiint_V (\sigma_{x,0}\varepsilon_x^{NL} + \sigma_{y,0}\varepsilon_y^{NL} + \tau_{xy,0}\gamma_{xy}^{NL}) dV$$

(11.48)

其中，ε_x^{NL}、ε_y^{NL}、γ_{xy}^{NL} 为相应的非线性应变，即

$$\varepsilon_x^{NL} = \frac{1}{2}\left(\frac{\partial w}{\partial x}\right)^2, \quad \varepsilon_y^{NL} = \frac{1}{2}\left(\frac{\partial w}{\partial y}\right)^2, \quad \gamma_{xy}^{NL} = \frac{\partial w}{\partial x}\cdot\frac{\partial w}{\partial y}$$

(11.49)

将式(11.47)和式(11.49)代入式(11.48)，可得

$$V = -\frac{1}{2}\iint_A \left[N_x\left(\frac{\partial w}{\partial x}\right)^2 + N_y\left(\frac{\partial w}{\partial y}\right)^2 + 2N_{xy}\frac{\partial w}{\partial x}\cdot\frac{\partial w}{\partial y}\right] dA$$

(11.50)

这就是薄板弯曲屈曲的初应力势能方程。

（6）薄板弯曲屈曲的总势能

薄板弯曲屈曲的总势能为薄板平面外变形应变能和初应力势能之和，即

$$\Pi = \frac{1}{2}\iint_A \left\{ D\left(\frac{\partial^2 w}{\partial x^2} + \frac{\partial^2 w}{\partial y^2}\right)^2 + 2\mu\frac{\partial^2 w}{\partial x^2}\cdot\frac{\partial^2 w}{\partial y^2} + 2(1-\mu)\left(\frac{\partial^2 w}{\partial x \partial y}\right)^2\right\} dA -$$
$$\frac{1}{2}\iint_A \left[N_x\left(\frac{\partial w}{\partial x}\right)^2 + N_y\left(\frac{\partial w}{\partial y}\right)^2 + 2N_{xy}\frac{\partial w}{\partial x}\cdot\frac{\partial w}{\partial y}\right] dA$$

(11.51)

或者

$$\Pi = \frac{1}{2}\iint_A \left\{ D\left(\frac{\partial^2 w}{\partial x^2} + \frac{\partial^2 w}{\partial y^2}\right)^2 - 2(1-\mu)\left[\frac{\partial^2 w}{\partial x^2}\cdot\frac{\partial^2 w}{\partial y^2} - \left(\frac{\partial^2 w}{\partial x \partial y}\right)^2\right]\right\} dA -$$
$$\frac{1}{2}\iint_A \left[N_x\left(\frac{\partial w}{\partial x}\right)^2 + N_y\left(\frac{\partial w}{\partial y}\right)^2 + 2N_{xy}\frac{\partial w}{\partial x}\cdot\frac{\partial w}{\partial y}\right] dA$$

(11.52)

这就是薄板弯曲屈曲的总势能方程。

11.2.3　由能量变分原理推导薄板弯曲屈曲的微分方程和边界条件

回顾薄板研究的发展史可以发现,无论是莎菲·杰曼-拉格朗日方程还是 Kirchhoff 的弹性薄板理论,都是以能量变分原理为基础建立的。因此,能量变分原理是求解复杂力学问题的基石。

本节将证明,弹性薄板弯曲屈曲的微分方程和边界条件可由能量变分原理直接推导得到。

（1）变分运算

根据能量变分原理,薄板弯曲屈曲的平衡条件是其总势能的一阶变分为零,即

$$\delta \Pi = 0 \tag{11.53}$$

根据式（11.52）,可得

$$
\delta \Pi = \iint_A \left\{ \begin{aligned} &D\left(\frac{\partial^2 w}{\partial x^2}+\frac{\partial^2 w}{\partial y^2}\right) \times \delta\left(\frac{\partial^2 w}{\partial x^2}+\frac{\partial^2 w}{\partial y^2}\right) - \\ &(1-\mu)\times D\left[\begin{aligned}&\frac{\partial^2 w}{\partial x^2}\delta\left(\frac{\partial^2 w}{\partial y^2}\right)+\delta\left(\frac{\partial^2 w}{\partial x^2}\right)\frac{\partial^2 w}{\partial y^2}-\\ &2\frac{\partial^2 w}{\partial x \partial y}\delta\left(\frac{\partial^2 w}{\partial x \partial y}\right)\end{aligned}\right] \end{aligned} \right\} dx dy -
$$

$$
\iint_A \left[\begin{aligned} &N_x\frac{\partial w}{\partial x}\delta\left(\frac{\partial w}{\partial x}\right)+N_y\frac{\partial w}{\partial y}\delta\left(\frac{\partial w}{\partial y}\right)+\\ &N_{xy}\delta\left(\frac{\partial w}{\partial x}\right)\frac{\partial w}{\partial y}+N_{yx}\frac{\partial w}{\partial x}\delta\left(\frac{\partial w}{\partial y}\right)\end{aligned} \right] dx dy
$$

$$
= \iint_A \left\{ \begin{aligned} &D\frac{\partial^2 w}{\partial x^2}\delta\left(\frac{\partial^2 w}{\partial x^2}\right)+D\frac{\partial^2 w}{\partial y^2}\delta\left(\frac{\partial^2 w}{\partial y^2}\right)+D\frac{\partial^2 w}{\partial x^2}\delta\left(\frac{\partial^2 w}{\partial y^2}\right)+D\frac{\partial^2 w}{\partial y^2}\delta\left(\frac{\partial^2 w}{\partial x^2}\right)-\\ &(1-\mu)D\left[\frac{\partial^2 w}{\partial x^2}\delta\left(\frac{\partial^2 w}{\partial y^2}\right)+\frac{\partial^2 w}{\partial y^2}\delta\left(\frac{\partial^2 w}{\partial x^2}\right)\right]+\\ &2(1-\mu)D\frac{\partial^2 w}{\partial x \partial y}\delta\left(\frac{\partial^2 w}{\partial x \partial y}\right)\end{aligned} \right\} dx dy -
$$

$$
\iint_A \left[\begin{aligned} &N_x\frac{\partial w}{\partial x}\delta\left(\frac{\partial w}{\partial x}\right)+N_y\frac{\partial w}{\partial y}\delta\left(\frac{\partial w}{\partial y}\right)+\\ &N_{xy}\frac{\partial w}{\partial y}\delta\left(\frac{\partial w}{\partial x}\right)+N_{yx}\frac{\partial w}{\partial x}\delta\left(\frac{\partial w}{\partial y}\right)\end{aligned} \right] dx dy = 0 \tag{11.54}
$$

或者

$$
\delta \Pi = \iint_A \left\{ \begin{aligned} &D\frac{\partial^2 w}{\partial x^2}\delta\left(\frac{\partial^2 w}{\partial x^2}\right)+D\frac{\partial^2 w}{\partial y^2}\delta\left(\frac{\partial^2 w}{\partial y^2}\right)+\\ &\mu D\left[\frac{\partial^2 w}{\partial x^2}\delta\left(\frac{\partial^2 w}{\partial y^2}\right)+\frac{\partial^2 w}{\partial y^2}\delta\left(\frac{\partial^2 w}{\partial x^2}\right)\right]+\\ &2(1-\mu)D\frac{\partial^2 w}{\partial x \partial y}\delta\left(\frac{\partial^2 w}{\partial x \partial y}\right)\end{aligned} \right\} dx dy -
$$

$$
\iint_A \left[\begin{aligned} &N_x\frac{\partial w}{\partial x}\delta\left(\frac{\partial w}{\partial x}\right)+N_y\frac{\partial w}{\partial y}\delta\left(\frac{\partial w}{\partial y}\right)+\\ &N_{xy}\frac{\partial w}{\partial y}\delta\left(\frac{\partial w}{\partial x}\right)+N_{xy}\frac{\partial w}{\partial x}\delta\left(\frac{\partial w}{\partial y}\right)\end{aligned} \right] dx dy = 0 \tag{11.55}
$$

以 $x=0$、a，$y=0$、b 矩形周界为例，式(11.55)中各项的变分运算结果如下

$$\int_0^b \int_0^a D \frac{\partial^2 w}{\partial x^2} \delta\left(\frac{\partial^2 w}{\partial x^2}\right) \mathrm{d}x\mathrm{d}y$$

$$= \int_0^b \left[D \frac{\partial^2 w}{\partial x^2} \delta\left(\frac{\partial w}{\partial x}\right) \right]_0^a \mathrm{d}y - \int_0^b \int_0^a \frac{\partial}{\partial x}\left(D \frac{\partial^2 w}{\partial x^2}\right) \delta\left(\frac{\partial w}{\partial x}\right) \mathrm{d}x\mathrm{d}y$$

$$= \int_0^b \left[D \frac{\partial^2 w}{\partial x^2} \delta\left(\frac{\partial w}{\partial x}\right) \right]_0^a \mathrm{d}y - \int_0^b \left[\frac{\partial}{\partial x}\left(D \frac{\partial^2 w}{\partial x^2}\right) \delta w \right]_0^a \mathrm{d}y + \int_0^b \int_0^a \frac{\partial^2}{\partial x^2}\left(D \frac{\partial^2 w}{\partial x^2}\right) \delta w \,\mathrm{d}x\mathrm{d}y \quad \text{(a)}$$

$$\int_0^b \int_0^a D \frac{\partial^2 w}{\partial y^2} \delta\left(\frac{\partial^2 w}{\partial y^2}\right) \mathrm{d}x\mathrm{d}y$$

$$= \int_0^a \left[D \frac{\partial^2 w}{\partial y^2} \delta\left(\frac{\partial w}{\partial y}\right) \right]_0^b \mathrm{d}x - \int_0^b \int_0^a \frac{\partial}{\partial y}\left(D \frac{\partial^2 w}{\partial y^2}\right) \delta\left(\frac{\partial w}{\partial y}\right) \mathrm{d}x\mathrm{d}y$$

$$= \int_0^a \left[D \frac{\partial^2 w}{\partial y^2} \delta\left(\frac{\partial w}{\partial y}\right) \right]_0^b \mathrm{d}x - \int_0^a \left[\frac{\partial}{\partial y}\left(D \frac{\partial^2 w}{\partial y^2}\right) \delta w \right]_0^b \mathrm{d}x + \int_0^b \int_0^a \frac{\partial^2}{\partial y^2}\left(D \frac{\partial^2 w}{\partial y^2}\right) \delta w \,\mathrm{d}x\mathrm{d}y \quad \text{(b)}$$

$$\int_0^b \int_0^a \mu D \frac{\partial^2 w}{\partial x^2} \delta\left(\frac{\partial^2 w}{\partial y^2}\right) \mathrm{d}x\mathrm{d}y$$

$$= \int_0^a \left[\mu D \frac{\partial^2 w}{\partial x^2} \delta\left(\frac{\partial w}{\partial y}\right) \right]_0^b \mathrm{d}x - \int_0^b \int_0^a \mu \frac{\partial}{\partial y}\left(D \frac{\partial^2 w}{\partial x^2}\right) \delta\left(\frac{\partial w}{\partial y}\right) \mathrm{d}x\mathrm{d}y$$

$$= \int_0^a \left[\mu D \frac{\partial^2 w}{\partial x^2} \delta\left(\frac{\partial w}{\partial y}\right) \right]_0^b \mathrm{d}x - \int_0^a \left[\mu \frac{\partial}{\partial y}\left(D \frac{\partial^2 w}{\partial x^2}\right) \delta w \right]_0^b \mathrm{d}x + \int_0^b \int_0^a \mu \frac{\partial^2}{\partial y^2}\left(D \frac{\partial^2 w}{\partial x^2}\right) \delta w \,\mathrm{d}x\mathrm{d}y \quad \text{(c)}$$

$$\int_0^b \int_0^a \mu D \frac{\partial^2 w}{\partial y^2} \delta\left(\frac{\partial^2 w}{\partial x^2}\right) \mathrm{d}x\mathrm{d}y$$

$$= \int_0^b \left[\mu D \frac{\partial^2 w}{\partial y^2} \delta\left(\frac{\partial w}{\partial x}\right) \right]_0^a \mathrm{d}y - \int_0^b \int_0^a \mu \frac{\partial}{\partial x}\left(D \frac{\partial^2 w}{\partial y^2}\right) \delta\left(\frac{\partial w}{\partial x}\right) \mathrm{d}x\mathrm{d}y$$

$$= \int_0^b \left[\mu D \frac{\partial^2 w}{\partial y^2} \delta\left(\frac{\partial w}{\partial x}\right) \right]_0^a \mathrm{d}y - \int_0^b \left[\mu \frac{\partial}{\partial x}\left(D \frac{\partial^2 w}{\partial y^2}\right) \delta w \right]_0^a \mathrm{d}y + \int_0^b \int_0^a \mu \frac{\partial^2}{\partial x^2}\left(D \frac{\partial^2 w}{\partial y^2}\right) \delta w \,\mathrm{d}x\mathrm{d}y \quad \text{(d)}$$

$$\int_0^b \int_0^a (1-\mu) D \frac{\partial^2 w}{\partial y \partial x} \delta\left(\frac{\partial^2 w}{\partial y \partial x}\right) \mathrm{d}x\mathrm{d}y = \int_0^b \int_0^a (1-\mu) D \frac{\partial^2 w}{\partial y \partial x} \frac{\partial}{\partial y}\left[\delta\left(\frac{\partial w}{\partial x}\right)\right] \mathrm{d}x\mathrm{d}y$$

$$= \int_0^a \left[(1-\mu) D \frac{\partial^2 w}{\partial y \partial x} \delta\left(\frac{\partial w}{\partial x}\right) \right]_0^b \mathrm{d}x - \int_0^b \int_0^a (1-\mu) \frac{\partial}{\partial y}\left(D \frac{\partial^2 w}{\partial y \partial x}\right) \delta\left(\frac{\partial w}{\partial x}\right) \mathrm{d}x\mathrm{d}y$$

$$= \int_0^a \left[(1-\mu) D \frac{\partial^2 w}{\partial y \partial x} \delta\left(\frac{\partial w}{\partial x}\right) \right]_0^b \mathrm{d}x - \int_0^b \left[(1-\mu) \frac{\partial}{\partial y}\left(D \frac{\partial^2 w}{\partial y \partial x}\right) \delta w \right]_0^a \mathrm{d}y +$$

$$\int_0^b \int_0^a (1-\mu) \frac{\partial^2}{\partial x \partial y}\left(D \frac{\partial^2 w}{\partial x \partial y}\right) \delta w \,\mathrm{d}x\mathrm{d}y$$

$$= \left[(1-\mu) D \frac{\partial^2 w(x,b)}{\partial y \partial x} \delta w(x,b) \right]_0^a - \left[\left((1-\mu) D \frac{\partial^2 w(x,0)}{\partial y \partial x}\right) \delta w(x,0) \right]_0^a -$$

$$\int_0^a \left[(1-\mu) \frac{\partial}{\partial x}\left(D \frac{\partial^2 w}{\partial y \partial x}\right) \delta w \right]_0^b \mathrm{d}x - \int_0^b \left[(1-\mu) \frac{\partial}{\partial y}\left(D \frac{\partial^2 w}{\partial y \partial x}\right) \delta w \right]_0^a \mathrm{d}y +$$

$$\int_0^b \int_0^a (1-\mu) \frac{\partial^2}{\partial x \partial y}\left(D \frac{\partial^2 w}{\partial x \partial y}\right) \delta w \,\mathrm{d}x\mathrm{d}y \quad \text{(e)}$$

$$\int_0^b \int_0^a (1-\mu)D \frac{\partial^2 w}{\partial x \partial y} \delta\left(\frac{\partial^2 w}{\partial x \partial y}\right) \mathrm{d}x \mathrm{d}y = \int_0^b \int_0^a (1-\mu)D \frac{\partial^2 w}{\partial x \partial y} \frac{\partial}{\partial x}\left[\delta\left(\frac{\partial w}{\partial y}\right)\right] \mathrm{d}x \mathrm{d}y$$

$$= \int_0^b \left[(1-\mu)D \frac{\partial^2 w}{\partial x \partial y} \delta\left(\frac{\partial w}{\partial y}\right)\right]_0^a \mathrm{d}y - \int_0^b \int_0^a (1-\mu)\frac{\partial}{\partial x}\left(D \frac{\partial^2 w}{\partial x \partial y}\right)\delta\left(\frac{\partial w}{\partial y}\right)\mathrm{d}x \mathrm{d}y$$

$$= \int_0^b \left[(1-\mu)D \frac{\partial^2 w}{\partial x \partial y} \delta\left(\frac{\partial w}{\partial y}\right)\right]_0^a \mathrm{d}y - \int_0^a \left[(1-\mu)\frac{\partial}{\partial x}\left(D \frac{\partial^2 w}{\partial x \partial y}\right)\delta w\right]_0^b \mathrm{d}x +$$

$$\int_0^b \int_0^a (1-\mu)\frac{\partial^2}{\partial x \partial y}\left(D \frac{\partial^2 w}{\partial x \partial y}\right)\delta w \mathrm{d}x \mathrm{d}y$$

$$= \left[(1-\mu)D \frac{\partial^2 w(a,y)}{\partial y \partial x}\delta w(a,y)\right]_0^b - \left[(1-\mu)D \frac{\partial^2 w(0,y)}{\partial y \partial x}\delta w(0,y)\right]_0^b -$$

$$\int_0^b \left[(1-\mu)\frac{\partial}{\partial y}\left(D \frac{\partial^2 w}{\partial x \partial y}\right)\delta w\right]_0^a \mathrm{d}y - \int_0^a \left[(1-\mu)\frac{\partial}{\partial x}\left(D \frac{\partial^2 w}{\partial x \partial y}\right)\delta w\right]_0^b \mathrm{d}x +$$

$$\int_0^b \int_0^a (1-\mu)\frac{\partial^2}{\partial x \partial y}\left(D \frac{\partial^2 w}{\partial x \partial y}\right)\delta w \mathrm{d}x \mathrm{d}y \qquad (f)$$

$$\int_0^b \int_0^a N_x \frac{\partial w}{\partial x}\delta\left(\frac{\partial w}{\partial x}\right)\mathrm{d}x \mathrm{d}y = \int_0^b \left[N_x \frac{\partial w}{\partial x}\delta w\right]_0^a \mathrm{d}y - \int_0^b \int_0^a \frac{\partial}{\partial x}\left(N_x \frac{\partial w}{\partial x}\right)\delta w \mathrm{d}x \mathrm{d}y \qquad (g)$$

$$\int_0^b \int_0^a N_y \frac{\partial w}{\partial y}\delta\left(\frac{\partial w}{\partial y}\right)\mathrm{d}x \mathrm{d}y = \int_0^a \left[N_y \frac{\partial w}{\partial y}\delta w\right]_0^b \mathrm{d}x - \int_0^b \int_0^a \frac{\partial}{\partial y}\left(N_y \frac{\partial w}{\partial y}\right)\delta w \mathrm{d}x \mathrm{d}y \qquad (h)$$

$$\int_0^b \int_0^a N_{xy} \frac{\partial w}{\partial y}\delta\left(\frac{\partial w}{\partial x}\right)\mathrm{d}x \mathrm{d}y = \int_0^b \left[N_{xy} \frac{\partial w}{\partial y}\delta w\right]_0^a \mathrm{d}y - \int_0^b \int_0^a \frac{\partial}{\partial x}\left(N_{xy} \frac{\partial w}{\partial y}\right)\delta w \mathrm{d}x \mathrm{d}y \qquad (i)$$

$$\int_0^b \int_0^a N_{xy} \frac{\partial w}{\partial x}\delta\left(\frac{\partial w}{\partial y}\right)\mathrm{d}x \mathrm{d}y = \int_0^a \left[N_{xy} \frac{\partial w}{\partial x}\delta w\right]_0^b \mathrm{d}x - \int_0^b \int_0^a \frac{\partial}{\partial y}\left(N_{xy} \frac{\partial w}{\partial x}\right)\delta w \mathrm{d}x \mathrm{d}y \qquad (j)$$

将上述变分结果[式(a) ~ 式(j)]代入式(11.55),可得

$$\delta \Pi = \iint_A \begin{bmatrix} \dfrac{\partial^2}{\partial x^2}\left(D \dfrac{\partial^2 w}{\partial x^2}\right) + \dfrac{\partial^2}{\partial y^2}\left(D \dfrac{\partial^2 w}{\partial y^2}\right) + \mu \dfrac{\partial^2}{\partial x^2}\left(D \dfrac{\partial^2 w}{\partial y^2}\right) + \mu \dfrac{\partial^2}{\partial y^2}\left(D \dfrac{\partial^2 w}{\partial x^2}\right) + \\ 2(1-\mu)\dfrac{\partial^2}{\partial x \partial y}\left(D \dfrac{\partial^2 w}{\partial x \partial y}\right) + \\ \dfrac{\partial}{\partial x}\left(N_x \dfrac{\partial w}{\partial x} + N_{xy} \dfrac{\partial w}{\partial y}\right) + \dfrac{\partial}{\partial y}\left(N_y \dfrac{\partial w}{\partial y} + N_{xy} \dfrac{\partial w}{\partial x}\right) \end{bmatrix} \delta w \mathrm{d}x \mathrm{d}y +$$

$$\int_0^b \left[\left(D \frac{\partial^2 w}{\partial x^2} + \mu D \frac{\partial^2 w}{\partial y^2}\right)\delta\left(\frac{\partial w}{\partial x}\right)\right]_0^a \mathrm{d}y + \int_0^a \left[\left(D \frac{\partial^2 w}{\partial y^2} + \mu D \frac{\partial^2 w}{\partial x^2}\right)\delta\left(\frac{\partial w}{\partial y}\right)\right]_0^b \mathrm{d}x -$$

$$\int_0^b \left[\left(\frac{\partial}{\partial x}\left(D \frac{\partial^2 w}{\partial x^2}\right) + \mu \frac{\partial}{\partial x}\left(D \frac{\partial^2 w}{\partial y^2}\right) + 2(1-\mu)\frac{\partial}{\partial y}\left(D \frac{\partial^2 w}{\partial y \partial x}\right) + N_x \frac{\partial w}{\partial x} + N_{xy} \frac{\partial w}{\partial y}\right)\delta w\right]_0^a \mathrm{d}y -$$

$$\int_0^a \left[\left(\frac{\partial}{\partial y}\left(D \frac{\partial^2 w}{\partial y^2}\right) + \mu \frac{\partial}{\partial y}\left(D \frac{\partial^2 w}{\partial x^2}\right) + 2(1-\mu)\frac{\partial}{\partial x}\left(D \frac{\partial^2 w}{\partial y \partial x}\right) + N_y \frac{\partial w}{\partial y} + N_{xy} \frac{\partial w}{\partial x}\right)\delta w\right]_0^b \mathrm{d}x +$$

$$\left[(1-\mu)D \frac{\partial^2 w(x,b)}{\partial y \partial x}\delta w(x,b)\right]_0^a - \left[(1-\mu)D \frac{\partial^2 w(x,0)}{\partial y \partial x}\delta w(x,0)\right]_0^a +$$

$$\left[(1-\mu)D \frac{\partial^2 w(a,y)}{\partial y \partial x}\delta w(a,y)\right]_0^b - \left[(1-\mu)D \frac{\partial^2 w(0,y)}{\partial y \partial x}\delta w(0,y)\right]_0^b = 0$$

$$(11.56)$$

（2）薄板弯曲屈曲的微分方程

由于变分 δw 的任意性，根据变分的预备定理，式（11.56）的第 1 个积分将给出薄板弯曲屈曲的微分方程

$$\frac{\partial^2}{\partial x^2}\left(D\frac{\partial^2 w}{\partial x^2}\right)+\frac{\partial^2}{\partial y^2}\left(D\frac{\partial^2 w}{\partial y^2}\right)+\mu\frac{\partial^2}{\partial x^2}\left(D\frac{\partial^2 w}{\partial y^2}\right)+\mu\frac{\partial^2}{\partial y^2}\left(D\frac{\partial^2 w}{\partial x^2}\right)+$$

$$2(1-\mu)\frac{\partial^2}{\partial x\partial y}\left(D\frac{\partial^2 w}{\partial x\partial y}\right)+$$

$$\frac{\partial}{\partial x}\left(N_x\frac{\partial w}{\partial x}+N_{xy}\frac{\partial w}{\partial y}\right)+\frac{\partial}{\partial y}\left(N_y\frac{\partial w}{\partial y}+N_{xy}\frac{\partial w}{\partial x}\right)=0 \qquad (11.57)$$

此方程为最一般的薄板弯曲屈曲控制方程。可以用于变轴力或者变刚度薄板的屈曲问题。

若薄板为等截面的，即 $D=$ const，则可将上式简化为

$$D\left(\frac{\partial^4 w}{\partial x^4}+2\frac{\partial^4 w}{\partial x^2\partial y^2}+\frac{\partial^4 w}{\partial y^4}\right)+\frac{\partial}{\partial x}\left(N_x\frac{\partial w}{\partial x}+N_{xy}\frac{\partial w}{\partial y}\right)+\frac{\partial}{\partial y}\left(N_y\frac{\partial w}{\partial y}+N_{xy}\frac{\partial w}{\partial x}\right)=0$$

$$(11.58)$$

若 N_x、N_y、$N_{xy}(N_{yx})$ 均恒定，则有

$$D\left(\frac{\partial^2 w}{\partial x^2}+2\frac{\partial^2 w}{\partial x\partial y}+\frac{\partial^2 w}{\partial y^2}\right)+N_x\frac{\partial^2 w}{\partial x^2}+N_y\frac{\partial^2 w}{\partial y^2}+2N_{xy}\frac{\partial^2 w}{\partial x\partial y}=0 \qquad (11.59)$$

此时薄板弯曲屈曲的微分方程退化为式（11.28）。即式（11.28）仅为能量变分模型的特例。

（3）薄板弯曲屈曲的边界条件和角点条件

① 边界条件

式（11.56）的第 2 个～第 5 个积分将给出薄板弯曲屈曲的边界条件。

对于固定边，有

$$当 x=0、a 时，w=0；\frac{\partial w}{\partial x}=0 \qquad (11.60)$$

$$当 y=0、b 时，w=0；\frac{\partial w}{\partial y}=0 \qquad (11.61)$$

对于简支边，有

$$当 x=0、a 时，w=0；D\frac{\partial^2 w}{\partial x^2}+\mu D\frac{\partial^2 w}{\partial y^2}=0 \qquad (11.62)$$

$$当 y=0、b 时，w=0；D\frac{\partial^2 w}{\partial y^2}+\mu D\frac{\partial^2 w}{\partial x^2}=0 \qquad (11.63)$$

因为薄板在简支边上，比如在 $x=0$、a 处沿着 y 方向的曲率等于零$\left(即\frac{\partial^2 w}{\partial y^2}=0\right)$，因此上述边界条件可相应地简化为

$$当 x=0、a 时，w=0；\frac{\partial^2 w}{\partial x^2}=0 \qquad (11.64)$$

$$当 y=0、b 时，w=0；\frac{\partial^2 w}{\partial y^2}=0 \qquad (11.65)$$

对于自由边，有

当 $x=0$、a 时，
$$
\begin{cases}
\dfrac{\partial}{\partial x}\left(D\dfrac{\partial^2 w}{\partial x^2}\right)+\mu\dfrac{\partial}{\partial x}\left(D\dfrac{\partial^2 w}{\partial y^2}\right)+2(1-\mu)\dfrac{\partial}{\partial y}\left(D\dfrac{\partial^2 w}{\partial y\partial x}\right)+\\[2mm]
N_x\dfrac{\partial w}{\partial x}+N_{xy}\dfrac{\partial w}{\partial y}=0\\[2mm]
D\dfrac{\partial^2 w}{\partial x^2}+\mu D\dfrac{\partial^2 w}{\partial y^2}=0
\end{cases}
\tag{11.66}
$$

当 $y=0$、b 时，
$$
\begin{cases}
\dfrac{\partial}{\partial y}\left(D\dfrac{\partial^2 w}{\partial y^2}\right)+\mu\dfrac{\partial}{\partial y}\left(D\dfrac{\partial^2 w}{\partial x^2}\right)+2(1-\mu)\dfrac{\partial}{\partial x}\left(D\dfrac{\partial^2 w}{\partial y\partial x}\right)+\\[2mm]
N_y\dfrac{\partial w}{\partial y}+N_{xy}\dfrac{\partial w}{\partial x}=0\\[2mm]
D\dfrac{\partial^2 w}{\partial y^2}+\mu D\dfrac{\partial^2 w}{\partial x^2}=0
\end{cases}
\tag{11.67}
$$

此自由边界条件是作者首次依据能量变分原理推导得到的，适合变厚度薄板和自由边加载的薄板屈曲分析。

若薄板的 D 为常数，则上述边界条件还可简写为

当 $x=0$、a 时，
$$
\begin{cases}
D\dfrac{\partial^3 w}{\partial x^3}+(2-\mu)D\dfrac{\partial^3 w}{\partial y^2\partial x}+N_x\dfrac{\partial w}{\partial x}+N_{xy}\dfrac{\partial w}{\partial y}=0\\[2mm]
D\dfrac{\partial^2 w}{\partial x^2}+\mu D\dfrac{\partial^2 w}{\partial y^2}=0
\end{cases}
\tag{11.68}
$$

当 $y=0$、b 时，
$$
\begin{cases}
D\dfrac{\partial^3 w}{\partial y^3}+(2-\mu)D\dfrac{\partial^3 w}{\partial y\partial x^2}+N_y\dfrac{\partial w}{\partial y}+N_{xy}\dfrac{\partial w}{\partial x}=0\\[2mm]
D\dfrac{\partial^2 w}{\partial y^2}+\mu D\dfrac{\partial^2 w}{\partial x^2}=0
\end{cases}
\tag{11.69}
$$

此自由边界条件适合自由边加载的薄板屈曲分析。

② 角点条件

式（11.56）的最后两行给出薄板弯曲屈曲的角点条件。以角点 (a,b) 为例，其角点条件为

$$
w(a,b)=0
\tag{11.70}
$$

或者

$$
2(1-\mu)D\dfrac{\partial^2 w}{\partial x\partial y}=0
\tag{11.71}
$$

可见，殊途同归，由能量泛函的变分可以自然地推导得到薄板的微分方程，而且还可正确推导得到薄板的所有边界条件。与 Poisson（泊松）的工作相比，Kirchhoff 的一个重要的贡献就是利用变分原理证明：自由边上只存在两个边界条件而不是像 Poisson 所设想的应该有三个条件。

11.3　Kirchhoff 薄板弹性弯曲屈曲的微分方程解答

11.3.1　双三角级数解答：均匀受压四边简支板的屈曲

弹性薄板分析中常用的"双三角级数法"，是弹性理论奠基人纳维尔（LMH. Navier，

1785—1836 年)在 1820 年提交给法国科学院的一份报告中给出的。他以傅里叶提出的三角级数理论为依据,给出一种双三角级数解法,用于精确求解四边简支矩形板的弯曲问题,并正确地求解了有均布荷载及板中点有集中荷载作用这两种荷载情况下的弯曲问题。本节将以单向均匀受压四边简支板为例介绍双三角级数法。

(1) 屈曲微分方程

图 11.6 所示的为 x 方向均匀受压四边简支板。尺寸为 $a \times b \times t$(t 为板厚)。加载边单位长度上作用均布荷载 N_x。根据式(11.58)可得其弯曲屈曲的微分方程为

$$D\left(\frac{\partial^4 w}{\partial x^4} + 2\frac{\partial^4 w}{\partial x^2 \partial y^2} + \frac{\partial^4 w}{\partial y^4}\right) + \frac{\partial}{\partial x}\left(N_x \frac{\partial w}{\partial x}\right) = 0 \tag{11.72}$$

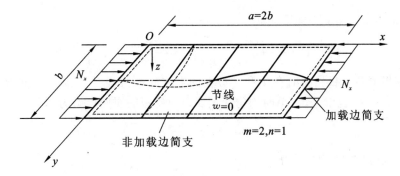

图 11.6　单向均匀受压四边简支板

因为 N_x 是均布荷载,因此上式可简化为

$$D\left(\frac{\partial^4 w}{\partial x^4} + 2\frac{\partial^4 w}{\partial x^2 \partial y^2} + \frac{\partial^4 w}{\partial y^4}\right) + N_x \frac{\partial^2 w}{\partial x^2} = 0 \tag{11.73}$$

如前所述,简支边的边界条件为挠度和弯矩均为零,即

$$\text{当 } x=0 \text{、} a \text{ 时,} w=0 ; \frac{\partial^2 w}{\partial x^2}=0 \tag{11.74}$$

$$\text{当 } y=0 \text{、} b \text{ 时,} w=0 ; \frac{\partial^2 w}{\partial y^2}=0 \tag{11.75}$$

(2) 屈曲微分方程的双三角级数解答

根据这些边界条件,纳维尔(Navier)将板的弹性曲面,即横向挠度表示为双三角级数的形式,即

$$w(x,y) = \sum_{m=1,2,3\cdots}^{\infty} \sum_{n=1,2,3\cdots}^{\infty} A_{mn} \sin\frac{m\pi x}{a} \sin\frac{n\pi y}{b} \tag{11.76}$$

式中,A_{mn} 为待定常数,m、n 分别为板屈曲时在 x 和 y 方向的半波数。

显然,双三角级数式(11.76)满足所有的简支边界条件。将其代入式(11.73)得到

$$\sum_{m=1,2,3\cdots}^{\infty} \sum_{n=1,2,3\cdots}^{\infty} A_{mn}\left[\left(\frac{m\pi}{a}\right)^4 + 2\left(\frac{m\pi}{a}\right)^2\left(\frac{n\pi}{b}\right)^2 + \left(\frac{n\pi}{b}\right)^4 - \left(\frac{N_x}{D}\right)\left(\frac{m\pi}{a}\right)^2\right] \sin\frac{m\pi x}{a} \sin\frac{n\pi y}{b} = 0 \tag{11.77}$$

因为上式等号左边是无穷级数之和,保证上式成立的唯一条件就是使 $\sin\dfrac{m\pi x}{a} \sin\dfrac{n\pi y}{b}$ 前面的系数恒等于零,即

$$A_{mn}\left[\left(\frac{m\pi}{a}\right)^4+2\left(\frac{m\pi}{a}\right)^2\left(\frac{n\pi}{b}\right)^2+\left(\frac{n\pi}{b}\right)^4-\frac{N_x}{D}\left(\frac{m\pi}{a}\right)^2\right]\equiv0 \tag{11.78}$$

或者

$$A_{mn}\left\{\left[\left(\frac{m\pi}{a}\right)^2+\left(\frac{n\pi}{b}\right)^2\right]^2-\frac{N_x}{D}\left(\frac{m\pi}{a}\right)^2\right\}=0 \tag{11.79}$$

因为屈曲，A_{mn} 不能全部为零，所以上式成立的条件是

$$\left[\left(\frac{m\pi}{a}\right)^2+\left(\frac{n\pi}{b}\right)^2\right]^2=\frac{N_x}{D}\left(\frac{m\pi}{a}\right)^2 \tag{11.80}$$

这就是依据纳维尔（Navier）的双三角级数法求解得到的单向均匀受压四边简支板的屈曲方程。

据此可得

$$N_x=D\left[\frac{m\pi}{a}+\left(\frac{n\pi}{b}\right)^2\frac{a}{m\pi}\right]^2=\frac{\pi^2D}{b^2}\left(\frac{mb}{a}+n^2\frac{a}{mb}\right)^2 \tag{11.81}$$

可见，临界荷载与板屈曲时在 x 和 y 方向的半波数 m、n 有关，且随着 n 的增大而增大。因此，必须取 $n=1$。也就是说，单向均匀受压四边简支板的屈曲模态为

$$w(x,y)=A_{m1}\sin\frac{m\pi x}{a}\sin\frac{\pi y}{b} \tag{11.82}$$

这样，公式（11.81）可以写为

$$N_x=k\frac{\pi^2D}{b^2} \tag{11.83}$$

式中，k 为屈曲系数

$$k=\left(\frac{m}{r}+\frac{r}{m}\right)^2,\quad r=\frac{a}{b} \tag{11.84}$$

实际上，对应每个比值 $r=a/b$，都有一个确定的 m 值使得式（11.84）取得最小值。据此可绘制屈曲系数 k 与比值 $r=a/b$ 和屈曲半波数 m 的关系曲线，如图 11.7 所示。

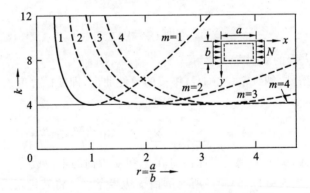

图 11.7　单向均匀受压四边简支板的屈曲系数

（3）最小的临界荷载

众所周知，钢结构构件的板件基本都属于狭长薄板，即比值 $r=a/b$ 一般都比较大，比如轴心受压工字形构件的腹板。因此我们对图 11.7 的下包络线，即"最小"临界荷载更感兴趣。为此可令

$$\frac{\mathrm{d}N_x}{\mathrm{d}r} = \frac{2\pi^2 D}{b^2}\left(\frac{m}{r}+\frac{r}{m}\right)\left[-\left(\frac{m}{r}\right)^2+1\right]=0 \tag{11.85}$$

由此得 $\frac{m}{r}=1$。此结论说明：当板长为其板宽的 m（整数）倍时，板将在压缩方向屈曲成 m 个正弦半波。若 $a=2b$，则 $r=2$，从而可知：$m=2,n=1$ 为薄板屈曲的半波图，如图 11.6 所示。

根据 $\frac{m}{r}=1$ 的条件，可得 $k_{\min}=4$，从而有

$$N_{x,\sigma}=\frac{4\pi^2 D}{b^2} \tag{11.86}$$

这就是单向均匀受压四边简支（狭长）薄板的"最小"临界荷载。

相应的临界应力 $N_{x,\sigma}/t$ 由下式给出

$$\sigma_{x,\sigma}=\frac{\pi^2 E}{3(1-\mu^2)}\left(\frac{t}{b}\right)^2 \tag{11.87}$$

【说明】

1. 对于比值 $r=a/b$ 恰好为整数时，"最小"临界荷载为精确临界荷载；对于比值 $r=a/b$ 为非整数时，"最小"临界荷载则为精确临界荷载的下限。

2. 上述结果不仅可以用来描述工字形梁腹板的屈曲，也可以直接用来求解轴压方钢管的局部屈曲问题（图 11.8）。因为方钢管的四壁刚度相同，屈曲时彼此不会有约束，因此在轴压情况下，管的四条棱维持原始直线状，而四壁绕它转动，且四壁的交角维持直角。四壁的屈曲图如

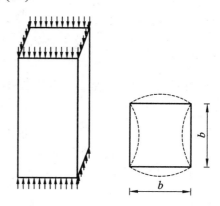

图 11.8　方钢管的局部屈曲问题

图 11.8 所示。此时的四壁即相当于单向均匀受压四边简支板。

11.3.2　单三角级数解答：均匀受压三边简支一边自由板的屈曲

"单三角级数法"是列维（M. Levy，1838—1910 年）在 19 世纪末提出的。该方法对矩形板边界约束的特殊要求是：有一对边简支，而另一对边则可以是任意支承。因此"单三角级数法"的适用范围较"双三角级数法"的要宽泛得多，且具有较好的收敛性。

本节将研究沿着 x 轴单向均匀受压，且 $x=0,a$ 边为简支（图 11.9）的薄板屈曲问题。对于这种情况的薄板，Levy 将板的弹性曲面，即横向挠度表示为单三角级数的形式，即

$$w(x,y)=\sum_{m=1}^{\infty}Y_m(y)\sin\frac{m\pi x}{a} \tag{11.88}$$

式中，m 为板屈曲时在 x 方向的半波数，$Y_m(y)$ 是仅与坐标 y 有关而与坐标 x 无关的待定函数。注意，Navier 的"双三角级数法"，即式（11.76）中 A_{mn} 为待定常数。待定函数 $Y_m(y)$ 与待定常数 A_{mn} 仅一字之差，体现了 Levy 和 Navier 的求解理念有重大差别。与能量变分法做个对比可以发现，Navier 的思想与 Rayleigh-Ritz 法类似，而 Levy 的思想与 Kantorovich-Ritz 法类似。因此 Levy"单三角级数法"属于"半解析法"，其适用性更强。

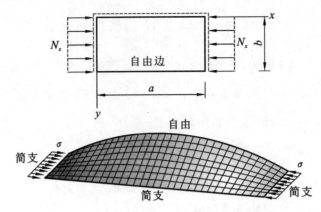

图 11.9 单向均匀受压的三边简支一边自由板

显然,式(11.88)中每一项都能自然满足简支边界条件(11.74)。将其代入微分方程式(11.73),可得

$$\sum_{m=1}^{\infty}\left\{\frac{\mathrm{d}^4Y_m}{\mathrm{d}y^4}-2\left(\frac{m\pi}{a}\right)^2\frac{\mathrm{d}^2Y_m}{\mathrm{d}y^2}+\left[\left(\frac{m\pi}{a}\right)^4-\frac{N_x}{D}\left(\frac{m\pi}{a}\right)^2\right]Y_m\right\}\cdot\sin\frac{m\pi x}{a}=0 \quad (11.89)$$

因为上式等号左边是无穷级数之和,保证上式成立的唯一条件就是使 $\sin\dfrac{m\pi x}{a}$ 前的系数为零,即

$$\frac{\mathrm{d}^4Y_m}{\mathrm{d}y^4}-2\left(\frac{m\pi}{a}\right)^2\frac{\mathrm{d}^2Y_m}{\mathrm{d}y^2}+\left[\left(\frac{m\pi}{a}\right)^4-\frac{N_x}{D}\left(\frac{m\pi}{a}\right)^2\right]Y_m=0 \quad (11.90)$$

令上式的解答为

$$Y_m(y)=A\mathrm{e}^{ry} \quad (11.91)$$

并将其代入式(11.90),得如下的特征方程

$$r^4-2\left(\frac{m\pi}{a}\right)^2r^2+\left[\left(\frac{m\pi}{a}\right)^4-\frac{N_x}{D}\left(\frac{m\pi}{a}\right)^2\right]=0 \quad (11.92)$$

若上式的最后一项为零,即

$$N_x=D\left(\frac{m\pi}{a}\right)^2 \quad (11.93)$$

则特征方程的解为

$$r_{1,2}=0, \quad r_{3,4}=\pm\sqrt{2}\left(\frac{m\pi}{a}\right)=\pm\alpha \quad (11.94)$$

从而可得屈曲模态函数为

$$Y_m(y)=C_1\cosh(\alpha y)+C_2\sinh(\alpha y)+C_3y+C_4 \quad (11.95)$$

这就是轴心受压两端简支狭长矩形板的屈曲解答。根据式(11.93)可得此时的临界荷载为

$$bN_{x,cr}=\frac{\pi^2}{a^2}E\frac{bh^3}{12}=\frac{\pi^2EI}{a^2} \quad (11.96)$$

与 Euler 柱相同。

【说明】

从上节的解答可知:四边简支狭长薄板的临界荷载与加载边宽度成反比,与板件(非加载边)长度无关,而本节的两端简支狭长薄板(比如轴压工字形柱的翼缘)和 Euler 杆类似,

其临界荷载与板件(非加载边)长度成反比。因此两者提高稳定性的理念完全不同。以轴心受压工字形构件为例,提高翼缘(局部)稳定性的最有效措施是增设横向加劲肋以减少计算长度,而提高腹板(局部)稳定性的最有效措施则是增设纵向加劲肋以减少加载边宽度。

显然,若加载两边简支,而非加载边只要存在支承(或约束),则必有

$$N_x > D\left(\frac{m\pi}{a}\right)^2 \tag{11.97}$$

据此可知,特征方程式(11.92)必存在两个实根和两个虚根,即

$$r_{1,2} = \pm\alpha_m, \quad r_{3,4} = \pm i\beta_m, \quad i = \sqrt{-1} \tag{11.98}$$

式中

$$\alpha_m = \sqrt{\left(\frac{m\pi}{a}\right)^2 + \sqrt{\frac{N_x}{D}\left(\frac{m\pi}{a}\right)^2}}, \quad \beta_m = \sqrt{-\left(\frac{m\pi}{a}\right)^2 + \sqrt{\frac{N_x}{D}\left(\frac{m\pi}{a}\right)^2}} \tag{11.99}$$

易证,α_m 和 β_m 之间存在如下的恒等关系

$$\alpha_m^2 - \beta_m^2 = 2\left(\frac{m\pi}{a}\right)^2, \quad \alpha_m^2 + \beta_m^2 = 2\sqrt{\frac{N_x}{D}\left(\frac{m\pi}{a}\right)^2} \tag{11.100}$$

将式(11.98)代入式(11.91),并将 $Y_m(y)$ 改写为双曲函数和三角函数组合的形式,得

$$Y_m(y) = C_1\cosh(\alpha_m y) + C_2\sinh(\alpha_m y) + C_3\cos(\beta_m y) + C_4\sin(\beta_m y) \tag{11.101}$$

这就是两端简支板的待定函数通解。这个解可以用来研究单向均匀受压两端简支,而另外两边非自由为各种支承情况的薄板屈曲。限于篇幅,这里仅给出图 11.9 所示的单向均匀受压的三边简支一边自由板的屈曲荷载解答。此问题的边界条件为

当 $y=0$(简支)时,

$$w=0, \quad \frac{\partial^2 w}{\partial y^2}=0 \tag{11.102}$$

当 $y=b$(自由边)时,因为 $N_y=N_{xy}=0$,由式(11.69)可得

$$D\frac{\partial^3 w}{\partial y^3} + (2-\mu)D\frac{\partial^3 w}{\partial y\partial x^2}=0, \quad D\frac{\partial^2 w}{\partial y^2} + \mu D\frac{\partial^2 w}{\partial x^2}=0 \tag{11.103}$$

利用 Levy 的单三角级数式(11.88),由上述边界条件可导出待定函数 $Y_m(y)$ 应满足

$$Y_m(0)=0, \quad Y_m''(0)=0 \tag{11.104}$$

$$Y_m''(b) - \mu\left(\frac{m\pi}{a}\right)^2 Y_m(b)=0, \quad Y_m'''(b) - (2-\mu)\left(\frac{m\pi}{a}\right)^2 Y_m'(b)=0 \tag{11.105}$$

若待定函数通解式(11.101)满足式(11.104),必有

$$C_1 = C_3 = 0 \tag{11.106}$$

于是

$$Y_m(y) = C_2\sinh(\alpha_m y) + C_4\sin(\beta_m y) \tag{11.107}$$

若式(11.107)满足式(11.105),利用式(11.100)的第一式关系,整理可得

$$\begin{pmatrix} s\sinh(\alpha_m b) & -t\sin(\beta_m b) \\ \alpha_m t\cosh(\alpha_m b) & -\beta_m s\cos(\beta_m b) \end{pmatrix}\begin{pmatrix} C_2 \\ C_4 \end{pmatrix} = \begin{pmatrix} 0 \\ 0 \end{pmatrix} \tag{11.108}$$

式中,$s=\alpha_m^2 - \mu\left(\frac{m\pi}{a}\right)^2$,$t=\beta_m^2 + \mu\left(\frac{m\pi}{a}\right)^2$。

令式(11.108)的系数行列式为零,则有

$$-\cos(\beta_m b)\sinh(\alpha_m b)\beta_m s^2 + \cosh(\alpha_m b)\sin(\beta_m b)\alpha_m t^2 = 0 \tag{11.109}$$

或者

$$\tanh(b\alpha_m)\beta_m s^2 = \tan(b\beta_m)\alpha_m t^2 \tag{11.110}$$

此式就是单向均匀受压的三边简支一边自由板的屈曲方程。

一般著作很少介绍如何求解此屈曲方程，实际上，首先需要对上式进行无量纲处理方可进行求解。为此引入如下的无量纲参数

$$\tilde{\alpha}_m = b\alpha_m = \sqrt{\left(\frac{m\pi}{\lambda}\right)^2 + \sqrt{k\frac{m^2\pi^4}{\lambda^2}}}, \quad \tilde{\beta}_m = b\beta_m = \sqrt{-\left(\frac{m\pi}{\lambda}\right)^2 + \sqrt{k\frac{m^2\pi^4}{\lambda^2}}} \tag{11.111}$$

$$\tilde{s} = b^2 s = \tilde{\alpha}_m^2 - \mu\left(\frac{m\pi}{\lambda}\right)^2, \quad \tilde{t} = b^2 t = \tilde{\beta}_m^2 + \mu\left(\frac{m\pi}{\lambda}\right)^2 \tag{11.112}$$

式中，$\lambda = \dfrac{a}{b}$，$k = \sigma_{cr} / \left(\dfrac{\pi^2 D}{h^2}\right)$。

据此可将屈曲方程式(11.110)改写为

$$\tanh(\tilde{\alpha}_m)\tilde{\beta}_m \tilde{s}^2 = \tan(\tilde{\beta}_m)\tilde{\alpha}_m \tilde{t}^2 \tag{11.113}$$

这就是本书给出的无量纲屈曲方程。

给定 m 和 λ，则利用 Mathematica 即可求解得到屈曲系数。表 11.1 为我们依据上述方法得到的精确解。从表中可见，限于当年计算条件，Timoshenko 的解答仅精确到百分位精度，而我们给出的解答精度可达到小数点后 5 位。

表 11.1　单向均匀受压三边简支一边自由板的屈曲系数 $k(\mu = 0.25)$

a/b	0.50	1.0	1.2	1.4	2	3	5
Timoshenko	4.40	1.440	1.135	0.950	0.698	0.564	0.506
本书	4.40360	1.43418	1.13334	0.952406	0.697943	0.56303	0.49438
式(11.116)	4.4255	1.4255	1.11994	0.935704	0.6755	0.536611	0.4655

研究表明，不论比值 $\lambda = a/b$ 为何值，板的临界荷载的最小值都出现在 $m = 1$ 时。这说明板沿着 x 轴方向的屈曲半波总是一个，即其屈曲模态为

$$w(x, y) = Y_1(y)\sin\frac{\pi x}{a} \tag{11.114}$$

单向均匀受压三边简支一边自由板的临界荷载公式也可写为

$$N_x = k\frac{\pi^2 D}{b^2} \tag{11.115}$$

式中，k 为屈曲系数，如表 11.2 所示。

表 11.2　单向均匀受压三边简支一边自由板的屈曲系数 $k(\mu = 0.30)$

a/b	0.75	1	2	3	4	5	10	∞
本书	2.1656	1.4016	0.6681	0.5331	0.4860	0.4642	0.4352	0.4255
童根树	2.2166	1.4166	0.6686	0.5332	—	0.4642	0.4352	0.4255
简化公式(11.116)	2.2033	1.4255	0.6755	0.5366	0.488	0.4655	0.4355	0.4255

屈曲系数 k 还可按下式近似计算

$$k = 0.4255 + \left(\frac{b}{a}\right)^2 \tag{11.116}$$

此近似公式和童根树的解答与本书"精确解"的对比如表 11.2 所示。可见,式(11.116)的精度较高,可以满足设计需要。

对于非加载边为一边固定,一边自由的情况,待定函数 $Y_m(y)$ 应满足

$$Y_m(0) = 0, \quad Y_m'(0) = 0 \tag{11.117}$$

$$Y_m''(b) - \mu\left(\frac{m\pi}{a}\right)^2 Y_m(b) = 0, \quad Y_m'''(b) - (2-\mu)\left(\frac{m\pi}{a}\right)^2 Y_m'(b) = 0 \tag{11.118}$$

据此可得

$$\begin{pmatrix} -\alpha_m t\sinh(b\alpha_m) & -\alpha_m t\cosh(b\alpha_m) & -\beta s\sin(b\beta_m) & \beta s\cos(b\beta_m) \\ s\cosh(b\alpha_m) & s\sinh(b\alpha_m) & -t\cos(b\beta_m) & -t\sin(b\beta_m) \\ 1 & 0 & 1 & 0 \\ 0 & \alpha_m & 0 & \beta_m \end{pmatrix} \begin{pmatrix} C_1 \\ C_2 \\ C_3 \\ C_4 \end{pmatrix} = \begin{pmatrix} 0 \\ 0 \\ 0 \\ 0 \end{pmatrix}$$

$$\tag{11.119}$$

从而得到此问题的屈曲方程为

$$2\tilde{s}\tilde{t}\tilde{\alpha}_m\tilde{\beta}_m + (\tilde{s}^2 + \tilde{t}^2)\tilde{\alpha}_m\tilde{\beta}_m\cos(\tilde{\beta}_m)\cosh(\tilde{\alpha}_m) - (\tilde{t}^2\tilde{\alpha}^2 - \tilde{s}^2\tilde{\beta}^2)\sin(\tilde{\beta}_m)\sinh(\tilde{\alpha}_m) = 0 \tag{11.120}$$

表 11.3 为我们利用 Mathematica 求解得到的屈曲系数。从表中可见,与前述的三边简支板不同,因为固定边的约束较强,导致屈曲系数不是单调递减。

表 11.3　单向均匀受压两边简支一边固定一边自由板的屈曲系数 $k(\mu = 0.25)$

a/b	1.0	1.2	1.4	1.6	2	3	5
Timoshenko	1.70	1.47	1.36	1.33	1.38	—	—
本书	1.69826	1.46695	1.3625	1.32958	1.3862	1.89924	3.8692

实际上,上述解法也可用于求解加载边简支,而非加载边为其他支承条件的单向受压矩形板的屈曲系数 k,结果如图 11.10 所示。

应该说明的是,上述研究成果可以直接用于解决轴心受压的等边角钢的屈曲问题。如图 11.11 所示,在轴心受压状态下,角钢的两肢刚度相同,因而彼此没有相互约束效果,因此等边角钢屈曲时,AB 棱保持原始直线不动,两肢板件将以此棱为轴发生转动[图 11.11(a)],且在 AB 棱处两肢板件仍保持直角[图 11.11(b)]。这样,每个肢的板件可以视为单向均匀受压三边简支一边自由板,因此轴心受压的等边角钢的临界荷载也可用式(11.115)来确定。另外,用能量变分法和我们后面要介绍的薄壁构件板-梁理论都可证明:若按"刚周边"假设来描述两肢板件的变形,即

$$w(x,y) = A_m y\sin\frac{m\pi x}{a} \tag{11.121}$$

对于细长的等边角钢也可获得高精度的解答。

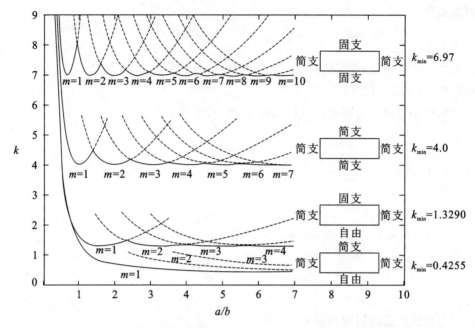

图 11.10　加载边简支的单向受压矩形板的弹性屈曲系数

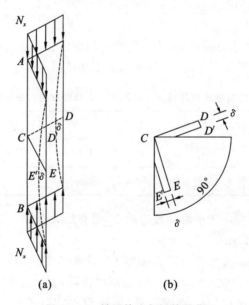

(a)　　　　　　　(b)

图 11.11　轴压等边角钢的屈曲

11.4　Kirchhoff 薄板弹性弯曲屈曲的能量变分解答

与前述微分方程中采用的双三角级数法和单三角级数法相对应,Kirchhoff 薄板弹性弯曲屈曲的能量变分解答也有两种方法:Rayleigh-Ritz 法和 Kantorovich-Ritz 法。本节将通过几个具体问题来介绍这两种方法的基本原理与应用技巧。

11.4.1 Rayleigh-Ritz 法：非均匀压力下四边简支板的屈曲

本节将研究图 11.12 所示的单向非均匀压力下四边简支薄板的屈曲问题。此解答可以用于求解工字形钢梁腹板和压弯构件腹板的局部屈曲问题。

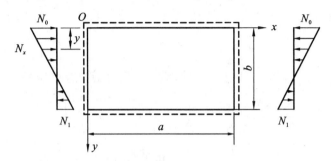

图 11.12 单向非均匀压力下四边简支薄板

$$N_x = N_0 \left(1 - \alpha \frac{y}{b}\right) \tag{11.122}$$

式中，N_0 为 $y=0$ 边缘荷载（压力为正）；α 为应力梯度因子，其定义为

$$\alpha = (N_0 - N_1)/N_0 \tag{11.123}$$

其中，N_1 为 $y=b$ 边缘荷载（压力为正，拉力为负）。

当 $\alpha=0$ 时腹板均匀受压，当 $\alpha=1$ 时为三角形分布荷载，而当 $\alpha=2$ 时为腹板纯弯曲。当 $1<\alpha\leqslant2$ 时，N_b 为拉应力。

仍按 Navier 的方法，将板的弹性曲面，即横向挠度表示为双三角级数的形式，即

$$w(x,y) = \sum_{m=1,2,3\cdots}^{\infty} \sum_{n=1,2,3\cdots}^{\infty} A_{mn} \sin\frac{m\pi x}{a} \sin\frac{n\pi y}{b} \tag{11.124}$$

式中，A_{mn} 为待定常数，m、n 分别为板屈曲时在 x 和 y 方向的半波数。

可以证明，位移函数式(11.124)既满足位移边界条件也满足力的边界条件，则在四边简支的情况下，薄板的应变能式(11.46)可简化为

$$U = \frac{1}{2}\iint\limits_A D \left(\frac{\partial^2 w}{\partial x^2} + \frac{\partial^2 w}{\partial y^2}\right)^2 dA = \frac{D}{2}\iint\limits_A (\nabla^2 w)^2 dA \tag{11.125}$$

其中，$\nabla^2 = \dfrac{\partial^2}{\partial x^2} + \dfrac{\partial^2}{\partial y^2}$ 为二维拉普拉斯算子。

【说明】

若位移函数式(11.124)不能同时满足位移和力的边界条件，则薄板的应变能应该选用式(11.45)或式(11.46)的完整形式，否则将会导致错误的结果。

(1) 应变能的积分方法

若将双三角级数式(11.124)代入应变能式(11.125)，这将是一个复杂的双三角级数之和的乘积的积分，一般著作很少介绍其乘积积分的计算细节。为了清晰起见，这里将其分成四种情况的组合，即

$$U = \frac{D}{2} \iint\limits_{A} (\nabla^2 w)^2 \, dA = \frac{D}{2} \iint\limits_{A} [(\nabla^2 w_1)^2 + (\nabla^2 w_2)^2 + (\nabla^2 w_3)^2 + (\nabla^2 w_4)^2] \, dA$$

$$(11.126)$$

其中，$(\nabla^2 w_1)^2$ 为两组 $\sum \sum$ 求和符号中 m、n 均取相同数值时的拉普拉斯算子乘积，即

$$\iint\limits_{A} (\nabla^2 w_1)^2 \, dA = \sum_{m=1}^{\infty} \sum_{n=1}^{\infty} A_{mn}^2 \left[-\left(\frac{m\pi}{a}\right)^2 - \left(\frac{n\pi}{b}\right)^2 \right]^2 \iint\limits_{A} \left(\sin\frac{m\pi x}{a} \sin\frac{n\pi y}{b} \right)^2 \, dA$$

$$(11.127)$$

$(\nabla^2 w_2)^2$ 为两组 $\sum \sum$ 求和符号中 m 相同，而 n 不同时的拉普拉斯算子乘积，即

$$\iint\limits_{A} (\nabla^2 w_2)^2 \, dA = \sum_{m=1}^{\infty} \sum_{n=1}^{\infty} \sum_{\substack{s=1 \\ s \neq n}}^{\infty} A_{mn} A_{ms} \left[-\left(\frac{m\pi}{a}\right)^2 - \left(\frac{n\pi}{b}\right)^2 \right] \left[-\left(\frac{m\pi}{a}\right)^2 - \left(\frac{s\pi}{b}\right)^2 \right] \times$$

$$\iint\limits_{A} \left(\sin\frac{m\pi x}{a} \right)^2 \sin\frac{n\pi y}{b} \sin\frac{s\pi y}{b} \, dA$$

$$(11.128)$$

$(\nabla^2 w_3)^2$ 为两组 $\sum \sum$ 求和符号中 m 不同，而 n 相同时的拉普拉斯算子乘积，即

$$\iint\limits_{A} (\nabla^2 w_3)^2 \, dA = \sum_{m=1}^{\infty} \sum_{\substack{r=1 \\ r \neq m}}^{\infty} \sum_{n=1}^{\infty} A_{mn} A_{rn} \left[-\left(\frac{m\pi}{a}\right)^2 - \left(\frac{n\pi}{b}\right)^2 \right] \left[-\left(\frac{r\pi}{a}\right)^2 - \left(\frac{n\pi}{b}\right)^2 \right] \times$$

$$\iint\limits_{A} \sin\frac{m\pi x}{a} \sin\frac{r\pi x}{a} \left(\sin\frac{n\pi y}{b} \right)^2 \, dA$$

$$(11.129)$$

$(\nabla^2 w_4)^2$ 为两组 $\sum \sum$ 求和符号中 m、n 均取不同数值时的拉普拉斯算子乘积，即

$$\iint\limits_{A} (\nabla^2 w_4)^2 \, dA = \sum_{m=1}^{\infty} \sum_{\substack{r=1 \\ r \neq m}}^{\infty} \sum_{n=1}^{\infty} \sum_{\substack{s=1 \\ s \neq n}}^{\infty} A_{mn} A_{rs} \left[-\left(\frac{m\pi}{a}\right)^2 - \left(\frac{n\pi}{b}\right)^2 \right] \left[-\left(\frac{r\pi}{a}\right)^2 - \left(\frac{s\pi}{b}\right)^2 \right] \times$$

$$\iint\limits_{A} \sin\frac{m\pi x}{a} \cdot \sin\frac{r\pi x}{a} \cdot \sin\frac{n\pi y}{b} \cdot \sin\frac{s\pi y}{b} \, dA$$

$$(11.130)$$

可以证明，上述四项积分除第一项[式(11.127)]外，其余三项积分均为零，从而有

$$U = \frac{D}{2} \iint\limits_{A} (\nabla^2 w)^2 \, dA = \frac{D}{2} \iint\limits_{A} (\nabla^2 w_1)^2 \, dA$$

$$= \frac{D}{2} \cdot \frac{ab\pi^4}{4} \sum_{m=1}^{\infty} \sum_{n=1}^{\infty} A_{mn}^2 \left[-\left(\frac{m\pi}{a}\right)^2 - \left(\frac{n\pi}{b}\right)^2 \right]^2$$

$$= \frac{ab\pi^4 D}{8} \sum_{m=1}^{\infty} \sum_{n=1}^{\infty} A_{mn}^2 \left(\frac{m^2}{a^2} + \frac{n^2}{b^2} \right)^2 \tag{11.131}$$

（2）初应力势能的积分方法

根据公式(11.50)，可得

$$V = -\frac{1}{2} \iint\limits_{A} \left[N_x \left(\frac{\partial w}{\partial x} \right)^2 \right] \, dA \tag{11.132}$$

将式(11.122)和式(11.124)代入上式,得

$$V=-\frac{1}{2}\iint_{A}\left[N_0\left(1-\alpha\frac{y}{b}\right)\left(\frac{\partial w}{\partial x}\right)^2\right]\mathrm{d}A$$

$$=-\frac{1}{2}\iint_{A}\left[N_0\left(\frac{\partial w}{\partial x}\right)^2-N_0\alpha\frac{y}{b}\left(\frac{\partial w}{\partial x}\right)^2\right]\mathrm{d}A$$

$$=-\frac{N_0}{2}\cdot\frac{ab}{4}\sum_{m=1}^{\infty}\sum_{n=1}^{\infty}A_{mn}^2\left(\frac{m\pi}{a}\right)^2+\frac{\alpha N_0}{2b}\iint_{A}\left[y\left(\frac{\partial w}{\partial x}\right)^2\right]\mathrm{d}A \tag{11.133}$$

上式中的第二项积分仍可按照前述的方法进行计算。可以证明,只有下述两种情况的积分不为零,即:

① m、n 均相同

$$\iint_{A}\left[y\left(\frac{\partial w}{\partial x}\right)^2\right]\mathrm{d}A=\sum_{m=1}^{\infty}\sum_{n=1}^{\infty}A_{mn}^2\left(\frac{m\pi}{a}\right)^2\iint_{A}y\left(\cos\frac{m\pi x}{a}\sin\frac{n\pi y}{b}\right)^2\mathrm{d}A$$

$$=\frac{ab^2}{8}\sum_{m=1}^{\infty}\sum_{n=1}^{\infty}A_{mn}^2\left(\frac{m\pi}{a}\right)^2 \tag{11.134}$$

② m 相同,而 n 不同

$$\iint_{A}\left[y\left(\frac{\partial w}{\partial x}\right)^2\right]\mathrm{d}A=\sum_{m=1}^{\infty}\sum_{n=1}^{\infty}\sum_{\substack{s=1\\s\neq n}}^{\infty}A_{mn}A_{ms}\left(\frac{m\pi}{a}\right)^2\iint_{A}y\left(\cos\frac{m\pi x}{a}\right)^2\sin\frac{n\pi y}{b}\sin\frac{s\pi y}{b}\mathrm{d}A$$

$$=-\frac{b^2m^2\left[2ns-2ns\cos(n\pi)\cos(\pi s)\right]}{2a\left(n^2-s^2\right)^2} \tag{11.135}$$

若 $n\pm s=$ 偶数,上式的积分为零,因此上式中 $n\pm s$ 只能取奇数,从而有

$$\iint_{A}\left[y\left(\frac{\partial w}{\partial x}\right)^2\right]\mathrm{d}A=-\left(\frac{m\pi}{a}\right)^2\frac{2ab^2}{\pi^2}\sum_{m=1}^{\infty}\sum_{n=1}^{\infty}\sum_{\substack{s=1\\s\neq n}}^{\infty}A_{mn}A_{ms}\frac{ns}{\left(n^2-s^2\right)^2}\quad(n\pm s=\text{奇数}) \tag{11.136}$$

将上述结果叠加得到

$$V=-\frac{N_0}{2}\cdot\frac{ab}{4}\sum_{m=1}^{\infty}\sum_{n=1}^{\infty}A_{mn}^2\left(\frac{m\pi}{a}\right)^2+$$

$$\frac{N_0}{2}\cdot\frac{\alpha a}{2b}\sum_{m=1}^{\infty}\sum_{n=1}^{\infty}\left(\frac{m\pi}{a}\right)^2\left[\frac{b^2}{4}A_{mn}^2-\frac{4b^2}{\pi^2}\sum_{\substack{s=1\\s\neq n}}^{\infty}A_{mn}A_{ms}\frac{ns}{\left(n^2-s^2\right)^2}\right]\quad(n\pm s=\text{奇数}) \tag{11.137}$$

(3)屈曲方程的正确形式

总势能为

$$\Pi=U+V \tag{11.138}$$

根据变分原理,屈曲平衡方程可由如下的条件得到

$$\frac{\partial\Pi}{\partial A_{mn}}=0 \tag{11.139}$$

从而有

$$\sum_{m=1}^{\infty} \sum_{n=1}^{\infty} \left\{ \begin{matrix} 2 \times \dfrac{ab\pi^4 D}{8} A_{mn} \left(\dfrac{m^2}{a^2} + \dfrac{n^2}{b^2} \right)^2 - 2 \times \dfrac{N_0}{2} \cdot \dfrac{ab}{4} A_{mn} \left(\dfrac{m\pi}{a} \right)^2 + \\ \dfrac{N_0}{2} \cdot \dfrac{\alpha a}{2b} \left(\dfrac{m\pi}{a} \right)^2 \left[2 \times \dfrac{b^2}{4} A_{mn} - 2 \times \dfrac{4b^2}{\pi^2} \sum_{\substack{s=1 \\ s \neq n}}^{\infty} A_{ms} \dfrac{ns}{(n^2-s^2)^2} \right] \end{matrix} \right\} = 0 \quad (n \pm s = \text{奇数})$$

$$(11.140)$$

注意,上式中最后一项的导数用到了如下的运算法则,即

$$\frac{\partial}{\partial A_{mn}} (A_{mn} A_{ms}) \equiv \frac{\partial}{\partial A_{ms}} (A_{ms}^2) = 2 \times A_{ms} \tag{11.141}$$

显然,不了解此运算规则将导致错误的结果。

因为式(11.140)中等号左边是双重无穷级数之和,保证上式成立的唯一条件就是使双重无穷级数的每一项为零,即

$$2 \times \frac{ab\pi^4 D}{8} A_{mn} \left(\frac{m^2}{a^2} + \frac{n^2}{b^2} \right)^2 - 2 \times \frac{N_0}{2} \cdot \frac{ab}{4} A_{mn} \left(\frac{m\pi}{a} \right)^2 +$$

$$\frac{N_0}{2} \cdot \frac{\alpha a}{2b} \left(\frac{m\pi}{a} \right)^2 \left[2 \times \frac{b^2}{4} A_{mn} - 2 \times \frac{4b^2}{\pi^2} \sum_{\substack{s=1 \\ s \neq n}}^{\infty} A_{ms} \frac{ns}{(n^2-s^2)^2} \right] = 0 \quad (n \pm s = \text{奇数})$$

$$(11.142)$$

或者

$$\left[D\pi^4 \left(\frac{m^2}{a^2} + \frac{n^2}{b^2} \right)^2 - N_0 \left(\frac{m\pi}{a} \right)_i^2 + N_0 \frac{\alpha}{2} \left(\frac{m\pi}{a} \right)^2 \right] A_{mn} -$$

$$N_0 \frac{\alpha}{2} \left(\frac{m\pi}{a} \right)^2 \frac{16}{\pi^2} \sum_{\substack{s=1 \\ s \neq n}}^{\infty} A_{ms} \frac{ns}{(n^2-s^2)^2} = 0 \quad (n \pm s = \text{奇数}) \tag{11.143}$$

这就是单向非均匀压力下四边简支薄板的屈曲方程。

上述方程与 Timoshenko 用 Timoshenko 能量法得到的结果相同,因而是正确的。

对比还发现,此方程与童根树教授的《钢结构的平面外稳定性》(第一版)pg. 89 的唯一区别是上式最后一项的系数,本书为 $\frac{16}{\pi^2}$,而后者的系数为 $\frac{8}{\pi^2}$。导致差异的原因如式(11.141)所示。

(4) 数值求解方法

国内外相关著作很少介绍如何求解上述屈曲方程。实际上,这是深入开展相关参数分析的基础。

首先为了简化分析,可将上式改写为

$$\left[\left(\frac{b^2 m^2}{a^2} + n^2 \right)^2 - \frac{N_0 b^2}{\pi^2 D} \left(\frac{bm}{a} \right)^2 \left(1 - \frac{\alpha}{2} \right) \right] A_{mn} - \frac{N_0 b^2}{\pi^2 D} \frac{\alpha}{2} \left(\frac{bm}{a} \right)^2 \frac{16}{\pi^2} \sum_{\substack{s=1 \\ s \neq n}}^{\infty} A_{ms} \frac{ns}{(n^2-s^2)^2} = 0$$

$$(n \pm s = \text{奇数})$$

$$(11.144)$$

若令

$$r = \frac{a}{b}, \quad k = \frac{N_0 b^2}{\pi^2 D} = N_0 \bigg/ \left(\frac{\pi^2 D}{b^2}\right) \tag{11.145}$$

则可将上式改写为

$$\left[\left(\frac{m^2}{r^2} + n^2\right)^2 - k\left(\frac{m}{r}\right)^2\left(1 - \frac{\alpha}{2}\right)\right]A_{mn} = k\frac{\alpha}{2}\left(\frac{m}{r}\right)^2 \frac{16}{\pi^2}\sum_{\substack{s=1\\s\neq n}}^{\infty} A_{ms}\frac{ns}{(n^2 - s^2)^2} \quad (n \pm s = 奇数)$$

$$\tag{11.146}$$

或者

$$\left(\frac{m^2}{r^2} + n^2\right)^2 A_{mn} = k\left[\left(\frac{m}{r}\right)^2\left(1 - \frac{\alpha}{2}\right)A_{mn} + \frac{\alpha}{2}\left(\frac{m}{r}\right)^2 \frac{16}{\pi^2}\sum_{\substack{s=1\\s\neq n}}^{\infty} A_{ms}\frac{ns}{(n^2 - s^2)^2}\right] \quad (n \pm s = 奇数)$$

$$\tag{11.147}$$

此式即为无量纲形式的屈曲方程。

为了便于利用 Matlab 编程求解,我们首先分析式(11.147)的参数变化与数据结构。分析发现:①上式虽然与 m 和 n 有关,但每次的分析中必须固定 m 值,而 n 是可变的;②实际计算中,n 不可能取无穷大。具体的数值根据收敛性分析确定,可令收敛时此值为 $n = N$;③等式(11.147)的左端与屈曲系数无关,而右端与屈曲系数有关,或者说与屈曲荷载有关,因此左端可以看成是弹性刚度矩阵,而右端可看成是几何刚度矩阵。

综上,可采用有限元中的常用表达方式,将式(11.147)写成如下的矩阵形式

$$\boldsymbol{K}_0 \boldsymbol{U} = \lambda \boldsymbol{K}_G \boldsymbol{U} \tag{11.148}$$

其中,$\boldsymbol{U} = [\begin{matrix} A_{m1} & A_{m2} & A_{m3} & \cdots\cdots & A_{mN} \end{matrix}]^{\mathrm{T}}$ 为待定系数(广义坐标)组成的屈曲模态;$\lambda = k$ 为所求的屈曲系数;$\boldsymbol{K}_0$ 为薄板的线性刚度矩阵。它是一个对角阵,即只有对角线元素

$$\left.\begin{aligned} {}^0k_{n,n} &= \left(\frac{m^2}{r^2} + n^2\right)^2 \quad (n = 1, 2, \cdots, N) \\ {}^0k_{n,s} &= 0 \qquad \left.\begin{aligned} s &\neq n \\ n &= 1, 2, \cdots, N \\ s &= 1, 2, \cdots, N \\ s &\pm n = 奇数 \end{aligned}\right\} \end{aligned}\right\} \tag{11.149}$$

$\boldsymbol{K}_G$ 为薄板的几何刚度矩阵,其对角线和非对角线元素为

$$\left.\begin{aligned} {}^Gk_{n,n} &= \left(\frac{m}{r}\right)^2\left(1 - \frac{\alpha}{2}\right) \qquad\quad (n = 1, 2, \cdots, N) \\ {}^Gk_{n,s} &= \frac{\alpha}{2}\left(\frac{m}{r}\right)^2 \frac{16}{\pi^2}\frac{ns}{(n^2 - s^2)^2} \quad \left.\begin{aligned} s &\neq n \\ n &= 1, 2, \cdots, N \\ s &= 1, 2, \cdots, N \\ s &\pm n = 奇数 \end{aligned}\right\} \end{aligned}\right\} \tag{11.150}$$

若 $N = 3$,依据式(11.148)的矩阵形式编制如下的 Mathematica 代码

```
ln[112]= Clear["'*"]
        A = Array[a,{3,3}]
        B = Array[b,{3,3}]
```

```
For[n = 1,n≤3,n++ ,
    a[n,n] = (n² + m²/x²)²;
For[s = 1,s≤3,s++ ,If[s≠n & & OddQ[(n+s)] = True,b[n,s] = 8m²nsα/(π²r²(n²-s²)²) ,
    If[s == n,b[n,s] = Θ,b[n,s] = 0]]]]
A//MatrixForm
B//MatrixForm
```

从而得到

$$\boldsymbol{K}_0 = \begin{pmatrix} \left(1+\dfrac{m^2}{r^2}\right)^2 & 0 & 0 \\ 0 & \left(4+\dfrac{m^2}{r^2}\right)^2 & 0 \\ 0 & 0 & \left(9+\dfrac{m^2}{r^2}\right)^2 \end{pmatrix} \tag{11.151}$$

$$\boldsymbol{K}_G = \begin{pmatrix} \Theta & \dfrac{16m^2\alpha}{9\pi^2r^2} & 0 \\ \dfrac{16m^2\alpha}{9\pi^2r^2} & \Theta & \dfrac{48m^2\alpha}{25\pi^2r^2} \\ 0 & \dfrac{48m^2\alpha}{25\pi^2r^2} & \Theta \end{pmatrix} \tag{11.152}$$

其中,$\Theta = \left(\dfrac{m}{r}\right)^2\left(1-\dfrac{\alpha}{2}\right)$。

可以证明:若 $\alpha=2$,则上述结果与 Timoshenko 取三项级数的结果相同。说明我们给出的求导法则式(11.141)以及屈曲方程式(11.143)、式(11.148)都是正确的。

综上,我们将单向非均匀压力下四边简支薄板的屈曲问题转化为求解式(11.148)所表达的广义特征值问题,其中最小 $\lambda=k$ 和特征向量分别为所求的无量纲屈曲系数和屈曲模态。

理论上任何求解广义特征值问题的方法都适用于此类问题,因为与大型有限元分析程序不同,这里涉及的自由度数并不多。只要给定 m、r 和 α,即可利用 Matlab 的 $\mathrm{eig}(A,B)$ 求解得到屈曲系数和相应的屈曲模态。限于篇幅,相关数值分析略。

(5) 近似公式

单向非均匀压力下四边简支薄板的屈曲荷载可表示为

$$N_{0,\sigma} = k\,\frac{\pi^2 D}{b^2} \tag{11.153}$$

前人的研究表明,对于 $a/b > 2/3$ 的四边简支薄板,屈曲系数 k 可以用下式近似计算

$$k = 4 + 2\alpha + 2\alpha^2 \tag{11.154}$$

纯弯情况下,四边简支板的最小屈曲系数精确解为 23.9;若非加载边为固定边界条件,则最小屈曲系数精确解为 39.6。可见增加非加载边的约束可以有效地提高薄板的临界荷载,图 11.13 为不同边界对纯弯板屈曲系数的影响。

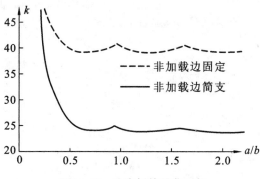

图 11.13 纯弯板的屈曲系数

11.4.2 Rayleigh-Ritz 法：剪应力下四边简支板的屈曲

本节将继续利用双三角级数法和能量变分法来研究图 11.14 所示的均匀剪应力作用下四边简支板的屈曲问题。

（1）位移函数与应变能

仍按纳维尔（Navier）的方法，将板的弹性曲面，即横向挠度表示为双三角级数的形式，即

$$w(x,y) = \sum_{m=1,2,3\cdots}^{\infty} \sum_{n=1,2,3\cdots}^{\infty} A_{mn} \sin\frac{m\pi x}{a} \sin\frac{n\pi y}{b}$$

（11.155）

此时四边简支板的应变能与上节相同，即

$$U = \frac{D}{2}\iint_A (\nabla^2 w)^2 \, \mathrm{d}A$$

$$= \frac{ab\pi^4 D}{8} \sum_{m=1}^{\infty} \sum_{n=1}^{\infty} A_{mn}^2 \left(\frac{m^2}{a^2} + \frac{n^2}{b^2}\right)^2$$

（11.156）

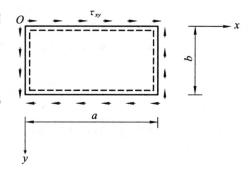

图 11.14 均匀剪应力作用下的四边简支薄板

（2）初应力势能

根据公式（11.50），可得

$$V = -\iint_A \left(N_{xy}\frac{\partial w}{\partial x}\frac{\partial w}{\partial y}\right)\mathrm{d}A \tag{11.157}$$

将式（11.155）的导数代入上式，得

$$V = -N_{xy}\sum_{m=1}^{\infty}\sum_{\substack{s=1\\s\neq m}}^{\infty}\sum_{n=1}^{\infty}\sum_{\substack{r=1\\r\neq n}}^{\infty} A_{mn}A_{sr}\frac{m\pi}{a}\frac{r\pi}{b} \times$$

$$\left(\int_0^a \sin\frac{s\pi x}{a}\cos\frac{m\pi x}{a}\mathrm{d}x\right)\left(\int_0^b \sin\frac{n\pi y}{b}\cos\frac{r\pi y}{b}\mathrm{d}y\right) \tag{11.158}$$

上式中的积分仍可按照上节的方法进行计算。可以证明，只有在 m,n 均取不同值时，积分结果方为非零。根据积分公式

$$\int_0^a \sin\frac{s\pi x}{a}\cos\frac{m\pi x}{a}\mathrm{d}x = \begin{cases} 0 & s\pm m = 偶数 \\ \dfrac{2a}{\pi}\dfrac{s}{s^2-m^2} & s\pm m = 奇数 \end{cases} \tag{11.159}$$

$$\int_0^b \sin\frac{n\pi y}{b}\cos\frac{r\pi y}{b}\mathrm{d}y = \begin{cases} 0 & n\pm r = 偶数 \\ \dfrac{2b}{\pi}\dfrac{s}{n^2-r^2} & n\pm r = 奇数 \end{cases} \tag{11.160}$$

可得式(11.158)的积分结果为

$$V = 4N_{xy}\sum_{m=1}^{\infty}\sum_{\substack{s=1\\s\neq m}}^{\infty}\sum_{n=1}^{\infty}\sum_{\substack{r=1\\r\neq n}}^{\infty}A_{mn}A_{sr}\frac{ms\cdot nr}{(m^2-s^2)(n^2-r^2)} \quad (s\pm m=奇数;n\pm r=奇数)$$

$$\tag{11.161}$$

（3）总势能与屈曲方程

总势能为

$$\Pi = U + V \tag{11.162}$$

根据变分原理,屈曲平衡方程可由如下的条件得到

$$\frac{\partial\Pi}{\partial A_{mn}} = 0 \tag{11.163}$$

从而有

$$\sum_{m=1}^{\infty}\sum_{n=1}^{\infty}\left[2\times\frac{ab\pi^4 D}{8}\left(\frac{m^2}{a^2}+\frac{n^2}{b^2}\right)^2 A_{mn} + 2\times 4N_{xy}\sum_{\substack{s=1\\s\neq m}}^{\infty}\sum_{\substack{r=1\\r\neq n}}^{\infty}A_{sr}\frac{ms\cdot nr}{(m^2-s^2)(n^2-r^2)}\right] = 0$$

$$(s\pm m=奇数;n\pm r=奇数)$$

$$\tag{11.164}$$

因为上式等号左边是双重无穷级数之和,保证上式成立的唯一条件就是使双重无穷级数的每一项为零,即

$$ab\pi^4 D\left(\frac{m^2}{a^2}+\frac{n^2}{b^2}\right)^2 A_{mn} + 32N_{xy}\sum_{\substack{s=1\\s\neq m}}^{\infty}\sum_{\substack{r=1\\r\neq n}}^{\infty}A_{sr}\frac{ms\cdot nr}{(m^2-s^2)(n^2-r^2)} = 0 \tag{11.165}$$

$$(s\pm m=奇数;n\pm r=奇数)$$

此式就是均匀剪应力作用下四边简支板的屈曲方程。

（4）无量纲屈曲方程与解析

首先将屈曲方程式(11.165)改写为

$$\pi^2\left(\frac{bm^2}{a}+\frac{an^2}{b}\right)^2 A_{mn} + 32\frac{a}{b}\frac{b^2 N_{xy}}{\pi^2 D}\sum_{\substack{s=1\\s\neq m}}^{\infty}\sum_{\substack{r=1\\r\neq n}}^{\infty}A_{sr}\frac{ms\cdot nr}{(m^2-s^2)(n^2-r^2)} = 0 \tag{11.166}$$

令 $\alpha = a/b; k = \dfrac{b^2 N_{xy}}{\pi^2 D}$,则上式可写为

$$\left(\frac{\pi}{\alpha}\right)^2(m^2+\alpha^2 n^2)^2 A_{mn} + k\cdot 32\alpha\sum_{\substack{s=1\\s\neq m}}^{\infty}\sum_{\substack{r=1\\r\neq n}}^{\infty}A_{sr}\frac{ms\cdot nr}{(m^2-s^2)(n^2-r^2)} = 0$$

$$(s\pm m=奇数;n\pm r=奇数)$$

$$\tag{11.167}$$

或者更简洁地表示为

$$M_{mn}A_{mn} + \sum_{\substack{s=1 \\ s \neq m}}^{\infty} \sum_{\substack{s=1 \\ s \neq n}}^{\infty} \delta_{mnsr}A_{sr} = 0 \quad (s \pm m = \text{奇数}; n \pm r = \text{奇数}) \tag{11.168}$$

式中

$$M_{mn} = \frac{\pi^2}{k \cdot 32a^3}(m^2 + a^2 n^2)^2, m \pm n = \text{偶数或} \ m \pm n = \text{奇数} \tag{11.169}$$

$$\delta_{mnsr} = \frac{ms \cdot nr}{(m^2 - s^2)(n^2 - r^2)}, \begin{cases} s \neq m, s \pm m = \text{奇数} \\ r \neq n, r \pm n = \text{奇数} \end{cases} \tag{11.170}$$

这就是本问题的无量纲屈曲方程。

给定 $a = a/b$，根据收敛性要求确定合适的级数项数，即可利用上述的屈曲方程得到此问题的屈曲荷载系数。

因为矩形板属于对称结构，其对称轴为 $x = a/2$ 和 $y = b/2$。利用此对称性可以简化我们的分析。

下面对均匀剪应力下矩形板的屈曲特征进行分析，因为 $s \pm m = $ 奇数和 $n \pm r = $ 奇数，必有

$$(s \pm m) \pm (n \pm r) = \text{偶数} = (m \pm n) \pm (s \pm r) \tag{11.171}$$

因此，若 $m \pm n = $ 偶数，必有 $s \pm r = $ 偶数；类似，若 $m \pm n = $ 奇数，必有 $s \pm r = $ 奇数。即若屈曲方程式(11.168)中若按 $m \pm n = $ 偶数(奇数)选择 A_{mn}，则必须按 $s \pm r = $ 偶数(奇数)来匹配选择 A_{sr}。这是个有趣的现象(图 11.15)，即屈曲方程可以分为两组，按对称屈曲($m \pm n = $ 偶数)和反对称屈曲($m \pm n = $ 奇数)，因而可分别独立计算。

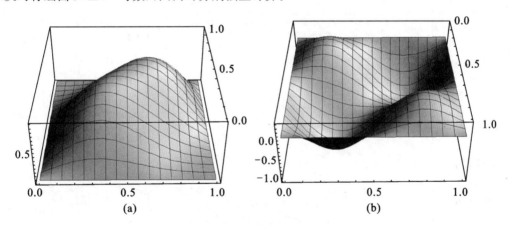

图 11.15　方板的屈曲模态

(a)对称屈曲模态；(b)反对称屈曲模态

以 $N = 2$ 的方板为例，A_{11}、A_{22} 为对称屈曲，其屈曲方程为

$$\begin{cases} 4\lambda A_{11} + \dfrac{4}{9}A_{22} = 0 \\ \dfrac{4}{9}A_{11} + 64\lambda A_{22} = 0 \end{cases}, \quad \lambda = \frac{\pi^2}{k \cdot 32} \tag{11.172}$$

A_{12}、A_{21}为反对称屈曲,其屈曲方程为

$$\begin{cases} 25\lambda A_{12} - \dfrac{4}{9}A_{21} = 0 \\ -\dfrac{4}{9}A_{12} + 25\lambda A_{21} = 0 \end{cases}, \lambda = \dfrac{\pi^2}{k \cdot 32} \tag{11.173}$$

由对称屈曲方程(11.172),可解得 $\lambda = \pm\dfrac{1}{36}$,即 $k = \pm 11.103$(式中±号说明正负剪切力均可使板屈曲);由反对称屈曲方程(11.173),可解得 $\lambda = \pm\dfrac{4}{225}$,即 $k = \pm 17.349$。显然,对于方板对称屈曲起控制作用。此时仅需要考虑 $m \pm n =$ 偶数的情况。

对于矩形板,则需要同时考察两种屈曲模态来确定最小的临界荷载。为了应用方便,根据上述分析,列出12项对称屈曲和反对称屈曲的行列式如下

$m,n \backslash s,r$	A_{11}	A_{13}	A_{22}	A_{31}	A_{15}	A_{24}	A_{33}	A_{42}	A_{51}	A_{35}	A_{44}	A_{53}
$m=1,n=1$	M_{11}	0	$\frac{4}{9}$	0	0	$\frac{8}{45}$	0	$\frac{8}{45}$	0	0	$\frac{16}{225}$	0
$m=1,n=3$		M_{13}	$-\frac{4}{5}$	0	0	$\frac{8}{7}$	0	$\frac{8}{25}$	0	0	$\frac{16}{35}$	0
$m=2,n=2$			M_{22}	$-\frac{4}{5}$	$-\frac{20}{63}$	0	$\frac{36}{25}$	0	$-\frac{20}{63}$	$\frac{4}{7}$	0	$\frac{4}{7}$
$m=3,n=1$				M_{31}	0	$-\frac{8}{25}$	0	$\frac{8}{7}$	0	0	$\frac{16}{35}$	0
$m=1,n=5$					M_{15}	$-\frac{40}{27}$	0	$-\frac{8}{63}$	0	0	$-\frac{16}{27}$	0
$m=2,n=4$						M_{24}	$\frac{72}{35}$	0	$\frac{8}{63}$	$\frac{8}{3}$	0	$\frac{120}{147}$
$m=3,n=3$							M_{33}	$-\frac{77}{35}$	0	0	$\frac{144}{49}$	0
$m=4,n=2$	对称							M_{42}	$-\frac{40}{27}$	$-\frac{120}{147}$	0	$\frac{8}{3}$
$m=5,n=1$									M_{51}	0	$-\frac{16}{27}$	0
$m=3,n=5$										M_{35}	$\frac{80}{21}$	0
$m=4,n=4$											M_{44}	$-\frac{80}{21}$
$m=5,n=3$												M_{53}

$=0$

(对称屈曲) (11.174)

$m,n\backslash s,r$	A_{12}	A_{21}	A_{14}	A_{23}	A_{32}	A_{41}	A_{16}	A_{25}	A_{34}	A_{43}	A_{52}	A_{61}
$m=1,n=2$	M_{12}	$-\dfrac{4}{9}$	0	$\dfrac{4}{5}$	0	$-\dfrac{8}{45}$	0	$\dfrac{20}{63}$	0	$\dfrac{8}{25}$	0	$-\dfrac{4}{35}$
$m=2,n=1$		M_{21}	$-\dfrac{8}{45}$	0	$\dfrac{4}{5}$	0	$-\dfrac{4}{35}$	0	$\dfrac{8}{25}$	0	$\dfrac{20}{63}$	0
$m=1,n=4$			M_{14}	$\dfrac{8}{7}$	0	$\dfrac{16}{225}$	0	$\dfrac{40}{27}$	0	$\dfrac{16}{35}$	0	$\dfrac{8}{175}$
$m=2,n=3$				M_{23}	$-\dfrac{35}{25}$	0	$-\dfrac{4}{9}$	0	$\dfrac{72}{35}$	0	$-\dfrac{4}{7}$	0
$m=3,n=2$					M_{32}	$-\dfrac{8}{7}$	0	$-\dfrac{4}{7}$	0	$\dfrac{72}{35}$	0	$-\dfrac{4}{9}$
$m=4,n=1$						M_{41}	$\dfrac{8}{175}$	0	$\dfrac{16}{35}$	0	$\dfrac{40}{27}$	0
$m=1,n=6$							M_{16}	$-\dfrac{20}{11}$	0	$-\dfrac{8}{45}$	0	$-\dfrac{36}{1225}$
$m=2,n=5$								M_{25}	$-\dfrac{8}{3}$	0	$-\dfrac{100}{441}$	0
$m=3,n=4$		对称							M_{34}	$\dfrac{144}{49}$	0	$\dfrac{8}{45}$
$m=4,n=3$										M_{43}	$-\dfrac{8}{3}$	0
$m=5,n=2$											M_{52}	$-\dfrac{20}{11}$
$m=6,n=1$												M_{61}

$$=0$$

$$(反对称屈曲) \qquad\qquad (11.175)$$

（5）近似公式

均匀剪应力下矩形板的屈曲荷载也可表示为

$$N_{xy,cr}=k\,\frac{\pi^2 D}{b^2} \qquad\qquad (11.176)$$

前人的研究表明,剪切屈曲系数 k 可以用下式近似计算

$$四边简支薄板\ k=\begin{cases}5.34+4.0\,(b/a)^2 & 当\ a\geqslant b\ 时\\ 4.0+5.34\,(b/a)^2 & 当\ a<b\ 时\end{cases} \qquad (11.177)$$

$$四边固定薄板\ k=\begin{cases}8.98+5.6\,(b/a)^2 & 当\ a\geqslant b\ 时\\ 5.6+8.98\,(b/a)^2 & 当\ a<b\ 时\end{cases} \qquad (11.178)$$

图 11.16 为不同边界对剪切屈曲系数 k 的影响。

11.4.3　Kantorovich-Ritz 法:单向受压三边简支一边自由板的屈曲

如前所述,薄板属于二维问题。此时若用双三角级数为试函数,Rayleigh-Ritz 法的解答常常导致多重级数,而重级数的收敛性一般比单级数要差。为了提高收敛速度,Kantorovich 于 1933 年改进了早期的 Rayleigh-Ritz 法,并提出在对自变函数作假设时,不

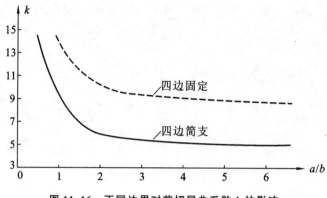

图 11.16　不同边界对剪切屈曲系数 k 的影响

是仅保留若干个待定常数,而是保留若干个待定的一元函数。此方法称为 Kantorovich 法,或者 Kantorovich-Ritz 法。

本节将利用 Kantorovich-Ritz 法研究图 11.9 所示的单向均匀受压三边简支一边自由板的屈曲问题。这里仍仿照 Levy 的做法,将板的弹性曲面,即横向挠度表示为单三角级数的形式,即

$$w(x,y) = \sum_{m=1}^{\infty} Y_m(y)\sin\frac{m\pi x}{a} \tag{11.179}$$

式中,m 为板屈曲时在 x 方向的半波数,$Y_m(y)$ 为待定的一元函数,它与坐标 y 有关而与坐标 x 无关。

显然,此函数满足对边简支的边界条件。下面我们将利用 Kantorovich-Ritz 法来推导待定函数应满足的 Euler 方程和自然边界条件。

【说明】

在能量变分法中,上节的"双三角级数法"也称为 Rayleigh-Ritz 法,而本节的"单三角级数法"也称为 Kantorovich-Ritz 法。Kantorovich-Ritz 法属于"半解析法",因而适用性更强。

(1) 导数的计算

由式(11.179)可求得如下的导数

$$\frac{\partial w}{\partial x} = \sum_{m=1}^{\infty} Y_m \frac{m\pi}{a}\cos\frac{m\pi x}{a} \tag{11.180}$$

$$\frac{\partial w}{\partial y} = \sum_{m=1}^{\infty} Y_m'\sin\frac{m\pi x}{a} \tag{11.181}$$

$$\frac{\partial^2 w}{\partial x^2} = \sum_{m=1}^{\infty} -Y_m\left(\frac{m\pi}{a}\right)^2\sin\frac{m\pi x}{a} \tag{11.182}$$

$$\frac{\partial^2 w}{\partial y^2} = \sum_{m=1}^{\infty} Y_m''\sin\frac{m\pi x}{a} \tag{11.183}$$

$$\frac{\partial^2 w}{\partial x\partial y} = \sum_{m=1}^{\infty} Y_m'\frac{m\pi}{a}\cos\frac{m\pi x}{a} \tag{11.184}$$

(2) 应变能积分的计算

三边简支薄板的应变能为

$$U = \frac{1}{2}\iint\limits_A D\left[\left(\frac{\partial^2 w}{\partial x^2}\right)^2 + \left(\frac{\partial^2 w}{\partial y^2}\right)^2 + 2\mu\frac{\partial^2 w}{\partial x^2}\frac{\partial^2 w}{\partial y^2} + 2(1-\mu)\left(\frac{\partial^2 w}{\partial x \partial y}\right)^2\right]\mathrm{d}A \quad (11.185)$$

将式(11.182)～式(11.184)代入上式即可计算应变能。为了清晰起见,这里分别计算各项的积分。

第一项的积分为

$$U_1 = \frac{D}{2}\iint\limits_A \left(\frac{\partial^2 w}{\partial x^2}\right)^2 \mathrm{d}A = \frac{D}{2}\iint\limits_A \left[\sum_{m=1}^\infty -Y_m\left(\frac{m\pi}{a}\right)^2 \sin\frac{m\pi x}{a}\right]^2 \mathrm{d}A$$

$$= \frac{D}{2}\sum_{m=1}^\infty\sum_{n=1}^\infty \int_0^b \left[-Y_m\left(\frac{m\pi}{a}\right)^2\right]\left[-Y_n\left(\frac{n\pi}{a}\right)^2\right]\left(\int_0^a \sin\frac{m\pi x}{a}\sin\frac{n\pi x}{a}\mathrm{d}x\right)\mathrm{d}y$$

$$(11.186)$$

因为

$$\int_0^a \sin\frac{m\pi x}{a}\sin\frac{n\pi x}{a}\mathrm{d}x = \begin{cases} \frac{a}{2} & m=n \\ 0 & m\neq n \end{cases} \quad (11.187)$$

故式(11.186)的积分结果为

$$U_1 = \frac{D}{2}\times\frac{a}{2}\sum_{m=1}^\infty \int_0^b \left[Y_m\left(\frac{m\pi}{a}\right)^2\right]^2 \mathrm{d}y \quad (11.188)$$

第二项的积分为

$$U_2 = \frac{D}{2}\iint\limits_A \left(\frac{\partial^2 w}{\partial y^2}\right)^2\mathrm{d}A = \frac{D}{2}\iint\limits_A \left(\sum_{m=1}^\infty Y_m'' \sin\frac{m\pi x}{a}\right)^2\mathrm{d}A = \frac{D}{2}\times\frac{a}{2}\sum_{m=1}^\infty \int_0^b (Y_m'')^2\mathrm{d}y$$

$$(11.189)$$

第三项的积分为

$$U_3 = \frac{D}{2}\iint\limits_A 2\mu\frac{\partial^2 w}{\partial x^2}\frac{\partial^2 w}{\partial y^2}\mathrm{d}A$$

$$= \frac{D}{2}\sum_{m=1}^\infty\sum_{n=1}^\infty \int_0^b 2\mu\left[-Y_m\left(\frac{m\pi}{a}\right)^2\right]Y_n''\left(\int_0^a \sin\frac{m\pi x}{a}\sin\frac{n\pi x}{a}\mathrm{d}x\right)\mathrm{d}y \quad (11.190)$$

$$= \frac{D}{2}\times\frac{a}{2}\sum_{m=1}^\infty \int_0^b 2\mu\left[-Y_m Y_m''\left(\frac{m\pi}{a}\right)^2\right]\mathrm{d}y$$

第四项的积分为

$$U_4 = \frac{D}{2}\iint\limits_A 2(1-\mu)\left(\frac{\partial^2 w}{\partial x\partial y}\right)^2\mathrm{d}A = \frac{D}{2}\iint\limits_A 2(1-\mu)\left(\sum_{m=1}^\infty Y_m'\frac{m\pi}{a}\cos\frac{m\pi x}{a}\right)^2\mathrm{d}A$$

$$= \frac{D}{2}\sum_{m=1}^\infty\sum_{n=1}^\infty \int_0^b 2(1-\mu)\left(Y_m'\frac{m\pi}{a}\right)\left(Y_n'\frac{n\pi}{a}\right)\left(\int_0^a \cos\frac{m\pi x}{a}\cos\frac{n\pi x}{a}\mathrm{d}x\right)\mathrm{d}y$$

$$(11.191)$$

因为

$$\int_0^a \cos\frac{m\pi x}{a}\cos\frac{n\pi x}{a}\mathrm{d}x = \begin{cases} \frac{a}{2} & m=n \\ 0 & m\neq n \end{cases} \quad (11.192)$$

故式(11.191)的积分结果为

$$U_4 = \frac{D}{2} \times \frac{a}{2} \sum_{m=1}^{\infty} \int_0^b 2(1-\mu)\left(Y_m' \frac{m\pi}{a}\right)^2 \mathrm{d}y \tag{11.193}$$

综上，应变能[式(11.185)]的积分结果为

$$U = \frac{D}{2} \times \frac{a}{2} \sum_{m=1}^{\infty} \int_0^b \left\{ \begin{array}{l} \left[Y_m\left(\frac{m\pi}{a}\right)^2\right]^2 + (Y_m'')^2 - 2\mu\left[Y_m Y_m''\left(\frac{m\pi}{a}\right)^2\right] + \\ 2(1-\mu)\left(Y_m'\frac{m\pi}{a}\right)^2 \end{array} \right\} \mathrm{d}y \tag{11.194}$$

(3) 初应力势能积分的计算

根据公式(11.50)，可得

$$V = -\frac{1}{2}\iint_A \left[N_x\left(\frac{\partial w}{\partial x}\right)^2\right]\mathrm{d}A \tag{11.195}$$

将式(11.180)代入上式，得

$$V = -\frac{N_x}{2}\sum_{m=1}^{\infty}\sum_{n=1}^{\infty}\int_0^b\left(Y_m\frac{m\pi}{a}\right)\left(Y_n\frac{n\pi}{a}\right)\left(\int_0^a \cos\frac{m\pi x}{a}\sin\frac{n\pi x}{a}\mathrm{d}x\right)\mathrm{d}y \tag{11.196}$$

其积分结果为

$$V = -\frac{N_x}{2} \times \frac{a}{2} \sum_{m=1}^{\infty}\int_0^b\left(Y_m\frac{m\pi}{a}\right)^2\mathrm{d}y \tag{11.197}$$

(4) 总势能及 Euler 方程与自然边界条件

$$\Pi = U + V$$

$$= \frac{D}{2} \times \frac{a}{2} \sum_{m=1}^{\infty}\int_0^b\left\{ \begin{array}{l} \left[Y_m\left(\frac{m\pi}{a}\right)^2\right]^2 + (Y_m'')^2 - 2\mu Y_m Y_m''\left(\frac{m\pi}{a}\right)^2 + \\ 2(1-\mu)\left(Y_m'\frac{m\pi}{a}\right)^2 \end{array} \right\}\mathrm{d}y - \tag{11.198}$$

$$\frac{N_x}{2} \times \frac{a}{2} \sum_{m=1}^{\infty}\int_0^b\left(Y_m\frac{m\pi}{a}\right)^2\mathrm{d}y$$

此泛函的被积函数为

$$F(Y_m, Y_m', Y_m'')$$

$$= \frac{D}{2} \times \frac{a}{2}\left\{ \begin{array}{l} \left[Y_m\left(\frac{m\pi}{a}\right)^2\right]^2 + (Y_m'')^2 - 2\mu Y_m Y_m''\left(\frac{m\pi}{a}\right)^2 + \\ 2(1-\mu)\left(Y_m'\frac{m\pi}{a}\right)^2 \end{array} \right\} - \frac{N_x}{2} \times \frac{a}{2}\left(Y_m\frac{m\pi}{a}\right)^2$$

$$\tag{11.199}$$

其各阶导数如下

$$\left. \begin{array}{l} \dfrac{\partial F}{\partial Y_m} = D \times \dfrac{a}{2}\left[Y_m\left(\dfrac{m\pi}{a}\right)^4 - \mu Y_m''\left(\dfrac{m\pi}{a}\right)^2\right] - N_x\dfrac{a}{2}Y_m\left(\dfrac{m\pi}{a}\right)^2 \\[3mm] \dfrac{\partial F}{\partial Y_m'} = D \times \dfrac{a}{2}\left[2(1-\mu)Y_m'\left(\dfrac{m\pi}{a}\right)^2\right] \\[3mm] \dfrac{\partial F}{\partial Y_m''} = D \times \dfrac{a}{2}\left[Y_m'' - \mu Y_m\left(\dfrac{m\pi}{a}\right)^2\right] \end{array} \right\} \tag{11.200}$$

Euler 方程为

$$\frac{\partial F}{\partial Y_m} - \frac{\mathrm{d}}{\mathrm{d}y}\left(\frac{\partial F}{\partial Y'_m}\right) + \frac{\mathrm{d}^2}{\mathrm{d}y^2}\left(\frac{\partial F}{\partial Y''_m}\right) = 0 \tag{11.201}$$

将式(11.200)代入上式,可得

$$D\frac{a}{2}\left[Y_m\left(\frac{m\pi}{a}\right)^4 - \mu Y''_m\left(\frac{m\pi}{a}\right)^2\right] - N_x\frac{a}{2}Y_m\left(\frac{m\pi}{a}\right)^2 -$$

$$D\frac{a}{2}\left[2(1-\mu)Y''_m\left(\frac{m\pi}{a}\right)^2\right] + D\frac{a}{2}\left[Y_m^{(4)} - \mu Y''_m\left(\frac{m\pi}{a}\right)^2\right] = 0 \tag{11.202}$$

或者

$$D\left[Y_m\left(\frac{m\pi}{a}\right)^4 - 2Y''_m\left(\frac{m\pi}{a}\right)^2 + Y_m^{(4)}\right] - N_x Y_m\left(\frac{m\pi}{a}\right)^2 = 0 \tag{11.203}$$

或

$$Y_m^{(4)} - 2\left(\frac{m\pi}{a}\right)^2 Y''_m + \left(\frac{m\pi}{a}\right)^2\left[\left(\frac{m\pi}{a}\right)^2 - \frac{N_x}{D}\right]Y_m = 0 \tag{11.204}$$

自然边界条件为

简支边($y=0$)

$$Y_m = 0 \tag{11.205}$$

和

$$\frac{\partial F}{\partial Y''_m} = D\frac{a}{2}\left[Y''_m - \mu Y_m\left(\frac{m\pi}{a}\right)^2\right] = 0 \tag{11.206}$$

将式(11.205)代入上式,可得简支边的边界条件为

$$Y_m = 0, \quad Y''_m = 0 \tag{11.207}$$

自由边($y=b$)

$$\left.\begin{array}{l}\dfrac{\partial F}{\partial Y'_m} - \dfrac{\mathrm{d}}{\mathrm{d}y}\left(\dfrac{\partial F}{\partial Y''_m}\right) = D\dfrac{a}{2}\left[2(1-\mu)Y'_m\left(\dfrac{m\pi}{a}\right)^2\right] - D\dfrac{a}{2}\left[Y''_m - \mu Y'_m\left(\dfrac{m\pi}{a}\right)^2\right] = 0 \\[4mm] \dfrac{\partial F}{\partial Y''_m} = D\dfrac{a}{2}\left[Y''_m - \mu Y_m\left(\dfrac{m\pi}{a}\right)^2\right] = 0 \end{array}\right\} \tag{11.208}$$

或者简写为

$$\left.\begin{array}{l}Y'''_m - (2-\mu)Y'_m\left(\dfrac{m\pi}{a}\right)^2 = 0 \\[4mm] Y''_m - \mu\left(\dfrac{m\pi}{a}\right)^2 Y_m = 0 \end{array}\right\} \tag{11.209}$$

显然,上述的 Euler 方程式(11.204)和自然边界条件与前述的 Levy"单三角级数解"完全相同。这证明:若假设的对边位移函数,比如本问题的 $\sin\dfrac{m\pi x}{a}$ 为对边简支的精确的屈曲模态,则 Kantorovich-Ritz 法将自然得到描述另一对边的位移函数,比如本问题的 $Y_m(y)$ 的精确的 Euler 方程和自然边界条件。

事实上,Kantorovich 法的重要用途不在于求精确解,而是利用它来构造高精度的近似解析解。下面我们通过四边固定(夹支)薄板的屈曲问题来说明 Kantorovich 法的应用。

11.4.4 Kantorovich-Ritz 法:均匀压力下四边固定板的屈曲

四边固定板的弯曲问题曾是一个数学难题,也曾是法国科学院的一个悬赏题目。1942 年

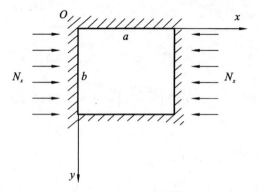

图 11.17　均匀受压的四边固定板

S. Levy 将纳维尔（Navier）的"双三角级数法"与力法相结合，首次解决了四边固定板的屈曲问题。国内张福范教授推广了 *S. Levy* 的方法解决了四边固定板的弯曲、振动问题。对于轴心受压方钢管混凝土（*CFST*），实验中发现其外壁钢管也会发生局部屈曲。与前述的方钢管局部屈曲（图 11.8）不同，核心混凝土的存在抑制了管壁的自由屈曲，且管壁只能同时外凸屈曲，此时钢管的四个棱仍为直线，每个管壁可以简化为四边固定板的屈曲问题，如图 11.17 所示。本书仅给出其中一种简便的近似解析解法。

图 11.17 所示四边固定板的边界条件为

$$w = 0, \quad w' = 0 \tag{11.210}$$

但在薄板 xy 平面内可以自由移动。

取横向位移为如下形式

$$w(x, y) = X(x) \cdot \left(1 - \cos\frac{2\pi y}{b}\right) \tag{11.211}$$

式中，$X(x)$ 为待定函数，仅与坐标 x 有关。

此位移函数可以满足 y 方向的边界条件。

（1）导数的计算

由式（11.211）可求得如下的导数

$$\frac{\partial w}{\partial x} = \left(1 - \cos\frac{2\pi y}{b}\right)X'(x) \tag{11.212}$$

$$\frac{\partial w}{\partial y} = \frac{2\pi}{b}\sin\left(\frac{2\pi y}{b}\right)X(x) \tag{11.213}$$

$$\frac{\partial^2 w}{\partial x^2} = \left(1 - \cos\frac{2\pi y}{b}\right)X''(x) \tag{11.214}$$

$$\frac{\partial^2 w}{\partial y^2} = \frac{4\pi^2}{b^2}\cos\left(\frac{2\pi y}{b}\right)X(x) \tag{11.215}$$

$$\frac{\partial^2 w}{\partial x \partial y} = \frac{2\pi}{b}\sin\left(\frac{2\pi y}{b}\right)X'(x) \tag{11.216}$$

（2）应变能的计算

四边固定薄板的应变能为

$$U = \frac{1}{2}\iint\limits_A D\left[\left(\frac{\partial^2 w}{\partial x^2}\right)^2 + \left(\frac{\partial^2 w}{\partial y^2}\right)^2 + 2\mu\frac{\partial^2 w}{\partial x^2}\frac{\partial^2 w}{\partial y^2} + 2(1-\mu)\left(\frac{\partial^2 w}{\partial x \partial y}\right)^2\right]\mathrm{d}A \tag{11.217}$$

将式（11.214）～ 式（11.216）代入上式，积分可得

$$U = \frac{1}{2}D\int_0^b \left[\begin{array}{l} \dfrac{8\pi^4 X\,(x)^2}{b^3} - \dfrac{4\pi^2 X(x)X''(x)}{b} + \dfrac{3}{2}bX''\,(x)^2 + \\ \dfrac{4\pi^2\,(1-\mu)\bigl[X'\,(x)^2 + X(x)X''(x)\bigr]}{b} \end{array} \right] \mathrm{d}y \qquad (11.218)$$

(3) 初应力势能的计算

根据公式(11.50),可得

$$V = -\frac{1}{2}\iint_A \left[N_x \left(\frac{\partial w}{\partial x}\right)^2 \right] \mathrm{d}A \qquad (11.219)$$

将式(11.212)代入上式,其积分结果为

$$V = -\frac{3}{4}\int_0^b bN_x X'\,(x)^2 \mathrm{d}y \qquad (11.220)$$

(4) 总势能及 Euler 方程与自然边界条件

总势能为

$$\Pi = U + V$$

$$= \frac{1}{2}D\int_0^b \left\{ \begin{array}{l} \dfrac{8\pi^4 X\,(x)^2}{b^3} - \dfrac{4\pi^2 X(x)X''(x)}{b} + \dfrac{3}{2}bX''\,(x)^2 + \\ \dfrac{4\pi^2\,(1-\mu)\bigl[X'\,(x)^2 + X(x)X''(x)\bigr]}{b} \end{array} \right\} \mathrm{d}y - \frac{3}{4}\int_0^b bN_x X'\,(x)^2 \mathrm{d}y$$

$$(11.221)$$

此泛函的被积函数为

$$F(X,X',X'') =$$

$$= \frac{D}{2}\left\{ \begin{array}{l} \dfrac{8\pi^4 X\,(x)^2}{b^3} - \dfrac{4\pi^2 X(x)X''(x)}{b} + \dfrac{3}{2}bX''(x)^2 + \\ \dfrac{4\pi^2\,(1-\mu)\bigl[X'(x)^2 + X(x)X''(x)\bigr]}{b} \end{array} \right\} - \frac{3}{4}bN_x X'(x)^2 \qquad (11.222)$$

其各阶导数如下

$$\left.\begin{array}{l} \dfrac{\partial F}{\partial X} = -\dfrac{2D\pi^2\,(-1+\mu)X''}{b} + \dfrac{1}{2}D\left(\dfrac{16\pi^4 X}{b^3} - \dfrac{4\pi^2 X''}{b}\right) \\[2mm] \dfrac{\partial F}{\partial X'} = -\dfrac{4D\pi^2\,(-1+\mu)X'}{b} - \dfrac{3}{2}bN_x X' \\[2mm] \dfrac{\partial F}{\partial X''} = -\dfrac{2D\pi^2 X\,(-1+\mu)}{b} + \dfrac{1}{2}D\left(-\dfrac{4\pi^2 X}{b} + 3bX''\right) \end{array}\right\} \qquad (11.223)$$

Euler 方程为

$$\frac{\partial F}{\partial X} - \frac{\mathrm{d}}{\mathrm{d}y}\left(\frac{\partial F}{\partial X'}\right) + \frac{\mathrm{d}^2}{\mathrm{d}y^2}\left(\frac{\partial F}{\partial X''}\right) = 0 \qquad (11.224)$$

将式(11.223)代入上式,可得

$$16\pi^4 X(x) + b^2\left(-8\pi^2 + 3b^2\frac{N_x}{D}\right)X''(x) + 3b^4 X^{(4)}(x) = 0 \qquad (11.225)$$

或者

$$16\pi^4 X(x) + b^2\left(-8\pi^2 + 3\pi^2\widetilde{N}_x\right)X''(x) + 3b^4 X^{(4)}(x) = 0 \qquad (11.226)$$

其中，$\widetilde{N}_x = \dfrac{N_x}{(\pi^2 D/b^2)}$ 为无量纲屈曲荷载。

边界条件为

$$X = X' = 0 \tag{11.227}$$

可见，Kantorovich 法是一种将二重积分问题转化为单积分问题的解析方法。如上推导所示，只要待定函数选择合适，Kantorovich 法最终需要求解的是一个常系数微分方程。

（5）微分方程的解答

Euler 方程式（11.226）是一个四阶常微分方程，其特征方程为

$$16\pi^4 + b^2(-8\pi^2 + 3\pi^2 \widetilde{N}_x)r^2 + 3b^4 r^4 = 0 \tag{11.228}$$

它的根为

$$r_{1,2} = \pm\frac{\alpha}{b}, \quad r_{3,4} = \pm\frac{\beta}{b} \tag{11.229}$$

$$\alpha = \left[\frac{1}{6}\left(8\pi^2 - 3\pi^2\widetilde{N}_x - \pi^2\sqrt{-128 - 48\widetilde{N}_x + 9\widetilde{N}_x^2}\right)\right]^{1/2} \tag{11.230}$$

$$\beta = \left[\frac{1}{6}\left(8\pi^2 - 3\pi^2\widetilde{N}_x + \pi^2\sqrt{-128 - 48\widetilde{N}_x + 9\widetilde{N}_x^2}\right)\right]^{1/2} \tag{11.231}$$

从而可得四阶常微分方程（11.226）的解答

$$X(x) = C_1\cosh\left(\alpha\frac{x}{b}\right) + C_1\sinh\left(\alpha\frac{x}{b}\right) + C_3\cosh\left(\beta\frac{x}{b}\right) + C_4\sinh\left(\beta\frac{x}{b}\right) \tag{11.232}$$

（6）屈曲方程及其解答

为了简明起见，这里仅给出方板，即 $a = b$ 的结果。根据边界条件（11.227）可得

$$\begin{pmatrix} 1 & 0 & 1 & 0 \\ 0 & \alpha & 0 & \beta \\ \cosh\alpha & \sinh\alpha & \cosh\beta & \sinh\beta \\ \alpha\sinh\alpha & \alpha\cosh\alpha & \beta\sinh\beta & \beta\cosh\beta \end{pmatrix}\begin{pmatrix} C_1 \\ C_2 \\ C_3 \\ C_4 \end{pmatrix} = \begin{pmatrix} 0 \\ 0 \\ 0 \\ 0 \end{pmatrix} \tag{11.233}$$

令其系数行列式为零，可得

$$2\alpha\beta - 2\alpha\beta\cosh\alpha\cosh\beta + (\alpha^2 + \beta^2)\sinh\alpha\sinh\beta = 0 \tag{11.234}$$

这就是本问题的屈曲方程。

对于单向均匀受压四边固定方板，由屈曲方程可解得其无量纲屈曲荷载（屈曲系数）为 10.438，而张福范给出的无穷级数解为 10.074。本书的解仅比无穷级数解高 3.61%。可见 Kantorovich 法的精确度很高，且比无穷级数解答简单易懂。

【说明】

四边固定的力学模型不适合分析轴心受压的矩形钢管混凝土。因为矩形钢管的长边钢管刚度较弱，先发生屈曲，且屈曲过程将受到短边钢管的约束，因此长边钢管的局部屈曲应该考虑短边钢管的弹性约束，其力学模型如图 11.18 所示。若将上述分析的 x、y 坐标轮换，并引入弹性边界约束，则上述的 Kantorovich 法依然适用。

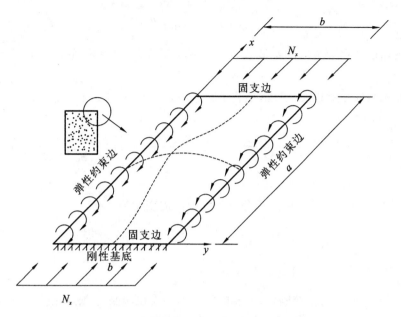

图 11.18 矩形钢管混凝土的局部屈曲力学模型

11.4.5 Kantorovich-Ritz 法：弹性约束薄板的屈曲

前面我们讨论了单向均匀受压对边简支板的两种极端情况，一边自由一边简支和一边自由一边固定。对于钢构件而言，这是两种理想状态。实际情况中，约束程度介于两者之间。以图 11.19 所示的 T 形截面轴压柱为例，因为翼缘板的存在，腹板在轴向均匀压力下的屈曲必然会受到翼缘板的约束（假设翼缘不先于腹板屈曲，即腹板较柔的情况）。

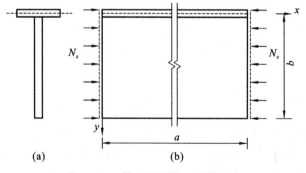

图 11.19 轴心受压的 T 形截面柱

实际上这是个复杂的屈曲问题，也是后面我们研究畸变屈曲的基础。这里仅考虑这样一种简单的理想情况，即仅考虑翼缘自由扭转刚度的影响，而忽略翼缘在垂直腹板方向的弯曲变形，也不考虑翼缘的约束扭转刚度的影响。这样我们可将该问题简化为加载边简支，非加载边一边具有弹性扭转约束，一边自由的情况。Timoshenko 曾基于微分方程模型研究了该问题，这里将利用能量变分法给出其精确解。

对于两端铰接的 T 形截面柱，将腹板的模态函数，即横向挠度假设为

$$w(x,y) = Y_m(y)\sin\frac{m\pi x}{a} \tag{11.235}$$

式中，m 为板屈曲时在 x 方向的半波数，$Y_m(y)$ 为待定的一元函数，它与坐标 y 有关而与坐标 x 无关。

显然，此函数满足对边简支柱的边界条件。

腹板的应变能为

$$U_w = \frac{1}{2}\iint\limits_{A_w} D\left[\left(\frac{\partial^2 w}{\partial x^2}\right)^2 + \left(\frac{\partial^2 w}{\partial y^2}\right)^2 + 2\mu\frac{\partial^2 w}{\partial x^2}\frac{\partial^2 w}{\partial y^2} + 2(1-\mu)\left(\frac{\partial^2 w}{\partial x\partial y}\right)^2\right]\mathrm{d}A_w \tag{11.236}$$

将式（11.235）代入上式，通过积分可得腹板的应变能为

$$U_w = \frac{D}{2}\times\frac{a}{2}\int_0^b \left\{\begin{array}{l}\left[Y_m\left(\frac{m\pi}{a}\right)^2\right]^2 + (Y_m'')^2 - 2\mu Y_m Y_m''\left(\frac{m\pi}{a}\right)^2 + \\ 2(1-\mu)\left(Y_m'\frac{m\pi}{a}\right)^2\end{array}\right\}\mathrm{d}y \tag{11.237}$$

若仅考虑翼缘的自由扭转刚度，而忽略翼缘的约束扭转刚度，则其扭转应变能为

$$U_f = \frac{1}{2}\int_0^L GJ_k\phi'^2\,\mathrm{d}z \tag{11.238}$$

式中，ϕ 为翼缘形心的转角。

根据 Kirchhoff 薄板理论，翼缘形心的转角为

$$\phi = \frac{\partial w}{\partial y}\bigg|_{y=0} = Y_m'(0)\sin\frac{m\pi x}{a} \tag{11.239}$$

将此式代入到式（11.238），积分可得

$$U_f = \frac{1}{2}\int_0^L GJ_k\phi'^2\,\mathrm{d}z = \frac{m^2\pi^2}{4a}GJ_k Y_m'(0)^2 \tag{11.240}$$

腹板的初应力势能为

$$V_w = -\frac{1}{2}\iint\limits_A\left[\frac{P}{A}t_w\left(\frac{\partial w}{\partial x}\right)^2\right]\mathrm{d}A = -\frac{1}{2}N_{z,w}\cdot\frac{a}{2}\int_0^b\left(Y_m\frac{m\pi}{a}\right)^2\mathrm{d}y \tag{11.241}$$

式中

$$N_{z,w} = \left(\frac{P}{A}\right)t_w \tag{11.242}$$

为腹板的压力，是沿着腹板中面单位长度的压应力。

因为假设翼缘仅能转动，不能侧移，因此翼缘的初应力势能为零。

腹板屈曲的总势能为

$$\Pi = \frac{1}{2}\int_0^b\left\{\begin{array}{l}\left[\frac{Da}{2}\left(\frac{m\pi}{a}\right)^4 - N_{z,w}\cdot\frac{a}{2}\left(\frac{m\pi}{a}\right)^2\right](Y_m)^2 + \frac{Da}{2}\,(Y_m'')^2 - \\ 2\mu\cdot\frac{Da}{2}\left(\frac{m\pi}{a}\right)^2 Y_m Y_m'' + (1-\mu)Da\left(\frac{m\pi}{a}\right)^2\,(Y_m')^2\end{array}\right\}\mathrm{d}y + \frac{1}{2}\left(\frac{m^2\pi^2}{2a}GJ_k[Y_m'(0)]^2\right) \tag{11.243}$$

这就是我们推导得到的关于待定函数 $Y_m(y)$ 的总势能。

根据变分原理，可以推导得到此问题的屈曲平衡方程（Euler 方程）为

$$Y_m^{(4)} - 2\left(\frac{m\pi}{a}\right)^2 Y_m'' + \frac{m^2\pi^2}{a^2}\left(\frac{m^2\pi^2}{a^2} - \frac{N_{z,w}}{D}\right)Y_m = 0 \tag{11.244}$$

边界条件为

(1) 在 $y=0$ 处

$$Y_m = 0 \tag{11.245}$$

$$\frac{m^2\pi^2}{2a}GJ_kY_m' - \frac{Da}{2}(Y_m'') + \mu\frac{Da}{2}\left(\frac{m\pi}{L}\right)^2 Y_m = 0 \tag{11.246}$$

根据上式的第一个条件,可将上式的第二个条件改写为

$$\frac{m^2\pi^2}{2a}GJ_kY_m' - \frac{Da}{2}Y_m'' = 0 \tag{11.247}$$

此式与 Timoshenko 给出的边界条件相同,然而利用能量变分解却可以避免出现转角方向判断等错误。这是能量变分法的主要优点,化繁为简。

(2) 在 $y=b$ 处

$$\left.\begin{array}{l}\dfrac{Dm^2\pi^2(2-\mu)}{2a}Y_m' - \dfrac{1}{2}DaY_m''' = 0 \\[3mm] \dfrac{Da}{2}Y_m'' - \mu\dfrac{Da}{2}\left(\dfrac{m\pi}{a}\right)^2 Y_m = 0\end{array}\right\} \tag{11.248}$$

根据 Euler 方程和上述边界条件,易得如下的方程

$$\begin{pmatrix} -\alpha t\sinh\alpha & -\alpha t\cosh\alpha & -\beta s\sin\beta & \beta s\cos\beta \\ s\cosh\alpha & s\sinh\alpha & -t\cos\beta & -t\sin\beta \\ 1 & 0 & 1 & 0 \\ -\alpha^2 & r\alpha & \beta^2 & r\beta \end{pmatrix}\begin{pmatrix} C_1 \\ C_2 \\ C_3 \\ C_4 \end{pmatrix} = \begin{pmatrix} 0 \\ 0 \\ 0 \\ 0 \end{pmatrix} \tag{11.249}$$

式中,无量纲参数如下

$$\alpha = \sqrt{\left(\frac{m\pi}{\lambda}\right)^2 + \sqrt{k\frac{m^2\pi^4}{\lambda^2}}}, \quad \beta = \sqrt{-\left(\frac{m\pi}{\lambda}\right)^2 + \sqrt{k\frac{m^2\pi^4}{\lambda^2}}} \tag{11.250}$$

$$s = \alpha^2 - \mu\left(\frac{m\pi}{\lambda}\right)^2, \quad t = \beta^2 + \mu\left(\frac{m\pi}{\lambda}\right)^2 \tag{11.251}$$

$$\lambda = \frac{a}{b}, \quad rb = b\left(\frac{m\pi}{a}\right)^2\frac{GJ_k}{D}, \quad k = \sigma_{cr}\bigg/\left(\frac{\pi^2 D}{t_w h^2}\right) \tag{11.252}$$

令其系数行列式为零,可得

$$2rst\alpha\beta - \alpha\cosh\alpha\left[-r(s^2+t^2)\beta\cos\beta + t^2(\alpha^2+\beta^2)\sin\beta\right] +$$

$$\left[s^2\beta(\alpha^2+\beta^2)\cos\beta + r(-t^2\alpha^2+s^2\beta^2)\sin\beta\right]\sinh\alpha = 0 \tag{11.253}$$

这就是我们推导得到的本问题的无量纲屈曲方程。

临界应力为

$$\sigma_{cr} = k\frac{\pi^2 D}{t_w h^2} \tag{11.254}$$

其中,k 为屈曲系数。

若给定屈曲半波数 m,则 k 的数值与边长比 $\lambda = \dfrac{a}{b}$、刚度比 $r = \left(\dfrac{m\pi}{a}\right)^2\dfrac{GJ_k}{D}$ 有关。表 11.4 给出了半波数 $m=1$,$rb=2$,$\mu=0.25$ 时的屈曲系数。

表 11.4 非加载边一边具有弹性扭转约束，一边自由的屈曲系数 $k(\mu=0.25, rb=2)$

a/b	1.0	1.5	2.0	2.3	2.5	3	4
Timoshenko	1.49	1.01	0.90	0.89	0.90	0.98	0.90
本书	1.49462	1.00836	0.89609	0.89247	0.90531	0.97449	1.22167

从表 11.4 中可见，Timoshenko 的多数解答结果仅具有 2 位小数的精度，且个别误差较大，比如 $a/b=4$ 时。

研究还表明（图 11.20），随着刚度比的增加，即随着翼缘抗扭刚度的增加，屈曲系数不断增加。当 $rb=8$ 时，屈曲系数 k 接近固定边的情况。这说明，翼缘抗扭刚度也存在一个"刚度阈值"。

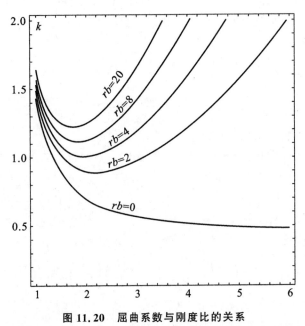

图 11.20 屈曲系数与刚度比的关系

参 考 文 献

[1] TIMOSHENKO S P, GERE J. Theory of elastic stability. 2nd ed. McGraw-Hill, New York, NY, USA, 1961.

[2] 胡海昌. 弹性力学的变分原理及其应用. 北京：科学出版社，1981.

[3] A. C. 沃耳密尔. 柔韧板与柔韧壳. 北京：科学出版社，1959.

[4] 张福范. 弹性薄板. 2 版. 北京：科学出版社，1984.

[5] 黄与宏. 板结构. 北京：人民交通出版社，1992.

[6] 康托洛维奇，克雷洛夫. 高等分析近似方法. 北京：科学出版社，1966.

[7] 钱伟长. 变分法及有限元（上册）. 北京：科学出版社，1980.

12 Kirchhoff 薄板组合扭转与弯扭屈曲的板-梁理论

薄壁构件在土木建筑、航天和机械等工程领域有着广泛的应用。薄壁构件常用的有两大类，即开口薄壁构件和闭口薄壁构件。薄壁构件的扭转、扭转屈曲、弯扭屈曲是工程中极为重要的理论问题。理论上，可将任何薄壁构件看作是 Kirchhoff 薄板的组合体，比如工字形、T 形、十字形、箱形薄壁构件。因此采用 FEM 中的板壳单元来描述这类构件的扭转和屈曲问题是极为合理的方法之一。从这个意义上讲，Kirchhoff 薄板的组合扭转和弯扭屈曲问题是薄壁构件扭转和弯扭屈曲的基本问题。

享誉世界的著名力学家 Ressiner 在晚年期间（1983—1989 年）仍对狭长矩形薄板的约束扭转问题进行了系列的研究工作。

由于组合扭转问题是一个复杂的力学和数学问题。从力学的本质上来看，任何构件的扭转都属于组合扭转，即约束扭转和自由扭转是并存的，只有在极限条件（截面对称性和特殊加载条件）下，如圆形构件的组合扭转才会以自由扭转为主，也即实际工程中并不存在"纯扭"的构件。

然而，回顾历史可以发现，即使是自由扭转也不是一个容易解决的问题，这就是为什么 Coulomb 于 1777 年创建了圆形截面构件的自由扭转理论，而时隔近 80 年，St. Venernt 才于 1856 年建立了非圆形截面构件的自由扭转理论。除此以外，也许是由于约束扭转问题的复杂性，加之其数学力学难度均较大，人们关于构件约束扭转的理论研究进展缓慢。时至今日，关于简单截面，如钢-混凝土组合矩形截面，以及钢管混凝土构件约束扭转的解析理论尚未建立起来。这在一定程度上割裂了组合扭转理论的统一性。

在矩形薄板的约束扭转研究方面，历史上 Timoshenko（1921 年）曾基于 Foppl 对约束扭转应力分量的研究工作，按能量变分原理确定了应力衰减指数，从而得到了狭长矩形薄板约束扭转转角的近似解析解；我国学者张福范（1982 年）则基于 Kirchhoff 的薄板弯曲理论和叠加原理，利用双重三角级数推得了狭长矩形薄板约束扭转转角和位移的解析解。然而，上述研究并没有将矩形薄板的自由扭转和约束扭转统一起来，它们均将约束扭转当作是一种特殊的扭转来处理。如 Timoshenko 提出了应力衰减指数的概念，但这种特殊的处理手法并不具有普遍性，并且掩盖了组合扭转的力学本质。正是认识到扭转理论的统一性问题，作者从简单的位移、应力、应变分析入手，采用基于能量变分法构建了矩形 Kirchhoff 薄板组合扭转问题的能量变分模型和微分方程模型，从理论上将薄板的自由扭转和约束扭转问题统一起来，并据此建立了等截面开口、闭口薄壁构件的扭转和屈曲分析理论：板-梁理论。该理论不仅可以用于单一材料薄壁构件，也可用于多种材料，如钢-混凝土组合薄壁构件的组合扭转和弯扭屈曲分析。

本章将主要以 Kirchhoff 薄板组合扭转和弯扭屈曲为例，介绍板-梁理论在该领域的应用研究。

12.1 矩形 Kirchhoff 薄板的组合扭转理论

众所周知,非圆构件的扭转理论分为自由扭转理论(St-Venant,1856)和约束扭转理论(Timoshenko,1905;Vlasov,1961)。历史上,这两个理论是由不同时期的学者分别建立的。因此两套理论一直被视为是各自独立的理论体系,因为在薄壁构件领域的大多数学者都认为它们的基本假设和力学模型不同,无法融合在一个理论框架下。比如 Vlasov 在其享誉世界的经典著作《薄壁弹性梁》(目前此书尚无中文译本)中,通过引入扇性坐标定律,建立了享誉世界的薄壁构件的 Vlasov 约束扭转理论。但在他的理论推导中,St-Venant 扭转是单独引入的,即扇性坐标定律无法考虑 St-Venant 扭转问题。

本节将基于 Kirchhoff 薄板理论和 Vlasov 刚周边假设,建立统一的位移场模式,据此可将矩形 Kirchhoff 薄板的自由扭转理论和约束扭转理论统一在一个理论框架下。我们称这种新的扭转分析理论为组合扭转理论。这个工作是作者在国家自然科学基金项目的资助下于 2014 年完成的。该理论为我们建立薄壁构件的组合扭转和弯扭屈曲的板-梁理论奠定了理论基础,因此具有重要的理论价值和广泛的工程应用价值。

12.1.1 基本假设与位移模式

本节研究的矩形 Kirchhoff 薄板如图 12.1 所示。设剪心(即形心,等厚板的二心合一)的侧向位移为 $w_0(x)$,截面绕剪心的刚性转角为 $\theta(x)$。

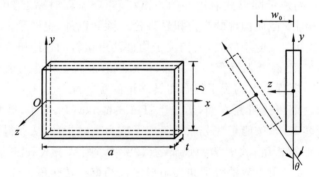

图 12.1 矩形 Kirchhoff 薄板的坐标系及尺寸

(1) 基本假设

① 不计厚度方向变形,即认为

$$\varepsilon_z = \frac{\partial w}{\partial z} = 0 \tag{12.1}$$

积分可得

$$w(x,y,z) = w(x,y,0) \tag{12.2}$$

其中,$w(x,y,0)$ 为薄板中面的平面外挠度。

② 不计弯曲变形引起的剪切应变,即

$$u(x,y,z)=-z\frac{\partial w}{\partial x}+C_1(x,y) \left.\begin{array}{c}\\\\\end{array}\right\}$$
$$v(x,y,z)=-z\frac{\partial w}{\partial y}+C_2(x,y)$$

$$(12.3)$$

其中，$C_1(x,y)$、$C_2(x,y)$ 为待定积分常数。

③ 忽略薄板中面的变形，即认为薄板中面无伸缩变形，有

$$u(x,y,0)=v(x,y,0)=0 \tag{12.4}$$

实际上，只有依据这个假定，才能将薄板的平面内弯曲和平面外弯曲问题解耦，即可以将薄板的弯曲问题按平面内受力和平面外受力两种情况分别求解，此假设很少有人注意到。实际上，它隐含着一个重要但很少有人关注的"薄板变形叠加原理"。即在小变形假设下，若 Kirchhoff 弹性薄板同时承受平面内的轴向荷载和平面外的横向荷载，则薄板的总变形（纵向位移）可由平面内变形和平面外变形叠加而得到。这就是薄板的变形叠加原理。也即为，薄板的总变形（纵向位移）可以分解为平面内变形和平面外变形两部分，且可分别求解。这就是薄板的变形分解原理。作者正是基于此原理，才得以创立了薄壁构件约束扭转和屈曲的板-梁理论。

上述 3 条假设是由克希霍夫(Kirchhoff)于 1850 年首次明确提出的，为 Kirchhoff 薄板理论的基本假设。为了建立薄板组合扭转的板-梁理论，并将其推广应用于薄壁构件的扭转与弯曲屈曲问题，尚需补充一条假设：

④ 变形后薄板的每个横截面仍能维持原来的形状，即横截面是刚性的。

这条假设与薄壁构件中著名的 Vlasov 刚周边假设相同。

(2) 位移模式

以图 12.1 所示的矩形 Kirchhoff 薄板为例，利用 $z=0$ 的条件式(12.4)，由式(12.3)容易得：积分常数 $C_1(x,y)=C_2(x,y)=0$，从而有

$$u(x,y,z)=-z\frac{\partial w}{\partial x} \left.\begin{array}{c}\\\\\end{array}\right\}$$
$$v(x,y,z)=-z\frac{\partial w}{\partial y}$$

$$(12.5)$$

此式即为薄板平面外弯曲所引起的任意点的平面内位移模式。

下面给出薄板平面外位移模式。假设薄板发生图 12.1 所示侧向位移和扭转变形，若用微分表达刚性横截面假设，有

$$\frac{\partial^2 w(x,y)}{\partial y^2}=0 \tag{12.6}$$

积分一次得

$$\frac{\partial w(x,y)}{\partial y}=C_3(x) \tag{12.7}$$

再积分一次得

$$w(x,y)=C_3(x)y+C_4(x) \tag{12.8}$$

其中，$C_3(x)$、$C_4(x)$ 是我们得到的两个积分函数，仅是坐标 x 的函数。根据 $y=0$ 的条件 $\frac{\partial w(x,0)}{\partial y}=\theta(x)$ 和 $w(x,0)=u(x)$，易得 $C_3(x)=\theta(x)$，$C_4(x)=w_0(x)$，从而得到

$$w(x,y)=w_0(x)+y\theta(x) \tag{12.9}$$

其中，$w_0(x)$ 为截面剪心的侧向位移，$\theta(x)$ 为截面绕剪心的刚性转角。

这就是我们推导得到的矩形 Kirchhoff 薄板平面外位移的直线变化模式。这是 Vlasov 刚周边假设在薄板理论中的具体表现。

12.1.2　矩形 Kirchhoff 薄板的组合扭转理论模型

以图 12.2 所示的悬臂矩形 Kirchhoff 薄板为研究对象。已知：钢材的弹性模量为 E，剪切模量为 G，泊松比为 μ。悬臂矩形 Kirchhoff 薄板的长度为 a，宽度为 b，厚度为 t。假设自由端作用一个集中扭矩 M_t，沿长度方向还承受分布扭矩 $m_x(x)$ 的作用。此时矩形 Kirchhoff 薄板仅发生扭转变形，即仅有截面绕剪心（即形心）的刚性转角为 $\theta(x)$。

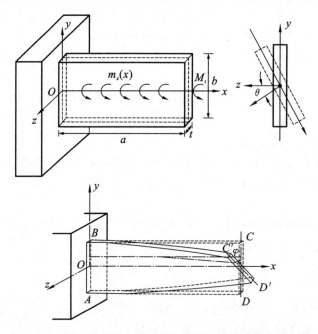

图 12.2　矩形 Kirchhoff 薄板组合扭转的计算简图与变形图

12.1.2.1　能量变分模型

（1）扭转应变能

① 位移场

在仅考虑扭转问题时，则位移模式（12.9）可以简写为

$$w(x,y)=y\theta(x) \tag{12.10}$$

由 Kirchhoff 薄板理论可知，平面外弯曲 $w(x,y)$ 引起的截面上任意点的平面内位移为

$$\left.\begin{array}{l}u(x,y,z)=-z\dfrac{\partial w}{\partial x}=-z(y\theta')\\[3mm]v(x,y,z)=v(x,z)=-z\dfrac{\partial w}{\partial y}=-z\theta\end{array}\right\} \tag{12.11}$$

上式中 $u(x,y,z)$ 为沿着薄板长度方向的位移，称为"纵向位移"。若不引用 Vlasov 的

扇性坐标,此位移只能依据 Kirchhoff 薄板理论来确定,这就是我们的主要学术观点之一；$v(x,z)$ 为 y 方向的位移,此位移与 $w(x,y)$ 均为横向位移。事实上,后面我们将看到,依据 Vlasov 的刚周边假设可以直接确定 $v(x,z)$。因此,后面我们将不再使用 Kirchhoff 薄板理论来确定 $v(x,z)$。

② 几何方程(线性应变)

对应的三个线性应变为

$$\varepsilon_x = \frac{\partial u}{\partial x} = -zy\theta'', \quad \varepsilon_y = \frac{\partial v}{\partial y} = 0, \quad \varepsilon_z = \frac{\partial w}{\partial z} = 0 \tag{12.12}$$

$$\gamma_{xy} = \frac{\partial u}{\partial y} + \frac{\partial v}{\partial x} = -z\theta' - z\theta' = -2z\theta' \tag{12.13}$$

$$\gamma_{xz} = \frac{\partial u}{\partial z} + \frac{\partial w}{\partial x} = -y\theta' + y\theta' = 0, \quad \gamma_{yz} = \frac{\partial v}{\partial z} + \frac{\partial w}{\partial y} = -\theta' + \theta' = 0 \tag{12.14}$$

众所周知,St-Venant 自由扭转理论要求正应变均为零,剪应变仅容许 $\gamma_{xy} = -2z\theta'$,但依据我们的板-梁理论,导出沿着板长度方向纵向应变不为零,即 $\varepsilon_x = -zy\theta''$,薄板存在 Vlasov 约束扭转应力。因此板-梁理论可以同时考虑 St-Venant 自由扭转和 Vlasov 约束扭转。显然,与 Timoshenko 提出的应力衰减指数相比可得:Timoshenko 的方法是经验性的或者说是概念性的,缺少理论基础和普遍性(仅适合分析悬臂薄板)；我们的理论更具有通用性,并且是从位移场、应变场入手的一般性理论。这就是我们提出的组合扭转理论的优点,它可以自然地将两套扭转理论融合在一个理论框架下。

③ 物理方程

$$\sigma_x = \frac{E}{1-\mu^2}(\varepsilon_x + \mu\varepsilon_y) \tag{12.15}$$

$$\sigma_y = \frac{E}{1-\mu^2}(\varepsilon_y + \mu\varepsilon_x) \tag{12.16}$$

$$\tau_{xy} = G\gamma_{xy} \tag{12.17}$$

式中,E,G,μ 分别为杨氏弹性模量、剪切弹性模量和 Poisson(泊松)比。它们之间的关系为

$$G = \frac{E}{2(1+\mu)} \tag{12.18}$$

④ 应变能

根据

$$U = \frac{1}{2}\iiint(\sigma_x\varepsilon_x + \sigma_y\varepsilon_y + \sigma_z\varepsilon_z + \tau_{xy}\gamma_{xy} + \tau_{xz}\gamma_{xz} + \tau_{yz}\gamma_{yz})\mathrm{d}x\mathrm{d}y\mathrm{d}z \tag{12.19}$$

有

$$U = \frac{1}{2}\iiint(\sigma_x\varepsilon_x + \tau_{xy}\gamma_{xy})\mathrm{d}x\mathrm{d}y\mathrm{d}z = \frac{1}{2}\iiint\left(\frac{E}{1-\mu^2}\varepsilon_x^2 + G\gamma_{xy}^2\right)\mathrm{d}x\mathrm{d}y\mathrm{d}z \tag{12.20}$$

从而得到薄板组合扭转的应变能为

$$U = \frac{1}{2}\iiint\left[\frac{E}{1-\mu^2}(zy\theta'')^2 + G(2z\theta')^2\right]\mathrm{d}x\mathrm{d}y\mathrm{d}z \tag{12.21}$$

或者

$$U = \frac{1}{2}\int\left(\frac{E}{1-\mu^2}I_\omega\theta''^2 + GJ_k\theta'^2\right)\mathrm{d}x \tag{12.22}$$

其中，$I_\omega = \iint\limits_A y^2 z^2 \mathrm{d}y\mathrm{d}z$ 为薄板横截面的翘曲惯性矩；$J_k = 4\iint\limits_A z^2 \mathrm{d}y\mathrm{d}z$ 为薄板横截面的扭转刚度（扭转常数）。

对于等厚度的矩形 Kirchhoff 薄板，若板厚为 t，板宽为 b，易得

$$I_\omega = \iint\limits_A y^2 z^2 \mathrm{d}y\mathrm{d}z = \frac{b^3 t^3}{144}, \quad J_k = 4\iint\limits_A z^2 \mathrm{d}y\mathrm{d}z = \frac{bt^3}{3} \tag{12.23}$$

（2）荷载势能

矩形 Kirchhoff 薄板在端扭矩 M_t 和分布扭矩 $m_x(x)$ 的作用下，外力势能为

$$W_c = -M_t\,\theta\,|_{x=a} - \int_0^a m_x(x)\theta\mathrm{d}x \tag{12.24}$$

（3）总势能

$$\Pi(\theta,\theta',\theta'') = \frac{1}{2}\int_0^a \left[\frac{E}{1-\mu^2}I_\omega\theta''^2 + GJ_k\theta'^2 - 2m_x(x)\theta\right]\mathrm{d}x - M_t\,\theta\,|_{x=a} \tag{12.25}$$

此式就是我们依据 Kirchhoff 薄板理论和 Vlasov 假设推出的矩形 Kirchhoff 薄板组合扭转问题的总势能。

对于悬臂矩形 Kirchhoff 薄板，其固定端的位移边界条件很简单，为

$$x=0; \quad \theta=0, \quad \theta'=0 \tag{12.26}$$

至此，我们可将矩形 Kirchhoff 薄板扭转问题转化为这样一个能量变分模型：在 $0 \leqslant x \leqslant a$ 的区间内寻找一个函数 $\theta(x)$，使它满足规定的几何边界条件式(12.26)，即端点约束条件，并使由下式

$$\Pi = \int_0^a F(\theta,\theta',\theta'')\mathrm{d}x \tag{12.27}$$

其中

$$F(\theta,\theta',\theta'') = \frac{1}{2}\left[\frac{E}{1-\mu^2}I_\omega\theta''^2 + GJ_k\theta'^2 - 2m_x(x)\theta\right] \tag{12.28}$$

定义的能量泛函取最小值。

12.1.2.2　微分方程模型

众所周知，静力平衡准则和静力能量准则是研究结构静力平衡和静力屈曲问题的两类基本准则。依据这两类准则对应地可以构造出两类数学模型，即**能量变分模型**与**微分方程模型**。虽然这两类数学模型在分析思想、研究方法和具体表现形式方面有所不同，但可以证明（略）：它们所描述的是同一个力学问题，因此两种模型之间是等价的。

依据能量变分原理，由 $\delta\Pi=0$ 可得

$$\int_0^a \left[\frac{E}{1-\mu^2}I_\omega\theta''\delta\theta'' + GJ_k\theta'\delta\theta' - m_x(x)\delta\theta\right]\mathrm{d}x - M_t\,\delta\theta\,|_{x=a} = 0 \tag{12.29}$$

然后利用分部积分，可将上式积分号内的前两项积分加以如下变换：

$$\int_0^a (GJ_k\theta'\delta\theta')\,\mathrm{d}x = [GJ_k\theta'\delta\theta]_{x=0}^{x=a} - \int_0^a (GJ_k\theta'')\,\delta\theta\mathrm{d}x \tag{12.30}$$

$$\int_0^a \left(\frac{E}{1-\mu^2} I_\omega \theta'' \delta\theta'' \right) \mathrm{d}x$$

$$= \left[\frac{E}{1-\mu^2} I_\omega \theta'' \delta\theta' \right]_{x=0}^{x=a} - \int_0^a \frac{\partial}{\partial x} \left(\frac{E}{1-\mu^2} I_\omega \theta'' \right) \delta\theta' \mathrm{d}x \qquad (12.31)$$

$$= \left[\frac{E}{1-\mu^2} I_\omega \theta'' \delta\theta' \right]_{x=0}^{x=a} - \left[\left(\frac{E}{1-\mu^2} I_\omega \theta''' \right) \delta\theta \right]_{x=0}^{x=a} + \int_0^a \left(\frac{E}{1-\mu^2} I_\omega \theta^{(4)} \right) \delta\theta \mathrm{d}x$$

将上面的式子代入式(12.29),有

$$\int_0^a \left[\frac{E}{1-\mu^2} I_\omega \theta^{(4)} - GJ_k \theta'' - m_x(x) \right] \delta\theta \mathrm{d}x + \left[\frac{E}{1-\mu^2} I_\omega \theta'' \delta\theta' \right]_{x=0}^{x=a}$$

$$+ \left[\left(-\frac{E}{1-\mu^2} I_\omega \theta''' + GJ_k \theta' \right) \delta\theta \right]_{x=0}^{x=a} - M_t \delta\theta \big|_{x=a} = 0 \qquad (12.32)$$

根据上式中 $\delta\theta$ 的任意性,可得如下的微分方程

$$\frac{E}{1-\mu^2} I_\omega \theta^{(4)} - GJ_k \theta'' - m_x(x) = 0 \qquad (12.33)$$

以及边界条件:

(1)固定端($x=0$):截面不能自由转动和翘曲

$$\text{对应 } \delta\theta : \theta = 0, \theta' = 0 \qquad (12.34)$$

(2)自由端($x=a$):截面可自由转动和翘曲

$$\left. \begin{array}{l} \text{对应 } \delta\theta : -\dfrac{E}{1-\mu^2} I_\omega \theta''' + GJ_k \theta' = M_t \\[3mm] \text{对应 } \delta\theta' : \dfrac{E}{1-\mu^2} I_\omega \theta'' = 0 \end{array} \right\} \qquad (12.35)$$

至此,矩形 Kirchhoff 薄板组合扭转问题可用微分方程模型表述为:在 $0 \leqslant x \leqslant a$ 的区间内寻找函数 $\theta(x)$,使它满足微分方程(即平衡方程)式(12.33)的同时,并满足位移边界条件式(12.34)和力边界条件式(12.35)。

需要指出的是,本书的微分方程式(12.33)中,第一项为约束扭转变形(Vlasov 扭转),第二项为自由扭转变形(圣维南扭转)。可见,本书利用刚周边假设和 Kirchhoff 薄板理论,利用能量变分原理,可以自然地将矩形 Kirchhoff 薄板的两类扭转融合在一个扭转方程中,从而将原来从理论上分割开的两类扭转问题有机地融入一个理论框架之中,因此本书提出的上述扭转理论可称之为 Kirchhoff 薄板组合扭转的统一理论。

12.1.3　薄板组合扭转应变能的另外一种推导方法

前面我们是从建立 Kirchhoff 薄板组合扭转的位移场入手,以几何方程和物理方程为基础来推导得到 Kirchhoff 薄板组合扭转问题的应变能[式(12.22)]。

可否直接从 Kirchhoff 薄板的弯曲应变能入手来推导 Kirchhoff 薄板组合扭转应变能?答案是肯定的。证明如下:

根据上一章的介绍,我们知道 Kirchhoff 弹性薄板的平面外变形应变能公式为

$$U = \frac{1}{2} \iint_A \left\{ D \left(\frac{\partial^2 w}{\partial x^2} + \frac{\partial^2 w}{\partial y^2} \right)^2 - 2(1-\mu) \left[\frac{\partial^2 w}{\partial x^2} \cdot \frac{\partial^2 w}{\partial y^2} - \left(\frac{\partial^2 w}{\partial x \partial y} \right)^2 \right] \right\} \mathrm{d}A \qquad (12.36)$$

上式中的第二项方括号内的曲率称为"高斯曲率"。

根据刚周边假设,在单纯扭转的情况下,Kirchhoff 薄板的平面外位移,即挠度函数为

$$w(x,y) = y\theta(x) \tag{12.37}$$

式中,$\theta(x)$ 为板的横截面绕剪心(即形心)的刚性转角。

若将式(12.37)代入式(12.36),得

$$U = \frac{1}{2}\iint_A \left\{ D\left(y\frac{\partial^2\theta}{\partial x^2}+0\right)^2 - 2(1-\mu)\left[y\frac{\partial^2\theta}{\partial x^2}\times 0 - \left(\frac{\partial\theta}{\partial x}\right)^2\right]\right\}\mathrm{d}A$$

$$= \frac{1}{2}\iint_A \left[D\left(y\frac{\partial^2\theta}{\partial x^2}\right)^2 + 2(1-\mu)\left(\frac{\partial\theta}{\partial x}\right)^2\right]\mathrm{d}A \tag{12.38}$$

或者简写为

$$U = \frac{1}{2}\int_0^L \left[EI_w\left(\frac{\partial^2\theta}{\partial x^2}\right)^2 + GJ_k\left(\frac{\partial\theta}{\partial x}\right)^2\right]\mathrm{d}x \tag{12.39}$$

其中,$EI_\omega = D\int_{-\frac{b}{2}}^{\frac{b}{2}} y^2\mathrm{d}y$ 为薄板横截面的翘曲惯性矩;$GJ_k = 2D(1-\mu)\int_{-\frac{b}{2}}^{\frac{b}{2}}\mathrm{d}y$ 为薄板横截面的扭转刚度(扭转常数)。

对于等厚度的矩形 Kirchhoff 薄板,若板厚为 t,板宽为 b,易得

$$EI_\omega = D\int_{-\frac{b}{2}}^{\frac{b}{2}} y^2\mathrm{d}y = \frac{E}{1-\mu^2}\cdot\frac{b^3 t^3}{144}, GJ_k = 2D(1-\mu)\int_{-\frac{b}{2}}^{\frac{b}{2}}\mathrm{d}y = G\frac{bt^3}{3} \tag{12.40}$$

显然,上述组合扭转应变能与式(12.22)完全相同。

12.1.4 解析解的理论与 FEM 数值模拟验证

(1)解析解

下面以微分方程模型为例,进一步验证作者所提出的组合扭转理论的正确性。

为方便对比分析,这里仍以悬臂矩形 Kirchhoff 薄板为例,且仅考虑自由端的端部扭矩作用的情形。此时的微分方程变为

$$\frac{E}{1-\mu^2}I_\omega\theta^{(4)} - GJ_k\theta'' = 0 \tag{12.41}$$

首先将其写成一般形式

$$\theta^{(4)} - k^2\theta'' = 0 \tag{12.42}$$

式中

$$k^2 = \frac{GJ_k}{E_1 I_\omega}, \quad E_1 = \frac{E}{1-\mu^2} \tag{12.43}$$

令其解答为 $\theta = Ce^{sx}$,则有 $Ce^{sx}s^2(s^2-k^2)=0$,它有二重根 $s=0$ 和 $s=\pm k$,即

$$\theta = e^0(C_1+C_2 x) + C_3 e^{kx} + C_4 e^{-kx} \tag{12.44}$$

或者

$$\theta(x) = C_1 + C_2 x + C_3\sinh(kx) + C_4\cosh(kx) \tag{12.45}$$

利用位移边界条件式(12.34)和力边界条件式(12.35),可得

$$A_1 + A_4 = 0$$
$$A_2 + kA_3 = 0$$
$$k^2 \sinh(ak)A_3 + k^2 \cosh(ak)A_4 = 0$$
$$-k^3 \cosh(ak)A_3 - k^3 \sinh(ak)A_4 + k^2 [A_2 + k\cosh(ak)A_3 + k\sinh(ak)A_4] = \frac{M_t}{E_1 I_\omega}$$

$$\text{(12.46)}$$

解之得

$$C_1 = -\frac{M_t \tanh(ka)}{k^3 E_1 I_\omega}, \quad C_2 = \frac{M_t}{k^2 E_1 I_\omega}, \quad C_3 = -\frac{M_t}{k^3 E_1 I_\omega}, \quad C_4 = \frac{M_t \tanh(ka)}{k^3 E_1 I_\omega} \quad \text{(12.47)}$$

从而有

$$\theta(x) = \frac{M_t}{k^3 E_1 I_\omega} \{ kx - \sinh(kx) + [\cosh(kx) - 1]\tanh(ka) \} \quad \text{(12.48)}$$

这是我们利用本书提出的微分方程模型,得到的悬臂矩形 Kirchhoff 薄板的扭转角与端扭矩关系,与文献[18]的结果相同。

根据式(12.48)可得自由端的扭转角,即最大扭转角为

$$\theta_{\max} = \frac{a^3 K^2 M_t}{E_1 I_\omega} \left(1 - K\tanh\frac{1}{K} \right) \quad \text{(12.49)}$$

其中

$$\left(\frac{1}{K}\right)^2 = (ka)^2 = \frac{GJ_k}{E_1 I_\omega} a^2 \quad \text{(12.50)}$$

或者将上式改写为

$$K = \frac{1}{ka} = \sqrt{\frac{E_1 I_\omega}{GJ_k a^2}} \quad \text{(12.51)}$$

K 称为薄壁构件的扭转刚度参数(无量纲),是反映自由扭转扭矩和翘曲扭矩在总扭矩中所占比例的重要参数。一般 K 值小于 0.2 时,构件的扭转以自由扭转为主;K 值大于 1.126 时,构件的扭转则以约束扭转为主;$K \in [0.2, 1.126]$ 时,构件的扭转以组合扭转为主(图 12.3)。

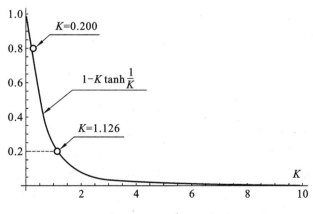

图 12.3 $1 - K\tanh\dfrac{1}{K}$ 与 K 的关系

为了数值比较和分析方便,这里利用式(12.51),将式(12.48)改写为

$$\theta\left(\frac{x}{a}\right)=\frac{M_t a}{GJ_k}\left\{\frac{x}{a}-K\sinh\left(\frac{1}{K}\cdot\frac{x}{a}\right)+K\left[\cosh\left(\frac{1}{K}\cdot\frac{x}{a}\right)-1\right]\tanh\frac{1}{K}\right\} \quad (12.52)$$

同理,还可将式(12.49)改写为

$$\theta_{max}=\frac{M_t a}{GJ_k}\left(1-K\tanh\frac{1}{K}\right) \quad (12.53)$$

此式与我们在材料力学学过的公式形式类似。后面括号内的无量纲系数 $1-K\tanh\frac{1}{K}$ 为约束扭转的影响系数,其与扭转刚度参数(无量纲)的关系如图12.3所示。从图中可以看出,当 $K\rightarrow 0$ 时, $1-K\tanh\frac{1}{K}\rightarrow 1.0$;当 $K\rightarrow\infty$ 时, $1-K\tanh\frac{1}{K}\rightarrow 0$;组合扭转发生在 $K\in[0.2,1.126]$ 范围。

(2)理论验证

若将矩形 Kirchhoff 薄板的扭转刚度式(12.23)代入式(12.50),可得

$$\left(\frac{1}{K}\right)^2=(ka)^2=\frac{GJ_k}{E_1 I_\omega}a^2=\frac{1-\mu^2}{2(1+\mu)}\frac{144}{3}\frac{t^3 b}{t^3 b^3}a^2=\frac{(1-\mu)144}{6}\left(\frac{a}{b}\right)^2 \quad (12.54)$$

即

$$K=\left[\frac{(1-\mu)144}{6}\left(\frac{a}{b}\right)^2\right]^{-\frac{1}{2}} \quad (12.55)$$

若取 $a/b=4$, $\mu=0.3$,则由式(12.55)可得, $K=\frac{1}{16.395}$,从而

$$1-K\tanh\frac{1}{K}=0.93901 \quad (12.56)$$

式(12.53)中自由扭转角为

$$\frac{M_t a}{GJ_k}=\frac{M_t a}{G\frac{bt^3}{3}}=\frac{M_t}{Gt^3}\left(3\frac{a}{b}\right)=12\frac{M_t}{Gt^3} \quad (12.57)$$

将式(12.56)和式(12.57)代入式(12.53),得最大扭转角为

$$\theta_{max}=12\frac{M_t}{Gt^3}\times 0.93901=11.268\frac{M_t}{Gt^3} \quad (12.58)$$

而 Timoshenko 和张福范的解答结果均为

$$\theta_{max}=11.4168\frac{M_t}{Gt^3} \quad (12.59)$$

他们的解答结果均比本书的高。本书的结果是合理的,因为本书在薄板理论基础上附加了刚周边假设,这相当于认为施加了变形约束,结果自然会高。但两者间的误差不大,即使在 $a=4b$ 的情况下,本书的解也仅仅比 Timoshenko 的解高约 1.3%。据此可以断定:对于常见的狭长 Kirchhoff 薄板,即 $a\geqslant 10b$、$b\geqslant 10t$ 的情况,本书的解将是足够精确的。

(3)FEM 数值模拟验证

为了验证上述理论公式的正确性,采用有限元软件 ANSYS 建立模型进行有限元分析。选取具有 4 个节点的弹性薄壳单元 SHELL63 模拟矩形 Kirchhoff 薄板。材料选用钢材,弹

性模量 $E＝2.1×10^5 MPa$,泊松比 $\mu＝0.3$,板宽 $b＝100mm$,板厚 $t＝10mm$,板长取两种:$a＝400mm$ 或 $800mm$。为了满足刚周边假设,本书在有限元分析中采用了 CERIG 命令。利用该命令可以将每个横截面定义为一个刚性区域,其实质是将从节点的扭转自由度指定为与主节点(即构件形心轴上的节点)相同,从而使每个横截面上的所有节点绕构件形心轴的转角相同。此外,在薄板固定端限制所有节点六个方向的自由度来模拟固定约束条件,在薄板自由端的中心位置施加一个单位扭矩,变形图如图 12.4 所示。

图 12.5 为理论解答结果与有限元结果的对比图。从图中可以看出,对于所分析的两块板,由本书理论公式(12.53)得到的解答结果与有限元分析结果吻合度较高,从而有效地验证了本书理论公式的正确性。

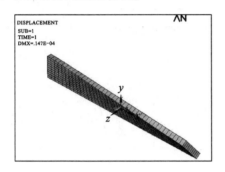 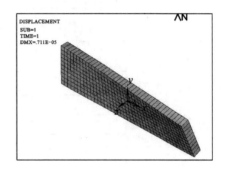

图 12.4　板长 $a＝400$、$800mm$ 时薄板扭转变形图

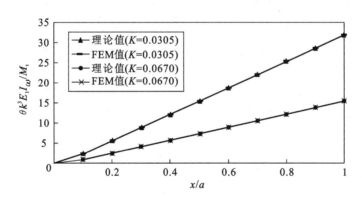

图 12.5　理论公式结果与 FEM 结果的对比图

12.2　矩形 Kirchhoff 薄板的弯扭屈曲理论

众所周知,矩形 Kirchhoff 薄板在纯弯曲状态下会发生弯扭屈曲(图 12.6)。显然,这是最简单也是最基本的屈曲问题。最早的研究成果是由 Prandtl 在 1899 年正式发表。然而 Prandtl 的屈曲分析中直接采用了 St-Venant 在 1856 年建立的非圆截面自由扭转理论,并未考虑约束扭转的影响。因为那时人们还没有认识到薄壁构件约束扭转的重要性,也尚未建立相应的薄壁构件约束扭转理论。时至今日,国际上还有学者,比如法国的 N. Challamel 和新加坡的 CM. Wang 仍采用 Prandtl 模型来研究矩形板条梁的弯扭屈曲问题(图 12.7)。

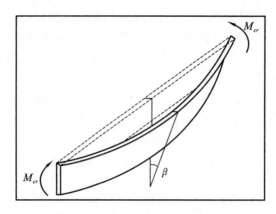

图 12.6　狭长矩形薄板的弯扭屈曲示意图

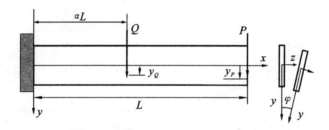

图 12.7　矩形板条梁的弯扭屈曲（N. Challamel 和 CM. Wang）

　　国内同济大学的成祥生教授在 1988—1990 年间发表了多篇论文试图基于 Kirchhoff 薄板理论，利用 Rayleigh-Ritz 法求解矩形 Kirchhoff 薄板的侧向屈曲问题。此后很多学者尝试利用不同的方法，如 Ritz-有线条法、改进多项式法、Kantorovich 解法来研究矩形 Kirchhoff 薄板的侧向屈曲。研究表明：成祥生教授的方法较适合研究短板，不适合狭长板。

　　本节我们将基于作者前面建立的矩形 Kirchhoff 薄板组合扭转理论，建立此类薄板的弯扭屈曲理论。

　　近年来人们开始研究超高强混凝土薄板、夹层玻璃板和双层钢板内填混凝土剪力墙的弯扭屈曲问题，本节的内容对此有直接的借鉴价值。

12.2.1　基本假设

　　① 刚周边假设；
　　② 平板的变形可分解为两部分，即平面内变形和平面外变形；
　　③ 平板平面内和平面外的应变能分别由 Euler 梁理论和 Kirchhoff 薄板理论确定。
　　④ 横向荷载引起的剪应力在全截面上均匀分布。

　　其中，假设①由 Vlasov 首次明确提出，也是目前通用的薄壁构件弹性弯扭屈曲的基本假设。后三条假设是由作者首次提出，其中假设②是变形分解原理的基础，这种对总变形进行分解的思想，其目的是化繁为简，以简化我们的理论分析；假设③是利用 Euler 梁和 Kirchhoff 板理论计算应变能的理论依据；假设④是 Kitipornchai & Chan(1987 年)为简化初应力势能的计算首次提出的，其合理性参见后面的理论推导。

另外,从本节的基本假设可以看出,作者提出的新组合扭转理论沿用了 Vlasov 的刚周边假设,但分别依据经典的 Kirchhoff 薄板理论和 Euler 梁理论来计算平面外和平面内应变能。可见本书的理论是一种新的薄壁构件工程理论,与传统理论的研究思路截然不同,因此作者将这种新理论称之为板-梁组合理论或者简称为"板-梁理论"。

12.2.2 问题的描述

以图 12.8 所示的悬臂矩形 Kirchhoff 薄板为研究对象。已知:钢材的弹性模量为 E,剪切模量为 G,泊松比为 μ。此薄板的长度为 a,宽度为 b,厚度为 t。顶端中面内作用均布荷载 q。此时矩形 Kirchhoff 薄板发生侧向扭转变形,设截面剪心的侧向位移为 $u(x)$,截面绕剪心的刚性转角为 $\theta(x)$。

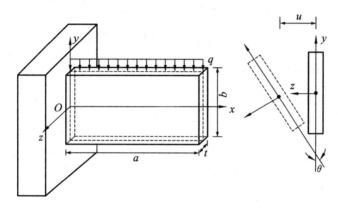

图 12.8 矩形 Kirchhoff 薄板屈曲的计算简图与变形图

12.2.3 能量变分模型

(1) 平面外弯曲的应变能

此时薄板的剪心(形心)沿法线方向产生的位移为 $u(x)$,即平面外位移为

$$w(x) = u(x) \tag{12.60}$$

平面外弯曲引起截面上任意点的平面内位移为

$$u(x,y,z) = u(x,z) = -zw'(x) = -zu'(x) \tag{12.61}$$

对应的三个应变为

$$\varepsilon_x = \frac{\partial u}{\partial x} = -zu'' \tag{12.62}$$

$$\varepsilon_z = \frac{\partial w}{\partial y} = 0, \quad \gamma_{xz} = \frac{\partial u}{\partial z} + \frac{\partial w}{\partial x} = -u' + u' = 0 \tag{12.63}$$

根据

$$U = \frac{1}{2} \iiint (\sigma_x \varepsilon_x + \sigma_z \varepsilon_z + \tau_{xz} \gamma_{xz}) \mathrm{d}x \mathrm{d}y \mathrm{d}z \tag{12.64}$$

得到

$$U^{\text{out-plane}} = \frac{1}{2} \iiint (\sigma_x \varepsilon_x) \mathrm{d}x \mathrm{d}y \mathrm{d}z = \frac{1}{2} \iiint \left[\frac{E}{1-\mu^2} \left(-zu'' \right)^2 \right] \mathrm{d}x \mathrm{d}y \mathrm{d}z \quad (12.65)$$

薄板平面外弯曲的应变能为

$$U^{\text{out-plane}} = \frac{1}{2} \int_0^a (E_1 I_y u''^2) \mathrm{d}x \quad (12.66)$$

其中，$E_1 = \dfrac{E}{1-\mu^2}$，$I_y = \iint\limits_A z^2 \mathrm{d}y \mathrm{d}z = \dfrac{bt^3}{12}$ 为横截面绕中面 y 轴的惯性矩。

（2）扭转的应变能

此时矩形 Kirchhoff 薄板绕剪心（形心）产生一个转角 $\theta(x)$。根据刚性周边假设，依据前面的方法可以推得薄板平面外弯曲的应变能为

$$U^{\text{torsion}} = \frac{1}{2} \int_0^a (E_1 I_\omega \theta''^2 + G J_k \theta'^2) \mathrm{d}x \quad (12.67)$$

其中，$E_1 = \dfrac{E}{1-\mu^2}$，$I_\omega = \iint\limits_A y^2 z^2 \mathrm{d}y \mathrm{d}z = \dfrac{b^3 t^3}{144}$ 为横截面的翘曲惯性矩；$J_k = 4\iint\limits_A z^2 \mathrm{d}y \mathrm{d}z = \dfrac{bt^3}{3}$ 为横截面的扭转刚度（扭转常数）。

（3）初应力的势能

选取屈曲前的直线平衡状态为参考状态，而微弯平衡状态为邻近状态。在参考状态，均布荷载 q 在薄板中产生的初始正应力可由 Euler 梁理论来确定

$$\sigma_{x0} = \frac{M_z(x)}{I_x} y \quad (12.68)$$

而初始剪应力则依据平均剪应力假设来确定，即

$$\tau_0 = \frac{Q_y(x)}{A} \quad (12.69)$$

根据如下的位移模式

$$w(x, y) = u(x) - y\theta(x) \quad (12.70)$$

可得非线性应变为

$$\varepsilon_x^{\text{NL}} = \frac{1}{2} \left(\frac{\partial w}{\partial x} \right)^2 = \frac{1}{2} (u' - y\theta')^2 \quad (12.71)$$

$$\gamma_{xy}^{\text{NL}} = -Q(u' - y\theta')$$

与初应力对应的平面外势能为

$$V_0 = \iiint\limits_V (\sigma_{x0} \varepsilon_x^{\text{NL}} + \tau_{xy0} \gamma_{xy}^{\text{NL}}) \mathrm{d}x \mathrm{d}y \mathrm{d}z$$

$$= \iiint\limits_V \left\{ \frac{M_z}{I_x} y \left[\frac{1}{2} (u' - y\theta')^2 \right] + \frac{Q_y}{A} [-\theta(u' - y\theta')] \right\} \mathrm{d}x \mathrm{d}y \mathrm{d}z \quad (12.72)$$

因为坐标原点与形心重合，关于 x、y 齐次项的积分自然为零，从而有

$$V_0 = \iiint\limits_V \left\{ \frac{M_z}{I_z} y \left[\frac{1}{2} (-2yu'\theta') \right] - \frac{Q_y}{A} u'\theta \right\} \mathrm{d}x \mathrm{d}y \mathrm{d}z$$

$$= \iiint\limits_V \left\{ -\frac{M_z}{I_z} y^2 (u'\theta') - \frac{Q_y}{A} u'\theta \right\} \mathrm{d}x \mathrm{d}y \mathrm{d}z \quad (12.73)$$

注意到

$$I_z = \int_{-\frac{t}{2}}^{\frac{t}{2}} \int_{-\frac{b}{2}}^{\frac{b}{2}} y^2 \,\mathrm{d}y\mathrm{d}z = \frac{tb^3}{12}（截面绕 z 轴的惯性矩） \tag{12.74}$$

则有

$$V_0 = \int_0^a (-M_z u'\theta' - Q_y u'\theta)\,\mathrm{d}x = \frac{1}{2}\int_0^a (-2M_z u'\theta' - 2Q_y u'\theta)\,\mathrm{d}x \tag{12.75}$$

此外,我们还发现:若采用常用的剪应力计算公式

$$\tau_{xy0} = \frac{Q_y(x)S_x(y)}{I_x t} = \frac{Q_y(x)}{I_x t}t\left(\frac{b}{2}-y\right)\left(\frac{b}{4}+\frac{y}{2}\right) = \frac{Q_y(x)}{2I_x}\left[\left(\frac{b}{2}\right)^2 - y^2\right] \tag{12.76}$$

对应的初应力势能为

$$\iiint_V (\tau_{xy0}\gamma_{xy}^{\mathrm{NL}})\,\mathrm{d}x\mathrm{d}y\mathrm{d}z = \iiint_V \left\{\frac{Q_y}{2I_x}\left[\left(\frac{b}{2}\right)^2 - y^2\right][-\theta(u'-y\theta')]\right\}\mathrm{d}x\mathrm{d}y\mathrm{d}z$$

$$= \iiint_V \left\{-\frac{Q_y}{2I_x}\left[\left(\frac{b}{2}\right)^2 - y^2\right]u'\theta\right\}\mathrm{d}x\mathrm{d}y\mathrm{d}z \tag{12.77}$$

注意到积分

$$\frac{1}{2I_x}\int_{-\frac{t}{2}}^{\frac{t}{2}}\int_{-\frac{b}{2}}^{\frac{b}{2}}\left[\left(\frac{b}{2}\right)^2 - y^2\right]\mathrm{d}y\mathrm{d}z = \frac{t}{2I_x}\int_{-\frac{b}{2}}^{\frac{b}{2}}\left[\left(\frac{b}{2}\right)^2 - y^2\right]\mathrm{d}y = 1 \tag{12.78}$$

则可得到与前面采用均布剪应力一样的计算结果。

此结果说明,本书采用剪应力为全截面均布的假设是合理的,因为剪应力属于次要应力,这种简化也是正确的。

（4）荷载势能

均布荷载引起的荷载势能为

$$V_1 = -W = -\int_0^a [q(1-\cos\theta)a_q]\mathrm{d}x \approx -\frac{1}{2}\int_0^a [qa_q\theta^2]\mathrm{d}x \tag{12.79}$$

对于图 12.8 的情况,$a_q = b/2$。

（5）总势能

$$\Pi = U^{\text{out-plane}} + U^{\text{torsion}} + V_0 + V_1$$

$$= \frac{1}{2}\int_0^a (E_1 I_y u''^2 + E_1 I_\omega \theta''^2 + GJ_k\theta'^2 - 2M_z u'\theta' - 2Q_y u'\theta - qa_q\theta^2)\,\mathrm{d}x \tag{12.80}$$

此式就是我们推出的矩形 Kirchhoff 薄板弹性弯扭屈曲的总势能。而传统理论的总势能为

$$\Pi_0 = \frac{1}{2}\int_0^a (E_1 I_y u''^2 + E_1 I_\omega \theta''^2 + GJ_k\theta'^2 - qa_q\theta^2 + 2M_z u''\theta)\,\mathrm{d}x \tag{12.81}$$

比较可以发现:两者并不完全相同。下面讨论它们之间的等价条件。首先对于传统理论的总势能式(12.81)的最后一项进行分部积分,有

$$\int_0^a 2M_z u''\theta\,\mathrm{d}x$$

$$= [2M_z\theta u']_0^a - \int_0^a 2(M_z\theta)'u'\,\mathrm{d}x$$

$$= [2M_z\theta u']_0^a - \int_0^a (2M_z u'\theta' + 2M_z' u'\theta)\,\mathrm{d}x$$

$$= [2M_z\theta u']_0^a - \int_0^a (2M_z u'\theta' + 2Q_y u'\theta)\,\mathrm{d}x \tag{12.82}$$

将此式代入式(12.81)可得

$$\Pi_0 = \frac{1}{2} \int_0^a (E_1 I_y u''^2 + E_1 I_\omega \theta''^2 + GJ_k \theta'^2 - 2M_z u'\theta' - 2Q_y u'\theta - qa_q \theta^2)\,\mathrm{d}x + [M_z \theta u']_0^a$$

(12.83)

可见,传统理论比本书的理论多出一项,即 $[M_z \theta u']_0^a$。Trahair(1993)将此项解释为屈曲引起的端弯矩所做的功。显然,对于简支梁,因为 $[\theta]_0^a = 0$,本书的理论与传统理论的总势能完全相同。对于本书研究的横向荷载情况,因为悬臂端弯矩为零,本书的理论也与传统理论的总势能完全相同。对于自由端作用端弯矩的纯弯曲情况,仅需要在本书的总势能表达式中增加一项端弯矩所做的功即可。

(6) 能量变分模型

至此,我们将矩形 Kirchhoff 薄板弹性弯扭屈曲的问题转化为一个能量变分模型:在 $0 \leqslant x \leqslant a$ 的区间内寻找两个函数 $u(x)$ 和 $\theta(x)$,使它们满足规定的几何边界条件,即端点约束条件,并使由下式

$$\Pi = \int_0^a F(u', u'', \theta', \theta')\,\mathrm{d}x$$

(12.84)

其中

$$F(u', u'', \theta', \theta') = \frac{1}{2}(E_1 I_y u''^2 + E_1 I_\omega \theta''^2 + GJ_k \theta'^2 - 2M_z u'\theta' - 2Q_y u'\theta - qa_q \theta^2)$$

(12.85)

定义的能量泛函取最小值。

12.2.4 微分方程模型

(1) 平衡方程

① 关于 u 的平衡方程

$$\frac{\partial F}{\partial u} = 0, \quad \frac{\partial F}{\partial u'} = -M_z \theta' - Q_y \theta, \quad \frac{\partial F}{\partial u''} = E_1 I_y u''$$

(12.86)

根据欧拉方程

$$\frac{\partial F}{\partial u} - \frac{\mathrm{d}}{\mathrm{d}x}\left(\frac{\partial F}{\partial u'}\right) + \frac{\mathrm{d}^2}{\mathrm{d}x^2}\left(\frac{\partial F}{\partial u''}\right) = 0$$

(12.87)

可得

$$0 - \frac{\mathrm{d}}{\mathrm{d}x}(-M_z \theta' - Q_y \theta) + \frac{\mathrm{d}^2}{\mathrm{d}x^2}(E_1 I_y u'') = 0$$

(12.88)

对于等厚度薄板,有

$$E_1 I_y u^{(4)} + (-M_z \theta' - Q_y \theta)' = 0$$

(12.89)

或者

$$E_1 I_y u^{(4)} - M_z \theta'' - M_z'\theta' - Q_y \theta' - Q_y'\theta = 0$$

(12.90)

注意到:

$$M_z' = Q_y, \quad Q_y' = q$$

(12.91)

则可将方程式(12.90)改写为

$$E_1 I_y u^{(4)} - M_z \theta'' - 2Q_y \theta' - q\theta = 0 \tag{12.92}$$

② 关于 θ 的平衡方程

$$\frac{\partial F}{\partial \theta} = -qa_q\theta - Q_y u', \quad \frac{\partial F}{\partial \theta'} = GJ_k\theta' - M_z u', \quad \frac{\partial F}{\partial \theta''} = E_1 I_\omega \theta'' \tag{12.93}$$

根据欧拉方程

$$\frac{\partial F}{\partial \theta} - \frac{\mathrm{d}}{\mathrm{d}x}\left(\frac{\partial F}{\partial \theta'}\right) + \frac{\mathrm{d}^2}{\mathrm{d}x^2}\left(\frac{\partial F}{\partial \theta''}\right) = 0 \tag{12.94}$$

可得

$$-qa_q\theta - Q_y u' - \frac{\mathrm{d}}{\mathrm{d}x}(GJ_k\theta' - M_z u') + \frac{\mathrm{d}^2}{\mathrm{d}x^2}(E_1 I_\omega \theta'') = 0 \tag{12.95}$$

对于等厚度薄板,有

$$qa_q\theta + Q_y u' - (M_z u')' + GJ_k\theta'' - E_1 I_\omega \theta^{(4)} = 0 \tag{12.96}$$

或者

$$qa_q\theta + Q_y u' - M_z' u' - M_z u'' + GJ_k\theta'' - E_1 I_\omega \theta^{(4)} = 0 \tag{12.97}$$

$$qa_q\theta - M_z u'' + GJ_k\theta'' - E_1 I_\omega \theta^{(4)} = 0 \tag{12.98}$$

综上,等厚度薄板的平衡方程为

$$\left.\begin{array}{l} E_1 I_y u^{(4)} - M_z \theta'' - 2Q_y\theta' = q\theta \\ E_1 I_\omega \theta^{(4)} - GJ_k\theta'' + M_z u'' = qa_q\theta \end{array}\right\} \tag{12.99}$$

(2) 边界条件

① 关于 u 的边界条件

若 u 给定,或者

$$\frac{\partial F}{\partial u'} - \frac{\mathrm{d}}{\mathrm{d}x}\left(\frac{\partial F}{\partial u''}\right) = 0 \tag{12.100}$$

从而有

$$-M_z\theta' - Q_y\theta - E_1 I_y u''' = 0 \tag{12.101}$$

若 u' 给定,或者

$$E_1 I_y u'' = 0 \tag{12.102}$$

即

$$u'' = 0 \tag{12.103}$$

② 关于 θ 的边界条件

若 θ 给定,或者

$$\frac{\partial F}{\partial \theta'} - \frac{\mathrm{d}}{\mathrm{d}x}\left(\frac{\partial F}{\partial \theta''}\right) = 0 \tag{12.104}$$

从而有

$$GJ_k\theta' - M_z u' - E_1 I_\omega \theta''' = 0 \tag{12.105}$$

若 θ' 给定,或者

$$E_1 I_\omega \theta'' = 0 \tag{12.106}$$

据此可写出常见的三类边界条件,汇总如下:

a. 简支端(截面不能转动,但可以自由翘曲)

$$u=0,u''=0 \brace \theta=0,EI_\omega\theta''=0 \tag{12.107}$$

b. 固定端(截面不能转动,也不能自由翘曲)

$$u=0,u'=0 \brace \theta=0,\theta'=0 \tag{12.108}$$

c. 自由端(截面可自由转动和自由翘曲)

$$\left.\begin{array}{l} -M_z\theta'-Q_y\theta-E_1I_yu'''=0 \\ E_1I_yu''=0 \\ GJ_k\theta'-M_zu'-E_1I_\omega\theta'''=0 \\ EI_\omega\theta''=0 \end{array}\right\} \tag{12.109}$$

至此,矩形 Kirchhoff 薄板弯扭屈曲问题可用微分方程模型表述为:在 $0\leqslant x\leqslant a$ 的区间内寻找两个函数 $u(x)$ 和 $\theta(x)$,使它们同时满足微分方程组(即平衡方程)(12.99)以及相应的位移边界条件和力边界条件。

12.2.5 小结

从上述推导得到的总势能、平衡方程和边界条件可以看出,作者提出的新理论与现有的扭转和弯扭屈曲理论形式上相同,这也有力地证明了板-梁理论的正确性。然而与传统的薄壁构件约束扭转和弯扭屈曲理论相比,本书提出的板-梁理论放弃了使用 Vlasov 扇性坐标等概念,而依据 Vlasov 的刚周边假设和变形分解法,利用经典的 Kirchhoff 薄板理论和 Euler 梁理论来直接建立矩形 Kirchhoff 薄板组合扭转和弯扭屈曲理论的**能量变分模型**与**微分方程模型**。此板-梁理论具有力学概念清晰,易于理解和掌握的特点。更重要的是,基于本书所建立的理论还可以解决一系列更复杂的开口和闭口薄壁构件扭转和弯扭屈曲问题,因而具有重要的理论价值和广泛的工程应用价值。

12.3 楔形 Kirchhoff 薄板的组合扭转理论

楔形构件具有良好的经济性,因为其外形与弯矩分布吻合较好,可以有效地节省材料,从而达到减轻自重的目的,因此在门式刚架等轻型钢结构中得到了广泛的应用。常用的楔形薄壁构件有两大类,即开口薄壁构件和闭口薄壁构件。理论上,可将工字形、T 形、十字形、箱形等楔形薄壁构件看作是楔形平板的组合体。从这个意义上讲,楔形薄板的组合扭转问题是薄壁构件扭转和弯扭屈曲的基本问题。

然而,查阅文献可以发现,目前关于楔形 Kirchhoff 薄板组合扭转问题的理论研究尚未见报道。还有学者继续使用 Prandtl 模型来研究楔形板条梁的弯扭屈曲问题(图 12.9)。正是由于这样的研究现状,导致楔形构件的组合扭转与弯扭屈曲理论尚不够完善,相关的理论分析问题存在很多的争议。

本节尝试将板-梁理论拓展至楔形构件分析,其目的是试图将等截面和变截面薄壁构件组合扭转分析理论统一起来。书中首先将基于 Kirchhoff 薄板理论和 Vlasov 刚周边假

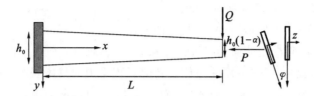

图 12.9　楔形板条梁的弯扭屈曲（N. Challamel 和 CM. Wang）

设,依据能量变分法,提出楔形薄板组合扭转分析的新理论模型:能量变分模型和微分方程模型;然后依据能量变分模型,通过假设试函数得到组合扭转悬臂薄板转角的近似解析解;再依据微分方程模型,通过求解变系数微分方程得到组合扭转悬臂薄板转角的精确解析解。研究表明,板-梁理论适用于楔形薄板的组合扭转分析,该结论为作者建立楔形薄壁构件的屈曲和振动理论奠定了理论基础。

12.3.1　问题描述与基本假设

（1）问题描述

本书以图 12.10 所示的悬臂楔形 Kirchhoff 薄板为例,研究其组合扭转理论问题。楔形薄板的长度为 L,根部宽度为 b,厚度为 t,假设上下边缘具有相同的倾角 α。已知:材料的弹性模量为 E,剪切模量为 G,泊松比为 μ。考虑自由端作用集中扭矩 M_t,沿长度方向还承受分布扭矩 $m_z(z)$ 的情况,此时楔形 Kirchhoff 薄板仅发生扭转变形,设截面绕剪心（即形心）的刚性转角为 $\theta(z)$。

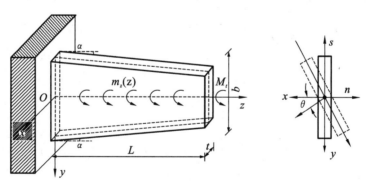

图 12.10　楔形薄板组合扭转的计算简图与变形图

（2）基本假设

① 忽略法线方向的变形;

② 不计平面外弯曲变形引起的剪切应变;

此假设与 Euler 梁的"平截面"假设类似。

③ 不计弯曲引起的板件中面变形,即认为中面不可拉伸;

上述 3 条假设与 Euler 梁的"平截面"假设类似,是由克希霍夫（Kirchhoff）于 1850 年首次明确提出,为 Kirchhoff 薄板理论体系的基本假设。根据假设③,作者认为可将薄板的平面外弯曲问题与中面拉伸和弯曲问题分开求解。这就是作者提出的变形分解原理,该假设也是我们建立板-梁理论体系的理论依据。

为了分析楔形薄壁构件的组合扭转与弯曲屈曲问题,尚需补充一条假设:

④ 变形后薄板的每个横截面仍能维持原来的形状,即横截面是刚性的。

实质上,这条假设是 Vlasov 刚周边假设在薄板理论中的具体表述。据此我们可以推导得到弯扭情况下薄壁构件的位移变化模式,而无须借助 Vlasov 的扇性坐标和翘曲函数的概念,从而为建立适合薄壁构件组合扭转和弯扭屈曲分析的板-梁理论体系奠定了基础。

12.3.2　楔形 Kirchhoff 薄板的组合扭转理论

(1) 能量变分模型

为方便描述变形,板-梁理论需要引入两套坐标系:整体坐标系 xyz 和局部坐标系 nsz。这两套坐标系与 Vlasov 的坐标系类似。两套坐标系均须符合右手螺旋法则。整体坐标系 xyz 的原点位于形心,x、y 轴分别为截面的两个主轴,z 轴与构件的纵轴(长度方向)平行;与 Vlasov 的曲线坐标系不同,这里的局部坐标系 nsz 为直角坐标系。原点与每个板件的自身形心重合,s 轴与板件的中面重合,n 轴与板件中面的法线重合。需要注意的是,n 轴和 s 轴的正方向必须符合螺旋法则,即由 $n \rightarrow s$ 符合右手法则,且拇指应该与 z 轴平行。

两套坐标系的相对关系由 s 轴与 x 轴间的夹角 α 确定。这里规定:由 $x \rightarrow s$ 符合右手法则,且拇指与 z 轴平行时的夹角为正。

在图 12.10 所示的局部坐标系 nsz 下,楔形 Kirchhoff 薄板断面上任意点坐标为 (n,s)。在整体坐标系 xyz 下,楔形 Kirchhoff 薄板的形心坐标为 $(0,0)$,楔形 Kirchhoff 薄板断面上任意点坐标为 $(-n,-s)$。

根据假设④,任意点的位移为:

$$\alpha = \frac{3\pi}{2}, \quad x - x_0 = -n, \quad y - y_0 = -s \tag{12.110}$$

$$\begin{pmatrix} r_s \\ r_n \end{pmatrix} = \begin{pmatrix} \sin\dfrac{3\pi}{2} & -\cos\dfrac{3\pi}{2} \\ \cos\dfrac{3\pi}{2} & \sin\dfrac{3\pi}{2} \end{pmatrix} \begin{pmatrix} -n \\ -s \end{pmatrix} = \begin{pmatrix} n \\ s \end{pmatrix} \tag{12.111}$$

$$\begin{pmatrix} v_s \\ v_n \\ \theta \end{pmatrix} = \begin{pmatrix} \cos\dfrac{3\pi}{2} & \sin\dfrac{3\pi}{2} & n \\ \sin\dfrac{3\pi}{2} & -\cos\dfrac{3\pi}{2} & -s \\ 0 & 0 & 1 \end{pmatrix} \begin{pmatrix} 0 \\ 0 \\ \theta \end{pmatrix} = \begin{pmatrix} n\theta \\ -s\theta \\ \theta \end{pmatrix} \tag{12.112}$$

据此可知,在仅考虑扭转问题时,楔形 Kirchhoff 薄板形心的位移为

$$u_{w0} = 0, \quad v_{w0} = 0, \quad w_{w0} = 0, \quad \theta_{w0} = \theta(z)$$

依据变形分解假设②,此时楔形 Kirchhoff 薄板仅会发生平面外弯曲。此时平面外弯曲变形引起的任意点横向位移模式为

$$u_w(s,z) = -s\theta, \quad v_w(n,z) = n\theta \tag{12.113}$$

而纵向位移则需要依据假设①来确定,即

$$w_w(n,s,z) = -n\frac{\partial u_w}{\partial z} = ns\frac{\partial \theta}{\partial z} \tag{12.114}$$

几何方程（线性应变）

$$\varepsilon_z^{\text{L}} = \frac{\partial w_w}{\partial z} = ns\frac{\partial^2 \theta}{\partial z^2}, \quad \varepsilon_s^{\text{L}} = \frac{\partial v_w}{\partial s} = 0, \quad \gamma_{sz}^{\text{L}} = \frac{\partial w_w}{\partial s} + \frac{\partial v_w}{\partial z} = 2n\frac{\partial \theta}{\partial z} \tag{12.115}$$

物理方程

依据 Kirchhoff 薄板模型，有

$$\sigma_z = \frac{E}{1-\mu^2}\varepsilon_z^{\text{L}}, \quad \tau_{sz} = G\gamma_{sz}^{\text{L}} \tag{12.116}$$

据此可得楔形 Kirchhoff 薄板的应变能为

$$U = \frac{1}{2}\iiint\limits_{V_w}\left[\frac{E}{1-\mu^2}\left(ns\frac{\partial^2\theta}{\partial z^2}\right)^2 + G\left(2n\frac{\partial\theta}{\partial z}\right)^2\right]\mathrm{d}n\mathrm{d}s\mathrm{d}z$$

$$= \frac{1}{2}\int_0^L\left[\frac{E}{1-\mu^2}I_w\left(\frac{\partial^2\theta}{\partial z^2}\right)^2 + GJ_k\left(\frac{\partial\theta}{\partial z}\right)^2\right]\mathrm{d}z \tag{12.117}$$

其中，$I_w = \iint\limits_{A_w}n^2s^2\,\mathrm{d}n\mathrm{d}s$ 为约束扭转惯性矩，而 $J_k = 4\iint\limits_{A_w}n^2\,\mathrm{d}n\mathrm{d}s$ 为自由扭转惯性矩。对于图 12.10 所示的具有对称倾角的楔形 Kirchhoff 薄板，根据上下边缘的方程积分可得

$$I_w = \frac{t^3}{144}(b-2z\tan\alpha)^3 = \frac{t^3b^3}{144}\left(1-2\frac{z}{b}\tan\alpha\right)^3 \tag{12.118}$$

$$J_k = \frac{t^3}{3}(b-2z\tan\alpha) = \frac{t^3b}{3}\left(1-2\frac{z}{b}\tan\alpha\right) \tag{12.119}$$

可见，对于具有对称倾角的楔形 Kirchhoff 薄板，只要将宽度视为可变的，即取为 $(b-2z\tan\alpha)$，则其扭转惯性矩的计算可以套用等截面薄板的计算公式。

若令 $EI_w = \dfrac{E}{1-\mu^2}I_w$ 为约束扭转刚度或称为翘曲刚度（翘曲常数），而 GJ_k 为自由扭转刚度（扭转常数），则应变能式（12.117）还可表达为

$$U = \frac{1}{2}\int_0^L\left[EI_w\left(\frac{\partial^2\theta}{\partial z^2}\right)^2 + GJ_k\left(\frac{\partial\theta}{\partial z}\right)^2\right]\mathrm{d}z \tag{12.120}$$

在端部集中扭矩 M_t 和分布扭矩 $m_z(z)$ 的作用下，楔形 Kirchhoff 薄板的荷载势能为

$$V = -M_t\,\theta\big|_{z=L} - \int_0^L m_z(z)\theta\mathrm{d}z \tag{12.121}$$

将楔形 Kirchhoff 薄板的扭转应变能式（12.120）和荷载势能式（12.121）合并，可得

$$\Pi = U + V = \frac{1}{2}\int_0^L\left[EI_w\left(\frac{\partial^2\theta}{\partial z^2}\right)^2 + GJ_k\left(\frac{\partial\theta}{\partial z}\right)^2 - 2m_z(z)\theta\right]\mathrm{d}z - M_t\,\theta\big|_{z=L}$$

$$\tag{12.122}$$

此式就是我们依据 Kirchhoff 薄板理论和 Vlasov 假设推出的楔形 Kirchhoff 薄板组合扭转问题的总势能。

至此，我们可将楔形 Kirchhoff 薄板组合扭转问题转化为一个能量变分模型：在 $0\leqslant z\leqslant L$ 的区间内寻找一个函数 $\theta(z)$，使它满足规定的几何边界条件，即端点约束条件，并使由下式

$$\Pi = \int_0^L F(\theta, \theta', \theta'') \, dz \tag{12.123}$$

其中

$$F(\theta, \theta', \theta'') = \frac{1}{2} \left[EI_\omega \theta''^2 + GJ_k \theta'^2 - 2m_z(z)\theta \right] \tag{12.124}$$

定义的能量泛函取最小值。

（2）微分方程模型

依据能量变分原理，由 $\delta\Pi = 0$ 可得

$$\int_0^L \left[EI_\omega \theta'' \delta\theta'' + GJ_k \theta' \delta\theta' - m_z(z)\delta\theta \right] dz - M_t \delta\theta |_{z=L} = 0 \tag{12.125}$$

然后利用分部积分，可得

$$\int_0^L \left[\frac{\partial^2}{\partial z^2}(EI_\omega \theta'') - \frac{\partial}{\partial z}(GJ_k \theta') - m_z(z) \right] \delta\theta \, dz +$$

$$[(EI_\omega \theta'')\delta\theta']_{z=0}^{z=L} + \left[\left[-\frac{\partial}{\partial z}(EI_\omega \theta'') + GJ_k \theta' \right] \delta\theta \right]_{z=0}^{z=L} - M_t \delta\theta |_{z=L} = 0 \tag{12.126}$$

根据上式中 $\delta\theta$ 的任意性，可得如下表述平衡方程的微分方程

$$\frac{\partial^2}{\partial z^2}(EI_\omega \theta'') - \frac{\partial}{\partial z}(GJ_k \theta') - m_z(z) = 0 \tag{12.127}$$

其边界条件：

① 固定端（$z=0$）

$$\theta = 0, \quad \theta' = 0 \tag{12.128}$$

② 自由端（$z=L$）

$$\left. \begin{array}{l} -\dfrac{\partial}{\partial z}(EI_\omega \theta'') + GJ_k \theta' - M_t = 0 \\[2mm] EI_\omega \theta'' = 0 \end{array} \right\} \tag{12.129}$$

至此，楔形 Kirchhoff 薄板组合扭转问题还可用微分方程模型表述为：在 $0 \le z \le L$ 的区间内寻找函数 $\theta(z)$，使它满足微分方程（即平衡方程）式（12.127）的同时，并满足位移边界条件式（12.128）和力边界条件式（12.129）。

需要指出的是，本书给出的平衡方程式（12.127）中，第一项为约束扭转内力矩，第二项为自由扭转（圣维南扭转）内力矩。可见，依据本书所提出的板-梁扭转理论，可以将两类扭转自然地融合在一个组合扭转方程中，从而将原来理论上"分离"的两类扭转问题有机地融入同一个理论框架中，因此上述组合扭转的新理论具有重要的理论和实用价值。

12.3.3 解析解与 FEM 数值模拟验证

（1）基于能量变分模型的近似解析解

下面基于能量变分模型来考察悬臂楔形 Kirchhoff 薄板的组合扭转问题。为讨论方便起见，这里仅考虑自由端端部扭矩作用的情形。此时的总势能可简化为

$$\Pi = \frac{1}{2}\int_0^L \left[EI_\omega \left(\frac{\partial^2 \theta}{\partial z^2}\right)^2 + GJ_k \left(\frac{\partial \theta}{\partial z}\right)^2 \right] dz - M_t \theta |_{z=L} \tag{12.130}$$

为了得到近似解析解，可以取试函数为

$$\theta(z) = \frac{A_0}{2}\left(\frac{x}{L}\right)^2\left(3 - \frac{x}{L}\right) \tag{12.131}$$

显然,上述试函数满足悬臂板的边界条件

$$\theta(0) = \theta'(0) = 0, \quad \theta'(L) = 0 \tag{12.132}$$

即式(12.131)为可用的试函数。

此时总势能可表达为

$$\Pi = \frac{1}{2}\int_0^L\left(\begin{array}{l}\dfrac{E_c}{1-\mu_c^2}\cdot\dfrac{t^3b^3}{144}\left(1 - 2\dfrac{z}{b}\tan\alpha\right)^3\left\{\dfrac{\partial^2}{\partial z^2}\left[\dfrac{A_0}{2}\left(\dfrac{x}{L}\right)^2\left(3 - \dfrac{x}{L}\right)\right]\right\}^2 + \\ G_c\dfrac{t^3b}{3}\left(1 - 2\dfrac{z}{b}\tan\alpha\right)\left\{\dfrac{\partial}{\partial z}\left[\dfrac{A_0}{2}\left(\dfrac{x}{L}\right)^2\left(3 - \dfrac{x}{L}\right)\right]\right\}^2\end{array}\right)\mathrm{d}z - $$

$$M_t\frac{A_0}{2}\left(\frac{x}{L}\right)^2\left(3 - \frac{x}{L}\right)\Big|_{z=L} \tag{12.133}$$

其积分结果为

$$\Pi = \frac{1}{2}\left(\frac{6A_0^2}{5L} - \frac{33A_0^2\tan\alpha}{20b}\right)(GJ_k)_E + \frac{1}{2}\left(\begin{array}{l}\dfrac{3A_0^2}{L^3} - \dfrac{9A_0^2\tan\alpha}{2hL^2} + \\ \dfrac{18A_0^2\tan^2\alpha}{5b^2L} - \dfrac{6A_0^2\tan^3\alpha}{5b^3}\end{array}\right)(EI_\omega)_E - A_0M_t \tag{12.134}$$

其中

$$(EI_\omega)_E = \frac{E_c}{1-\mu_c^2}\cdot\frac{t^3b^3}{144}, \quad (GJ_k)_E = G_c\frac{t^3b}{3} \tag{12.135}$$

依据能量变分法,有

$$\frac{\partial\Pi}{\partial A_0} = A_0\left\{\begin{array}{l}\left[3 + \dfrac{18}{5}\left(\dfrac{L}{b}\right)^2\tan^2\alpha - \dfrac{9}{2}\dfrac{L}{b}\tan\alpha - \dfrac{6}{5}\left(\dfrac{L}{b}\right)^3\tan^3\alpha\right]K_E^2 + \\ \left(\dfrac{6}{5} - \dfrac{33}{20}\dfrac{L}{b}\tan\alpha\right)\end{array}\right\} - \frac{M_tL}{(GJ_k)_E} = 0 \tag{12.136}$$

解之得

$$A_0 = \frac{M_tL}{(GJ_k)_E}\cdot\frac{1}{\chi_1K_E^2 + \chi_2} \tag{12.137}$$

其中

$$\chi_1 = 3 + \frac{18}{5}\left(\frac{L}{b}\right)^2\tan^2\alpha - \frac{9}{2}\frac{L}{b}\tan\alpha - \frac{6}{5}\left(\frac{L}{b}\right)^3\tan^3\alpha \tag{12.138}$$

$$\chi_2 = \frac{6}{5} - \frac{33}{20}\frac{L}{b}\tan\alpha, \quad K_E = \sqrt{\frac{(EI_\omega)_E}{(GJ_k)_EL^2}} \tag{12.139}$$

(2) 基于微分方程模型的精确解析解

下面基于微分方程模型来考察悬臂楔形 Kirchhoff 薄板的组合扭转问题。此时的微分方程可简化为

$$\frac{\partial^2}{\partial z^2}(EI_\omega\theta'') - \frac{\partial}{\partial z}(GJ_k\theta') = 0 \tag{12.140}$$

利用边界条件式(12.128)的第一个条件，可得

$$\frac{\partial}{\partial z}\left[(EI_\omega)_E\left(1-2\,\frac{z}{b}\tan\alpha\right)^3\theta'\right]-(GJ_k)_E\left(1-2\,\frac{z}{b}\tan\alpha\right)\theta'=-M_t \qquad (12.141)$$

这是一个比较复杂的变系数三阶微分方程。本书依据其构成的数学结构，利用剩余的 3 个边界条件推导得到了其精确解析解。

首先对其进行无量纲处理，即令

$$\bar{z}=1-2\,\frac{z}{b}\tan\alpha \qquad (12.142)$$

整理可得

$$\Lambda^2\frac{\partial}{\partial\bar{z}}\left(\bar{z}^3\frac{\partial^2\theta}{\partial\bar{z}^2}\right)-\bar{z}\frac{\partial\theta}{\partial\bar{z}}=\frac{M_t h_w}{2\tan\alpha\,(GJ_k)_E} \qquad (12.143)$$

其中

$$\Lambda=K_E\frac{2L}{b}\tan\alpha,\quad K_E=\sqrt{\frac{(EI_\omega)_E}{(GJ_k)_E L^2}} \qquad (12.144)$$

利用微分方程理论，可推导得到其解为

$$\theta(\bar{z})=A_{h1}\frac{1}{\gamma}\bar{z}^\gamma-A_{h2}\frac{1}{\gamma}\bar{z}^{-\gamma}-\frac{M_t b}{2\tan\alpha\,(GJ_k)_E}\cdot\frac{1}{\Lambda^2+1}\ln\bar{z}+A_0 \qquad (12.145)$$

其中，$\gamma=\sqrt{\dfrac{1+\Lambda^2}{\Lambda^2}}$；$A_0$、$A_{h1}$ 和 A_{h2} 为 3 个积分常数，依据端部边界条件可推得其表达式为

$$A_{h1}=\frac{M_t b\cot\alpha}{2(1+\Lambda^2)(GJ_k)_E},\quad A_{h2}=0,\quad A_0=-\frac{M_t b\cot\alpha}{2\gamma(1+\Lambda^2)(GJ_k)_E} \qquad (12.146)$$

据此可得悬臂楔形 Kirchhoff 薄板的最大转角（自由端转角）为

$$\theta_{\max}=\frac{M_t L}{(GJ_k)_E}\left[\frac{\cot\alpha}{2(1+\Lambda^2)}\cdot\frac{b}{L}\cdot\frac{1}{\gamma}\left(1-2\,\frac{L}{b}\tan\alpha\right)^\gamma-\right.$$

$$\left.\frac{1}{2\tan\alpha}\cdot\frac{b}{L}\cdot\frac{1}{\Lambda^2+1}\ln\left(1-2\,\frac{L}{b}\tan\alpha\right)-\frac{\cot\alpha}{2\gamma(1+\Lambda^2)}\cdot\frac{b}{L}\right] \qquad (12.147)$$

（3）FEM 数值模拟验证

为了验证上述理论公式的正确性，采用有限元软件 ANSYS 建立模型进行有限元分析。选取具有 4 个节点的弹性薄壳单元 SHELL63 模拟楔形 Kirchhoff 薄板。材料选用钢材，弹性模量 $E=2.1\times10^5\,\mathrm{MPa}$，泊松比 $\mu=0.3$。为了满足刚周边假设，在有限元分析中采用了 CERIG 命令。利用该命令可以将每个横截面定义为一个刚性区域，其实质是将从节点的扭转自由度指定为与主节点（即构件形心轴上的节点）相同，从而使每个横截面上的所有节点绕构件形心轴的转角相同。此外，在薄板固定端限制所有节点六个方向的自由度来模拟固定约束条件，在薄板自由端的中心位置施加一个单位扭矩，变形图如图 12.11 所示。

表 12.1 为解析解式(12.147)与有限元结果的对比。由表 12.1 的分析数据可以看出：①对于所分析的 3 块楔形薄板，本书的精确解析解与 FEM 的计算结果几乎完全一致，从而证明了本书提出的组合扭转理论的正确性；②近似解析解与有限元分析结果基本吻合，误差在 $-6.45\%\sim-2.76\%$ 之间变化，但因为近似解析解的表达式简单，适合工程设计人员用于近似计算或者估算。

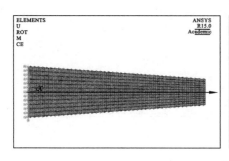 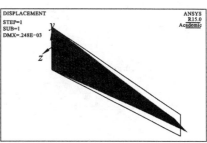

图 12.11　FEM 模型与扭转变形图

表 12.1　楔形 Kirchhoff 薄板的参数与计算结果对比

序号	b (mm)	L (mm)	tanα	M_t (N·m)	FEM 结果	近似解析解		精确解析解	
						结果	误差	结果	误差
1	1200	8600	0.03488	1	0.17003E-02	0.159042E-02	−6.45%	0.16983E-02	−0.10%
2	1200	4300	0.06977	1	0.82828E-03	0.787992E-03	−4.86%	0827094E-03	−0.14%
3	1200	2200	0.136364	1	0.40093E-03	0.389851E-03	−2.76%	0.401075E-03	0.25%

12.3.4　小结

本书的理论研究和数值模拟实践证明:

(1) 作者提出的板-梁理论具有普遍性,不仅可以解决楔形薄板的扭转和屈曲问题,还可以用来解决楔形薄板的组合扭转问题。

(2) 从能量变分模型入手,来推导楔形薄板组合扭转问题的微分方程模型,力学概念清晰,对比 Vlasov 的扇性坐标等概念,简便易行。

(3) 本书给出的近似解析解简单实用,与 FEM 分析结果基本吻合,而精确解析解与 FEM 的分析结果完全一致,证明了微分方程解法的正确性。

研究证明,作者关于薄壁构件可统一在板-梁理论框架下的思想明确、可行,并为进一步建立楔形薄壁构件的屈曲和振动理论奠定了理论基础。

12.4　双钢板-混凝土组合剪力墙的组合扭转理论

12.4.1　双钢板-混凝土组合剪力墙简介

超高层混合结构体系中,剪力墙是一种重要的抗侧力构件。在地震作用下,核心筒剪力墙不仅承担了大部分地震剪力,而且还起到了耗散地震能量的重要作用,是超高层混合结构体系抗震设计的关键构件。

钢板-混凝土组合剪力墙是一种新型的钢-混凝土组合剪力墙。目前得到应用的主要是三种(图 12.12):内嵌钢板-混凝土组合剪力墙、单侧钢板-混凝土组合剪力墙以及双钢板-混凝土组合剪力墙。

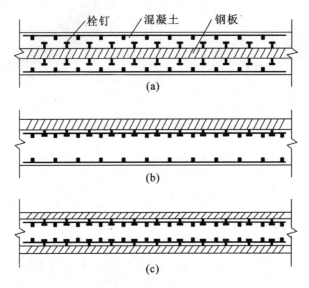

图 12.12　钢板-混凝土组合剪力墙的三种形式

(a)内嵌钢板-混凝土组合剪力墙;(b)单侧钢板-混凝土组合剪力墙;(c)双钢板-混凝土组合剪力墙

内嵌钢板与单侧钢板组合剪力墙均采用一块钢板,性能类似,相比传统钢筋混凝土剪力墙,其轴压承载力大幅提高,混凝土板的存在能够在一定程度上抑制钢板的整体和局部屈曲,充分发挥钢板的力学性能,保证剪力墙在侧向荷载作用下的承载力和耗能能力。对于内嵌钢板组合剪力墙,外包混凝土还可起到防火和防腐作用。

与前两种钢板组合剪力墙相比,双钢板-混凝土组合剪力墙的优点是:①延性更好。混凝土填充于外侧钢板之内,能始终对钢板起到约束作用,而外侧钢板对内填混凝土同样具有约束作用,从而可提高内填混凝土大地震下的变形能力,使得剪力墙的延性和耗能能力得到进一步提高。②构造简单,钢结构运输安装方便。③施工简便。外侧钢板在施工阶段兼做混凝土模板,简化现场施工工序,缩短施工周期。

众所周知,高层和超高层建筑的合理抗侧力体系是由剪力墙构成的闭口或开口芯筒(图12.13)。若结构受扭,这在大多数情况下都会发生,芯筒的抗扭刚度则是总抗扭刚度的一个重要部分。芯筒在扭转作用下的性能及其分析对多数工程师来说是陌生的。

通常建筑中芯筒剪力墙的高度、长度、厚度比例符合薄壁构件的假设,其扭转性能都可用薄壁梁的扭转来精确地描述。当芯筒受扭时,原来的平截面会发生翘曲,如图 12.14 所示。由于最下端的截面受到基础的约束不能产生自由翘曲变形,这样由扭转产生的竖向翘曲应变、应力将遍布整个芯筒高度。在抗扭刚度主要由芯筒提供的结构中,芯筒底部的竖向翘曲应力可能与受弯应力具有相同的量级,此时就不能忽略翘曲应力。

如前所述,矩形钢板-混凝土组合剪力墙是芯筒的基本单元。目前尚未见到双钢板-混凝土组合剪力墙的组合扭转分析理论。本节介绍的内容是作者在 2015 年完成的。

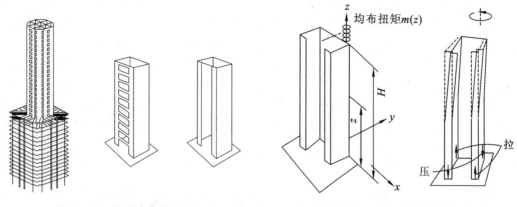

图 12.13　芯筒的典型形式　　　　　　图 12.14　芯筒受扭

12.4.2　问题的描述与基本假设

（1）问题的描述

本节以图 12.15 所示的悬臂双钢板-混凝土组合剪力墙为研究对象,研究其组合扭转理论问题。设双钢板-混凝土组合剪力墙的长度为 L ,总厚度为 $t_w = t_c + 2t_s$,且满足 $L \geqslant 5t_w$ 的条件。假设钢板的弹性模量、剪切模量和泊松比分别为 E_s 、G_s 和 μ_s ,而核心混凝土的弹性模量、剪切模量和泊松比分别为 E_c 、G_c 和 μ_c 。考虑双钢板-混凝土组合剪力墙的自由端作用集中扭矩 M_t ,沿长度方向还承受分布扭矩 $m_z(z)$ 的情况,此时剪力墙仅发生扭转变形,设截面绕剪心(即形心)的刚性转角为 $\theta(z)$ 。

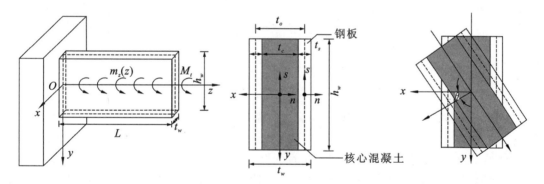

图 12.15　双钢板-混凝土剪力墙的截面定义及其扭转变形

（2）基本假设

① 忽略法线方向的变形;

② 不计平面外弯曲变形引起的剪切应变;

③ 不计弯曲引起的板件中面变形,即认为中面不可拉伸;

上述 3 条假设与 Euler 梁的"平截面"假设类似,是由克希霍夫(Kirchhoff)于 1850 年首次明确提出,为 Kirchhoff 薄板理论体系的基本假设。根据假设②,作者认为可将薄板的平面外弯曲问题与中面拉伸和弯曲问题分开求解。这就是作者提出的变形分解原理,该假设也是我们建立板-梁理论体系的理论依据。

为了分析双钢板-混凝土组合剪力墙的组合扭转与弯曲屈曲问题,尚需补充三条假设:

④ 变形后薄板的每个横截面仍能维持原来的形状,即横截面是"刚性"的;

⑤ 双钢板-混凝土组合剪力墙为等厚度,且其几何尺寸满足 $t_w/b \leqslant 1/6 \sim 1/8$($b$ 为两边的最小宽度)的条件,即属于薄板;

⑥ 组合剪力墙的扭转变形过程,假设钢板与核心混凝土之间黏结良好,它们之间无滑移,即扭转过程中两者变形协调。此条假设是钢-混凝土组合结构分析中常用的一条假设。事实上,对于双钢板-混凝土组合剪力墙而言,也只有通过构造措施满足此条假设的要求才能使材料性能得以充分发挥。

12.4.3 双钢板-混凝土组合剪力墙的组合扭转理论

(1) 能量变分模型

为方便描述变形,板-梁理论需要引入两套坐标系。在图 12.15 所示的局部坐标系 nsz 下,双钢板-混凝土组合剪力墙断面上任意点坐标为 (n,s)。在整体坐标系 xyz 下,组合剪力墙的剪心(形心)坐标为 $(0,0)$,组合剪力墙断面上任意点坐标为 $(-n,-s)$。

根据假设④,任意点的位移为:

$$\alpha = \frac{3\pi}{2}, \quad x - x_0 = -n, \quad y - y_0 = -s \tag{12.148}$$

$$\begin{pmatrix} r_s \\ r_n \end{pmatrix} = \begin{pmatrix} \sin\dfrac{3\pi}{2} & -\cos\dfrac{3\pi}{2} \\ \cos\dfrac{3\pi}{2} & \sin\dfrac{3\pi}{2} \end{pmatrix} \begin{pmatrix} -n \\ -s \end{pmatrix} = \begin{pmatrix} n \\ s \end{pmatrix} \tag{12.149}$$

$$\begin{pmatrix} v_s \\ v_n \\ \theta \end{pmatrix} = \begin{pmatrix} \cos\dfrac{3\pi}{2} & \sin\dfrac{3\pi}{2} & n \\ \sin\dfrac{3\pi}{2} & -\cos\dfrac{3\pi}{2} & -s \\ 0 & 0 & 1 \end{pmatrix} \begin{pmatrix} 0 \\ 0 \\ \theta \end{pmatrix} = \begin{pmatrix} n\theta \\ -s\theta \\ \theta \end{pmatrix} \tag{12.150}$$

据此可知,在仅考虑扭转问题时,组合剪力墙形心的位移为

$$u_{w0} = 0, \quad v_{w0} = 0, \quad w_{w0} = 0, \quad \theta_{w0} = \theta(z)$$

此结果说明,此时剪心(形心)仅有扭转变形。

依据变形分解原理,此时组合剪力墙仅会发生平面外弯曲。此时平面外弯曲变形引起的任意点横向位移模式为

$$u_w(s,z) = -s\theta, \quad v_w(n,z) = n\theta \tag{12.151}$$

而纵向位移则需要依据假设①来确定,即

$$w_w(n,s,z) = -n\frac{\partial u_w}{\partial z} = ns\frac{\partial \theta}{\partial z} \tag{12.152}$$

几何方程(线性应变)

$$\varepsilon_z^{\mathrm{L}} = \frac{\partial w_w}{\partial z} = ns\frac{\partial^2 \theta}{\partial z^2}, \quad \varepsilon_s^{\mathrm{L}} = \frac{\partial v_w}{\partial s} = 0, \quad \gamma_{sz}^{\mathrm{L}} = \frac{\partial w_w}{\partial s} + \frac{\partial v_w}{\partial z} = 2n\frac{\partial \theta}{\partial z} \tag{12.153}$$

物理方程

依据 Kirchhoff 薄板模型,有

$$\sigma_z = \frac{E_*}{1-\mu_*^2}\varepsilon_z^L, \quad \tau_{sz} = G_*\gamma_{sz}^L \tag{12.154}$$

据此可得组合剪力墙的应变能为

$$U = \frac{1}{2}\iiint_{V_{ux}}\left[\frac{E_*}{1-\mu_*^2}\left(ns\frac{\partial^2\theta}{\partial z^2}\right)^2 + G_*\left(2n\frac{\partial\theta}{\partial z}\right)^2\right]dnds dz$$

$$= \frac{1}{2}\int_0^L\left[\frac{E_*}{1-\mu_*^2}I_\omega^*\left(\frac{\partial^2\theta}{\partial z^2}\right)^2 + G_*J_k^*\left(\frac{\partial\theta}{\partial z}\right)^2\right]dz \tag{12.155}$$

其中,$I_\omega^* = \iint_{A_w}n^2s^2 dnds$ 为约束扭转惯性矩,而 $J_k^* = 4\iint_{A_w}n^2 dnds$ 为自由扭转惯性矩。

对于双钢板-混凝土组合剪力墙,上述应变能分为两部分:第一部分是核心混凝土的应变能,即

$$U_c = \frac{1}{2}\int_0^L\left[\frac{E_c}{1-\mu_c^2}I_\omega^c\left(\frac{\partial^2\theta}{\partial z^2}\right)^2 + G_cJ_k^c\left(\frac{\partial\theta}{\partial z}\right)^2\right]dz \tag{12.156}$$

其中

$$I_\omega^c = \iint_{A_{ux}}n^2s^2 dnds = \int_{-\frac{h_w}{2}}^{\frac{h_w}{2}}\left(\int_{-\frac{t_c}{2}}^{\frac{t_c}{2}}n^2s^2 dn\right)ds = \frac{t_c^3h_w^3}{144} \tag{12.157}$$

$$J_k^c = 4\iint_{A_{ux}}n^2 dnds = 4\int_{-\frac{h_w}{2}}^{\frac{h_w}{2}}\left(\int_{-\frac{t_c}{2}}^{\frac{t_c}{2}}n^2 dn\right)ds = \frac{t_c^3h_w}{3} \tag{12.158}$$

第二部分是双钢板的应变能,即

$$U_s = \frac{1}{2}\int_0^L\left[\frac{E_s}{1-\mu_s^2}I_\omega^s\left(\frac{\partial^2\theta}{\partial z^2}\right)^2 + G_sJ_k^s\left(\frac{\partial\theta}{\partial z}\right)^2\right]dz \tag{12.159}$$

其中

$$I_\omega^s = \iint_{A_{us}}n^2s^2 dnds = 2\int_{-\frac{h_w}{2}}^{\frac{h_w}{2}}\left(\int_{\frac{t_c}{2}}^{(t_s+\frac{t_c}{2})}n^2s^2 dn\right)ds = \frac{1}{18}h_w^3\left(t_s+\frac{t_c}{2}\right)^3 - \frac{h_w^3t_c^3}{144} \tag{12.160}$$

$$J_k^s = 4\iint_{A_{us}}n^2 dnds = 8\int_{-\frac{h_w}{2}}^{\frac{h_w}{2}}\left(\int_{\frac{t_c}{2}}^{(t_s+\frac{t_c}{2})}n^2 dn\right)ds = \frac{h_w}{3}\left[8\left(t_s+\frac{t_c}{2}\right)^3 - t_c^3\right] \tag{12.161}$$

双钢板-混凝土组合剪力墙的应变能为上述两部分应变的叠加,即

$$U = U_c + U_s$$

$$= \frac{1}{2}\int_0^L\left[\frac{E_c}{1-\mu_c^2}I_\omega^c\left(\frac{\partial^2\theta}{\partial z^2}\right)^2 + G_cJ_k^c\left(\frac{\partial\theta}{\partial z}\right)^2\right]dz +$$

$$\frac{1}{2}\int_0^L\left[\frac{E_s}{1-\mu_s^2}I_\omega^s\left(\frac{\partial^2\theta}{\partial z^2}\right)^2 + G_sJ_k^s\left(\frac{\partial\theta}{\partial z}\right)^2\right]dz$$

$$= \frac{1}{2}\int_0^L\left[\left(\frac{E_c}{1-\mu_c^2}I_\omega^c + \frac{E_s}{1-\mu_s^2}I_\omega^s\right)\left(\frac{\partial^2\theta}{\partial z^2}\right)^2 + (G_cJ_k^c + G_sJ_k^s)\left(\frac{\partial\theta}{\partial z}\right)^2\right]dz \tag{12.162}$$

若令

$$(EI_\omega)_{\text{comp}} = \frac{E_c}{1-\mu_c^2}I_\omega^c + \frac{E_s}{1-\mu_s^2}I_\omega^s \tag{12.163}$$

为双钢板-混凝土组合剪力墙的约束扭转惯性矩,而

$$(GJ_k)_{\text{comp}} = G_cJ_k^c + G_sJ_k^s \tag{12.164}$$

为双钢板-混凝土组合剪力墙的自由扭转惯性矩,则可将式(12.162)简写为

$$U = \frac{1}{2}\int_0^L \left[(EI_\omega)_{\text{comp}} \left(\frac{\partial^2\theta}{\partial z^2}\right)^2 + (GJ_k)_{\text{comp}} \left(\frac{\partial\theta}{\partial z}\right)^2 \right]\mathrm{d}z \tag{12.165}$$

在端部集中扭矩 M_t 和分布扭矩 $m_z(z)$ 的作用下,双钢板-混凝土组合剪力墙的荷载势能为

$$V = -M_t\,\theta\,|_{z=L} - \int_0^L m_z(z)\theta\mathrm{d}z \tag{12.166}$$

将双钢板-混凝土组合剪力墙的扭转应变能式(12.165)和荷载势能式(12.166)合并,可得

$$\Pi = U + V = \frac{1}{2}\int_0^L \left[(EI_\omega)_{\text{comp}} \left(\frac{\partial^2\theta}{\partial z^2}\right)^2 + (GJ_k)_{\text{comp}} \left(\frac{\partial\theta}{\partial z}\right)^2 - 2m_z(z)\theta \right]\mathrm{d}z - M_t\,\theta\,|_{z=L} \tag{12.167}$$

此式就是我们依据 Kirchhoff 薄板理论和 Vlasov 假设,推导得到的双钢板-混凝土组合剪力墙组合扭转问题的总势能。

至此,我们可将双钢板-混凝土组合剪力墙的组合扭转问题转化为一个能量变分模型:在 $0 \leqslant z \leqslant L$ 的区间内寻找一个函数 $\theta(z)$,使它满足规定的几何边界条件,即端点约束条件,并使由下式

$$\Pi = \int_0^L F(\theta,\theta',\theta'')\mathrm{d}z \tag{12.168}$$

其中

$$F(\theta,\theta',\theta'') = \frac{1}{2}\left[(EI_m)_{\text{comp}}\theta''^2 + (GJ_k)_{\text{comp}}\theta'^2 - 2m_z(z)\theta \right] \tag{12.169}$$

定义的能量泛函取最小值。

(2)微分方程模型

依据能量变分原理,由 $\delta\Pi = 0$ 可得

平衡方程(微分方程)

$$\frac{\partial^2}{\partial z^2}\left[(EI_\omega)_{\text{comp}}\theta'' \right] - \frac{\partial}{\partial z}\left[(GJ_k)_{\text{comp}}\theta' \right] - m_z(z) = 0 \tag{12.170}$$

边界条件:

① 固定端($z=0$)

$$\theta = 0, \quad \theta' = 0 \tag{12.171}$$

② 自由端($z=L$)

$$\left. \begin{aligned} &-\frac{\partial}{\partial z}\left[(EI_\omega)_{\text{comp}}\theta'' \right] + (GJ_k)_{\text{comp}}\theta' - M_t = 0 \\ &(EI_\omega)_{\text{comp}}\theta'' = 0 \end{aligned} \right\} \tag{12.172}$$

至此,双钢板-混凝土组合剪力墙组合扭转问题还可用微分方程模型表述为:在 $0 \leqslant z \leqslant L$ 的区间内寻找函数 $\theta(z)$,使它满足微分方程(即平衡方程)式(12.170)的同时,并满足位移边界条件式(12.171)和力边界条件式(12.172)。

12.4.4　理论与数值模拟验证

(1) 理论验证

若假定双钢板-混凝土组合剪力墙为同一种材料(比如钢材),则自由扭转惯性矩公式(12.164)可简化为

$$
\begin{aligned}
GJ_k &= G_s J_k^c + G_s J_k^s \\
&= G_s \frac{t_c^3 h_w}{3} \left\{ 1 + \frac{G_s}{G_s} \left[8 \left(\frac{t_s}{t_c} + \frac{1}{2} \right)^3 - 1 \right] \right\} \\
&= G_s \frac{t_c^3 h_w}{3} \left[8 \left(\frac{t_s}{t_c} + \frac{1}{2} \right)^3 \right]
\end{aligned}
\tag{12.173}
$$

若令 $t_w = 2t_s + t_c$,则上式可简化为

$$
GJ_k = G_s \frac{(2t_s + t_c)^3 h_w}{3} = G_s \frac{t_w^3 h_w}{3}
\tag{12.174}
$$

此自由扭转惯性矩与纯钢板的相同。证明我们的推导正确。

同理,对于单一材料,约束扭转惯性矩式(12.163)可简化为

$$
\begin{aligned}
EI_\omega &= \frac{E_s}{1 - \mu_s^2} I_\omega^s + \frac{E_s}{1 - \mu_s^2} I_\omega^s \\
&= \frac{E_s}{1 - \mu_s^2} \frac{t_c^3 h_w^3}{144} \left\{ 1 + \frac{E_s}{E_s} \cdot \frac{1 - \mu_s^2}{1 - \mu_s^2} \left[8 \left(\frac{t_s}{t_c} + \frac{1}{2} \right)^3 - 1 \right] \right\} \\
&= \frac{E_s}{1 - \mu_s^2} \frac{t_c^3 h_w^3}{144} \left[8 \left(\frac{t_s}{t_c} + \frac{1}{2} \right)^3 \right]
\end{aligned}
\tag{12.175}
$$

若令 $t_w = 2t_s + t_c$,则上式可简化为

$$
EI_\omega = \frac{E_s}{1 - \mu_s^2} \frac{(2t_s + t_c)^3 h_w^3}{144} = \frac{E_s}{1 - \mu_s^2} \frac{t_w^3 h_w^3}{144}
\tag{12.176}
$$

此自由扭转惯性矩与纯钢板的相同。证明我们的推导正确。

(2) 数值模拟验证

以悬臂的双钢板-混凝土组合剪力墙为研究对象(图 12.15)。其解析解为

$$
\theta\left(\frac{z}{L} \right) = \frac{M_t L}{(GJ_k)_{\text{comp}}} \left\{ \frac{z}{L} - K \sinh\left(\frac{1}{K} \frac{z}{L} \right) + K \left[\cosh\left(\frac{1}{K} \frac{z}{L} \right) - 1 \right] \tanh \frac{1}{K} \right\}
\tag{12.177}
$$

$$
\theta_{\max} = \theta(1) = \frac{M_t L}{(GJ_k)_{\text{comp}}} \left(1 - K \tanh \frac{1}{K} \right)
\tag{12.178}
$$

K 称为薄壁构件的扭转刚度参数,是反映自由扭转扭矩和翘曲扭矩在总扭矩中所占比例的重要参数。对于双钢板-混凝土组合剪力墙而言,其 K 值为

$$
K = \sqrt{\frac{(EI_\omega)_{\text{comp}}}{(GJ_k)_{\text{comp}} L^2}}
\tag{12.179}
$$

采用 ANSYS 软件中的 SOLID45 来模拟双钢板-混凝土组合剪力墙,有限元模型和扭

转变形如图 12.16 所示。图 12.17 为双钢板-混凝土剪力墙的有限元解与解析解的对比。从图中可见,本书的组合扭转理论与有限元吻合较好。

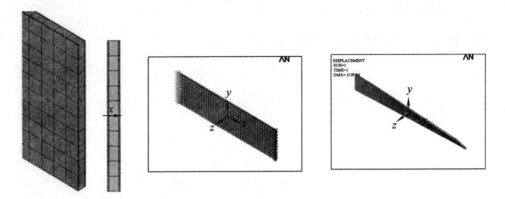

图 12.16　双钢板-混凝土剪力墙的有限元模型及其扭转变形

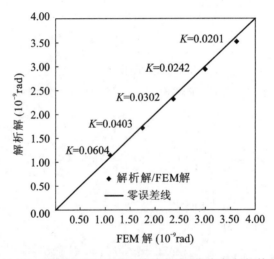

图 12.17　双钢板-混凝土剪力墙的有限元解与解析解的对比

12.4.5　换算截面法对扭转刚度计算的适用性问题

作为大家熟知的一种简化计算方法,换算截面法被广泛应用于预应力混凝土结构、钢-混凝土组合结构。NS. Trahair 教授、陈惠发教授、陈绍蕃教授还将其推广应用于钢结构的弹塑性分析中。虽然可以证明换算截面法用于计算轴向刚度和抗弯刚度是正确的,然而,关于换算截面法是否适合计算抗扭刚度却很少有人讨论,尤其是理论层面的讨论,国际上也未曾见报道。

分析主要原因是 Vlasov 的扇性坐标仅适合单一材料,无法推导出考虑不同模量影响的 $(EI_\omega)_{\text{comp}}$ 和 $(GJ_k)_{\text{comp}}$,因此理论上很难对其进行对比研究。但作者提出的板-梁理论则不受此限制,可以考虑多种不同材料模量对抗扭刚度的影响。从这个意义上讲,板-梁理论是一种更加通用的薄壁构件理论。

以双钢板-混凝土组合剪力墙为例,假定将混凝土截面换算为纯钢截面,则其换算截面法有两种:一种为换算厚度法,即将混凝土截面等效为宽度不变但厚度变薄的钢截面[图12.18(a)];另一种为换算宽度法,即将混凝土截面等效为厚度不变但宽度变短的钢截面[图12.18(b)]。

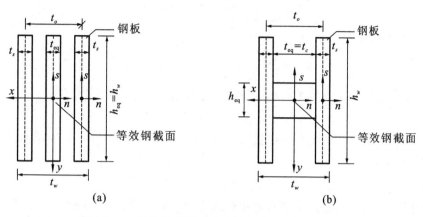

$$(a) \qquad\qquad (b)$$

图 12.18 双钢板-混凝土组合剪力墙的换算截面法

限于篇幅,这里仅讨论换算宽度法。这种方法在钢结构研究中为诸多学者所采用。

根据换算宽度法,可得换算截面的自由扭转刚度为

$$(GJ_k)_{eq} = G_s \frac{t_c^3 h_w}{3} \frac{E_c}{E_s} + G_s \left\{ 8h_w \left[\frac{1}{3} \left(t_s + \frac{t_c}{2} \right)^3 - \frac{t_c^3}{24} \right] \right\}$$

$$= G_s \frac{t_c^3 h_w}{3} \left[\left(\frac{E_c}{E_s} - 1 \right) + 8 \left(\frac{t_s}{t_c} + \frac{1}{2} \right)^3 \right] \qquad (12.180)$$

此式与本书公式(12.164)的相对误差为

$$\Delta_{GJ_k} = \frac{(GJ_k)_{eq} - (GJ_k)_{comp}}{(GJ_k)_{comp}}$$

$$= \frac{\left[\left(\frac{G_s}{G_c} \frac{E_c}{E_s} - \frac{G_s}{G_c} \right) + 8 \frac{G_s}{G_c} \left(\frac{t_s}{t_c} + \frac{1}{2} \right)^3 \right]}{1 + \frac{G_s}{G_c} \left[8 \left(\frac{t_s}{t_c} + \frac{1}{2} \right)^3 - 1 \right]} - 1$$

$$= \frac{\frac{1 + \mu_c}{1 + \mu_s} - 1}{1 + \frac{1 + \mu_c}{1 + \mu_s} \frac{E_s}{E_c} \left[8 \left(\frac{t_s}{t_c} + \frac{1}{2} \right)^3 - 1 \right]} \qquad (12.181)$$

同理可得,换算截面的约束扭转刚度为

$$(EI_\omega)_{eq} = \frac{E_s}{1 - \mu_s^2} \frac{t_c^3 h_w^3}{144} \left(\frac{E_c}{E_s} \right)^3 + \frac{E_s}{1 - \mu_s^2} \left[\frac{1}{18} h_w^3 \left(t_s + \frac{t_c}{2} \right)^3 - \frac{h_w^3 t_c^3}{144} \right]$$

$$= \frac{E_s}{1 - \mu_s^2} \frac{t_c^3 h_w^3}{144} \left\{ \left(\frac{E_c}{E_s} \right)^3 + \frac{144}{t_c^3 h_w^3} \left[\frac{1}{18} h_w^3 \left(t_s + \frac{t_c}{2} \right)^3 - \frac{h_w^3 t_c^3}{144} \right] \right\}$$

$$= \frac{E_s}{1 - \mu_s^2} \frac{t_c^3 h_w^3}{144} \left[\left(\frac{E_c}{E_s} \right)^3 + 8 \left(\frac{t_s}{t_c} + \frac{1}{2} \right)^3 - 1 \right] \qquad (12.182)$$

此式与本书公式(12.163)的相对误差为

$$\Delta_{EI_{\omega}} = \frac{(EI_{\omega})_{\text{eq}} - (EI_{\omega})_{\text{comp}}}{(EI_{\omega})_{\text{comp}}}$$

$$= \frac{\dfrac{E_s}{E_c}\dfrac{1-\mu_c^2}{1-\mu_s^2}\left[\left(\dfrac{E_c}{E_s}\right)^3 + 8\left(\dfrac{t_s}{t_c}+\dfrac{1}{2}\right)^3 - 1\right]}{1 + \dfrac{E_s}{E_c}\dfrac{1-\mu_c^2}{1-\mu_s^2}\left[8\left(\dfrac{t_s}{t_c}+\dfrac{1}{2}\right)^3 - 1\right]} - 1 \qquad (12.183)$$

众所周知,钢-混凝土组合结构的含钢率是一个重要指标,其定义为

$$\alpha_c = \frac{A_s}{A_s + A_c} = \frac{1}{1 + A_c/A_s} = \frac{1}{1 + t_c/t_s} \qquad (12.184)$$

而双钢板-混凝土组合剪力墙的常用含钢率范围为 $5\% \sim 10\%$,据此可知

$$t_c/t_s = 19 \sim 9 \qquad (12.185)$$

另外,国内常用混凝土的弹性模量为 $3.0 \times 10^4 \sim 3.8 \times 10^4\,\text{N/mm}^2$,而钢材的为 $2.06 \times 10^5\,\text{N/mm}^2$,因此

$$E_s/E_c = 5.4 \sim 6.9 \qquad (12.186)$$

根据这些参数范围,可以绘制自由扭转刚度与约束扭转刚度的换算截面法误差范围,如图 12.19 和图 12.20 所示。从图中可见:①用换算截面法来计算自由扭转刚度比精确解略低,但误差不大,基本在 $-1\% \sim -3\%$,因此换算截面法适用;②用换算截面法来计算约束扭转刚度比精确解偏低很多,且误差较大,误差范围为 $-10\% \sim -32\%$。这是工程上不可接受的误差。作者的板-梁理论还可证明,NS. Trahair 教授等学者在钢结构弹塑性分析中所采用的换算截面法有时误差偏大。陈骥教授在最新版的《钢结构稳定理论与设计》中未提及由陈绍蕃教授提出的压弯构件弹塑性屈曲"折算翼缘厚度法",也从另一角度对此问题进行了规避。

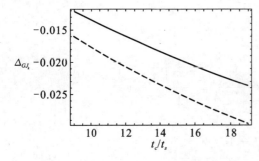
图 12.19　自由扭转刚度的换算截面法误差

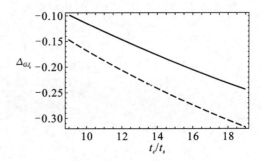
图 12.20　约束扭转刚度的换算截面法误差

12.4.6　小结

(1)双钢板-混凝土组合剪力墙的轴向刚度、抗剪刚度和抗弯刚度可以依据简单叠加法得到

$$\left.\begin{array}{l}(EA)_{\text{comp}} = E_s A_s + E_c A_c \\ (GA)_{\text{comp}} = G_s A_s + G_c A_c \\ (EI)_{\text{comp}} = E_s I_s + E_c I_c\end{array}\right\} \qquad (12.187)$$

可以证明:换算截面法的结果与上述刚度相同。

（2）根据板-梁理论,可推出双钢板-混凝土组合剪力墙的抗扭刚度为

$$
\left.\begin{array}{l}
(GJ_k)_{\text{comp}}=G_cJ_k^c+G_sJ_k^s \\
(EI_\omega)_{\text{comp}}=\dfrac{E_c}{1-\mu_c^2}I_\omega^c+\dfrac{E_s}{1-\mu_s^2}I_\omega^s
\end{array}\right\}
\tag{12.188}
$$

此公式无法利用 Vlasov 扇性坐标理论得到。其正确性得到理论和 FEM 的验证。我们从理论上证明:换算截面法适合计算自由扭转刚度,但不适合计算约束扭转刚度,因为此时换算截面法的最大误差可达−30％。而薄壁构件中约束扭转刚度通常起控制作用,因此换算截面法也不适合分析钢-混凝土组合的薄壁构件,也不适合用于分析钢结构的弹塑性屈曲。

参 考 文 献

[1] REISSNER E. Further considerations on the problem of torsion and flexure of prismatical beams. Int. J. Solid Structures,1983,19(5): 385-392.

[2] REISSNER E. On a variational analysis of finite deformations of prismatical beams and on the effect of warping stiffness on buckling loads. Journal of Applied Mathematics and Physics,1984,35(3):247-251.

[3] TIMOSHENKO S P. Theory of elasticity. Mcgraw-Hill,1970.

[4] TIMOSHENKO S P. On the torsion of a prism,one of the cross-sections of which remains plane,Proc. London Math. Soc. Series 2 Vol. 20. p. 389,1921.

[5] 张福范. 均布荷载下悬臂矩形板的弯曲. 应用数学和力学,1980,1(3):349-362.

[6] 张福范. 以 Kirchhoff 薄板理论解狭长矩形截面杆的约束扭转. 应用数学和力学,3(4),1982:463-476.

[7] 张文福. 狭长矩形薄板自由扭转和约束扭转的统一理论. 中国科技中文在线. http://www. paper. edu. cn/html/releasepaper/04/143/. 2014.

[8] 张文福. 狭长矩形薄板扭转与弯扭屈曲的新理论. 第十五届全国现代结构工程学术研讨会论文集. 工业建筑(增刊),2015:1728-1743.

[9] 张文福. 工字形轴压钢柱弹性弯扭屈曲的新理论. 第十五届全国现代结构工程学术研讨会论文集. 工业建筑(增刊),2015:725-735.

[10] 张文福. 矩形薄壁轴压构件弹性扭转屈曲的新理论. 第十五届全国现代结构工程学术研讨会论文集. 工业建筑(增刊),2015:793-804.

[11] ZHANG WENFU. New Theory for torsional buckling of steel-concrete composite columns. Proc. of 11th International Conference on Advances in Steel and Concrete Composite Structures,2015.

[12] VLASOV V Z. Thin-walled elastic beams,2nd ed. Israel Program for Scientific Transactions,Jerusalem,1961.

[13] TIMOSHENKO S P,GERE J. Theory of elastic stability. 2nd ed. New-York:McGraw-Hill,1961.

[14] BLEICH F. 金属结构的屈曲强度. 同济大学钢木结构教研室,译. 北京:科学出版社,1965.

[15] CHEN W F,ATSUTA T. 梁柱分析与设计:第二卷空间问题特性及设计. 周绥平,刘西拉,译,北京:人民交通出版社,1997.

[16] TRAHAIR N S. Flexural-torsional buckling of structures. London:E & FN Spon,1993.

[17] GALAMBOS T,Ed. Guide to stability criteria for metal structures. Wiley:New York,1988.

[18] 吕烈武,沈世钊,沈祖炎,胡学仁. 钢结构构件稳定理论. 北京:中国建筑工业出版社,1983.

[19] 夏志斌,潘有昌. 结构稳定理论. 北京:高等教育出版社,1988.

[20] 陈骥. 钢结构稳定理论与设计. 3 版. 北京:科学出版社,2006.

［21］童根树.钢结构的平面外稳定.北京:中国建筑工业出版社,2007.

［22］KITIPORNCHAI S,CHAN S L. Nonlinear finite element analysis of angle and Tee beam-columns. Journal of Structural Engineering,ASCE,1987,113(4):721-739.

［23］CHALLAMEL N,WANG C M. Exact lateral-torsional buckling solutions for cantilevered beams subjected to intermediate and end transverse point loads. Thin-Walled Structures,Vol. 48,2010:1-76.

［24］成祥生.悬臂板侧屈中的几个问题.应用数学和力学,9(8),1988:735-739.

［25］成祥生.矩形板的侧屈.应用数学和力学,10(1):1989:79-84.

［26］成祥生.悬臂矩形板在对称边界边界荷载下的屈曲.应用数学和力学,11(4),1990:351-358.

［27］孙光复.Ritz-有限条法计算简支板在侧向载荷作用下的屈曲.沈阳建筑工程学院学报,1990(04).

［28］袁镒吾.悬臂板侧屈问题的多项式解法.应用数学和力学,1993(02).

［29］张文福,柳凯议,吕英华,郝进锋.简支矩形板侧向屈曲的Kantorovich解法及应用.第17届全国结构工程学术会议论文集(第Ⅰ册).工程力学(增刊),2008.

［30］CHALLAMEL N,ANDRADE N,et al. Flexural-torsional buckling of cantilever strip beam-columns with linearly varying depth. Journal of Engineering Mechanics,Vol. 136,No. 6,2010:787-800.

［31］陈绍蕃.开口截面钢偏心压杆在弯矩作用平面外的稳定系数.西安冶金建筑学院学报,1974:1-26.

13　开口薄壁构件组合扭转的板-梁理论

13.1　开口薄壁构件组合扭转的经典理论与板-梁理论

薄壁构件常用的有两大类,即开口薄壁构件和闭口薄壁构件。薄壁构件组合扭转、扭转屈曲、弯扭屈曲的理论研究是工程应用中极为重要的部分。

实际上,薄壁构件的组合扭转问题是一个比薄板更为复杂的力学和数学问题。从力学的本质上来看,任何薄壁构件的扭转都属于组合扭转问题,即约束扭转和自由扭转是并存的。

回顾历史可以发现,薄壁构件的第一个约束扭转问题是 Timoshenko 率先解决的,这是一个划时代的理论突破。此研究使人们开始摆脱 Sant Venernt 自由理论的束缚,以寻求更易理解的薄壁构件约束扭转理论。Timoshenko 曾提及这段研究历程:在德国求学期间曾拜 Prandtl 为师,Prandtl 建议他做实验以验证 Prandtl 的板条屈曲理论,Timoshenko 则转而研究建筑中常见的工字形梁的屈曲问题。对于工字形梁,为了分析简便,Timoshenko 忽略腹板而建立了著名的"双翼缘"工字形梁的简化力学模型,并于 1905 年发表了其享誉世界的"双翼缘"工字形梁约束扭转的解答,其中双翼缘的平面外变形用 Euler 梁理论描述。此模型和解答是如此的简单明了,且能抓住问题的本质,因而在国内外的钢结构教学中广为教师所引用并加以传播。Bleich 也很推崇 Timoshenko 的思想,并试图用 Euler 梁理论来解决多边形薄壁构件的约束扭转和弯扭屈曲问题。但其理论推导存在问题,并未建立起一般性的理论体系。但上述研究对我们提出板-梁理论有重要的启发作用。

目前使用的开口薄壁构件约束扭转理论是苏联科学院院士 Vlasov(弗拉索夫)在 1936 年建立的。Vlasov 出版了《壳体的一般理论》、《薄壁空间结构力学》和《弹性薄壁梁》等著作,系统地总结了自己创立的理论,并在苏联得到广泛应用,因此在 1941 年获斯大林奖金(一等奖),并于 1950 年再度获奖。Vlasov 于 1953 年被评为苏联科学院院士,1958 年去世。其经典之作《弹性薄壁梁》(1940 年第 1 版,1959 年第 2 版)于 1961 年被翻译成英文。此书英译本出现之后,成为享誉世界的名著,至今几乎所有涉及薄壁构件方面的论文都会引用 Vlasov 的著作《弹性薄壁梁》(此书至今仍无中文译本)。

应该指出,与 Euler 梁理论及 Kirchhoff 薄板理论一样,Vlasov 的薄壁构件理论是为满足工程需要所创造的一种近似理论,也因此有其特定的适用范围。其一,Vlasov 引入的扇性坐标和扇性面积定律有局限性,即仅适合描述单一材料,因而不适合薄壁构件的弹塑性屈曲分析,甚至用于钢-混凝土等组合薄壁构件的弹性屈曲分析也是不合适的,因此 Vlasov 将自己的著作取名为《弹性薄壁梁》基本合理;其二,为了简化分析,Vlasov 还引入了周线的概念,认为截面和板件的变形都可用周线的变形描述,这样可较好地考虑板件自身平面内变形对构件约束扭转的影响,但无法考虑板件次翘曲扭转的影响;其三,Vlasov扇性面积定律仅适合描述薄壁构件的约束扭转,而其研究中St. Venernt自由理论需要单独引入,即Vlasov仍与Timoshenko和Bleich一样,无法将St. Venernt自由理论融入一套理论体系中。

综上所述,Vlasov的薄壁构件理论适用于分析弹性、板件非常薄的薄壁构件,不适合钢结构构件的弹塑性屈曲分析,甚至用于钢-混凝土等组合薄壁构件的弹性屈曲分析也会造成很大的误差。

正是认识到Vlasov理论的上述问题,作者从简单的位移、应力、应变分析入手,基于能量变分法构建了矩形Kirchhoff薄板组合扭转问题的能量变分模型和微分方程模型,从理论上将薄板的自由扭转和约束扭转问题统一起来,并据此建立了等截面开口、闭口薄壁构件的扭转和屈曲分析理论——板-梁理论。该理论不仅可以用于单一材料薄壁构件的弹性和弹塑性屈曲分析,也可用于多种材料,比如钢-混凝土组合薄壁构件的组合扭转和弯扭屈曲分析。

本章将介绍作者提出的板-梁理论在开口薄壁构件组合扭转问题中的应用。

13.2 薄壁构件的基本概念与约定

13.2.1 基本概念

(1) 薄壁构件的定义

薄壁构件理论是一种工程理论,因此有其特定的适用范围。Vlasov限定薄壁构件应满足如下尺寸要求:

$$t/d \leqslant 0.1 \text{ 和 } d/L \leqslant 0.1 \tag{13.1}$$

式中,t是壁厚;d是横截面的代表性尺寸(如截面高度、宽度或任一板件的宽度等);L是构件的长度。

我们的研究表明,对于满足上述尺寸限制的构件中的板件,其平面内和平面外的力学性能可以用梁理论和薄板理论足够精确地描述。

(2) 截面"四心"的概念

首先介绍截面"四心"的概念。薄壁构件的经典文献经常会视所描述问题的需要,不断地切换使用其中某一个术语,这给读者带来不少困惑。

① 截面形心:也称截面的重心;

② 剪切中心(简称剪心):指截面内剪力的合力汇交的那一点;

③ 弯曲中心:指截面上这样的特殊点,若外荷载合力汇交于它,截面只弯不扭;

④ 扭转中心:指杆件屈曲时截面绕其转动的那一点。

对于薄壁构件,可以证明:

① 剪切中心和弯曲中心为截面上的同一点;

② 对于薄壁构件而言,截面形心与截面剪心(弯曲中心)不一定重合;

③ 杆件屈曲时,截面扭转中心为一个不动点,即无侧移的特定点,可依据剪心的侧移和截面转角来确定。

13.2.2　若干约定

（1）两套坐标系

为了描述变形和积分方便，板-梁理论需要引入两套坐标系[图 13.1(a)、(b)]：整体坐标系 xyz 和局部坐标系 nsz。这两套坐标系与 Vlasov 的坐标系类似。两套坐标系均须符合右手螺旋法则。

整体坐标系 xyz 的原点位于截面的形心，x、y 轴分别为截面的两个主轴，z 轴与构件的纵轴（长度方向）平行。$x{\rightarrow}y$ 的转动方向按右手法则，大拇指与 z 轴正方向一致[图 13.1(c)]；与 Vlasov 的曲线坐标系不同，这里的局部坐标系 nsz 为直角坐标系。原点与每个板件自身的形心重合，s 轴与板件的中面重合，n 轴与板件中面的法线重合。需要注意的是，n 轴和 s 轴的正方向必须符合右手螺旋法则，即由 $n{\rightarrow}s$ 的转动方向符合右手螺旋法则，且拇指应该与 z 轴正方向一致[图 13.1(c)]。

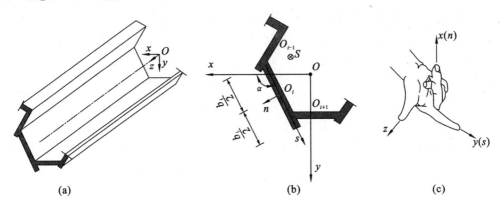

（a）　　　　　　　　　　（b）　　　　　　　　　　（c）

图 13.1　板-梁理论的两套坐标系

两套坐标系的相对关系用 s 轴与 x 轴间的夹角 α 确定。这里规定：由 $x{\rightarrow}s$ 符合右手法则，且拇指与 z 轴正方向一致时的夹角应该为正。

（2）薄壁构件的基本未知量与约定

与传统材料力学不同，研究开口薄壁构件的弯曲和扭转问题时，不能选取形心的侧移为基本未知量，这是因为薄壁构件纯扭时，形心的侧移并不一定为零。第一个认识到这点的是 F. Bleich 和 H. Bleich（1936 年）兄弟，但他们建立的屈曲方程有错误，此后 Vlasov（1936 年）、Goodier（1941 年）选取剪心的侧移作为基本未知量成功地把弯扭屈曲的方程式简化为最简单的一种形式。

本书将沿用这一习惯，设剪心为 $S(x_0, y_0)$，如图 13.2 所示，选取剪心 S 沿着 x 轴、y 轴方向的两个位移分量 $u(z)$、$v(z)$ 和截面

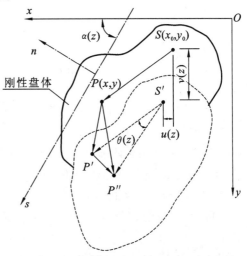

图 13.2　杆件横截面的基本未知量和变形

转角 $\theta(z)$ 为基本未知量。其中,转角 $\theta(z)$ 的正负按右手螺旋法则确定,即以右手的四指代表转动方向,若拇指指向与 z 轴(纵轴)方向一致,则转角 $\theta(z)$ 为正,否则为负。

【注记】

理论上,选取形心的侧移作为基本未知量也是可以的。只是此时得到的屈曲方程存在弯扭耦合项,即屈曲方程不够简洁而已。利用板-梁理论可以证明:选取剪心的侧移作为基本未知量并不是必需的。但因为历史上众多的成果都是基于这样的前提得到,本书仍沿用了 Vlasov 选取基本未知量的原则。

13.3　薄壁构件横截面上任意点 $P(x, y)$ 的位移

13.3.1　整体坐标系 x、y 方向上的横向位移 $\bar{u}$、$\bar{v}$

如前所述,选取剪心沿着 x 轴、y 轴方向的位移分量 $u(z)$、$v(z)$ 和截面转角 $\theta(z)$ 为基本未知量。设剪心为 $S(x_0, y_0)$,则依据几何关系(图 13.2),可以证明:截面上任意点 $P(x, y)$ 沿着 x 轴、y 轴方向的位移分量为

$$\left.\begin{array}{l}\bar{u}=u-(y-y_0)\sin\theta+(x-x_0)(\cos\theta-1)\\\bar{v}=v+(x-x_0)\sin\theta+(y-y_0)(\cos\theta-1)\end{array}\right\} \tag{13.2}$$

这是任意点 $P(x, y)$ 位移的精确表达式。

为了简化分析,Bleich(1952 年)引入近似关系 $1-\cos\theta\approx0$,$\sin\theta\approx\theta$ 对上式简化,从而得到

$$\left.\begin{array}{l}\bar{u}=u-(y-y_0)\theta\\\bar{v}=v+(x-x_0)\theta\end{array}\right\} \tag{13.3}$$

童根树教授(2005 年,《金属结构屈曲强度》,pg.8)认为:Bleich 著作在求解"外荷载非线性功"时,对 $1-\cos\theta$ 取 $1-\cos\theta\approx\dfrac{1}{2}\theta^2$,而对式(13.2)的简化中取 $1-\cos\theta\approx0$。两者不一致,这是个缺陷。实际上,若统一取 $1-\cos\theta\approx\dfrac{1}{2}\theta^2$,则必然式(13.2)变为

$$\left.\begin{array}{l}\bar{u}\approx u-(y-y_0)\theta-(x-x_0)\left(\dfrac{\theta^2}{2}\right)\\\bar{v}\approx v+(x-x_0)\theta-(y-y_0)\left(\dfrac{\theta^2}{2}\right)\end{array}\right\} \tag{13.4}$$

显然,上述横向位移最后一项与截面转角 θ 之间是非线性的关系,这与线性特征值屈曲的分析目的不符。因此,Bleich 依据小变形假设,直接取 $1-\cos\theta\approx0$ 是正确的。童根树(2005 年,《金属结构屈曲强度》,pg.157)后来也采用了此做法。

为了回避 $1-\cos\theta$ 如何取值的问题,吕烈武等人(《钢结构构件稳定理论》,pg.72)则未加说明地直接给出表达式(13.3)。

实际上,根据小转角假设,利用向量理论也可证明:目前文献广泛采用的公式(13.3)是精确的。

设连接剪心 $S(x_0, y_0)$ 和横截面上任意一点 $P(x, y)$ 的向量为 $\boldsymbol{SP}$,则

$$SP = \overline{x}i + \overline{y}j \tag{13.5}$$

式中，$\overline{x} = x - x_0$；$\overline{y} = y - y_0$。

如图13.2所示，由于剪心发生位移 $u(z)$、$v(z)$，则点 $S(x_0, y_0)$ 和 $P(x, y)$ 分别移位到 S' 和 P'，则变位向量

$$PP' = ui + vj \tag{13.6}$$

其中，i、j 分别是 x、y、z 轴上的单位矢量。

因为截面发生转角 $\theta(z)$，向量 $S'P'$ 将绕剪心 S' 转动到 $S'P''$。在小转角的条件下，转角为向量，从而可得变位向量

$$P'P'' = \theta k \times S'P' = \theta k \times (\overline{x}i + \overline{y}j) \tag{13.7}$$

其中，k 是 z 轴上的单位矢量。

$P(x, y)$ 的最终变位向量为

$$PP'' = PP' + P'P'' = ui + vj + \theta k \times (\overline{x}i + \overline{y}j) \tag{13.8}$$

根据正交关系 $k \times i = j$；$k \times j = -i$，上式可写为

$$PP'' = ui + vj + \overline{x}\theta j - \overline{y}\theta i = (u - \overline{y}\theta)i + (v + \overline{x}\theta)j \tag{13.9}$$

根据向量定义，必有

$$\left.\begin{array}{l} \overline{u} = u - \overline{y}\theta = u - (y - y_0)\theta \\ \overline{v} = v + \overline{x}\theta = v + (x - x_0)\theta \end{array}\right\} \tag{13.10}$$

此式与式(13.3)相同。推导中仅采用了小转角为向量的假设。

13.3.2 局部坐标系 s、n 方向的横向位移 v_s 和 v_n

设局部坐标系 s 轴与整体坐标系 x 轴的夹角为 α（规定：自 x 轴按右手螺旋法则转到 s 轴为正）。根据向量理论，可将 s 轴和 n 轴分别表达为

$$T = \cos(\alpha i) + \sin(\alpha j) \tag{13.11}$$

$$N = \sin(\alpha i) - \cos(\alpha j) \tag{13.12}$$

注意：$N \rightarrow T \rightarrow z$ 应符合右手螺旋法则，即以右手的四指代表 $N \rightarrow T$ 转动方向，则拇指与 z 轴正向重合。

根据向量投影原理，将 $P(x, y)$ 的变位向量 PP'' 投影到 T，即可求出点 $P(x, y)$ 沿 s 轴方向的位移 v_s，即

$$v_s = |PP''|\cos(T, PP'') = |PP''|\frac{T \cdot PP''}{|PP''||T|} = \frac{T}{|T|} \cdot PP'' \tag{13.13}$$

即

$$\begin{aligned} v_s &= \frac{T}{|T|} \cdot PP'' = [\cos(\alpha i) + \sin(\alpha j)] \cdot [(u - \overline{y}\theta)i + (v + \overline{x}\theta)j] \\ &= (u - \overline{y}\theta)\cos\alpha + (v + \overline{x}\theta)\sin\alpha \\ &= u\cos\alpha + v\sin\alpha + (\overline{x}\sin\alpha - \overline{y}\cos\alpha)\theta \end{aligned} \tag{13.14}$$

或者

$$v_s = u\cos\alpha + v\sin\alpha + r_s\theta \tag{13.15}$$

式中，$r_s = (x - x_0)\sin\alpha - (y - y_0)\cos\alpha$ 为剪心 $S(x_0, y_0)$ 到 s 轴的距离。

同理可求,点 $P(x,y)$ 沿 n 轴方向的位移 v_n 为

$$\begin{aligned}
v_n &= \frac{\boldsymbol{N}}{|\boldsymbol{N}|} \cdot \boldsymbol{PP''} = [\sin(\alpha \boldsymbol{i}) - \cos(\alpha \boldsymbol{j})] \cdot [(u - \overline{y}\theta)\boldsymbol{i} + (v + \overline{x}\theta)\boldsymbol{j}] \\
&= (u - \overline{y}\theta)\sin\alpha - (v + \overline{x}\theta)\cos\alpha \qquad\qquad (13.16)\\
&= u\sin\alpha - v\cos\alpha - (\overline{x}\cos\alpha + \overline{y}\sin\alpha)\theta
\end{aligned}$$

或者

$$v_n = u\sin\alpha - v\cos\alpha - r_n\theta \qquad\qquad (13.17)$$

式中,$r_n = (x - x_0)\cos\alpha + (y - y_0)\sin\alpha$ 为剪心 $S(x_0, y_0)$ 到 n 轴的距离。

还可将上述公式合并,写成矩阵形式

$$\begin{pmatrix} v_s \\ v_n \\ \theta \end{pmatrix} = \begin{pmatrix} \cos\alpha & \sin\alpha & r_s \\ \sin\alpha & -\cos\alpha & -r_n \\ 0 & 0 & 1 \end{pmatrix} \begin{pmatrix} u \\ v \\ \theta \end{pmatrix} \qquad\qquad (13.18)$$

其中

$$\begin{pmatrix} r_s \\ r_n \end{pmatrix} = \begin{pmatrix} \sin\alpha & -\cos\alpha \\ \cos\alpha & \sin\alpha \end{pmatrix} \begin{pmatrix} x - x_0 \\ y - y_0 \end{pmatrix} \qquad\qquad (13.19)$$

此式会经常出现在板-梁理论中,用以确定板件形心的位移。

13.4 板-梁理论的基本假设

板-梁理论的基本假设如图 13.3 所示。

① 刚周边假设。据此可以确定板件形心的横向位移。

② 每块平板的总变形都可分解为两部分,即平面内变形和平面外变形;与此对应的纵向位移、应变能和初应力势能等,可分别按 Euler 梁力学模型和 Kirchhoff 板力学模型确定。

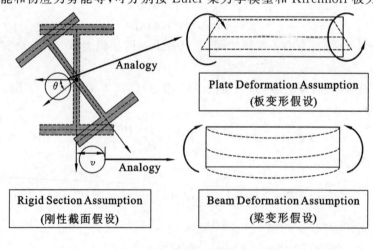

图 13.3 板-梁理论的基本假设

其中,假设①是 Vlasov 明确提出的,也是目前薄壁构件弹性弯扭屈曲的通用理论基础。假设②是作者首先明确提出的,其中包括两层含义:一是对总变形进行分解的思想,这是平板剪力墙变形分解法的基础,利于简化相关的理论分析;二是阐明了纵向位移、应变能和初应力势能的力学模型。

另外,工程中的钢构件大多数可以看作是由多块平板组成的薄壁构件,因此平板的组合扭转问题是不可回避的重要问题。目前平板扭转理论也有两套"分离"的理论,即 Sant Venernt 扭转理论和次翘曲扭转理论。显然,如何将平板的两类扭转,即自由扭转和约束扭转理论统一起来是建立新的薄壁构件理论体系的关键所在。此问题我们在第 12 章已经解决。

综上所述,我们沿用了 Vlasov 的刚周边假设,提出了变形分解原理,并依据经典的 Kirchhoff 板和 Euler 梁力学模型来分别计算板件的纵向位移、应变能和初应力势能,因此作者称之为板-梁理论。

13.5　工字形钢梁组合扭转的板-梁理论

13.5.1　问题的描述

为不失一般性,本节以图 13.4 所示的双轴对称工字形钢梁为研究对象。

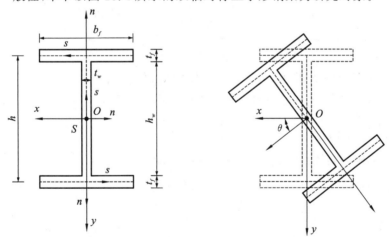

图 13.4　双轴对称工字形截面的坐标系与变形图

为了方便描述变形,板-梁理论需要引入两套坐标系:整体坐标系 xyz 和局部坐标系 nsz。这两套坐标系与 Vlasov 的坐标系类似。两套坐标系均须符合右手螺旋法则。整体坐标系的原点选在腹板形心上,各板件的局部坐标系的原点选在板件的形心上。坐标系和截面变形如图 13.4 所示。

已知:钢材的弹性模量为 E,剪切模量为 G,泊松比为 μ。钢柱的长度为 a,翼缘的宽度为 b_f,厚度为 t_f;腹板的高度为 h_w,厚度为 t_w。假设该钢梁的横截面仅有绕着剪心(此时为形心)的转角 θ,此时钢梁发生的是绕剪心(形心)的扭转变形。

13.5.2 工字形钢梁组合扭转问题的能量变分模型

13.5.2.1 扭转应变能

(1) 腹板的应变能

腹板形心的整体坐标为 $(0,0)$。根据刚周边假设和式 (13.18)、式 (13.19)，局部坐标系下腹板任意点 $(-n,-s)$ 的横向位移：

$$\alpha=\frac{3\pi}{2}; \quad x-x_0=-n; \quad y-y_0=-s \tag{13.20}$$

$$\begin{pmatrix} r_s \\ r_n \end{pmatrix}=\begin{pmatrix} \sin\dfrac{3\pi}{2} & -\cos\dfrac{3\pi}{2} \\ \cos\dfrac{3\pi}{2} & \sin\dfrac{3\pi}{2} \end{pmatrix}\begin{pmatrix} -n \\ -s \end{pmatrix}=\begin{pmatrix} n \\ s \end{pmatrix} \tag{13.21}$$

$$\begin{pmatrix} v_s \\ v_n \\ \theta \end{pmatrix}=\begin{pmatrix} \cos\dfrac{3\pi}{2} & \sin\dfrac{3\pi}{2} & n \\ \sin\dfrac{3\pi}{2} & -\cos\dfrac{3\pi}{2} & -s \\ 0 & 0 & 1 \end{pmatrix}\begin{pmatrix} 0 \\ 0 \\ \theta \end{pmatrix}=\begin{pmatrix} n\theta \\ -s\theta \\ \theta \end{pmatrix} \tag{13.22}$$

腹板形心的横向位移（沿着腹板 n 轴、s 轴）和纵向位移（沿着 z 轴）为

$$u_{w0}=0; \quad v_{w0}=0; \quad w_{w0}=0; \quad \theta_{w0}=\theta(z) \tag{13.23}$$

① 平面内弯曲的应变能

$$U_w^{\text{in-plane}}=0 \tag{13.24}$$

② 平面外弯曲的应变能（Kirchhoff 薄板模型）

依据变形分解原理，平面外弯曲引起的任意点横向位移为

沿着腹板 n 轴的位移 $\qquad u_w(s,z)=-s\theta \tag{13.25}$

沿着腹板 s 轴的位移 $\qquad v_w(n,z)=n\theta \tag{13.26}$

而纵向位移则需要依据 Kirchhoff 薄板模型来确定，即

沿着 z 轴的位移 $\qquad w_w(n,s,z)=-n\left(\dfrac{\partial u_w}{\partial z}\right)=ns\left(\dfrac{\partial \theta}{\partial z}\right) \tag{13.27}$

几何方程（线性应变）

$$\varepsilon_{z,w}=\frac{\partial w_w}{\partial z}=ns\left(\frac{\partial^2\theta}{\partial z^2}\right) \tag{13.28}$$

$$\varepsilon_{s,w}=\frac{\partial v_w}{\partial s}=0 \tag{13.29}$$

$$\gamma_{sz,w}=\frac{\partial w_w}{\partial s}+\frac{\partial v_w}{\partial z}=n\left(\frac{\partial \theta}{\partial z}\right)+n\left(\frac{\partial \theta}{\partial z}\right)=2n\left(\frac{\partial \theta}{\partial z}\right) \tag{13.30}$$

物理方程

对于 Kirchhoff 薄板模型，有

$$\sigma_{z,w}=\frac{E}{1-\mu^2}(\varepsilon_{z,w}); \quad \tau_{sz,w}=G\gamma_{sz,w} \tag{13.31}$$

应变能

根据

$$U = \frac{1}{2}\iiint \left[\frac{E}{1-\mu_w^2}(\varepsilon_{z,w}^2) + G\gamma_{sz,w}^2 \right] \mathrm{d}n\mathrm{d}s\mathrm{d}z$$

有

$$
\begin{aligned}
U_w^{\text{out-plane}} &= \frac{1}{2}\iiint \left\{ \frac{E}{1-\mu_w^2}\left[ns\left(\frac{\partial^2\theta}{\partial z^2}\right)\right]^2 + G\left[2n\left(\frac{\partial\theta}{\partial z}\right)\right]^2 \right\}\mathrm{d}n\mathrm{d}s\mathrm{d}z \\
&= \frac{1}{2}\iiint \left\{ \frac{E}{1-\mu^2}\left[n^2 s^2 \left(\frac{\partial^2\theta}{\partial z^2}\right)^2\right] + G\left[4n^2\left(\frac{\partial\theta}{\partial z}\right)^2\right] \right\}\mathrm{d}n\mathrm{d}s\mathrm{d}z \\
&= \frac{1}{2}\int_0^L \left[\frac{E}{1-\mu^2}I_{\omega,w}\left(\frac{\partial^2\theta}{\partial z^2}\right)^2 + GJ_{k,w}\left(\frac{\partial\theta}{\partial z}\right)^2 \right]\mathrm{d}z \quad (13.32)
\end{aligned}
$$

其中

$$I_{\omega,w} = \iint_{A_w} n^2 s^2 \,\mathrm{d}n\mathrm{d}s = \int_{-\frac{h_w}{2}}^{\frac{h_w}{2}}\int_{-\frac{t_w}{2}}^{\frac{t_w}{2}} n^2 s^2 \,\mathrm{d}n\mathrm{d}s = \frac{t_w^3 h_w^3}{144}$$

$$J_{k,w} = 4\iint_{A_w} n^2 \,\mathrm{d}n\mathrm{d}s = 4\int_{-\frac{h_w}{2}}^{\frac{h_w}{2}}\int_{-\frac{t_w}{2}}^{\frac{t_w}{2}} n^2 \,\mathrm{d}n\mathrm{d}s = 4\times\frac{h_w t_w^3}{12} = \frac{h_w t_w^3}{3}$$

（2）上下翼缘的应变能

上翼缘形心的整体坐标为 $\left(0,-\dfrac{h}{2}\right)$。根据刚周边假设和式(13.18)及式(13.19)，局部坐标系中上翼缘任意点 $\left(s,-\left(\dfrac{h}{2}+n\right)\right)$ 的横向位移为

$$\alpha = 2\pi;\quad x-x_0 = s;\quad y-y_0 = -\left(\frac{h}{2}+n\right) \quad (13.33)$$

$$\begin{pmatrix} r_s \\ r_n \end{pmatrix} = \begin{pmatrix} \sin 2\pi & -\cos 2\pi \\ \cos 2\pi & \sin 2\pi \end{pmatrix}\begin{pmatrix} s \\ -\left(\dfrac{h}{2}+n\right) \end{pmatrix} = \begin{pmatrix} \dfrac{h}{2}+n \\ s \end{pmatrix} \quad (13.34)$$

$$\begin{pmatrix} v_s \\ v_n \\ \theta \end{pmatrix} = \begin{pmatrix} \cos 2\pi & \sin 2\pi & \dfrac{h}{2}+n \\ \sin 2\pi & -\cos 2\pi & -s \\ 0 & 0 & 1 \end{pmatrix}\begin{pmatrix} 0 \\ 0 \\ \theta \end{pmatrix} = \begin{pmatrix} \left(\dfrac{h}{2}+n\right)\theta \\ -s\theta \\ \theta \end{pmatrix} \quad (13.35)$$

上翼缘形心的横向位移（沿着腹板 n 轴、s 轴）和纵向位移（沿着 z 轴）为

$$u_{f0}' = 0;\quad v_{f0}' = \frac{h}{2}\theta;\quad w_{f0}' = 0;\quad \theta_{f0}' = \theta \quad (13.36)$$

根据变形分解原理，可将式(13.35)改写为

$$\begin{pmatrix} v_s \\ v_n \\ \theta \end{pmatrix} = \begin{pmatrix} \left(\dfrac{h}{2}\right)\theta \\ 0 \\ 0 \end{pmatrix}_{\text{in-plane}} + \begin{pmatrix} n\theta \\ -s\theta \\ \theta \end{pmatrix}_{\text{out-plane}} \quad (13.37)$$

其中，第一项为平面内的横向位移（即平面内的弯曲变形），第二项为平面外的横向位移［即平面外的弯曲（扭转）变形］。

① 平面内弯曲的应变能（Euler 梁模型）

依据变形分解原理，上翼缘任意点在自身平面内弯曲的横向位移为

沿着上翼缘 s 轴的位移

$$v_f^t(n,z) = \left(\frac{h}{2}\right)\theta \tag{13.38}$$

而纵向位移（沿着 z 轴的位移）则需要依据 Euler 梁模型来确定，即

$$w_f^t(s,z) = -\frac{\partial v_{f0}^t}{\partial z}s + u_{f0}^t = -\frac{\partial}{\partial z}\left(\frac{h}{2}\theta\right)s + 0 = -s\left(\frac{h}{2}\right)\left(\frac{\partial \theta}{\partial z}\right) \tag{13.39}$$

线性应变为

$$\varepsilon_{z,f} = \frac{\partial w_f^t}{\partial z} = -s\left(\frac{h}{2}\right)\left(\frac{\partial^2 \theta}{\partial z^2}\right) \tag{13.40}$$

$$\varepsilon_{s,f} = \frac{\partial v_f^t}{\partial s} = 0, \quad \gamma_{sz,f} = \frac{\partial w_f^t}{\partial s} + \frac{\partial v_f^t}{\partial z} = -\left(\frac{h}{2}\right)\left(\frac{\partial \theta}{\partial z}\right) + \left(\frac{h}{2}\right)\left(\frac{\partial \theta}{\partial z}\right) = 0 \tag{13.41}$$

平面内弯曲的应变能

$$\begin{aligned}U_{f,\text{top}}^{\text{in-plane}} &= \frac{1}{2}\iiint\limits_{V_f}(\sigma_z\varepsilon_z + \sigma_s\varepsilon_s + \tau_{sz}\gamma_{sz})\,dn\,ds\,dz \\ &= \frac{1}{2}\iiint\limits_{V_f}(\sigma_{z,f}\varepsilon_{z,f})\,dn\,ds\,dz = \frac{1}{2}\iiint\limits_{V_f}\frac{E}{1-\mu^2}\left[-s\left(\frac{h}{2}\right)\left(\frac{\partial^2 \theta}{\partial z^2}\right)\right]^2 dn\,ds\,dz\end{aligned} \tag{13.42}$$

或者简写为

$$U_{f,\text{top}}^{\text{in-plane}} = \frac{1}{2}\int_0^L\left[\frac{E}{1-\mu^2}I_f^n\left(\frac{h}{2}\right)^2\left(\frac{\partial^2 \theta}{\partial z^2}\right)^2\right]dz \tag{13.43}$$

其中，$I_f^n = \iint\limits_{A_f}s^2\,dn\,ds = \int_{-\frac{b_f}{2}}^{\frac{b_f}{2}}\int_{-\frac{t_f}{2}}^{\frac{t_f}{2}}s^2\,dn\,ds = \frac{t_f b_f^3}{12}$，为翼缘绕自身形心轴 n 轴的截面惯性矩。

② 平面外弯曲的应变能（Kirchhoff 薄板模型）

依据变形分解原理，平面外弯曲引起的任意点横向位移为

沿着上翼缘 n 轴的位移 $\quad u_f^t(s,z) = -s\theta$ \hfill (13.44)

沿着上翼缘 s 轴的位移 $\quad v_f^t(n,z) = n\theta$ \hfill (13.45)

而纵向位移则需要依据 Kirchhoff 薄板模型来确定，即

沿着 z 轴的位移 $\quad w_f^t(n,s,z) = -n\left(\frac{\partial u_f^t}{\partial z}\right) = -sn\left(\frac{\partial \theta}{\partial z}\right)$ \hfill (13.46)

几何方程（线性应变）

$$\varepsilon_{z,f} = \frac{\partial w_f^t}{\partial z} = -sn\left(\frac{\partial^2 \theta}{\partial z^2}\right), \quad \varepsilon_{s,f} = \frac{\partial v_f^t}{\partial s} = 0 \tag{13.47}$$

$$\gamma_{sz,f} = \frac{\partial w_f^t}{\partial s} + \frac{\partial v_f^t}{\partial z} = -n\left(\frac{\partial \theta}{\partial z}\right) - n\left(\frac{\partial \theta}{\partial z}\right) = -2n\left(\frac{\partial \theta}{\partial z}\right) \tag{13.48}$$

物理方程

$$\left.\begin{aligned}\sigma_{z,f} &= \frac{E}{1-\mu^2}(\varepsilon_{z,f}) \\ \tau_{sz,f} &= G\gamma_{sz,f}\end{aligned}\right\} \tag{13.49}$$

应变能

根据

$$U = \frac{1}{2} \iiint \left[\frac{E}{1-\mu^2} \left(\varepsilon_{z,f}^2 \right) + G \left(\gamma_{sz,f}^2 \right) \right] \mathrm{d}n \mathrm{d}s \mathrm{d}z \tag{13.50}$$

有

$$U_{f,\text{top}}^{\text{out-plane}} = \frac{1}{2} \iiint \left\{ \frac{E}{1-\mu^2} \left[-sn \left(\frac{\partial^2 \theta}{\partial z^2} \right) \right]^2 + G \left[-2n \left(\frac{\partial \theta}{\partial z} \right) \right]^2 \right\} \mathrm{d}n \mathrm{d}s \mathrm{d}z$$

$$= \frac{1}{2} \int_0^L \left[\frac{E}{1-\mu^2} I_{\omega,f} \left(\frac{\partial^2 \theta}{\partial z^2} \right)^2 + G J_{k,f} \left(\frac{\partial \theta}{\partial z} \right)^2 \right] \mathrm{d}z \tag{13.51}$$

其中

$$I_{\omega,f} = \iint_{A_w} n^2 s^2 \mathrm{d}n \mathrm{d}s = \int_{-\frac{b_f}{2}}^{\frac{b_f}{2}} \int_{-\frac{t_f}{2}}^{\frac{t_f}{2}} n^2 s^2 \mathrm{d}n \mathrm{d}s = \frac{t_f^3 b_f^3}{144}$$

$$J_{k,f} = 4 \iint_{A_w} n^2 \mathrm{d}n \mathrm{d}s = 4 \int_{-\frac{b_f}{2}}^{\frac{b_f}{2}} \int_{-\frac{t_f}{2}}^{\frac{t_f}{2}} n^2 \mathrm{d}n \mathrm{d}s = 4 \times \frac{b_f t_f^3}{12} = \frac{b_f t_f^3}{3}$$

从而有

$$U_f^t = \frac{1}{2} \int_0^L \left\{ \frac{E}{1-\mu^2} \left[I_f^n \left(\frac{h}{2} \right)^2 + I_{\omega,f} \right] \left(\frac{\partial^2 \theta}{\partial z^2} \right)^2 + G J_{k,f} \left(\frac{\partial \theta}{\partial z} \right)^2 \right\} \mathrm{d}z \tag{13.52}$$

类似地可求下翼缘的应变能。可以证明：下翼缘的应变能 U_f^b 与上式相同。

两个翼缘的应变能之和

$$U_f = 2U_f^t$$

$$= \frac{1}{2} \int_0^L \left\{ 2 \frac{E}{1-\mu^2} \left[I_f^n \left(\frac{h}{2} \right)^2 + I_{\omega,f} \right] \left(\frac{\partial^2 \theta}{\partial z^2} \right)^2 + 2 G J_{k,f} \left(\frac{\partial \theta}{\partial z} \right)^2 \right\} \mathrm{d}z \tag{13.53}$$

还可以证明，上述推导中纵向位移的连续条件自然得到满足。

（3）工字形钢梁组合扭转的应变能

$$U = U_w + U_f$$

$$= \frac{1}{2} \int_0^L \left[\frac{E}{1-\mu_w^2} I_{\omega,w} \left(\frac{\partial^2 \theta}{\partial z^2} \right)^2 + G J_{k,w} \left(\frac{\partial \theta}{\partial z} \right)^2 \right] \mathrm{d}z +$$

$$\frac{1}{2} \int_0^L \left\{ 2 \frac{E}{1-\mu^2} \left[I_f^n \left(\frac{h}{2} \right)^2 + I_{\omega,f} \right] \left(\frac{\partial^2 \theta}{\partial z^2} \right)^2 + 2 G J_{k,f} \left(\frac{\partial \theta}{\partial z} \right)^2 \right\} \mathrm{d}z$$

$$= \frac{1}{2} \int_0^L \left\{ \begin{array}{l} \dfrac{E}{1-\mu^2} \left[2 \left[I_f^n \left(\dfrac{h}{2} \right)^2 + I_{\omega,f} \right] + I_{\omega,w} \right] \left(\dfrac{\partial^2 \theta}{\partial z^2} \right)^2 + \\[2mm] G(2J_{k,f} + J_{k,w}) \left(\dfrac{\partial \theta}{\partial z} \right)^2 \end{array} \right\} \mathrm{d}z \tag{13.54}$$

若令

$$E_1 I_\omega = \frac{E}{1-\mu^2} \left\{ 2 \left[I_f^n \left(\frac{h}{2} \right)^2 + I_{\omega,f} \right] + I_{\omega,w} \right\}$$

$$= \frac{E}{1-\mu^2} \left[2 \frac{t_f b_f^3}{12} \left(\frac{h}{2} \right)^2 + 2 \frac{t_f^3 b_f^3}{144} + \frac{t_w^3 h_w^3}{144} \right] \tag{13.55}$$

为约束扭转刚度或称为翘曲刚度，而

$$G J_k = G(2J_{k,f} + J_{k,w}) = G \left(2 \frac{t_f^3 b_f}{3} + \frac{t_w^3 h_w}{3} \right) \tag{13.56}$$

为自由扭转刚度。

则可将总应变能式(13.54)简洁地表达为

$$U = \frac{1}{2}\int_0^L \left[E_1 I_\omega \left(\frac{\partial^2 \theta}{\partial z^2}\right)^2 + GJ_k \left(\frac{\partial \theta}{\partial z}\right)^2 \right] \mathrm{d}z \tag{13.57}$$

若仅在 $z=L$ 处作用一个集中扭矩,则工字型钢梁的总势能为

$$\Pi = U + V$$

$$= \frac{1}{2}\int_0^L \left[E_1 I_\omega \left(\frac{\partial^2 \theta}{\partial z^2}\right)^2 + GJ_k \left(\frac{\partial \theta}{\partial z}\right)^2 \right] \mathrm{d}z - [M_t \theta]_{z=L} \tag{13.58}$$

或者简写为

$$\Pi(\theta', \theta'') = \int_0^L F(\theta', \theta'') \mathrm{d}z - [M_t \theta]_{z=L} \tag{13.59}$$

其中

$$F(\theta', \theta'') = \frac{1}{2}\left[E_1 I_\omega \left(\frac{\partial^2 \theta}{\partial z^2}\right)^2 + GJ_k \left(\frac{\partial \theta}{\partial z}\right)^2 \right] \tag{13.60}$$

13.5.3　工字形钢梁组合扭转问题的微分方程模型

(1) 平衡方程

对 $\delta\theta$:

$$\frac{\partial F}{\partial \theta} = 0 \tag{13.61}$$

$$\frac{\partial F}{\partial \theta'} = GJ_k \left(\frac{\partial \theta}{\partial z}\right) \tag{13.62}$$

$$\frac{\partial F}{\partial \theta''} = E_1 I_\omega \left(\frac{\partial^2 \theta}{\partial z^2}\right) \tag{13.63}$$

根据欧拉方程

$$\frac{\partial F}{\partial \theta} - \frac{\mathrm{d}}{\mathrm{d}z}\left(\frac{\partial F}{\partial \theta'}\right) + \frac{\mathrm{d}^2}{\mathrm{d}z^2}\left(\frac{\partial F}{\partial \theta''}\right) = 0 \tag{13.64}$$

可得

$$0 - \frac{\mathrm{d}}{\mathrm{d}z}\left[GJ_k \left(\frac{\partial \theta}{\partial z}\right)\right] + \frac{\mathrm{d}^2}{\mathrm{d}z^2}\left[E_1 I_\omega \left(\frac{\partial^2 \theta}{\partial z^2}\right)\right] = 0 \tag{13.65}$$

对于等截面情况,有

$$GJ_k \left(\frac{\partial^2 \theta}{\partial z^2}\right) - E_1 I_\omega \left(\frac{\partial^4 \theta}{\partial z^4}\right) = 0 \tag{13.66}$$

(2) 边界条件

若 $\delta\theta$ 给定,或者

$$-M_t + \frac{\partial F}{\partial \theta'} - \frac{\mathrm{d}}{\mathrm{d}z}\left(\frac{\partial F}{\partial \theta''}\right) = 0 \tag{13.67}$$

从而有

$$GJ_k \left(\frac{\partial \theta}{\partial z}\right) - E_1 I_\omega \left(\frac{\partial^3 \theta}{\partial z^3}\right) = M_t \tag{13.68}$$

若 $\delta\theta'$ 给定,或者

$$E_1 I_\omega \left(\frac{\partial^2 \theta}{\partial z^2}\right) = 0 \tag{13.69}$$

即

$$\left(\frac{\partial^2 \theta}{\partial z^2}\right) = 0 \tag{13.70}$$

13.5.4　本书理论的有限元验证

以图 13.5 所示的悬臂工字形钢梁为研究对象。首先依据无量纲的扭转参数 K 来选取截面尺寸(表 13.1),然后应用 ANSYS 有限元分析软件进行有限元分析。采用 SHELL63 壳单元来建立有限元模型,建模时材料选为钢材,其弹性模量 E_s 取 2.0×10^{11} N/mm,泊松比 μ_s 取 0.3。有限元模型如图 13.6(a)所示,其中梁的一端全约束,另一端以刚性约束面的方法在截面形心施加单位扭矩。此外,为了满足刚周边的要求,采用 CERIG 方法将截面所有节点绕纵轴的转动从属于截面的某一角点,此时各截面将会产生图 13.6(b)所示的刚性转动。

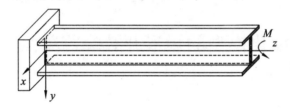

图 13.5　悬臂工字形钢梁

表 13.1　悬臂工字形钢梁的理论值与 FEM 结果的对比

K 值	具体尺寸(mm)					最大转角(10^{-8} rad)		误差(%)
	长度 L	翼缘厚度 t_f	腹板厚度 t_w	翼缘宽度 b_f	截面高度 h	FEM 值	理论值	
0.3965	6400	17	11	200	566	5.55	5.32	−4.14
0.2643	9600	17	11	200	566	9.86	9.65	−2.13
0.1982	12800	17	11	200	566	14.20	14.02	−1.27

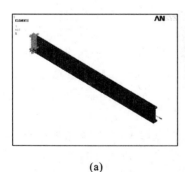 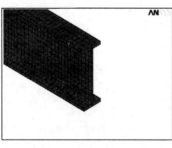 

(a)　　　　　　　　　　(b)

图 13.6　悬臂工字形钢梁的 FEM 模型与扭转变形图

计算结果对比见图 13.7 和表 13.1。可以看出,与 Vlasov 理论类似,本书的板-梁理论的精度随着跨高比的增加而提高。因此,板-梁理论适用范围也是跨高比不小于 10 的情况。

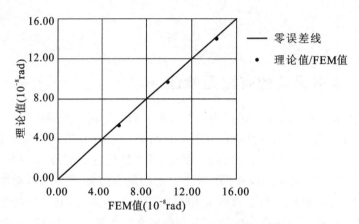

图 13.7　悬臂工字形钢梁的理论值与 FEM 值结果的对比

13.6　基于连续化模型的矩形开孔蜂窝梁组合扭转的板-梁理论

13.6.1　前言

蜂窝梁是在工字钢或 H 型钢腹板上按一定的线形进行切割,然后通过变换位置重新焊接组合形成的新型钢梁,具有美观、节省材料、便于铺设、平面内刚度大、承载能力高等优点,在工业厂房、体育馆、展览馆等大跨结构中得到了广泛应用。

工程中蜂窝梁腹板开孔的形状有矩形、六边形、八边形、圆形、椭圆形等,其中最常用的为六边形或圆形。研究表明:与实腹梁相比,蜂窝梁在承载能力相同的情况下能够节约钢材 25％～30％,同时节省油漆和运输安装费用 1/6～1/3。

从国内外的研究现状看,人们对蜂窝梁的刚度(挠度)、强度、整体稳定性和局部稳定性以及振动等力学性能进行了大量的研究工作,取得了较丰硕的成果。由于蜂窝梁构成的复杂性和多样性,目前的研究大多采用的是试验研究的方法,或是利用有限元进行数值模拟的方法,而对其相关的理论研究成果极为少见。试验和数值模拟方法的缺点:一是均以有量纲的试件或 FEM 模型为研究对象,得出的结论不具有普遍性;二是试验对试件加工精度和设备测量精度的要求高,投入费用相对较高,而数值模拟耗费时间长,人力成本也不低;三是这些研究很难从力学机理上解释蜂窝梁的力学性能。

事实上,由于腹板开孔,与等高度实腹梁相比,蜂窝梁的侧向刚度被削弱,整体稳定性较差。然而目前国内外对蜂窝梁的整体稳定性所做的研究并不多,大多数国家的规范只是从构造上给予保证,尚缺乏简便实用的计算方法。我国于 20 世纪 80 年代引进蜂窝梁,但至今尚无有关蜂窝梁的设计规范和标准。

鉴于此,本节将基于连续化模型来研究蜂窝梁的组合扭转问题。所谓组合扭转理论就是同时包含自由扭转和约束扭转的理论。该理论可以同时定量地描述蜂窝梁的 Sant Venernt 扭转、Vlasov 扭转和次翘曲扭转现象,其中位移、应变和应力的计算都是在板-梁理论框架下完成,且无需引入 Vlasov 扇性坐标,因此所有分析都非常简便、快捷,其理论模型易于理解,不失为一套简单实用的工程扭转理论,为我们深入研究蜂窝梁的弯扭屈曲问题奠定了理论基础。

13.6.2 基本假设与问题描述

(1) 基本假设

① 刚周边假设。

② 每块平板的总变形都可分解为两部分,即平面内变形和平面外变形;与此对应的纵向位移、应变能可分别按 Euler 梁力学模型和 Kirchhoff 板力学模型确定。

③ 假设腹板开设的洞口足够多,此时可采用连续化模型来处理腹板开洞问题。

假设③是实现蜂窝梁连续化处理的前提条件。实际上,常用的蜂窝梁开洞的数量大都多于 5 个,此时连续化引起的计算误差在工程许可范围之内。

(2) 问题的描述

以图 13.8(a)所示的矩形开孔蜂窝梁为研究对象。设蜂窝梁的长度为 L,翼缘/腹板的弹性模量、剪切模量和泊松比分别为 E_f/E_w、G_f/G_w 和 μ_f/μ_w;图 13.8(b)为典型蜂窝单元(虚线所示范围)的选取,其中矩形孔的高度和宽度分别为 d 和 c,孔洞之间的板条宽度为 a,则孔洞中心之间的距离为 $l_0 = a + c$;图 13.8(c)为截面定义和坐标系确定。

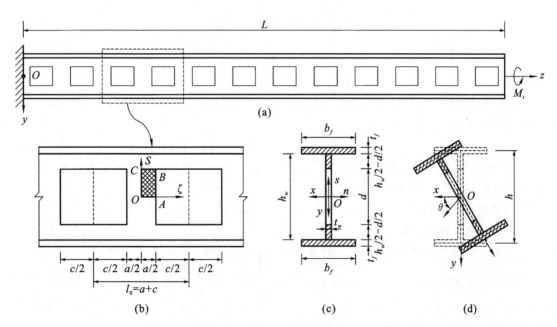

图 13.8 蜂窝梁的典型单元选取、截面定义和坐标系确定

为了便于描述各板件的变形,需要引入两套坐标系[图 13.8(c)],即整体坐标系(xyz)和局部坐标系(nsz)。

当蜂窝梁发生图 13.8(d)所示的扭转变形时,记截面绕剪心(形心)的刚性转角为 $\theta(z)$。

13.6.3 矩形开孔蜂窝梁组合扭转的能量变分模型与微分方程模型

选取图 13.8(b)虚线所示的典型蜂窝单元为研究对象。根据其构成特点和连续化的假设可知,蜂窝梁扭转的总应变能由三部分组成:离散竖向板条腹板的扭转应变能、连续水平板条腹板的扭转应变能和上下翼缘的扭转应变能。

(1)离散竖向板条腹板的扭转应变能

竖向板条腹板是离散分布的,即不是连续分布,因而如何定量描述其应变能是一个尚未解决的重要理论问题。

整体坐标系 xyz 下,竖向板条腹板断面的形心坐标为 $(0,0)$。

根据刚周边假设和式(13.18)、式(13.19),局部坐标系下竖向板条腹板断面上坐标为 $(-n,-s)$ 的任意点横向位移为

$$\alpha=\frac{3\pi}{2}, \quad x-x_0=-n, \quad y-y_0=-s \tag{13.71}$$

$$\begin{pmatrix} r_s \\ r_n \end{pmatrix} = \begin{pmatrix} \sin\dfrac{3\pi}{2} & -\cos\dfrac{3\pi}{2} \\ \cos\dfrac{3\pi}{2} & \sin\dfrac{3\pi}{2} \end{pmatrix} \begin{pmatrix} -n \\ -s \end{pmatrix} = \begin{pmatrix} n \\ s \end{pmatrix} \tag{13.72}$$

$$\begin{pmatrix} v_s \\ v_n \\ \theta \end{pmatrix} = \begin{pmatrix} \cos\dfrac{3\pi}{2} & \sin\dfrac{3\pi}{2} & n \\ \sin\dfrac{3\pi}{2} & -\cos\dfrac{3\pi}{2} & -s \\ 0 & 0 & 1 \end{pmatrix} \begin{pmatrix} 0 \\ 0 \\ \theta \end{pmatrix} = \begin{pmatrix} n\theta \\ -s\theta \\ \theta \end{pmatrix} \tag{13.73}$$

据此可知,在仅考虑扭转问题时,竖向板条腹板断面形心的横向位移(沿着腹板 n 轴、s 轴)和纵向位移(沿着 z 轴)为

$$u_{w0}=0, \quad v_{w0}=0, \quad w_{w0}=0, \quad \theta_{w0}=\theta(z) \tag{13.74}$$

依据变形分解原理,此时竖向板条腹板仅会发生平面外弯曲。此时平面外弯曲变形引起的任意点横向位移模式为

沿着腹板 n 轴的位移 $\qquad u_w(s,z)=-s\theta \tag{13.75}$

沿着腹板 s 轴的位移 $\qquad v_w(n,z)=n\theta \tag{13.76}$

而纵向位移则需要依据 Kirchhoff 薄板模型来确定,即

沿着 z 轴的位移 $\qquad w_w(n,s,z)=-n\left(\dfrac{\partial u_w}{\partial z}\right)=ns\left(\dfrac{\partial \theta}{\partial z}\right) \tag{13.77}$

几何方程(线性应变)

$$\varepsilon_{z,w}^{\mathrm{L}}=\frac{\partial w_w}{\partial z}=ns\left(\frac{\partial^2 \theta}{\partial z^2}\right), \quad \varepsilon_{s,w}^{\mathrm{L}}=\frac{\partial v_w}{\partial s}=0 \tag{13.78}$$

$$\gamma_{sz,w}^{L} = \frac{\partial w_w}{\partial s} + \frac{\partial v_w}{\partial z} = n\left(\frac{\partial \theta}{\partial z}\right) + n\left(\frac{\partial \theta}{\partial z}\right) = 2n\left(\frac{\partial \theta}{\partial z}\right) \tag{13.79}$$

按照连续化的假设,可将间距为 l_0 的竖向板条腹板连续化为等效的连续薄板,其等效后的竖向板条腹板应变能为

$$U_{w,v}^{\text{out-plane}} = \frac{1}{2}\int_0^L \left(\frac{1}{l_0}\right)\left[\frac{E_w}{1-\mu_w^2}\hat{I}_{\omega,w}^{v}\left(\frac{\partial^2\theta}{\partial z^2}\right)^2 + G_w\hat{J}_{k,w}^{v}\left(\frac{\partial\theta}{\partial z}\right)^2\right]dz \tag{13.80}$$

其中, $\hat{I}_{\omega,w}^{v} = \iiint\limits_{V_w} n^2 s^2 \mathrm{d}n\mathrm{d}s\mathrm{d}\zeta = a\dfrac{t_w^3 d^3}{144}$ 为竖向板条腹板的约束扭转惯性矩(翘曲惯性矩),而

$\hat{J}_{k,w}^{v} = 4\iiint\limits_{V_w} n^2 \mathrm{d}n\mathrm{d}s\mathrm{d}\zeta = a\dfrac{dt_w^3}{3}$ 为竖向板条腹板的自由扭转惯性矩。

这种应变能等效原则是作者首次提出的,此种原则对其他开洞形式依然适用。因此,我们利用此原则求解得到圆形、六边形、曲线形等多种开洞形式的蜂窝梁应变能和抗扭刚度,从而攻克了这个很久未得到解决的理论难题,为解析研究而不是单纯依赖 FEM 数值研究蜂窝梁扭转、弯扭屈曲问题奠定了理论基础。

(2)连续水平板条腹板的扭转应变能

水平板条腹板是连续的,包括上下两窄条腹板。若将它们看作一个两条腹板组成的组合截面,则组合截面断面的形心坐标仍为(0,0),断面上任意点的位移仍可用式(13.73)表达。据此可推得水平板条腹板的扭转应变能为

$$U_{w,h}^{\text{out-plane}} = \frac{1}{2}\iiint\limits_{V_{w,h}}\left\{\frac{E_w}{1-\mu_w^2}\left[ns\left(\frac{\partial^2\theta}{\partial z^2}\right)\right]^2 + G_w\left[2n\left(\frac{\partial\theta}{\partial z}\right)\right]^2\right\}\mathrm{d}n\mathrm{d}s\mathrm{d}z$$

$$= \frac{1}{2}\int_0^L\left[\frac{E_w}{1-\mu_w^2}I_{\omega,w}^{h}\left(\frac{\partial^2\theta}{\partial z^2}\right)^2 + G_wJ_{k,w}^{h}\left(\frac{\partial\theta}{\partial z}\right)^2\right]\mathrm{d}z \tag{13.81}$$

其中, $I_{\omega,w}^{h} = \iint\limits_{A_{w,h}} n^2 s^2 \mathrm{d}n\mathrm{d}s = \dfrac{t_w^3}{144}(h_w^3 - d^3)$ 为水平板条腹板的约束扭转惯性矩(翘曲惯性矩),而 $J_{k,w}^{h} = 4\iint\limits_{A_{w,h}} n^2 \mathrm{d}n\mathrm{d}s = \dfrac{t_w^3}{3}(h_w - d)$ 为水平板条腹板的自由扭转惯性矩。

(3)上下翼缘的扭转应变能

上翼缘形心的整体坐标为 $\left(0, -\dfrac{h}{2}\right)$,上翼缘任意点 $\left(s, -\left(\dfrac{h}{2}+n\right)\right)$ 的横向位移为

$$\alpha = 2\pi, \quad x - x_0 = s, \quad y - y_0 = -\left(\frac{h}{2}+n\right) \tag{13.82}$$

$$\begin{pmatrix} r_s \\ r_n \end{pmatrix} = \begin{pmatrix} \sin 2\pi & -\cos 2\pi \\ \cos 2\pi & \sin 2\pi \end{pmatrix}\begin{pmatrix} s \\ -\left(\dfrac{h}{2}+n\right) \end{pmatrix} = \begin{pmatrix} \dfrac{h}{2}+n \\ s \end{pmatrix} \tag{13.83}$$

$$\begin{pmatrix} v_s \\ v_n \\ \theta \end{pmatrix} = \begin{pmatrix} \cos 2\pi & \sin 2\pi & \dfrac{h}{2}+n \\ \sin 2\pi & -\cos 2\pi & -s \\ 0 & 0 & 1 \end{pmatrix}\begin{pmatrix} 0 \\ 0 \\ \theta \end{pmatrix} = \begin{pmatrix} \left(\dfrac{h}{2}+n\right)\theta \\ -s\theta \\ \theta \end{pmatrix} \tag{13.84}$$

上翼缘形心的横向位移(沿着腹板 n 轴、s 轴)和纵向位移(沿着 z 轴)为

$$u'_{f0} = 0, \quad v'_{f0} = \frac{h}{2}\theta, \quad w'_{f0} = 0, \quad \theta'_{f0} = \theta \tag{13.85}$$

根据变形分解原理,可将式(13.84)改写为

$$\begin{pmatrix} v_s \\ v_n \\ \theta \end{pmatrix} = \begin{pmatrix} \left(\dfrac{h}{2}\right)\theta \\ 0 \\ 0 \end{pmatrix}_{\text{in-plane}} + \begin{pmatrix} n\theta \\ -s\theta \\ \theta \end{pmatrix}_{\text{out-plane}} \tag{13.86}$$

其中,第一项为平面内的横向位移(即平面内的弯曲变形),第二项为平面外的横向位移[即平面外的弯曲(扭转)变形]。

① 平面内弯曲的应变能(Euler 梁模型)

依据变形分解原理,上翼缘在自身平面内弯曲所引起的任意点横向位移模式为

沿着 s 轴的位移
$$v'_f(n,z) = \left(\frac{h}{2}\right)\theta \tag{13.87}$$

而纵向位移(沿着 z 轴的位移)则需要依据 Euler 梁模型来确定,即

$$w'_f(s,z) = -\frac{\partial v'_{f0}}{\partial z}s + u'_{f0} = -\frac{\partial}{\partial z}\left(\frac{h}{2}\theta\right)s = -s\left(\frac{h}{2}\right)\left(\frac{\partial \theta}{\partial z}\right) \tag{13.88}$$

应变为

$$\varepsilon_{z,f} = \frac{\partial w'_f}{\partial z} = -s\left(\frac{h}{2}\right)\left(\frac{\partial^2 \theta}{\partial z^2}\right), \quad \varepsilon_{s,f} = \frac{\partial v'_f}{\partial s} = 0 \tag{13.89}$$

$$\gamma_{sz,f} = \frac{\partial w'_f}{\partial s} + \frac{\partial v'_f}{\partial z} = -\left(\frac{h}{2}\right)\left(\frac{\partial \theta}{\partial z}\right) + \left(\frac{h}{2}\right)\left(\frac{\partial \theta}{\partial z}\right) = 0 \tag{13.90}$$

平面内弯曲的应变能

$$\begin{aligned} U_{f,\text{top}}^{\text{in-plane}} &= \frac{1}{2}\iiint_{V_f} \frac{E_f}{1-\mu_f^2}\left[-s\left(\frac{h}{2}\right)\left(\frac{\partial^2 \theta}{\partial z^2}\right)\right]^2 \mathrm{d}n\mathrm{d}s\mathrm{d}z \\ &= \frac{1}{2}\int_0^L \left[\frac{E_f}{1-\mu_f^2}I_f^n\left(\frac{h}{2}\right)^2\left(\frac{\partial^2 \theta}{\partial z^2}\right)^2\right]\mathrm{d}z \end{aligned} \tag{13.91}$$

其中,$I_f^n = \iint_{A_f} s^2\,\mathrm{d}n\mathrm{d}s = \dfrac{t_f b_f^3}{12}$ 为上翼缘绕自身 n 轴的惯性矩。

② 平面外弯曲的应变能(Kirchhoff 薄板模型)

依据变形分解原理,平面外弯曲引起的任意点横向位移模式为

沿着 n 轴的位移
$$u'_f(s,z) = -s\theta \tag{13.92}$$
沿着 s 轴的位移
$$v'_f(n,z) = n\theta \tag{13.93}$$

而纵向位移(沿着 z 轴的位移)则需要依据 Kirchhoff 薄板模型来确定,即

$$w'_f(n,s,z) = -n\left(\frac{\partial u'_f}{\partial z}\right) = -sn\left(\frac{\partial \theta}{\partial z}\right) \tag{13.94}$$

几何方程(线性应变)

$$\varepsilon_{z,f}^{\text{L}} = \frac{\partial w'_f}{\partial z} = -sn\left(\frac{\partial^2 \theta}{\partial z^2}\right), \quad \varepsilon_{s,f}^{\text{L}} = \frac{\partial v'_f}{\partial s} = 0 \tag{13.95}$$

$$\gamma_{sz,f}^{\text{L}} = \frac{\partial w'_f}{\partial s} + \frac{\partial v'_f}{\partial z} = -n\left(\frac{\partial \theta}{\partial z}\right) - n\left(\frac{\partial \theta}{\partial z}\right) = -2n\left(\frac{\partial \theta}{\partial z}\right) \tag{13.96}$$

应变能

$$U_{f,\text{top}}^{\text{out-plane}} = \frac{1}{2} \iiint \left\{ \frac{E_f}{1-\mu_f^2} \left[-sn\left(\frac{\partial^2 \theta}{\partial z^2}\right) \right]^2 + G_f \left[-2n\left(\frac{\partial \theta}{\partial z}\right) \right]^2 \right\} dndsdz$$

$$= \frac{1}{2} \int_0^L \left[\frac{E_f}{1-\mu_f^2} I_{\omega,f} \left(\frac{\partial^2 \theta}{\partial z^2}\right)^2 + G_f J_{k,f} \left(\frac{\partial \theta}{\partial z}\right)^2 \right] dz \tag{13.97}$$

其中，$I_{\omega,f} = \iint\limits_{A_w} n^2 s^2 \,dnds = \dfrac{t_f^3 b_f^3}{144}$ 为上翼缘的约束扭转惯性矩，而 $J_{k,f} = 4\iint\limits_{A_w} n^2 \,dnds = \dfrac{b_f t_f^3}{3}$ 为上翼缘的自由扭转惯性矩。

类似地可求下翼缘的应变能。可以证明：下翼缘的应变能 U_f^b 与上式相同。因此两个翼缘的应变能之和为

$$U_f = 2U_f^t$$

$$= \frac{1}{2} \int_0^L \left\{ 2\,\frac{E_f}{1-\mu_f^2} \left[I_f^n \left(\frac{h}{2}\right)^2 + I_{\omega,f} \right] \left(\frac{\partial^2 \theta}{\partial z^2}\right)^2 + 2G_f J_{k,f} \left(\frac{\partial \theta}{\partial z}\right)^2 \right\} dz \tag{13.98}$$

（4）总应变能

根据前面的推导结果，可将矩形开孔蜂窝梁组合扭转的总应变能简单地表达为

$$U = U_w + U_f = \frac{1}{2} \int_0^L \left[(EI_\omega)_{\text{comp}} \left(\frac{\partial^2 \theta}{\partial z^2}\right)^2 + (GJ_k)_{\text{comp}} \left(\frac{\partial \theta}{\partial z}\right)^2 \right] dz \tag{13.99}$$

其中 $(EI_\omega)_{\text{comp}}$ 为约束扭转刚度或称为翘曲刚度，而 $(GJ_k)_{\text{comp}}$ 为自由扭转刚度。

（5）荷载势能

假设矩形开孔蜂窝梁的一端承受集中扭矩 M_t，而沿梁长度方向作用有分布扭矩 $m_z(z)$，此时蜂窝梁的荷载势能为

$$V = -M_t \theta\big|_{z=L} - \int_0^L m_z(z)\theta dz \tag{13.100}$$

（6）总势能

将矩形开孔蜂窝梁组合扭转的应变能式（13.99）和荷载势能式（13.100）合并，可得

$$\Pi = U + V$$

$$= \frac{1}{2} \int_0^L \left[(EI_\omega)_{\text{comp}} \left(\frac{\partial^2 \theta}{\partial z^2}\right)^2 + (GJ_k)_{\text{comp}} \left(\frac{\partial \theta}{\partial z}\right)^2 - m_z(z)\theta \right] dz - M_t \theta\big|_{z=L} \tag{13.101}$$

此式就是我们依据连续化假设，基于 Kirchhoff 板和 Euler 梁力学模型以及 Vlasov 假设推出的矩形开孔蜂窝梁组合扭转问题的总势能。

（7）能量变分模型

至此，我们可将矩形开孔蜂窝梁组合扭转问题转化为这样一个能量变分模型：在 $0 \leqslant z \leqslant L$ 的区间内寻找一个函数 $\theta(z)$，使它满足规定的几何边界条件，即端点约束条件，并使由下式

$$\Pi = \int_0^L F(\theta', \theta'') dz \tag{13.102}$$

其中

$$F(\theta', \theta'') = \frac{1}{2} \left[(EI_\omega)_{\text{comp}} \theta''^2 + (GJ_k)_{\text{comp}} \theta'^2 - m_z(z)\theta \right] \tag{13.103}$$

定义的能量泛函取最小值。

（8）微分方程模型

依据能量变分原理，由 $\delta\Pi=0$ 可得平衡微分方程式为

$$\frac{\mathrm{d}^2}{\mathrm{d}z^2}\left[(EI_\omega)_{\mathrm{comp}}\theta'\right]-\frac{\mathrm{d}}{\mathrm{d}z}\left[(GJ_k)_{\mathrm{comp}}\theta'\right]-m_z(z)=0 \tag{13.104}$$

边界条件为：

① 固定端（$z=0$）

$$\theta=0,\quad \theta'=0 \tag{13.105}$$

② 自由端（$z=L$）

$$\left.\begin{array}{r}-\dfrac{\mathrm{d}}{\mathrm{d}z}\left[(EI_\omega)_{\mathrm{comp}}\theta'\right]+(GJ_k)_{\mathrm{comp}}\theta'-M_t=0\\[2mm](EI_\omega)_{\mathrm{comp}}\theta''=0\end{array}\right\} \tag{13.106}$$

至此，矩形开孔蜂窝梁组合扭转问题还可用微分方程模型表述为：在 $0\leqslant z\leqslant L$ 的区间内寻找函数 $\theta(z)$，使它满足微分方程（即平衡方程）式（13.104）的同时，还满足位移边界条件式（13.105）和力边界条件式（13.106）。

13.6.4 矩形开孔蜂窝梁组合扭转的扭转刚度与物理意义

（1）约束扭转刚度的表达式和物理意义

若假设腹板和翼缘的材料为同一种材料，如钢材的情形，则可令

$$E_w=E_f=E,\quad \mu_w=\mu_f=\mu,\quad G_w=G_f=G \tag{13.107}$$

则约束扭转刚度的表达式为

$$(EI_\omega)_{\mathrm{comp}}=\frac{E}{1-\mu^2}\left[2\,\frac{t_f b_f^3}{12}\left(\frac{h}{2}\right)^2+2\,\frac{t_f^3 b_f^3}{144}+\frac{t_w^3}{144}(h_w^3-d^3)+\left(\frac{1}{l_0}\right)a\,\frac{t_w^3 h_w^3}{144}\right] \tag{13.108}$$

其中，第一项为传统的 Vlasov 扭转刚度，或者称为主翘曲刚度，而后面三项为次翘曲扭转刚度，或者称为次翘曲刚度。

参见前面的公式[式（13.87）～式（13.91）]推导过程，可以发现 Vlasov 扭转刚度由翼缘的平面内弯曲贡献，其表达式与 Timoshenko 在 1905 年提出的表达式完全一致，可见当年的分析虽然简单，但 Timoshenko 的确是抓住了问题的实旨。另外，式（13.108）的后两项为腹板的次翘曲刚度，若假设 $d=0,a=l_0$，即为腹板不开洞的情形，则其表达式与不开洞的板-梁理论完全相同。

必须指出的是，目前传统扭转理论尚无法同时给出 Vlasov 扭转刚度和次翘曲刚度。这是因为在传统理论中，Vlasov 扭转刚度和次翘曲刚度是依据不同的理论来获得的，其中次翘曲刚度需要依据所谓的次翘曲理论来得到。而本书在统一的理论框架下获得了两种约束扭转刚度公式，这是本书的组合扭转理论与传统扭转理论的重要区别之一；另外，传统扭转理论需要借助扇性坐标来计算 Vlasov 扭转刚度，虽然计算公式的表述简洁，但理解困难且计算繁缛，而本书的组合扭转理论可直接给出约束扭转刚度的计算公式，无须通过引入扇性坐标来计算扇性面积矩、扇性惯性矩等。

（2）自由扭转刚度的表达式和物理意义

同样，若假设腹板和翼缘的材料为同一种材料，如钢材，此时自由扭转刚度可简化为

$$GJ_k = G\left[2\,\frac{t_f^3 b_f}{3} + \frac{t_w^3}{3}(h_w - d) + \left(\frac{1}{l_0}\right)a\,\frac{t_w^3 h_w}{3}\right] \tag{13.109}$$

其中,第一项为翼缘的 Sant Venernt 扭转刚度,它的表达式与传统理论相同,而后两项为开洞腹板的 Sant Venernt 扭转刚度,若假设 $d=0$,$a=l_0$,即为腹板不开洞的情形,则其表达式与不开洞的板-梁理论完全相同。

13.6.5　矩形开孔蜂窝梁组合扭转理论的有限元验证

（1）蜂窝梁组合扭转的解答

利用前述的能量变分模型可以获得蜂窝梁组合扭转的近似解析解,因为它是平衡方程的弱表达形式。而微分方程模型是平衡方程的强表达形式,因此基于微分方程理论可得到蜂窝梁组合扭转的精确解析解。为此本节将以悬臂蜂窝梁为例,给出其微分方程解答,并利用有限元软件来验证其正确性。

考虑仅端部作用集中扭矩的情况[图 13.8(a)],此时的平衡方程为

$$(EI_\omega)_{\mathrm{comp}}\theta^{(4)} - (GJ_k)_{\mathrm{comp}}\theta'' = 0 \tag{13.110}$$

对于悬臂梁,其解答为

$$\theta\left(\frac{z}{L}\right) = \frac{M_t L}{(GJ_k)_{\mathrm{comp}}}\left\{\left(\frac{z}{L}\right) - K\sinh\left[\frac{1}{K}\left(\frac{z}{L}\right)\right] + K\left[\cosh\left(\frac{1}{K}\left(\frac{z}{L}\right)\right) - 1\right]\tanh\left(\frac{1}{K}\right)\right\} \tag{13.111}$$

此式为各截面刚性转角与端部集中扭矩的关系式。

据此可得,端部转角（最大转角）的表达式为

$$\theta_{\max} = \theta(1) = \frac{M_t L}{(GJ_k)_{\mathrm{comp}}}\left[1 - K\tanh\left(\frac{1}{K}\right)\right] \tag{13.112}$$

其中

$$K = \sqrt{\frac{(EI_\omega)_{\mathrm{comp}}}{(GJ_k)_{\mathrm{comp}}L^2}} \tag{13.113}$$

为无量纲的扭转参数。实际上,它代表的是约束扭转特征长度（另文讨论）。利用它可以区分组合扭转的类型,即以自由扭转为主还是以约束扭转为主。

（2）蜂窝梁组合扭转理论的有限元验证

首先依据无量纲的扭转参数 K 来选取截面尺寸,然后应用 ANSYS 有限元分析软件进行有限元分析。采用 SHELL63 壳单元来建立有限元模型,建模时材料选为钢材,其弹性模量 E_s 取 $2.0\times10^{11}\,\mathrm{N/mm}$,泊松比 μ_s 取 0.3。有限元模型如图 13.9 所示,其中梁的一端全约束,另一端以刚性约束面的方法在截面形心施加单位扭矩。此外,为了满足刚周边的要求,采用 CERIG 方法将截面所有节点绕纵轴的转动从属于截面的某一角点,此时各截面将会产生如图 13.10 所示的刚性转动。

扭矩 M

图 13.9　ANSYS 有限元模型

计算结果对比见图 13.11 和表 13.2。

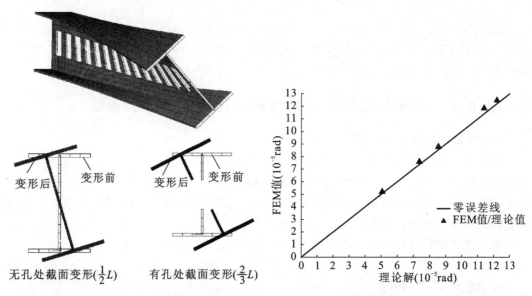

图 13.10　ANSYS 分析的变形图　　　图 13.11　理论解与有限元结果的对比

表 13.2　理论解与有限元结果的对比

$K(10^{-1})$	具体尺寸					悬臂端转角(10^{-5} rad)		误差
	h(mm)	b_f(mm)	c(mm)	l_0(mm)	L(m)	理论值	FEM 值	
3.93594	450	300	200	445	10.925	11.3802	11.9023	-4.387%
4.09848	450	300	300	450	8.7	8.52245	8.8510	-3.712%
4.98081	550	300	350	452.5	8.7	7.34194	7.6354	-3.843%
5.52819	450	300	300	450	6.45	5.04427	5.2899	-4.643%
3.25633	450	300	300	450	10.95	12.1553	12.5490	-3.137%

注：① 翼缘厚度为 15mm，腹板厚度为 10mm。

　　② 误差＝100%×[（理论值－FEM 值）/ FEM 值]。

13.6.6　其他类型开洞蜂窝梁的板-梁理论的有限元验证

仿照前述的蜂窝梁的板-梁理论，还可推导得到其他各种开洞形式的组合扭转能量方程，进而得到相应的自由扭转刚度和约束自由扭转刚度，为此类结构的弯扭屈曲分析奠定基础。限于篇幅，这里仅给出相关的有限元验证。

图 13.12 为悬臂蜂窝梁的计算简图与典型开洞形式。首先依据无量纲的扭转参数 K 来选取截面尺寸(表 13.3)，然后应用 ANSYS 有限元分析软件进行有限元分析。采用 SHELL63 壳单元来建立有限元模型，建模时材料为钢材，其弹性模量 E_s 取 2.0×10^{11} N/mm，泊松比 μ_s 取 0.3。有限元模型如图 13.13 所示，其中梁的一端全约束，另一端以刚性约束面的方法在截

面形心施加单位扭矩。此外,为了满足刚周边的要求,采用 CERIG 方法将截面所有节点绕纵轴的转动从属于截面的某一角点,此时各截面将会产生 Vlasov 刚性转动。

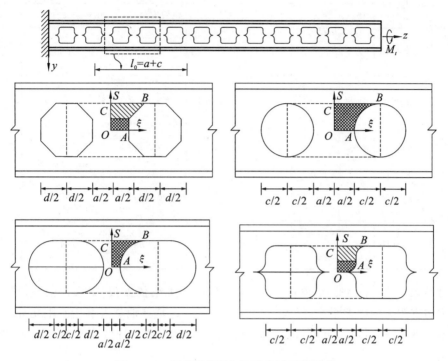

图 13.12　悬臂蜂窝梁与四种典型开洞形式

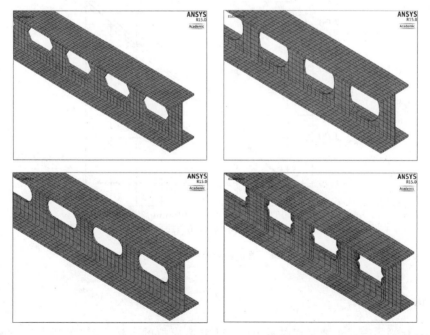

图 13.13　蜂窝梁的有限元模型

表 13.3 理论解与有限元结果的对比

蜂窝梁开孔形状	$K(10^{-3})$	具体尺寸(m)					自由端最大转角(10^{-5}rad)		误差
		b_f	t_f	h	l_w	L	FEM 值	理论值	
六边形蜂窝梁	0.40375	0.3	0.015	0.45	0.01	8.8	8.8645	8.63942	-2.54%
圆形蜂窝梁	0.40629	0.3	0.015	0.45	0.01	8.8	8.9887	8.7148	-3.05%
长圆形孔蜂窝梁	0.400036	0.3	0.015	0.45	0.01	8.8	8.7447	8.52915	-2.46%
椭圆形孔蜂窝梁	0.399071	0.3	0.015	0.45	0.01	8.8	8.7241	8.50051	-2.56%
方形倒圆角孔蜂窝梁	0.402146	0.3	0.015	0.45	0.01	8.8	8.9599	8.74174	-2.43%

　　计算结果对比见图 13.14 和表 13.3。可以看出,本书依据板-梁理论推导得到的蜂窝梁理论解与有限元的误差很小,最大误差为 3.05%。这是其他学者基于有限元分析数据回归所达不到的精度。因此,可以认为我们所提出的蜂窝梁理论是目前精度最好、形式最全的解析理论之一。

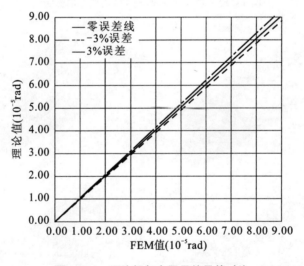

图 13.14 理论解与有限元结果的对比

13.6.7 小结

　　目前蜂窝梁的研究主要是以试验和 FEM 数值模拟的方法,相应的研究结论缺乏普遍性,更重要的是这些研究很难从力学机理上解释蜂窝梁的力学性能。

为此,本节基于连续化模型,利用成熟的 Kirchhoff 板和 Timoshenko 梁力学模型建立了一套新的蜂窝梁组合扭转理论,并给出了相应的能量变分模型和微分方程模型。悬臂蜂窝梁的计算分析结果表明,本节的转角理论公式与 FEM 结果较为接近,且误差小,证明了本节组合扭转理论的正确性。研究还发现,本节所提出的新理论既包括 Sant Venernt 扭转和 Vlasov 扭转,也包含了次翘曲扭转,因此本节的理论更具有普遍性。

本节给出的竖向板条应变能等效原则是作者首次提出的。此种原则对其他开洞形式依然适用。我们据此求解得到圆形、六边形、曲线形等多种开洞形式的蜂窝梁应变能和抗扭刚度,从而攻克了困扰工程设计人员多年的理论难题,同时为研究蜂窝梁柱的组合扭转、弯扭屈曲以及振动问题奠定了理论基础。

13.7　工字形钢-混凝土组合梁组合扭转的板-梁理论

13.7.1　问题的描述

为不失一般性,以图 13.15 所示的双轴对称工字形钢-混凝土组合梁为研究对象。假设翼缘为混凝土材料,而腹板为钢板,且翼缘和腹板之间为完全连接,即不考虑两者间的滑移效应。此模型可以近似模拟波纹腹板钢-混凝土组合梁的组合扭转问题。其他基本假设与工字形钢梁相同。

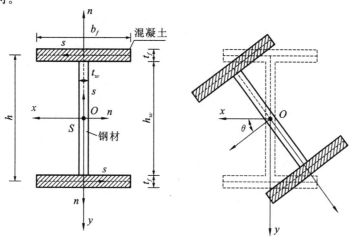

图 13.15　双轴对称工字形截面的坐标系与变形图

已知翼缘为混凝土材料,其弹性模量为 E_f,剪切模量为 G_f,泊松比为 μ_f;腹板为钢材,其弹性模量为 E_w,剪切模量为 G_w,泊松比为 μ_w。梁长度为 L,翼缘的宽度为 b_f,厚度为 t_f;腹板的高度为 h_w,厚度为 t_w。假设钢-混凝土组合梁横截面仅有绕着剪心(此时为形心)的转角 θ,此时钢梁发生的是绕剪心(形心)的扭转变形。

为了方便描述变形,板-梁理论需要引入两套坐标系:整体坐标系 xyz 和局部坐标系 nsz。这两套坐标系与 Vlasov 的坐标系类似,且均须符合右手螺旋法则。整体坐标系的原点选在腹板形心上,各板件的局部坐标系的原点选在板件的形心上。坐标系和截面变形如

图 13.15 所示。

13.7.2　工字形钢-混凝土组合梁组合扭转问题的能量变分模型

13.7.2.1　扭转应变能

(1) 腹板的应变能

钢腹板形心的整体坐标为 $(0,0)$。根据刚周边假设和式(13.18)、式(13.19)，局部坐标系下腹板任意点 $(-n,-s)$ 的横向位移：

$$\alpha=\frac{3\pi}{2},\quad x-x_0=-n,\quad y-y_0=-s \tag{13.114}$$

$$\begin{pmatrix} r_s \\ r_n \end{pmatrix}=\begin{pmatrix} \sin\dfrac{3\pi}{2} & -\cos\dfrac{3\pi}{2} \\ \cos\dfrac{3\pi}{2} & \sin\dfrac{3\pi}{2} \end{pmatrix}\begin{pmatrix} -n \\ -s \end{pmatrix}=\begin{pmatrix} n \\ s \end{pmatrix} \tag{13.115}$$

$$\begin{pmatrix} v_s \\ v_n \\ \theta \end{pmatrix}=\begin{pmatrix} \cos\dfrac{3\pi}{2} & \sin\dfrac{3\pi}{2} & n \\ \sin\dfrac{3\pi}{2} & -\cos\dfrac{3\pi}{2} & -s \\ 0 & 0 & 1 \end{pmatrix}\begin{pmatrix} 0 \\ 0 \\ \theta \end{pmatrix}=\begin{pmatrix} n\theta \\ -s\theta \\ \theta \end{pmatrix} \tag{13.116}$$

腹板形心的横向位移(沿着腹板 n 轴、s 轴)和纵向位移(沿着 z 轴)为

$$u_{w0}=0,\quad v_{w0}=0,\quad w_{w0}=0,\quad \theta_{w0}=\theta(z) \tag{13.117}$$

① 平面内弯曲的应变能

$$U_w^{\text{in-plane}}=0 \tag{13.118}$$

② 平面外弯曲的应变能(Kirchhoff 薄板模型)

依据变形分解原理，平面外弯曲引起的任意点横向位移为

沿着腹板 n 轴的位移　　　$u_w(s,z)=-s\theta \tag{13.119}$

沿着腹板 s 轴的位移　　　$v_w(n,z)=n\theta \tag{13.120}$

而纵向位移则需要依据 Kirchhoff 薄板模型来确定，即

沿着 z 轴的位移　　　$w_w(n,s,z)=-n\left(\dfrac{\partial u_w}{\partial z}\right)=ns\left(\dfrac{\partial\theta}{\partial z}\right) \tag{13.121}$

几何方程(线性应变)

$$\varepsilon_{z,w}=\frac{\partial w_w}{\partial z}=ns\left(\frac{\partial^2\theta}{\partial z^2}\right) \tag{13.122}$$

$$\varepsilon_{s,w}=\frac{\partial v_w}{\partial s}=0 \tag{13.123}$$

$$\gamma_{sz,w}=\frac{\partial w_w}{\partial s}+\frac{\partial v_w}{\partial z}=n\left(\frac{\partial\theta}{\partial z}\right)+n\left(\frac{\partial\theta}{\partial z}\right)=2n\left(\frac{\partial\theta}{\partial z}\right) \tag{13.124}$$

物理方程

对于 Kirchhoff 薄板模型，有

$$\sigma_{z,w}=\frac{E_w}{1-\mu_w^2}(\varepsilon_{z,w}),\quad \tau_{sz,w}=G_w\gamma_{sz,w} \tag{13.125}$$

应变能

根据

$$U = \frac{1}{2} \iiint \left[\frac{E_w}{1-\mu_w^2}(\varepsilon_{z,w}^2) + G_w \gamma_{sz,w}^2 \right] \mathrm{d}n\mathrm{d}s\mathrm{d}z$$

有

$$\begin{aligned} U_w^{\text{out-plane}} &= \frac{1}{2} \iiint \left\{ \frac{E_w}{1-\mu_w^2} \left[ns\left(\frac{\partial^2\theta}{\partial z^2}\right) \right]^2 + G_w \left[2n\left(\frac{\partial\theta}{\partial z}\right) \right]^2 \right\} \mathrm{d}n\mathrm{d}s\mathrm{d}z \\ &= \frac{1}{2} \iiint \left\{ \frac{E_w}{1-\mu_w^2} \left[n^2 s^2 \left(\frac{\partial^2\theta}{\partial z^2}\right)^2 \right] + G_w \left[4n^2 \left(\frac{\partial\theta}{\partial z}\right)^2 \right] \right\} \mathrm{d}n\mathrm{d}s\mathrm{d}z \\ &= \frac{1}{2} \int_0^L \left[\frac{E_w}{1-\mu_w^2} I_{\omega,w} \left(\frac{\partial^2\theta}{\partial z^2}\right)^2 + G_w J_{k,w} \left(\frac{\partial\theta}{\partial z}\right)^2 \right] \mathrm{d}z \end{aligned} \tag{13.126}$$

其中

$$I_{\omega,w} = \iint_{A_w} n^2 s^2 \mathrm{d}n\mathrm{d}s = \int_{-\frac{h_w}{2}}^{\frac{h_w}{2}} \int_{-\frac{t_w}{2}}^{\frac{t_w}{2}} n^2 s^2 \mathrm{d}n\mathrm{d}s = \frac{t_w^3 h_w^3}{144}$$

$$J_{k,w} = 4\iint_{A_w} n^2 \mathrm{d}n\mathrm{d}s = 4\int_{-\frac{h_w}{2}}^{\frac{h_w}{2}} \int_{-\frac{t_w}{2}}^{\frac{t_w}{2}} n^2 \mathrm{d}n\mathrm{d}s = 4 \times \frac{h_w t_w^3}{12} = \frac{h_w t_w^3}{3}$$

（2）混凝土上下翼缘的应变能

混凝土上翼缘形心的整体坐标为 $\left(0, -\frac{h}{2}\right)$。根据刚周边假设和式（13.18）、式（13.19），局部坐标系下上翼缘任意点 $\left(s, -\left(\frac{h}{2}+n\right)\right)$ 的横向位移为

$$\alpha = 2\pi, \quad x - x_0 = s, \quad y - y_0 = -\left(\frac{h}{2}+n\right) \tag{13.127}$$

$$\begin{pmatrix} r_s \\ r_n \end{pmatrix} = \begin{pmatrix} \sin2\pi & -\cos2\pi \\ \cos2\pi & \sin2\pi \end{pmatrix} \begin{pmatrix} s \\ -\left(\frac{h}{2}+n\right) \end{pmatrix} = \begin{pmatrix} \frac{h}{2}+n \\ s \end{pmatrix} \tag{13.128}$$

$$\begin{pmatrix} v_s \\ v_n \\ \theta \end{pmatrix} = \begin{pmatrix} \cos2\pi & \sin2\pi & \frac{h}{2}+n \\ \sin2\pi & -\cos2\pi & -s \\ 0 & 0 & 1 \end{pmatrix} \begin{pmatrix} 0 \\ 0 \\ \theta \end{pmatrix} = \begin{pmatrix} \left(\frac{h}{2}+n\right)\theta \\ -s\theta \\ \theta \end{pmatrix} \tag{13.129}$$

上翼缘形心的横向位移（沿着腹板 n 轴、s 轴）和纵向位移（沿着 z 轴）为

$$u_{f0}^t = 0, \quad v_{f0}^t = \frac{h}{2}\theta, \quad w_{f0}^t = 0, \quad \theta_{f0}^t = \theta \tag{13.130}$$

根据变形分解原理，可将式（13.35）改写为

$$\begin{pmatrix} v_s \\ v_n \\ \theta \end{pmatrix} = \begin{pmatrix} \left(\frac{h}{2}\right)\theta \\ 0 \\ 0 \end{pmatrix}_{\text{in-plane}} + \begin{pmatrix} n\theta \\ -s\theta \\ \theta \end{pmatrix}_{\text{out-plane}} \tag{13.131}$$

其中，第一项为平面内的横向位移（即平面内的弯曲变形），第二项为平面外的横向位移[即平面外的弯曲（扭转）变形]。

① 平面内弯曲的应变能（Euler 梁模型）

依据变形分解原理，上翼缘任意点在自身平面内弯曲的横向位移为

沿着上翼缘 s 轴的位移
$$v'_f(n,z)=\left(\frac{h}{2}\right)\theta \tag{13.132}$$

而纵向位移（沿着 z 轴的位移）则需要依据 Euler 梁模型来确定，即

$$w'_f(s,z)=-\frac{\partial v'_{f0}}{\partial z}s+u'_{f0}=-\frac{\partial}{\partial z}\left(\frac{h}{2}\theta\right)s+0=-s\left(\frac{h}{2}\right)\left(\frac{\partial \theta}{\partial z}\right) \tag{13.133}$$

线性应变为

$$\varepsilon_{z,f}=\frac{\partial w'_f}{\partial z}=-s\left(\frac{h}{2}\right)\left(\frac{\partial^2\theta}{\partial z^2}\right) \tag{13.134}$$

$$\varepsilon_{s,f}=\frac{\partial v'_f}{\partial s}=0,\quad \gamma_{sz,f}=\frac{\partial w'_f}{\partial s}+\frac{\partial v'_f}{\partial z}=-\left(\frac{h}{2}\right)\left(\frac{\partial \theta}{\partial z}\right)+\left(\frac{h}{2}\right)\left(\frac{\partial \theta}{\partial z}\right)=0 \tag{13.135}$$

平面内弯曲的应变能

$$\begin{aligned}U_{f,\text{top}}^{\text{in-plane}}&=\frac{1}{2}\iiint\limits_{V_f}(\sigma_z\varepsilon_z+\sigma_s\varepsilon_s+\tau_{sz}\gamma_{sz})\mathrm{d}n\mathrm{d}s\mathrm{d}z\\&=\frac{1}{2}\iiint\limits_{V_f}(\sigma_{z,f}\varepsilon_{z,f})\mathrm{d}n\mathrm{d}s\mathrm{d}z=\frac{1}{2}\iiint\limits_{V_f}\frac{E_f}{1-\mu_f^2}\left[-s\left(\frac{h}{2}\right)\left(\frac{\partial^2\theta}{\partial z^2}\right)\right]^2\mathrm{d}n\mathrm{d}s\mathrm{d}z\end{aligned} \tag{13.136}$$

或者简写为

$$U_{f,\text{top}}^{\text{in-plane}}=\frac{1}{2}\int_0^L\left[\frac{E_f}{1-\mu_f^2}I_f^n\left(\frac{h}{2}\right)^2\left(\frac{\partial^2\theta}{\partial z^2}\right)^2\right]\mathrm{d}z \tag{13.137}$$

其中，$I_f^n=\iint\limits_{A_f}s^2\mathrm{d}n\mathrm{d}s=\int_{-\frac{b_f}{2}}^{\frac{b_f}{2}}\int_{-\frac{t_f}{2}}^{\frac{t_f}{2}}s^2\mathrm{d}n\mathrm{d}s=\frac{t_fb_f^3}{12}$，为翼缘绕自身形心轴 n 轴的截面惯性矩。

② 平面外弯曲的应变能（Kirchhoff 薄板模型）

依据变形分解原理，平面外弯曲引起的任意点横向位移为

沿着上翼缘 n 轴的位移
$$u'_f(s,z)=-s\theta \tag{13.138}$$

沿着上翼缘 s 轴的位移
$$v'_f(n,z)=n\theta \tag{13.139}$$

而纵向位移则需要依据 Kirchhoff 薄板模型来确定，即

沿着 z 轴的位移
$$w'_f(n,s,z)=-n\left(\frac{\partial u'_f}{\partial z}\right)=-sn\left(\frac{\partial \theta}{\partial z}\right) \tag{13.140}$$

几何方程（线性应变）

$$\varepsilon_{z,f}=\frac{\partial w'_f}{\partial z}=-sn\left(\frac{\partial^2\theta}{\partial z^2}\right),\quad \varepsilon_{s,f}=\frac{\partial v'_f}{\partial s}=0 \tag{13.141}$$

$$\gamma_{sz,f}=\frac{\partial w'_f}{\partial s}+\frac{\partial v'_f}{\partial z}=-n\left(\frac{\partial \theta}{\partial z}\right)-n\left(\frac{\partial \theta}{\partial z}\right)=-2n\left(\frac{\partial \theta}{\partial z}\right) \tag{13.142}$$

物理方程

$$\left.\begin{aligned}\sigma_{z,f}&=\frac{E_f}{1-\mu_f^2}(\varepsilon_{z,f})\\\tau_{sz,f}&=G_f\gamma_{sz,f}\end{aligned}\right\} \tag{13.143}$$

应变能

根据

$$U = \frac{1}{2} \iiint \left[\frac{E_f}{1-\mu_f^2} (\varepsilon_{z,f}^2) + G_f (\gamma_{sz,f}^2) \right] \mathrm{d}n \mathrm{d}s \mathrm{d}z \tag{13.144}$$

有

$$
\begin{aligned}
U_{f,\text{top}}^{\text{out-plane}} &= \frac{1}{2} \iiint \left\{ \frac{E_f}{1-\mu_f^2} \left[-sn \left(\frac{\partial^2 \theta}{\partial z^2} \right) \right]^2 + G_f \left[-2n \left(\frac{\partial \theta}{\partial z} \right) \right]^2 \right\} \mathrm{d}n \mathrm{d}s \mathrm{d}z \\
&= \frac{1}{2} \int_0^L \left[\frac{E_f}{1-\mu_f^2} I_{\omega,f} \left(\frac{\partial^2 \theta}{\partial z^2} \right)^2 + G_f J_{k,f} \left(\frac{\partial \theta}{\partial z} \right)^2 \right] \mathrm{d}z
\end{aligned} \tag{13.145}
$$

其中

$$I_{\omega,f} = \iint_{A_w} n^2 s^2 \,\mathrm{d}n \mathrm{d}s = \int_{-\frac{b_f}{2}}^{\frac{b_f}{2}} \int_{-\frac{t_f}{2}}^{\frac{t_f}{2}} n^2 s^2 \,\mathrm{d}n \mathrm{d}s = \frac{t_f^3 b_f^3}{144}$$

$$J_{k,f} = 4 \iint_{A_w} n^2 \,\mathrm{d}n \mathrm{d}s = 4 \int_{-\frac{b_f}{2}}^{\frac{b_f}{2}} \int_{-\frac{t_f}{2}}^{\frac{t_f}{2}} n^2 \,\mathrm{d}n \mathrm{d}s = 4 \times \frac{b_f t_f^3}{12} = \frac{b_f t_f^3}{3}$$

从而有

$$U_f^t = \frac{1}{2} \int_0^L \left\{ \frac{E_f}{1-\mu_f^2} \left[I_f^n \left(\frac{h}{2} \right)^2 + I_{\omega,f} \right] \left(\frac{\partial^2 \theta}{\partial z^2} \right)^2 + G_f J_{k,f} \left(\frac{\partial \theta}{\partial z} \right)^2 \right\} \mathrm{d}z \tag{13.146}$$

类似地可求下翼缘的应变能。可以证明:下翼缘的应变能 U_f^b 与上式相同。

两个翼缘的应变能之和

$$
\begin{aligned}
U_f &= 2U_f^t \\
&= \frac{1}{2} \int_0^L \left\{ 2 \frac{E_f}{1-\mu_f^2} \left[I_f^n \left(\frac{h}{2} \right)^2 + I_{\omega,f} \right] \left(\frac{\partial^2 \theta}{\partial z^2} \right)^2 + 2 G_f J_{k,f} \left(\frac{\partial \theta}{\partial z} \right)^2 \right\} \mathrm{d}z
\end{aligned} \tag{13.147}
$$

还可以证明,上述推导中纵向位移的连续条件自然得到满足。

③ 工字形钢-混凝土组合梁组合扭转的应变能

$$
\begin{aligned}
U &= U_w + U_f \\
&= \frac{1}{2} \int_0^L \left[\frac{E_w}{1-\mu_w^2} I_{\omega,w} \left(\frac{\partial^2 \theta}{\partial z^2} \right)^2 + G_w J_{k,w} \left(\frac{\partial \theta}{\partial z} \right)^2 \right] \mathrm{d}z + \\
&\quad \frac{1}{2} \int_0^L \left\{ 2 \frac{E_f}{1-\mu_f^2} \left[I_f^n \left(\frac{h}{2} \right)^2 + I_{\omega,f} \right] \left(\frac{\partial^2 \theta}{\partial z^2} \right)^2 + 2 G_f J_{k,f} \left(\frac{\partial \theta}{\partial z} \right)^2 \right\} \mathrm{d}z \\
&= \frac{1}{2} \int_0^L \left\{ \begin{aligned} &\left[2 \frac{E_f}{1-\mu_f^2} \left[I_f^n \left(\frac{h}{2} \right)^2 + I_{\omega,f} \right] + \frac{E_w}{1-\mu_w^2} I_{\omega,w} \right] \left(\frac{\partial^2 \theta}{\partial z^2} \right)^2 + \\ &(2 G_f J_{k,f} + G_w J_{k,w}) \left(\frac{\partial \theta}{\partial z} \right)^2 \end{aligned} \right\} \mathrm{d}z
\end{aligned} \tag{13.148}
$$

若令

$$
\begin{aligned}
(EI_\omega)_{\text{comp}} &= 2 \frac{E_f}{1-\mu_f^2} \left[I_f^n \left(\frac{h}{2} \right)^2 + I_{\omega,f} \right] + \frac{E_w}{1-\mu_w^2} I_{\omega,w} \\
&= 2 \frac{E_f}{1-\mu_f^2} \left[\frac{t_f b_f^3}{12} \left(\frac{h}{2} \right)^2 + \frac{t_f^3 b_f^3}{144} \right] + \frac{E_w}{1-\mu_w^2} \frac{t_w^3 h_w^3}{144}
\end{aligned} \tag{13.149}
$$

为钢-混凝土组合梁的约束扭转刚度或称为翘曲刚度,而

$$(GJ_k)_{comp} = 2G_f J_{k,f} + G_w J_{k,w} = 2G_f \frac{t_f^3 b_f}{3} + G_w \frac{t_w^3 h_w}{3} \tag{13.150}$$

为钢-混凝土组合梁的自由扭转刚度,则可将总应变能式(13.148)简洁地表达为

$$U = \frac{1}{2} \int_0^L \left[(EI_\omega)_{comp} \left(\frac{\partial^2 \theta}{\partial z^2} \right)^2 + (GJ_k)_{comp} \left(\frac{\partial \theta}{\partial z} \right)^2 \right] dz \tag{13.151}$$

若仅在 $z=L$ 处作用一个集中扭矩,则工字型钢梁的总势能为

$$\Pi = U + V$$
$$\doteq \frac{1}{2} \int_0^L \left[(EI_\omega)_{comp} \left(\frac{\partial^2 \theta}{\partial z^2} \right)^2 + (GJ_k)_{comp} \left(\frac{\partial \theta}{\partial z} \right)^2 \right] dz - (M_t \theta)_{z=L} \tag{13.152}$$

或者简写为

$$\Pi(\theta', \theta'') = \int_0^L F(\theta', \theta'') dz - (M_t \theta)_{z=L} \tag{13.153}$$

其中

$$F(\theta', \theta'') = \frac{1}{2} \left[(EI_\omega)_{comp} \left(\frac{\partial^2 \theta}{\partial z^2} \right)^2 + (GJ_k)_{comp} \left(\frac{\partial \theta}{\partial z} \right)^2 \right] \tag{13.154}$$

13.7.3　工字形钢-混凝土组合梁组合扭转问题的微分方程模型

(1)平衡方程

对 $\delta\theta$:

$$\frac{\partial F}{\partial \theta} = 0 \tag{13.155}$$

$$\frac{\partial F}{\partial \theta'} = (GJ_k)_{comp} \left(\frac{\partial \theta}{\partial z} \right) \tag{13.156}$$

$$\frac{\partial F}{\partial \theta''} = (EI_\omega)_{comp} \left(\frac{\partial^2 \theta}{\partial z^2} \right) \tag{13.157}$$

根据欧拉方程

$$\frac{\partial F}{\partial \theta} - \frac{d}{dz} \left(\frac{\partial F}{\partial \theta'} \right) + \frac{d^2}{dz^2} \left(\frac{\partial F}{\partial \theta''} \right) = 0 \tag{13.158}$$

可得

$$0 - \frac{d}{dz} \left[(GJ_k)_{comp} \left(\frac{\partial \theta}{\partial z} \right) \right] + \frac{d^2}{dz^2} \left[(EI_\omega)_{comp} \left(\frac{\partial^2 \theta}{\partial z^2} \right) \right] = 0 \tag{13.159}$$

对于等截面情况,有

$$(GJ_k)_{comp} \left(\frac{\partial^2 \theta}{\partial z^2} \right) - (EI_\omega)_{comp} \left(\frac{\partial^4 \theta}{\partial z^4} \right) = 0 \tag{13.160}$$

(2)边界条件

若 $\delta\theta$ 给定,或者

$$-M_t + \frac{\partial F}{\partial \theta'} - \frac{d}{dz} \left(\frac{\partial F}{\partial \theta''} \right) = 0$$

从而有

$$(GJ_k)_{comp} \left(\frac{\partial \theta}{\partial z} \right) - (EI_\omega)_{comp} \left(\frac{\partial^3 \theta}{\partial z^3} \right) = M_t \tag{13.161}$$

若 $\delta\theta'$ 给定,或者

$$(EI_\omega)_{\text{comp}}\left(\frac{\partial^2\theta}{\partial z^2}\right)=0 \tag{13.162}$$

即

$$\left(\frac{\partial^2\theta}{\partial z^2}\right)=0 \tag{13.163}$$

13.7.4 换算截面法的适用性问题

换算截面法是计算不同材料组成的组合构件变形的常用方法,具有原理简单、易懂易用的特点,因而深受工程师和科研工作者的喜爱,并在工程中得到了广泛的应用。然而,换算截面法是否适合做屈曲分析呢? 为此我们首先对工字形钢-混凝土组合梁等效截面法的适用性问题进行了 FEM 数值模拟研究。研究发现:换算截面法仅适用于弯曲变形分析,而不适合用于屈曲分析;换算宽度方法给出的工字形钢-混凝土组合梁的屈曲弯矩只有真实解的 1/7 左右,这显然是工程上所不可接受的。

这是一个令人失望的结论。更令人失望的是此结论无法直接从经典的 Vlasov 约束扭转理论中得到证明,因为 Vlasov 理论仅适合分析单一材料的约束扭转问题。

在扭转刚度计算方面,换算截面法真的错了吗? 这是一个重要的理论问题。下面我们利用作者提出的板-梁理论来分析阐释这一问题。

(1) 抗弯刚度

为了完整起见,首先分析抗弯刚度的计算方法问题,这里对工字形钢-混凝土组合梁绕强轴的抗弯刚度采用叠加法计算,计算公式为

$$EI_x=2E^fA^f\left(\frac{h}{2}\right)^2+E^wI_x^w \tag{13.164}$$

其中,第一项为混凝土翼缘的抗弯刚度,而第二项为钢腹板的抗弯刚度。为了简化分析,这里略去了翼缘绕自身形心轴的抗弯刚度。

若采用换算截面法,一种方法是保持翼缘的厚度不变,而将混凝土翼缘换算成等效宽度的钢翼缘。根据轴力等效的原则,可得混凝土翼缘的换算宽度为

$$\bar{b}_f=\frac{E^f}{E^w}b_f \tag{13.165}$$

将其代入到式(13.164),可得换算抗弯刚度为

$$EI_x=2E^wt_f\frac{E^f}{E^w}b_f\left(\frac{h}{2}\right)^2+E^wI_x^w=2E^ft_fb_f\left(\frac{h}{2}\right)^2+E^wI_x^w \tag{13.166}$$

另一种方法是保持翼缘的宽度不变,而将混凝土翼缘换算成等效厚度的钢翼缘。根据轴力等效的原则,可得混凝土翼缘的换算厚度为

$$\bar{t}_f=\frac{E^f}{E^w}t_f \tag{13.167}$$

将其代入到式(13.164),可得换算抗弯刚度为

$$EI_x=2E^wb_f\frac{E^f}{E^w}t_f\left(\frac{h}{2}\right)^2+E^wI_x^w=2E^ft_fb_f\left(\frac{h}{2}\right)^2+E^wI_x^w \tag{13.168}$$

对比可以发现:式(13.166)、式(13.168)与式(13.164)的结果完全相同。因此,无论是换算厚度法还是换算宽度法,在弯曲分析中采用换算截面法不会出现任何问题。这也是换算截面法在钢筋混凝土结构和钢-混凝土组合结构的弯曲分析中得到广泛应用的重要原因。

(2) 自由扭转刚度

下面分析自由扭转刚度的计算方法问题。依据板-梁理论,我们前面已推导得到工字形钢-混凝土组合梁的自由扭转刚度。其计算公式为

$$(GJ_k)_{comp} = 2G^f \frac{t_f^3 b_f}{3} + G^w \frac{t_w^3 h_w}{3} \tag{13.169}$$

可将其改写为

$$(GJ_k)_{comp} = G^w \frac{t_w^3 h_w}{3} \left[2\left(\frac{E^f}{E^w}\right)\left(\frac{1+\mu^w}{1+\mu^f}\right)\left(\frac{t_f}{t_w}\right)^3\left(\frac{b_f}{h_w}\right) + 1 \right] \tag{13.170}$$

若采用换算截面法中的换算宽度法,可将式(13.165)代入到式(13.169),从而得到换算钢截面的自由扭转刚度计算公式为

$$G\overline{J}_k = 2G^w \frac{t_f^3}{3} \frac{E^f}{E^w} b_f + G^w \frac{t_w^3 h_w}{3} \tag{13.171}$$

或者

$$G\overline{J}_k = G^w \frac{t_w^3 h_w}{3} \left[2\left(\frac{E^f}{E^w}\right)\left(\frac{t_f}{t_w}\right)^3\left(\frac{b_f}{h_w}\right) + 1 \right] \tag{13.172}$$

对比两种自由扭转刚度的计算方法,即式(13.172)和式(13.170)中的第一项,可以发现:本节给出的自由扭转刚度比换算截面法略大,但两者的差别并不大,因为规范中给出的钢材和混凝土泊松比差别很小,从而有 $\frac{1+\mu^w}{1+\mu^f} = \frac{1+0.3}{1+0.25} \approx 1.04$。因而,换算截面法对自由扭转刚度的计算近似适用。至今此方法依然在桥梁的扭转分析和设计中得到广泛应用。

(3) 约束扭转刚度

最后分析约束扭转刚度的计算方法问题。依据板-梁理论,我们前面已推导得到工字形钢-混凝土组合柱的约束刚度。为了简化分析,这里仅考虑翼缘部分,其计算公式为

$$(EI_\omega)_{comp} = 2\frac{E^f}{1-\mu^{f2}}\left[\frac{t_f}{12}\left(\frac{h}{2}\right)^2 + \frac{t_f^3}{144}\right]b_f^3 \tag{13.173}$$

若采用换算截面法中的换算宽度法,可将式(13.165)代入到式(13.173),则得换算钢截面的约束扭转刚度计算公式为

$$E\overline{I}_\omega = 2\frac{E^w}{1-\mu^{w2}}\left[\frac{t_f}{12}\left(\frac{h}{2}\right)^2 + \frac{t_f^3}{144}\right]\left(\frac{E^f}{E^w}b_f\right)^3 \tag{13.174}$$

两者之间的比值为

$$\frac{(EI_\omega)_{comp}}{E\overline{I}_\omega} = \frac{1-\mu^{w2}}{1-\mu^{f2}}\left(\frac{E^w}{E^f}\right)^2 \tag{13.175}$$

因为常用的混凝土弹性模量取值在 $3.0 \times 10^4 \sim 3.8 \times 10^4$ N/mm² 之间,而钢材弹性模量为定值 2.06×10^5 N/mm²,两者之间比值为 5.4~6.9。本节给出的约束扭转刚度是换算截面法的 28.5~45.8 倍。差异如此巨大是我们没有想到的,也是以前的理论研究中未被发现的重要结论,因此,换算截面法对约束扭转问题并不适用。

13.7.5 板-梁理论的有限元验证

以图 13.5 所示的工字形钢-混凝土组合悬臂梁为研究对象。首先依据无量纲的扭转参数 K 来选取截面尺寸(表 13.4),然后应用 ANSYS 有限元分析软件进行有限元分析。采用 SHELL63 壳单元来建立有限元模型,建模时钢材的弹性模量 E_s 取 2.0×10^{11} N/mm,泊松比 μ_s 取 0.3;混凝土等级为 C40,弹性模量 E_c 取 3.25×10^{10} N/mm,泊松比 μ_c 取 0.2。有限元模型如图 13.17 所示,其中梁的一端全约束,另一端以刚性约束面的方法在截面形心施加单位扭矩。此外,为了满足刚周边的要求,采用 CERIG 方法将截面所有节点绕纵轴的转动从属于截面的某一角点,此时各截面将会产生图 13.18 所示的刚性转动。

表 13.4 理论值与 FEM 值结果的对比

试件	K	b_f (mm)	t_f (mm)	t_w (mm)	h_w (mm)	跨度 (m)	扭转角(10^{-5} rad)				
							理论值	组合截面法		换算截面法	
								有限元	误差	有限元	误差
S1	0.0863	300	50	8	500	15	0.3743	0.375	0.19%	0.4038	-7.31%
S2	0.0961	400	50	8	500	18	0.3348	0.3357	-0.27%	0.3647	-8.20%
S3	0.1623	450	50	8	500	12	0.1842	0.1853	-0.59%	0.2143	-14.05%
S4	0.2558	600	50	8	600	12	0.1229	0.1243	-1.13%	0.1586	-22.51%

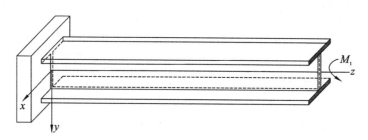

图 13.16 工字形钢-混凝土组合悬臂梁

图 13.17 工字形钢-混凝土组合悬臂梁的 FEM 模型

计算结果对比见图 13.19 和表 13.4。可以看出:

(1)本书依据板-梁理论推导得到的钢-混凝土组合梁组合扭转理论解与有限元分析吻合较好;

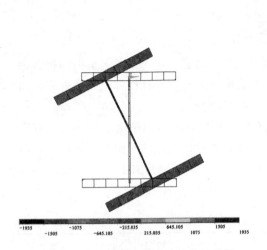

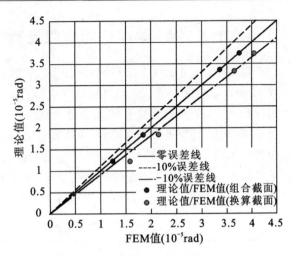

图 13.18　工字形钢-混凝土组合悬臂梁
　　　　　　FEM 模型的变形图

图 13.19　理论值与 FEM 结果的对比

（2）基于换算截面法的 ANSYS 分析结果验证了本书前述的分析结果，且此误差随着跨高比的增加而增大。这是一个令人失望的发现，更意外的是对于屈曲分析而言，换算截面法预测的屈曲荷载仅为理论解的 1/5 左右（详细参见第 15.2 节的验证），这显然是工程界所无法接受的，因此 Vlasov 理论无法合理预测钢-混凝土组合梁组合扭转性能。

13.7.6　小结

综上所述，我们依据板-梁理论从理论角度澄清了换算截面法的适用范围，即换算截面法可以很好地预测组合柱的抗弯刚度和自由扭转刚度，但远远低估了组合柱的约束扭转刚度，因此在屈曲分析中采用换算截面法的结果并不可靠。本结论也验证了我们在分析 FEM结果的合理性。

需要特别指出的是，Trahair N S 教授、陈惠发教授、陈绍蕃教授等国内外学者曾将换算截面法推广应用于钢结构的弹塑性屈曲分析中。依据作者的板-梁理论可证明，这种"变通方法"的结果并不可靠。也许从概念上意识到这个问题，陈骥教授在最新版的《钢结构稳定理论与设计》中，未提及由陈绍蕃教授提出的压弯构件弹塑性屈曲"折算翼缘厚度法"。这也体现了科学研究"去伪存真"之目的。但各国依据换算截面法的弹塑性分析结果所制定的规范如何校准，确是值得商榷并亟待为之解决的重要事情。

参 考 文 献

[1] VLASOV V Z. Thin-walled elastic beams. 2nd ed. Jerusalem:Israel Program for Scientific Transactions,1961.

[2] 弗拉索夫. 薄壁空间体系的建筑力学. 北京:中国工业出版社,1962.

[3] TIMOSHENKO S P,GERE J M. Theory of elastic stability. New-York:McGraw-Hill,1961.

[4] BLEICH F. 金属结构的屈曲强度. 同济大学钢木结构教研室,译. 北京:科学出版社,1965.

[5] TRAHAIR N S. Flexural-torsional buckling of structures. London:E & FN Spon,1993.

[6] 吕烈武,沈世钊,沈祖炎,等.钢结构构件稳定理论.北京:中国建筑工业出版社,1983.

[7] 童根树.钢结构的平面外稳定.北京:中国建筑工业出版社,2005.

[8] 陈骥.钢结构稳定理论与设计.3版.北京:科学出版社,2006.

[9] KITIPORNCHAI S,CHAN S L. Nonlinear finite element analysis of angle and tee beam-columns[J]. Journal of Structural Engineering,1987,113(4):721-739.

[10] 高冈宣善.结构杆件的扭转解析.北京:中国铁道出版社,1982.

[11] 张文福,付烨,刘迎春,等.工字形钢-混组合梁等效截面法的适用性问题.第24届全国结构工程学术会议论文集(第Ⅱ册).工程力学增刊,2015.

[12] 陈绍蕃.开口截面钢偏心压杆在弯矩作用平面外的稳定系数.西安冶金建筑学院学报,1974:1-26.

[13] ZIEMIAN R D. Guide to stability design criteria for metal structures. 6th ed. New Jersey:John Wiley & Sons,2010.

[14] 张文福.狭长矩形薄板自由扭转和约束扭转的统一理论.中国科技论文在线.[2014-04-10]http://www. paper. edu. cn/html /releasepaper/2014 /04/143/.

[15] 张文福.狭长矩形薄板扭转与弯扭屈曲的新理论.第十五届全国现代结构工程学术研讨会论文集.工业建筑(增刊),2015:1728-1743.

[16] ZHANG W F. New theory for mixed torsion of steel-concrete-steel composite walls. ASCCS 2015, Proc. of 11th International Conference on Advances in Steel and Concrete Composite Structures. December 3-5,2015,Beijing,China.

[17] 张文福.工字形轴压钢柱弹性弯扭屈曲的新理论.第十五届全国现代结构工程学术研讨会论文集.工业建筑(增刊),2015:725-735.

[18] 张文福.矩形薄壁轴压构件弹性扭转屈曲的新理论.第十五届全国现代结构工程学术研讨会论文集.工业建筑(增刊),2015:793-804.

[19] 张文福,陈克珊,宗兰,等.方钢管混凝土自由扭转刚度的有限元验证.第25届全国结构工程学术会议论文集(第Ⅰ册).工程力学(增刊),2016:465-468.

[20] 张文福,陈克珊,宗兰,等.方钢管混凝土翼缘工字形梁扭转刚度的有限元验证.第25届全国结构工程学术会议论文集(第Ⅰ册).工程力学(增刊),2016:431-434.

[21] ZHANG W F. Energy variational model and its analytical solutions for the elastic flexural-tosional buckling of I-beams with concrete-filled steel tubular flange. ISSS 2015,Proc. of the 8th International Symposium on Steel Structures. November 5-7,2015,Jeju,Korea.

[22] 张文福.基于连续化模型的矩形开孔蜂窝梁组合扭转理论.第六届全国钢结构工程技术交流会论文集.施工技术(增刊),2016:359-345.

[23] 张文福,谭英昕,陈克珊,等.蜂窝梁自由扭转刚度误差分析.第十六届全国现代结构工程学术研讨会论文集.工业建筑(增刊),2016:558-566.

[24] ZHANG W F. New theory for torsional buckling of steel-concrete composite I-columns. ASCCS 2015, Proc. of 11th International Conference on Advances in Steel and Concrete Composite Structures. December 3-5,2015,Beijing,China.

[25] 张文福,邓云,李明亮,等.单跨集中荷载下双跨钢-砼组合梁弯扭屈曲方程的近似解析解.第十六届全国现代结构工程学术研讨会论文集.工业建筑(增刊),2016:955-961.

[26] 张文福.钢-混凝土组合柱扭转屈曲的新理论.第六届全国钢结构工程技术交流会论文集.施工技术(增刊),2016:348-353.

[27] 张文福.钢-混凝土薄壁箱梁的组合扭转理论.第六届全国钢结构工程技术交流会论文集.施工技术(增刊),2016:340-347.

［28］张文福.工字形钢梁弹塑性弯扭屈曲简化力学模型与解析解.南京工程学院学报(自然科学版),2016,14(4):1-9.

［29］ZHANG W F. LIU Y C,CHEN K S,et al. Dimensionless analytical solution and new design formula for lateral-torsional buckling of I-beams under linear distributed moment via linear stability theory. Mathematical Problems in Engineering,2017:1-23.

［30］ZHANG W F. Symmetric and antisymmetric lateral-torsional buckling of prestressed steel I-beams. Thin-walled structures,2018(122):463-479.

［31］张文福.钢梁弯扭屈曲的板-梁理论与解析理论.大庆:东北石油大学,2015.

［32］张文福.薄壁构件的板-梁理论.大庆:东北石油大学,2015.

14 闭口薄壁构件组合扭转的板-梁理论

14.1 闭口薄壁构件组合扭转的经典理论与板-梁理论

薄壁箱形截面梁(简称薄壁箱梁)具有良好的结构性能,因而在现代建筑和桥梁中得到了广泛的应用。由于活荷载的可变性,因此薄壁箱梁不可避免地会承受偏心活荷载的作用。此时薄壁箱梁既弯曲又扭转,因此设计人员在实际工程设计中既要考虑箱梁的弯曲问题,同时也要考虑其扭转问题。然而,与弯曲问题相比,薄壁箱梁的扭转问题却是一个更加复杂的力学问题。这就是为什么 Wumanski 的约束扭转理论会有两套,而分离式多室箱梁的约束扭转问题至今尚未从理论上完全解决的原因。

回顾研究历史,可以发现,即使是构件的自由扭转问题也不是一个容易解决的问题。Coulomb C A 最早于 1777 年创建了圆形截面构件的自由扭转理论;时隔近 80 年,Sant Venernt 于 1856 年建立了非圆形截面构件的自由扭转理论;又相隔 40 年,Bredt R 于 1896 年提出了闭口薄壁构件自由扭转理论公式,即著名的 Bredt 第一公式和第二公式。因此,人们解决非圆构件的自由扭转问题用了大约 120 年的时间。

在薄壁构件的约束扭转问题方面,虽然第一个约束扭转问题是 Timoshenko 于 1905 年提出并解决的,但较为完善的开口薄壁构件理论体系却是由 Vlasov 于 1936 年建立,因此薄壁构件的约束扭转也称为 Vlasov 扭转。关于闭口薄壁构件的第一个约束扭转理论是由 Wumanski 于 1939 年提出的,但它是不完善的理论,后人称之为 Wumanski 第一理论,为此 Wumanski 于 1941 年又提出了(正确的)Wumanski 第二理论。需要指出的是,这期间 Vlasov 也曾试图将其理论推广至闭口薄壁构件,并于 1949 年提出了广义坐标法,但由于其理论体系复杂,在工程中的应用并不多见。

综上所述,可将目前薄壁箱梁扭转理论理解为一个简单叠加理论,即由 Bredt 自由扭转理论和 Wumanski 约束理论叠加而成。因此工程师求解薄壁箱梁扭转问题时,需要同时采用两套完全不同的理论。这是目前的理论存在的问题之一,即两套理论假定不同,理论体系也不统一。Wumanski 约束理论借用了 Vlasov 扇性面积定律,而扇性坐标的引入虽然简化了计算公式的表达,但实际的计算工作非常麻烦,而且其积分的连续性要求,客观上限定了该理论的适用范围,即 Wumanski 约束理论仅适合单一材料组成的构件,比如纯钢或混凝土薄壁箱梁,而对不同材料组成的构件,如钢-混凝土组合薄壁箱梁等并不适用。

出现上述理论缺陷的原因可能会有多种,但作者认为其中最重要的一个原因是传统理论的束缚,使得人们误以为薄壁箱梁的自由扭转和约束扭转是两种完全不同的力学现象,只能用不同的力学方法来加以解决。许多的学者也是按此思路来研究杆件扭转问题的。实际上,从力学的本质上来看,任何构件的扭转都属于混合扭转问题,即同一个扭转问题既包括主要扭转(Sant Venernt 扭转和 Vlasov 扭转),也包括次要扭转[次剪力流(secondary shear

$flow$)扭转和次翘曲(secondary warping)扭转],并且这些扭转现象是并存的,只不过个别截面,比如圆形构件的组合扭转会以 Sant Venernt 扭转为主的形式出现而已。也就是说,实际工程中并不存在"纯扭"的构件。但如何从数学和力学机理上描述如此复杂的扭转问题?能否建立一套简单实用的统一理论来同时描述 Sant Venernt 扭转、Vlasov 扭转、次剪力流扭转和次翘曲扭转现象呢?为此作者在这方面做了大量的前期理论探索和研究工作,并提出了一套基于板-梁力学模型的薄壁构件扭转、屈曲和振动理论体系,已发表的相关研究成果参见文献。

Kirchhoff 板理论和 Timoshenko 梁理论是在工程中广泛应用的工程力学理论,具有精度高、易于理解等优点,且已为工程界所普遍认同和接受。为此本章将基于 Kirchhoff 板和 Timoshenko 梁力学模型来建立一套新的薄壁箱梁组合扭转理论。该理论可以同时定量地描述 Sant Venernt 扭转、Vlasov 扭转、次剪力流扭转和次翘曲扭转现象,其中扭转刚度、位移、应变和应力的计算都是在一个理论框架下完成,且无需引入 Vlasov 扇性坐标,因此所有计算都非常简便、快捷,其理论模型易于理解,不失为一套简单、实用的工程扭转理论。

14.2　箱形钢梁组合扭转的板-梁理论

14.2.1　基本假设与问题的描述

(1) 基本假设

① 刚周边假设;

② 平板的变形可分解为两部分,即平面内变形和平面外变形;

③ 平板平面内和平面外的纵向位移、应变能分别由 Timoshenko 梁理论和 Kirchhoff 薄板理论确定。

其中,假设①是 Vlasov 明确提出的,也是目前薄壁构件弹性弯扭屈曲的通用理论基础。后两条假设是由作者首次提出的,其中假设②是变形分解法的基础,这种对总变形进行分解的思想,利于简化我们的理论分析;假设③是作者根据箱形截面变形特点提出的,是纵向位移和应变能的计算理论依据。

需要注意的是,与开口薄壁构件不同,这里平面内变形没有采用 Euler 梁模型,而是采用了 Timoshenko 梁模型。这是因为闭口薄壁构件不能忽略板件平面内的剪切变形影响。这也是开口与闭口薄壁构件理论的本质区别。

另外,从本节的基本假设可以看出,作者提出的新扭转理论沿用了 Vlasov 的刚周边假设,但分别依据经典的 Kirchhoff 薄板理论和 Timoshenko 梁理论来计算纵向位移和应变能,此为作者提出的板-梁理论在该问题中的应用。

(2) 问题的描述

为不失一般性,以图 14.1 所示的双轴对称箱形钢梁为研究对象。已知:钢材的弹性模量为 E,剪切模量为 G,泊松比为 μ。构件的长度为 a,翼缘的宽度为 b_f,厚度为 t_f;腹板的高度为 h_w,厚度为 t_w。当箱形钢梁发生扭转变形时,记截面绕剪心(形心)的刚性转角为 $\theta(z)$。

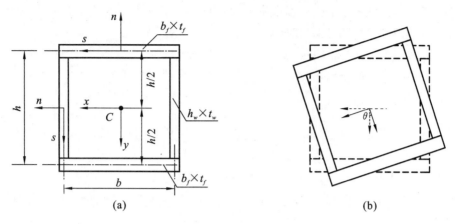

图 14.1 箱形钢梁的截面与变形图

14.2.2 箱形钢梁组合扭转问题的能量变分模型

（1）腹板的应变能

以左侧腹板为例,其形心的整体坐标为 $\left(\dfrac{b}{2},0\right)$。根据刚周边假设和式(13.18)、式

(13.19),局部坐标系下左侧腹板任意点 $\left(\dfrac{b}{2}+n,s\right)$ 的横向位移为:

$$\alpha=\frac{\pi}{2},\quad x-x_0=\frac{b}{2}+n,\quad y-y_0=s$$

$$\begin{pmatrix}r_s\\r_n\end{pmatrix}=\begin{pmatrix}\sin\dfrac{\pi}{2}&-\cos\dfrac{\pi}{2}\\[2mm]\cos\dfrac{\pi}{2}&\sin\dfrac{\pi}{2}\end{pmatrix}\begin{pmatrix}\dfrac{b}{2}+n\\[2mm]s\end{pmatrix}=\begin{pmatrix}\dfrac{b}{2}+n\\[2mm]s\end{pmatrix}\tag{14.1}$$

$$\begin{pmatrix}v_s\\v_n\\\theta\end{pmatrix}=\begin{pmatrix}\cos\dfrac{\pi}{2}&\sin\dfrac{\pi}{2}&\dfrac{b}{2}+n\\[2mm]\sin\dfrac{\pi}{2}&-\cos\dfrac{\pi}{2}&-s\\[2mm]0&0&1\end{pmatrix}\begin{pmatrix}0\\0\\\theta\end{pmatrix}=\begin{pmatrix}\left(\dfrac{b}{2}+n\right)\theta\\[2mm]-s\theta\\[2mm]\theta\end{pmatrix}\tag{14.2}$$

据此可得左侧腹板形心的横向位移(沿着腹板 n 轴、s 轴)和纵向位移(沿着 z 轴)为:

$$u_{w0}=0,\quad v_{w0}=\frac{b_f}{2}\theta,\quad w_{w0}=0,\quad \theta\tag{14.3}$$

根据变形分解原理,可将式(14.2)改写为

$$\begin{pmatrix}v_s\\v_n\\\theta\end{pmatrix}=\begin{pmatrix}\left(\dfrac{b}{2}\right)\theta\\[2mm]0\\[2mm]0\end{pmatrix}_{\text{in-plane}}+\begin{pmatrix}n\theta\\[2mm]-s\theta\\[2mm]\theta\end{pmatrix}_{\text{out-plane}}\tag{14.4}$$

其中,第一项为左侧腹板平面内的横向位移(即沿着 sz 平面内的弯曲变形),第二项为平面外的横向位移[即平面外的弯曲(扭转)变形]。

① 平面内弯曲的应变能(Timoshenko 梁力学模型)

依据变形分解原理,平面内弯曲引起的任意点横向位移模式为

沿着左侧腹板 s 轴的位移
$$v_w(z)=\frac{b}{2}\theta \tag{14.5}$$

而纵向位移(沿着左侧腹板 z 轴的位移)则需要依据 Timoshenko 梁力学模型来确定,即

$$w_w(s,z)=\psi_w(z)s \tag{14.6}$$

其中,$\psi_w(z)$ 为作者首次引入的待定函数。依据前面介绍的 Timoshenko 梁理论,它是腹板平面内弯曲变形的截面转角。

平面内弯曲的几何方程(线性应变)为

$$\varepsilon_{z,w}=\frac{\partial w_w}{\partial z}=\left(\frac{\partial \psi_w}{\partial z}\right)s, \quad \varepsilon_{s,w}=\frac{\partial v_w}{\partial s}=0 \tag{14.7}$$

$$\gamma_{sz,w}=\frac{\partial w_w}{\partial s}+\frac{\partial v_w}{\partial z}=\psi_w+\frac{b}{2}\left(\frac{\partial \theta}{\partial z}\right) \tag{14.8}$$

物理方程为

$$\sigma_{z,w}=\frac{E}{1-\mu^2}\varepsilon_{z,w}, \quad \tau_{sz,w}=G\gamma_{sz,w} \tag{14.9}$$

根据

$$U=\frac{1}{2}\iiint\left[\frac{E}{1-\mu^2}(\varepsilon_{z,w}^2)+G\gamma_{sz,w}^2\right]dndsdz \tag{14.10}$$

可得平面内弯曲的应变能为

$$U_{w,\text{left}}^{\text{in-plane}}=\frac{1}{2}\int_0^L\left\{\frac{E}{1-\mu^2}\left[\left(\frac{t_wh_w^3}{12}\right)\left(\frac{\partial \psi_w}{\partial z}\right)^2\right]+G(t_wh_w)\left[\psi_w+\frac{b}{2}\left(\frac{\partial \theta}{\partial z}\right)\right]^2\right\}dz \tag{14.11}$$

② 平面外弯曲的应变能(Kirchhoff 板力学模型)

首先根据变形分解原理,平面外弯曲引起的任意点横向位移模式为

沿着左侧腹板 n 轴的位移
$$\overline{u}_w(s,z)=-s\theta \tag{14.12}$$
沿着左侧腹板 s 轴的位移
$$\overline{v}_w(n,z)=n\theta \tag{14.13}$$

而纵向位移(沿着左侧腹板 z 轴的位移)则需要依据 Kirchhoff 板力学模型来确定,即

$$\overline{w}_w(n,s,z)=-n\frac{\partial u_w}{\partial x}=ns\left(\frac{\partial \theta}{\partial z}\right) \tag{14.14}$$

平面外弯曲的几何方程(线性应变)为

$$\overline{\varepsilon}_{z,w}=\frac{\partial \overline{w}_w}{\partial z}=ns\frac{\partial^2\theta}{\partial z^2}, \quad \overline{\varepsilon}_{s,w}=\frac{\partial \overline{v}_w}{\partial s}=0 \tag{14.15}$$

$$\overline{\gamma}_{sz,w}=\frac{\partial \overline{w}_w}{\partial s}+\frac{\partial \overline{v}_w}{\partial z}=n\left(\frac{\partial \theta}{\partial z}\right)+n\left(\frac{\partial \theta}{\partial z}\right)=2n\left(\frac{\partial \theta}{\partial z}\right) \tag{14.16}$$

物理方程为

$$\overline{\sigma}_{z,w}=\frac{E}{1-\mu^2}\overline{\varepsilon}_{z,w}, \quad \overline{\tau}_{sz,w}=G\overline{\gamma}_{sz,w} \tag{14.17}$$

根据

$$U = \frac{1}{2}\iiint \left[\frac{E}{1-\mu^2}(\bar{\varepsilon}_{z,w}^2) + G\bar{\gamma}_{sz,w}^2 \right] \mathrm{d}n\mathrm{d}s\mathrm{d}z \tag{14.18}$$

可得平面外弯曲的应变能为

$$U_{w,\text{left}}^{\text{out-plane}} = \frac{1}{2}\int_0^L \left[\frac{E}{1-\mu^2}\left(\frac{t_w^3 h_w^3}{144}\right)\left(\frac{\partial^2\theta}{\partial z^2}\right)^2 + G\left(\frac{h_w t_w^3}{3}\right)\left(\frac{\partial\theta}{\partial z}\right)^2 \right]\mathrm{d}z \tag{14.19}$$

根据对称性,可以证明左右腹板的扭转应变能相等。

（2）翼缘的应变能

以上翼缘为例,其形心的整体坐标为 $\left(0, -\dfrac{h}{2}\right)$。根据刚周边假设和式（13.18）、式（13.19）,局部坐标系下上翼缘任意点 $\left(s, -\dfrac{h}{2}-n\right)$ 的横向位移为：

$$\alpha = 2\pi, \quad x-x_0 = s, \quad y-y_0 = -\left(\frac{h}{2}+n\right)$$

$$\begin{pmatrix} r_s \\ r_n \end{pmatrix} = \begin{pmatrix} \sin\dfrac{\pi}{2} & -\cos\dfrac{\pi}{2} \\ \cos\dfrac{\pi}{2} & \sin\dfrac{\pi}{2} \end{pmatrix}\begin{pmatrix} -\left(\dfrac{h}{2}+n\right) \\ s \end{pmatrix} = \begin{pmatrix} \dfrac{h}{2}+n \\ s \end{pmatrix} \tag{14.20}$$

$$\begin{pmatrix} v_s \\ v_n \\ \theta \end{pmatrix} = \begin{pmatrix} \cos\dfrac{\pi}{2} & \sin\dfrac{\pi}{2} & \dfrac{h}{2}+n \\ \sin\dfrac{\pi}{2} & -\cos\dfrac{\pi}{2} & -s \\ 0 & 0 & 1 \end{pmatrix}\begin{pmatrix} 0 \\ 0 \\ \theta \end{pmatrix} = \begin{pmatrix} \left(\dfrac{h}{2}+n\right)\theta \\ -s\theta \\ \theta \end{pmatrix} \tag{14.21}$$

据此可得左侧腹板形心的横向位移（沿着腹板 n 轴、s 轴）和纵向位移（沿着 z 轴）为：

$$u_{w0} = 0, \quad v_{w0} = \frac{b_f}{2}\theta, \quad w_{w0} = 0, \quad \theta \tag{14.22}$$

根据变形分解原理,可将式（14.2）改写为

$$\begin{pmatrix} v_s \\ v_n \\ \theta \end{pmatrix} = \begin{pmatrix} \left(\dfrac{h}{2}\right)\theta \\ 0 \\ 0 \end{pmatrix}_{\text{in-plane}} + \begin{pmatrix} n\theta \\ -s\theta \\ \theta \end{pmatrix}_{\text{out-plane}} \tag{14.23}$$

其中,第一项为上翼缘平面内的横向位移（即沿着 sz 平面内的弯曲变形）,第二项为平面外的横向位移[即平面外的弯曲（扭转）变形]。

① 平面内弯曲的应变能（Timoshenko 梁力学模型）

依据变形分解原理,平面内弯曲引起的任意点横向位移模式为

沿着上翼缘 s 轴的位移 $\qquad v_f(n,z) = \left(\dfrac{h}{2}\right)\theta \tag{14.24}$

而纵向位移（沿着上翼缘 z 轴的位移）则需要依据 Timoshenko 梁力学模型来确定,即

$$w_f(s,z) = \psi_f(z)s \tag{14.25}$$

其中,$\psi_f(z)$ 为作者首次引入的待定函数。依据前面介绍的 Timoshenko 梁理论,它是上翼缘平面内弯曲变形的截面转角。

平面内弯曲的几何方程（线性应变）为

$$\varepsilon_{z,f} = \frac{\partial w_f}{\partial z} = s\left(\frac{\partial \psi_f}{\partial z}\right), \quad \varepsilon_{s,f} = \frac{\partial v_f}{\partial s} = 0 \tag{14.26}$$

$$\gamma_{sz,f} = \frac{\partial w_f}{\partial s} + \frac{\partial v_f}{\partial z} = \psi_f + \left(\frac{h}{2}\right)\left(\frac{\partial \theta}{\partial z}\right) \tag{14.27}$$

物理方程为

$$\sigma_{z,f} = \frac{E}{1-\mu^2}\varepsilon_{z,f}, \quad \tau_{sz,f} = G\gamma_{sz,f} \tag{14.28}$$

根据

$$U_{f,\text{top}}^{\text{in-plane}} = \frac{1}{2}\iiint\left[\frac{E}{1-\mu^2}(\varepsilon_{z,f}^2) + G\gamma_{sz,f}^2\right]\mathrm{d}n\mathrm{d}s\mathrm{d}z \tag{14.29}$$

可得平面内弯曲的应变能为

$$U_{f,\text{top}}^{\text{in-plane}} = \frac{1}{2}\int_0^L\left\{\frac{E_f}{1-\mu_f^2}\left(\frac{t_f b_f^3}{12}\right)\left(\frac{\partial \psi_f}{\partial z}\right)^2 + G_f(t_f b_f)\left[\psi_f + \left(\frac{h}{2}\right)\left(\frac{\partial \theta}{\partial z}\right)\right]^2\right\}\mathrm{d}z \tag{14.30}$$

② 平面外弯曲的应变能(Kirchhoff 板力学模型)

依据变形分解原理,平面外弯曲引起的任意点横向位移模式为

沿着上翼缘 n 轴的位移 $\qquad \overline{u}_f(s,z) = -s\theta$ $\qquad\qquad$ (14.31)

沿着上翼缘 s 轴的位移 $\qquad \overline{v}_f(n,z) = n\theta$ $\qquad\qquad$ (14.32)

而纵向位移(沿着上翼缘 z 轴的位移)则需要依据 Kirchhoff 板力学模型来确定,即

$$\overline{w}_f(n,s,z) = -n\left(\frac{\partial u_f}{\partial z}\right) = -sn\left(\frac{\partial \theta}{\partial z}\right) \tag{14.33}$$

平面外弯曲的几何方程(线性应变)为

$$\overline{\varepsilon}_{z,f} = \frac{\partial \overline{w}_f}{\partial z} = -sn\left(\frac{\partial^2 \theta}{\partial z^2}\right), \quad \overline{\varepsilon}_{s,f} = \frac{\partial \overline{v}_f}{\partial s} = 0 \tag{14.34}$$

$$\overline{\gamma}_{sz,f} = \frac{\partial \overline{w}_f}{\partial s} + \frac{\partial \overline{v}_f}{\partial z} = -n\left(\frac{\partial \theta}{\partial z}\right) - n\left(\frac{\partial \theta}{\partial z}\right) = -2n\left(\frac{\partial \theta}{\partial z}\right) \tag{14.35}$$

物理方程为

$$\overline{\sigma}_{z,w} = \frac{E}{1-\mu^2}\overline{\varepsilon}_{z,f}, \quad \overline{\tau}_{sz,f} = G\overline{\gamma}_{sz,f} \tag{14.36}$$

根据

$$U = \frac{1}{2}\iiint\left[\frac{E}{1-\mu^2}(\overline{\varepsilon}_{z,f}^2) + G\overline{\gamma}_{sz,f}^2\right]\mathrm{d}n\mathrm{d}s\mathrm{d}z \tag{14.37}$$

平面外弯曲的应变能为

$$U_{f,\text{top}}^{\text{out-plane}} = \frac{1}{2}\int_0^L\left[\frac{E}{1-\mu^2}\left(\frac{t_f^3 b_f^3}{144}\right)\left(\frac{\partial^2 \theta}{\partial z^2}\right)^2 + G\left(\frac{b_f t_f^3}{3}\right)\left(\frac{\partial \theta}{\partial z}\right)^2\right]\mathrm{d}z \tag{14.38}$$

根据对称性,可以证明上下翼缘的应变能相等。

(3) 两个截面转角与横截面的刚性转角之间的关系

我们注意到本研究中出现了三个未知量,其中一个为横截面的刚性转角 $\theta(z)$,另外两个为因为采用 Timoshenko 梁理论而需要引入的腹板和翼缘平面内弯曲的截面转角 $\psi_w(z)$ 和 $\psi_f(z)$。因此从表面上看,上述理论似乎属于三变量的箱形钢梁组合扭转理论。

事实上,后两个截面转角并不是独立的未知函数,因为它们与截面刚性转角之间存在某种特有的联系。下面将证明:消去这两个截面转角 $\psi_w(z)$ 和 $\psi_f(z)$,本书的板-梁理论将与经

典的 Wumanski 理论一样,成为单变量的箱形钢梁组合扭转新理论。

为此需要用到如下的两个关系:

第一个关系为交点处的纵向位移协调条件。以右上角的节点为例

$$-\frac{b}{2}\psi_f = \frac{h}{2}\psi_w \tag{14.39}$$

整理得到

$$\psi_w = -\frac{b}{h}\psi_f \tag{14.40}$$

第二个关系为剪力流相等的条件。

$$q_f = q_w \tag{14.41}$$

$$G\left(\psi_f + \frac{h}{2}\theta'\right)t_f = G\left(\psi_w + \frac{b}{2}\theta'\right)t_w \tag{14.42}$$

将式(14.40)代入上式,得到

$$\left(\psi_f + \frac{h}{2}\theta'\right)t_f = \left(-\frac{b}{h_w}\psi_f + \frac{b}{2}\theta'\right)t_w \tag{14.43}$$

进而有

$$\psi_f = \frac{t_w}{t_f}\left(-\frac{b}{h}\psi_f + \frac{b}{2}\theta'\right) - \frac{h}{2}\theta' \tag{14.44}$$

或者

$$\psi_f\left[1 + \left(\frac{t_w}{t_f}\right)\left(\frac{b}{h}\right)\right] = \left[\left(\frac{t_w}{t_f}\right)\left(\frac{b}{2}\right) - \frac{h}{2}\right]\theta' \tag{14.45}$$

或者

$$\psi_f\left(\frac{t_w b + t_f h}{t_f h}\right) = \left(\frac{t_w b - t_f h}{2t_f}\right)\theta' \tag{14.46}$$

从而得到

$$\psi_f = \left[\frac{h(t_w b - t_f h)}{2(t_w b + t_f h)}\right]\theta' = \left(\frac{t_w b - t_f h}{t_w b + t_f h}\right)\left(\frac{h}{2}\right)\left(\frac{\partial\theta}{\partial z}\right) \tag{14.47}$$

$$\psi_w = -\frac{b}{h}\left[\frac{h(t_w b - t_f h)}{2(t_w b + t_f h)}\right]\theta' = -\left(\frac{t_w b - t_f h}{t_w b + t_f h}\right)\left(\frac{b}{2}\right)\left(\frac{\partial\theta}{\partial z}\right) \tag{14.48}$$

这便是腹板和翼缘平面内弯曲的截面转角 $\psi_w(z)$ 和 $\psi_f(z)$ 与横截面的刚性转角 $\theta(z)$ 之间的关系。

(4) 总应变能

箱形钢梁的总应变能为前述腹板和翼缘应变能之和,即

$$U = 2U_{w,\text{left}}^{\text{in-plane}} + 2U_{w,\text{left}}^{\text{out-plane}} + 2U_{f,\text{top}}^{\text{in-plane}} + 2U_{f,\text{top}}^{\text{out-plane}}$$

$$= \frac{1}{2}\int_0^L\left\{\frac{E}{1-\mu^2}\left[\left(\frac{t_w h_w^3}{12}\right)\left(\frac{\partial\psi_w}{\partial z}\right)^2\right] + G(t_w h_w)\left[\psi_w + \frac{b}{2}\left(\frac{\partial\theta}{\partial z}\right)\right]^2\right\}\mathrm{d}z +$$

$$\frac{1}{2}\int_0^L\left[\frac{E}{1-\mu^2}\left(\frac{t_w^3 h_w^3}{144}\right)\left(\frac{\partial^2\theta}{\partial z^2}\right)^2 + G\left(\frac{h_w t_w^3}{3}\right)\left(\frac{\partial\theta}{\partial z}\right)^2\right]\mathrm{d}z +$$

$$\frac{1}{2}\int_0^L\left\{\frac{E}{1-\mu^2}\left(\frac{t_f b_f^3}{12}\right)\left(\frac{\partial\psi_f}{\partial z}\right)^2 + G(t_f b_f)\left[\psi_f + \left(\frac{h}{2}\right)\left(\frac{\partial\theta}{\partial z}\right)\right]^2\right\}\mathrm{d}z +$$

$$\frac{1}{2}\int_0^L\left[\frac{E}{1-\mu^2}\left(\frac{t_f^3 b_f^3}{144}\right)\left(\frac{\partial^2\theta}{\partial z^2}\right)^2 + G\left(\frac{b_f t_f^3}{3}\right)\left(\frac{\partial\theta}{\partial z}\right)^2\right]\mathrm{d}z \tag{14.49}$$

将式(14.47)和式(14.48)代入上式,经过整理,可将本研究理论简化为如下单变量的箱形钢梁组合扭转理论,即

$$U = \frac{1}{2}\int_0^L \left[EI_\omega \left(\frac{\partial^2 \theta}{\partial z^2} \right)^2 + GJ_k \left(\frac{\partial \theta}{\partial z} \right)^2 \right] \mathrm{d}z \tag{14.50}$$

其中

$$EI_\omega = \frac{2E}{1-\mu^2} \left[\begin{array}{l} \left(\dfrac{t_w h_w^3}{12}\right)\left(\dfrac{b}{2}\right)^2 \left(\dfrac{t_w b - t_f h}{t_w b + t_f h}\right)^2 + \\ \left(\dfrac{t_f b_f^3}{12}\right)\left(\dfrac{h}{2}\right)^2 \left(\dfrac{t_w b - t_f h}{t_w b + t_f h}\right)^2 \end{array} \right] + \frac{2E}{1-\mu^2}\left[\left(\dfrac{t_w^3 h_w^3}{144}\right) + \left(\dfrac{t_f^3 b_f^3}{144}\right) \right] \tag{14.51}$$

为箱形钢梁组合扭转的约束扭转刚度或称为组合翘曲刚度。

$$GJ_k = 2G\left[(t_w h_w)\left(\frac{b}{2}\right)^2 \left(\frac{2t_f h}{t_w b + t_f h}\right)^2 + (t_f b_f)\left(\frac{h}{2}\right)^2 \left(\frac{2t_w b}{t_w b + t_f h}\right)^2 \right] + 2G\left[\left(\frac{h_w t_w^3}{3}\right) + \left(\frac{b_f t_f^3}{3}\right) \right] \tag{14.52}$$

为箱形钢梁组合扭转的自由扭转刚度。

(5) 总势能

若仅在 $z=L$ 处作用一个集中扭矩,则工字型钢梁的总势能为

$$\Pi = U + V$$
$$= \frac{1}{2}\int_0^L \left[EI_\omega \left(\frac{\partial^2 \theta}{\partial z^2} \right)^2 + GJ_k \left(\frac{\partial \theta}{\partial z} \right)^2 \right] \mathrm{d}z - (M_t \theta)_{z=L} \tag{14.53}$$

或者简写为

$$\Pi(\theta', \theta'') = \int_0^L F(\theta', \theta'')\mathrm{d}z - (M_t \theta)_{z=L} \tag{14.54}$$

其中

$$F(\theta', \theta'') = \frac{1}{2}\left[EI_\omega \left(\frac{\partial^2 \theta}{\partial z^2} \right)^2 + GJ_k \left(\frac{\partial \theta}{\partial z} \right)^2 \right] \tag{14.55}$$

14.2.3 箱形钢梁组合扭转问题的微分方程模型

(1)平衡方程

对 $\delta\theta$:

$$\frac{\partial F}{\partial \theta} = 0 \tag{14.56}$$

$$\frac{\partial F}{\partial \theta'} = GJ_k \left(\frac{\partial \theta}{\partial z} \right) \tag{14.57}$$

$$\frac{\partial F}{\partial \theta''} = EI_\omega \left(\frac{\partial^2 \theta}{\partial z^2} \right) \tag{14.58}$$

根据欧拉方程

$$\frac{\partial F}{\partial \theta} - \frac{\mathrm{d}}{\mathrm{d}z}\left(\frac{\partial F}{\partial \theta'} \right) + \frac{\mathrm{d}^2}{\mathrm{d}z^2}\left(\frac{\partial F}{\partial \theta''} \right) = 0 \tag{14.59}$$

可得

$$0 - \frac{\mathrm{d}}{\mathrm{d}z}\left[GJ_k \left(\frac{\partial \theta}{\partial z} \right) \right] + \frac{\mathrm{d}^2}{\mathrm{d}z^2}\left[EI_\omega \left(\frac{\partial^2 \theta}{\partial z^2} \right) \right] = 0 \tag{14.60}$$

对于等截面情况,有

$$GJ_k\left(\frac{\partial^2\theta}{\partial z^2}\right)-EI_\omega\left(\frac{\partial^4\theta}{\partial z^4}\right)=0 \tag{14.61}$$

(2)边界条件

若 $\delta\theta$ 给定,或者

$$-M_t+\frac{\partial F}{\partial\theta'}-\frac{\mathrm{d}}{\mathrm{d}z}\left(\frac{\partial F}{\partial\theta''}\right)=0$$

从而有

$$GJ_k\left(\frac{\partial\theta}{\partial z}\right)-EI_\omega\left(\frac{\partial^3\theta}{\partial z^3}\right)=M_t \tag{14.62}$$

若 $\delta\theta'$ 给定,或者

$$EI_\omega\left(\frac{\partial^2\theta}{\partial z^2}\right)=0 \tag{14.63}$$

即

$$\left(\frac{\partial^2\theta}{\partial z^2}\right)=0 \tag{14.64}$$

14.2.4 箱形钢梁约束扭转刚度和自由扭转刚度的简化表达式

前面我们根据板-梁理论推导得到了箱形钢梁的扭转刚度精确表达式。为了与经典的 Wumanski 理论做对比,下面的推导中近似假设: $b_f\approx b,h_w\approx h$。同时采用 Vlasov 的简化方式,即认为 $\frac{E}{1-\mu^2}\approx E$。

(1) 约束扭转刚度

下面给出箱形钢梁 EI_ω 的简化形式:

$$\begin{aligned}EI_\omega &\approx 2E\left\{\frac{t_w h^3}{12}\left[\frac{b_f\left(t_w b-t_f h\right)}{2\left(t_w b+t_f h\right)}\right]^2+\frac{t_f b^3}{12}\left[\frac{h_w\left(t_w b-t_f h\right)}{2\left(t_w b+t_f h\right)}\right]^2\right\}+2E\left(\frac{t_w^3 h^3}{144}+\frac{b^3 t_f^3}{144}\right)\\ &=E\left(\frac{t_w b-t_f h}{t_w b+t_f h}\right)^2\left(\frac{t_w h^3 b^2}{24}+\frac{t_f b^3 h^2}{24}\right)+2E\left(\frac{t_w^3 h^3}{144}+\frac{b^3 t_f^3}{144}\right)\\ &=E\frac{b^2 h^2}{24}\left(t_w h+t_f b\right)\left(\frac{t_w b-t_f h}{t_w b+t_f h}\right)^2+2E\left(\frac{t_w^3 h^3}{144}+\frac{b^3 t_f^3}{144}\right)\end{aligned} \tag{14.65}$$

对于等厚度的情况,取 $t_w=t_f=t$,则有

$$EI_\omega=E\frac{b^2 h^2}{24}\left(th+tb\right)\left(\frac{b-h}{b+h}\right)^2+2E\left(\frac{t_w^3 h^3}{144}+\frac{b^3 t_f^3}{144}\right) \tag{14.66}$$

其中,第一项与 Wumanski 理论相同,而第二项为本书推导得到的次翘曲刚度。若依据传统的理论则无法直接获得第二项刚度。

(2) 自由扭转刚度

下面给出矩形薄壁构件 GJ_k 的简化形式,即

$$GJ_k = 2G\left[(t_w h)\left(\frac{b}{2}\right)^2\left(\frac{2t_f h}{t_w b + t_f h}\right)^2 + (t_f b)\left(\frac{h}{2}\right)^2\left(\frac{2t_w b}{t_w b + t_f h}\right)^2\right] + 2G\left[\left(\frac{h t_w^3}{3}\right) + \left(\frac{b t_f^3}{3}\right)\right]$$

$$= 2G t_w t_f b^2 h^2\left[\frac{t_f h}{(t_w b + t_f h)^2} + \frac{t_w b}{(t_w b + t_f h)^2}\right] + 2G\left[\left(\frac{h t_w^3}{3}\right) + \left(\frac{b t_f^3}{3}\right)\right]$$

$$= 2G\frac{b^2 h^2 t_w t_f}{t_w b + t_f h} + 2G\left(\frac{h t_w^3}{3} + \frac{b t_w^3}{3}\right)$$

$$(14.67)$$

对于等厚度的情况,若取 $t_w = t_f = t$,则有

$$GJ_k = 2G\frac{b_f^2 h_w^2}{b_f + h_w}t + 2G\left(\frac{h_w t^3}{3} + \frac{b_f t^3}{3}\right) \tag{14.68}$$

其中,第一项与 Wumanski 理论相同,而第二项为本书推导得到的自由扭转刚度。若依据传统的理论则无法直接获得第二项刚度。需要指出的是,高冈宣善(1975)曾通过引入二次剪力流等概念获得了与本书相同的计算公式。

综上所述,本书的板-梁理论在 $b_f \approx b, h_w \approx h$ 的假设下,第一项的刚度与 Wumanski 理论相同,证明我们的理论是正确的。但我们的理论仅使用了简单的 Timoshenko 梁理论、Kirchhoff 薄板理论和变形协调条件,无须引入晦涩难懂的扇性坐标,推导过程简单易懂,利于人们从简单力学层面理解闭口薄壁构件的组合扭转机理。至此,作者将开口和闭口薄壁构件统一在板-梁理论体系框架下,这应该是对薄壁构件理论的创造性发展。此研究将为开展不同材料组成的组合结构弹性、弹塑性扭转和屈曲,钢构件的弹塑性扭转和屈曲理论研究提供新的理论支撑。

14.2.5　箱形钢梁组合扭转理论的有限元验证

(1) 悬臂箱形钢梁组合扭转的解答

利用前述的能量变分模型可以获得薄壁箱梁组合扭转的近似解析解,因为它是平衡方程的弱表达形式。而微分方程模型是平衡方程的强表达形式,因此基于微分方程理论可得到薄壁箱梁组合扭转的精确解析解。为此本书将以悬臂钢箱梁为例,给出其微分方程解答,并利用 ANSYS 有限元软件来验证其正确性。

考虑仅端部作用集中扭矩的情况(图 14.2),此时的平衡方程为

$$EI_\omega \theta^{(4)} - GJ_k \theta'' = 0 \tag{14.69}$$

对于悬臂梁,其解答为

$$\theta\left(\frac{z}{L}\right) = \frac{M_t L}{GJ_k}\left\{\left(\frac{z}{L}\right) - K\sinh\left[\frac{1}{K}\left(\frac{z}{L}\right)\right] + K\left[\cosh\left(\frac{1}{K}\left(\frac{z}{L}\right)\right) - 1\right]\tanh\left(\frac{1}{K}\right)\right\} \tag{14.70}$$

这是各截面转角与端部集中扭矩的关系式,进而可得端部转角的表达式为

$$\theta_{max} = \theta(1) = \frac{M_t L}{GJ_k}\left[1 - K\tanh\left(\frac{1}{K}\right)\right] \tag{14.71}$$

其中

$$K = \sqrt{\frac{EI_\omega}{GJ_k L^2}} \tag{14.72}$$

为无量纲的扭转参数。实际上,它代表的是约束扭转特征长度。利用它可以区分组合扭转的类型,即以自由扭转为主还是以约束扭转为主。

（2）箱形钢梁组合扭转理论的有限元验证

首先依据无量纲的扭转参数 K 来选取截面尺寸,然后应用 ANSYS 有限元分析软件进行有限元分析。采用 SHELL63 壳单元来建立有限元模型,建模时材料为钢材,其弹性模量 E_s 取 $2.0×10^{11}$ N/mm,泊松比 μ_s 取 0.3。有限元模型如图 14.3 所示,其中梁的一端全约束,另一端以刚性约束面的方法在截面形心施加单位扭矩。此外,为了满足刚周边的要求,采用 CERIG 方法将截面所有节点绕纵轴的转动从属于截面的某一角点,此时各截面将会产生图 14.4 所示的刚性转动。

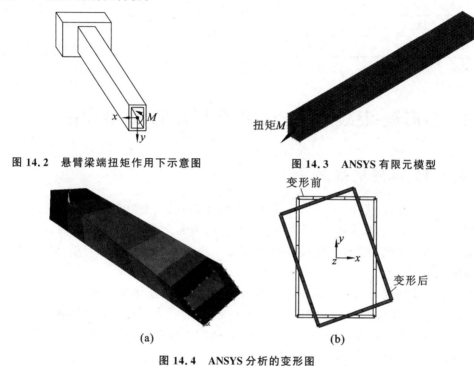

图 14.2　悬臂梁端扭矩作用下示意图　　　　**图 14.3　ANSYS 有限元模型**

(a)　　　　　　　　　　　　　(b)

图 14.4　ANSYS 分析的变形图

计算结果的对比如图 14.5 和表 14.1 所示。从中可以看出:本书的理论解(14.70)与有限元解吻合非常好,两者之间的比值几乎和零误差线重合,证明了本书理论的正确性。

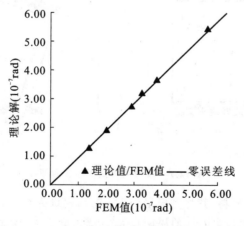

图 14.5　理论解与有限元结果的对比分析图

表 14.1 理论解与有限元结果的对比分析数据

$K(10^{-3})$	具体尺寸(m)					悬臂端转角(rad)		误差
	b_f	t_f	h	t_w	L	FEM 值	理论值	
2.69884	0.4	0.01	0.3	0.01	10	3.12×10^{-7}	3.22×10^{-7}	3.21%
3.69059	0.2	0.01	0.3	0.01	6	5.36×10^{-7}	5.48×10^{-7}	2.24%
4.49806	0.4	0.01	0.3	0.01	6	1.91×10^{-7}	1.93×10^{-7}	1.04%
5.53589	0.2	0.01	0.3	0.01	4	3.64×10^{-7}	3.65×10^{-7}	0.27%
6.74709	0.4	0.01	0.3	0.01	4	1.31×10^{-7}	1.28×10^{-7}	2.30%
7.38118	0.2	0.01	0.3	0.01	3	2.77×10^{-7}	2.73×10^{-7}	1.44%

注:误差=100%×[(理论值−FEM 值)/FEM 值]。

14.3 箱形钢-混凝土组合梁组合扭转的板-梁理论

14.3.1 问题的描述

为不失一般性,以图 14.6 所示的双轴对称箱形钢-混凝土组合梁为研究对象。假设翼缘为混凝土材料,而腹板为钢板,且翼缘和腹板之间为完全连接,即不考虑两者间的滑移效应。此模型可以近似模拟波纹腹板箱形钢-混凝土组合梁的组合扭转问题。其他基本假设与箱形钢梁相同。

为了方便描述变形,板-梁理论需要引入两套坐标系:整体坐标系 xyz 和局部坐标系 nsz。这两套坐标系与 Vlasov 的坐标系类似。两套坐标系均须符合右手螺旋法则。整体坐标系的原点选在腹板形心上,各板件的局部坐标系的原点选在板件的形心上。坐标系和截面变形如图 14.6 所示。

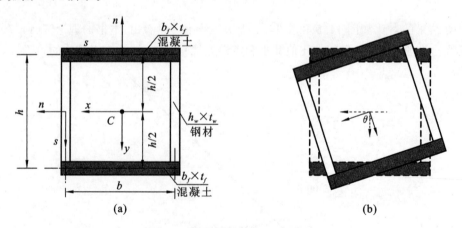

图 14.6 箱形梁的截面与变形图

已知:翼缘为混凝土材料,其弹性模量为 E_f,剪切模量为 G_f,泊松比为 μ_f;腹板为钢材,其弹性模量为 E_w,剪切模量为 G_w,泊松比为 μ_w。梁长度为 L,翼缘的宽度为 b_f,厚度为 t_f;

腹板的高度为 h_w，厚度为 t_w。$h = h_w + t_f$ 为上下翼缘板形心之间的距离；$b = b_f - t_w$ 为腹板形心线间的距离。

　　假设钢-混凝土组合梁横截面仅有绕着剪心（此时为形心）的转角 θ，此时钢梁发生的是绕剪心（形心）的扭转变形。

14.3.2　箱形钢-混凝土组合梁组合扭转问题的板-梁理论

（1）腹板的应变能

以左侧腹板为例。

① 平面内弯曲的应变能（Timoshenko 梁力学模型）

依据变形分解原理，平面内弯曲引起的任意点横向位移模式为

$$v_w(z) = \frac{b}{2}\theta \tag{14.73}$$

而纵向位移则需要依据 Timoshenko 梁力学模型来确定，即

$$w_w(s,z) = \psi_w(z)s \tag{14.74}$$

其中，$\psi_w(z)$ 为作者首次引入的待定函数。依据前面介绍的 Timoshenko 梁理论，它是腹板平面内弯曲变形的截面转角。

　　平面内弯曲的应变和应力为

$$\varepsilon_{z,w} = \frac{\partial w_w}{\partial z} = \left(\frac{\partial \psi_w}{\partial z}\right)s, \quad \sigma_{z,w} = \frac{E_w}{1-\mu_w^2}\left[\left(\frac{\partial \psi_w}{\partial z}\right)s\right] \tag{14.75}$$

$$\varepsilon_{s,w} = \frac{\partial v_w}{\partial s} = 0, \quad \sigma_{s,w} = 0 \tag{14.76}$$

$$\gamma_{sz,w} = \frac{\partial w_w}{\partial s} + \frac{\partial v_w}{\partial z} = \psi_w + \frac{b}{2}\left(\frac{\partial \theta}{\partial z}\right), \quad \tau_{sz,w} = G_w\left[\psi_w + \frac{b}{2}\left(\frac{\partial \theta}{\partial z}\right)\right] \tag{14.77}$$

根据

$$U = \frac{1}{2}\iiint\left[\frac{E_w}{1-\mu_w^2}(\varepsilon_{z,w}^2) + G_w\gamma_{sz,w}^2\right]\mathrm{d}n\mathrm{d}s\mathrm{d}z \tag{14.78}$$

得到平面内弯曲的应变能为

$$U_{w,\text{left}}^{\text{in-plane}} = \frac{1}{2}\int_0^L\left\{\frac{E_w}{1-\mu_w^2}\left[\left(\frac{t_wh_w^3}{12}\right)\left(\frac{\partial \psi_w}{\partial z}\right)^2\right] + G_w(t_wh_w)\left[\psi_w + \frac{b}{2}\left(\frac{\partial \theta}{\partial z}\right)\right]^2\right\}\mathrm{d}z \tag{14.79}$$

② 平面外弯曲的应变能（Kirchhoff 板力学模型）

依据变形分解原理，平面外弯曲引起的任意点横向位移模式为

$$\overline{u}_w(s,z) = -s\theta \tag{14.80}$$

$$\overline{v}_w(n,z) = n\theta \tag{14.81}$$

而纵向位移则需要依据 Kirchhoff 板力学模型来确定，即

$$\overline{w}_w(n,s,z) = -n\frac{\partial u_w}{\partial x} = ns\left(\frac{\partial \theta}{\partial z}\right) \tag{14.82}$$

平面外弯曲的应变和应力为

$$\overline{\varepsilon}_{z,w} = \frac{\partial \overline{w}_w}{\partial z} = ns\frac{\partial^2\theta}{\partial z^2}, \quad \overline{\sigma}_{z,w} = \frac{E_w}{1-\mu_w^2}\left[ns\left(\frac{\partial^2\theta}{\partial z^2}\right)\right] \tag{14.83}$$

$$\overline{\varepsilon}_{s,w} = \frac{\partial \overline{v}_w}{\partial s} = 0, \quad \overline{\sigma}_{s,w} = 0 \tag{14.84}$$

$$\overline{\gamma}_{sz,w} = \frac{\partial \overline{w}_w}{\partial s} + \frac{\partial \overline{v}_w}{\partial z} = n\left(\frac{\partial \theta}{\partial z}\right) + n\left(\frac{\partial \theta}{\partial z}\right) = 2n\left(\frac{\partial \theta}{\partial z}\right), \quad \overline{\tau}_{sz,w} = G_w\left[2n\left(\frac{\partial \theta}{\partial z}\right)\right] \tag{14.85}$$

根据

$$U = \frac{1}{2} \iiint \left[\frac{E_f}{1-\mu_f^2}(\overline{\varepsilon}_{z,w}^2) + G\overline{\gamma}_{sz,w}^2\right] \mathrm{d}n\mathrm{d}s\mathrm{d}z \tag{14.86}$$

平面外弯曲的应变能为

$$U_{w,\text{left}}^{\text{out-plane}} = \frac{1}{2}\int_0^L \left[\frac{E_w}{1-\mu_w^2}\left(\frac{t_w^3 h_w^3}{144}\right)\left(\frac{\partial^2 \theta}{\partial z^2}\right)^2 + G_w\left(\frac{h_w t_w^3}{3}\right)\left(\frac{\partial \theta}{\partial z}\right)^2\right] \mathrm{d}z \tag{14.87}$$

根据对称性,可以证明左右腹板的应变能相等。

(2) 翼缘的应变能

以上翼缘为例。

① 平面内弯曲的应变能(Timoshenko 梁力学模型)

依据变形分解原理,平面内弯曲引起的任意点横向位移模式为

$$v_f(n,z) = \left(\frac{h}{2}\right)\theta \tag{14.88}$$

而纵向位移则需要依据 Timoshenko 梁力学模型来确定,即

$$w_f(s,z) = \psi_f(z)s \tag{14.89}$$

其中,$\psi_f(z)$ 为作者首次引入的待定函数。依据前面介绍的 Timoshenko 梁理论,它是上翼缘平面内弯曲变形的截面转角。

平面内弯曲的应变和应力为

$$\varepsilon_{z,f} = \frac{\partial w_f}{\partial z} = s\left(\frac{\partial \psi_f}{\partial z}\right), \quad \sigma_{z,f} = \frac{E_f}{1-\mu_f^2}\left[s\left(\frac{\partial \psi_f}{\partial z}\right)\right] \tag{14.90}$$

$$\varepsilon_{s,f} = \frac{\partial v_f}{\partial s} = 0, \quad \sigma_{s,f} = 0 \tag{14.91}$$

$$\gamma_{sz,f} = \frac{\partial w_f}{\partial s} + \frac{\partial v_f}{\partial z} = \psi_f + \left(\frac{h}{2}\right)\left(\frac{\partial \theta}{\partial z}\right), \quad \tau_{sz,f} = G_f\left[\psi_f + \left(\frac{h}{2}\right)\left(\frac{\partial \theta}{\partial z}\right)\right] \tag{14.92}$$

根据

$$U_{f,\text{top}}^{\text{in-plane}} = \frac{1}{2}\iiint \left[\frac{E_f}{1-\mu_f^2}(\varepsilon_{z,f}^2) + G_f\gamma_{sz,f}^2\right]\mathrm{d}n\mathrm{d}s\mathrm{d}z \tag{14.93}$$

平面内弯曲的应变能为

$$U_{f,\text{top}}^{\text{in-plane}} = \frac{1}{2}\int_0^L \left\{\frac{E_f}{1-\mu_f^2}\left(\frac{t_f b_f^3}{12}\right)\left(\frac{\partial \psi_f}{\partial z}\right)^2 + G_f(t_f b_f)\left[\psi_f + \left(\frac{h}{2}\right)\left(\frac{\partial \theta}{\partial z}\right)\right]^2\right\}\mathrm{d}z \tag{14.94}$$

② 平面外弯曲的应变能(Kirchhoff 板力学模型)

依据变形分解原理,平面外弯曲引起的任意点横向位移模式为

$$\overline{u}_f(s,z) = -s\theta \tag{14.95}$$

$$\overline{v}_f(n,z) = n\theta \tag{14.96}$$

而纵向位移则需要依据 Kirchhoff 板力学模型来确定,即

$$\overline{w}_f(n,s,z) = -n\left(\frac{\partial u_f}{\partial z}\right) = -sn\left(\frac{\partial \theta}{\partial z}\right) \tag{14.97}$$

平面外弯曲的应变和应力为

$$\overline{\varepsilon}_{z,f} = \frac{\partial \overline{w}_f}{\partial z} = -sn\left(\frac{\partial^2 \theta}{\partial z^2}\right), \quad \overline{\sigma}_{z,f} = \frac{E_f}{1-\mu_f^2}\left[-sn\left(\frac{\partial^2 \theta}{\partial z^2}\right)\right] \tag{14.98}$$

$$\overline{\varepsilon}_{s,f} = \frac{\partial \overline{v}_f}{\partial s} = 0, \quad \overline{\sigma}_{s,f} = 0 \tag{14.99}$$

$$\overline{\gamma}_{sz,f} = \frac{\partial \overline{w}_f}{\partial s} + \frac{\partial \overline{v}_f}{\partial z} = -n\left(\frac{\partial \theta}{\partial z}\right) - n\left(\frac{\partial \theta}{\partial z}\right) = -2n\left(\frac{\partial \theta}{\partial z}\right), \quad \overline{\gamma}_{sz,f} = G_f\left[-2n\left(\frac{\partial \theta}{\partial z}\right)\right] \tag{14.100}$$

根据

$$U = \frac{1}{2}\iiint\left[\frac{E_f}{1-\mu_f^2}(\overline{\varepsilon}_{z,f}^2) + G\overline{\gamma}_{sz,f}^2\right]\mathrm{d}n\mathrm{d}s\mathrm{d}z \tag{14.101}$$

平面外弯曲的应变能为

$$U_{f,\text{top}}^{\text{out-plane}} = \frac{1}{2}\int_0^L\left[\frac{E_f}{1-\mu_f^2}\left(\frac{t_f^3 b_f^3}{144}\right)\left(\frac{\partial^2 \theta}{\partial z^2}\right)^2 + G_w\left(\frac{b_f t_f^3}{3}\right)\left(\frac{\partial \theta}{\partial z}\right)^2\right]\mathrm{d}z \tag{14.102}$$

根据对称性,可以证明上下翼缘的应变能相等。

(3)总应变能

箱形钢-混凝土组合梁的总应变能为前述腹板和翼缘应变能之和,即

$$\begin{aligned}
U &= 2U_{w,\text{left}}^{\text{in-plane}} + 2U_{w,\text{left}}^{\text{out-plane}} + 2U_{f,\text{top}}^{\text{in-plane}} + 2U_{f,\text{top}}^{\text{out-plane}} \\
&= \frac{1}{2}\int_0^L\left\{\frac{E_w}{1-\mu_w^2}\left[\left(\frac{t_w h_w^3}{12}\right)\left(\frac{\partial \psi_w}{\partial z}\right)^2\right] + G_w(t_w h_w)\left[\psi_w + \frac{b}{2}\left(\frac{\partial \theta}{\partial z}\right)\right]^2\right\}\mathrm{d}z + \\
&\quad \frac{1}{2}\int_0^L\left[\frac{E_w}{1-\mu_w^2}\left(\frac{t_w^3 h_w^3}{144}\right)\left(\frac{\partial^2 \theta}{\partial z^2}\right)^2 + G_w\left(\frac{h_w t_w^3}{3}\right)\left(\frac{\partial \theta}{\partial z}\right)^2\right]\mathrm{d}z + \\
&\quad \frac{1}{2}\int_0^L\left\{\frac{E_f}{1-\mu_f^2}\left(\frac{t_f b_f^3}{12}\right)\left(\frac{\partial \psi_f}{\partial z}\right)^2 + G_f(t_f b_f)\left[\psi_f + \left(\frac{h}{2}\right)\left(\frac{\partial \theta}{\partial z}\right)\right]^2\right\}\mathrm{d}z + \\
&\quad \frac{1}{2}\int_0^L\left[\frac{E_f}{1-\mu_f^2}\left(\frac{t_f^3 b_f^3}{144}\right)\left(\frac{\partial^2 \theta}{\partial z^2}\right)^2 + G_w\left(\frac{b_f t_f^3}{3}\right)\left(\frac{\partial \theta}{\partial z}\right)^2\right]\mathrm{d}z
\end{aligned} \tag{14.103}$$

我们注意到上述应变能表达式中出现了三个未知函数,其中一个为横截面的刚性转角 $\theta(z)$,两个为腹板和翼缘平面内弯曲的截面转角 $\psi_w(z)$ 和 $\psi_f(z)$。实际上,这两个平面内弯曲的截面转角并不是独立的未知函数,它们与截面刚性转角之间存在某种特有的联系。可以证明:利用腹板与翼缘的交点的纵向变形协调条件和剪力流平衡条件,可推导得到这两个平面内弯曲截面转角的表达式为

$$\psi_w = -\left(\frac{G_w t_w b - G_f t_f h}{G_w t_w b + G_f t_f h}\right)\left(\frac{b}{2}\right)\left(\frac{\partial \theta}{\partial z}\right) \tag{14.104}$$

$$\psi_f = \left(\frac{G_w t_w b - G_f t_f h}{G_w t_w b + G_f t_f h}\right)\left(\frac{h}{2}\right)\left(\frac{\partial \theta}{\partial z}\right) \tag{14.105}$$

将式(14.104)和式(14.105)代入式(14.103),可将本节的理论简化为如下一维组合扭转理论,即

$$U = \frac{1}{2}\int_0^L\left[(EI_\omega)_{\text{comp}}\left(\frac{\partial^2 \theta}{\partial z^2}\right)^2 + (GJ_k)_{\text{comp}}\left(\frac{\partial \theta}{\partial z}\right)^2\right]\mathrm{d}z \tag{14.106}$$

其中

$$(EI_\omega)_{\text{comp}} = \begin{bmatrix} 2\dfrac{E_w}{1-\mu_w^2}\left(\dfrac{t_w h_w^3}{12}\right)\left(\dfrac{b}{2}\right)^2\left(\dfrac{G_w t_w b - G_f t_f h}{G_w t_w b + G_f t_f h}\right)^2 + \\[4mm] 2\dfrac{E_f}{1-\mu_f^2}\left(\dfrac{t_f b_f^3}{12}\right)\left(\dfrac{h}{2}\right)^2\left(\dfrac{G_w t_w b - G_f t_f h}{G_w t_w b + G_f t_f h}\right)^2 \end{bmatrix} +$$

$$\left[2\dfrac{E_w}{1-\mu_w^2}\left(\dfrac{t_w^3 h_w^3}{144}\right) + 2\dfrac{E_f}{1-\mu_f^2}\left(\dfrac{t_f^3 b_f^3}{144}\right)\right] \tag{14.107}$$

为箱形钢-混凝土组合梁的约束扭转刚度或称为翘曲刚度。

$$(GJ_k)_{\text{comp}} = \begin{bmatrix} 2G_w(t_w h_w)\left(\dfrac{b}{2}\right)^2\left(\dfrac{2G_f t_f h}{G_w t_w b + G_f t_f h}\right)^2 + \\[4mm] 2G_f(t_f b_f)\left(\dfrac{h}{2}\right)^2\left(\dfrac{2G_w t_w b}{G_w t_w b + G_f t_f h}\right)^2 \end{bmatrix} +$$

$$\left[2G_w\left(\dfrac{h_w t_w^3}{3}\right) + 2G_f\left(\dfrac{b_f t_f^3}{3}\right)\right] \tag{14.108}$$

为箱形钢-混凝土组合梁的自由扭转刚度。

（4）总势能

若仅在 $z=L$ 处作用一个集中扭矩，则箱形钢-混凝土组合梁的总势能为

$$\Pi = U + V$$

$$= \frac{1}{2}\int_0^L\left[(EI_\omega)_{\text{comp}}\left(\frac{\partial^2\theta}{\partial z^2}\right)^2 + (GJ_k)_{\text{comp}}\left(\frac{\partial\theta}{\partial z}\right)^2\right]\mathrm{d}z - (M_t\theta)_{z=L} \tag{14.109}$$

或者简写为

$$\Pi(\theta',\theta') = \int_0^L F(\theta',\theta')\mathrm{d}z - (M_t\theta)_{z=L} \tag{14.110}$$

其中

$$F(\theta',\theta') = \frac{1}{2}\left[(EI_\omega)_{\text{comp}}\left(\frac{\partial^2\theta}{\partial z^2}\right)^2 + (GJ_k)_{\text{comp}}\left(\frac{\partial\theta}{\partial z}\right)^2\right] \tag{14.111}$$

（5）平衡方程与边界条件

① 平衡方程（欧拉方程）

$$(GJ_k)_{\text{comp}}\left(\frac{\partial^2\theta}{\partial z^2}\right) - (EI_\omega)_{\text{comp}}\left(\frac{\partial^4\theta}{\partial z^4}\right) = 0 \tag{14.112}$$

② 边界条件

若 $\delta\theta$ 给定，或者

$$(GJ_k)_{\text{comp}}\left(\frac{\partial\theta}{\partial z}\right) - (EI_\omega)_{\text{comp}}\left(\frac{\partial^3\theta}{\partial z^3}\right) = M_t \tag{14.113}$$

若 $\delta\theta'$ 给定，或者

$$\left(\frac{\partial^2\theta}{\partial z^2}\right) = 0 \tag{14.114}$$

14.3.3　扭转刚度的物理意义

假设薄壁箱梁的材料为同一种材料，如均为钢材的情形，此时约束扭转刚度式（14.107）可简化为

$$(EI_\omega)_{\text{comp}} = \frac{E}{1-\mu^2} \left\{ 2 \left[\left(\frac{t_w h_w^3}{12} \right) \left(\frac{b}{2} \right)^2 + \left(\frac{t_f b_f^3}{12} \right) \left(\frac{h}{2} \right)^2 \right] \left(\frac{t_w b - t_f h}{t_w b + t_f h} \right)^2 \right\} +$$

$$\frac{E}{1-\mu^2} \left[2 \left(\frac{t_w^3 h_w^3}{144} \right) + 2 \left(\frac{t_f^3 b_f^3}{144} \right) \right] \tag{14.115}$$

其中,第一项为传统的 Vlasov 扭转刚度,或者称为主翘曲刚度,而第二项为次翘曲扭转刚度,或者称为次翘曲刚度。

目前尚无理论可同时给出 Vlasov 扭转刚度和次翘曲刚度。这是因为在传统的理论中,Vlasov 扭转刚度和次翘曲刚度是依据不同的理论来获得的,其中次翘曲刚度需要依据所谓的次翘曲理论来得到。而本书是在一个理论框架下同时获得两种约束扭转刚度公式的,这是本书的组合扭转理论与传统理论的区别之一;另外传统理论需要借助扇性坐标来计算 Vlasov 扭转刚度,虽然计算公式的表述简洁,但不易理解且计算繁复,而本书的组合扭转理论可直接给出约束扭转刚度的计算公式,且应力计算更简便,无需计算扇性面积矩、扇性惯性矩等。

同样地,若假设薄壁箱梁的材料为同一种材料,如均为钢材的情形,此时自由扭转刚度式(14.108)可简化为

$$(GJ_k)_{\text{comp}} = G \left[(t_w b_f + t_f h_w) \left(\frac{1}{t_w b + t_f h} \right)^2 2 (t_w t_f)(bh)^2 \right] +$$

$$G \left[2 \left(\frac{h_w t_w^3}{3} \right) + 2 \left(\frac{b_f t_f^3}{3} \right) \right] \tag{14.116}$$

其中,第一项为 Sant Venernt 扭转刚度,它的表达式与传统理论相同,而第二项为次剪力流扭转刚度,若依据传统的理论则无法直接获得此项刚度。此时需要借助其他方法得到,如高冈宣善曾通过引入二次剪力流的方法获得了与本书相同的次剪力流扭转刚度计算公式。这也证明本理论的普遍性,即包含 Sant Venernt 扭转理论,还可以涵盖二次剪力流理论。

14.3.4 箱形钢-混凝土组合梁组合扭转理论的有限元验证

(1) 理论验证

虽然本书的理论具有普遍性,但尚无文献能基于一套理论同时推出 4 种扭转刚度。为此下面仅讨论 Vlasov 扭转刚度和 Sant Venernt 扭转刚度的计算问题,并可证明:在单一材料条件下本文的理论与传统的理论相同。

查阅文献可以发现:目前文献中关于薄壁箱梁(单一材料)Vlasov 扭转刚度的最终表达式不尽相同,说明此方面的研究尚不够成熟。比较多的文献采用了如下形式表述:

$$EI_\omega = E \left[2 \left(\frac{bh^3}{24} \right) (ht_w + bt_f) \left(\frac{t_w b - t_f h}{t_w b + t_f h} \right)^2 \right] \tag{14.117}$$

而本书给出的 Vlasov 扭转刚度为

$$(EI_\omega)_{\text{comp}} = \frac{E}{1-\mu^2} \left\{ 2 \left[\left(\frac{t_w h_w^3}{12} \right) \left(\frac{b}{2} \right)^2 + \left(\frac{t_f b_f^3}{12} \right) \left(\frac{h}{2} \right)^2 \right] \left(\frac{t_w b - t_f h}{t_w b + t_f h} \right)^2 \right\} \tag{14.118}$$

我们知道,传统理论忽略了板件厚度的影响,而用中面的性质代替板件的性质,即近似认为 $h_w \approx h$,$b_f \approx b$。易证:除弹性模量差系数 $(1-\mu^2)$ 外,在形式上本书推导得到的 Vlasov 扭转刚度与文献完全相同。

目前国内外文献关于 Sant Venernt 扭转刚度的表达式比较一致,说明此方面的研究相对比较成熟。一般文献给出的形式如下:

$$GJ_k = G\left[\frac{2b^2h^2}{bt_w + ht_f}t_f t_w\right] \qquad (14.119)$$

而本书给出的 Sant Venernt 扭转刚度为

$$(GJ_k)_{comp} = G\left[(t_w b_f + t_f h_w)\left(\frac{1}{t_w b + t_f h}\right)^2 2(t_w t_f)(bh)^2\right] \qquad (14.120)$$

同样,若忽略板件厚度的影响,即近似认为 $h_w \approx h$, $b_f \approx b$,易证本书的理论公式与传统理论完全相同。

(2)有限元验证

端部作用集中扭矩的悬臂箱梁示意图见图 14.2 和图 14.3,利用 ANSYS 有限元软件来验证其正确性。

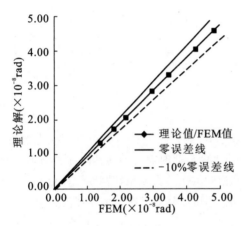

图 14.7 理论解与有限元结果的对比分析图

首先依据无量纲的扭转参数 K 来选取箱形钢-混凝土组合梁的截面尺寸。采用 SHELL63 壳单元来建立有限元模型,建模时钢材(腹板)弹性模量 E_s 取 2.0×10^{11} N/mm,泊松比 μ_s 取 0.3;混凝土(上下翼缘)弹性模量 E_c 取 3.45×10^{10} N/mm,泊松比 μ_c 取 0.2。

采用 CERIG 方法来满足"刚周边假设",边界条件及扭矩施加方法与箱形钢梁相同。

计算结果的对比如图 14.7 和表 14.2 所示。从中可以看出:本书理论公式计算结果与有限元分析结果吻合非常好,两者之间的比值几乎和零误差线重合。说明本书的组合扭转理论正确。

表 14.2 理论解与有限元结果对比表

$K(\times 10^{-3})$	具体尺寸(m)					悬臂端转角(rad)		误差
	b_f	t_f	h	t_w	L	FEM 值	理论值	
5.89574	0.8	0.1	0.6	0.04	30	4.78×10^{-8}	4.75×10^{-8}	-0.48%
7.07489	0.8	0.1	0.6	0.04	25	3.98×10^{-8}	3.96×10^{-8}	-0.62%
9.82623	0.8	0.1	0.6	0.04	18	2.87×10^{-8}	2.84×10^{-8}	-0.97%
11.0545	0.8	0.1	0.6	0.04	16	2.55×10^{-8}	2.52×10^{-8}	-1.13%
14.7393	0.8	0.1	0.6	0.04	12	1.92×10^{-8}	1.88×10^{-8}	-1.63%
17.6872	0.8	0.1	0.6	0.04	10	1.60×10^{-8}	1.57×10^{-8}	-2.03%
22.109	0.8	0.1	0.6	0.04	8	1.28×10^{-8}	1.25×10^{-8}	-2.66%

注:误差 $= 100\% \times [(理论值 - FEM 值)/FEM 值]$。

14.3.5　小结

目前薄壁箱梁扭转理论是两种理论,即 Bredt 自由扭转理论和 Wumanski 约束理论的简单叠加,理论体系不统一,未考虑次剪力流扭转和次翘曲扭转问题,更重要的是它不能用于分析箱形钢-混凝土组合梁的组合扭转问题。为此本书基于 Kirchhoff 板和 Timoshenko 梁力学模型建立一套新的箱形钢-混凝土组合梁组合扭转理论,并给出了相应的能量变分模型和微分方程模型。悬臂薄壁箱梁的计算分析结果表明,本书的转角理论公式与 FEM 结果几乎一致,误差很小,证明了本书组合扭转理论的正确性。研究还发现,本书所提出的新理论既包括 Sant Venernt 扭转和 Vlasov 扭转,也包括次剪力流扭转和次翘曲扭转,因此本书的理论更具有普遍性。

此外,本书的理论研究工作为进一步深入研究其他箱形钢-混凝土组合梁的组合扭转、弯扭屈曲以及扭转振动问题奠定了理论基础。

参 考 文 献

[1] VLASOV V Z. Thin-walled elastic beams. 2nd ed. Jerusalem:Israel Program for Scientific Transactions,1961.

[2] 弗拉索夫. 薄壁空间体系的建筑力学. 北京:中国工业出版社,1962.

[3] TIMOSHENKO S P,GERE J M. Theory of elastic stability. New-York:McGraw-Hill,1961.

[4] BLEICH F. 金属结构的屈曲强度. 同济大学钢木结构教研室,译. 北京:科学出版社,1965.

[5] TRAHAIR N S. Flexural-torsional buckling of structures. London:E & FN Spon,1993.

[6] 吕烈武,沈世钊,沈祖炎,等. 钢结构构件稳定理论. 北京:中国建筑工业出版社,1983.

[7] 童根树. 钢结构的平面外稳定. 北京:中国建筑工业出版社,2005.

[8] 陈骥. 钢结构稳定理论与设计. 3 版. 北京:科学出版社,2006.

[9] KITIPORNCHAI S,CHAN S L. Nonlinear finite element analysis of angle and Tee beam-columns. Journal of Structural Engineering,ASCE,1987,113(4):721-739.

[10] 高冈宣善. 结构杆件的扭转解析. 北京:中国铁道出版社,1982.

[11] 张文福,付烨,刘迎春,等. 工字形钢-混组合梁等效截面法的适用性问题. 第 24 届全国结构工程学术会议论文集(第 Ⅱ 册). 工程力学(增刊),2015.

[12] 陈绍蕃. 开口截面钢偏心压杆在弯矩作用平面外的稳定系数. 西安冶金建筑学院学报,1974:1-26.

[13] ZIEMIAN R D. Guide to stability design criteria for metal structures. 6th Ed. New Jersey:John Wiley & Sons,2010.

[14] 张文福. 狭长矩形薄板自由扭转和约束扭转的统一理论. 中国科技中文在线. http://www. paper. edu. cn/html /releasepaper/2014/04/143/.

[15] 张文福. 狭长矩形薄板扭转与弯扭屈曲的新理论. 第十五届全国现代结构工程学术研讨会论文集. 工业建筑(增刊),2015:1728-1743.

[16] ZHANG W F. New theory for mixed torsion of steel-concrete-steel composite walls. ASCCS 2015, Proc. of 11th International Conference on Advances in Steel and Concrete Composite Structures. December 3-5,2015,Beijing,China.

[17] 张文福. 工字形轴压钢柱弹性弯扭屈曲的新理论. 第十五届全国现代结构工程学术研讨会论文集. 工业建筑(增刊),2015:725-735.

[18] 张文福. 矩形薄壁轴压构件弹性扭转屈曲的新理论. 第十五届全国现代结构工程学术研讨会论文集.

工业建筑(增刊),2015:793-804.

[19] 张文福,陈克珊,宗兰,等.方钢管混凝土自由扭转刚度的有限元验证.第25届全国结构工程学术会议论文集(第1册).工程力学(增刊),2016:465-468.

[20] 张文福,陈克珊,宗兰,等.方钢管混凝土翼缘工字形梁扭转刚度的有限元验证.第25届全国结构工程学术会议论文集(第1册).工程力学(增刊),2016:431-434.

[21] ZHANG W F. Energy variational model and its analytical solutions for the elastic flexural-tosional buckling of I-beams with concrete-filled steel tubular flange. ISSS 2015, Proc. of the 8th International Symposium on steel structures. November 5-7,2015,Jeju,Korea.

[22] 张文福.基于连续化模型的矩形开孔蜂窝梁组合扭转理论.第六届全国钢结构工程技术交流会论文集.施工技术(增刊),2016:345-359.

[23] 张文福,谭英昕,陈克珊,等.蜂窝梁自由扭转刚度误差分析.第十六届全国现代结构工程学术研讨会论文集.工业建筑(增刊),2016:558-566.

[24] ZHANG W F. New Theory for torsional buckling of steel-concrete composite I-columns. ASCCS 2015, Proc. of 11th International Conference on Advances in Steel and Concrete Composite Structures. December 3-5,2015,Beijing,China.

[25] 张文福,邓云,李明亮,等.单跨集中荷载下双跨钢-砼组合梁弯扭屈曲方程的近似解析解.第十六届全国现代结构工程学术研讨会论文集.工业建筑(增刊),2016:955-961.

[26] 张文福.钢-混凝土组合柱扭转屈曲的新理论.第六届全国钢结构工程技术交流会论文集.施工技术(增刊),2016:348-353.

[27] 张文福.钢-混凝土薄壁箱梁的组合扭转理论.第六届全国钢结构工程技术交流会论文集.施工技术(增刊),2016:340-347.

[28] 张文福.工字形钢梁弹塑性弯扭屈曲简化力学模型与解析解.南京工程学院学报(自然科学版),2016,14(4):1-9.

[29] ZHANG W F. LIU Y C,CHEN K S,et al. Dimensionless analytical solution and new design formula for lateral-torsional buckling of I-Beams under linear distributed moment via linear stability theory, mathematical problems in engineering,2017:1-23.

[30] ZHANG W F. Symmetric and antisymmetric lateral-torsional buckling of prestressed steel I-beams, thin-walled structures,2018(122):463-479.

[31] 张文福.钢梁弯扭屈曲的板-梁理论与解析理论.大庆:东北石油大学,2015:10.

[32] 张文福.薄壁构件的板-梁理论.大庆:东北石油大学,2015:11.

15 钢柱扭转屈曲、弯扭屈曲和畸变屈曲的板-梁理论

轴心受压钢柱的整体失稳模式有：弯曲屈曲、扭转屈曲、弯扭屈曲和畸变屈曲。研究表明，前三种屈曲会出现在细长的钢柱中，而畸变屈曲出现在短粗的钢柱中。

当截面为不对称时，必然发生弯扭屈曲；当截面为单轴对称时，既可能发生弯扭屈曲，也可能绕弱轴发生弯曲屈曲；当截面为双轴对称或者点对称时，则可能发生扭转屈曲或者发生绕弱轴的弯曲屈曲。对于十字形截面，只能发生扭转屈曲或者畸变屈曲。

本章主要依据作者提出的板-梁理论来讨论轴心受压钢柱的扭转屈曲、弯扭屈曲和畸变屈曲等问题。

15.1 扭转屈曲的微分方程模型与能量变分模型

众所周知，窄高的 H 形截面柱，其绕弱轴稳定性较绕强轴稳定性差。为了提高材料的利用效率，可采取的措施有两种：一是用两个窄高 H 形截面组成十字形截面[图 15.1(a)]，也可以通过增设侧向支撑的办法来提高其绕弱轴的稳定性[图 15.1(b)]。

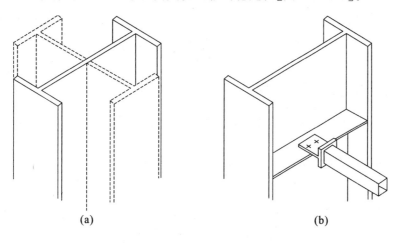

(a)   (b)

图 15.1　提高工字形柱稳定性的措施

然而，在轴压力作用下，图 15.1 所示的十字形钢柱和增设侧向支撑的工字形钢柱还可能发生扭转屈曲。

与前面的推导不同，本节将从经典理论的微分方程模型出发，来推导其能量变分模型，以便使读者从另外一个角度来理解两种模型的转换方法。对于不熟悉变分法的读者来说，这是一个很有启发性的实例。

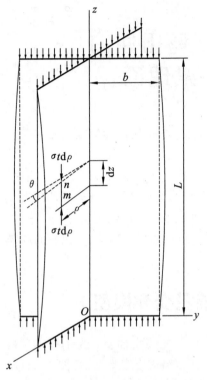

图 15.2 十字形轴压钢柱的扭转屈曲

15.1.1 微分方程模型

以图 15.2 所示的十字形轴压钢柱为例，其典型屈曲形式是扭转屈曲和畸变屈曲。这里仅研究扭转屈曲问题。

根据本章文献[7]可知十字形轴压柱扭转屈曲方程为

$$EI_\omega\theta''' + (Pi_0^2 - GJ_k)\theta' = 0 \qquad (15.1)$$

将其改写为四阶微分方程，有

$$EI_\omega\theta'''' + (Pi_0^2 - GJ_k)\theta'' = 0 \qquad (15.2)$$

式中 $i_0^2 = \dfrac{I_x + I_y}{A} = i_x^2 + i_y^2$，$i_x$、$i_y$ 分别为截面对 x、y 轴的回转半径。

常用的边界条件为

（1）简支端（截面不能转动，但可以自由翘曲）

$$\left.\begin{array}{l}\theta = 0 \\ EI_\omega\theta'' = 0\end{array}\right\} \qquad (15.3)$$

（2）固定端（截面不能转动，也不能自由翘曲）

$$\left.\begin{array}{l}\theta = 0 \\ \theta' = 0\end{array}\right\} \qquad (15.4)$$

（3）自由端（截面可自由转动和自由翘曲）

$$\left.\begin{array}{l}EI_\omega\theta''' + (Pi_0^2 - GJ_k)\theta' = 0 \\ EI_\omega\theta'' = 0\end{array}\right\} \qquad (15.5)$$

15.1.2 能量变分模型

下面将依据虚功原理，由已有的微分方程模型导出能量变分模型，建立两类数学模型的内在联系。

首先依据虚功原理，将式(15.2)乘以虚位移 $\delta\theta$ 并作如下积分：

$$\int_0^L [EI_\omega\theta'''' + (Pi_0^2 - GJ_k)\theta'']\delta\theta = 0 \qquad (15.6)$$

为了获得相应的能量变分模型，需要对上式的第一项和第二项进行分部积分，将 $\delta\theta$ 分别转化为 $\delta\theta'''$ 和 $\delta\theta'$。推导过程会用到下面的分部积分公式：

$$\int_{x_1}^{x_2} (a' \cdot b)\mathrm{d}x = -\int_{x_1}^{x_2} (a \cdot b')\mathrm{d}x + a \cdot b\big|_{x_1}^{x_2} \qquad (15.7)$$

取 $a = (Pi_0^2 - GJ_k)\theta'$，$b = \delta\theta$，则

$$\int_0^L [(Pi_0^2 - GJ_k)\theta'']\delta\theta\,\mathrm{d}x$$

$$= -\int_0^L [(Pi_0^2 - GJ_k)\theta']\delta\theta'\,\mathrm{d}x + [(Pi_0^2 - GJ_k)\theta']\delta\theta\big|_0^L$$

$$= -\frac{1}{2}\delta\int_0^L [(Pi_0^2 - GJ_k)(\theta')^2]\mathrm{d}x + [(Pi_0^2 - GJ_k)\theta']\delta\theta\big|_0^L \qquad (15.8)$$

根据简支端的位移边界条件式(15.3),有 $\delta\theta\big|_0^L=0$,上式可化简为

$$\int_0^L[(Pi_0^2-GJ_k)\theta'']\delta\theta\,\mathrm{d}x=-\frac{1}{2}\int_0^L\delta[(Pi_0^2-GJ_k)(\theta')^2]\mathrm{d}x \qquad (15.9)$$

取 $a=EI_\omega\theta'''$,$b=\delta\theta$,利用边界条件 $\delta\theta\big|_0^L=0$,则

$$\int_0^L(EI_\omega\theta'''')\delta\theta\,\mathrm{d}x=-\int_0^L(EI_\omega\theta''')\delta\theta'\,\mathrm{d}x+(EI_\omega\theta''')\delta\theta\big|_0^L=-\int_0^L(EI_\omega\theta''')\delta\theta'\,\mathrm{d}x$$

$$(15.10)$$

再取 $a=EI_\omega\theta''$,$b=\delta\theta'$,利用边界条件 $(EI_\omega\theta'')_0^L=0$,则上式变为

$$\int_0^L(EI_\omega\theta'''')\delta\theta\,\mathrm{d}x=-\int_0^L(EI_\omega\theta''')\delta\theta\,\mathrm{d}x$$

$$=\int_0^L(EI_\omega\theta'')\delta\theta'\,\mathrm{d}x-(EI_\omega\theta'')\delta\theta'\big|_0^L=\frac{1}{2}\int_0^L\delta[EI_\omega(\theta')^2]\mathrm{d}x$$

$$(15.11)$$

将上式与式(15.9)代入式(15.10),得

$$\frac{1}{2}\int_0^L\delta[EI_\omega(\theta')^2]\mathrm{d}x-\frac{1}{2}\int_0^L\delta[(Pi_0^2-GJ_k)(\theta')^2]\mathrm{d}x=0 \qquad (15.12)$$

或者

$$\delta\left\{\frac{1}{2}\int_0^L[EI_\omega(\theta')^2-(Pi_0^2-GJ_k)(\theta')^2]\mathrm{d}x\right\}=0 \qquad (15.13)$$

或者

$$\delta\Pi=0 \qquad (15.14)$$

至此,我们推导得到了轴压钢柱扭转屈曲的能量泛函,其形式为

$$\Pi(\theta',\theta')=\frac{1}{2}\int_0^L[EI_\omega(\theta')^2-(Pi_0^2-GJ_k)(\theta')^2]\mathrm{d}x \qquad (15.15)$$

上式与 Bleich 的结果相同。后面我们将证明,依据板-梁理论也可直接推导得到此能量方程,证明上述推导的正确性。

另外,我们还可以利用正变分法来检验其正确性,即看上述能量方程可否推出平衡方程和边界条件。

为此,首先将能量泛函式(15.15)写为如下的形式:

$$\Pi(\theta',\theta')=\int_0^LF(\theta',\theta')\mathrm{d}x \qquad (15.16)$$

其中

$$F(\theta',\theta')=\frac{1}{2}[EI_\omega(\theta')^2-(Pi_0^2-GJ_k)(\theta')^2] \qquad (15.17)$$

根据导数

$$\frac{\partial F}{\partial\theta'}=-(Pi_0^2-GJ_k)\theta',\quad \frac{\partial F}{\partial\theta''}=EI_\omega\theta'' \qquad (15.18)$$

可得 Euler 方程为

$$\frac{\partial F}{\partial\theta}-\frac{\mathrm{d}}{\mathrm{d}z}\left(\frac{\partial F}{\partial\theta'}\right)+\frac{\mathrm{d}^2}{\mathrm{d}z^2}\left(\frac{\partial F}{\partial\theta''}\right)=0 \qquad (15.19)$$

或者

$$(Pi_0^2 - GJ_k)\theta'' + EI_\omega \theta^{(4)} = 0 \qquad (15.20)$$

边界条件为

(1) θ 给定,或者

$$\frac{\partial F}{\partial \theta'} - \frac{\mathrm{d}}{\mathrm{d}z}\left(\frac{\partial F}{\partial \theta''}\right) = -(Pi_0^2 - GJ_k)\theta' - EI_\omega \theta''' = 0 \qquad (15.21)$$

(2) θ' 给定,或者

$$\frac{\partial F}{\partial \theta''} = EI_\omega \theta'' = 0 \qquad (15.22)$$

可见,上述的 Euler 方程和边界条件与微分方程模型相同,说明我们能量方程的推导正确。

需要说明的是,虽然上述推导过程运用了简支端的位移边界条件和力的边界条件,但得到的能量泛函却是通用的,并不局限于简支端和等截面柱,也适用于求解变截面柱以及其他边界条件轴压柱的扭转屈曲问题。

这就是我们提倡使用能量变分模型的原因,因为能量变分模型较微分方程模型更具有普遍性,且可以据此获得近似解析解和构建新的有限元模型。

15.1.3 Wagner 效应的简单力学模型

与弯曲屈曲不同,我们注意到轴压柱扭转屈曲的微分方程模型式(15.1)中出现了一个特殊项 $Pi_0^2\theta'$。此项的物理意义是,轴向力的水平分量对剪心产生的附加扭矩,因为截面的刚性扭转将引起轴向力改变方向,这个效应是最早由 Herbert Wagner 在 1929 年率先发现而引入的,后人尊称为"Wagner 效应"。

如何来理解 Wagner 效应? 一种比喻就是把轴压柱视为一捆稻草,每根稻草视为一根纵向纤维,假设稻草整体(不分离,不挤压)地发生扭转,则在稻草整体扭转过程中,作用在每根稻草的轴向力会随之发生方向的改变。这就是"稻草模型",也称之为"Filament model"。

然而,这种"稻草模型"从 1981 年开始就遭到了 M. Ojalvo 的质疑。M. Ojalvo 认为应该用形心的一根稻草来表述整捆稻草的屈曲特性。此后包括 Trahair,Chen W. F.,Yoo,Kang 等世界著名结构专家都曾基于 Vlasov 理论体系撰文对此进行了系列的辩护。然而,因为 Vlasov 理论自身的缺陷,这些解释和辩护都有缺陷,甚至牵强,并未得到 M. Ojalvo 的认可,直到 2007 年 M. Ojalvo 还在"三百年的杆理论"文章中认为 Wagner 效应有问题。因此,R. D. Ziemian(2010 年)在其第 6 版的《钢结构稳定设计准则》中写到:"目前(2009 年),这一挑战还没有完全解决"。

正是认识到 Vlasov 理论的缺陷,作者才开始基于 Euler/Timoshenko 梁和 Kirchhoff 薄板理论,探索新的薄壁构件组合扭转和稳定理论,并于 2014 年提出并建立了一套新的工程设计理论:板-梁理论。

下面以 1996 年 WAM. Alwis & C. M. Wang 提出的"双杆模型"来解释"Wagner 效应"。此模型[图 15.3(a)]由两个分肢压杆构成,分肢压杆的变形由刚性连杆限位,如图 15.3(b)所示。在轴力 2P 的作用下,每个分肢的轴力为 P。若发生扭转屈曲,其扭转变形如图 15.3(c)所示。长度为 dz 微段的轴力方向将发生图 15.3(d)所示的变化。

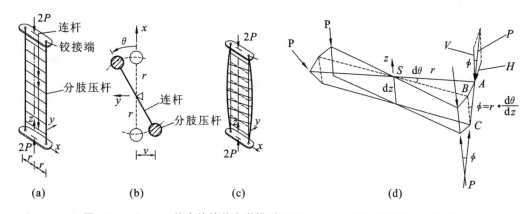

图 15.3 Wagner 效应的简单力学模型(WAM. Alwis & C. M. Wang,1996)

假设此微段的扭转角为 $d\theta$,则根据曲线三角形 ABS 的几何关系,可得弧长 $\overset{\frown}{AB}$ 为

$$\overset{\frown}{AB}=d\theta\times r \tag{15.23}$$

式中,r 为分肢压杆的形心至截面剪心的距离。

然后根据三角形 ABC 的几何关系,可得

$$\overset{\frown}{AB}=dz\times\phi \tag{15.24}$$

根据弧长相等的条件,可知 AC 的倾斜角为

$$\phi=r\left(\frac{d\theta}{dz}\right) \tag{15.25}$$

这就是每个分肢轴力的倾斜角。

因为这个倾斜,A 点的轴向力 P 会产生两个分量:z 轴方向的竖向分量 V 和沿着 A 点切线方向的水平分量 H,其大小为

$$V=P\cos\phi \text{ 和 } H=P\sin\phi \tag{15.26}$$

假设倾斜角很小,则上式可简化为

$$V\approx P \text{ 和 } H=Pr\left(\frac{d\theta}{dz}\right) \tag{15.27}$$

显然,两个分肢轴力 P 的水平分量 H 将对剪心产生附加扭矩,即

$$M_T=2H \cdot r=2Pr^2\left(\frac{d\theta}{dz}\right) \tag{15.28}$$

易证,若忽略分肢压杆绕自身形心轴的惯性矩,则 r 为截面的回转半径。因此式(15.28)即为"Wagner 效应"。

15.2 双轴对称截面钢柱扭转屈曲的板-梁理论:工字形截面

利用弹性稳定理论可以证明,在无外部约束的情况下,双轴对称工字形轴压柱的屈曲由绕弱轴的弯曲屈曲或弯扭屈曲控制。然而,在侧向约束的情况下,如图 15.4 所示的柱间布置拉条的侧向支撑将限制双轴对称工字形轴压柱绕弱轴的弯曲屈曲或弯扭屈曲,此时工字形钢柱依然可能发生扭转屈曲。为此,本节将依据作者提出的板-梁理论来建立工字形轴压柱扭转屈曲的能量变分模型。此结果对于图 15.5 所示双工字形截面组成的十字形柱依然适用。

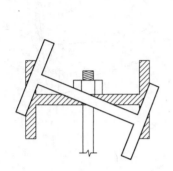

图 15.4　工字形截面柱的扭转屈曲

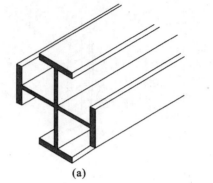

(a)

(b)

图 15.5　双工字形截面组成的十字形柱

15.2.1　基本假设与问题描述

（1）基本假设

① 刚周边假设。据此可以确定板件形心的横向位移。

② 每块平板的总变形都可分解为两部分，即平面内变形和平面外变形；与此对应的纵向位移、应变能和初应力势能等，可分别按 Euler 梁力学模型和 Kirchhoff 板力学模型确定。

（2）问题描述

为不失一般性，本节以图 15.6 所示的双轴对称工字形钢柱为研究对象。

为了方便描述变形，板-梁理论需要引入两套坐标系：整体坐标系 xyz 和局部坐标系 nsz。这两套坐标系与 Vlasov 的坐标系类似。两套坐标系均须符合右手螺旋法则。整体坐标系的原点选在截面形心，各板件的局部坐标系原点选在板件的形心。坐标系和截面变形如图 15.6(a)所示。

已知：钢材的弹性模量为 E，剪切模量为 G，泊松比为 μ；钢柱的长度为 L；翼缘的宽度为 b_f，厚度为 t_f；腹板的高度为 h_w，厚度为 t_w。

若在轴压力作用下工字形钢柱发生扭转屈曲，则钢柱的横截面的未知量只有一个，即绕着剪心（此时为形心）的转角 $\theta(z)$。

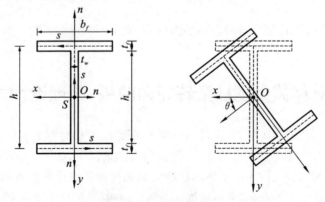

图 15.6　双轴对称工字形截面的坐标系与变形图

15.2.2　工字形钢梁扭转屈曲的能量变分模型

（1）扭转应变能

① 腹板的应变能

腹板形心的整体坐标为 $(0,0)$。根据刚周边假设，局部坐标系下腹板任意点 $(-n,-s)$ 的横向位移：

$$\alpha=\frac{3\pi}{2}, \quad x-x_0=-n, \quad y-y_0=-s \tag{15.29}$$

$$\begin{pmatrix} r_s \\ r_n \end{pmatrix} = \begin{pmatrix} \sin\dfrac{3\pi}{2} & -\cos\dfrac{3\pi}{2} \\ \cos\dfrac{3\pi}{2} & \sin\dfrac{3\pi}{2} \end{pmatrix} \begin{pmatrix} -n \\ -s \end{pmatrix} = \begin{pmatrix} n \\ s \end{pmatrix} \tag{15.30}$$

$$\begin{pmatrix} v_s \\ v_n \\ \theta \end{pmatrix} = \begin{pmatrix} \cos\dfrac{3\pi}{2} & \sin\dfrac{3\pi}{2} & n \\ \sin\dfrac{3\pi}{2} & -\cos\dfrac{3\pi}{2} & -s \\ 0 & 0 & 1 \end{pmatrix} \begin{pmatrix} 0 \\ 0 \\ \theta \end{pmatrix} = \begin{pmatrix} n\theta \\ -s\theta \\ \theta \end{pmatrix} \tag{15.31}$$

腹板形心的横向位移（沿着腹板 n 轴、s 轴）和纵向位移（沿着 z 轴）为

$$u_{w0}=0, \quad v_{w0}=0, \quad w_{w0}=0, \quad \theta_{w0}=\theta(z) \tag{15.32}$$

按照第 13 章的分析，可知腹板的扭转应变能为

$$\begin{aligned}
U_w^{\text{out-plane}} &= \frac{1}{2}\iiint\left\{\frac{E}{1-\mu_w^2}\left[ns\left(\frac{\partial^2\theta}{\partial z^2}\right)\right]^2 + G\left[2n\left(\frac{\partial\theta}{\partial z}\right)\right]^2\right\}\mathrm{d}n\,\mathrm{d}s\,\mathrm{d}z \\
&= \frac{1}{2}\iiint\left\{\frac{E}{1-\mu^2}\left[n^2s^2\left(\frac{\partial^2\theta}{\partial z^2}\right)^2\right] + G\left[4n^2\left(\frac{\partial\theta}{\partial z}\right)^2\right]\right\}\mathrm{d}n\,\mathrm{d}s\,\mathrm{d}z \\
&= \frac{1}{2}\int_0^L\left[\frac{E}{1-\mu^2}\left(\frac{t_w^3 h_w^3}{144}\right)\left(\frac{\partial^2\theta}{\partial z^2}\right)^2 + G\left(\frac{h_w t_w^3}{3}\right)\left(\frac{\partial\theta}{\partial z}\right)^2\right]\mathrm{d}z
\end{aligned} \tag{15.33}$$

② 上下翼缘的应变能

上翼缘形心的整体坐标为 $\left(0,-\dfrac{h}{2}\right)$。根据刚周边假设，局部坐标系下上翼缘任意点 $\left(s,-\left(\dfrac{h}{2}+n\right)\right)$ 的横向位移为：

$$\alpha=2\pi, \quad x-x_0=s, \quad y-y_0=-\left(\frac{h}{2}+n\right) \tag{15.34}$$

$$\begin{pmatrix} r_s \\ r_n \end{pmatrix} = \begin{pmatrix} \sin2\pi & -\cos2\pi \\ \cos2\pi & \sin2\pi \end{pmatrix} \begin{pmatrix} s \\ -\left(\dfrac{h}{2}+n\right) \end{pmatrix} = \begin{pmatrix} \dfrac{h}{2}+n \\ s \end{pmatrix} \tag{15.35}$$

$$\begin{pmatrix} v_s \\ v_n \\ \theta \end{pmatrix} = \begin{pmatrix} \cos2\pi & \sin2\pi & \dfrac{h}{2}+n \\ \sin2\pi & -\cos2\pi & -s \\ 0 & 0 & 1 \end{pmatrix} \begin{pmatrix} 0 \\ 0 \\ \theta \end{pmatrix} = \begin{pmatrix} \left(\dfrac{h}{2}+n\right)\theta \\ -s\theta \\ \theta \end{pmatrix} \tag{15.36}$$

上翼缘形心的横向位移（沿着腹板 n 轴、s 轴）和纵向位移（沿着 z 轴）为

$$u'_{f0} = 0, \quad v'_{f0} = \frac{h}{2}\theta, \quad w'_{f0} = 0, \quad \theta'_{f0} = \theta \tag{15.37}$$

按照第 13 章的分析,可知上翼缘平面内弯曲的应变能为

$$U_{f,\text{top}}^{\text{in-plane}} = \frac{1}{2}\int_0^L \left[\frac{E}{1-\mu^2} \left(\frac{t_f b_f^3}{12}\right)\left(\frac{h}{2}\right)^2 \left(\frac{\partial^2\theta}{\partial z^2}\right)^2 \right]\mathrm{d}z \tag{15.38}$$

上翼缘平面外弯曲的应变能为

$$U_{f,\text{top}}^{\text{out-plane}} = \frac{1}{2}\int_0^L \left[\frac{E}{1-\mu^2} \left(\frac{t_f^3 b_f^3}{144}\right)\left(\frac{\partial^2\theta}{\partial z^2}\right)^2 + G\left(\frac{b_f t_f^3}{3}\right)\left(\frac{\partial\theta}{\partial z}\right)^2 \right]\mathrm{d}z \tag{15.39}$$

类似地可求下翼缘的应变能。可以证明:下翼缘的应变能 U_f^b 与上式相同。

两个翼缘的应变能之和

$$\begin{aligned}
U_f &= 2U'_f \\
&= \frac{1}{2}\int_0^L \left\{ 2\frac{E}{1-\mu^2} \left[\left(\frac{t_f b_f^3}{12}\right)\left(\frac{h}{2}\right)^2 + \left(\frac{t_f^3 b_f^3}{144}\right)\right]\left(\frac{\partial^2\theta}{\partial z^2}\right)^2 + 2G\left(\frac{b_f t_f^3}{3}\right)\left(\frac{\partial\theta}{\partial z}\right)^2 \right\}\mathrm{d}z
\end{aligned} \tag{15.40}$$

③ 工字形钢柱组合扭转的应变能

工字形钢柱组合扭转的应变能可简洁地表达为

$$U = \frac{1}{2}\int_0^L \left[E_1 I_\omega \left(\frac{\partial^2\theta}{\partial z^2}\right)^2 + GJ_k \left(\frac{\partial\theta}{\partial z}\right)^2 \right]\mathrm{d}z \tag{15.41}$$

其中

$$E_1 I_\omega = \frac{E}{1-\mu^2} \left[2\frac{t_f b_f^3}{12}\left(\frac{h}{2}\right)^2 + 2\frac{t_f^3 b_f^3}{144} + \frac{t_w^3 h_w^3}{144} \right] \tag{15.42}$$

为约束扭转刚度或称为翘曲刚度,而

$$GJ_k = G(2J_{k,f} + J_{k,w}) = G\left(2\frac{t_f^3 b_f}{3} + \frac{t_w^3 h_w}{3} \right) \tag{15.43}$$

为自由扭转刚度。

(2) 扭转屈曲的初应力势能

若钢柱轴心受压,此时初应力为均布的压应力,即

$$\sigma_0 = -\frac{P}{A} \tag{15.44}$$

这里仍采用压应力为负的约定。

① 腹板的初应力势能

几何方程(非线性应变)

$$\varepsilon_{z,w}^{\text{NL}} = \frac{1}{2}\left[\left(\frac{\partial u_w}{\partial z}\right)^2 + \left(\frac{\partial v_w}{\partial z}\right)^2 \right] = \frac{1}{2}\left[(-s\theta')^2 + (n\theta')^2 \right] \tag{15.45}$$

初应力在腹板中产生的初应力势能为

$$\begin{aligned}
V_w &= \iiint (-\sigma_0 \varepsilon_{z,w}^{\text{NL}})\,\mathrm{d}n\,\mathrm{d}s\,\mathrm{d}z \\
&= \iiint \left\{ -\left(\frac{P}{A}\right)\frac{1}{2}\left[(s\theta')^2 + (n\theta')^2 \right] \right\}\mathrm{d}n\,\mathrm{d}s\,\mathrm{d}z = -\frac{1}{2}\left(\frac{P}{A}\right)\int_0^L \left[(I_x^w + I_y^w)\theta'^2 \right]\mathrm{d}z
\end{aligned} \tag{15.46}$$

式中，

$$I_x^w = \left(\frac{t_w h_w^3}{12}\right), \quad I_y^w = \left(\frac{t_w^3 h_w}{12}\right) \tag{15.47}$$

分别为腹板绕截面强轴和弱轴的惯性矩。

② 上下翼缘的初应力势能

以上翼缘为例

几何方程（非线性应变）

$$\varepsilon_{z,f}^{NL} = \frac{1}{2}\left[\left(\frac{\partial u_f}{\partial z}\right)^2 + \left(\frac{\partial v_f}{\partial z}\right)^2\right] = \frac{1}{2}\left\{\left[\left(\frac{h}{2}+n\right)\theta'\right]^2 + (s\theta')^2\right\} \tag{15.48}$$

初应力在上翼缘中产生的初应力势能为

$$\begin{aligned}
V_{f,t} &= \iiint (-\sigma_0 \varepsilon_{z,f}^{NL})\,dn\,ds\,dz \\
&= \iiint \left\{-\left(\frac{P}{A}\right)\frac{1}{2}\left[\left(\left(\frac{h}{2}+n\right)\theta'\right)^2 + (s\theta')^2\right]\right\}dn\,ds\,dz \\
&= -\frac{1}{2}\left(\frac{P}{A}\right)\iiint\left[\left(\frac{h}{2}\theta'\right)^2 + (n\theta')^2 + (s\theta')^2\right]dn\,ds\,dz \\
&= -\frac{1}{2}\left(\frac{P}{A}\right)\int_0^L\left[A_f\left(\frac{h}{2}\right)^2 + \left(\frac{t_f^3 b_f}{12}\right) + \left(\frac{t_f b_f^3}{12}\right)\right]\theta'^2\,dz
\end{aligned} \tag{15.49}$$

式中，$A_f = b_f t_f$ 为上翼缘的截面面积。

进而求得上下翼缘的初应力势能之和为

$$V_f = V_{f,t} + V_{f,b} = -\frac{1}{2}\left(\frac{P}{A}\right)\int_0^L (I_x^f + I_y^f)\theta'^2\,dz \tag{15.50}$$

式中，

$$I_x^f = 2A_f\left(\frac{h}{2}\right)^2 + 2\left(\frac{t_f^3 b_f}{12}\right) \tag{15.51}$$

为上下翼缘绕截面强轴的惯性矩；

$$I_y^f = 2\left(\frac{t_f b_f^3}{12}\right) \tag{15.52}$$

为上下翼缘绕截面弱轴的惯性矩。

（3）工字形钢柱扭转屈曲的总势能与能量变分模型

$$\begin{aligned}
\Pi &= U_w + U_f + V_w + V_f \\
&= \frac{1}{2}\int_0^L [E_1 I_\omega (\theta'')^2 + GJ_k (\theta')^2]\,dz - \frac{1}{2}\int_0^L\left(\frac{P}{A}\right)\left[((I_x^w + I_y^w) + (I_x^f + I_y^f))\theta'^2\right]dz
\end{aligned} \tag{15.53}$$

若令

$$I_x = I_x^w + I_x^f, \quad I_y = I_y^w + I_y^f \tag{15.54}$$

分别为截面绕强轴和弱轴的惯性矩。

$$r_0 = \sqrt{\frac{I_x + I_y}{A}} \tag{15.55}$$

为截面绕剪心的极回转半径，则可将式（15.53）改写为

$$\Pi = \frac{1}{2}\int_0^L (E_1 I_\omega \theta''^2 + GJ_k \theta'^2 - Pr_0^2 \theta'^2)\,\mathrm{d}z \tag{15.56}$$

此式就是我们依据板-梁理论推出的工字形轴压钢柱弹性扭转屈曲的总势能,与采用扇性坐标的传统屈曲理论推出的结果相同,但作者的推导更自然顺畅,且用到的是最基本的 Kirchhoff 薄板理论和 Euler 梁理论。

至此,我们将工字形轴压钢柱弹性扭转屈曲的问题转化为这样一个能量变分模型:在 $0 \leqslant z \leqslant L$ 的区间内寻找一个函数 $\theta(z)$,使它们满足规定的几何边界条件,即端点约束条件,并使由下式

$$\Pi = \int_0^L F(\theta', \theta')\,\mathrm{d}z \tag{15.57}$$

其中

$$F(\theta', \theta') = \frac{1}{2}(E_1 I_\omega \theta''^2 + GJ_k \theta'^2 - Pr_0^2 \theta'^2) \tag{15.58}$$

定义的能量泛函取最小值。

15.2.3 换算截面法有效性的板-梁理论与有限元验证

参照本章的方法以及第 13 章钢-混凝土组合工字形梁组合扭转理论,可以推导得到钢-混凝土组合工字形柱的总势能为(详细推导略)

$$\Pi = \frac{1}{2}\int_0^L \left[(EI_\omega)_{\mathrm{comp}} \theta''^2 + (GJ_k)_{\mathrm{comp}} \theta'^2 - P(r_0)_{\mathrm{comp}}^2 \theta'^2 \right]\mathrm{d}z \tag{15.59}$$

此式就是我们依据板-梁理论推出的钢-混凝土组合工字形轴压钢柱弹性扭转屈曲的总势能,上式中,

$$(r_0)_{\mathrm{comp}} = \sqrt{\frac{(EI_x)_{\mathrm{comp}} + (EI_y)_{\mathrm{comp}}}{(EA)_{\mathrm{comp}}}} \tag{15.60}$$

为钢-混凝土组合工字形截面绕剪心的极回转半径。

$$(EI_\omega)_{\mathrm{comp}} = \left[2\left(\frac{E_f}{1-\mu_f^2}\right)\frac{t_f b_f^3}{12}\left(\frac{h}{2}\right)^2 + 2\left(\frac{E_f}{1-\mu_f^2}\right)\frac{t_f^3 b_f^3}{144} + \left(\frac{E_w}{1-\mu_w^2}\right)\frac{t_w^3 h_w^3}{144} \right] \tag{15.61}$$

为钢-混凝土组合工字形截面的约束扭转刚度或称为翘曲刚度。

$$(GJ_k)_{\mathrm{comp}} = G(2J_{k,f} + J_{k,w}) = G\left(2\frac{t_f^3 b_f}{3} + \frac{t_w^3 h_w}{3}\right) \tag{15.62}$$

为钢-混凝土组合工字形截面的自由扭转刚度。

两端铰接柱的屈曲荷载为

$$P_\omega = \frac{1}{i_0^2}\left(GJ_k + \frac{\pi^2 EI_\omega}{L^2}\right) \tag{15.63}$$

以图 15.7(a)所示两端铰接钢-混凝土组合工字形轴压钢柱为研究对象。首先依据无量纲的扭转参数 K 来选取截面尺寸(表 15.1),然后应用 ANSYS 有限元分析软件进行有限元分析。使用 SHELL63 单元模拟工字形轴压钢-混凝土组合柱的翼缘和腹板,腹板和翼缘之间采用共用节点联结。翼缘材料为 C40 混凝土,弹性模量为 32.5GPa,泊松比为 0.2。腹板材料为钢材,弹性模量为 206GPa,泊松比为 0.3。为同时满足精度和效率要求,沿腹板跨度方向划分 6 个单元,沿翼

缘高度方向划分 8 个单元,沿柱高方向每个单元尺寸为 0.05m。边界条件模拟铰接柱,即限制两端支座的 x 和 z 方向的平动及绕 y 轴的转动,并限制其中一个支座 y 方向的平动,如图 15.7(b) 所示。为了满足刚周边的要求,本书均采用 CERIG 方法耦合节点,即将截面所有节点绕纵轴的转动从属于截面的某一角点,此时各截面将会产生 Vlasov 的刚性转动,如图 15.7(c) 所示。

表 15.1 工字形轴压钢-混凝土组合柱试件表

试件	K	B(mm)	t_f(mm)	h_w(mm)	t_w(mm)	L(m)
S_1	0.312	300	15	300	10	18
S_2	0.336	400	21	300	13	18
S_3	1.273	300	24	700	13	6
S_4	0.355	302	34	844	18	18
S_5	2.166	300	10	500	6	6

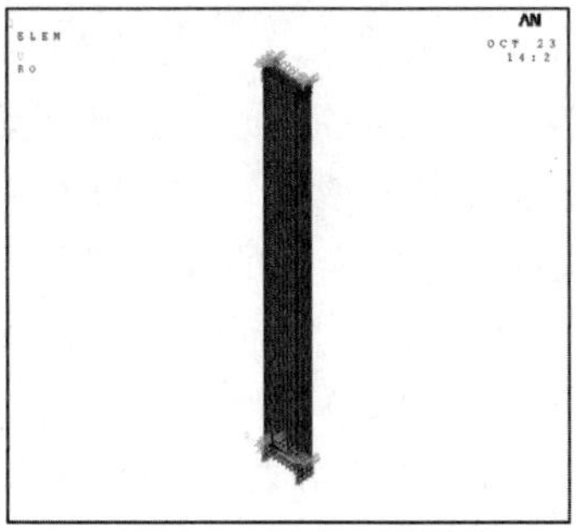

(a) 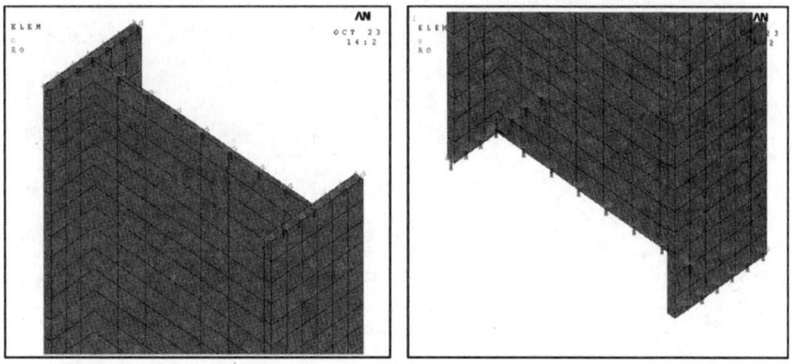　(b)

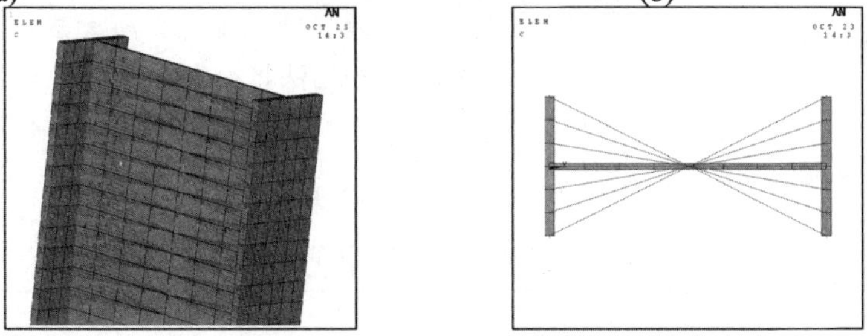

(c)

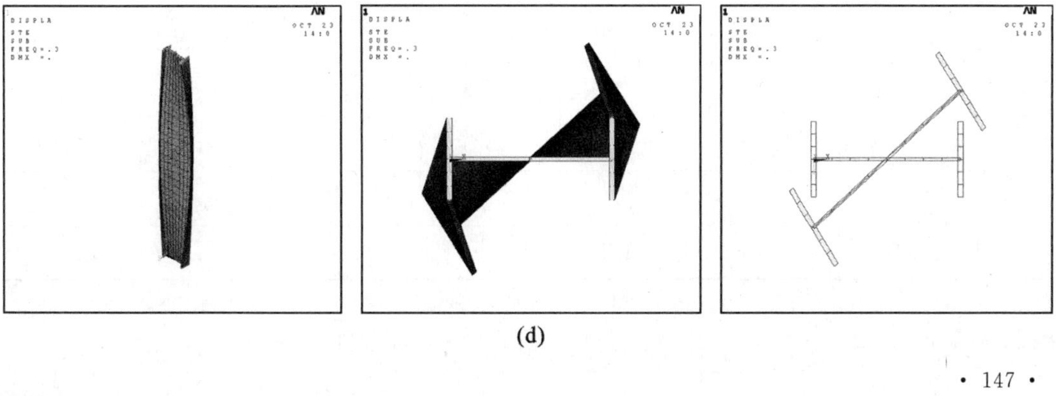

(d)

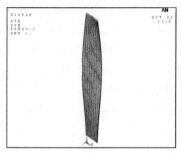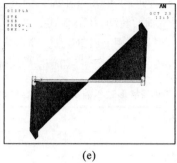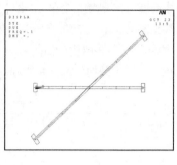

(e)

图 15.7　两端铰接钢-混凝土组合工字形轴压钢柱

(a)整体模型;(b)柱上下端的铰接边界模拟;(c)用 CERIG 模拟刚周边;
(d)钢-混凝土组合截面的屈曲模态;(e)换算截面的屈曲模态

图 15.7(d)和图 15.7(e)分别为钢-混凝土组合截面和换算截面的扭转屈曲模态和截面屈曲变形,可见刚周边假设可得到很好的满足,从而保证了 FEM 模型与理论模型的一致性。

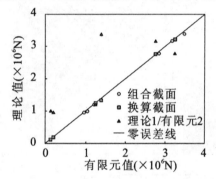

图 15.8　理论解与有限元的对比分析图

计算结果对比见图 15.8 和表 15.2。可以看出:①本书依据板-梁理论推导得到的钢-混凝土组合梁屈曲荷载的理论解与有限元较为吻合,最大误差为 -2.47%;②按本书公式进行厚度换算的理论解与有限元也较为吻合,最大误差为 -5.21%,说明本书的理论既可计算组合截面的屈曲荷载,也可用于验证换算截面法的正确性;③理论和 FEM 的结果都证明,换算截面法的计算误差是巨大的,最大误差为 372.55%。如此大的误差显然是工程界所无法接受的,或者说此时采用换算截面法将给出错误的结论。这是一个令人失望的发现,即 Vlasov 理论无法合理预测钢-混凝土组合梁组合扭转性能和屈曲荷载。这正是作者提出板-梁理论的重要性所在。

表 15.2　理论解与有限元的对比表

试件	组合截面法			换算截面法			Diff₃(%)
	$F_{T1}(\times 10^6 N)$	$F_{FEM1}(\times 10^6 N)$	Diff₁(%)	$F_{T2}(\times 10^6 N)$	$F_{FEM2}(\times 10^6 N)$	Diff₂(%)	
S_1	1.210	1.219	-0.76	1.249	1.253	-0.31	-3.47
S_2	2.786	2.841	-1.93	3.218	3.242	-0.74	-14.07
S_3	3.388	3.474	-2.47	1.335	1.395	-4.30	142.88
S_4	3.173	3.170	0.11	2.773	2.754	0.71	15.24
S_5	0.952	0.966	-1.47	0.191	0.202	-5.21	372.55

注:F_{T1}、F_{FEM1}分别代表组合截面的理论解与有限元解;F_{T2}、F_{FEM2}分别代表换算截面的理论解与有限元解;$Diff_1 = [(F_{T1} - F_{FEM1})/F_{FEM1}] \times 100\%$,$Diff_2 = [(F_{T2} - F_{FEM2})/F_{FEM2}] \times 100\%$;$Diff_3 = [(F_{T1} - F_{FEM2})/F_{FEM2}] \times 100\%$。

接下来对依据换算截面法的弹塑性分析结果制定的规范所需进行的"后处理"工作中。作者提出的板-梁理论可以为这个校准工作提供重要的理论依据。

15.3　双轴对称截面钢柱扭转屈曲的板-梁理论：箱形截面

15.3.1　基本假设与问题描述

（1）基本假设

① 刚周边假设。据此可以确定板件形心的横向位移。

② 每块平板的总变形都可分解为两部分，即平面内变形和平面外变形；与此对应的纵向位移、应变能和初应力势能等，可分别按 Timoshenko 梁力学模型和 Kirchhoff 板力学模型确定。

（2）问题描述

为不失一般性，本节以双轴对称箱形钢柱为研究对象（其截面及变形图见图 14.1）。

为了方便描述变形，板-梁理论需要引入两套坐标系：整体坐标系 xyz 和局部坐标系 nsz。这两套坐标系与 Vlasov 的坐标系类似。两套坐标系均须符合右手螺旋法则。整体坐标系的原点选在截面形心，各板件的局部坐标系原点选在板件的形心。坐标系和截面变形如图 14.1 所示。

已知：钢材的弹性模量为 E，剪切模量为 G，泊松比为 μ；构件的长度为 a，翼缘的宽度为 b_f，厚度为 t_f；腹板的高度为 h_w，厚度为 t_w。

若在轴压力作用下箱形钢柱发生扭转屈曲，则钢柱的横截面的未知量只有一个，即绕着剪心（此时为形心）的转角 $\theta(z)$。

15.3.2　箱形钢柱扭转屈曲的能量变分模型

（1）扭转应变能

①腹板的应变能

以左侧腹板为例，其形心的整体坐标为 $\left(\dfrac{b}{2}, 0\right)$。根据刚周边假设，局部坐标系下左侧腹板任意点 $\left(\dfrac{b}{2}+n, s\right)$ 的横向位移为：

$$\alpha = \frac{\pi}{2}, \quad x - x_0 = \frac{b}{2} + n, \quad y - y_0 = s$$

$$\begin{pmatrix} r_s \\ r_n \end{pmatrix} = \begin{pmatrix} \sin\dfrac{\pi}{2} & -\cos\dfrac{\pi}{2} \\ \cos\dfrac{\pi}{2} & \sin\dfrac{\pi}{2} \end{pmatrix} \begin{pmatrix} \dfrac{b}{2} + n \\ s \end{pmatrix} = \begin{pmatrix} \dfrac{b}{2} + n \\ s \end{pmatrix} \tag{15.64}$$

$$\begin{pmatrix} v_s \\ v_n \\ \theta \end{pmatrix} = \begin{pmatrix} \cos\frac{\pi}{2} & \sin\frac{\pi}{2} & \frac{b}{2}+n \\ \sin\frac{\pi}{2} & -\cos\frac{\pi}{2} & -s \\ 0 & 0 & 1 \end{pmatrix} \begin{pmatrix} 0 \\ 0 \\ \theta \end{pmatrix} = \begin{pmatrix} \left(\frac{b}{2}+n\right)\theta \\ -s\theta \\ \theta \end{pmatrix} \tag{15.65}$$

据此可得左侧腹板形心的横向位移（沿着腹板 n 轴、s 轴）和纵向位移（沿着 z 轴）为：

$$u_{w0}=0, \quad v_{w0}=\frac{b_f}{2}\theta, \quad w_{w0}=0, \quad \theta \tag{15.66}$$

按照第 13 章的分析，可知腹板平面内弯曲的应变能为

$$U_{w,\text{left}}^{\text{in-plane}} = \frac{1}{2}\int_0^L \left\{ \frac{E}{1-\mu^2}\left[\left(\frac{t_w h_w^3}{12}\right)\left(\frac{\partial\psi_w}{\partial z}\right)^2\right] + G(t_w h_w)\left[\psi_w + \frac{b}{2}\left(\frac{\partial\theta}{\partial z}\right)\right]^2 \right\}dz \tag{15.67}$$

其中，$\psi_w(z)$ 为作者首次引入的待定函数。依据前面介绍的 Timoshenko 梁理论，它是腹板平面内弯曲变形的截面转角。

同理可得腹板平面外弯曲的应变能为

$$U_{w,\text{left}}^{\text{out-plane}} = \frac{1}{2}\int_0^L \left[\frac{E}{1-\mu^2}\left(\frac{t_w^3 h_w^3}{144}\right)\left(\frac{\partial^2\theta}{\partial z^2}\right)^2 + G\left(\frac{h_w t_w^3}{3}\right)\left(\frac{\partial\theta}{\partial z}\right)^2 \right]dz \tag{15.68}$$

根据对称性，可以证明左右腹板的扭转应变能相等。

② 上下翼缘的应变能

以上翼缘为例，其形心的整体坐标为 $\left(0,-\frac{h}{2}\right)$。根据刚周边假设，局部坐标系下上翼缘任意点 $\left(s,-\frac{h}{2}-n\right)$ 的横向位移为：

$$\alpha=2\pi, \quad x-x_0=s, \quad y-y_0=-\left(\frac{h}{2}+n\right)$$

$$\begin{pmatrix} r_s \\ r_n \end{pmatrix} = \begin{pmatrix} \sin\frac{\pi}{2} & -\cos\frac{\pi}{2} \\ \cos\frac{\pi}{2} & \sin\frac{\pi}{2} \end{pmatrix}\begin{pmatrix} -\left(\frac{h}{2}+n\right) \\ s \end{pmatrix} = \begin{pmatrix} \frac{h}{2}+n \\ s \end{pmatrix} \tag{15.69}$$

$$\begin{pmatrix} v_s \\ v_n \\ \theta \end{pmatrix} = \begin{pmatrix} \cos\frac{\pi}{2} & \sin\frac{\pi}{2} & \frac{h}{2}+n \\ \sin\frac{\pi}{2} & -\cos\frac{\pi}{2} & -s \\ 0 & 0 & 1 \end{pmatrix}\begin{pmatrix} 0 \\ 0 \\ \theta \end{pmatrix} = \begin{pmatrix} \left(\frac{h}{2}+n\right)\theta \\ -s\theta \\ \theta \end{pmatrix} \tag{15.70}$$

据此可得左侧腹板形心的横向位移（沿着腹板 n 轴、s 轴）和纵向位移（沿着 z 轴）为：

$$u_{w0}=0, \quad v_{w0}=\frac{b_f}{2}\theta, \quad w_{w0}=0, \quad \theta \tag{15.71}$$

按照第 13 章的分析，可得其平面内弯曲的应变能为

$$U_{f,\text{top}}^{\text{in-plane}} = \frac{1}{2}\int_0^L \left\{ \frac{E_f}{1-\mu_f^2}\left(\frac{t_f b_f^3}{12}\right)\left(\frac{\partial\psi_f}{\partial z}\right)^2 + G_f(t_f b_f)\left[\psi_f + \left(\frac{h}{2}\right)\left(\frac{\partial\theta}{\partial z}\right)\right]^2 \right\}dz \tag{15.72}$$

其中，$\psi_f(z)$ 为作者首次引入的待定函数。依据前面介绍的 Timoshenko 梁理论，它是上翼缘平面内弯曲变形的截面转角。

平面外弯曲的应变能为

$$U_{f,\text{top}}^{\text{out-plane}} = \frac{1}{2}\int_0^L \left[\frac{E}{1-\mu^2}\left(\frac{t_f^3 b_f^3}{144}\right)\left(\frac{\partial^2 \theta}{\partial z^2}\right)^2 + G\left(\frac{b_f t_f^3}{3}\right)\left(\frac{\partial \theta}{\partial z}\right)^2 \right]dz \qquad (15.73)$$

根据对称性，可以证明上下翼缘的应变能相等。

③ 箱形钢柱组合扭转的应变能

箱形钢梁的总应变能为前述腹板和翼缘应变能之和，即

$$U = 2U_{w,\text{left}}^{\text{in-plane}} + 2U_{w,\text{left}}^{\text{out-plane}} + 2U_{f,\text{top}}^{\text{in-plane}} + 2U_{f,\text{top}}^{\text{out-plane}}$$

$$= \frac{1}{2}\int_0^L \left\{ \frac{E}{1-\mu^2}\left[\left(\frac{t_w h_w^3}{12}\right)\left(\frac{\partial \psi_w}{\partial z}\right)^2\right] + G(t_w h_w)\left[\psi_w + \frac{b}{2}\left(\frac{\partial \theta}{\partial z}\right)\right]^2 \right\}dz +$$

$$\frac{1}{2}\int_0^L \left[\frac{E}{1-\mu^2}\left(\frac{t_w^3 h_w^3}{144}\right)\left(\frac{\partial^2 \theta}{\partial z^2}\right)^2 + G\left(\frac{h_w t_w^3}{3}\right)\left(\frac{\partial \theta}{\partial z}\right)^2 \right]dz +$$

$$\frac{1}{2}\int_0^L \left\{ \frac{E}{1-\mu^2}\left(\frac{t_f b_f^3}{12}\right)\left(\frac{\partial \psi_f}{\partial z}\right)^2 + G(t_f b_f)\left[\psi_f + \left(\frac{h}{2}\right)\left(\frac{\partial \theta}{\partial z}\right)\right]^2 \right\}dz +$$

$$\frac{1}{2}\int_0^L \left[\frac{E}{1-\mu^2}\left(\frac{t_f^3 b_f^3}{144}\right)\left(\frac{\partial^2 \theta}{\partial z^2}\right)^2 + G\left(\frac{b_f t_f^3}{3}\right)\left(\frac{\partial \theta}{\partial z}\right)^2 \right]dz \qquad (15.74)$$

利用交点处的纵向位移协调条件和剪力流相等的条件，可以推导得到

$$\psi_f = \left[\frac{h(t_w b - t_f h)}{2(t_w b + t_f h)}\right]\theta' = \left(\frac{t_w b - t_f h}{t_w b + t_f h}\right)\left(\frac{h}{2}\right)\left(\frac{\partial \theta}{\partial z}\right) \qquad (15.75)$$

$$\psi_w = -\frac{b}{h}\left[\frac{h(t_w b - t_f h)}{2(t_w b + t_f h)}\right]\theta' = -\left(\frac{t_w b - t_f h}{t_w b + t_f h}\right)\left(\frac{b}{2}\right)\left(\frac{\partial \theta}{\partial z}\right) \qquad (15.76)$$

这便是腹板和翼缘平面内弯曲的截面转角 $\psi_w(z)$ 和 $\psi_f(z)$ 与横截面的刚性转角 $\theta(z)$ 之间的关系。

将上述关系代入到式（15.74），经过整理，可将本书的理论简化为如下单变量的箱形钢梁组合扭转理论，即

$$U = \frac{1}{2}\int_0^L \left[EI_\omega\left(\frac{\partial^2 \theta}{\partial z^2}\right)^2 + GJ_k\left(\frac{\partial \theta}{\partial z}\right)^2 \right]dz \qquad (15.77)$$

其中

$$EI_\omega = \frac{2E}{1-\mu^2}\left[\begin{array}{c} \left(\frac{t_w h_w^3}{12}\right)\left(\frac{b}{2}\right)^2\left(\frac{t_w b - t_f h}{t_w b + t_f h}\right)^2 + \\ \left(\frac{t_f b_f^3}{12}\right)\left(\frac{h}{2}\right)^2\left(\frac{t_w b - t_f h}{t_w b + t_f h}\right)^2 \end{array} \right] + \frac{2E}{1-\mu^2}\left[\left(\frac{t_w^3 h_w^3}{144}\right) + \left(\frac{t_f^3 b_f^3}{144}\right) \right] \quad (15.78)$$

为箱形钢梁组合扭转的约束扭转刚度或称为组合翘曲刚度。

$$GJ_k = 2G\left[(t_w h_w)\left(\frac{b}{2}\right)^2\left(\frac{2t_f}{t_w b + t_f h}\right)^2 + (t_f b_f)\left(\frac{h}{2}\right)^2\left(\frac{2t_w b}{t_w b + t_f h}\right)^2 \right] + 2G\left[\left(\frac{h_w t_w^3}{3}\right) + \left(\frac{b_f t_f^3}{3}\right) \right] \quad (15.79)$$

为箱形钢梁组合扭转的自由扭转刚度。

（2）扭转屈曲的初应力势能

若钢柱轴心受压，此时初应力为均布的压应力，即

$$\sigma_0 = -\frac{P}{A} \qquad (15.80)$$

这里仍采用压应力为负的约定。

① 腹板的初应力势能

以左侧腹板为例。

几何方程（非线性应变）为

$$\varepsilon_{z,w}^{\mathrm{NL}} = \frac{1}{2}\left[\left(\frac{\partial u_w}{\partial z}\right)^2 + \left(\frac{\partial v_w}{\partial z}\right)^2\right] = \frac{1}{2}\left\{\left[\left(\frac{b}{2}+n\right)\theta'\right]^2 + (n\theta')^2\right\} \tag{15.81}$$

初应力在腹板中产生的初应力势能为

$$\begin{aligned}
V_{w,L} &= \iiint (-\sigma_0 \varepsilon_{z,w}^{\mathrm{NL}})\,\mathrm{d}n\mathrm{d}s\mathrm{d}z \\
&= \iiint\left\{-\left(\frac{P}{A}\right)\frac{1}{2}\left[\left(\left(\frac{b}{2}+n\right)\theta'\right)^2 + (n\theta')^2\right]\right\}\mathrm{d}n\mathrm{d}s\mathrm{d}z \\
&= -\frac{1}{2}\left(\frac{P}{A}\right)\int_0^L\left[\left(\frac{h}{2}\theta'\right)^2 + (n\theta')^2 + (s\theta')^2\right]\mathrm{d}z \\
&= -\frac{1}{2}\left(\frac{P}{A}\right)\int_0^L\left[A_w\left(\frac{h}{2}\right)^2 + I_y^w + I_x^w\right]\mathrm{d}z
\end{aligned} \tag{15.82}$$

式中，$A_w = h_w t_w$ 为左侧腹板的截面面积。

$$I_x^w = \left(\frac{t_w h_w^3}{12}\right), \quad I_y^w = \left(\frac{t_w^3 h_w}{12}\right) \tag{15.83}$$

分别为左侧腹板绕截面强轴和弱轴的惯性矩。

进而求得左右侧腹板的初应力势能之和为

$$V_w = V_{w,L} + V_{w,r} = -\frac{1}{2}\left(\frac{P}{A}\right)\int_0^L (I_x^w + I_y^w)\theta'^2\,\mathrm{d}z \tag{15.84}$$

式中，

$$I_y^w = 2A_w\left(\frac{b}{2}\right)^2 + 2\left(\frac{t_w^3 h_w}{12}\right) \tag{15.85}$$

为左右侧腹板绕截面强轴的惯性矩；

$$I_x^w = 2\left(\frac{t_w h_w^3}{12}\right) \tag{15.86}$$

为左右侧腹板绕截面弱轴的惯性矩。

上下翼缘的初应力势能及工字形钢柱扭转屈曲的总势能与能量变分模型同 15.2.2 节中的相关阐述。

15.4 扭转屈曲的微分方程解答与能量变分解答

15.4.1 扭转屈曲的微分方程解答

众所周知，对于简单边界条件，比如悬臂柱的扭转屈曲，采用三阶微分方程(15.1)求解还是比较方便的。但对于复杂边界情况，因为边界条件的处理较麻烦，此时可直接利用常微分方程的理论求解四阶微分方程。

（1）两端铰接轴压柱的扭转屈曲

根据前述的板-梁理论可以证明，因为若考虑次翘曲的影响，工程中的开口薄壁构件，包括十字形、L形、T形等都存在一定的约束扭转刚度，因此下述关系恒成立：

$$P_{cr} > \frac{GJ_k}{i_0^2} \tag{15.87}$$

此关系说明，$\frac{GJ_k}{i_0^2}$ 恒为轴压钢柱扭转屈曲的下限。

【说明】

1. 如图 15.9 所示，经典的 Vlasov 理论认为十字形、L形等薄壁构件的约束扭转刚度为零。Bleich 认为"这些截面的剪力中心的位置假定是在各肢中线的交点上。这只是近似的正确。"我们后面的推导也将证明，实际剪心并不与各肢中线的交点重合，因此 Vlasov 理论是近似的理论。

2. 童根树教授在《钢结构的平面外稳定》（2005 年）中，将微分方程式（15.1）积分一次，讨论了其微分方程解答，并给出了 $Pi_0^2 - GJ_k < 0$ 的解答。而该解答在实际工程中几乎不会出现此种工况。

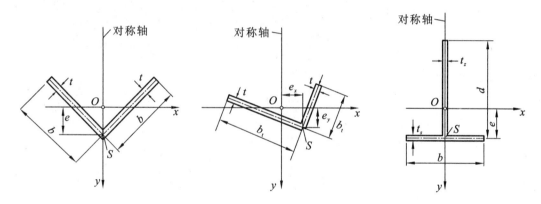

图 15.9　两块板组成的薄壁构件的剪心（Vlasov 理论）

根据前述讨论，首先引入记号

$$k^2 = \frac{Pi_0^2 - GJ_k}{EI_\omega} > 0 \tag{15.88}$$

则可将式（15.2）写成普遍形式

$$\theta^{(4)} + k^2 \theta'' = 0 \tag{15.89}$$

其通解是

$$\theta = C_1 \sin(kz) + C_2 \cos(kz) + C_3 z + C_4 \tag{15.90}$$

$$\theta' = C_1 k \cos(kz) - C_2 k \sin(kz) + C_3 \tag{15.91}$$

$$\theta'' = -C_1 k^2 \sin(kz) - C_2 k^2 \cos(kz) \tag{15.92}$$

$$\theta''' = -C_1 k^3 \cos(kz) + C_2 k^3 \sin(kz) \tag{15.93}$$

一个四阶微分方程有 4 个积分常数（C_1、C_2、C_3、C_4），需要有 4 个方程方能求解。这 4 个方程须根据问题所限定的 4 个边界条件来建立。

以两端铰接轴压柱为例,相应的 4 个边界条件是(假设柱的长度为 L)

$$\left.\begin{array}{l}\theta(0)=0\\EI_{\omega}\theta''(0)=0\end{array}\right\},\quad\left.\begin{array}{l}\theta(L)=0\\EI_{\omega}\theta''(L)=0\end{array}\right\} \tag{15.94}$$

可得到 4 个方程

$$\theta(0)=C_1\sin0+C_2\cos0+C_3\cdot0+C_4=0 \tag{15.95}$$

$$\theta(L)=C_1\sin(kL)+C_2\cos(kL)+C_3L+C_4=0 \tag{15.96}$$

$$\theta'(0)=-C_1k^2\sin0-C_2k^2\cos0=0 \tag{15.97}$$

$$\theta'(L)=-C_1k^2\sin(kL)-C_2k^2\cos(kL)=0 \tag{15.98}$$

可用矩阵表达为

$$\begin{pmatrix}\sin0&\cos0&0&1\\\sin(kL)&\cos(kL)&L&1\\-k^2\sin0&-k^2\cos0&0&0\\-k^2\sin(kL)&-k^2\cos(kL)&0&0\end{pmatrix}\begin{pmatrix}C_1\\C_2\\C_3\\C_4\end{pmatrix}=\begin{pmatrix}0\\0\\0\\0\end{pmatrix} \tag{15.99}$$

$$\begin{pmatrix}0&1&0&1\\\sin(kL)&\cos(kL)&L&1\\0&-k^2&0&0\\-k^2\sin(kL)&-k^2\cos(kL)&0&0\end{pmatrix}\begin{pmatrix}C_1\\C_2\\C_3\\C_4\end{pmatrix}=\begin{pmatrix}0\\0\\0\\0\end{pmatrix} \tag{15.100}$$

或者

$$\begin{pmatrix}R&S\\T&Q\end{pmatrix}\begin{pmatrix}A\\B\end{pmatrix}=\begin{pmatrix}0\\0\end{pmatrix} \tag{15.101}$$

式中

$$R=\begin{pmatrix}0&1\\\sin(kL)&\cos k\end{pmatrix},\quad S=\begin{pmatrix}0&1\\L&1\end{pmatrix} \tag{15.102}$$

$$T=\begin{pmatrix}0&-k^2\\-k^2\sin(kL)&-k^2\cos(kL)\end{pmatrix},\quad Q=\begin{pmatrix}0&0\\0&0\end{pmatrix} \tag{15.103}$$

$$A=\begin{Bmatrix}C_1\\C_2\end{Bmatrix},\quad B=\begin{Bmatrix}C_3\\C_4\end{Bmatrix} \tag{15.104}$$

式(15.101)是一个齐次的线性方程组。根据矩阵理论,上述 4 个积分常数不全为零的条件是

$$\begin{vmatrix}R&S\\T&Q\end{vmatrix}=0 \tag{15.105}$$

上式为隐含着系数 k 的超越方程,解之可得屈曲荷载(即最小特征值),所以一般将上式称为屈曲方程。

根据矩阵理论,若 R 可逆,则

$$\begin{vmatrix}R&S\\T&Q\end{vmatrix}=|R||Q-TR^{-1}S|=\begin{vmatrix}0&1\\\sin(kL)&\cos k\end{vmatrix}\cdot\begin{vmatrix}0&k^2\csc kL\\k^2L\sin(kL)&0\end{vmatrix}=0 \tag{15.106}$$

或

$$k^4 L \sin(kL) = 0 \tag{15.107}$$

最小特征值为 $kL = \pi$，根据式（15.88）有

$$P_\omega = \frac{1}{i_0^2}\left(GJ_k + \frac{\pi^2 EI_\omega}{L^2}\right) \tag{15.108}$$

此式即为两端铰接钢柱扭转屈曲的临界荷载。

前面是按矩阵理论来求解式（15.99），实际上对于简支压杆，更简便快捷的解法是，直接对 4 个边界方程化简。首先根据

$$\theta(0) = C_2 + C_4 = 0 \tag{15.109}$$

$$\theta''(0) = -C_2 k^2 = 0 \tag{15.110}$$

得到 $C_2 = C_4 = 0$，其他 2 个方程化为

$$\theta(L) = C_1 \sin(kL) + C_3 L = 0 \tag{15.111}$$

$$\theta''(L) = -C_1 k^2 \sin(kL) = 0 \tag{15.112}$$

将特征值 $kL = \pi$ 回代到式（15.100），可知除 C_1 外其余积分常数均为零，从而得到对应的屈曲模态（特征向量）为

$$\theta = C_1 \sin(kz) \tag{15.113}$$

与常规的挠度曲线不同，这里得到的屈曲模态并不是真实的挠度，因为 C_1 大小不确定，所以屈曲模态描述的仅是屈曲的形状。

（2）悬臂轴压柱的扭转屈曲

悬臂柱的 4 个边界条件是（假设柱的长度为 L）

$$\left.\begin{array}{l}\theta(0) = 0 \\ \theta'(0) = 0\end{array}\right\}, \qquad \left.\begin{array}{l}\theta'''(L) + k^2\theta'(L) = 0 \\ EI_\omega\theta''(L) = 0\end{array}\right\} \tag{15.114}$$

据此可得到边界方程组为

$$\begin{pmatrix} 0 & 1 & 0 & 1 \\ k & 0 & 1 & 0 \\ -k^2\sin(Lk) & -k^2\cos(Lk) & 0 & 0 \\ 0 & 0 & k^2 & 0 \end{pmatrix}\begin{pmatrix} C_1 \\ C_2 \\ C_3 \\ C_4 \end{pmatrix} = \begin{pmatrix} 0 \\ 0 \\ 0 \\ 0 \end{pmatrix} \tag{15.115}$$

为了保证 4 个积分常数（C_1、C_2、C_3、C_4）不全为零，必有

$$\mathrm{Det}\begin{vmatrix} 0 & 1 & 0 & 1 \\ k & 0 & 1 & 0 \\ -k^2\sin(Lk) & -k^2\cos(Lk) & 0 & 0 \\ 0 & 0 & k^2 & 0 \end{vmatrix} = 0 \tag{15.116}$$

从而有

$$k^5\cos(Lk) = 0 \tag{15.117}$$

最小特征值为 $kL = \pi/2$，根据式（15.88）有

$$P_\omega = \frac{1}{i_0^2}\left(GJ_k + \frac{\pi^2 EI_\omega}{4L^2}\right) \tag{15.118}$$

此式即为悬臂柱扭转屈曲的临界荷载。

因为两端铰接柱的两端边界为"夹支座"或者形象地称之为"叉子形支座",在有限元模拟中边界处理较麻烦。而悬臂柱的一端固定一端自由,边界条件简单清楚,易于有限元模拟。因此,我们可以采用"半柱模型",即悬臂柱模型来模拟两端铰接柱的扭转屈曲。此时仅需要将悬臂柱模型的长度取为原来两端铰接柱的一半即可。

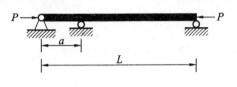

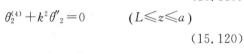

图 15.10 双跨轴压柱

(3)两跨轴压柱的扭转屈曲

本节将研究图 15.10 所示的双跨轴压柱扭转屈曲问题。

首先将式(15.89)写成分段形式

$$\theta_1^{(4)} + k^2\theta''_1 = 0 \qquad (L \leqslant z \leqslant a) \tag{15.119}$$

$$\theta_2^{(4)} + k^2\theta''_2 = 0 \qquad (L \leqslant z \leqslant a) \tag{15.120}$$

式中

$$k^2 = \frac{Pi_0^2 - GJ_k}{EI_\omega} > 0 \tag{15.121}$$

其通解分别是

$$\theta_1 = A_1\sin(kz) + A_2\cos(kz) + A_3z + A_4 \tag{15.122}$$

$$\theta'_1 = -A_1k^2\sin(kz) - A_2k^2\cos(kz) \tag{15.123}$$

$$\theta_2 = B_1\sin(kz) + B_2\cos(kz) + B_3z + B_4 \tag{15.124}$$

$$\theta'_2 = -B_1k^2\sin(kz) - B_2k^2\cos(kz) \tag{15.125}$$

两个四阶微分方程共有 8 个积分常数(A_1、A_2、A_3、A_4,B_1、B_2、B_3、B_4),需要有 8 个边界条件和连续条件方能求解。

本问题的边界条件如下:

$$\theta_1(0) = EI_\omega\theta''_1(0) = 0 \tag{15.126}$$

$$\theta_2(L) = EI_\omega\theta''_2(L) = 0 \tag{15.127}$$

连续条件如下:

$$\theta_1(a) = \theta_2(a) = 0 \tag{15.128}$$

$$\theta'_1(a) = \theta'_2(a) \tag{15.129}$$

$$EI_\omega\theta''_1(a) = EI_\omega\theta''_2(a) \tag{15.130}$$

式(15.128)表示支座的左右截面的转角为零,式(15.130)表示左右截面的翘曲相同(适用支座两侧截面相同的情况)。

根据式(15.126)和式(15.128)的第一个条件有

$$\theta_1(0) = A_1\sin0 + A_2\cos0 + A_30 + A_4 = 0 \Rightarrow A_2 + A_4 = 0 \tag{15.131}$$

$$\theta'_1(0) = -A_1k^2\sin0 - A_2k^2\cos0 = 0 \Rightarrow A_2 = 0 \tag{15.132}$$

$$\theta_1(a) = A_1\sin(ka) + A_2\cos(ka) + A_3a + A_4 = 0 \tag{15.133}$$

根据式(15.131)和式(15.132)有 $A_2 = A_4 = 0$,再由式(15.133)得

$$A_3 = -\frac{\sin(ka)}{a}A_1 \tag{15.134}$$

从而有

$$\theta_1(z) = A_1 \left[\sin(kz) - \frac{z}{a}\sin(ka) \right] \tag{15.135}$$

类似地,根据式(15.127)和式(15.128)的第二个条件求得

$$\theta_2(z) = B_1 \left\{ \sin[k(L-z)] - \frac{L-z}{L-a}\sin[k(L-a)] \right\} \tag{15.136}$$

进一步,由连续条件式(15.129),在 $z=a$ 处,

$$A_1 \left[\sin(kz) - \frac{z}{a}\sin(ka) \right]' = B_1 \left\{ \sin[k(L-z)] - \frac{L-z}{L-a}\sin[k(L-a)] \right\}' \tag{15.137}$$

或者

$$A_1 \left[k\cos(kz) - \frac{\sin(ka)}{a} \right] + B_1 \left\{ k\cos[k(L-z)] - \frac{\sin[k(L-a)]}{L-a} \right\} = 0 \tag{15.138}$$

将 $z=a$ 代入上式得连续条件

$$A_1 \left[k\cos(ka) - \frac{\sin(ka)}{a} \right] + B_1 \left\{ k\cos[k(L-a)] - \frac{\sin[k(L-a)]}{L-a} \right\} = 0 \tag{15.139}$$

由连续条件(15.130),或直接对式(15.138)求导得到

$$A_1 k^2 \sin(ka) - B_1 k^2 \sin[k(L-a)] = 0 \tag{15.140}$$

将式(15.139)和式(15.140)合并得

$$\begin{pmatrix} k\cos(ka) - \dfrac{\sin(ka)}{a} & k\cos[k(L-a)] - \dfrac{\sin[k(L-a)]}{L-a} \\ k^2\sin(ka) & -k^2\sin[k(L-a)] \end{pmatrix} \begin{pmatrix} A_1 \\ B_1 \end{pmatrix} = \begin{pmatrix} 0 \\ 0 \end{pmatrix} \tag{15.141}$$

再根据系数行列式为零的条件整理得

$$\frac{L\{\cos(kL) - \cos[k(2a-L)]\}}{2a(a-L)} - k\sin(kL) = 0 \tag{15.142}$$

引入无量纲参数 $\bar{a} = a/L$、$\bar{k} = kL$,有

$$\frac{\cos\bar{k} - \cos[\bar{k}(2\bar{a}-1)]}{2\bar{a}(\bar{a}-1)} - \bar{k}\sin\bar{k} = 0 \tag{15.143}$$

给定 $\bar{a}$,由此式即可求得临界荷载系数 $\bar{k}$。表 15.3 列出了几个典型的数值对应关系。

表 15.3 $\bar{a}$ 和 $\bar{k}$ 的关系

$\bar{a}$	0.2	0.4	0.5	0.6	0.8
$\bar{k}$	5.20128	6.0663	6.28319	6.0663	5.20128

由于式(15.143)为一个复杂的超越方程,图 15.11 中绘制了 $\bar{a}$ 和 $\bar{k}$ 之间的等值线图。从图中可以看到:有 $\bar{k}$ 的极值出现在 $\bar{a}=0.5$ 时,即支承置于跨中,这与我们的预想是一致的。

若设 $\bar{a}=1/2$,则式(15.143)变为

$$2 - 2\cos\bar{k} - \bar{k}\sin\bar{k} = 0 \tag{15.144}$$

或者

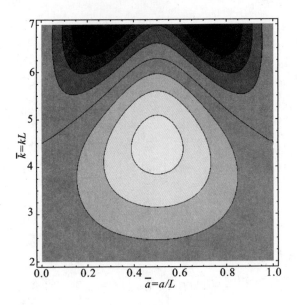

图 15.11 $\bar{a}$ 和 $\bar{k}$ 的等值线图

$$\sin \frac{\bar{k}}{2}\left(\bar{k}\cos \frac{\bar{k}}{2}-\sin \frac{\bar{k}}{2}\right)=0 \tag{15.145}$$

此方程有两个解答,即

$$\sin \frac{\bar{k}}{2}=0 \Rightarrow \bar{k}=2\pi \tag{15.146}$$

或者

$$\tan \frac{\bar{k}}{2}=\bar{k} \Rightarrow \bar{k}\approx 8.986 \tag{15.147}$$

最小特征值为 $\bar{k}=kL=2\pi$,根据式(15.88)得

$$P_\omega=\frac{1}{i_0^2}\left[GJ_k+\frac{\pi^2 EI_\omega}{(0.5L)^2}\right] \tag{15.148}$$

此式即为跨中有刚性支承压杆扭转屈曲的临界荷载。

综上所述,钢柱扭转屈曲临界荷载的通式可写为

$$P_\omega=\frac{1}{i_0^2}\left[GJ_k+\frac{\pi^2 EI_\omega}{(\mu_\omega L)^2}\right] \tag{15.149}$$

式中,μ_ω 的数值可按表 15.4 选取。

表 15.4 μ_ω 数值

工况	两端铰接	两端固定	固定—简支	固定—滑动	固定—自由
μ_ω	1.0	0.5	0.7	6.0663	2.0

(4)扭转弹性约束(支撑)钢柱的扭转屈曲:对称屈曲与反对称屈曲

为了提高钢柱的稳定性,可以在工程中给钢柱施加弹性约束。这种弹性约束可能是多种

多样的,但基本是两大类:体内弹性约束(图 15.12)和体外弹性约束(图 15.13)。体内弹性约束的问题比较复杂,如何合理地描述其作用尚存在分歧。相比之下,人们对体外弹性约束的处理方式和观点比较一致。Vlasov 率先对体外弹性约束的作用进行了研究。他将体外弹性约束分为两种基本类型(图 15.14):侧向弹性约束(支撑)和扭转弹性约束(支撑)。为了简化分析,Vlasov 将离散的弹性约束连续化为分布弹性约束,并建立了正确的微分方程。此后 Timoshenko 基于 Vlasov 模型对图 15.14 所示的弹性约束下钢柱的屈曲问题进行了求解。

　　与 Vlasov 和 Timoshenko 的分布弹性约束模型不同,本节将讨论离散扭转弹性约束(支撑)的影响问题,以验证 Timoshenko 解答的适用性。

　　以图 15.15 所示的两端铰接柱为例,在跨中扭转弹性约束下轴压钢柱扭转屈曲的能量泛函为

$$\Pi[\theta',\theta''] = 2 \times \frac{1}{2}\int_0^{L/2}[EI_\omega(\theta'')^2 - (Pi_0^2 - GJ_k)(\theta')^2]\mathrm{d}x + \frac{1}{2}k_T\theta^2\big|_{z=L/2} \quad (15.150)$$

其中,k_T 为跨中弹性扭转约束的扭转刚度,其量纲为[力·长度/弧度]。因此,上式中最后一项为跨中弹性扭转约束的应变能。

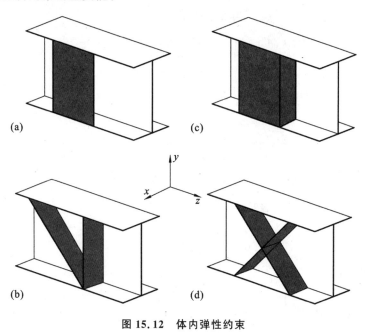

图 15.12　体内弹性约束

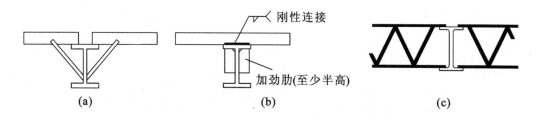

图 15.13　体外弹性约束

(a)用隅撑限制扭转;(b)用加劲肋的刚性连接限制扭转;(c)桁架受压弦杆(用桁架檩条限制扭转)

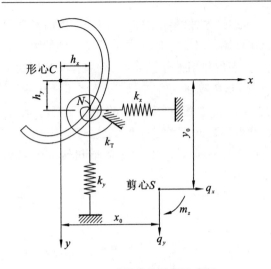

图 15.14 弹性约束的两种类型

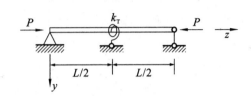

图 15.15 跨中弹性扭转约束下轴压钢柱

首先将能量泛函式(15.150)写为如下的形式：

$$\Pi[\theta',\theta'']=\int_0^{L/2}F(\theta',\theta'')\mathrm{d}x+\frac{1}{2}k_T\theta^2\big|_{z=L/2} \tag{15.151}$$

其中

$$F(\theta',\theta'')=[EI_\omega(\theta'')^2-(Pi_0^2-GJ_k)(\theta')^2] \tag{15.152}$$

根据导数

$$\frac{\partial F}{\partial\theta'}=-2(Pi_0^2-GJ_k)\theta',\frac{\partial F}{\partial\theta''}=2EI_\omega\theta'' \tag{15.153}$$

可得 Euler 方程为

$$\frac{\partial F}{\partial\theta}-\frac{\mathrm{d}}{\mathrm{d}z}\left(\frac{\partial F}{\partial\theta'}\right)+\frac{\mathrm{d}^2}{\mathrm{d}z^2}\left(\frac{\partial F}{\partial\theta''}\right)=0 \tag{15.154}$$

或者

$$(Pi_0^2-GJ_k)\theta''+EI_\omega\theta^{(4)}=0 \tag{15.155}$$

其边界条件为

(1)反对称屈曲

$z=0$ 和 $z=L/2$ 处

$$\theta(0)=\theta'(0)=0 \tag{15.156}$$

(2)对称屈曲

$z=0$ 处

$$\theta(0)=\theta'(0)=0 \tag{15.157}$$

$z=L/2$ 处

$$\frac{\partial F}{\partial\theta'}-\frac{\mathrm{d}}{\mathrm{d}z}\left(\frac{\partial F}{\partial\theta''}\right)+k_T\theta=k_T\theta-2(Pi_0^2-GJ_k)\theta'-2EI_\omega\theta'''=0 \tag{15.158}$$

$$\theta'=0 \tag{15.159}$$

显然,式(15.158)的边界条件比较复杂,利用常规方法很难正确地写出;式(15.159)的边界条件是作者依据对称屈曲中扭转变形的对称性提出的,其物理意义是跨中截面的翘曲变形为零。

【说明】

1. 本书将跨中扭转弹性约束下轴压钢柱的扭转屈曲分为两类,即对称屈曲和反对称屈曲,概念清晰,利于区分不同情况来求解微分方程。

2. 与结构力学中对称性的利用相类似,对称性可简化我们的推导过程。但此方法的难度在于能否正确写出其对称面,即跨中的边界条件。很多文献和著作为了回避这个问题,则采取了与上节双跨轴压柱类似的分段函数法。显然,分段函数法的推导过程是烦琐的。为此本书将提供一种新的简便解法。

实际上,若将式(15.158)的边界条件改写为

$$\left(\frac{1}{2}\right)k_T\theta-(Pi_0^2-GJ_k)\theta'-EI_\omega\theta'''=0 \tag{15.160}$$

从此公式中可以看出,在对称面可以将扭转刚度折半,即取$\left(\frac{1}{2}\right)k_T$,其他不变。后面第 21 章我们将通过能量变分解答来证明其正确性。

可以证明,对称屈曲的边界条件与上节双等跨轴压柱的扭转屈曲解答式(15.146)相同,因此对称屈曲的临界荷载为

$$P_\omega=\frac{1}{i_0^2}\left[GJ_k+\frac{\pi^2EI_\omega}{(0.5L)^2}\right] \tag{15.161}$$

此结果说明,当扭转弹性约束的刚度达到某特定数值,其作用效果与刚性支座效果相同。因此,反对称屈曲的解答为跨中扭转弹性约束下,确定该轴压钢柱的扭转屈曲荷载的上限。

下面讨论对称屈曲情况。首先将微分方程(15.155)的通解式(15.90)代入到边界条件式(15.157)~式(15.159),可得 4 个边界方程

$$\left. \begin{array}{r} C_2+C_4=0 \\ -k^2C_2=0 \\ k\cos\left(\dfrac{kL}{2}\right)C_1-k\sin\left(\dfrac{kL}{2}\right)C_2+C_3=0 \\ \sin\left(\dfrac{kL}{2}\right)C_1k_0+\cos\left(\dfrac{kL}{2}\right)C_2k_0+C_4k_0+C_3\left(-2k^2+\dfrac{Lk_0}{2}\right)=0 \end{array} \right\} \tag{15.162}$$

或者

$$\begin{pmatrix} 0 & 1 & 0 & 1 \\ 0 & -k^2 & 0 & 0 \\ k\cos\left(\dfrac{kL}{2}\right) & -k\sin\left(\dfrac{kL}{2}\right) & 1 & 0 \\ \sin\left(\dfrac{kL}{2}\right)k_0 & \cos\left(\dfrac{kL}{2}\right)k_0 & -2k^2+\dfrac{Lk_0}{2} & k_0 \end{pmatrix} \begin{pmatrix} C_1 \\ C_2 \\ C_3 \\ C_4 \end{pmatrix} = \begin{pmatrix} 0 \\ 0 \\ 0 \\ 0 \end{pmatrix} \tag{15.163}$$

其中,$k_0=k_\theta/(EI_\omega)$。

为了保证 4 个积分常数(C_1、C_2、C_3、C_4)不全为零,必有其系数行列式为零,从而得到如下的屈曲方程:

$$-2k^3\cos\left(\frac{kL}{2}\right)+\frac{kL}{4}\cos\left(\frac{kL}{2}\right)k_\theta-\sin\left(\frac{kL}{2}\right)\frac{k_\theta}{2}=0 \tag{15.164}$$

为了使分析不受具体截面和尺寸的影响,保证结果具有普遍性,我们引入两个无量纲参数,即

无量纲轴力因子 $$\tilde{k}=\frac{kL}{2} \tag{15.165}$$

无量纲扭转弹簧刚度 $$\tilde{k}_T=k_\theta L^3/(EI_\omega) \tag{15.166}$$

可将屈曲方程(15.164)改写为

$$-16\tilde{k}^3\cos(\tilde{k})+\tilde{k}\cos(\tilde{k})\tilde{k}_T-\tilde{k}\sin(\tilde{k})\tilde{k}_T=0 \tag{15.167}$$

这就是我们利用对称性推导得到的跨中扭转弹性约束下轴压钢柱的对称屈曲方程。

给定无量纲扭转弹簧刚度 $\bar{k}_\theta$,即可通过求解此屈曲方程(超越方程)得到相应的无量纲轴力因子。据此可绘制无量纲轴力因子与无量纲扭转弹簧刚度的关系,如图 15.16 中实线曲线所示。

为了避免求解复杂的超越方程,我们这里利用 1stOpt 软件回归得到下面的简化公式:

$$\tilde{k}=\frac{\pi+a\tilde{k}_T+b\tilde{k}_T^2}{2+c\tilde{k}_T+d\tilde{k}_T^2} \tag{15.168}$$

式中,a、b、c、d 为回归系数,其数值为

$$a=0.03854,\quad b=2.69216\times10^{-5},\quad c=0.00600,\quad d=7.60784\times10^{-6} \tag{15.169}$$

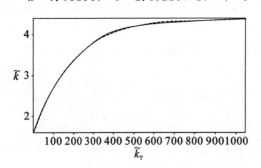

依据简化公式获得的无量纲轴力因子与无量纲扭转弹簧刚度的关系,如图 15.16 中虚线所示。可见,简化公式与精确解吻合效果非常好。

图 15.17 为对称屈曲与反对称屈曲的关系曲线。从图中可见,反对称屈曲为跨中扭转弹性约束下轴压钢柱的扭转屈曲荷载的上限,而无扭转弹性约束的两端铰接柱的扭转屈曲荷载为下限。

图 15.16　扭转弹簧刚度与轴力因子的关系曲线

与弹性约束 Euler 柱类似,跨中扭转弹性约束也存在一个刚度阈值,如图 15.17 中的 T 点所示。令式(15.167)中的 $\tilde{k}=\pi$,可得此刚度阈值为

$$(\tilde{k}_T)_{TH}=16\pi^2 \tag{15.170}$$

或者

$$(k_T)_{TH}=16\pi^2\left(\frac{EI_\omega}{L^3}\right) \tag{15.171}$$

这就是钢柱由对称屈曲转变为反对称屈曲的最小扭转刚度值(刚度阈值)。

研究发现,当 $\tilde{k}_T \leqslant 16\pi^2$ 时,$\tilde{k}^2$ 与 $\tilde{k}_T$ 之间的关系如图 15.18 所示,并可用如下简化公式表示

$$\tilde{k}^2 = \left(\frac{\pi}{2}\right)^2 + 0.05112\tilde{k}_T - 2.61592 \times 10^{-5}\tilde{k}_T{}^2 \tag{15.172}$$

从图 15.18 所示可看出,简化公式(15.172)几乎与精确解重合。因此,简化公式(15.172)足够精确。

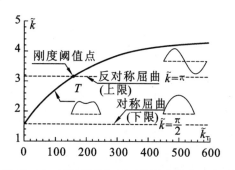

图 15.17 对称屈曲与反对称屈曲的关系曲线

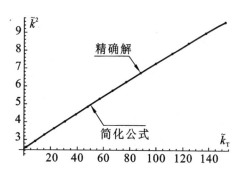

图 15.18 $\tilde{k}^2$ 与 $\bar{k}_T$ 之间的关系

根据式(15.165)和式(15.88)可知

$$\tilde{k}^2 = \left(\frac{kL}{2}\right)^2 = \left(\frac{L}{2}\right)^2 \frac{Pi_0^2 - GJ_k}{EI_\omega} \tag{15.173}$$

据此可得

$$P_{cr} = \frac{1}{i_0^2}\left(GJ_k + \frac{4\tilde{k}^2 EI_\omega}{L^2}\right) = \frac{1}{i_0^2}\left\{GJ_k + \frac{4\left[\left(\frac{\pi}{2}\right)^2 + 0.05112\tilde{k}_T - 2.61592 \times 10^{-5}\tilde{k}_T{}^2\right]EI_\omega}{L^2}\right\} \tag{15.174}$$

从而有

$$P_{cr} = \frac{1}{i_0^2}\left(GJ_k + \frac{\pi^2 EI_\omega}{L^2} + \frac{(0.2045\tilde{k}_T - 0.0001\tilde{k}_T{}^2)EI_\omega}{L^2}\right) \leqslant \frac{1}{i_0^2}\left(GJ_k + \frac{\pi^2 EI_\omega}{(0.5L)^2}\right) \tag{15.175}$$

式中,$\tilde{k}_T = k_\theta L^3 / (EI_\omega)$ 为无量纲扭转弹簧刚度。

这就是本书提出的跨中扭转弹性约束下轴压钢柱的对称扭转屈曲荷载的表达式。

Timoshenko(1961 年)曾基于分布弹性约束模型,给出如下的公式:

$$P_{cr} = \frac{1}{i_0^2}\left[GJ_k + \left(\frac{n_w\pi}{L}\right)^2 EI_\omega + k_\varphi\left(\frac{L}{n_w\pi}\right)^2\right] \tag{15.176a}$$

式中,k_φ 为分布扭转弹簧刚度;n_w 为屈曲模态的半波数。

为了考虑离散弹性约束情况,J. A. Yura 和 T. A. Helwig(1999 年)将其改写为

$$(P_{cr})_{\text{Timoshenko}} = \frac{1}{i_0^2}\left[GJ_k + \left(\frac{n_w^2\pi^2}{L^2}\right)EI_\omega + \left(\frac{k_T}{L/n_b}\right)\left(\frac{L^2}{n_w^2\pi^2}\right)\right] \tag{15.176b}$$

其中,n_b 为离散扭转弹性约束的数目;n_w 为屈曲模态的半波数。

研究发现,Timoshenko 公式存在两个问题。

首先,上式的半波数 n_w 是待定的,即 Timoshenko 公式属于"试算公式"。对此,Timoshenko 在其著作中解释到,每种特定的情况下,EI_ω 和 k_T 是给定的,此时需要选择半波数 n_w 的数值,以保证式(15.176)为最小值。显然,这是一个试算的过程。为了避免试算,J. A. Yura 和 T. A. Helwig(1999 年)提出一个解决方案,令式(15.176)中半波数 n_w 的数值与半波数 n_w+1 相等,从而得到

$$(P_{cr})_{\text{Yura}} = \frac{1}{i_0^2}\left[GJ_k + \left(\frac{\pi^2 EI_\omega}{L^2}\right) + \sqrt{4\left(\frac{k_T}{L/n_b}\right)EI_\omega}\right] \tag{15.177}$$

其次,我们的研究发现,对于跨中只有一个扭转弹性约束的情况,Timoshenko 和 Yura 的公式的误差均较大。

为了比较,首先参照式(15.173),将 Timoshenko 和 Yura 公式改写为如下无量纲形式

$$\begin{aligned}\tilde{k}^2_{\text{Timoshenko}} &= \left(\frac{L}{2}\right)^2 \frac{Pi_0^2 - GJ_k}{EI_\omega} \\ &= \left(\frac{n^2\pi^2}{2^2}\right) + \left(\frac{1}{4n^2\pi^2}\right)\left(\frac{n_b k_T L^3}{EI_\omega}\right) = \left(\frac{n\pi}{2}\right)^2 + \left(\frac{1}{2n\pi}\right)^2 n_b \tilde{k}_T\end{aligned} \tag{15.178}$$

$$\begin{aligned}\tilde{k}^2_{\text{Yura}} &= \left(\frac{L}{2}\right)^2 \frac{Pi_0^2 - GJ_k}{EI_\omega} \\ &= \left(\frac{\pi}{2}\right)^2 + \sqrt{4\left(\frac{k_T}{L/n_b}\right)EI_\omega\left(\frac{L^2}{4EI_\omega}\right)^2} = \left(\frac{\pi}{2}\right)^2 + \sqrt{\frac{n_b}{4}\left(\frac{k_T L^3}{EI_\omega}\right)} = \left(\frac{\pi}{2}\right)^2 + \sqrt{\frac{n_b}{4}\tilde{k}_T}\end{aligned} \tag{15.179}$$

式中,n_b 为离散扭转弹性约束的数目。

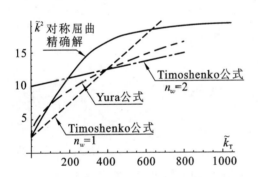

图 15.19　Timoshenko 和 Yura 公式与精确解的对比

图 15.19 为 Timoshenko 和 Yura 公式与精确解的对比。从图中可以看出,Timoshenko 和 Yura 公式的误差较大,且将给出过低的屈曲荷载。因此,对于跨中扭转弹性约束下轴压钢柱的对称扭转屈曲问题,Timoshenko 和 Yura 公式不适用。然而,很多国际著名学者,比如 Trahair(1993 年)、J. A. Yura 和 T. A. Helwig(1999 年)曾利用 Timoshenko 公式讨论离散扭转弹性约束的刚度阈值问题。显然,其结论的可信性值得商榷。

15.4.2　扭转屈曲的能量变分解答

(1)离散扭转弹性约束下轴压钢柱的扭转屈曲问题

对于跨中具有多个扭转弹性约束的轴压钢柱,若再采用前述的微分方程模型求解将是异常复杂的,但是若采用能量变分模型则是非常简便的。

利用轴压杆扭转屈曲的能量泛函,得到

$$\Pi(\theta) = \frac{1}{2}\int_0^L [EI_\omega (\theta')^2 - (Pi_0^2 - GJ_k)(\theta')^2]dz + \frac{1}{2}\sum_i^{N_s} k_{Ti}\theta_i^2 \quad (15.180)$$

其中,θ_i 和 k_{Ti} 分别为第 i 个扭转弹性约束的转角和扭转弹簧刚度,N_s 为扭转弹性约束的总数。

仍以两端铰接钢柱为例,选取模态函数为

$$\theta(z) = \sum_{n=1}^\infty B_n \sin\left(\frac{n\pi z}{L}\right) \quad (n=1,2,3,\cdots,\infty) \quad (15.181)$$

其中,B_n 为无量纲待定参数,也可以看成是广义坐标。

显然,该模态试函数满足简支柱两端的位移和力边界条件,即

$$\theta(0) = \theta'(0) = 0, \quad \theta(L) = \theta'(L) = 0 \quad (15.182)$$

将式(15.181)代入式(15.180),并相应地进行积分运算,即可获得与钢柱扭转屈曲的总势能。为清晰起见,这里分项列出其积分结果。

$$\Pi_1 = \frac{1}{2}\int_0^L [EI_\omega\theta''^2 - (Pi_0^2 - GJ_k)\theta'^2]dz$$

$$= \sum_{n=1}^\infty B_n^2 \cdot \left[\frac{EI_\omega}{4L^3}(n^4\pi^4) - \frac{(Pi_0^2 - GJ_k)}{4L}(n^2\pi^2)\right] \quad (15.183)$$

$$\Pi_2 = \frac{1}{2}\sum_i^{N_s} k_{Ti}\theta_i^2 = \frac{1}{2}\sum_i^{N_s} k_{Ti}\left[\sum_{n=1}^\infty B_n \sin(n\xi_i\pi)\right]^2$$

$$= \frac{1}{2}\sum_i^{N_s} k_{Ti}\left\{\sum_{n=1}^\infty B_n^2 [\sin(n\xi_i\pi)]^2 + 2\sum_{n=1}^\infty \sum_{\substack{r=1 \\ r\neq n}}^\infty B_n B_r \sin(n\xi_i\pi)\sin(r\xi_i\pi)\right\} \quad (15.184)$$

式中,$\xi_i = z_i/L$ 为第 i 个扭转弹性约束的无量纲位置坐标。若整体坐标系原点选在左端支座,则 z_i 为第 i 个扭转弹性约束距离左端支座的距离。

首先将上述积分结果进行无量纲化处理,可得

$$\Pi = \Pi_1 + \Pi_2 = \sum_{n=1}^\infty \sum_{\substack{r=1 \\ r\neq n}}^\infty B_n B_r \sum_i^{N_s} \tilde{k}_{Ti} \sin(n\pi\xi_i)\sin(r\pi\xi_i) +$$

$$\frac{1}{4}\sum_{n=1}^\infty B_n^2(n^4\pi^4 - 4n^2\pi^2\tilde{k}^2) + \frac{1}{2}\sum_{n=1}^\infty B_n^2\left[\sum_i^{N_s} \tilde{k}_{Ti}\sin(n\pi\xi_i)^2\right] \quad (15.185)$$

式中,$\tilde{k}_{Ti} = k_{Ti}L^3/(EI_\omega)$ 为第 i 个无量纲扭转弹簧刚度;$\tilde{k}^2 = \left(\frac{kL}{2}\right)^2$ 为无量纲轴力因子的平方。

根据变分原理,由 $\frac{\partial\Pi}{\partial B_n} = 0$ 可得该问题的无量纲屈曲方程为

$$B_n\left(\frac{n^4\pi^4}{2} - 2n^2\pi^2\tilde{k}^2\right) + B_n\left[\sum_i^{N_s} \tilde{k}_{Ti}\sin(n\pi\xi_i)^2\right] +$$

$$\sum_{\substack{r=1 \\ r\neq n}}^\infty B_r \cdot \left[\sum_i^{N_s} \tilde{k}_{Ti}\sin(n\pi\xi_i)\sin(r\pi\xi_i)\right] = 0 \quad (15.186)$$

根据本书在前几章提出的方法,可将上述屈曲方程按照有限元的格式写成

$$\boldsymbol{K}_0\boldsymbol{U} = \lambda\boldsymbol{K}_G\boldsymbol{U} \quad (15.187)$$

其中,$\boldsymbol{U} = [B_1 \quad B_2 \quad B_3 \quad \cdots \quad B_N]^T$ 为待定系数(广义坐标)组成的屈曲模态;$\lambda = \tilde{k}^2$ 为所求的

无量纲轴力因子的平方;$\boldsymbol{K}_0$ 为线性刚度矩阵,其对角线和非对角线的元素分别为

$$\left.\begin{aligned}{}^0 k_{n,n} &= \frac{n^4 \pi^4}{2} + \sum_i^{N_s} \tilde{k}_{Ti} \sin(n\pi\xi_i)^2 \quad (n=1,2,\cdots,N) \\ {}^0 k_{n,r} &= \sum_i^{N_s} \tilde{k}_{Ti} \sin(n\pi\xi_i) \sin(r\pi\xi_i) \quad \begin{pmatrix} r \neq n \\ n=1,2,\cdots,N \\ r=1,2,\cdots,N \end{pmatrix} \end{aligned}\right\} \tag{15.188}$$

$\boldsymbol{K}_G$ 为几何刚度矩阵,其对角线和非对角线的元素分别为

$$\left.\begin{aligned}{}^G k_{n,n} &= 2n^2\pi^2 \quad (n=1,2,\cdots,N) \\ {}^G k_{n,r} &= 0 \quad \begin{pmatrix} r \neq n \\ n=1,2,\cdots,N \\ r=1,2,\cdots,N \end{pmatrix} \end{aligned}\right\} \tag{15.189}$$

从数学角度看,此问题最终可归结为求解式(15.187)所表达的广义特征值问题,其中最小 $\lambda = \tilde{k}^2$ 和特征向量分别为所求的无量纲轴力因子的平方和屈曲模态。

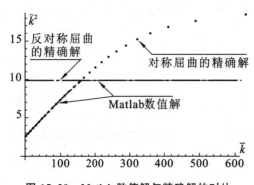

图 15.20　Matlab 数值解与精确解的对比

理论上任何求解广义特征值问题的方法都适用于此类问题,因为与大型有限元分析程序不同,这里涉及的自由度数并不多,因此利用 Matlab 的 eig(A,B) 可以轻松完成上述任务。

图 15.20 为 $N=100$ 的 Matlab 数值解与精确解的对比。从图中可以看出,当 $N=100$,即取 100 项三角级数时,Matlab 数值解与精确解完全相同。说明本节给出的屈曲方程式(15.187)为三角级数形式的精确解,也证明本节的微分方程解答式(15.168)是正确的。

与微分方程解答相比,能量变分模型的解答无须判别两种屈曲模态(对称屈曲和反对称屈曲)哪个起控制作用,因为三角级数解答既包含对称屈曲模态也包含反对称屈曲模态,可以根据参数变化确定不同模态的参与度。从这个意义上讲,能量变分模型不但数学处理简单,且更具有通用性。

(2)连续分布扭转弹性约束下轴压钢柱的扭转屈曲问题

利用轴压杆扭转屈曲的能量泛函,得到

$$\Pi = \frac{1}{2} \int_0^L [EI_\omega (\theta'')^2 - (Pi_0^2 - GJ_k)(\theta')^2 + k_\phi \theta^2] \mathrm{d}z \tag{15.190}$$

其中,k_ϕ 为连续分布扭转弹性约束的扭转弹簧刚度。

仍以两端铰接钢柱为例,选取模态函数为

$$\theta(z) = \sum_{n=1}^{\infty} B_n \sin\left(\frac{n\pi z}{L}\right) \quad (n=1,2,3,\cdots,\infty) \tag{15.191}$$

其中,B_n 为无量纲待定参数,也可以看成是广义坐标。

显然,该模态试函数满足简支柱两端的位移和力边界条件,即

$$\theta(0)=\theta''(0)=0, \quad \theta(L)=\theta''(L)=0 \tag{15.192}$$

将式(15.181)代入式(15.180),并相应地进行积分运算,即可获得钢柱扭转屈曲的总势能为

$$\Pi = \sum_{n=1}^{\infty} B_n^2 \cdot \left[\frac{EI_\omega}{4L^3}(n^4\pi^4) - \frac{Pi_0^2 - GJ_k}{4L}(n^2\pi^2) + \frac{1}{4}Lk_\phi \right] \tag{15.193}$$

首先将上述积分结果进行无量纲化处理,可得

$$\Pi = \frac{1}{4} \sum_{n=1}^{\infty} B_n^2 (n^4\pi^4 - 4n^2\pi^2\overline{k}^2 + \overline{k}_\phi) \tag{15.194}$$

式中,$\overline{k}_\phi = k_\phi L^4/(EI_\omega)$ 为无量纲扭转弹簧刚度;$\overline{k}^2 = \left(\dfrac{kL}{2}\right)^2$ 为无量纲轴力因子的平方。

根据变分原理,由 $\dfrac{\partial \Pi}{\partial B_n}=0$ 可得该问题的无量纲屈曲方程为

$$\frac{1}{2} \sum_{n=1}^{\infty} B_n (n^4\pi^4 - 4n^2\pi^2\overline{k}^2 + \overline{k}_\phi) = 0 \tag{15.195}$$

显然,若此无穷方程组成立,则 B_n 的系数必为零,即

$$n^4\pi^4 - 4n^2\pi^2\overline{k}^2 + \overline{k}_\phi = 0 \tag{15.196}$$

据此可得

$$\overline{k}^2 = \frac{n^2\pi^2}{4} + \frac{\overline{k}_\phi}{4n^2\pi^2} \tag{15.197}$$

因为对于仅跨中布置弹性扭转约束的简支柱,其 $\tilde{k}_T = L\overline{k}_\phi$,因此解答(15.197)与上节推导的 Timoshenko 公式(15.176b)相同。

图 15.21 和图 15.22 分别为跨中布置 2 道和 5 道弹性扭转约束的轴力因子与弹簧刚度之间的关系曲线。图中的精确解是利用上节的能量变分解获得的。从图中可以看出,随着弹性扭转约束的增加,Timoshenko 和 Yura 公式精度解不断增加。

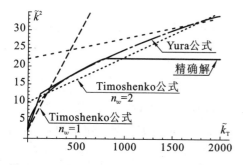

图 15.21　Timoshenko 和 Yura 公式与精确解的对比(布置 2 道扭转支撑)

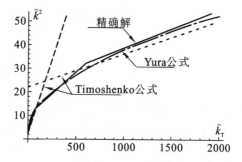

图 15.22　Timoshenko 和 Yura 公式与精确解的对比(布置 5 道扭转支撑)

这说明,正如我们在格构柱连续化模型所强调的那样,任何连续化模型都是有适用范围的。只有离散扭转弹性约束数目足够多,比如 6 个以上时,连续扭转弹性约束模型的结果才是正确的。

15.5 单轴对称截面钢柱弯扭屈曲的板-梁理论:T形截面

15.5.1 基本假设与问题描述

(1) 基本假设

① 刚周边假设。据此可以确定板件形心的横向位移。

② 每块平板的总变形都可分解为两部分,即平面内变形和平面外变形;与此对应的纵向位移、应变能和初应力势能等,可分别按 Euler 梁力学模型和 Kirchhoff 板力学模型确定。

(2) 问题描述

为不失一般性,本文以图 15.23 所示单轴对称的 T 形截面钢柱为研究对象。

为了方便描述变形,该板-梁理论需要引入两套坐标系:整体坐标系 xyz 和局部坐标系 nsz。这两套坐标系与 Vlasov 的坐标系类似。两套坐标系均须符合右手螺旋法则。整体坐标系的原点选在截面形心,各板件的局部坐标系原点选在板件的形心。坐标系和截面变形如图 15.23 所示。

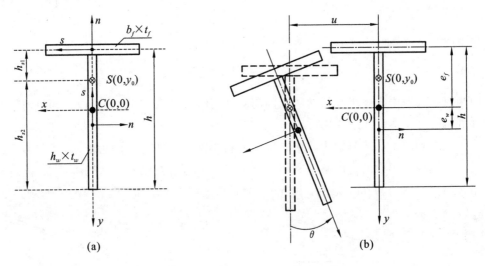

(a) (b)

图 15.23 T形截面的坐标系与变形图

已知:钢柱的长度为 L;翼缘的宽度为 b_f,厚度为 t_f;翼缘的弹性模量为 E_f,剪切模量为 G_f,泊松比为 μ_f;腹板的高度为 h_w,厚度为 t_w;腹板的弹性模量为 E_w,剪切模量为 G_w,泊松比为 μ_w。

若在轴压力作用下 T 形钢柱发生弯扭屈曲,则横截面的未知量有两个:绕着剪心的转角 $\theta(z)$ 和剪心(形心)沿着 x 轴的侧移 $u(z)$。

上图中,h 是我们在钢梁和钢柱屈曲理论中常用的一个几何量。对于本问题 $h=h_w+t_f/2$ 为上翼缘形心至腹板底面的距离。需要注意 h 与截面总高度 $H=h_w+t_f$ 的定义不同;e_f、e_w 分别为上翼缘和腹板自身形心至截面形心的距离;y_0 为剪心的坐标。需要注意的是,

y_0 不是形心与剪心之间的距离,且在图示整体坐标系下 y_0 为负值。

15.5.2 形心和剪心的新定义

(1) 形心的新定义

传统的截面形心定义是针对单一材料构件的,比如材料力学就是用面积矩来表述,即

$$e_f = \frac{\sum A_i y_i}{\sum A_i} \tag{15.198}$$

此公式与理论力学中的截面重心定义完全一致。因此,很多文献都认为截面形心即截面重心。

然而,对于不同材料组成的构件,比如钢-混凝土组合构件而言,截面不同区域的模量是不同的,此时的截面形心就不能再套用前述的概念。为此需要重新理解截面形心的内涵。

所谓"截面形心"是指这样的一个点,当轴向力作用于该点时,截面仅发生轴线变形而无弯曲变形。即若全截面发生单位轴向应变,则由此在截面各板件产生的轴力相对于截面形心的合力矩为零。据此可以快速地确定截面的形心。

以图 15.23 所示的截面为例,当全截面发生单位轴向应变时,腹板和上翼缘产生的轴力分量分别为

$$N_w = E_w A_w \times 1, \quad N_f = E_f A_f \times 1 \tag{15.199}$$

假设 e_f 为上翼缘自身形心到截面形心的距离,则根据合力矩为零的条件,必有

$$(E_w A_w \times 1) \times \left(\frac{h_w + t_f}{2} - e_f \right) - (E_f A_f \times 1) e_f = 0 \tag{15.200}$$

由此可解出

$$e_f = \frac{E_w A_w \left(\dfrac{h_w + t_f}{2} \right)}{E_w A_w + E_f A_f} = \frac{E_w A_w \left(\dfrac{h_w + t_f}{2} \right)}{(EA)_{\text{comp}}} \tag{15.201}$$

这就是我们新定义的截面形心计算公式。此公式对单一材料和钢-混凝土组合结构均适用。

显然,若截面为同一种材料,则必有

$$e_f = \frac{A_w \left(\dfrac{h_w + t_f}{2} \right)}{A_w + A_f} \tag{15.202}$$

此公式与传统的截面形心计算公式(15.198)的计算结果一致。证明材料力学的定义为我们的一个特例。

(2) 剪心的新定义

若截面绕弱轴的弯曲,假设整个截面产生横向位移 u,没有扭转角,即 $\theta = 0$。根据 Euler 梁理论,此时上翼缘和腹板分别绕弱轴(y 轴)弯曲并产生剪力,即

$$Q_{x,f_1} = -E_f I_{y,f} u''', \quad Q_{x,w} = -E_w I_{y,w} u''' \tag{15.203}$$

注意,与经典的 Vlasov 理论不同,这里我们考虑了腹板绕 y 轴的弯曲剪力。

所谓剪切中心,是截面只弯不扭时剪力的合力作用点,即若外力通过剪切中心,则截面

才会只弯曲而不扭转。据此概念,可方便地确定剪切中心的位置。

以图 15.23 所示的 T 形截面为例,剪切中心一定在对称轴 y 轴上,但具体位置需要根据平衡条件来确定,即对上翼缘形心取矩,有

$$(-E_w I_{y,w} u''') \left(\frac{h_w + t_f}{2} \right) = (-E_f I_{y,f} u''' - E_w I_{y,w} u''') h_{s1} \tag{15.204}$$

从而有

$$h_{s1} = \frac{E_w I_{y,w} \left(\dfrac{h_w + t_f}{2} \right)}{E_f I_{y,f} + E_w I_{y,w}} \tag{15.205}$$

若截面为同一种材料,则必有

$$h_{s1} = \frac{I_{y,w} \left(\dfrac{h_w + t_f}{2} \right)}{I_{y,f} + I_{y,w}} = \frac{\left(\dfrac{h_w t_w^3}{12} \right) \left(\dfrac{h_w + t_f}{2} \right)}{\left(\dfrac{h_w t_w^3}{12} \right) + \left(\dfrac{t_f b_f^3}{12} \right)} \tag{15.206}$$

我们注意到,上述的剪心定义与 Vlasov 理论不同,主要是我们考虑了腹板的作用,而 Vlasov 忽略了此项的影响。因此 Vlasov 理论导出的 T 形截面剪心恰好位于腹板和翼缘的交点处,而作者提出的板-梁理论导出的 T 形截面剪心处于截面形心和上翼缘形心之间,这是该板-梁理论与 Vlasov 理论的主要差别。

需要特别提醒的是,这并不意味着上述的 Vlasov 的剪心定义有问题,因为 Vlasov 的剪心定义与其理论体系是协调一致的,而本节剪心的新定义与作者的板-梁理论也是协调一致的。为了"自圆其说"或者说为了消除交叉项 $\left(\dfrac{\partial^2 u}{\partial z^2} \right) \left(\dfrac{\partial^2 \theta}{\partial z^2} \right)$ 的影响,不同的薄壁构件理论体系有不同的剪心定义也很正常。虽然过去很多人,包括 Timoshenko 都曾对 Vlasov 的剪心定义进行过讨论。然而通过本节后面的理论推导,我们会发现,在理论体系支撑下来讨论剪心的定义正确与否才更有价值。

15.5.3 弯扭屈曲的应变能

(1)腹板的应变能

① 腹板的变形

腹板形心的整体坐标为 $(0, e_w)$,腹板局部坐标系下任意点 (n, s) 的位移为

$$\alpha = \frac{3\pi}{2}, \quad x - x_0 = -n, \quad y - y_0 = -s + e_w - y_0 \tag{15.207}$$

$$\begin{pmatrix} r_s \\ r_n \end{pmatrix} = \begin{pmatrix} \sin \dfrac{3\pi}{2} & -\cos \dfrac{3\pi}{2} \\ \cos \dfrac{3\pi}{2} & \sin \dfrac{3\pi}{2} \end{pmatrix} \begin{pmatrix} -n \\ -s + e_w - y_0 \end{pmatrix} = \begin{pmatrix} n \\ s - e_w + y_0 \end{pmatrix} \tag{15.208}$$

$$\begin{pmatrix} v_s \\ v_n \\ \theta \end{pmatrix} = \begin{pmatrix} \cos \dfrac{3\pi}{2} & \sin \dfrac{3\pi}{2} & r_s \\ \sin \dfrac{3\pi}{2} & -\cos \dfrac{3\pi}{2} & -r_n \\ 0 & 0 & 1 \end{pmatrix} \begin{pmatrix} u \\ 0 \\ \theta \end{pmatrix} = \begin{pmatrix} n\theta \\ -u + \theta(-s + e_w - y_0) \\ \theta \end{pmatrix} \tag{15.209}$$

可得腹板形心的位移为：

$$u_w^0 = -u + \theta(e_w - y_0), \quad v_w^0 = 0, \quad w_w^0 = 0, \quad \theta_w^0 = \theta \tag{15.210}$$

其中，u_w^0、v_w^0、w_w^0 分别为腹板形心沿着局部坐标系 n 轴、s 轴、z 轴方向位移。

② 腹板的位移场

a. 平面内弯曲

b. 平面外弯曲（Kirchhoff 薄板模型）

依据变形分解原理，腹板平面外的位移模式为

沿着 n 轴的位移 $\qquad u_w(s,z) = -u + \theta(-s + e_w - y_0)$ (15.211)

沿着 s 轴的位移 $\qquad\qquad v_w(n,z) = n\theta$ (15.212)

而纵向位移（沿着 z 轴的位移）则需要依据 Kirchhoff 薄板模型来确定，即

$$w_w(n,s,z) = w_w^0 - n\left(\frac{\partial u_w}{\partial z}\right)$$

$$= -n\left[-\left(\frac{\partial u}{\partial z}\right) + (-s + e_w - y_0)\left(\frac{\partial \theta}{\partial z}\right)\right] = n\left(\frac{\partial u}{\partial z}\right) + n(s - e_w + y_0)\left(\frac{\partial \theta}{\partial z}\right)$$

$$\tag{15.213}$$

③ 腹板的几何方程（线性应变）

$$\varepsilon_{z,w} = \frac{\partial w_w}{\partial z} = n\left(\frac{\partial^2 u}{\partial z^2}\right) + n(s - e_w + y_0)\left(\frac{\partial^2 \theta}{\partial z^2}\right) \tag{15.214}$$

$$\varepsilon_{s,w} = \frac{\partial v_w}{\partial s} = 0 \tag{15.215}$$

$$\gamma_{sz,w} = \frac{\partial w_w}{\partial s} + \frac{\partial v_w}{\partial z} = n\left(\frac{\partial \theta}{\partial z}\right) + n\left(\frac{\partial \theta}{\partial z}\right) = 2n\left(\frac{\partial \theta}{\partial z}\right) \tag{15.216}$$

④ 物理方程

对于 Kirchhoff 薄板模型，有

$$\sigma_{z,w} = \frac{E_w}{1 - \mu_w^2}(\varepsilon_{z,w}), \quad \tau_{sz,w} = G_w \gamma_{sz,w} \tag{15.217}$$

⑤ 腹板的应变能

a. 平面内弯曲的应变能

$$U_w^{\text{in-plane}} = 0 \tag{15.218}$$

b. 平面外弯曲的应变能（Kirchhoff 薄板模型）

根据

$$U = \frac{1}{2}\iiint\left[\frac{E_w}{1 - \mu_w^2}(\varepsilon_{z,w}^2) + G_w \gamma_{sz,w}^2\right]dndsdz$$

有

$$U_w^{\text{out-plane}} = \frac{1}{2}\iiint\left\{\frac{E_w}{1 - \mu_w^2}\left[n\left(\frac{\partial^2 u}{\partial z^2}\right) + n(s - e_w + y_0)\left(\frac{\partial^2 \theta}{\partial z^2}\right)\right]^2 + G_w\left[2n\left(\frac{\partial \theta}{\partial z}\right)\right]^2\right\}dndsdz$$

$$\tag{15.219}$$

注意到

$$\iint_{A_w} n^2\, dnds = \int_{-\frac{h_w}{2}}^{\frac{h_w}{2}}\int_{-\frac{t_w}{2}}^{\frac{t_w}{2}} n^2\, dnds = \frac{h_w t_w^3}{12}$$

$$\iint_{A_w} n^2 s^2 \, \mathrm{d}n \mathrm{d}s = \int_{-\frac{h_w}{2}}^{\frac{h_w}{2}} \int_{-\frac{t_w}{2}}^{\frac{t_w}{2}} n^2 s^2 \, \mathrm{d}n \mathrm{d}s = \frac{t_w^3 h_w^3}{144}$$

可得积分结果为

$$U_w^{\text{out-plane}} = \frac{1}{2} \int_0^L \left\{ \begin{array}{l} \dfrac{E_w}{1-\mu_w^2} \left[\left(\dfrac{h_w t_w^3}{12} \right) \left(\dfrac{\partial^2 u}{\partial z^2} \right)^2 + \left(\dfrac{t_w^3 h_w^3}{144} \right) \left(\dfrac{\partial^2 \theta}{\partial z^2} \right)^2 \right] + G_w \left(\dfrac{h_w t_w^3}{3} \right) \left(\dfrac{\partial \theta}{\partial z} \right)^2 + \\[3mm] \dfrac{E_w}{1-\mu_w^2} \left[\left(\dfrac{h_w t_w^3}{12} \right) (e_w - y_0)^2 \left(\dfrac{\partial^2 \theta}{\partial z^2} \right)^2 + 2 \left(\dfrac{h_w t_w^3}{12} \right) (-e_w + y_0) \left(\dfrac{\partial^2 u}{\partial z^2} \right) \left(\dfrac{\partial^2 \theta}{\partial z^2} \right) \right] \end{array} \right\} \mathrm{d}z$$

$$(15.220)$$

（2）上翼缘的应变能

① 上翼缘的变形

上翼缘形心的整体坐标为 $(0, -e_f)$，上翼缘局部坐标系下任意点 (n, s) 的位移为

$$\alpha = 2\pi, \quad x - x_0 = s, \quad y - y_0 = -e_0 - n - y_0 \tag{15.221}$$

$$\begin{pmatrix} r_s \\ r_n \end{pmatrix} = \begin{pmatrix} \sin 2\pi & -\cos 2\pi \\ \cos 2\pi & \sin 2\pi \end{pmatrix} \begin{pmatrix} s \\ -e_f - n - y_0 \end{pmatrix} = \begin{pmatrix} n + e_f + y_0 \\ s \end{pmatrix} \tag{15.222}$$

$$\begin{pmatrix} v_s \\ v_n \\ \theta \end{pmatrix} = \begin{pmatrix} \cos 0 & \sin 0 & r_s \\ \sin 0 & -\cos 0 & -r_n \\ 0 & 0 & 1 \end{pmatrix} \begin{pmatrix} u \\ 0 \\ \theta \end{pmatrix} = \begin{pmatrix} u + \theta(n + e_f + y_0) \\ -s\theta \\ \theta \end{pmatrix} \tag{15.223}$$

可得上翼缘形心的位移为：

$$u_f^0 = 0, \quad v_f^0 = u + (e_f + y_0)\theta, \quad w_f^0 = 0, \quad \theta_{f0}^0 = \theta \tag{15.224}$$

其中，u_f^0、v_f^0、w_f^0 分别为腹板形心沿着局部坐标系 n 轴、s 轴、z 轴方向位移。

根据变形分解原理，可将变形式（15.223）分解为

$$\begin{pmatrix} v_s \\ v_n \\ \theta \end{pmatrix} = \begin{pmatrix} u + \theta(n + e_f + y_0) \\ -s\theta \\ \theta \end{pmatrix} = \begin{pmatrix} u + \theta(e_f + y_0) \\ 0 \\ 0 \end{pmatrix}_{\text{in-plane}} + \begin{pmatrix} n\theta \\ -s\theta \\ \theta \end{pmatrix}_{\text{out-plane}} \tag{15.225}$$

② 上翼缘平面内弯曲（Euler 梁模型）的应变能

依据变形分解原理，上翼缘平面内的位移模式为

沿着 n 轴的位移 $\qquad\qquad u_f(z) = u_f^0 = 0 \tag{15.226}$

沿着 s 轴的位移 $\qquad\qquad v_f(z) = v_f^0 = u + (e_f + y_0)\theta \tag{15.227}$

而纵向位移（沿着 z 轴的位移）则需要依据 Euler 梁模型来确定，即

$$w_f(s, z) = u_f^0 - \frac{\partial v_f^0}{\partial z} s$$

$$= -\frac{\partial}{\partial z} [u + (e_f + y_0)\theta] s = -s \left[\frac{\partial u}{\partial z} + (e_f + y_0) \frac{\partial \theta}{\partial z} \right] \tag{15.228}$$

几何方程（线性应变）

$$\varepsilon_{z, f1} = \frac{\partial w_f}{\partial z} = -s \left[\frac{\partial^2 u}{\partial z^2} + (e_f + y_0) \frac{\partial^2 \theta}{\partial z^2} \right], \quad \varepsilon_{s, f} = \frac{\partial v_f}{\partial s} = 0 \tag{15.229}$$

$$\gamma_{sz, f} = \frac{\partial w_f}{\partial s} + \frac{\partial v_f}{\partial z} = -\left[\frac{\partial u}{\partial z} + (e_f + y_0) \frac{\partial \theta}{\partial z} \right] + \left[\frac{\partial u}{\partial z} + (e_f + y_0) \frac{\partial \theta}{\partial z} \right] = 0 \tag{15.230}$$

物理方程

$$\left.\begin{array}{l} \sigma_{z,f} = \dfrac{E_f}{1-\mu_f^2}(\varepsilon_{z,f}) \\[3mm] \tau_{sz,f} = G_f \gamma_{sz,f} \end{array}\right\} \tag{15.231}$$

应变能

$$U = \frac{1}{2} \iiint_{V_f} (\sigma_z \varepsilon_z + \sigma_s \varepsilon_s + \tau_{sz} \gamma_{sz}) \mathrm{d}n\mathrm{d}s\mathrm{d}z = \frac{1}{2} \iiint_{V_f} (\sigma_{z,f} \varepsilon_{z,f}) \mathrm{d}n\mathrm{d}s\mathrm{d}z \tag{15.232}$$

有

$$U_{f,\text{top}}^{\text{in-plane}} = \frac{1}{2} \iiint_{V_f} \frac{E_f}{1-\mu_f^2} \left\{ -s\left(\frac{\partial^2 u}{\partial z^2} + (e_f + y_0)\frac{\partial^2 \theta}{\partial z^2}\right) \right\}^2 \mathrm{d}n\mathrm{d}s\mathrm{d}z \tag{15.233}$$

积分结果为

$$U_{f,\text{top}}^{\text{in-plane}} = \frac{1}{2} \int_0^L \frac{E_f}{1-\mu_f^2} \left[\begin{array}{l} \left(\dfrac{t_f b_f^3}{12}\right)\left(\dfrac{\partial^2 u}{\partial z^2}\right)^2 + 2(e_f + y_0)\left(\dfrac{t_f b_f^3}{12}\right)\left(\dfrac{\partial^2 \theta}{\partial z^2}\right)\left(\dfrac{\partial^2 u}{\partial z^2}\right) + \\[3mm] (e_f + y_0)^2 \left(\dfrac{t_f b_f^3}{12}\right)\left(\dfrac{\partial^2 \theta}{\partial z^2}\right)^2 \end{array} \right] \mathrm{d}z \tag{15.234}$$

③ 上翼缘平面外弯曲（Kirchhoff 薄板模型）的应变能

依据变形分解原理,上翼缘平面外的位移模式为

沿着 s 轴的位移 $\qquad\qquad u_f(s,z) = -s\theta \qquad\qquad (15.235)$

沿着 n 轴的位移 $\qquad\qquad v_f(n,z) = n\theta \qquad\qquad (15.236)$

而纵向位移（沿着 z 轴的位移）则需要依据 Kirchhoff 薄板模型来确定,即

$$w_f(n,s,z) = -n\left(\frac{\partial u_f}{\partial z}\right) = -sn\left(\frac{\partial \theta}{\partial z}\right) \tag{15.237}$$

几何方程（线性应变）

$$\varepsilon_{z,f} = \frac{\partial w_f}{\partial z} = -sn\left(\frac{\partial^2 \theta}{\partial z^2}\right), \quad \varepsilon_{s,f} = \frac{\partial v_f}{\partial s} = 0 \tag{15.238}$$

$$\gamma_{sz,f} = \frac{\partial w_f}{\partial s} + \frac{\partial v_f}{\partial z} = -n\left(\frac{\partial \theta}{\partial z}\right) - n\left(\frac{\partial \theta}{\partial z}\right) = -2n\left(\frac{\partial \theta}{\partial z}\right) \tag{15.239}$$

物理方程

$$\left.\begin{array}{l} \sigma_{z,f} = \dfrac{E_f}{1-\mu_f^2}(\varepsilon_{z,f}) \\[3mm] \tau_{sz,f} = G_f \gamma_{sz,f} \end{array}\right\} \tag{15.240}$$

应变能

$$U = \frac{1}{2} \iiint \left[\frac{E_f}{1-\mu_f^2}(\varepsilon_{z,f}^2) + G_f(\gamma_{sz,f}^2) \right] \mathrm{d}n\mathrm{d}s\mathrm{d}z \tag{15.241}$$

有

$$U_{f,\text{top}}^{\text{out-plane}} = \frac{1}{2} \iiint \left\{ \frac{E_f}{1-\mu_f^2}\left[-sn\left(\frac{\partial^2 \theta}{\partial z^2}\right) \right]^2 + G_f\left[-2n\left(\frac{\partial \theta}{\partial z}\right) \right]^2 \right\} \mathrm{d}n\mathrm{d}s\mathrm{d}z \tag{15.242}$$

积分结果为

$$U_{f,\text{top}}^{\text{out-plane}} = \frac{1}{2}\int_0^L \left[\frac{E_f}{1-\mu_f^2}\left(\frac{t_f^3 b_f^3}{144}\right)\left(\frac{\partial^2\theta}{\partial z^2}\right)^2 + G_f\left(\frac{b_f t_f^3}{3}\right)\left(\frac{\partial\theta}{\partial z}\right)^2 \right]\mathrm{d}z \tag{15.243}$$

④ 单轴对称 T 形梁的总应变能

$$U = U_w + U_f =$$

$$\frac{1}{2}\int_0^L \left\{\begin{array}{l} \left[\dfrac{E_w}{1-\mu_w^2}\left(\dfrac{h_w t_w^3}{12}\right) + \dfrac{E_f}{1-\mu_f^2}\left(\dfrac{t_f b_f^3}{12}\right)\right]\left(\dfrac{\partial^2 u}{\partial z^2}\right)^2 + \\[4mm] \left[\begin{array}{l}\dfrac{E_w}{1-\mu_w^2}\left(\dfrac{h_w t_w^3}{12}\right)(e_w - y_0)^2 + \dfrac{E_f}{1-\mu_f^2}\,(e_f + y_0)^2\left(\dfrac{t_f b_f^3}{12}\right) + \\[4mm] \dfrac{E_w}{1-\mu_w^2}\left(\dfrac{t_w^3 h_w^3}{144}\right) + \dfrac{E_f}{1-\mu_f^2}\left(\dfrac{t_f^3 b_f^3}{144}\right)\end{array}\right]\left(\dfrac{\partial^2\theta}{\partial z^2}\right)^2 + \\[4mm] \left[G_w\left(\dfrac{h_w t_w^3}{3}\right) + G_f\left(\dfrac{b_f t_f^3}{3}\right)\right]\left(\dfrac{\partial\theta}{\partial z}\right)^2 + \\[4mm] \left[\dfrac{E_w}{1-\mu_w^2}2\left(\dfrac{h_w t_w^3}{12}\right)(-e_w + y_0) + \dfrac{E_f}{1-\mu_f^2}2\,(e_f + y_0)\left(\dfrac{t_f b_f^3}{12}\right)\right]\left(\dfrac{\partial^2 u}{\partial z^2}\right)\left(\dfrac{\partial^2\theta}{\partial z^2}\right) \end{array}\right\}\mathrm{d}z$$

$$\tag{15.244}$$

观察此表达式，我们发现应变能的最后一项为交叉项 $\left(\dfrac{\partial^2 u}{\partial z^2}\right)\left(\dfrac{\partial^2\theta}{\partial z^2}\right)$ 的影响，它实际上反映的是弯扭变形的耦合作用。然而若在选择未知量 $u(z)$ 时，将其定义为某个特殊点（即剪心）沿着 x 轴的侧移，则可以达到解耦的目的。

为了从形式上消除此交叉项的影响，可令上式中最后一项为零，即

$$\frac{E_w}{1-\mu_w^2}2\left(\frac{h_w t_w^3}{12}\right)(-e_w + y_0) + \frac{E_f}{1-\mu_f^2}2\,(e_f + y_0)\left(\frac{t_f b_f^3}{12}\right) = 0 \tag{15.245}$$

利用几何关系，可知 e_w 和 e_f 之间的关系为

$$e_w = \frac{h_w + t_f}{2} - e_f \tag{15.246}$$

则可得

$$h_{s1} = e_f + y_0 = \frac{\dfrac{E_w}{1-\mu_w^2}\left(\dfrac{h_w t_w^3}{12}\right)\left(\dfrac{h_w + t_f}{2}\right)}{\dfrac{E_w}{1-\mu_w^2}\left(\dfrac{h_w t_w^3}{12}\right) + \dfrac{E_f}{1-\mu_f^2}\left(\dfrac{t_f b_f^3}{12}\right)} \tag{15.247}$$

显然，若仿照 Vlasov 的简化方式，令 $\dfrac{E_*}{1-\mu_*^2} \approx E_*$，则式（15.247）的结果与前述的剪心新定义式（15.205）完全一致。因此，本书定义的新剪心是与作者提出的板-梁理论协调一致的，即在该板-梁理论框架下，剪心新定义式（15.205）是正确的。

从这个推理过程，我们可以理解定义"剪心"的一个目的是"解耦"，因为据此可以消除应变能式（15.244）交叉项 $\left(\dfrac{\partial^2 u}{\partial z^2}\right)\left(\dfrac{\partial^2\theta}{\partial z^2}\right)$ 的影响，从而可得到较为简单的应变能和屈曲方程形式。

若令

$$(EI_y)_{\text{comp}} = \frac{E_w}{1-\mu_w^2}\left(\frac{h_w t_w^3}{12}\right) + \frac{E_f}{1-\mu_f^2}\left(\frac{t_f b_f^3}{12}\right) \tag{15.248}$$

为绕弱轴的抗弯刚度，而

$$(EI_\omega)_{\text{comp}} = \frac{E_w}{1-\mu_w^2}\left(\frac{h_w t_w^3}{12}\right)\left(\frac{h_w+t_f}{2}-h_{s1}\right)^2 + \frac{E_f}{1-\mu_f^2}(h_{s1})^2\left(\frac{t_f b_f^3}{12}\right) +$$

$$\frac{E_w}{1-\mu_w^2}\left(\frac{t_w^3 h_w^3}{144}\right) + \frac{E_f}{1-\mu_f^2}\left(\frac{t_f^3 b_f^3}{144}\right) \tag{15.249}$$

为约束扭转刚度或称为翘曲刚度,而

$$(GJ_k)_{\text{comp}} = G_w\left(\frac{h_w t_w^3}{3}\right) + G_f\left(\frac{b_f t_f^3}{3}\right) \tag{15.250}$$

为自由扭转刚度,则可将单轴对称 T 形柱的总应变能简洁地表达为

$$U = \frac{1}{2}\int_0^L\left[(EI_y)_{\text{comp}}\left(\frac{\partial^2 u}{\partial z^2}\right)^2 + (EI_\omega)_{\text{comp}}\left(\frac{\partial^2 \theta}{\partial z^2}\right)^2 + (GJ_k)_{\text{comp}}\left(\frac{\partial \theta}{\partial z}\right)^2\right]\mathrm{d}z \tag{15.251}$$

15.5.4　弯扭屈曲的初应力势能

（1）腹板的初应力势能

轴压状态下,腹板的初应力为

$$\sigma_{z,w0} = -\frac{E_w P}{(EA)_{\text{comp}}} \tag{15.252}$$

式中,

$$(EA)_{\text{comp}} = E_w A_w + E_f A_f \tag{15.253}$$

关于应力的正负号与材料力学的规定相同,即取拉应力为正,而压应力为负。

腹板的初应力势能为

$$V_w = \iiint(\sigma_{z,w0}\varepsilon_{z,w}^{\text{NL}})\mathrm{d}n\mathrm{d}s\mathrm{d}z \tag{15.254}$$

其中

$$\varepsilon_{z,w}^{\text{NL}} = \frac{1}{2}\left[\left(\frac{\partial u_w}{\partial z}\right)^2 + \left(\frac{\partial v_w}{\partial z}\right)^2\right] = \frac{1}{2}\left\{\left[-\left(\frac{\partial u}{\partial z}\right) + (-s+e_w-y_0)\left(\frac{\partial \theta}{\partial z}\right)\right]^2 + \left[n\left(\frac{\partial \theta}{\partial z}\right)\right]^2\right\} \tag{15.255}$$

从而有

$$V_w^{\text{out-plane}} = -\frac{E_w P}{(EA)_{\text{comp}}}\iiint\frac{1}{2}\left\{\left[-\left(\frac{\partial u}{\partial z}\right) + (-s+e_w-y_0)\left(\frac{\partial \theta}{\partial z}\right)\right]^2 + \left[n\left(\frac{\partial \theta}{\partial z}\right)\right]^2\right\}\mathrm{d}n\mathrm{d}s\mathrm{d}z \tag{15.256}$$

积分结果为

$$V_w = -\frac{E_w P}{(EA)_{\text{comp}}}\int_0^L\left[\begin{array}{l}\frac{1}{2}A_w\left(\frac{\partial u}{\partial z}\right)^2 - A_w\Delta_1\left(\frac{\partial u}{\partial z}\right)\left(\frac{\partial \theta}{\partial z}\right) + \\ \left(\frac{1}{24}h_w^3 t_w + \frac{1}{24}h_w t_w^3 + \frac{1}{2}h_w t_w\Delta_1^2\right)\left(\frac{\partial \theta}{\partial z}\right)^2\end{array}\right]\mathrm{d}z \tag{15.257}$$

其中

$$\Delta_1 = e_w - y_0 \tag{15.258}$$

为腹板自身的形心到截面剪心的距离。

（2）上翼缘的初应力势能

轴压状态下,上翼缘的初应力为

$$\sigma_{z,f0}=-\frac{E_fP}{(EA)_{\text{comp}}} \tag{15.259}$$

式中，

$$(EA)_{\text{comp}}=E_wA_w+E_fA_f \tag{15.260}$$

根据前述的规定，上翼缘的压应力应为负。

上翼缘的初应力势能为

$$V=\iiint[\sigma_{z,f0}\varepsilon_{z,f}^{\text{NL}}]\mathrm{d}x\mathrm{d}y\mathrm{d}z \tag{15.261}$$

其中

$$\varepsilon_{z,f}^{\text{NL}}=\frac{1}{2}\left[\left(\frac{\partial u_f}{\partial z}\right)^2+\left(\frac{\partial v_f}{\partial z}\right)^2\right]=\frac{1}{2}\left\{\left[\frac{\partial u}{\partial z}+(n+e_f+y_0)\frac{\partial\theta}{\partial z}\right]^2+\left[s\left(\frac{\partial\theta}{\partial z}\right)\right]^2\right\} \tag{15.262}$$

从而有

$$V_{f,\text{top}}^{\text{in-plane}}=-\frac{E_fP}{(EA)_{\text{comp}}}\iiint\frac{1}{2}\left\{\left[\frac{\partial u}{\partial z}+(n+e_f+y_0)\frac{\partial\theta}{\partial z}\right]^2+\left[s\left(\frac{\partial\theta}{\partial z}\right)\right]^2\right\}\mathrm{d}n\mathrm{d}s\mathrm{d}z \tag{15.263}$$

积分结果为

$$V_{f,\text{top}}^{\text{in-plane}}=-\frac{E_fP}{(EA)_{\text{comp}}}\int_0^L\left[\begin{array}{l}\frac{1}{2}A_f\left(\frac{\partial u}{\partial z}\right)^2+A_f\Delta_2\left(\frac{\partial u}{\partial z}\right)\left(\frac{\partial\theta}{\partial z}\right)+\\\left(\frac{1}{24}b_f^3t_f+\frac{1}{24}b_ft_f^3+\frac{1}{2}b_ft_f\Delta_2^2\right)\left(\frac{\partial\theta}{\partial z}\right)^2\end{array}\right]\mathrm{d}z \tag{15.264}$$

其中

$$\Delta_2=e_f+y_0=h_{s1} \tag{15.265}$$

为上翼缘自身的形心到截面剪心的距离。

（3）总初应力势能

$$V=V_w+V_f$$

$$=\int_0^L\left\{\begin{array}{l}-\frac{E_wP}{(EA)_{\text{comp}}}\left[\begin{array}{l}\frac{1}{2}A_w\left(\frac{\partial u}{\partial z}\right)^2-A_w\Delta_1\left(\frac{\partial u}{\partial z}\right)\left(\frac{\partial\theta}{\partial z}\right)+\\\left(\frac{1}{24}h_w^3t_w+\frac{1}{24}h_wt_w^3+\frac{1}{2}h_wt_w\Delta_1^2\right)\left(\frac{\partial\theta}{\partial z}\right)^2\end{array}\right]-\\\frac{E_fP}{(EA)_{\text{comp}}}\left[\begin{array}{l}\frac{1}{2}A_f\left(\frac{\partial u}{\partial z}\right)^2+A_f\Delta_2\left(\frac{\partial u}{\partial z}\right)\left(\frac{\partial\theta}{\partial z}\right)+\\\left(\frac{1}{24}b_f^3t_f+\frac{1}{24}b_ft_f^3+\frac{1}{2}b_ft_f\Delta_2^2\right)\left(\frac{\partial\theta}{\partial z}\right)^2\end{array}\right]\end{array}\right\}\mathrm{d}z \tag{15.266}$$

或者

$$V=-\frac{1}{2}\int_0^L\left\{\begin{array}{l}\left[\frac{E_wA_wP}{(EA)_{\text{comp}}}+\frac{E_fA_fP}{(EA)_{\text{comp}}}\right]\left(\frac{\partial u}{\partial z}\right)^2+\\\left[\begin{array}{l}\frac{E_wP}{(EA)_{\text{comp}}}\left(\frac{1}{12}h_w^3t_w+\frac{1}{12}h_wt_w^3+h_wt_w\Delta_1^2\right)+\\\frac{E_fP}{(EA)_{\text{comp}}}\left(\frac{1}{12}b_f^3t_f+\frac{1}{12}b_ft_f^3+b_ft_f\Delta_2^2\right)\end{array}\right]\left(\frac{\partial\theta}{\partial z}\right)^2+\\2\left[-\frac{E_wA_wP}{(EA)_{\text{comp}}}\Delta_1+\frac{E_fA_fP}{(EA)_{\text{comp}}}\Delta_2\right]\left(\frac{\partial u}{\partial z}\right)\left(\frac{\partial\theta}{\partial z}\right)\end{array}\right\}\mathrm{d}z \tag{15.267}$$

上式中,第一项可简化为

$$\left[\frac{E_w A_w}{(EA)_{\text{comp}}}+\frac{E_f A_f}{(EA)_{\text{comp}}}\right]P\left(\frac{\partial u}{\partial z}\right)^2=P\left(\frac{\partial u}{\partial z}\right)^2 \tag{15.268}$$

若注意到如下的关系

$$E_w h_w t_w \Delta_1^2+E_f b_f t_f \Delta_2^2$$
$$=E_w A_w (e_w-y_0)^2+E_f A_f (e_f+y_0)^2$$
$$=(E_w A_w e_w^2+E_f A_f e_f^2)+(E_w A_w+E_f A_f)y_0^2+(E_f A_f e_f-E_w A_w e_w) \tag{15.269}$$

根据弯矩为零的条件,可知

$$E_f A_f e_f-E_w A_w e_w=0 \tag{15.270}$$

从而可将式(15.269)简化为

$$E_w h_w t_w \Delta_1^2+E_f b_f t_f \Delta_2^2=(E_w A_w e_w^2+E_f A_f e_f^2)+(EA)_{\text{comp}}y_0^2 \tag{15.271}$$

其中,

$$(EA)_{\text{comp}}=E_w A_w+E_f A_f \tag{15.272}$$

根据式(15.271)可将第二项简化为

$$\left[\begin{array}{l}\dfrac{E_w P}{(EA)_{\text{comp}}}\left(\dfrac{1}{12}h_w^3 t_w+\dfrac{1}{12}h_w t_w^3+h_w t_w \Delta_1^2\right)+\\[2mm]\dfrac{E_f P}{(EA)_{\text{comp}}}\left(\dfrac{1}{12}b_f^3 t_f+\dfrac{1}{12}b_f t_f^3+b_f t_f \Delta_2^2\right)\end{array}\right]\left(\frac{\partial\theta}{\partial z}\right)^2 \tag{15.273}$$

$$=\frac{(EI_x)_{\text{comp}}+(EI_y)_{\text{comp}}+(EA)_{\text{comp}}y_0^2}{(EA)_{\text{comp}}}P\left(\frac{\partial\theta}{\partial z}\right)^2=P(r_p)_{\text{comp}}^2\left(\frac{\partial\theta}{\partial z}\right)^2$$

式中

$$\left.\begin{array}{r}(EI_x)_{\text{comp}}=E_w\left(\dfrac{1}{12}h_w^3 t_w\right)+E_f\left(\dfrac{1}{12}b_f t_f^3\right)+(E_w A_w e_w^2+E_f A_f e_f^2)\\[3mm](EI_y)_{\text{comp}}=E_w\left(\dfrac{1}{12}h_w t_w^3\right)+E_f\left(\dfrac{1}{12}b_f^3 t_f\right)\end{array}\right\} \tag{15.274}$$

$$(r_p)_{\text{comp}}^2=\frac{(EI_x)_{\text{comp}}+(EI_y)_{\text{comp}}+(EA)_{\text{comp}}y_0^2}{(EA)_{\text{comp}}}=\frac{(EI_x)_{\text{comp}}+(EI_y)_{\text{comp}}}{(EA)_{\text{comp}}}+y_0^2 \tag{15.275}$$

其中,$(r_p)_{\text{comp}}^2$ 为作者依据板-梁理论推导得到的截面对剪切中心的极回转半径的平方。与传统公式不同,此结果可以考虑翼缘和腹板为不同材料的情况。另外,所有的物理量,比如式(15.274)都是与材料力学的精确解一致,而 Vlasov 理论只能给出近似公式。

第三项可简化为

$$\left\{-\frac{E_w A_w}{(EA)_{\text{comp}}}P\left[\frac{h_w+t_{f1}}{2}-(e_f+y_0)\right]+\frac{E_f A_f}{(EA)_{\text{comp}}}P(e_f+y_0)\right\}\left(\frac{\partial u}{\partial z}\right)\left(\frac{\partial\theta}{\partial z}\right)$$

$$=\left\{-\frac{E_w A_w}{(EA)_{\text{comp}}}P\left(\frac{h_w+t_{f1}}{2}\right)+\left[\frac{E_w A_w}{(EA)_{\text{comp}}}+\frac{E_f A_f}{(EA)_{\text{comp}}}\right]P(e_f+y_0)\right\}\left(\frac{\partial u}{\partial z}\right)\left(\frac{\partial\theta}{\partial z}\right)$$

$$=\left[-\frac{E_w A_w}{(EA)_{\text{comp}}}P\left(\frac{h_w+t_{f1}}{2}\right)+P(e_f+y_0)\right]\left(\frac{\partial u}{\partial z}\right)\left(\frac{\partial\theta}{\partial z}\right)$$

$$\tag{15.276}$$

利用形心的新定义式(15.201),即

$$e_f = \frac{E_w A_w \left(\dfrac{h_w + t_f}{2}\right)}{(EA)_{\text{comp}}} \tag{15.277}$$

可得第三项的结果为 $Py_0 \left(\dfrac{\partial u}{\partial z}\right)\left(\dfrac{\partial \theta}{\partial z}\right)$。

综上所述,初应力势能可更加简洁地写为

$$V = -\frac{1}{2}\int_0^L \left[P\left(\frac{\partial u}{\partial z}\right)^2 + P(r_p)_{\text{comp}}^2 \left(\frac{\partial \theta}{\partial z}\right)^2 + 2Py_0\left(\frac{\partial u}{\partial z}\right)\left(\frac{\partial \theta}{\partial z}\right) \right] \mathrm{d}z \tag{15.278}$$

15.5.5　弯扭屈曲的能量变分模型与微分方程模型

(1)能量变分模型

T 形截面钢柱弯扭屈曲的总势能为

$$\Pi = U + V = \frac{1}{2}\int_0^L \left[\begin{array}{l} (EI_y)_{\text{comp}}\left(\dfrac{\partial^2 u}{\partial z^2}\right)^2 + (EI_\omega)_{\text{comp}}\left(\dfrac{\partial^2 \theta}{\partial z^2}\right)^2 + (GJ_k)_{\text{comp}}\left(\dfrac{\partial \theta}{\partial z}\right)^2 - \\[3mm] P\left(\dfrac{\partial u}{\partial z}\right)^2 - P(r_p)_{\text{comp}}^2\left(\dfrac{\partial \theta}{\partial z}\right)^2 - 2Py_0\left(\dfrac{\partial u}{\partial z}\right)\left(\dfrac{\partial \theta}{\partial z}\right) \end{array} \right] \mathrm{d}z$$

$$\tag{15.279}$$

至此,我们可将 T 形截面钢柱弯扭屈曲问题转化为这样一个能量变分模型:在 $0 \leqslant z \leqslant L$ 的区间内寻找两个函数 $u(z)$ 和 $\theta(z)$,使它们满足规定的几何边界条件,并使由下式

$$\Pi = \int_0^a F(u', u'', \theta', \theta')\,\mathrm{d}x \tag{15.280}$$

其中

$$F(u', u'', \theta', \theta') = \frac{1}{2}\left[\begin{array}{l} (EI_y)_{\text{comp}}\left(\dfrac{\partial^2 u}{\partial z^2}\right)^2 + (EI_\omega)_{\text{comp}}\left(\dfrac{\partial^2 \theta}{\partial z^2}\right)^2 + (GJ_k)_{\text{comp}}\left(\dfrac{\partial \theta}{\partial z}\right)^2 - \\[3mm] P\left(\dfrac{\partial u}{\partial z}\right)^2 - P(r_p)_{\text{comp}}^2\left(\dfrac{\partial \theta}{\partial z}\right)^2 - 2Py_0\left(\dfrac{\partial u}{\partial z}\right)\left(\dfrac{\partial \theta}{\partial z}\right) \end{array} \right]$$

$$\tag{15.281}$$

定义的能量泛函取最小值。

(2)微分方程模型

依据前面推导得到的能量变分模型,还可以方便地推出 T 形截面轴压柱弯扭屈曲的微分方程模型。

根据泛函 $F(u', u'', \theta', \theta')$ 的各阶导数

$$F_u = \frac{\partial F}{\partial u} = 0, \quad F_{u'} = \frac{\partial F}{\partial u'} = -Pu' - Py_0\theta', \quad F_{u''} = \frac{\partial F}{\partial u''} = (EI_y)_{\text{comp}}u'' \tag{15.282}$$

$$F_\theta = \frac{\partial F}{\partial \theta} = 0, \quad F_{\theta'} = \frac{\partial F}{\partial \theta'} = (GJ_k)_{\text{comp}}\theta' - P(r_p)_{\text{comp}}^2 Py_0 u' \tag{15.283}$$

$$F_{\theta'} = \frac{\partial F}{\partial \theta''} = (EI_\omega)_{\text{comp}}\theta'' \tag{15.284}$$

可得如下的 Euler 方程和边界条件。

① 欧拉方程（平衡方程）

$$\left.\begin{array}{c} F_u - \dfrac{\mathrm{d}}{\mathrm{d}z}F_{u'} + \dfrac{\mathrm{d}^2}{\mathrm{d}z^2}F_{u''} = 0 \\[3mm] F_\theta - \dfrac{\mathrm{d}}{\mathrm{d}z}F_{\theta'} + \dfrac{\mathrm{d}^2}{\mathrm{d}z^2}F_{\theta''} = 0 \end{array}\right\} \tag{15.285}$$

或者

$$\left.\begin{array}{c} (EI_y)_{\text{comp}} u^{(4)} + Pu'' + Py_0\theta'' = 0 \\[2mm] (EI_\omega)_{\text{comp}}\theta^{(4)} + [P(r_p)^2_{\text{comp}} - (GJ_k)_{\text{comp}}]\theta'' + Py_0 u'' = 0 \end{array}\right\} \tag{15.286}$$

这就是我们推导得到的 T 形截面轴压柱弯扭屈曲的控制方程。其中第 1 个方程是绕弱轴 y 的弯扭屈曲平衡方程，而第 2 个方程是绕剪心的弯扭屈曲平衡方程。

【说明】

1. 上述两个方程均具有交叉耦合项（最后一项），即两个方程是耦合的，不能单独求解。也就是说，T 形轴心受压柱的弯曲屈曲和扭转屈曲是同步的，这种屈曲就是弯扭屈曲。

2. 两个方程中交叉耦合项的系数是相等的，这符合线弹性体的互等定律（Betti's Law），说明上述变分推导在形式上是正确的。

3. 上述方程为四阶常系数齐次微分方程组，因此此种弯扭屈曲为线性屈曲问题。

② 边界条件

对于四阶常系数微分方程，有 4 个待定系数，需要事先给定 4 个边界条件。每端的边界条件有两种情况。

a. 对侧移 $u(z)$

u 给定，或者

$$\frac{\partial F}{\partial u'} - \frac{\mathrm{d}}{\mathrm{d}z}\left(\frac{\partial F}{\partial u''}\right) = -Pu' - Py_0\theta' - \frac{\mathrm{d}}{\mathrm{d}z}[(EI_y)_{\text{comp}} u''] = 0 \tag{15.287}$$

u' 给定，或者

$$(EI_y)_{\text{comp}} u'' = 0 \tag{15.288}$$

b. 对转角 $\theta(z)$

θ 给定，或者

$$(GJ_k)_{\text{comp}}\theta' - P(r_p)^2_{\text{comp}} Py_0 u' - \frac{\mathrm{d}}{\mathrm{d}z}(E_1 I_\omega \theta'') = 0 \tag{15.289}$$

θ' 给定，或者

$$(EI_\omega)_{\text{comp}}\theta' = 0 \tag{15.290}$$

至此，我们得到了 T 形截面轴压柱弯扭屈曲的全部边界条件。

利用上述边界条件可组合出不同的杆件端部边界条件。现将常见的几种组合总结如下：

铰接端边界条件

$$u = u'' = \theta = \theta' = 0 \tag{15.291}$$

即侧向位移和绕剪心的扭转角为零（几何边界条件），绕弱轴 y 的弯矩和绕剪心的双力矩为零（力边界条件）。

固定端边界条件

$$u = u' = \theta = \theta' = 0 \tag{15.292}$$

即侧向位移和绕剪心的扭转角为零（几何边界条件），绕弱轴 y 的转角和绕剪心的扭转角为零（几何边界条件）。

自由端边界条件

$$u'' = \theta' = 0 \tag{15.293}$$

即绕弱轴 y 的弯矩和绕剪心的双力矩为零（力边界条件）。

此外，还要满足如下的自然边界条件

$$-Pu' - Py_0\theta' - \frac{\mathrm{d}}{\mathrm{d}z}[(EI_y)_{comp}u''] = 0 \tag{15.294}$$

$$(GJ_k)_{comp}\theta' - P(r_p)^2_{comp}Py_0u' - \frac{\mathrm{d}}{\mathrm{d}z}(E_1I_\omega\theta'') = 0 \tag{15.295}$$

即与绕弱轴 y 弯矩对应的剪力和与绕剪心双力矩对应的翘曲扭矩为零（力边界条件）。这是我们基于能量变分法推导得到的自然边界条件，即力边界条件。显然，对于如此复杂的自然边界条件，采用静力平衡法是难以得到的。这也是我们从能量变分法入手来研究屈曲问题的优势之一。

15.6　弯扭屈曲的微分方程解答和能量变分解答

15.6.1　弯扭屈曲的微分方程解答

（1）两端铰接的轴压杆

以两端铰接的轴压柱为例，其平衡方程为

$$\left.\begin{array}{l}(EI_y)_{comp}u^{(4)} + Pu'' + Py_0\theta' = 0 \\ (EI_\omega)_{comp}\theta^{(4)} + [P(r_p)^2_{comp} - (GJ_k)_{comp}]\theta' + Py_0u'' = 0\end{array}\right\} \tag{15.296}$$

两端的边界条件为

$$u = u'' = \theta = \theta' = 0 \tag{15.297}$$

显然，若将屈曲模态试函数取为

$$u = C\sin\frac{\pi z}{L}, \quad \theta = D\sin\frac{\pi z}{L} \tag{15.298}$$

则边界条件式（15.297）自然得到满足。

上述屈曲模态的二阶和四阶导数为

$$u'' = C\left(\frac{\pi}{L}\right)^2\sin\frac{\pi z}{L}, \quad \theta' = D\left(\frac{\pi}{L}\right)^2\sin\frac{\pi z}{L} \tag{15.299}$$

$$u^{(4)} = C\left(\frac{\pi}{L}\right)^4\sin\frac{\pi z}{L}, \quad \theta^{(4)} = D\left(\frac{\pi}{L}\right)^4\sin\frac{\pi z}{L} \tag{15.300}$$

将上述屈曲模态试函数代入到平衡方程（15.296），则有

$$\left.\begin{array}{l}\left\{\left[(EI_y)_{comp}\left(\frac{\pi}{L}\right)^4 - P\left(\frac{\pi}{L}\right)^2\right]C + \left[-Py_0\left(\frac{\pi}{L}\right)^2\right]D\right\} \times \sin\frac{\pi z}{L} = 0 \\ \left\{\left[(EI_\omega)_{comp}\left(\frac{\pi}{L}\right)^4 - [P(r_p)^2_{comp} - (GJ_k)_{comp}]\left(\frac{\pi}{L}\right)^2\right]D + \left[-Py_0\left(\frac{\pi}{L}\right)^2\right]C\right\} \times \sin\frac{\pi z}{L} = 0\end{array}\right\}$$

$$\tag{15.301}$$

因为 $\sin\dfrac{\pi z}{L}$ 不总为零,为保证上式成立,必有其系数为零,从而有

$$\left.\begin{array}{c}(P_{Ey}-P)C-Py_0D=0\\-Py_0C+(P_\omega-P)(r_p)^2_{\text{comp}}D=0\end{array}\right\} \tag{15.302}$$

或者

$$\begin{pmatrix}P_{Ey}-P & -Py_0\\ -Py_0 & (P_\omega-P)(r_p)^2_{\text{comp}}\end{pmatrix}\begin{pmatrix}C\\D\end{pmatrix}=\begin{pmatrix}0\\0\end{pmatrix} \tag{15.303}$$

其中,

$$P_{Ey}=(EI_y)_{\text{comp}}\left(\frac{\pi}{L}\right)^2,\quad P_\omega=\left[(EI_\omega)_{\text{comp}}\left(\frac{\pi}{L}\right)^2+(GJ_k)_{\text{comp}}\right]\Big/(r_p)^2_{\text{comp}} \tag{15.304}$$

分别为绕弱轴的弯曲屈曲荷载和扭转屈曲荷载。

为了保证 C、D 不全为零,系数行列式必为零,从而有

$$(P-P_{Ey})(P-P_\omega)-\left[P\frac{y_0}{(r_p)_{\text{comp}}}\right]^2=0 \tag{15.305}$$

展开上式得

$$kP^2-(P_{Ey}+P_\omega)P+P_{Ey}P_\omega=0 \tag{15.306}$$

其中,$k=1-\left[\dfrac{y_0}{(r_p)_{\text{comp}}}\right]^2$。

解此一元二次方程,可得

$$P_{cr}=\frac{(P_{Ey}+P_\omega)\pm\sqrt{(P_{Ey}+P_\omega)^2-4kP_{Ey}P_\omega}}{2k} \tag{15.307}$$

若为双轴对称截面,因 $y_0=0$,则 $k=1$,从而有

$$P_{cr}=\frac{(P_{Ey}+P_\omega)\pm(P_{Ey}+P_\omega)}{2}=\begin{cases}P_{Ey}\\P_\omega\end{cases} \tag{15.308}$$

上式表明,双轴对称截面轴压钢柱的临界荷载当取 P_{Ey} 或 P_ω 中的较小者。换句话说,双轴对称截面轴压钢柱的屈曲要么是弯曲屈曲,要么是扭转屈曲,根本不会发生弯扭屈曲。

若为 T 形截面,因 $y_0\neq0$,则 $k<1$,此时式(15.307)永远有两个正根,其中一个 P_{cr} 小于 P_{Ey} 和 P_ω 中的较小者,且 P_{cr} 随着 $\dfrac{y_0}{(r_p)_{\text{comp}}}$ 的增大而减小。这说明 T 形轴压钢柱的弯扭屈曲起控制作用。此时弯扭屈曲临界荷载为

$$P_{cr}=\frac{(P_{Ey}+P_\omega)-\sqrt{(P_{Ey}+P_\omega)^2-4kP_{Ey}P_\omega}}{2k} \tag{15.309}$$

对于 T 形钢柱,若令

$$\sigma_{Ey}=\frac{P_{Ey}}{A}=\frac{\pi^2E}{(L/i_y)^2},\ \sigma_\omega=\frac{P_\omega}{A}=\frac{\pi^2E}{(L/i_\omega)^2},\ \sigma_{xr}=\frac{P_{cr}}{A}=\frac{\pi^2E}{(L/i_e)^2} \tag{15.310}$$

则还可将式(15.303)改写为

$$\begin{pmatrix}i_y^2-i_e^2 & -i_e^2y_0\\ -i_e^2y_0 & (i_\omega^2-i_e^2)(r_p)^2_{\text{comp}}\end{pmatrix}\begin{pmatrix}C\\D\end{pmatrix}=\begin{pmatrix}0\\0\end{pmatrix} \tag{15.311}$$

据此可解得

$$i_e^2 = \frac{(i_y^2 + i_\omega^2) - \sqrt{(i_y^2 + i_\omega^2)^2 - 4k i_y^2 i_\omega^2}}{2k} \tag{15.312}$$

此解答 i_e^2 小于 i_y^2 和 i_ω^2 中的较小者。

根据式(15.298)和式(15.311)，可得侧移与转角幅值的比值（几何意义）为

$$\frac{C}{D} = \frac{i_e^2 y_0}{i_y^2 - i_e^2} = \frac{y_0}{i_y^2/i_e^2 - 1} \tag{15.313}$$

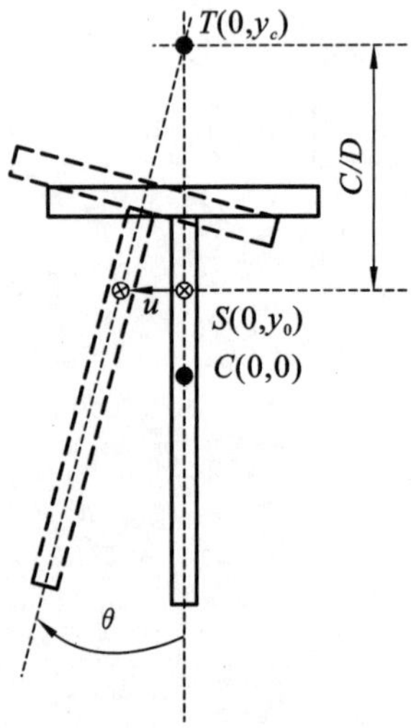

如图 15.24 所示，此式的物理意义是：弯扭屈曲时截面的转动中心 $T(0, y_c)$（即仅有转角而没有侧移的固定点）与截面剪心的距离（为正值）。

截面的转动中心坐标为

$$x_c = 0, \quad y_c = \frac{C}{D} + y_0 = \frac{i_e^2 y_0}{i_y^2 - i_e^2} + y_0 = \frac{y_0}{1 - i_e^2/i_y^2} \tag{15.314}$$

这就是 T 形截面弯扭屈曲时截面转动中心的坐标。与 Bleich《金属结构的屈曲强度》的结果相同。

（2）两端固定的轴压杆

此时两端的边界条件均为几何边界条件，即

$$u = u' = \theta = \theta' = 0 \tag{15.315}$$

显然，若将屈曲模态试函数取为

$$u = C\left(1 - \cos\frac{2\pi z}{L}\right), \quad \theta = D\left(1 - \cos\frac{2\pi z}{L}\right) \tag{15.316}$$

则边界条件式(15.297)自然得到满足。

上述屈曲模态的二阶和四阶导数为

$$u'' = C\left(\frac{2\pi}{L}\right)^2 \sin\frac{2\pi z}{L}, \quad \theta' = D\left(\frac{2\pi}{L}\right)^2 \sin\frac{2\pi z}{L} \tag{15.317}$$

$$u^{(4)} = C\left(\frac{2\pi}{L}\right)^4 \sin\frac{2\pi z}{L}, \quad \theta^{(4)} = D\left(\frac{2\pi}{L}\right)^4 \sin\frac{2\pi z}{L} \tag{15.318}$$

将上述屈曲模态试函数代入到平衡方程式(15.296)，则有

$$\left.\begin{array}{l} \left[-(EI_y)_{\text{comp}}\left(\dfrac{2\pi}{L}\right)^4 + P\left(\dfrac{2\pi}{L}\right)^2\right]C + \left[Py_0\left(\dfrac{2\pi}{L}\right)^2\right]D = 0 \\[3mm] \left[-(EI_\omega)_{\text{comp}}\left(\dfrac{2\pi}{L}\right)^4 + (P(r_p)_{\text{comp}}^2 - (GJ_k)_{\text{comp}})\left(\dfrac{2\pi}{L}\right)^2\right]D + \left[Py_0\left(\dfrac{2\pi}{L}\right)^2\right]C = 0 \end{array}\right\} \tag{15.319}$$

或者

$$\left.\begin{array}{l} \left[-(EI_y)_{\text{comp}}\left(\dfrac{2\pi}{L}\right)^2 + P\right]C + (Py_0)D = 0 \\[3mm] \left[-(EI_\omega)_{\text{comp}}\left(\dfrac{2\pi}{L}\right)^2 + (P(r_p)_{\text{comp}}^2 - (GJ_k)_{\text{comp}})\right]D + (Py_0)C = 0 \end{array}\right\} \tag{15.320}$$

若令

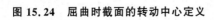

图 15.24 屈曲时截面的转动中心定义

$$\overline{P}_{Ey} = (EI_y)_{\text{comp}}\left(\frac{2\pi}{L}\right)^2, \quad \overline{P}_\omega = \left[(EI_\omega)_{\text{comp}}\left(\frac{2\pi}{L}\right)^2 + (GJ_k)_{\text{comp}}\right]\bigg/(r_p)_{\text{comp}}^2 \quad (15.321)$$

分别为绕弱轴的弯曲屈曲荷载和扭转屈曲荷载,则有

$$\begin{pmatrix} (\overline{P}_{Ey} - P) & -Py_0 \\ -Py_0 & (\overline{P}_\omega - P)(r_p)_{\text{comp}}^2 \end{pmatrix}\begin{pmatrix} C \\ D \end{pmatrix} = \begin{pmatrix} 0 \\ 0 \end{pmatrix} \quad (15.322)$$

15.6.2 弯扭屈曲的能量变分解答

(1) 两端铰接柱

① 一阶解析解

为了得到一阶解析解,可将屈曲模态试函数取为

$$u = A_1 \sin\frac{\pi z}{L}, \quad \theta = B_1 \sin\frac{\pi z}{L} \quad (15.323)$$

则边界条件式(15.297)自然得到满足。

为简便起见,这里略去下标 comp,将总势能方程式(15.279)表示为

$$\Pi = U + V = \frac{1}{2}\int_0^L \left[\begin{array}{l} EI_y\left(\dfrac{\partial^2 u}{\partial z^2}\right)^2 + EI_\omega\left(\dfrac{\partial^2 \theta}{\partial z^2}\right)^2 + GJ_k\left(\dfrac{\partial \theta}{\partial z}\right)^2 - \\ P\left(\dfrac{\partial u}{\partial z}\right)^2 - Pr_p^2\left(\dfrac{\partial \theta}{\partial z}\right)^2 - 2Py_0\left(\dfrac{\partial u}{\partial z}\right)\left(\dfrac{\partial \theta}{\partial z}\right) \end{array} \right]\mathrm{d}z \quad (15.324)$$

将式(15.323)代入到上式,积分可得

$$\Pi = \frac{\pi^4 A_1^2 EI_y}{4L^3} + \frac{\pi^4 B_1^2 EI_\omega}{4L^3} + \frac{\pi^2 B_1^2 GJ_k}{4L} - \frac{P\pi^2 A_1^2}{4L} - \frac{P\pi^2 B_1^2 r_p^2}{4L} - \frac{P\pi^2 A_1 B_1 y_0}{2L} \quad (15.325)$$

根据变分原理,屈曲平衡方程为

$$\begin{pmatrix} \dfrac{\partial \Pi}{\partial A_1} \\ \dfrac{\partial \Pi}{\partial B_1} \end{pmatrix} = \begin{pmatrix} -P + \dfrac{\pi^2 EI_y}{L^2} & -Py_0 \\ -Py_0 & \dfrac{\pi^2 EI_\omega}{L^2} + GJ_k - Pr_p^2 \end{pmatrix}\begin{pmatrix} A_1 \\ B_1 \end{pmatrix} = \begin{pmatrix} 0 \\ 0 \end{pmatrix} \quad (15.326)$$

此屈曲平衡方程与式(15.303)相同。因此其一阶近似解析解为(15.309)。

② 无穷级数解

若将屈曲模态试函数取为

$$u = \sum_{m=1}^\infty A_m \sin\frac{m\pi z}{L}, \quad \theta = \sum_{m=1}^\infty B_m \sin\frac{m\pi z}{L} \quad (15.327)$$

则边界条件式(15.297)自然得到满足。

上述屈曲模态的一阶导数为

$$u' = \sum_{m=1}^\infty A_m\left(\frac{m\pi}{L}\right)\cos\frac{m\pi z}{L}, \quad \theta' = \sum_{m=1}^\infty B_m\left(\frac{m\pi}{L}\right)\cos\frac{m\pi z}{L} \quad (15.328)$$

据此可知

$$\frac{1}{2}\int_0^L \left[-2Py_0\left(\frac{\partial u}{\partial z}\right)\left(\frac{\partial \theta}{\partial z}\right)\right]\mathrm{d}z$$

$$= \frac{1}{2}\int_0^L \left[-2Py_0 \sum_{m=1}^\infty A_m\left(\frac{m\pi}{L}\right)\cos\frac{m\pi z}{L} \times \sum_{n=1}^\infty B_n\left(\frac{n\pi}{L}\right)\cos\frac{n\pi z}{L}\right]\mathrm{d}z \quad (15.329)$$

可证,上式中若 $m \neq n$ 则积分为零,因此上式的积分结果为

$$\frac{1}{2}\int_0^L \left[-2Py_0 \left(\frac{\partial u}{\partial z}\right)\left(\frac{\partial \theta}{\partial z}\right) \right]\mathrm{d}z = \frac{1}{2}\int_0^L \left[-2Py_0 \sum_{m=1}^{\infty} A_m B_m \left(\frac{m\pi}{L}\right)^2 \left(\cos\frac{m\pi z}{L}\right)^2 \right]\mathrm{d}z$$

(15.330)

可见,对于本问题不会因为 m、n 取值不同而产生交叉耦合项,这将极大地简化我们的分析。
因此将式(15.327)代入到总势能式(15.324),其积分结果为

$$\Pi = \frac{m^4\pi^4 B_m EI_\omega}{2L^3} + \frac{m^2\pi^2 B_m GJ_k}{2L} - \frac{m^2 P\pi^2 B_m r_p^2}{2L} - \frac{m^2 P\pi^2 A_m y_0}{2L}$$

(15.331)

根据变分原理,屈曲平衡方程为

$$\begin{pmatrix} \dfrac{\partial \Pi}{\partial A_m} \\[2mm] \dfrac{\partial \Pi}{\partial B_m} \end{pmatrix} = \begin{pmatrix} -m^2 P + \dfrac{m^4\pi^2 EI_y}{L^2} & -m^2 Py_0 \\[3mm] -m^2 Py_0 & m^2\left(\dfrac{m^2\pi^2 EI_\omega}{L^2} + GJ_k - Pr_p^2\right) \end{pmatrix}\begin{pmatrix} A_m \\ B_m \end{pmatrix} = \begin{pmatrix} 0 \\ 0 \end{pmatrix}$$

(15.332)

显然,当 $m=1$ 时,屈曲平衡方程中才可以获得 P 的最小值。因此上节的微分方程解答式(15.303)是正确的。

(2)悬臂柱

作为一阶近似,可将屈曲模态试函数取为

$$u = A_1\left[1 - \cos\left(\frac{\pi z}{2L}\right)\right], \quad \theta = B_1\left[1 - \cos\left(\frac{\pi z}{2L}\right)\right]$$

(15.333)

上式满足固定端的边界条件

$$u = u' = \theta = \theta' = 0$$

(15.334)

因此为可用试函数。

将式(15.333)代入到总势能式(15.324),积分可得

$$\Pi = \frac{\pi^4 A_1^2 EI_y}{64L^3} + \frac{\pi^4 B_1^2 EI_\omega}{64L^3} + \frac{\pi^2 B_1^2 GJ_k}{16L} - \frac{P\pi^2 A_1^2}{16L} - \frac{P\pi^2 B_1^2 r_p^2}{16L} - \frac{P\pi^2 A_1 B_1 y_0}{8L}$$

(15.335)

根据变分原理,屈曲平衡方程为

$$\begin{pmatrix} \dfrac{\partial \Pi}{\partial A_1} \\[2mm] \dfrac{\partial \Pi}{\partial B_1} \end{pmatrix} = \begin{pmatrix} -P + \dfrac{\pi^2 EI_y}{4L^2} & -Py_0 \\[3mm] -Py_0 & \dfrac{\pi^2 EI_\omega}{4L^2} + GJ_k - Pr_p^2 \end{pmatrix}\begin{pmatrix} A_1 \\ B_1 \end{pmatrix} = \begin{pmatrix} 0 \\ 0 \end{pmatrix}$$

(15.336)

此屈曲平衡方程与式(15.303)形式相同。因此其一阶近似解析解仍为式(15.309)。

若将屈曲模态试函数取为

$$u = \sum_{m=1}^{\infty} A_m\left(1 - \cos\frac{m\pi z}{2L}\right), \quad \theta = \sum_{m=1}^{\infty} B_m s\left(1 - \cos\frac{m\pi z}{2L}\right)$$

(15.337)

则边界条件式(15.297)自然得到满足。

将式(15.337)代入到总势能式(15.324),其积分结果为

$$\Pi = \frac{(-1+2m)^4\pi^4 A_m^2 EI_y}{64L^3} + \frac{(-1+2m)^4\pi^4 B_m^2 EI_\omega}{64L^3} + \frac{(-1+2m)^2\pi^2 B_m^2 GJ_k}{16L} -$$

$$\frac{(-1+2m)^2 P\pi^2 A_m^2}{16L} - \frac{(-1+2m)^2 P\pi^2 B_m^2 r_p^2}{16L} - \frac{(-1+2m)^2 P\pi^2 A_m B_m y_0}{8L}$$

(15.338)

根据变分原理,屈曲平衡方程为

$$
\begin{pmatrix} \dfrac{\partial \Pi}{\partial A_m} \\[2mm] \dfrac{\partial \Pi}{\partial B_m} \end{pmatrix}
$$

$$
= \begin{pmatrix} \dfrac{(1-2m)^2\left[-4L^2P+(1-2m)^2\pi^2EI_y\right]}{4L^2} & -(1-2m)^2Py_0 \\[4mm] -(1-2m)^2Py_0 & \dfrac{(1-2m)^2\left((1-2m)^2\pi^2EI_\omega+4L^2(GJ_k-Pr_p^2)\right)}{4L^2} \end{pmatrix}\begin{pmatrix} A_m \\ B_m \end{pmatrix}=\begin{pmatrix} 0 \\ 0 \end{pmatrix}
$$

$$(15.339)$$

显然,当 $m=1$ 时,屈曲平衡方程中才可以获得 P 的最小值。此时式(15.339)的解答退化为一阶解答式(15.336)。

15.7　绕强迫转动轴扭转屈曲:板-梁理论、Bleich 理论和 Ojalvo 理论

实际工程中有时会遇到绕强迫轴的扭转屈曲问题,例如装配式工业厂房中的边柱与混凝土外墙板相连时,边柱屈曲的转动轴位置是由墙板来限定的。另外飞机或船舶外壁钢板一般采用 T 形加劲肋以提高其局部屈曲承载力,此时与钢板相连的翼缘(或者腹板)无法自由侧移,如图 15.25 所示,屈曲时 T 形加劲肋将绕着 C_E 点发生转动。若假设此处的侧移为零,则可将 T 形柱的屈曲问题抽象为绕一个固定轴(强迫轴)的扭转屈曲问题。

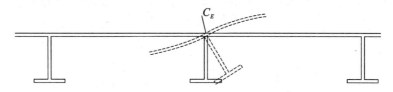

图 15.25　T 形截面柱绕定轴的扭转屈曲

工字形柱绕定轴扭转屈曲的问题最早由 Bleich 在 1933 年研究过。此后 Kappus 等学者对更一般的情况进行了研究。这些研究都忽略了墙板或者钢板的弯曲作用对钢柱扭转屈曲的抵抗作用。

本节将绕强迫轴的扭转屈曲单独提出来,还有两个目的:一是从力学机理上,很多截面(图 15.26),如十字形、Z 形截面等的扭转屈曲都可简化为绕强迫轴的扭转屈曲问题。例如,图 15.27(a)所示的十字形截面的扭转屈曲问题可简化为图 15.27(b)所示 4 个绕强迫轴的 T 形截面扭转屈曲问题;二是这曾是 M. Ojalvo 用来证明 Wagner 假设存在问题的例证。

本节将证明:Bleich 理论、Ojalvo 理论和板-梁理论三套理论中,Ojalvo 理论存在问题,而 Bleich 理论和作者提出的板-梁理论相近,且是正确的。

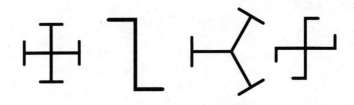

图 15.26　可简化为绕定轴扭转屈曲的截面

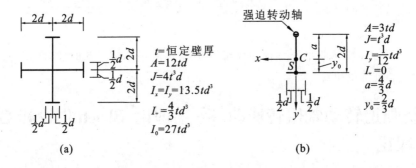

(a)　　　　　　　　　　　　　　(b)

图 15.27　可简化为绕定轴扭转屈曲的 T 形截面（Ojalvo,1989）

15.7.1　绕强迫转动轴的扭转屈曲:Bleich 理论

本节将以图 15.28 所示的 T 形截面轴压钢柱为例,讨论其绕固定轴扭转屈曲的问题。假设强迫轴为 $C_E(0,y_E)$,其与剪心 S 的距离为 $e_y=y_E-y_0$,则在小变形假设下,剪心的侧移可以用下式表示

$$u(z)=e_y \cdot \theta(z) \tag{15.340}$$

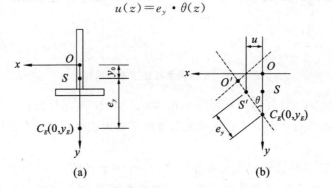

(a)　　　　　　　　　　　　　　(b)

图 15.28　T 形截面绕定轴的扭转变形

这就是绕定轴扭转屈曲的剪心侧移与截面转角之间的关系。

利用此关系,我们可以消去一个未知量,比如消去 $u(z)$ 则可将单轴对称截面的弯扭屈曲问题转化为扭转屈曲问题。方法如下:

首先将式(15.340)代入到 T 形截面的 Bleich 应变能表达式,即

$$U = \frac{1}{2}\int_0^L \left[EI_y \left(\frac{\partial^2 u}{\partial z^2} \right)^2 + EI_\omega \left(\frac{\partial^2 \theta}{\partial z^2} \right)^2 + GJ_k \left(\frac{\partial \theta}{\partial z} \right)^2 \right] \mathrm{d}z \tag{15.341}$$

可得

$$U = \frac{1}{2}\int_0^L \left[EI_y \left(\frac{\partial^2}{\partial z^2} (e_y \cdot \theta) \right)^2 + EI_\omega \left(\frac{\partial^2 \theta}{\partial z^2} \right)^2 + GJ_k \left(\frac{\partial \theta}{\partial z} \right)^2 \right] \mathrm{d}z$$

$$= \frac{1}{2}\int_0^L \left[E\bar{I}_\omega \left(\frac{\partial^2 \theta}{\partial z^2} \right)^2 + GJ_k \left(\frac{\partial \theta}{\partial z} \right)^2 \right] \mathrm{d}z \tag{15.342}$$

其中,

$$E\bar{I}_\omega = EI_\omega + e_y{}^2 EI_y \tag{15.343}$$

为 T 形截面绕定轴扭转的约束扭转刚度,而

$$G\bar{J}_k = GJ_k \tag{15.344}$$

即 GJ_k 维持不变。

可见,T 形截面绕定轴扭转时,仅影响约束扭转刚度,而自由扭转刚度不变。依据板-梁理论也可得到类似的结论,因此这是绕强迫轴扭转屈曲的一个重要特征。

再将式(15.340)代入到 Bleich 初应力势能表达式,即

$$V = -\frac{1}{2}\int_0^L \left[P \left(\frac{\partial u}{\partial z} \right)^2 + P r_p^2 \left(\frac{\partial \theta}{\partial z} \right)^2 + 2P y_0 \left(\frac{\partial u}{\partial z} \right) \left(\frac{\partial \theta}{\partial z} \right) \right] \mathrm{d}z \tag{15.345}$$

可得

$$V = -\frac{1}{2}\int_0^L \left[P \left(\frac{\partial u}{\partial z} \right)^2 + P r_p^2 \left(\frac{\partial \theta}{\partial z} \right)^2 + 2P y_0 \left(\frac{\partial u}{\partial z} \right) \left(\frac{\partial \theta}{\partial z} \right) \right] \mathrm{d}z$$

$$= -\frac{1}{2}\int_0^L \left[P \left(\frac{\partial}{\partial z} (e_y \cdot \theta) \right)^2 + P r_p^2 \left(\frac{\partial \theta}{\partial z} \right)^2 + 2P y_0 \left(\frac{\partial}{\partial z} (e_y \cdot \theta) \right) \left(\frac{\partial \theta}{\partial z} \right) \right] \mathrm{d}z$$

$$= -\frac{1}{2}\int_0^L \left[P(e_y{}^2 + 2e_y y_0 + r_p^2) \left(\frac{\partial \theta}{\partial z} \right)^2 \right] \mathrm{d}z \tag{15.346}$$

根据定义

$$r_p^2 = \frac{I_x + I_y}{A} + y_0^2 \tag{15.347}$$

还可将式(15.346)改写为

$$V = -\frac{1}{2}\int_0^L \left[P \bar{r}_p^2 \left(\frac{\partial \theta}{\partial z} \right)^2 \right] \mathrm{d}z \tag{15.348}$$

其中

$$\bar{r}_p^2 = \frac{I_x + I_y}{A} + (y_0 + e_y)^2 = \frac{I_x + I_y}{A} + y_E{}^2 \tag{15.349}$$

为 T 形截面绕强迫转动轴的回转半径的平方。

这样可得到总势能为

$$\Pi = U + V = \frac{1}{2}\int_0^L \left[E\bar{I}_\omega \left(\frac{\partial^2 \theta}{\partial z^2} \right)^2 + G\bar{J}_k \left(\frac{\partial \theta}{\partial z} \right)^2 - P \bar{r}_p^2 \left(\frac{\partial \theta}{\partial z} \right)^2 \right] \mathrm{d}z \tag{15.350}$$

这就是 Bleich 理论的 T 形截面轴压钢柱绕固定轴扭转屈曲总势能。

显然,依据此能量方程可以求解不同边界条件下的解答。相关的能量变分解可参见扭转屈曲的分析成果,此不赘述。

图 15.29 为强迫转动轴对 T 形截面轴压钢柱的影响。从图中可见,有无强迫转动轴两者的屈曲荷载差别较大;具有强迫转动轴的柱子可以承受更大的荷载。这个原因可简单解

释如下：

以图 15.30 所示的截面变形为例，在图 15.30(a)中，截面将绕 C 点转动。如前所述，C 点为截面自由屈曲时的不动点，其定义如图 15.24 所示，其位置由截面特性所确定。此时腹板自由端可以自由平移；在图 15.30(b)中，截面将被迫绕 C_E 点转动。此时腹板自由端的平移被作用于 C_E 点的水平反力 H 所限制。显然，水平反力 H 对整个截面的变形有抵抗作用，这就是强迫转动轴使临界荷载得到大幅度提高的原因。

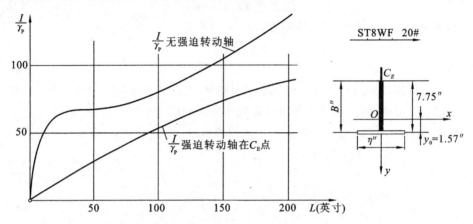

图 15.29　强迫转动轴对 T 形截面轴压钢柱的影响

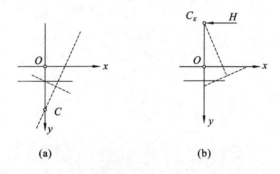

图 15.30　强迫转动轴的截面变形影响

15.7.2　绕强迫转动轴的扭转屈曲：板-梁理论

15.7.2.1　基本假设与问题描述

（1）基本假设

① 刚周边假设。据此可以确定板件形心的横向位移。

② 每块平板的总变形都可分解为两部分，即平面内变形和平面外变形；与此对应的纵向位移、应变能和初应力势能等，可分别按 Euler 梁力学模型和 Kirchhoff 板力学模型确定。

（2）问题描述

为不失一般性，本节以图 15.31 所示单轴对称的 T 形截面钢柱为研究对象。图中，$C_E(0,y_E)$ 为强迫转动轴的坐标；$h=h_w+(t_f/2)$ 为上翼缘形心至腹板底面的距离；e_f、e_w 分别为上翼缘和腹板自身形心的坐标。在数值上,e_f、e_w 分别为上翼缘和腹板自身形心至截面形心的距离。腹板和翼缘的形心在图示的位置时,e_f、e_w 均为正值,若腹板形心的实际位置在截面形心和上翼缘之间,则此时 e_w 应该取负值。

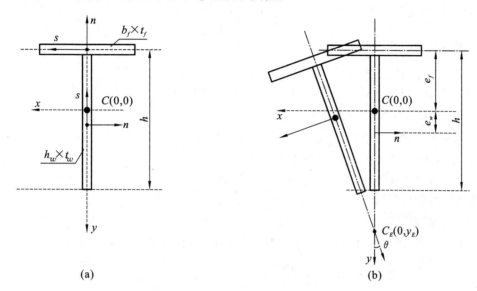

图 15.31 T 形截面的坐标系与变形图

与 T 形钢柱的弯扭屈曲不同,若在轴压力作用下 T 形钢柱发生绕强迫轴的扭转屈曲,则横截面的未知量仅有 1 个,即横截面的刚性转角 $\theta(z)$。

为了方便描述变形,板-梁理论需要引入两套坐标系:整体坐标系 xyz 和局部坐标系 nsz。这两套坐标系与 Vlasov 的坐标系类似。两套坐标系均须符合右手螺旋法则。整体坐标系的原点选在截面形心,各板件的局部坐标系原点选在板件的形心。两套坐标系的定义和截面变形如图 15.31 所示。

已知:钢材的弹性模量为 E,剪切模量为 G,泊松比为 μ;钢柱的长度为 L;翼缘的宽度为 b_f,厚度为 t_f;腹板的高度为 h_w,厚度为 t_w。

15.7.2.2 扭转屈曲的应变能

(1)腹板的应变能

① 腹板的变形

腹板形心的整体坐标为 $(0,e_w)$,腹板局部坐标系下任意点 (n,s) 的位移为

$$\alpha=\frac{3\pi}{2}, \quad x-x_E=-n, \quad y-y_E=-s+e_w-y_E \tag{15.351}$$

$$\begin{pmatrix} r_s \\ r_n \end{pmatrix}=\begin{pmatrix} \sin\dfrac{3\pi}{2} & -\cos\dfrac{3\pi}{2} \\ \cos\dfrac{3\pi}{2} & \sin\dfrac{3\pi}{2} \end{pmatrix}\begin{pmatrix} -n \\ -s+e_w-y_E \end{pmatrix}=\begin{pmatrix} n \\ s-e_w+y_E \end{pmatrix} \tag{15.352}$$

$$\begin{pmatrix} v_s \\ v_n \\ \theta \end{pmatrix} = \begin{pmatrix} \cos\dfrac{3\pi}{2} & \sin\dfrac{3\pi}{2} & r_s \\ \sin\dfrac{3\pi}{2} & -\cos\dfrac{3\pi}{2} & -r_n \\ 0 & 0 & 1 \end{pmatrix} \begin{pmatrix} 0 \\ 0 \\ \theta \end{pmatrix} = \begin{pmatrix} n\theta \\ \theta(-s+e_w-y_E) \\ \theta \end{pmatrix} \tag{15.353}$$

可得腹板形心的位移为：

$$u_w^0 = \theta(e_w - y_E), \quad v_w^0 = 0, \quad w_w^0 = 0, \quad \theta_w^0 = \theta \tag{15.354}$$

其中，u_w^0、v_w^0、w_w^0 分别为腹板形心沿着局部坐标系 n 轴、s 轴、z 轴方向的位移。

② 腹板的位移场

a. 平面内弯曲

b. 平面外弯曲（Kirchhoff 薄板模型）

依据变形分解原理，腹板平面外的位移模式为

沿着 n 轴的位移 $\qquad u_w(s,z) = \theta(-s+e_w-y_E) \tag{15.355}$

沿着 s 轴的位移 $\qquad v_w(n,z) = n\theta \tag{15.356}$

而纵向位移（沿着 z 轴的位移）则需要依据 Kirchhoff 薄板模型来确定，即

$$w_w(n,s,z) = w_w^0 - n\left(\frac{\partial u_w}{\partial z}\right)$$

$$= -n\left[(-s+e_w-y_E)\left(\frac{\partial\theta}{\partial z}\right)\right] = n(s-e_w+y_E)\left(\frac{\partial\theta}{\partial z}\right) \tag{15.357}$$

③ 腹板的几何方程（线性应变）

$$\varepsilon_{z,w} = \frac{\partial w_w}{\partial z} = n(s-e_w+y_E)\left(\frac{\partial^2\theta}{\partial z^2}\right), \quad \varepsilon_{s,w} = \frac{\partial v_w}{\partial s} = 0 \tag{15.358}$$

$$\gamma_{sz,w} = \frac{\partial w_w}{\partial s} + \frac{\partial v_w}{\partial z} = n\left(\frac{\partial\theta}{\partial z}\right) + n\left(\frac{\partial\theta}{\partial z}\right) = 2n\left(\frac{\partial\theta}{\partial z}\right) \tag{15.359}$$

④ 物理方程

对于 Kirchhoff 薄板模型，有

$$\sigma_{z,w} = \frac{E}{1-\mu^2}(\varepsilon_{z,w}), \quad \tau_{sz,w} = G\gamma_{sz,w} \tag{15.360}$$

⑤ 腹板的应变能

平面内弯曲的应变能见式（15.218）。

平面外弯曲的应变能（Kirchhoff 薄板模型）

根据

$$U = \frac{1}{2}\iiint\left[\frac{E}{1-\mu^2}(\varepsilon_{z,w}^2) + G\gamma_{sz,w}^2\right]dn\,ds\,dz$$

有

$$U_w^{\text{out-plane}} = \frac{1}{2}\iiint\left\{\frac{E}{1-\mu^2}\left[n(s-e_w+y_E)\left(\frac{\partial^2\theta}{\partial z^2}\right)\right]^2 + G\left[2n\left(\frac{\partial\theta}{\partial z}\right)\right]^2\right\}dn\,ds\,dz \tag{15.361}$$

注意到

$$\iint_{A_w} n^2 \mathrm{d}n\mathrm{d}s = \int_{-\frac{h_w}{2}}^{\frac{h_w}{2}} \int_{-\frac{t_w}{2}}^{\frac{t_w}{2}} n^2 \mathrm{d}n\mathrm{d}s = \frac{h_w t_w^3}{12}$$

$$\iint_{A_w} n^2 s^2 \mathrm{d}n\mathrm{d}s = \int_{-\frac{h_w}{2}}^{\frac{h_w}{2}} \int_{-\frac{t_w}{2}}^{\frac{t_w}{2}} n^2 s^2 \mathrm{d}n\mathrm{d}s = \frac{t_w^3 h_w^3}{144}$$

可得平面外弯曲的应变能的积分结果为

$$U_w^{\text{out-plane}} = \frac{1}{2} \int_0^L \left\{ \begin{array}{l} \dfrac{E}{1-\mu^2} \left[\left(\dfrac{t_w^3 h_w^3}{144} \right) \left(\dfrac{\partial^2 \theta}{\partial z^2} \right)^2 \right] + G\left(\dfrac{h_w t_w^3}{3} \right) \left(\dfrac{\partial \theta}{\partial z} \right)^2 + \\ \dfrac{E}{1-\mu^2} \left[\left(\dfrac{h_w t_w^3}{12} \right) (e_w - y_0)^2 \left(\dfrac{\partial^2 \theta}{\partial z^2} \right)^2 \right] \end{array} \right\} \mathrm{d}z \tag{15.362}$$

（2）上翼缘的应变能

①上翼缘的变形

上翼缘形心的整体坐标为 $(0, -e_f)$，上翼缘局部坐标系下任意点 (n,s) 的位移为

$$\alpha = 2\pi, \quad x - x_E = s, \quad y - y_0 = -e_0 - n - y_E \tag{15.363}$$

$$\begin{pmatrix} r_s \\ r_n \end{pmatrix} = \begin{pmatrix} \sin 2\pi & -\cos 2\pi \\ \cos 2\pi & \sin 2\pi \end{pmatrix} \begin{pmatrix} s \\ -e_f - n - y_0 \end{pmatrix} = \begin{pmatrix} n + e_f + y_E \\ s \end{pmatrix} \tag{15.364}$$

$$\begin{pmatrix} v_s \\ v_n \\ \theta \end{pmatrix} = \begin{pmatrix} \cos 0 & \sin 0 & r_s \\ \sin 0 & -\cos 0 & -r_n \\ 0 & 0 & 1 \end{pmatrix} \begin{pmatrix} 0 \\ 0 \\ \theta \end{pmatrix} = \begin{pmatrix} \theta(n + e_f + y_E) \\ -s\theta \\ \theta \end{pmatrix} \tag{15.365}$$

可得上翼缘形心的位移为

$$u_f^0 = 0, \quad v_f^0 = u + (e_f + y_E)\theta, \quad w_f^0 = 0, \quad \theta_{f0}^0 = \theta \tag{15.366}$$

其中，u_f^0、v_f^0、w_f^0 分别为腹板形心沿着局部坐标系 n 轴、s 轴、z 轴方向位移。

根据变形分解原理，可将变形式（15.223）分解为

$$\begin{pmatrix} v_s \\ v_n \\ \theta \end{pmatrix} = \begin{pmatrix} \theta(n + e_f + y_E) \\ -s\theta \\ \theta \end{pmatrix} = \begin{pmatrix} \theta(e_f + y_E) \\ 0 \\ 0 \end{pmatrix}_{\text{in-plane}} + \begin{pmatrix} n\theta \\ -s\theta \\ \theta \end{pmatrix}_{\text{out-plane}} \tag{15.367}$$

②上翼缘平面内弯曲（Euler 梁模型）的应变能

依据变形分解原理，上翼缘平面内的位移模式为

沿着 n 轴的位移 $\qquad\qquad u_f(z) = u_f^0 = 0 \tag{15.368}$

沿着 s 轴的位移 $\qquad\qquad v_f(z) = v_f^0 = (e_f + y_E)\theta \tag{15.369}$

而纵向位移（沿着 z 轴的位移）则需要依据 Euler 梁模型来确定，即

$$w_f(s,z) = -\frac{\partial v_f^0}{\partial z} s = -\frac{\partial}{\partial z}\left[(e_f + y_E)\theta \right] s = -s(e_f + y_E)\frac{\partial \theta}{\partial z} \tag{15.370}$$

几何方程（线性应变）

$$\varepsilon_{z,f1} = \frac{\partial w_f}{\partial z} = -s(e_f + y_E)\frac{\partial^2 \theta}{\partial z^2}, \quad \varepsilon_{s,f} = \frac{\partial v_f}{\partial s} = 0 \tag{15.371}$$

$$\gamma_{sz,f} = \frac{\partial w_f}{\partial s} + \frac{\partial v_f}{\partial z} = -(e_f + y_E)\frac{\partial \theta}{\partial z} + (e_f + y_E)\frac{\partial \theta}{\partial z} = 0 \tag{15.372}$$

物理方程

$$\sigma_{z,f} = \frac{E}{1-\mu^2}(\varepsilon_{z,f}), \quad \tau_{sz,f} = G\gamma_{sz,f} \tag{15.373}$$

应变能

$$U = \frac{1}{2}\iiint\limits_{V_f}(\sigma_z\varepsilon_z + \sigma_s\varepsilon_s + \tau_{sz}\gamma_{sz})\mathrm{d}n\mathrm{d}s\mathrm{d}z = \frac{1}{2}\iiint\limits_{V_f}(\sigma_{z,f}\varepsilon_{z,f})\mathrm{d}n\mathrm{d}s\mathrm{d}z \tag{15.374}$$

有

$$U_{f,\text{top}}^{\text{in-plane}} = \frac{1}{2}\iiint\limits_{V_f}\frac{E}{1-\mu^2}\left[-s(e_f+y_E)\frac{\partial^2\theta}{\partial z^2}\right]^2\mathrm{d}n\mathrm{d}s\mathrm{d}z \tag{15.375}$$

积分结果为

$$U_{f,\text{top}}^{\text{in-plane}} = \frac{1}{2}\int_0^L\frac{E}{1-\mu^2}\left[(e_f+y_E)^2\left(\frac{t_fb_f^3}{12}\right)\left(\frac{\partial^2\theta}{\partial z^2}\right)^2\right]\mathrm{d}z \tag{15.376}$$

③上翼缘平面外弯曲（Kirchhoff 薄板模型）的应变能

依据变形分解原理，上翼缘平面外的位移模式为：沿着 s 轴的位移见式（15.235）；沿着 n 轴的位移见式（15.236）。

而纵向位移（沿着 z 轴的位移）则需要依据 Kirchhoff 薄板模型来确定，见式（15.237）。几何方程（线性应变）见式（15.238）、式（15.239）。

物理方程

$$\sigma_{z,f} = \frac{E}{1-\mu^2}(\varepsilon_{z,f}), \quad \tau_{sz,f} = G\gamma_{sz,f} \tag{15.377}$$

应变能

$$U = \frac{1}{2}\iiint\left[\frac{E}{1-\mu^2}(\varepsilon_{z,f}^2) + G(\gamma_{sz,f}^2)\right]\mathrm{d}n\mathrm{d}s\mathrm{d}z \tag{15.378}$$

有

$$U_{f,\text{top}}^{\text{out-plane}} = \frac{1}{2}\iiint\left\{\frac{E}{1-\mu^2}\left[-sn\left(\frac{\partial^2\theta}{\partial z^2}\right)\right]^2 + G\left[-2n\left(\frac{\partial\theta}{\partial z}\right)\right]^2\right\}\mathrm{d}n\mathrm{d}s\mathrm{d}z \tag{15.379}$$

积分结果为

$$U_{f,\text{top}}^{\text{out-plane}} = \frac{1}{2}\int_0^L\left[\frac{E}{1-\mu^2}\left(\frac{t_f^3b_f^3}{144}\right)\left(\frac{\partial^2\theta}{\partial z^2}\right)^2 + G\left(\frac{b_ft_f^3}{3}\right)\left(\frac{\partial\theta}{\partial z}\right)^2\right]\mathrm{d}z \tag{15.380}$$

（3）单轴对称 T 形梁的总应变能

$$U = U_w + U_f$$

$$= \frac{1}{2}\int_0^L\left\{\begin{bmatrix}\dfrac{E}{1-\mu^2}\left(\dfrac{h_wt_w^3}{12}\right)(e_w-y_E)^2 + \dfrac{E}{1-\mu^2}(e_f+y_E)^2\left(\dfrac{t_fb_f^3}{12}\right)+ \\[2ex] \dfrac{E}{1-\mu^2}\left(\dfrac{t_w^3h_w^3}{144}\right) + \dfrac{E}{1-\mu^2}\left(\dfrac{t_f^3b_f^3}{144}\right)\end{bmatrix}\left(\dfrac{\partial^2\theta}{\partial z^2}\right)^2 + \\[4ex] \left[G\left(\dfrac{h_wt_w^3}{3}\right)+G\left(\dfrac{b_ft_f^3}{3}\right)\right]\left(\dfrac{\partial\theta}{\partial z}\right)^2\end{bmatrix}\right\}\mathrm{d}z \tag{15.381}$$

其中，$(e_w-y_E)^2$、$(e_f+y_E)^2$ 分别为腹板和翼缘自身形心与强迫转动轴的距离的平方。

若令

$$E_1\bar{I}_\omega = \frac{E}{1-\mu^2}\left[\left(\frac{h_w t_w^3}{12}\right)(e_w-y_E)^2 + (e_f+y_E)^2\left(\frac{t_f b_f^3}{12}\right) + \left(\frac{t_w^3 h_w^3}{144}\right) + \left(\frac{t_f^3 b_f^3}{144}\right)\right] \quad (15.382)$$

为约束扭转刚度或称为翘曲刚度,而

$$G\bar{J}_k = G\left(\frac{h_w t_w^3}{3} + \frac{b_f t_f^3}{3}\right) \quad (15.383)$$

为自由扭转刚度,则可将单轴对称 T 形柱的总应变能简洁地表达为

$$U = \frac{1}{2}\int_0^L\left[E_1\bar{I}_\omega\left(\frac{\partial^2\theta}{\partial z^2}\right)^2 + G\bar{J}_k\left(\frac{\partial\theta}{\partial z}\right)^2\right]\mathrm{d}z \quad (15.384)$$

15.7.2.3 扭转屈曲的初应力势能

(1)腹板的初应力势能

轴压状态下,腹板的初应力为

$$\sigma_{z,w0} = -\left(\frac{P}{A}\right) \quad (15.385)$$

关于应力的正负号与材料力学的规定相同,即取拉应力为正,而压应力为负。

腹板的初应力势能为

$$V_w = \iiint(\sigma_{z,w0}\varepsilon_{z,w}^{\mathrm{NL}})\mathrm{d}n\mathrm{d}s\mathrm{d}z \quad (15.386)$$

其中

$$\varepsilon_{z,w}^{\mathrm{NL}} = \frac{1}{2}\left[\left(\frac{\partial u_w}{\partial z}\right)^2 + \left(\frac{\partial v_w}{\partial z}\right)^2\right] = \frac{1}{2}\left\{\left[(-s+e_w-y_E)\left(\frac{\partial\theta}{\partial z}\right)\right]^2 + \left[n\left(\frac{\partial\theta}{\partial z}\right)\right]^2\right\} \quad (15.387)$$

从而有

$$V_w^{\mathrm{out\text{-}plane}} = -\left(\frac{P}{A}\right)\iiint\frac{1}{2}\left\{\left[(-s+e_w-y_E)\left(\frac{\partial\theta}{\partial z}\right)\right]^2 + \left[n\left(\frac{\partial\theta}{\partial z}\right)\right]^2\right\}\mathrm{d}n\mathrm{d}s\mathrm{d}z \quad (15.388)$$

积分结果为

$$V_w = -\left(\frac{P}{A}\right)\int_0^L\left[\left(\frac{1}{24}h_w^3 t_w + \frac{1}{24}h_w t_w^3 + \frac{1}{2}h_w t_w\Delta_1^2\right)\left(\frac{\partial\theta}{\partial z}\right)^2\right]\mathrm{d}z \quad (15.389)$$

其中

$$\Delta_1 = e_w - y_E \quad (15.390)$$

为腹板自身的形心到截面剪心的距离。

(2)上翼缘的初应力势能

轴压状态下,上翼缘的初应力为

$$\sigma_{z,f0} = -\left(\frac{P}{A}\right) \quad (15.391)$$

根据前述的规定,上翼缘的压应力应为负。

上翼缘的初应力势能为

$$V = \iiint(\sigma_{z,f0}\varepsilon_{z,f}^{\mathrm{NL}})\mathrm{d}x\mathrm{d}y\mathrm{d}z \quad (15.392)$$

其中

$$\varepsilon_{z,f}^{\mathrm{NL}} = \frac{1}{2}\left[\left(\frac{\partial u_f}{\partial z}\right)^2 + \left(\frac{\partial v_f}{\partial z}\right)^2\right] = \frac{1}{2}\left\{\left[(n+e_f+y_E)\frac{\partial\theta}{\partial z}\right]^2 + \left[s\left(\frac{\partial\theta}{\partial z}\right)\right]^2\right\} \quad (15.393)$$

从而有

$$V_{f,\text{top}}^{\text{in-plane}} = -\left(\frac{P}{A}\right)\iiint \frac{1}{2}\left\{\left[(n+e_f+y_E)\frac{\partial\theta}{\partial z}\right]^2 + \left[s\left(\frac{\partial\theta}{\partial z}\right)\right]^2\right\}dnds dz \quad (15.394)$$

积分结果为

$$V_{f,\text{top}}^{\text{in-plane}} = -\frac{1}{2}\left(\frac{P}{A}\right)\int_0^L\left[\left(\frac{1}{12}b_f^3 t_f + \frac{1}{12}b_f t_f^3 + b_f t_f \Delta_2^2\right)\left(\frac{\partial\theta}{\partial z}\right)^2\right]dz \quad (15.395)$$

其中

$$\Delta_2 = e_f + y_E \quad (15.396)$$

为上翼缘自身的形心到强迫转动轴的距离。

（3）总初应力势能

$$V = V_w + V_f = -\frac{1}{2}\left(\frac{P}{A}\right)\int_0^L\left[\begin{array}{l}\left(\dfrac{1}{12}h_w^3 t_w + \dfrac{1}{12}h_w t_w^3 + h_w t_w \Delta_1^2\right)+\\[2mm] \left(\dfrac{1}{12}b_f^3 t_f + \dfrac{1}{12}b_f t_f^3 + b_f t_f \Delta_2^2\right)\end{array}\right]\left(\frac{\partial\theta}{\partial z}\right)^2 dz \quad (15.397)$$

首先可将上式中小括号内的两项加以简化，即

$$\begin{aligned}h_w t_w \Delta_1^2 + b_f t_f \Delta_2^2 &= A_w\ (e_w - y_E)^2 + A_f\ (e_f + y_E)^2\\ &= A_w e_w^2 + A_f e_f^2 + (A_w + A_f)y_E^2 + 2(-A_w e_w + A_f e_f)y_E \quad (15.398)\end{aligned}$$

根据前述 T 形截面形心的定义式(15.202)，可知

$$-A_w e_w + A_f e_f = 0 \quad (15.399)$$

此式按照弯矩为零的条件也可推导得到。

据此可将式(15.398)简化为

$$\begin{aligned}h_w t_w \Delta_1^2 + b_f t_f \Delta_2^2 &= A_w\ (e_w - y_E)^2 + A_f\ (e_f + y_E)^2\\ &= A_w e_w^2 + A_f e_f^2 + Ay_E^2 \quad (15.400)\end{aligned}$$

若令

$$I_x = \frac{1}{12}h_w^3 t_w + \frac{1}{12}b_f t_f^3 + A_w e_w^2 + A_f e_f^2, \quad I_y = \frac{1}{12}h_w t_w^3 + \frac{1}{12}b_f^3 t_f \quad (15.401)$$

分别为截面绕形心主轴的惯性矩。

$$\bar{r}_p^2 = \frac{I_x + I_y + Ay_E^2}{A} = \frac{I_x + I_y}{A} + y_E^2 \quad (15.402)$$

为截面绕强迫转动轴的极回转半径的平方，则可将初应力势能更加简洁地写为

$$V = -\frac{1}{2}\int_0^L P\bar{r}_p^2\left(\frac{\partial\theta}{\partial z}\right)^2 dz \quad (15.403)$$

15.7.2.4　扭转屈曲的总势能

$$\Pi = U + V = \frac{1}{2}\int_0^L\left[E_1\bar{I}_\omega\left(\frac{\partial^2\theta}{\partial z^2}\right)^2 + G\bar{J}_k\left(\frac{\partial\theta}{\partial z}\right)^2 - P\bar{r}_p^2\left(\frac{\partial\theta}{\partial z}\right)^2\right]dz \quad (15.404)$$

这就是我们依据板-梁理论推导得到的 T 形截面绕强迫轴扭转屈曲的总势能。

若考虑与 T 形截面钢柱相连的钢板或者墙板（檩条）的弹性扭转约束问题，还须仿照前述扭转屈曲的研究方法，在上述总势能增加一项弹性扭转应变能。

对于分布弹性扭转约束

$$\Pi = U + V + U_k$$

$$= \frac{1}{2}\int_0^L \left[(E\bar{I}_\omega)_{\text{comp}} \left(\frac{\partial^2\theta}{\partial z^2}\right)^2 + (G\bar{J}_k)_{\text{comp}} \left(\frac{\partial\theta}{\partial z}\right)^2 - P\,(\bar{r}_p)_{\text{comp}}^2 \left(\frac{\partial\theta}{\partial z}\right)^2 + k_\phi\theta^2 \right]\mathrm{d}z$$

$$(15.405)$$

对于离散弹性扭转约束

$$\Pi = U + V + U_k$$

$$= \frac{1}{2}\int_0^L \left[(E\bar{I}_\omega)_{\text{comp}} \left(\frac{\partial^2\theta}{\partial z^2}\right)^2 + (GJ_k)_{\text{comp}} \left(\frac{\partial\theta}{\partial z}\right)^2 - P\,(\bar{r}_p)_{\text{comp}}^2 \left(\frac{\partial\theta}{\partial z}\right)^2 \right]\mathrm{d}z + \frac{1}{2}\sum_i^{N_s} k_{Ti}\theta_i^2$$

$$(15.406)$$

其中，k_ϕ 为分布弹性扭转约束的扭转刚度；θ_i 和 k_{Ti} 分别为第 i 个扭转弹性约束的转角和扭转弹簧刚度，N_s 为扭转弹性约束的总数。

15.7.3 Ojalvo 理论

众所周知，Wagener 假设是 Vlasov 理论体系的基石。然而，关于 Wagener 假设是否正确的问题一直受到质疑。著名质疑者包括 Bleich(1953 年)、J. Lenz 和 P. Vielsack(1981 年)以及 M. Ojalvo。比如，从 1981 年开始直到 2007 年，M. Ojalvo 不断撰文证明 Wagener 假设是错误的。时至今日，此问题尚未得到很合理的诠释。在弹塑性弯扭屈曲方面此问题依然存在。因此正如 R. D. Ziemian 在《钢结构稳定设计准则》(第 6 版)(2010)中所说那样："目前(2009 年)，这一挑战还没有完全解决"。

与 Vlasov 理论类似，M. Ojalvo 理论仍采用了小变形和刚周边假设来确定形心的位移。以图 15.32 为例，C 为形心，$S(x_0, y_0)$ 为剪心，若剪心位移为 u、v，则形心的位移 u_c、v_c 可表示为

$$u_c = u + y_0\theta, \quad v_c = v + x_0\theta \tag{15.407}$$

与 Bleich 理论不同，Ojalvo 否认 Wagener 效应的存在，认为轴压构件的初应力势能应该用形心线的伸长量，而不是任意纵向纤维的伸长量来表述，即

$$V = -P \cdot w_c \tag{15.408}$$

其中，w_c 为形心线的伸长量。Ojalvo 认为此量值可以按照 Euler 梁理论来确定，即

$$w_c = \frac{1}{2}\int_0^L \left[\left(\frac{\partial u_c}{\partial z}\right)^2 + \left(\frac{\partial v_c}{\partial z}\right)^2 \right]\mathrm{d}z \tag{15.409}$$

将式(15.407)代入到式(15.409)，可得

$$w_c = \frac{1}{2}\int_0^L \left[\left(\frac{\partial u}{\partial z} + y_0\frac{\partial\theta}{\partial z}\right)^2 + \left(\frac{\partial v}{\partial z}v + x_0\frac{\partial\theta}{\partial z}\right)^2 \right]\mathrm{d}z$$

$$= \frac{1}{2}\int_0^L \left[\left(\frac{\partial u}{\partial z}\right)^2 + \left(\frac{\partial v}{\partial z}\right)^2 + r_0^2\left(\frac{\partial\theta}{\partial z}\right)^2 + 2\left(\frac{\partial\theta}{\partial z}\right)\left(y_0\frac{\partial u}{\partial z} - x_0\frac{\partial v}{\partial z}\right)^2 \right]\mathrm{d}z \tag{15.410}$$

式中，$r_0^2 = x_0^2 + y_0^2$ 为形心与剪心距离的平方。

Ojalvo 理论中的应变能未加证明地直接借用了 Bleich 理论，即

$$U = \frac{1}{2}\int_0^L \left[EI_y\left(\frac{\partial^2 u}{\partial z^2}\right)^2 + EI_x\left(\frac{\partial^2 v}{\partial z^2}\right)^2 + EI_\omega\left(\frac{\partial^2\theta}{\partial z^2}\right)^2 + GJ_k\left(\frac{\partial\theta}{\partial z}\right)^2 \right]\mathrm{d}z \tag{15.411}$$

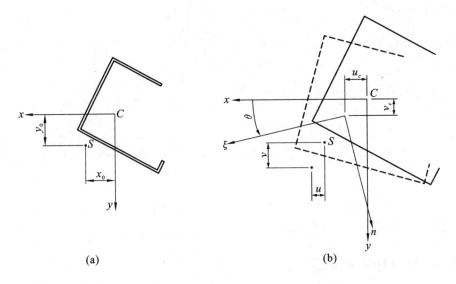

(a)   (b)

图 15.32 横截面的变形图(M. Ojalvo,1989 年)

从而得到

$$\Pi = U + V$$

$$= \frac{1}{2}\int_0^L \left[EI_y \left(\frac{\partial^2 u}{\partial z^2}\right)^2 + EI_x \left(\frac{\partial^2 v}{\partial z^2}\right)^2 + EI_\omega \left(\frac{\partial^2 \theta}{\partial z^2}\right)^2 + GJ_k \left(\frac{\partial \theta}{\partial z}\right)^2 \right]\mathrm{d}z +$$

$$\frac{1}{2}\int_0^L P \left[\left(\frac{\partial u}{\partial z}\right)^2 + \left(\frac{\partial v}{\partial z}\right)^2 + r_0^2 \left(\frac{\partial \theta}{\partial z}\right)^2 + 2\left(\frac{\partial \theta}{\partial z}\right)\left(y_0 \frac{\partial u}{\partial z} - x_0 \frac{\partial v}{\partial z}\right) \right]\mathrm{d}z \quad (15.412)$$

这就是 Ojalvo 理论的总势能。

据此,Ojalvo 利用变分原理,得到此问题的 Euler 方程为

$$\left. \begin{aligned} EI_y \left(\frac{\partial^3 u}{\partial z^3}\right) + P\left(\frac{\partial^2 u}{\partial z^2}\right) + Py_0 \left(\frac{\partial^2 \theta}{\partial z^2}\right) &= 0 \\[6pt] EI_x \left(\frac{\partial^3 v}{\partial z^3}\right) + P\left(\frac{\partial^2 v}{\partial z^2}\right) - Px_0 \left(\frac{\partial^2 \theta}{\partial z^2}\right) &= 0 \\[6pt] EI_\omega \left(\frac{\partial^3 \theta}{\partial z^3}\right) + (Pr_0^2 - GJ_k)\left(\frac{\partial^2 \theta}{\partial z^2}\right) + Py_0 \left(\frac{\partial^2 u}{\partial z^2}\right) - Px_0 \left(\frac{\partial^2 v}{\partial z^2}\right) &= 0 \end{aligned} \right\} \quad (15.413)$$

该式为 Ojalvo 给出的屈曲平衡方程。

15.7.4 三种理论的对比

(1) 弯扭屈曲理论的对比

对于图 15.33 所示的单轴对称截面,Ojalvo 理论的总势能式(15.412)可简化为

$$\Pi = \frac{1}{2}\int_0^L \left[EI_y \left(\frac{\partial^2 u}{\partial z^2}\right)^2 + EI_\omega \left(\frac{\partial^2 \theta}{\partial z^2}\right)^2 + GJ_k \left(\frac{\partial \theta}{\partial z}\right)^2 \right]\mathrm{d}z +$$

$$\frac{1}{2}\int_0^L P \left[\left(\frac{\partial u}{\partial z}\right)^2 + r_0^2 \left(\frac{\partial \theta}{\partial z}\right)^2 + 2y_0 \left(\frac{\partial \theta}{\partial z}\right)\left(\frac{\partial u}{\partial z}\right) \right]\mathrm{d}z \quad (15.414)$$

形式上,Bleich 理论和板 - 梁理论的总势能均为

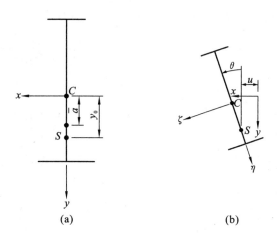

图 15.33 单轴对称截面

$$\Pi = \frac{1}{2} \int_0^L \left[EI_y \left(\frac{\partial^2 u}{\partial z^2} \right)^2 + EI_\omega \left(\frac{\partial^2 \theta}{\partial z^2} \right)^2 + GJ_k \left(\frac{\partial \theta}{\partial z} \right)^2 \right] dz +$$

$$\frac{1}{2} \int_0^L P \left[\left(\frac{\partial u}{\partial z} \right)^2 + r_p^2 \left(\frac{\partial \theta}{\partial z} \right)^2 + 2y_0 \left(\frac{\partial \theta}{\partial z} \right) \left(\frac{\partial u}{\partial z} \right) \right] dz \tag{15.415}$$

对比两种总势能,可以看出唯一的区别在于对 r 的定义。在 Ojalvo 理论中,$r_0^2 = y_0^2$ 为形心与剪心距离的平方;Bleich 理论和板-梁理论中,$r_p^2 = \dfrac{I_x + I_y}{A} + y_0^2$ 为截面对剪心的回转半径的平方。正是这种区别,导致两套理论之间在某些情况下存在较大的差异。

(2)绕强迫轴扭转屈曲理论的对比

下面以图 15.34 所示的 T 形截面轴压柱绕腹板下边缘强迫轴转动的扭转屈曲为例,来说明作者提出的板-梁理论与 Bleich 理论和 Ojalvo 理论的联系与区别。

如图 15.34 所示,此时强迫轴的坐标为 $C_E(0, h - e_f)$,因此

$$y_E = h - e_f, \quad e_y = y_E - y_0 \tag{15.416}$$

剪心的侧移可以用下式表示

$$u(z) = e_y \cdot \theta(z) \tag{15.417}$$

将其代入到 Ojalvo 理论,可得

$$\Pi = \frac{1}{2} \int_0^L \left[E\bar{I}_\omega \left(\frac{\partial^2 \theta}{\partial z^2} \right)^2 + G\bar{J}_k \left(\frac{\partial \theta}{\partial z} \right)^2 - P\bar{r}_0^2 \left(\frac{\partial \theta}{\partial z} \right)^2 \right] dz \tag{15.418}$$

式中,

$$E\bar{I}_\omega = EI_\omega + e_y{}^2 EI_y \tag{15.419}$$

$$\bar{r}_0^2 = (y_E)^2 \tag{15.420}$$

按照 Vlasov 理论和 Bleich 理论,

$$E\bar{I}_\omega = EI_\omega + e_y{}^2 EI_y \tag{15.421}$$

$$\bar{r}_p^2 = \frac{I_x + I_y}{A} + (y_E)^2 \tag{15.422}$$

按照板-梁理论,

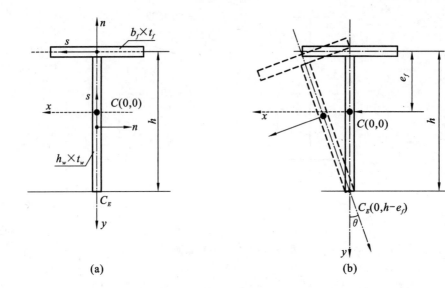

图 15.34 T 形截面的坐标系与变形图

$$(e_w - y_E)^2 \approx \left(\frac{h}{2}\right)^2, \quad (e_f + y_E)^2 = h^2 \tag{15.423}$$

根据式(15.382),可得

$$E_1 \bar{I}_\omega = \frac{E}{1-\mu^2} \left[\left(\frac{h_w t_w^3}{12}\right) \left(\frac{h}{2}\right)^2 + h^2 \left(\frac{t_f b_f^3}{12}\right) + \left(\frac{t_w^3 h_w^3}{144}\right) + \left(\frac{t_f^3 b_f^3}{144}\right) \right] \tag{15.424}$$

若近似取 $\dfrac{h}{2} \approx \dfrac{h_w}{2}$,则上式可写为

$$E_1 \bar{I}_\omega = \frac{E}{1-\mu^2} \left[\left(\frac{t_w^3 h_w^3}{36}\right) + h^2 \left(\frac{t_f b_f^3}{12}\right) + \left(\frac{t_f^3 b_f^3}{144}\right) \right] \tag{15.425}$$

若略去次翘曲的影响,则

$$E_1 \bar{I}_\omega \approx \frac{E}{1-\mu^2} \left[\left(\frac{h_w t_w^3}{12}\right) \left(\frac{h}{2}\right)^2 + h^2 \left(\frac{t_f b_f^3}{12}\right) \right] \tag{15.426}$$

$$\bar{r}_p^2 = \frac{I_x + I_y}{A} + (y_E)^2 \tag{15.427}$$

对比上述结果可以发现,三种理论不尽相同。主要差别在于:

① 对于 $E\bar{I}_\omega$:Ojalvo 理论和 Bleich 理论的表达式相同,因为 Ojalvo 没有推导出自己的应变能,而是直接采用了 Bleich 的结论;板-梁理论与前两者的表达式不同。

② 对于 $\bar{r}^2$:虽然基于不同的理论框架,但板-梁理论和 Bleich 理论的结果相同;Ojalvo 理论与前两者的结果不同。

15.7.5 三种理论屈曲荷载的对比

为了更清晰地表述三种理论的差异,以图 15.27(b)所示的 T 形截面的两端铰接轴压柱为例,研究不同理论给出的屈曲荷载。

依据 Bleich 理论或者 Vlasov 理论,其绕强迫轴的扭转屈曲荷载为

$$P_\omega^{\text{Bleich}} = \frac{1}{\bar{r}_p^2} \left[G\bar{J}_k + E\bar{I}_\omega \left(\frac{\pi}{L} \right)^2 \right] \tag{15.428}$$

对于图 15.27(b)所示的 T 形截面，

$$e_f = \frac{A_w \left(\dfrac{h_w + t_f}{2} \right)}{A_w + A_f} = \frac{2dt \left(\dfrac{2d}{2} \right)}{dt + 2dt} = \frac{2d}{3} \tag{15.429}$$

$$e_w = \frac{d}{2} - \frac{2d}{3} = -\frac{d}{6} \tag{15.430}$$

$$\bar{J}_k = \frac{1}{3} 2dt^3 + \frac{1}{3} dt^3 = dt^3 \tag{15.431}$$

$$y_E = \frac{4d}{3}, \quad e_y = y_E - y_0 = \left(2d - \frac{2d}{3} \right) - \left(-\frac{2d}{3} \right) = 2d \tag{15.432}$$

$$I_\omega = 0 \tag{15.433}$$

$$\begin{aligned}
\bar{I}_\omega &= I_\omega + (e_y)^2 I_y \\
&= 0 + \left(\frac{1}{12} h_w t_w^3 + \frac{1}{12} b_f^3 t_f \right) = (2d)^2 \left(\frac{1}{12} \times 2dt^3 + \frac{1}{12} d^3 t \right) = \frac{1}{3} d^3 t (d^2 + 2t^2)
\end{aligned} \tag{15.434}$$

$$I_x = dt \left(\frac{2}{3} d \right)^2 + \frac{t (2d)^3}{12} + 2dt \left(\frac{d}{6} \right)^2 = \frac{7d^3 t}{6}, \quad I_y = \left(\frac{d^3 t}{12} + \frac{dt^3}{6} \right) \approx \frac{d^3 t}{12} \tag{15.435}$$

$$\bar{r}_p^2 = \frac{I_x + I_y}{A} + (y_E)^2 = \frac{\dfrac{7d^3 t}{6} + \dfrac{d^3 t}{12}}{dt + 2dt} + \left(\frac{4d}{3} \right)^2 = \frac{79d^2}{36} \tag{15.436}$$

所以

$$\begin{aligned}
P_\omega^{\text{Bleich}} &= \frac{1}{\bar{r}_p^2} \left[G\bar{J}_k + E\bar{I}_\omega \left(\frac{\pi}{L} \right)^2 \right] \\
&= G(dt^3) \left(\frac{36}{79d^2} \right) + \frac{1}{3} d^3 t (d^2 + 2t^2) \left(\frac{36}{79d^2} \right) E \left(\frac{\pi}{L} \right)^2 \\
&= G \left(\frac{36t^3}{79d} \right) + \frac{12}{79} dt (d^2 + 2t^2) E \left(\frac{\pi}{L} \right)^2
\end{aligned} \tag{15.437}$$

或者写成无量纲的形式

$$\widetilde{P}_\omega^{\text{Bleich}} = \frac{P_\omega^{\text{Bleich}}}{Gdt} = \frac{36}{79} \left(\frac{t}{d} \right)^2 + \frac{12}{79} \left[1 + 2 \left(\frac{t}{d} \right)^2 \right] \left(\frac{E}{G} \right) \pi^2 \left(\frac{d}{L} \right)^2 \tag{15.438}$$

根据 Ojalvo 理论，其绕强迫轴的扭转屈曲荷载为

$$P_\omega^{\text{Ojalvo}} = \frac{1}{\bar{r}_0^2} \left[G\bar{J}_k + E\bar{I}_\omega \left(\frac{\pi}{L} \right)^2 \right] \tag{15.439}$$

$$\bar{I}_\omega = (e_y)^2 \left(\frac{1}{12} h_w t_w^3 + \frac{1}{12} b_f^3 t_f \right) = (2d)^2 \left(\frac{1}{12} \times 2dt^3 + \frac{1}{12} d^3 t \right) = \frac{1}{3} d^3 t (d^2 + 2t^2) \tag{15.440}$$

$$\bar{r}_0^2 = (y_E)^2 = \left(\frac{4d}{3} \right)^2 = \frac{16d^2}{9} \tag{15.441}$$

将上述两式代入到式(15.439)，可得

$$P_\omega^{\text{Ojalvo}} = \frac{1}{\bar{r}_0^2} \left[G\bar{J}_k + E\bar{I}_\omega \left(\frac{\pi}{L} \right)^2 \right]$$

$$=G(dt^3)\left(\frac{9}{16d^2}\right)+\frac{1}{3}d^3t(d^2+2t^2)\left(\frac{9}{16d^2}\right)E\left(\frac{\pi}{L}\right)^2$$

$$=G\left(\frac{9t^3}{16d}\right)+\frac{3}{16}dt(d^2+2t^2)E\left(\frac{\pi}{L}\right)^2 \tag{15.442}$$

或者写成无量纲的形式,即

$$\widetilde{P}_\omega^{\mathrm{Ojalvo}}=\frac{P_\omega^{\mathrm{Ojalvo}}}{Gdt}=\frac{9}{16}\left(\frac{t}{d}\right)^2+\frac{3}{16}\left[1+2\left(\frac{t}{d}\right)^2\right]\left(\frac{E}{G}\right)\pi^2\left(\frac{d}{L}\right)^2 \tag{15.443}$$

根据板-梁理论,其绕强迫轴的扭转屈曲荷载为

$$P_\omega^{\mathrm{Zhang}}=\frac{1}{\bar{r}_p^2}\left[G\bar{J}_k+E\bar{I}_\omega\left(\frac{\pi}{L}\right)^2\right] \tag{15.444}$$

根据式(15.426),并按 Vlasov 理论简化$\frac{E}{1-\mu^2}\approx E$,可得

$$E\bar{I}_\omega=\frac{E}{1-\mu^2}\left[\left(\frac{h_w t_w^3}{12}\right)\left(\frac{h}{2}\right)^2+h^2\left(\frac{t_f b_f^3}{12}\right)\right]$$

$$\approx E\left\{\left[\frac{t^3(2d)^3}{48}\right]+(2d)^2\left(\frac{td^3}{12}\right)\right\}=E\left(\frac{d^5t}{3}+\frac{d^3t^3}{6}\right) \tag{15.445}$$

$$\bar{r}_p^2=\frac{I_x+I_y}{A}+(y_E)^2=\frac{\frac{7d^3t}{6}+\frac{d^3t}{12}}{dt+2dt}+\left(\frac{4d}{3}\right)^2=\frac{79d^2}{36} \tag{15.446}$$

将上述两式代入到式(15.444),可得

$$P_\omega^{\mathrm{Zhang}}=\frac{1}{\bar{r}_p^2}\left[G\bar{J}_k+E\bar{I}_\omega\left(\frac{\pi}{L}\right)^2\right]$$

$$=G(dt^3)\left(\frac{36}{79d^2}\right)+\left(\frac{d^5t}{3}+\frac{d^3t^3}{6}\right)\left(\frac{36}{79d^2}\right)E\left(\frac{\pi}{L}\right)^2$$

$$=G\left(\frac{36t^3}{79d}\right)+\frac{6dt}{79}(2d^2+t^2)E\left(\frac{\pi}{L}\right)^2 \tag{15.447}$$

或者写成无量纲的形式,即

$$\widetilde{P}_\omega^{\mathrm{Zhang}}=\frac{P_\omega^{\mathrm{Zhang}}}{Gdt}=\frac{36}{79}\left(\frac{t}{d}\right)^2+\frac{6}{79}\left[2+\left(\frac{t}{d}\right)^2\right]\left(\frac{E}{G}\right)\pi^2\left(\frac{d}{L}\right)^2 \tag{15.448}$$

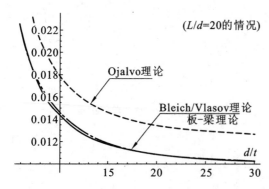

图 15.35 不同理论的对比($L/d=20$ 的情况)

图 15.35~图 15.37 所示的为不同理论给出的无量纲屈曲荷载对比图。从图中可见:

① Ojalvo 理论的临界荷载总是比 Bleich/Vlasov 理论和板-梁理论高,且随着跨高比的降低高出的幅度增加,说明 Ojalvo 理论是不完善的;

② 板-梁理论的临界荷载总是比 Bleich/Vlasov 理论低些,这是因为板-梁理论的剪心比 Bleich/Vlasov 理论更靠近强迫转动轴,说明板-梁理论比 Bleich/Vlasov 理论更完善。

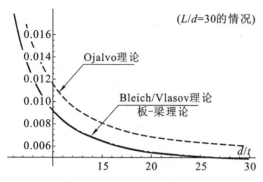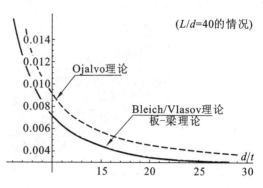

图 15.36 不同理论的对比($L/d=30$ 的情况)   图 15.37 不同理论的对比($L/d=40$ 的情况)

为了进一步检验上述结论,下面我们利用 ANSYS 对上述理论做进一步的验证。

15.7.6 三种理论的有限元验证

以图 15.38 所示的 T 形悬臂柱为研究对象,强迫转动轴在腹板的下边缘。

采用 SHELL181 单元模拟 T 形钢梁。该单元为弹性壳,具有弯矩和薄膜特性,每个节点 6 个自由度,即沿 x、y、z 方向的平动和绕 x、y、z 方向的转动。钢材的弹性模量为 206GPa,泊松比为 0.3;腹板和翼缘采用共同节点联结。划分网格时,沿腹板高度划分 10 个单元,沿翼缘方向划分 8 个单元,沿长度方向划分 100 个单元。在有限元模型中,使用 "CERIG"命令建立约束方程实现刚周边假设,以保证截面各部分协同转动,见图 15.39。固定端约束全部自由度,而强迫转动轴处,需要限制 y、z 轴方向的平动。

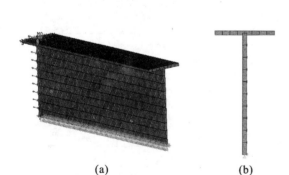

(a)   (b)

图 15.38 T 形悬臂柱的有限元模型
和边界条件模拟

(a)整体视图;(b)截面视图

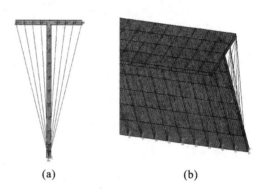

(a)   (b)

图 15.39 有限元模型中刚周边的 CERIG 模拟

(a)主从节点;(b)刚周边沿梁长方向的分布

为了验证 T 形悬臂柱有限元模型的正确性,我们还参照 Ojalvo 的思想,建立了图 15.40 所示的十字形悬臂柱有限元模型。两者的屈曲荷载的比较列于表 15.5。从表中可见,十字形与 T 形的有限元模拟非常接近,曲线基本重合,最大误差在 2% 以内。证明我们的 T 形悬臂柱 FEM 模型正确。

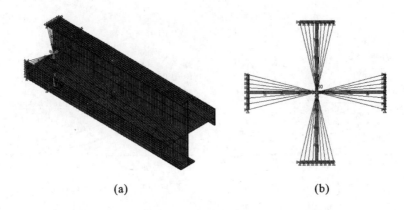

(a)   (b)

图 15.40   十字形悬臂柱的有限元模型和刚周边的 CERIG 模拟

表 15.5   十字形悬臂 FEM 值与 T 形悬臂 FEM 值的比较

L/m	L/d	d/t	十字形 FEM 值 P_{cr} (kN)	4 倍 T 形 FEM 值 P_{cr} (kN)	误差(%)
1	5	10	52598.18	52394.12	0.39
		15	32857.83	32753.24	0.32
		20	24024.01	23948.6	0.31
		25	18964.97	18902.72	0.33
2	10	10	17509.62	17407.4	0.59
		15	9601.43	9567.76	0.35
		20	6649.07	6630.08	0.29
		25	5113.27	5099.88	0.26
4	20	10	8565.86	8482.96	0.98
		15	3655.57	3635.44	0.55
		20	2195.71	2186.96	0.40
		25	1553.33	1548.024	0.34
6	30	10	6907.13	6827.64	1.16
		15	2551.09	2533.44	0.7
		20	1368.14	1361.24	0.51
		25	891.64	887.96	0.41

L/m	L/d	d/t	十字形 FEM 值	4 倍 T 形 FEM 值	误差（%）
			P_{cr}（kN）	P_{cr}（kN）	
8	40	10	6326.96	6248.68	1.25
		15	2164.37	2147.6	0.78
		20	1078.32	1072.08	0.58
		25	659.89	656.76	0.48
10	50	10	6058.62	5981	1.30
		15	1985.37	1969	0.83
		20	944.15	938.2	0.63
		25	552.60	549.72	0.52

注：①误差＝100%×（十字形 FEM 值－4 倍 T 形 FEM 值）/4 倍 T 形 FEM 值，d＝0.2m。

②L 为构件长度；t 为板厚；d 的定义参见图 15.27；P_{cr} 为 FEM 得到的屈曲荷载。

T 形悬臂柱的计算结果对比见图 15.41 和表 15.6。可以看出：①本书的板-梁理论和 Bleich 理论/Vlasov 理论与有限元结果相近，Ojalvo 理论的误差较大，误差范围为 22.79%～ 32.35%。据此可判定 Ojalvo 理论在该结构形式中应用待考量。②本书的板-梁理论与 Bleich 理论/Vlasov 理论相比，本书的理论更精确些，这是因为传统理论对剪心的定义存在一定缺陷。其实，Bleich 本人在《金属结构的屈曲强度》中已经指出了此问题。

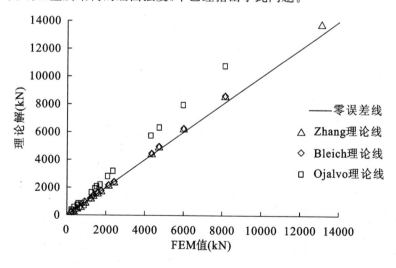

图 15.41　理论解与 FEM 值的对比

表 15.6　T 形悬臂理论值与 FEM 值比较

L/m	L/d	d/t	FEM 值 (kN) P_{cr}	理论值 P_{cr}(kN)			误差(%)		
				Zhang	Bleich	Ojalvo	Zhang	Bleich	Ojalvo
1	5	10	13098.53	13859.2	14044.5	17336.2	5.8	7.22	32.35
		15	8188.31	8681.71	8736.62	10784.3	6.02	6.7	31.7
		20	5987.15	6364.87	6388.03	7885.23	6.31	6.7	31.7
		25	4725.68	5037.68	5049.54	6233.03	6.6	6.85	31.9
2	10	10	4351.85	4547.96	4594.28	5671.07	4.5	5.57	30.31
		15	2391.94	2491.36	2505.09	3092.22	4.16	4.73	29.28
		20	1657.52	1726.61	1732.4	2138.43	4.17	4.52	29.01
		25	1274.97	1328.74	1331.71	1643.83	4.22	4.45	28.93
4	20	10	2120.74	2220.14	2231.73	2754.79	4.69	5.23	29.9
		15	908.86	943.78	947.21	701.74	3.84	4.22	22.79
		20	546.74	567.05	568.5	701.74	3.72	3.98	28.35
		25	387.006	401.51	402.25	496.53	3.75	3.94	28.3
6	30	10	1706.91	1789.07	1794.22	2214.73	4.81	5.12	29.75
		15	633.36	657.19	658.71	813.1	3.76	4	28.38
		20	340.31	352.31	352.96	435.68	3.53	3.72	28.03
		25	221.99	229.8	230.13	284.06	3.52	3.66	27.96
8	40	10	1562.17	1638.19	1641.09	2025.72	4.87	5.05	29.67
		15	536.90	556.88	557.74	688.46	3.72	3.88	28.23
		20	268.02	277.16	277.52	342.56	3.41	3.54	27.81
		25	164.19	169.7	169.88	209.7	3.36	3.47	27.72
10	50	10	1495.25	1568.36	1570.21	1938.23	4.89	5.01	29.63
		15	492.25	510.45	511	630.77	3.7	3.81	28.14
		20	234.55	242.37	242.6	299.46	3.33	3.43	27.67
		25	137.43	141.88	142	175.28	3.24	3.33	27.54

注:误差=100%×(理论值－FEM 值)/FEM 值,d=0.2m。

15.8 绕强迫转动轴的畸变屈曲:Bleich 理论与板-梁理论

15.8.1 绕强迫转动轴的畸变屈曲:Bleich 理论

如前述,强迫轴将为柱子提供水平反力 H,从而可大幅度提高其扭转屈曲荷载。然而,此水平反力 H 也将产生副作用,即对于较柔的腹板,腹板可能会因此产生图 15.42(a)所示的弯曲变形。与我们前面基于"刚周边"假设所研究的弯扭屈曲[图 15.42(b)]不同,这是一种新的屈曲形式。现代文献称之为"畸变屈曲"。

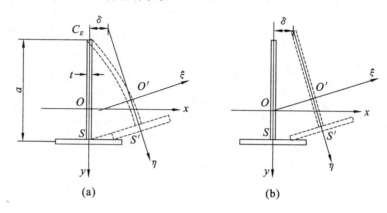

$$\text{(a)} \qquad\qquad\qquad \text{(b)}$$

图 15.42 强迫转动轴对腹板变形的影响(Bleich,1952 年)

Bleich 曾基于图 15.42 对 T 形截面轴压柱绕强迫轴的畸变屈曲进行了研究。下面将首先简要介绍他的理论。

假设截面变形可以用剪心的侧移 u,v 和截面转角 θ 描述。根据小变形假设,Bleich 认为

$$v=0, \quad \delta=u+a\theta \tag{15.449}$$

这样,畸变屈曲的未知量为两个,即剪心的侧移 u 和截面转角 θ。

若不计腹板的弯曲变形影响,其应变能为

$$U_0 = \frac{1}{2}\int_0^L \left[EI_y\left(\frac{\partial^2 u}{\partial z^2}\right)^2 + EI_\omega\left(\frac{\partial^2\theta}{\partial z^2}\right)^2 + GJ_k\left(\frac{\partial\theta}{\partial z}\right)^2 \right]\mathrm{d}z \tag{15.450}$$

若考虑腹板弯曲变形的影响,需要在上式中附加一项腹板弯曲变形的应变能。

Bleich 认为可以把腹板看作是跨度为 a、厚度为 t 的悬臂梁。腹板跨度方向的单位应变能为

$$\mathrm{d}U_1 = \frac{1}{2}\left(\frac{Et^3\delta^2}{4a^3}\right)\mathrm{d}z = \frac{1}{2}\left[\frac{Et^3}{4a^3}(u+a\theta)^2\right]\mathrm{d}z \tag{15.451}$$

据此可得畸变屈曲的总应变能为

$$U = \frac{1}{2}\int_0^L \left[EI_y\left(\frac{\partial^2 u}{\partial z^2}\right)^2 + EI_\omega\left(\frac{\partial^2\theta}{\partial z^2}\right)^2 + GJ_k\left(\frac{\partial\theta}{\partial z}\right)^2 + \frac{Et^3}{4a^3}(u+a\theta)^2 \right]\mathrm{d}z \tag{15.452}$$

初应力势能按下式计算:

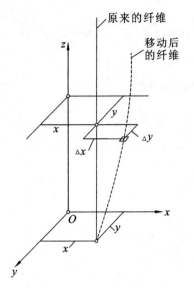

图 15.43 纵向纤维的变形
(Bleich, 1952 年)

$$V = -\sigma \int_A \delta_c \, \mathrm{d}A \tag{15.453}$$

其中，δ_c 为纵向纤维因为弯曲变形而引起的相对位移，参照图 15.43，按下式计算：

$$\delta_c = \frac{1}{2} \int_0^L \left[\left(\frac{\mathrm{d}\Delta x}{\mathrm{d}z} \right)^2 + \left(\frac{\mathrm{d}\Delta y}{\mathrm{d}z} \right)^2 \right] \mathrm{d}z \tag{15.454}$$

对于本问题，翼缘的 Δx 和 Δy 为

$$\Delta x = u, \quad \Delta y = -(x_0 - x)\theta \tag{15.455}$$

腹板的 Δx 和 Δy 为

$$\Delta x = u + (y_0 - y)\theta - \delta \left(\frac{y_0 - y}{a} \right)^2 \left(\frac{3}{2} - \frac{y_0 - y}{2a} \right), \quad \Delta y = 0 \tag{15.456}$$

腹板 Δx 的最后一项表示腹板作为悬臂梁在集中荷载作用下的挠度。

将式(15.455)和式(15.456)代入到式(15.454)和式(15.453)，经过积分得到

$$V = -\frac{\sigma}{2} \int_0^L \left[\left(A - \frac{18}{35}ta \right) u'^2 + 2\left(Ay_0 - \frac{29}{70}ta^2 \right) u'\theta' + \left(I_p - \frac{11}{35}ta^3 \right) \theta'^2 \right] \mathrm{d}z \tag{15.457}$$

式中，I_p 为截面对剪心的极惯性矩。

将式(15.457)和式(15.452)相加，可得畸变屈曲的总势能为

$$\begin{aligned}
\Pi &= U + V \\
&= \frac{1}{2} \int_0^L \left[\begin{array}{l} EI_y u''^2 + EI_\omega \theta''^2 + GJ_k \theta'^2 + \dfrac{Et^3}{4a^3} (u + a\theta)^2 - \\[2mm] \sigma\left(A - \dfrac{18}{35}ta \right) u'^2 - 2\sigma\left(Ay_0 - \dfrac{29}{70}ta^2 \right) u'\theta' - \sigma\left(I_p - \dfrac{11}{35}ta^3 \right) \theta'^2 \end{array} \right] \mathrm{d}z
\end{aligned} \tag{15.458}$$

这就是 Bleich 给出的畸变屈曲总势能。

若令

$$\Pi[u', u'', \theta', \theta'] = \frac{1}{2} \int_0^L F(u', u'', \theta', \theta') \, \mathrm{d}z \tag{15.459}$$

其中

$$\begin{aligned}
&F(u', u'', \theta', \theta') \\
&= \frac{1}{2} \left[\begin{array}{l} EI_y u''^2 + EI_\omega \theta''^2 + GJ_k \theta'^2 + \dfrac{Et^3}{4a^3} (u + a\theta)^2 - \\[2mm] \sigma\left(A - \dfrac{18}{35}ta \right) u'^2 - 2\sigma\left(Ay_0 - \dfrac{29}{70}ta^2 \right) u'\theta' - \sigma\left(I_p - \dfrac{11}{35}ta^3 \right) \theta'^2 \end{array} \right]
\end{aligned} \tag{15.460}$$

根据泛函 $F(u', u'', \theta', \theta')$ 的各阶导数

$$F_u = \frac{\partial F}{\partial u} = \frac{Et^3}{4a^3} (u + a\theta) \tag{15.461}$$

$$F_{u'} = \frac{\partial F}{\partial u'} = -\sigma\left(A - \frac{18}{35}ta\right)u' - \sigma\left(Ay_0 - \frac{29}{70}ta^2\right)\theta' \qquad (15.462)$$

$$F_{u''} = \frac{\partial F}{\partial u''} = EI_y u'' \qquad (15.463)$$

$$F_\theta = \frac{\partial F}{\partial \theta} = \frac{Et^3}{4a^2}(u + a\theta) \qquad (15.464)$$

$$F_{\theta'} = \frac{\partial F}{\partial \theta'} = GJ_k\theta' - \sigma\left(Ay_0 - \frac{29}{70}ta^2\right)u' - \sigma\left(I_p - \frac{11}{35}ta^3\right)\theta' \qquad (15.465)$$

$$F_{\theta''} = \frac{\partial F}{\partial \theta''} = EI_\omega\theta'' \qquad (15.466)$$

可得其 Euler 方程为

$$\left.\begin{aligned}
&\frac{Et^3}{4a^3}(u + a\theta) - \frac{\mathrm{d}}{\mathrm{d}z}\left[-\sigma\left(A - \frac{18}{35}ta\right)u' - \sigma\left(Ay_0 - \frac{29}{70}ta^2\right)\theta'\right] + \frac{\mathrm{d}^2}{\mathrm{d}z^2}(EI_y u'') = 0 \\
&\frac{Et^3}{4a^2}(u + a\theta) - \frac{\mathrm{d}}{\mathrm{d}z}\left[GJ_k\theta' - \sigma\left(Ay_0 - \frac{29}{70}ta^2\right)u' - \sigma\left(I_p - \frac{11}{35}ta^3\right)\theta'\right] + \frac{\mathrm{d}^2}{\mathrm{d}z^2}(EI_\omega\theta'') = 0
\end{aligned}\right\}$$

$$(15.467)$$

整理可得

$$\left.\begin{aligned}
&EI_y u^{(4)} + \sigma\left(A - \frac{18}{35}ta\right)u'' + \frac{Et^3}{4a^3}u + \sigma\left(Ay_0 - \frac{29}{70}ta^2\right)\theta' + \frac{Et^3}{4a^2}\theta = 0 \\
&\sigma\left(Ay_0 - \frac{29}{70}ta^2\right)u'' + \frac{Et^3}{4a^2}u + EI_\omega\theta^{(4)} + \left[\sigma\left(I_p - \frac{11}{35}ta^3\right) - GJ_k\right]\theta'' + \frac{Et^3}{4a}\theta = 0
\end{aligned}\right\}(15.468)$$

这就是 Bleich(pg.155)给出的畸变屈曲平衡方程。

15.8.2 绕强迫转动轴的畸变屈曲:板-梁理论

（1）基本假设

① 屈曲过程中,假设翼缘的形状不变,仅腹板可发生平面外弯曲,因此畸变屈曲主要由腹板的弯曲变形引起;

② 翼缘符合"刚周边假设",其变形和屈曲可以用 Euler 梁和本书建立的狭长 Kirchhoff 薄板组合扭转理论来描述;

③ 腹板的弯曲变形和屈曲用 Kirchhoff 薄板理论描述;

④ 假设截面绕通过腹板悬臂端的强迫轴屈曲。

假设①对于具有高柔腹板的 T 形和工字形柱而言是精确的,对于 T 形和 H 形型钢柱是近似的。因此,这里提出的畸变屈曲模型本质上属于腹板畸变屈曲模型。这也是最常见的一类畸变屈曲。

（2）问题的描述

为不失一般性,这里将研究图 15.44 所示的 T 形截面轴压柱的畸变屈曲问题。

为了方便描述变形,板-梁理论需要引入两套坐标系:整体坐标系 xyz 和局部坐标系 nsz。这两套坐标系与 Vlasov 的坐标系类似。两套坐标系均须符合右手螺旋法则。整体坐标系的原点选在腹板悬臂端,翼缘的局部坐标系原点选在翼缘的形心。坐标系和截面变形如图 15.44 所示。

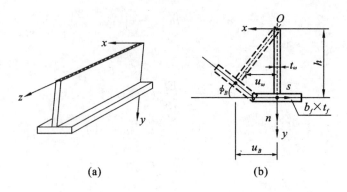

图 15.44 T 形柱的截面尺寸、坐标系与变形

已知：钢材的弹性模量为 E，剪切模量为 G，泊松比为 μ；钢柱的长度为 L；下翼缘的宽度为 b_f，厚度为 t_f；腹板的厚度为 t_w，高度近似取为 $h_w = h$。

若在轴压力作用下 T 形钢柱发生畸变屈曲，则根据前述的基本假设，钢柱的横截面的未知量只有一个，即腹板的横向位移 $u_w(y, z)$。

(3) 能量变分模型

① 应变能

a. 下翼缘的应变能

在图 15.44 所示的坐标系下，下翼缘形心的位移为 u_B 和 ϕ_B，据此可得下翼缘任意点 (n, s) 的位移为

$$\alpha = \pi, \quad x - x_0 = -s, \quad y - y_0 = n$$

$$\begin{pmatrix} r_s \\ r_n \end{pmatrix} = \begin{pmatrix} \sin\dfrac{\pi}{2} & -\cos\dfrac{\pi}{2} \\ \cos\dfrac{\pi}{2} & \sin\dfrac{\pi}{2} \end{pmatrix} \begin{pmatrix} -s \\ n \end{pmatrix} = \begin{pmatrix} n \\ s \end{pmatrix} \tag{15.469}$$

$$\begin{pmatrix} v_s \\ v_n \\ \theta \end{pmatrix} = \begin{pmatrix} \cos\dfrac{\pi}{2} & \sin\dfrac{\pi}{2} & n \\ \sin\dfrac{\pi}{2} & -\cos\dfrac{\pi}{2} & -s \\ 0 & 0 & 1 \end{pmatrix} \begin{pmatrix} u_B \\ 0 \\ \phi_B \end{pmatrix} = \begin{pmatrix} -u_B + n\theta \\ -s\theta \\ \phi_B \end{pmatrix} \tag{15.470}$$

按照前述的变形分解原理，

$$\begin{pmatrix} v_f \\ u_f \\ \theta \end{pmatrix} = \begin{pmatrix} -u_B + n\theta \\ -s\theta \\ \phi_B \end{pmatrix} = \begin{pmatrix} -u_B \\ 0 \\ 0 \end{pmatrix}_{\text{in-plane}} + \begin{pmatrix} n\theta \\ -s\theta \\ \phi_B \end{pmatrix}_{\text{out-plane}} \tag{15.471}$$

据此可得下翼缘平面内弯曲（即在中面内的弯曲）的位移模式为

沿着 n 轴的位移 $\qquad\qquad u_f(z) = 0 \tag{15.472}$

沿着 s 轴的位移 $\qquad\qquad v_f(z) = -u_B \tag{15.473}$

而纵向位移（沿着 z 轴的位移）则需要依据 Euler 梁模型来确定，即

$$w_f(s, z) = -\frac{\partial v_f^0}{\partial z} s = -\frac{\partial}{\partial z}(u_B) s = -s u_B' \tag{15.474}$$

几何方程（线性应变）

$$\varepsilon_{z,f}=\frac{\partial w_f}{\partial z}=-s u''_B, \quad \varepsilon_{s,f}=\frac{\partial v_f}{\partial s}=0 \tag{15.475}$$

$$\gamma_{sz,f}=\frac{\partial w_f}{\partial s}+\frac{\partial v_f}{\partial z}=-u'_B+u'_B=0 \tag{15.476}$$

物理方程

$$\left.\begin{array}{c} \sigma_{z,f}=\dfrac{E_f}{1-\mu_f^2}(\varepsilon_{z,f}) \\[3mm] \tau_{sz,f}=G_f \gamma_{sz,f} \end{array}\right\} \tag{15.477}$$

因此下翼缘平面内应变能为

$$U=\frac{1}{2}\iiint_{V_f}(\sigma_{z,f}\varepsilon_{z,f})\mathrm{d}n\mathrm{d}s\mathrm{d}z=\frac{1}{2}\iiint_{V_f}\frac{E}{1-\mu^2}\left[-s\left(\frac{\partial^2 u_B}{\partial z^2}\right)\right]^2\mathrm{d}n\mathrm{d}s\mathrm{d}z$$

$$=\frac{1}{2}\int_0^L(E_1 I_{y,B}u''^2_B)\mathrm{d}z \tag{15.478}$$

其中，$E_1=\dfrac{E}{1-\mu^2}$，$I_{y,B}=\displaystyle\iint_A s^2\mathrm{d}s\mathrm{d}n=\dfrac{t_f b_f^3}{12}$ 为上翼缘绕 n 轴的惯性矩。

依据变形分解原理，上翼缘平面外的位移模式为

沿着 s 轴的位移 $\qquad\qquad u_f(s,z)=-s\theta \tag{15.479}$

沿着 n 轴的位移 $\qquad\qquad v_f(n,z)=n\theta \tag{15.480}$

而纵向位移（沿着 z 轴的位移）则需要依据 Kirchhoff 薄板模型来确定，即

$$w_f(n,s,z)=-n\left(\frac{\partial u_f}{\partial z}\right)=-sn\left(\frac{\partial\theta}{\partial z}\right) \tag{15.481}$$

同理可求下翼缘平面外弯曲（即扭转）的应变能为

$$U_B^{\text{torsion}}=\frac{1}{2}\int_0^L(E_1 I_{\omega,B}\phi''^2_B+GJ_{k,B}\phi'^2_B)\mathrm{d}z \tag{15.482}$$

式中，

$$I_{\omega,B}=\frac{b_f^3 t_f^3}{144}, \quad J_{k,f}=\frac{b_f t_f^3}{3} \tag{15.483}$$

分别为下翼缘相对自身形心的翘曲惯性矩和自由扭转常数。

因此，下翼缘的总应变能为

$$U_{f,B}=U_{f,B}^{\text{out-plane}}+U_{f,B}^{\text{torsion}}=\frac{1}{2}\int_0^L(E_1 I_{y,B}u''^2_B+E_1 I_{\omega,B}\phi''^2_B+GJ_{k,f}\phi'^2_B)\mathrm{d}z \tag{15.484}$$

b.腹板的应变能

$$U_w=\frac{1}{2}\iint_{A_w}\left\{D\left[\left(\frac{\partial^2 u_w}{\partial z^2}\right)+\left(\frac{\partial^2 u_w}{\partial y^2}\right)\right]^2-2(1-\mu)\left[\left(\frac{\partial^2 u_w}{\partial z^2}\right)\left(\frac{\partial^2 u_w}{\partial y^2}\right)-\left(\frac{\partial^2 u_w}{\partial z\partial y}\right)^2\right]\right\}\mathrm{d}A_w$$

$$\tag{15.485}$$

② 初应力势能

若钢柱轴心受压，此时初应力为均布的压应力，即

$$\sigma_0=-\frac{P}{A} \tag{15.486}$$

这里仍采用压应力为负的约定。

a. 下翼缘的初应力势能

几何方程（非线性应变）

$$\varepsilon_{z,B}^{\mathrm{NL}} = \frac{1}{2}\left[\left(\frac{\partial u_f}{\partial z}\right)^2 + \left(\frac{\partial v_f}{\partial z}\right)^2\right] = \frac{1}{2}\left[(u_B' + n\phi_B')^2 + (s\phi_B')^2\right] \tag{15.487}$$

初应力在下翼缘中产生的初应力势能为

$$\begin{aligned} V_{f,B} &= \iiint (-\sigma_0 \varepsilon_{z,B}^{\mathrm{NL}}) \mathrm{d}n\mathrm{d}s\mathrm{d}z \\ &= \iiint \left\{ -\left(\frac{P}{A}\right)\frac{1}{2}\left[(u_B' + n\phi_B')^2 + (s\phi_B')^2\right]\right\}\mathrm{d}n\mathrm{d}s\mathrm{d}z \\ &= -\frac{1}{2}\iiint \left(\frac{P}{A}\right)\left[(u_B')^2 + (n\phi_B')^2 + (s\phi_B')^2\right]\mathrm{d}n\mathrm{d}s\mathrm{d}z \\ &= -\frac{1}{2}\int_0^L \left(\frac{P}{A}\right)\left[A_B (u_B')^2 + I_{p,f}\phi_B'^2\right]\mathrm{d}z \end{aligned} \tag{15.488}$$

式中

$$I_{p,B} = \frac{t_f^3 b_f}{12} + \frac{t_f b_f^3}{12} \tag{15.489}$$

为翼缘绕自身形心的极惯性矩。

b. 腹板的初应力势能

$$V_w = -\frac{1}{2}\iint_{A_w}\left[\left(\frac{P}{A}\right)t_w\left(\frac{\partial u_w}{\partial z}\right)^2\right]\mathrm{d}A_w \tag{15.490}$$

注意，根据 Kirchhoff 薄板理论，常说的薄板压力实质应为沿着薄板中面单位长度的压应力，因此上面推导中需要引入腹板的厚度 t_w。

③ 总势能

$$\begin{aligned} \Pi &= U_{f,T} + U_w + V_{f,T} + V_w \\ &= \frac{1}{2}\int_0^L (E_1 I_{y,B}u_B''^2 + E_1 I_{w,B}\phi_B''^2 + GJ_{k,B}\phi_B'^2)\mathrm{d}z + \\ &\quad \frac{1}{2}\iint_A \left\{ D\left[\left(\frac{\partial^2 u_w}{\partial z^2}\right) + \left(\frac{\partial^2 u_w}{\partial y^2}\right)\right]^2 - 2(1-\mu)\left[\left(\frac{\partial^2 u_w}{\partial z^2}\right)\left(\frac{\partial^2 u_w}{\partial y^2}\right) - \left(\frac{\partial^2 u_w}{\partial z\partial y}\right)^2\right]\right\}\mathrm{d}A_w - \\ &\quad \frac{1}{2}\int_0^L \left(\frac{P}{A}\right)\left[A_B(u_B')^2 + I_{p,B}\phi_B'^2\right]\mathrm{d}z - \frac{1}{2}\iint_{A_w}\left[\left(\frac{P}{A}\right)t_w\left(\frac{\partial u_w}{\partial z}\right)^2\right]\mathrm{d}A_w \end{aligned} \tag{15.491}$$

这就是我们依据板-梁理论所建立的 T 形截面钢柱绕定轴畸变屈曲的总势能。

对于畸变屈曲问题，我们仍假设腹板与翼缘间的夹角不变，因此下翼缘变形与腹板变形之间存在的关系

$$u_B(z) = u_w(h,z), \quad \phi_B(z) = \frac{\partial u_w}{\partial y}(h,z) \tag{15.492}$$

④ 能量变分模型

至此，我们将 T 形截面钢柱绕定轴畸变屈曲的问题转化为这样一个能量变分模型：在

$-h/2 \leqslant y \leqslant h/2, 0 \leqslant z \leqslant L$ 的区间内寻找一个函数 $u_w(y, z)$，使它们满足规定的几何边界条件，即端点约束条件，并使由下式

$$\Pi = \int_0^L F(u_w) \mathrm{d}z \tag{15.493}$$

定义的能量泛函取最小值。

15.8.3 绕强迫转动轴的畸变屈曲与扭转屈曲的联系

上述畸变屈曲模型是否正确？一个简单的验证方法就是看它是否能退化为绕强迫转动轴的扭转屈曲模型。下面对此进行简单的推演。

设截面绕定轴的扭转角为 $\theta(z)$，则腹板的模态函数，即横向挠度可表示为

$$u_w(y, z) = y\theta \tag{15.494}$$

则依据式(15.492)可得下翼缘的变形为

$$u_B(z) = h\theta, \quad \phi_B(z) = \theta \tag{15.495}$$

腹板的应变能为

$$U_w = \frac{1}{2} \iint\limits_{A_w} D \left[\left(\frac{\partial^2 w}{\partial z^2} \right)^2 + \left(\frac{\partial^2 w}{\partial y^2} \right)^2 + 2\mu \left(\frac{\partial^2 w}{\partial z^2} \right) \left(\frac{\partial^2 w}{\partial y^2} \right) + 2(1-\mu) \left(\frac{\partial^2 w}{\partial z \partial y} \right)^2 \right] \mathrm{d}A_w \tag{15.496}$$

将式(15.494)代入上式，通过积分可得应变能

$$\begin{aligned} U_w &= \frac{D}{2} \int_0^L \left[2(1-\mu) h_w \theta'^2 + \left(\int_0^{h_w} y^2 \mathrm{d}y \right) \theta''^2 \right] \mathrm{d}z \\ &= \frac{1}{2} \int_0^L \left[\frac{E t_w^3 h_w}{6(1+\mu)} \theta'^2 + \left(\frac{E}{1-\mu^2} \right) \left(\frac{t_w^3 h_w^3}{36} \right) \theta''^2 \right] \mathrm{d}z \\ &= \frac{1}{2} \int_0^L \left[G\left(\frac{t_w^3 h_w}{3} \right) \theta'^2 + \left(\frac{E}{1-\mu^2} \right) \left(\frac{t_w^3 h_w^3}{36} \right) \theta''^2 \right] \mathrm{d}z \end{aligned} \tag{15.497}$$

下翼缘的应变能为

$$U_{f,B} = \frac{1}{2} \int_0^L (E_1 I_{y,B} u_B''^2 + E_1 I_{\omega,B} \phi_B''^2 + G J_{k,B} \phi_B'^2) \mathrm{d}z \tag{15.498}$$

将式(15.495)代入上式，通过积分可得应变能

$$U_{f,B} = \frac{1}{2} \int_0^L [G J_{k,B} \theta'^2 + (E_1 I_{\omega,B} + E_1 I_{y,B} y^2) \theta''^2] \mathrm{d}z \tag{15.499}$$

腹板的初应力势能为

$$\begin{aligned} V_w &= -\frac{1}{2} \iint\limits_A \left[\left(\frac{P}{A} \right) t_w \left(\frac{\partial w}{\partial z} \right)^2 \right] \mathrm{d}A = -\frac{1}{2} \int_0^L \left(\frac{P}{A} \right) t_w \left(\int_0^{h_w} y^2 \mathrm{d}y \right) \theta'^2 \mathrm{d}z \\ &= -\frac{1}{2} \int_0^L \left(\frac{P}{A} \right) \left(\frac{t_w h_w^3}{3} \right) \theta'^2 \mathrm{d}z \end{aligned} \tag{15.500}$$

下翼缘的初应力势能为

$$\begin{aligned} V_{f,B} &= -\frac{1}{2} \int_0^L \left(\frac{P}{A} \right) [A_B (u_B')^2 + I_{p,B} \phi_B'^2] \mathrm{d}z \\ &= -\frac{1}{2} \int_0^L \left(\frac{P}{A} \right) [(A_B h^2 + I_{p,Bf}) \theta'^2] \mathrm{d}z \end{aligned} \tag{15.501}$$

T 形截面钢柱绕定轴畸变屈曲的总势能,为

$$\Pi = U_{f,T} + U_w + V_{f,T} + V_w$$

$$= \frac{1}{2}\int_0^L \left[G\left(\frac{t_w^3 h_w}{3}\right)\theta'^2 + \left(\frac{E}{1-\mu^2}\right)\left(\frac{t_w^3 h_w^3}{36}\right)\theta''^2 \right]\mathrm{d}z +$$

$$\frac{1}{2}\int_0^L \left[GJ_{k,B}\theta'^2 + (E_1 I_{\omega,B} + E_1 I_{y,B} h^2)\theta''^2 \right]\mathrm{d}z -$$

$$\frac{1}{2}\int_0^L \left(\frac{P}{A}\right)\left(\frac{t_w h_w^3}{3}\right)\theta'^2\mathrm{d}z - \frac{1}{2}\int_0^L \left(\frac{P}{A}\right)\left[(I_{p,B} + A_B h^2)\theta'^2 \right]\mathrm{d}z$$

$$= \frac{1}{2}\int_0^L \left\{ \begin{array}{l} \left[G\left(\frac{t_w^3 h_w}{3}\right) + G\left(\frac{b_f t_f^3}{3}\right)\right]\theta'^2 + \\[2mm] \left[\left(\frac{E}{1-\mu^2}\right)\left(\frac{t_w^3 h_w^3}{36}\right) + \left(\frac{E}{1-\mu^2}\right)\left(\frac{b_f^3 t_f^3}{144}\right) + \left(\frac{E}{1-\mu^2}\right)\left(\frac{b_f^3 t_f}{12}\right)h^2 \right]\theta''^2 \end{array} \right\}\mathrm{d}z -$$

$$\frac{1}{2}\int_0^L \left(\frac{P}{A}\right)\left[\left(\frac{t_w h_w^3}{3}\right) + A_B h^2 + \left(\frac{t_f^3 b_f}{12} + \frac{t_f b_f^3}{12}\right)\right]\theta'^2\mathrm{d}z$$

$$(15.502)$$

若令自由扭转和约束扭转刚度分别为

$$GJ_k = G\left(\frac{t_w^3 h_w}{3}\right) + G\left(\frac{b_f t_f^3}{3}\right) \tag{15.503}$$

$$E_1 \overline{I}_\omega = E_1 I_\omega + h^2 E_1 I_y \tag{15.504}$$

式中,$E_1 = \dfrac{E}{1-\mu^2}$,$I_\omega = \left(\dfrac{t_w^3 h_w^3}{36}\right) + \left(\dfrac{b_f^3 t_f^3}{144}\right)$,$I_y \approx \left(\dfrac{b_f^3 t_f}{12}\right)$。

令 T 形截面相对转动轴的回转半径的平方为

$$\overline{r}_p^2 = \frac{\overline{I}_x + \overline{I}_y}{A} \tag{15.505}$$

式中,$\overline{I}_x = \left[\left(\dfrac{t_w h_w^3}{12}\right) + (t_w h_w)\left(\dfrac{h_w}{2}\right)^2 \right] + \left(\dfrac{t_f^3 b_f}{12} + A_B h^2\right)$,$\overline{I}_y \approx \dfrac{t_f b_f^3}{12}$ 分别为截面绕强迫轴的惯性矩。

15.8.4　绕强迫转动轴畸变屈曲的能量变分解答:Rayleigh-Ritz 方法

本节将利用 Rayleigh-Ritz 法研究图 15.44 所示 T 形截面钢柱绕定轴的畸变屈曲问题。

(1)模态函数

对于两端铰接柱的情况,可将腹板的模态函数,即横向挠度假设为

$$u_w(y,z) = \left[C_1\left(\frac{y}{h}\right) + C_2\sin\left(\frac{\pi y}{h}\right)\right] \cdot \sin\frac{m\pi z}{L} \tag{15.506}$$

式中,m 为板屈曲时在 z 方向的半波数,C_1 和 C_2 为待定系数,它与坐标 y、z 无关,为常数。

显然,此模态函数式(15.506)满足对边简支柱的边界条件。

当 $y = h$ 时,模态函数式(15.506)变为

$$u_w(h,z) = C_1 \cdot \sin\frac{m\pi z}{L} \tag{15.507}$$

因此,C_1 的物理意义为柱的腹板在跨中的挠度最大值。

下面简要分析模态函数式(15.506)的构成特点。上述模态函数的第一项模拟的是"刚周边假设",与弯扭屈曲类似,表示截面的刚性转动。这是畸变屈曲的整体特征;第二项模拟的是腹板的弯曲变形,即腹板的畸变屈曲。这是畸变屈曲的局部特征。因此,这种模拟虽然简单,但可用于刻画畸变屈曲的本质特征。

（2）应变能

腹板的应变能为

$$U_w = \frac{1}{2}\iint_{A_w} D\left[\left(\frac{\partial^2 u_w}{\partial z^2}\right)^2 + \left(\frac{\partial^2 u_w}{\partial y^2}\right)^2 + 2\mu\left(\frac{\partial^2 u_w}{\partial z^2}\right)\left(\frac{\partial^2 u_w}{\partial y^2}\right) + 2(1-\mu)\left(\frac{\partial^2 u_w}{\partial z\partial y}\right)^2\right]dA_w$$

(15.508)

将式(15.506)、式(15.507)代入上式,通过积分可得应变能

$$U_w = \frac{DL\pi^4 C_2^2}{8h^3} + \frac{Dm^2\pi^3\mu C_2(2C_1+\pi C_2)}{4hL} +$$

$$\frac{Dhm^4\pi^3(2\pi C_1^2+12C_1C_2+3\pi C_2^2)}{24L^3} - \frac{Dm^2\pi^2(-1+\mu)(2C_1^2+\pi^2 C_2^2)}{4hL} \quad (15.509)$$

下翼缘的应变能为

$$U_{f,B} = \frac{1}{2}\int_0^L (E_1 I_y u''^2_B + E_1 I_\omega \phi''^2_B + GJ_k \phi'^2_B)dz$$

$$= \left(\frac{m^2\pi^2}{4h^2 L^3}\right)\left\{\begin{array}{l}[GJ_k L^2 + (E_1 I_\omega + E_1 I_y h^2)m^2\pi^2]C_1^2 - \\ 2\pi(GJ_k L^2 + E_1 I_\omega m^2\pi^2)C_1 C_2 + \\ \pi^2(GJ_k L^2 + E_1 I_\omega m^2\pi^2)C_2^2\end{array}\right\} \quad (15.510)$$

（3）初应力势能

腹板的初应力势能为

$$V_w = -\frac{1}{2}\iint_A\left[\left(\frac{P}{A}\right)t_w\left(\frac{\partial w}{\partial z}\right)^2\right]dA = -\frac{hm^2\pi(2\pi C_1^2+12C_1C_2+3\pi C_2^2)}{24L}N_{z,w}$$

(15.511)

式中,

$$N_{z,w} = \left(\frac{P}{A}\right)t_w \quad (15.512)$$

腹板的压力为沿着腹板中面单位长度的压应力。

下翼缘的初应力势能为

$$V_{f,B} = -\frac{1}{2}\frac{N_{z,w}}{t_w}\int_0^L [A_f(u_B')^2 + I_{pf}\phi'^2_B]dz$$

$$= -\left(\frac{N_{z,w}}{4h^2 L}\right)m^2\pi^2[(A_f h^2 + I_{pf})C_1^2 - 2I_{pf}\pi C_1 C_2 + I_{pf}\pi^2 C_2^2] \quad (15.513)$$

（4）总势能

总势能为上述应变能和初应力势能之和,即

$$\Pi = U_w + U_{f,B} + V_w + V_{f,B} \quad (15.514)$$

（5）屈曲方程

根据变分原理,可得本问题的无量纲屈曲平衡方程为

$$\begin{pmatrix} \dfrac{\partial \Pi}{\partial C_1} \\ \dfrac{\partial \Pi}{\partial C_2} \end{pmatrix} = \begin{pmatrix} A_{11}+B_{11}\tilde{\sigma} & A_{12}+B_{12}\tilde{\sigma} \\ A_{12}+B_{12}\tilde{\sigma} & A_{22}+B_{22}\tilde{\sigma} \end{pmatrix} \begin{pmatrix} C_1 \\ C_2 \end{pmatrix} = \begin{pmatrix} 0 \\ 0 \end{pmatrix} \tag{15.515}$$

式中，

$$A_{11}=\frac{m^2\pi^2\{3E_1I_\omega m^2\pi^2+h^2\{3E_1I_y m^2\pi^2+3GJ_k\lambda^2+Dh[m^2\pi^2-6\lambda^2(-1+\mu)]\}\}}{6Dh^3\lambda^3}$$
$$B_{11}=-\frac{m^2\pi^4[3(A_f h^2+I_{pf})+h^3 t_w]}{6h^3\lambda t_w} \tag{15.516}$$

$$A_{12}=\frac{m^2\pi^3[-E_1I_\omega m^2\pi^2-GJ_k h^2\lambda^2+Dh^3(m^2+\lambda^2\mu)]}{2Dh^3\lambda^3}$$
$$B_{12}=\frac{m^2(I_{pf}\pi^5-h^3\pi^3 t_w)}{2h^3\lambda t_w} \tag{15.517}$$

$$A_{22}=\frac{\pi^4[Dh^3(m^2+\lambda^2)^2+2m^2(E_1I_\omega m^2\pi^2+GJ_k h^2\lambda^2)]}{4Dh^3\lambda^3}$$
$$B_{22}=-\frac{m^2(2I_{pf}\pi^6+h^3\pi^4 t_w)}{4h^3\lambda t_w} \tag{15.518}$$

其中，$\tilde{\sigma}=\dfrac{\sigma}{\dfrac{\pi^2 D}{t_w h^2}}$ 为无量纲的临界应力，或者称为腹板的屈曲系数；$\lambda=\dfrac{L}{h}$ 为跨高比。

为了保证系数 C_1、C_2 不全为零，则式(15.515)的系数行列式必为零，即

$$\mathrm{Det}\begin{pmatrix} A_{11}+B_{11}\tilde{\sigma} & A_{12}+B_{12}\tilde{\sigma} \\ A_{12}+B_{12}\tilde{\sigma} & A_{22}+B_{22}\tilde{\sigma} \end{pmatrix}=0 \tag{15.519}$$

从而得到如下的一元二次屈曲方程

$$a\tilde{\sigma}^2+b\tilde{\sigma}+c=0 \tag{15.520}$$

式中

$$a=\frac{m^4\pi^6\{6A_f I_{pf}\pi^4+h\pi^2[3A_f h^2+I_{pf}(15+2\pi^2)]t_w+h^4(-6+\pi^2)t_w^2\}}{24h^4\lambda^2 t_w^2}$$

$$b=-\frac{1}{24Dh^4\lambda^4 t_w}m^2\pi^6\left\{\pi^2\left\{\begin{matrix}3A_f[Dh^3(m^2+\lambda^2)^2+2m^2(E_1I_\omega m^2\pi^2+GJ_k h^2\lambda^2)]+\\ I_{pf}[6E_1I_y m^4\pi^2+Dh(m^4(15+2\pi^2)+18m^2\lambda^2+3\lambda^4)]\end{matrix}\right\}+\right.$$
$$\left. t_w h\begin{matrix}\{m^2[E_1I_\omega m^2\pi^2(15+2\pi^2)+h^2(3E_1I_y m^2\pi^2+GJ_k(15+2\pi^2)\lambda^2)]+\\ Dh^3[2m^4(-6+\pi^2)+\pi^2\lambda^4+2m^2\lambda^2(3+\pi^2-9\mu)]\end{matrix}\right\}$$

$$c=\frac{1}{24D^2 h^6\lambda^6}m^2\pi^6\left\{\begin{matrix}[Dh^3(m^2+\lambda^2)^2+2m^2(E_1I_\omega m^2\pi^2+GJ_k h^2\lambda^2)]\times\\ [3E_1I_\omega m^2\pi^2+h^2(3E_1I_y m^2\pi^2+3GJ_k\lambda^2+Dh(m^2\pi^2-6\lambda^2(-1+\mu)))]-\\ 6m^2[E_1I_\omega m^2\pi^2+GJ_k h^2\lambda^2-Dh^3(m^2+\lambda^2\mu)]^2\end{matrix}\right\} \tag{15.521}$$

据此可得 T 形截面钢柱绕定轴畸变屈曲的无量纲临界应力为

$$\tilde{\sigma}_{cr}=\frac{-b-\sqrt{b^2-4ac}}{2a} \tag{15.522}$$

15.8.5　绕强迫转动轴畸变屈曲的能量变分解答:Kantorovich-Ritz 方法

本节将利用 Kantorovich-Ritz 法研究图 15.44 所示 T 形截面钢柱绕定轴的畸变屈曲问题。

(1)模态函数

对于两端铰接柱的情况,可将腹板的模态函数,即横向挠度假设为

$$u_w(y,z) = Y_m(y) \cdot \sin\frac{m\pi z}{L} \tag{15.523}$$

式中,m 为板屈曲时在 z 方向的半波数,$Y_m(y)$ 为待定的一元函数,它与坐标 y 有关而与坐标 z 无关。

显然,此函数式(15.523)满足对边简支柱的边界条件。

另外,若将本节的模态函数式(15.523)与上节的模态函数式(15.506)对比,可以发现,Kantorovich-Ritz 法与 Levy 方法类似,而 Rayleigh-Ritz 法与 Navie 方法类似,两者的最大区别为 Kantorovich-Ritz 法是以待定函数为基本位置量,而 Rayleigh-Ritz 法是以待定常数为基本位置量。因此 Kantorovich-Ritz 法可以自动选择合理的模态函数,从而避免人为选定函数的困难。这也是 Kantorovich-Ritz 法的最大优点。当然,其缺点也是明显的,就是与求解微分方程一样,求解过程比较复杂,且并不是所有的待定函数都可以轻松地求解得到,比如待定函数由变系数微分方程表达就无法求解。

(2)导数的计算

由式(15.523)可求得如下的导数:

$$\frac{\partial u_w}{\partial z} = Y_m\left(\frac{m\pi}{L}\right) \cdot \cos\frac{m\pi z}{L}, \quad \frac{\partial^2 u_w}{\partial z^2} = -Y_m\left(\frac{m\pi}{L}\right)^2 \cdot \sin\frac{m\pi z}{L} \tag{15.524}$$

$$\frac{\partial u_w}{\partial y} = Y'_m \cdot \sin\frac{m\pi z}{L}, \quad \frac{\partial^2 u_w}{\partial y^2} = Y''_m \cdot \sin\frac{m\pi z}{L} \tag{15.525}$$

$$\frac{\partial^2 u_w}{\partial z \partial y} = Y'_m\left(\frac{m\pi}{L}\right) \cdot \cos\frac{m\pi z}{L} \tag{15.526}$$

(3)应变能

腹板的应变能为

$$U_w = \frac{1}{2}\iint\limits_{A_w} D\left[\left(\frac{\partial^2 w}{\partial z^2}\right)^2 + \left(\frac{\partial^2 w}{\partial y^2}\right)^2 + 2\mu\left(\frac{\partial^2 w}{\partial z^2}\right)\left(\frac{\partial^2 w}{\partial y^2}\right) + 2(1-\mu)\left(\frac{\partial^2 w}{\partial z \partial y}\right)^2\right]\mathrm{d}A_w \tag{15.527}$$

将式(15.524)~式(15.526)代入上式,通过积分可得应变能,即

$$U_w = \frac{D}{2}\left(\frac{L}{2}\right)\int_0^b \left\{\begin{matrix}\left[Y_m\left(\frac{m\pi}{L}\right)^2\right]^2 + (Y''_m)^2 - 2\mu\left[Y_m Y''_m\left(\frac{m\pi}{L}\right)^2\right] + \\ 2(1-\mu)\left[Y'_m\left(\frac{m\pi}{L}\right)\right]^2\end{matrix}\right\}\mathrm{d}y \tag{15.528}$$

下翼缘的应变能为

$$U_{f,B} = \frac{1}{2}\int_0^L (E_1 I_y u''^2_B + E_1 I_\omega \phi''^2_B + GJ_k \phi'^2_B)\mathrm{d}z$$

$$= \frac{1}{2}\left[\frac{m^4 \pi^4 E_1 I_y}{2L^3}Y_m^2 + \frac{m^2 \pi^2 (GJ_k L^2 + E_1 I_\omega m^2 \pi^2)}{2L^3}Y'^2_m\right] \tag{15.529}$$

（4）初应力势能

腹板的初应力势能为

$$V_w = -\frac{1}{2}\iint_A \left[\left(\frac{P}{A}\right)t_w \left(\frac{\partial w}{\partial z}\right)^2\right]\mathrm{d}A = -\frac{1}{2}N_{z,w}\left(\frac{L}{2}\right)\int_0^b \left[Y_m\left(\frac{m\pi}{L}\right)\right]^2 \mathrm{d}y \tag{15.530}$$

式中，

$$N_{z,w} = \left(\frac{P}{A}\right)t_w \tag{15.531}$$

腹板的压力为沿着腹板中面单位长度的压应力。

下翼缘的初应力势能为

$$V_{f,B} = -\frac{1}{2}\left(\frac{P}{A}\right)\int_0^L [A_f (u'_B)^2 + I_{pf}\phi'^2_B]\mathrm{d}z$$

$$= -\frac{1}{2}\left(\frac{P}{A}\right)\left(\frac{m^2 \pi^2}{2L}A_f Y_m^2 + \frac{m^2 \pi^2}{2L}I_{pf}Y'^2_m\right) \tag{15.532}$$

（5）总势能

$$\Pi = \frac{1}{2}\int_0^b \left\{\begin{array}{l}\left[\frac{DL}{2}\left(\frac{m\pi}{L}\right)^4 - N_{z,w}\left(\frac{L}{2}\right)\left(\frac{m\pi}{L}\right)^2\right](Y_m)^2 + \frac{DL}{2}(Y''_m)^2 - \\ 2\mu\left(\frac{DL}{2}\right)\left(\frac{m\pi}{L}\right)^2 Y_m Y''_m + (1-\mu)DL\left(\frac{m\pi}{L}\right)^2 (Y'_m)^2\end{array}\right\}\mathrm{d}y +$$

$$\frac{1}{2}\left\{\begin{array}{l}\left[\frac{m^4 \pi^4 E_1 I_y}{2L^3} - \left(\frac{P}{A}\right)\frac{m^2 \pi^2}{2L}A_f\right]Y_m^2 + \\ \left[\frac{m^2 \pi^2 (GJ_k L^2 + E_1 I_\omega m^2 \pi^2)}{2L^3} - \left(\frac{P}{A}\right)\frac{m^2 \pi^2}{2L}I_{pf}\right]Y'^2_m\end{array}\right\} \tag{15.533}$$

这就是我们依据板-梁理论和 Kantorovich-Ritz 法建立的关于待定函数 $Y_m(y)$ 的总势能。

（6）微分方程与边界条件

下面我们用上述总势能来推导待定函数 $Y_m(y)$ 应满足的 Euler 方程和自然边界条件。

首先将总势能简写为

$$\Pi(Y_m, Y'_m, Y''_m) = \int_0^b F(Y_m, Y'_m, Y''_m)\mathrm{d}y + G(Y_m, Y'_m) \tag{15.534}$$

式中

$$F(Y_m, Y'_m, Y''_m) = \frac{1}{2}\left\{\begin{array}{l}\left[\frac{DL}{2}\left(\frac{m\pi}{L}\right)^4 - N_{z,w}\left(\frac{L}{2}\right)\left(\frac{m\pi}{L}\right)^2\right](Y_m)^2 + \frac{DL}{2}(Y''_m)^2 - \\ 2\mu\left(\frac{DL}{2}\right)\left(\frac{m\pi}{L}\right)^2 Y_m Y''_m + (1-\mu)DL\left(\frac{m\pi}{L}\right)^2 (Y'_m)^2\end{array}\right\} \tag{15.535}$$

$$G(Y_m, Y'_m) = \frac{1}{2}\left\{\begin{array}{l}\left[\frac{m^4 \pi^4 E_1 I_y}{2L^3} - \left(\frac{P}{A}\right)\frac{m^2 \pi^2}{2L}A_f\right]Y_m^2 + \\ \left[\frac{m^2 \pi^2 (GJ_k L^2 + E_1 I_\omega m^2 \pi^2)}{2L^3} - \left(\frac{P}{A}\right)\frac{m^2 \pi^2}{2L}I_{pf}\right]Y'^2_m\end{array}\right\} \tag{15.536}$$

根据泛函 $F(Y_m, Y_m', Y_m'')$ 的各阶导数

$$F_{Y_m} = \frac{\partial F}{\partial Y_m} = \left[\frac{DL}{2}\left(\frac{m\pi}{L}\right)^4 - N_{z,w}\left(\frac{L}{2}\right)\left(\frac{m\pi}{L}\right)^2\right](Y_m) - \mu\left(\frac{DL}{2}\right)\left(\frac{m\pi}{L}\right)^2 Y_m'' \quad (15.537)$$

$$F_{Y_m'} = \frac{\partial F}{\partial Y_m'} = (1-\mu)DL\left(\frac{m\pi}{L}\right)^2(Y_m') \quad (15.538)$$

$$F_{Y_m''} = \frac{\partial F}{\partial Y_m''} = \frac{DL}{2}(Y_m'') - \mu\left(\frac{DL}{2}\right)\left(\frac{m\pi}{L}\right)^2 Y_m \quad (15.539)$$

可得其 Euler 方程为

$$F_{Y_m} - \frac{\mathrm{d}}{\mathrm{d}z}F_{Y'} + \frac{\mathrm{d}^2}{\mathrm{d}z^2}F_{Y''}$$

$$= \left[\frac{DL}{2}\left(\frac{m\pi}{L}\right)^4 - N_{z,w}\left(\frac{L}{2}\right)\left(\frac{m\pi}{L}\right)^2\right](Y_m) - \mu\left(\frac{DL}{2}\right)\left(\frac{m\pi}{L}\right)^2 Y_m'' -$$

$$\frac{\mathrm{d}}{\mathrm{d}z}\left[(1-\mu)DL\left(\frac{m\pi}{L}\right)^2(Y_m')\right] + \frac{\mathrm{d}^2}{\mathrm{d}z^2}\left[\frac{DL}{2}(Y_m'') - \mu\left(\frac{DL}{2}\right)\left(\frac{m\pi}{L}\right)^2 Y_m\right] = 0 \quad (15.540)$$

整理可得

$$\left[\frac{DL}{2}\left(\frac{m\pi}{L}\right)^4 - N_{z,w}\left(\frac{L}{2}\right)\left(\frac{m\pi}{L}\right)^2\right]Y_m - \left[DL\left(\frac{m\pi}{L}\right)^2\right]Y_m'' + \frac{DL}{2}Y_m^{(4)} = 0 \quad (15.541)$$

或者

$$Y_m^{(4)} - 2\left(\frac{m\pi}{L}\right)^2 Y_m'' + \left(\frac{m^2\pi^2}{L^2}\right)\left(\frac{m^2\pi^2}{L^2} - \frac{N_{z,w}}{D}\right)Y_m = 0 \quad (15.542)$$

此式为 T 形截面钢柱绕定轴畸变屈曲时，待定函数 $Y_m(y)$ 需要满足的平衡方程，其与三边简支板的屈曲方程相同。

T 形截面钢柱绕定轴畸变屈曲时，其相应的边界条件为：

在强迫轴 $y=0$（简支）处，

$$Y_m = 0, \quad F_{Y_m''} = \frac{\partial F}{\partial Y_m''} = \frac{DL}{2}(Y_m'') - \mu\left(\frac{DL}{2}\right)\left(\frac{m\pi}{L}\right)^2 Y_m = 0 \quad (15.543)$$

根据上式的第一个条件，可将上式的第二个条件改写为

$$Y_m = 0, \quad Y_m'' = 0 \quad (15.544)$$

在下翼缘 $y=h$（弹性约束边）处，

$$\left.\begin{array}{l}\left[\dfrac{m^4\pi^4 E_1 I_y}{2L^3} - \left(\dfrac{P}{A}\right)\dfrac{m^2\pi^2}{2L}A_f\right]Y_m + \dfrac{Dm^2\pi^2(2-\mu)}{2L}Y_m' - \dfrac{1}{2}DLY_m''' = 0 \\[3mm] \left[\dfrac{m^2\pi^2(GJ_kL^2 + E_1 I_\omega m^2\pi^2)}{2L^3} - \left(\dfrac{P}{A}\right)\dfrac{m^2\pi^2}{2L}I_{pf}\right]Y_m' + \dfrac{DL}{2}(Y_m'') - \mu\left(\dfrac{DL}{2}\right)\left(\dfrac{m\pi}{L}\right)^2 Y_m = 0\end{array}\right\}$$

$$(15.545)$$

或者简写为

$$\left.\begin{array}{l}\Delta_1 Y_m + (2-\mu)\dfrac{m^2\pi^2}{L^2}Y_m' - Y_m''' = 0 \\[3mm] -\mu\left(\dfrac{m\pi}{L}\right)^2 Y_m + \Delta_2 Y_m' + Y_m''' = 0\end{array}\right\} \quad (15.546)$$

式中

$$\left.\begin{aligned}\Delta_1 &= \frac{1}{DL}\left[\frac{m^4\pi^4 E_1 I_y}{L^3} - N_{z,w}\frac{m^2\pi^2}{L}\left(\frac{A_f}{t_w}\right)\right]\\\Delta_2 &= \frac{1}{DL}\left[\frac{m^2\pi^2\left(GJ_k L^2 + E_1 I_\omega m^2\pi^2\right)}{L^3} - N_{z,w}\frac{m^2\pi^2}{t_w L}I_{pf}\right]\end{aligned}\right\} \tag{15.547}$$

（7）微分方程

令方程式(15.542)的解答为

$$Y_m(y) = A\mathrm{e}^{ry} \tag{15.548}$$

并将其代入到式(15.542)，可得如下的特征方程：

$$r^4 - 2\left(\frac{m\pi}{L}\right)^2 r^2 + \left[\left(\frac{m\pi}{L}\right)^4 - \frac{N_{z,w}}{D}\left(\frac{m\pi}{L}\right)^2\right] = 0 \tag{15.549}$$

因为 T 形柱的两端，即加载两边简支，且非加载边的一侧与翼缘相连，则必有

$$N_{z,w} > D\left(\frac{m\pi}{L}\right)^2 \tag{15.550}$$

据此可知，特征方程必存在两个实根和两个虚根，即

$$r_{1,2} = \pm\alpha_m, \quad r_{3,4} = \pm\mathrm{i}\beta_m, \quad \mathrm{i} = \sqrt{-1} \tag{15.551}$$

式中，

$$\alpha_m = \sqrt{\left(\frac{m\pi}{L}\right)^2 + \sqrt{\frac{N_{z,w}}{D}\left(\frac{m\pi}{L}\right)^2}}, \quad \beta_m = \sqrt{-\left(\frac{m\pi}{L}\right)^2 + \sqrt{\frac{N_{z,w}}{D}\left(\frac{m\pi}{L}\right)^2}} \tag{15.552}$$

易证，α_m 和 β_m 之间存在如下的恒等关系：

$$\alpha_m^2 - \beta_m^2 = 2\left(\frac{m\pi}{L}\right)^2, \quad \alpha_m^2 + \beta_m^2 = 2\sqrt{\frac{N_{z,w}}{D}\left(\frac{m\pi}{L}\right)^2} \tag{15.553}$$

将式(15.551)代入到式(15.548)，并将 $Y_m(y)$ 改写为双曲函数和三角函数组合的形式，得

$$Y_m(y) = C_1\cosh(\alpha_m y) + C_2\sinh(\alpha_m y) + C_3\cos(\beta_m y) + C_4\sin(\beta_m y) \tag{15.554}$$

这就是待定函数 $Y_m(y)$ 的通解。

（8）屈曲方程

根据强迫轴 $y=0$（简支）处的边界条件式(15.544)，易得

$$C_1 = C_3 = 0 \tag{15.555}$$

于是

$$Y_m(y) = C_2\sinh(\alpha_m y) + C_4\sin(\beta_m y) \tag{15.556}$$

根据下翼缘 $y=h$（弹性约束边）处的边界条件式(15.545)，整理可得

$$\begin{pmatrix} -\alpha_m\Omega_\beta\cosh(\alpha_m h) + \Delta_1\sinh(\alpha_m h) & \beta_m\Omega_\alpha\cos(\beta_m h) + \Delta_1\sin(\beta_m h) \\ \Omega_\alpha\sinh(\alpha_m h) + \alpha_m\Delta_2\cosh(\alpha_m h) & -\Omega_\beta\sin(\beta_m h) + \beta_m\Delta_2\cos(\beta_m h) \end{pmatrix}\begin{pmatrix} C_2 \\ C_4 \end{pmatrix} = \begin{pmatrix} 0 \\ 0 \end{pmatrix} \tag{15.557}$$

式中，$\Omega_\alpha = \alpha_m^2 - \mu\left(\frac{m\pi}{L}\right)^2$，$\Omega_\beta = \beta_m^2 + \mu\left(\frac{m\pi}{L}\right)^2$。

令式(15.557)的系数行列式为零，则有

$$\sinh(h\alpha_m)\left[\cos(h\beta_m)\beta_m h\left(\Delta_1\Delta_2 - \Omega_\alpha^2\right) - \sin(h\beta_m)\Delta_1\left(\Omega_\alpha + \Omega_\beta\right)\right] -$$

$$\cosh(h\alpha_m)\alpha_m h\left[\sin(h\beta_m)\Delta_1\Delta_2 - \sin(h\beta_m)\Omega_\beta^2 + \cos(h\beta_m)\beta_m\Delta_2\left(\Omega_\alpha + \Omega_\beta\right)\right] = 0$$

$$\tag{15.558}$$

此式即为 T 形截面钢柱绕定轴畸变屈曲时关于待定函数 $Y_m(y)$ 的屈曲方程。

为了求解简便，这里将屈曲方程改写为如下的无量纲形式：

$$\sinh(\tilde{\alpha}_m)\left[\cos(\tilde{\beta}_m)\tilde{\beta}_m\,(\tilde{\Delta}_1\tilde{\Delta}_2-\tilde{\Omega}_a^2)-\sin(\tilde{\beta}_m)\tilde{\Delta}_1\,(\tilde{\Omega}_a+\tilde{\Omega}_\beta)\right]-$$
$$\cosh(\tilde{\alpha}_m)\tilde{\alpha}_m\left[\sin(\tilde{\beta}_m)\tilde{\Delta}_1\tilde{\Delta}_2-\sin(\tilde{\beta}_m)\tilde{\Omega}_\beta^2+\cos(\tilde{\beta}_m)\tilde{\beta}_m\tilde{\Delta}_2\,(\tilde{\Omega}_a+\tilde{\Omega}_\beta)\right]=0 \quad (15.559)$$

其中

$$\tilde{\alpha}_m=h\alpha_m=\sqrt{\left(\frac{m\pi}{\lambda}\right)^2+\sqrt{k\left(\frac{m^2\pi^4}{\lambda^2}\right)}},\quad \tilde{\beta}_m=h\beta_m=\sqrt{-\left(\frac{m\pi}{\lambda}\right)^2+\sqrt{k\left(\frac{m^2\pi^4}{\lambda^2}\right)}} \quad(15.560)$$

$$\tilde{\Omega}_a=h^2\Omega_a=\tilde{\alpha}_m^2-\mu\left(\frac{m\pi}{\lambda}\right)^2,\quad \tilde{\Omega}_\beta=h^2\Omega_\beta=\tilde{\beta}_m^2+\mu\left(\frac{m\pi}{\lambda}\right)^2 \quad(15.561)$$

$$\left.\begin{aligned}\tilde{\Delta}_1=h^3\Delta_1&=\frac{m^4\pi^4\lambda_1^3\lambda_2^2\lambda_3}{\lambda^4}-k\frac{m^2\pi^4\lambda_1\lambda_3}{\lambda^2}\\ \tilde{\Delta}_2=\Delta_2 h&=\frac{m^2\pi^2\lambda_1\left[24\lambda^2(1-\mu)+m^2\pi^2\lambda_1^2\right]\lambda_3^3}{12\lambda^4}-k\frac{m^2\pi^4\lambda_1\lambda_3\,(\lambda_1^2\lambda_2^2+\lambda_3^2)}{12\lambda^2\lambda_2^2}\end{aligned}\right\} \quad(15.562)$$

其中，$\lambda=\dfrac{L}{h}$，$\lambda_1=\dfrac{b_f}{h}$，$\lambda_2=\dfrac{h}{t_w}$，$\lambda_3=\dfrac{t_f}{t_w}$，$k=\sigma_{cr}\Big/\left(\dfrac{\pi^2 D}{t_w h^2}\right)$。

研究表明，不论跨高比 $\lambda=L/h$ 为何值，最小临界荷载都出现在 $m=1$ 时。这表明腹板沿着 x 轴方向的屈曲半波总是一个，即其屈曲模态为

$$u_w(y,z)=Y_1(y)\cdot\sin\frac{\pi z}{L} \quad(15.563)$$

T 形截面钢柱绕定轴畸变屈曲时的临界应力公式可写为

$$\sigma_{cr}=\frac{N_{z,w}}{t_w}=k\frac{\pi^2 D}{t_w h^2} \quad(15.564)$$

式中，k 为屈曲系数，由屈曲方程式(15.558)确定。

15.9 求和定理在钢柱屈曲分析中的应用

求和定理(Summation Theorem)认为复杂屈曲问题的解答可近似由若干简单屈曲问题的解答叠加而得到，因此这些定理是工程设计人员从宏观上把握和理解复杂屈曲问题的实用工具，也是科研人员用来描述复杂屈曲问题工作机理的理论工具。

本节将介绍 Southwell 公式和 Dunkerley 公式在钢柱屈曲中的应用。

15.9.1 Southwell 公式：刚度分解法

以前述的两端铰接钢柱扭转屈曲为例，其屈曲平衡方程为

$$(Pi_0^2-GJ_k)\theta''+EI_\omega\theta^{(4)}=0 \quad(15.565)$$

此公式中包含两种扭转刚度，即自由扭转刚度和约束扭转刚度。对于开口和闭口薄壁构件，依据作者提出的组合扭转板-梁理论，这些刚度可以在一个理论框架下同时推导得到。当然，历史上，这些刚度是由不同学者在不同阶段获得的。

自由扭转刚度是由 St. Venernt 推导得到的。在圣维南时代，人们还没有认识到约束扭

转的问题,相当于忽略了约束扭转刚度,即认为 $EI_\omega = 0$,由此自然会推出简支钢柱的自由扭转屈曲荷载为

$$P_{cr}^{\text{Venernt}} = \frac{GJ_k}{i_0^2} \tag{15.566}$$

世界上第一个约束扭转问题(双翼缘扭转问题)是由 Timoshenko 于 1905 年提出的,他使人们的思维摆脱了 St. Venernt 的理论束缚,因此 Timoshenko 的工作是划时代的,具有里程碑的意义。然而正确的约束扭转刚度由 Vlasov 推导得到,因此约束扭转也称为 Vlasov 扭转。若忽略自由扭转刚度,即认为 $GJ_k = 0$,由此会推出简支钢柱的约束扭转屈曲荷载为

$$P_{cr}^{\text{Vlasov}} = \frac{1}{i_0^2}\left(\frac{\pi^2 EI_\omega}{L^2}\right) \tag{15.567}$$

根据 Southwell 公式,将前述两种屈曲荷载叠加即可得到简支钢柱扭转屈曲荷载,即

$$P_s = P_{cr}^{\text{Venernt}} + P_{cr}^{\text{Vlasov}} \tag{15.568}$$

从而可得

$$P_\omega = \frac{1}{i_0^2}\left(GJ_k + \frac{\pi^2 EI_\omega}{L^2}\right) \tag{15.569}$$

此结果与精确解相同。因此对于钢柱的扭转屈曲,Southwell 公式将给出精确解,但这是个特例。通常情况下,Southwell 公式将给出精确解的下限,即通常是偏于安全的。当然也有例外,但这并不影响 Southwell 公式的实用性。

实际上,上述方法实质也是一种刚度分解的思想。因此上述结果也可由前述的 Bijlaard 刚度分解法得到。

15.9.2 Dunkerley 公式:荷载分解法

限于篇幅,本书没有介绍压弯钢柱弯扭屈曲的板-梁理论。实际上,压弯钢柱的弯扭屈曲荷载也可近似地由两种简单工况的屈曲荷载叠加得到。

以图 15.45(a)所示的两端铰接压弯钢柱为例,首先假设钢柱仅承受轴向压力 N,即 $M = 0$,此时钢柱将在轴压力作用下屈曲。假设钢柱扭转屈曲荷载大于弯曲屈曲荷载,则对于工字形钢柱而言,起控制作用的必是绕弱轴的弯曲屈曲,即

$$N_{y,cr} = \frac{\pi^2 EI_y}{L^2} \tag{15.570}$$

现在考虑钢柱仅承受弯矩 M,而 $N = 0$ 的情况。根据下一章的理论可知,在纯弯曲情况下,钢柱的临界弯矩为

$$M_{cr} = \frac{\pi^2 EI_y}{L^2}\left[\beta_x + \sqrt{\beta_x^2 + \frac{EI_\omega}{EI_y}\left(1 + \frac{GJ_k L^2}{\pi^2 EI_\omega}\right)}\right] \tag{15.571}$$

因为轴力和弯矩的量纲不同,因此 Dunkerley 公式应该写为如下无量纲的形式,即

$$\frac{N}{N_{y,cr}} + \frac{M}{M_{cr}} = 1 \tag{15.572}$$

这就是我们依据 Dunkerley 公式推导得到的压弯钢柱弯扭屈曲近似相关公式。

根据稳定理论,可知压弯钢柱的精确相关公式为

$$\left(1-\frac{N}{N_{y,cr}}\right)\left(1-\frac{N}{N_\omega}\right)+\left(\frac{M}{M_{cr}}\right)^2=1 \tag{15.573}$$

其中,

$$N_\omega=\frac{1}{i_0^2}\left(GJ_k+\frac{\pi^2 EI_\omega}{L^2}\right) \tag{15.574}$$

压弯钢柱的精确及近似相关公式的关系如图15.45(b)所示。从图中可以看出,当 $N>0$ 即钢柱受压时,Dunkerley公式为直线,而精确相关公式为抛物线,因此Dunkerley公式总是偏于安全的。据此可将式(15.572)改写为

$$\frac{N}{N_{y,cr}}+\frac{M}{M_{cr}}\geqslant 1 \tag{15.575}$$

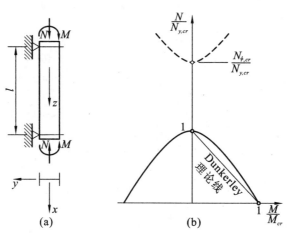

图 15.45 压弯构件与相关曲线

当弯矩 M 和轴力 N 之比为固定值时,比如偏心受压时,$M=N\cdot e$,此时未知数变为一个 N,则根据式(15.575)可得

$$\frac{1}{N_{y,cr}}+\frac{1}{M_{cr}/e}\geqslant\frac{1}{N_{cr}} \tag{15.576}$$

这种形式就是常用的 Dunkerley 公式。可以表述为压弯钢柱的屈曲荷载为轴压屈曲荷载和受弯屈曲荷载的倒数(reciprocals)之和。

综上所述,Southwell 公式属于刚度分解法,相当于串联弹簧模型,适合单一荷载的多刚度构件屈曲分析;Dunkerley 公式属于荷载分解法,相当于并联弹簧模型,适合多种荷载共同作用下的构件屈曲分析。

参 考 文 献

[1] VLASOV V Z. Thin-walled elastic beams. 2nd ed. Jerusalem:Israel Program for Scientific Transactions,1961.

[2] 弗拉索夫. 薄壁空间体系的建筑力学. 北京:中国工业出版社,1962.

[3] TIMOSHENKO S P,GERE J M. Theory of elastic stability. New-York:McGraw-Hill,1961.

[4] BLEICH F. 金属结构的屈曲强度. 同济大学钢木结构教研室,译. 北京:科学出版社,1965.

[5] TRAHAIR N S. Flexural-torsional buckling of structures. London:E & FN Spon,1993.

[6] 吕烈武,沈世钊,沈祖炎,等. 钢结构构件稳定理论. 北京:中国建筑工业出版社,1983.

[7] 童根树. 钢结构的平面外稳定. 北京:中国建筑工业出版社,2005.

[8] 陈骥. 钢结构稳定理论与设计. 3 版. 北京:科学出版社,2006.

[9] KITIPORNCHAI S,CHAN S L. Nonlinear finite element analysis of angle and Tee beam-columns. Journal of Structural Engineering,ASCE,1987,113(4):721-739.

[10] 高冈宣善. 结构杆件的扭转解析. 北京:中国铁道出版社,1982.

[11] 张文福,付烨,刘迎春,等. 工字形钢-混组合梁等效截面法的适用性问题. 第 24 届全国结构工程学术会议论文集(第Ⅱ册). 工程力学(增刊),2015.

[12] 陈绍蕃. 开口截面钢偏心压杆在弯矩作用平面外的稳定系数. 西安冶金建筑学院学报,1974:1-26.

[13] OJALVO M. Wagner hypothesis in beam and column theory. Engng. Mech. Div. ,ASCE,1981,107(4): 669-677.

[14] OJALVO M. Discussion on Buckling of monosymmetric I-beams under moment gradient. J. Struct. Engng.,ASCE,1987,113(6):1387-1391.

[15] OJALVO M. The buckling of thin-walled open-profile bars. J. Appl. Mech. ,ASME,1989,56:633-638.

[16] OJALVO M. Thin-walled bars with open profiles. Ohio:The Olive Press,Columbus,1990.

[17] TRAHAIR N S. Discussion on Wagner hypothesis in beam and column theory. J. Engng. Mech. Div. , ASCE,1982,108(3).575-578.

[18] KITIPORNCHAI S,WANG C M,TRAHAIR N S. Closure of Buckling of monosymmetric I-beams under moment gradient. J. Strucr. Engng. ,ASCE,1987,113(6):1391-1395.

[19] GOTO Y,CHEN W F. On the validity of Wagner hypothesis. Int. J. Solids Struct. ,1989,25(6): 621-634.

[20] KANG Y J,LEE S C,YOO C H. On the dispute concerning the validity of the Wagner hypothesis. Computers & Structures,1992,43(5):853-861.

[21] WAM ALWIS,WANG C M. Should load remain constant when a thin-walled open profile column buckles?. Int. J. Solids Struct. ,1994,31 (21):2945-2950.

[22] WAM ALWIS,WANG C M. Wagner term in flexural-torsional buckling of thin-walled openprofile columns. Engineering Structures,1996,18(2):125-132.

[23] MOHRI F,BROUKI A,ROTH J C. Theoretical and numerical stability analyses of unrestrained mono-symmetric thin-walled beams. Journal of Constructional Steel Research. 2003,59(1):63-90.

[24] TRAHAIR N S. Inelastic buckling design of monosymmetric I-beams. Engineering Structures,2012, 34:564-571.

[25] ZIEMIAN R D. Guide to stability design criteria for metal structures. 6th ed. New Jersey:John Wiley & Sons,2010.

[26] 张文福. 狭长矩形薄板自由扭转和约束扭转的统一理论. 中国科技中文在线. http://www. paper. edu. cn/html /releasepaper/2014 /04/143/.

[27] 张文福. 狭长矩形薄板扭转与弯扭屈曲的新理论. 第十五届全国现代结构工程学术研讨会论文集. 工业建筑(增刊),2015.

[28] ZHANG W F. New theory for mixed torsion of steel-concrete-steel composite walls. ASCCS 2015, Proc. of 11th International Conference on Advances in Steel and Concrete Composite Structures. December 3-5,2015,Beijing,China.

[29] 张文福. 工字形轴压钢柱弹性弯扭屈曲的新理论. 第十五届全国现代结构工程学术研讨会论文集. 工业建筑(增刊),2015:725-735.

[30] 张文福. 矩形薄壁轴压构件弹性扭转屈曲的新理论. 第十五届全国现代结构工程学术研讨会论文集. 工业建筑(增刊),2015:793-804.

［31］张文福,陈克珊,宗兰,等.方钢管混凝土自由扭转刚度的有限元验证.第25届全国结构工程学术会议论文集(第Ⅰ册).工程力学(增刊),2016:465-468.

［32］张文福,陈克珊,宗兰,等.方钢管混凝土翼缘工字形梁扭转刚度的有限元验证.第25届全国结构工程学术会议论文集(第Ⅰ册).工程力学(增刊),2016:431-434.

［33］ZHANG W F. Energy variational model and its analytical solutions for the elastic flexural-tosional buckling of I-beams with concrete-filled steel tubular flange. ISSS 2015, Proc. of the 8th International Symposium on steel structures. November 5-7, 2015, Jeju, Korea.

［34］张文福.基于连续化模型的矩形开孔蜂窝梁组合扭转理论.第六届全国钢结构工程技术交流会论文集.施工技术(增刊),2016:345-359.

［35］张文福,谭英昕,陈克珊,等.蜂窝梁自由扭转刚度误差分析.第十六届全国现代结构工程学术研讨会论文集.工业建筑(增刊),2016:558-566.

［36］ZHANG W F. New theory for torsional buckling of steel-concrete composite I-columns. ASCCS 2015, Proc. of 11th International Conference on Advances in Steel and Concrete Composite Structures. December 3-5, 2015, Beijing, China.

［37］张文福,邓云,李明亮,等.单跨集中荷载下双跨钢-砼组合梁弯扭屈曲方程的近似解析解.第十六届全国现代结构工程学术研讨会论文集.工业建筑(增刊),2016:955-961.

［38］张文福.钢-混凝土组合柱扭转屈曲的新理论.第六届全国钢结构工程技术交流会论文集.施工技术(增刊),2016:348-353.

［39］张文福.钢-混凝土薄壁箱梁的组合扭转理论.第六届全国钢结构工程技术交流会论文集.施工技术(增刊),2016:340-347.

［40］张文福.工字形钢梁弹塑性弯扭屈曲简化力学模型与解析解.南京工程学院学报(自然科学版),2016,14(4):1-9.

［41］ZHANG W F. LIU Y C, CHEN K S, et al. Dimensionless analytical solution and new design formula for lateral-torsional buckling of I-beams under linear distributed moment via linear stability theory. Mathematical Problems in Engineering, 2017:1-23.

［42］ZHANG W F. Symmetric and antisymmetric lateral-torsional buckling of prestressed steel I-Beams. Thin-Walled Structures, 2018(122):463-479.

［43］张文福.钢梁弯扭屈曲的板-梁理论与解析理论.大庆:东北石油大学,2015.

［44］张文福.薄壁构件的板-梁理论.大庆:东北石油大学,2015.

16　钢梁弯扭屈曲的板-梁理论

与轴心受压钢柱类似,钢梁的整体失稳模式有:弯曲屈曲、弯扭屈曲和畸变屈曲。研究表明,前两种屈曲会出现在细长的钢梁中,而畸变屈曲则会出现在短粗的钢梁中。此外,短粗的钢梁还会发生弹塑性屈曲。

本章前三节依据作者提出的板-梁理论讨论钢梁的弹性弯扭屈曲问题,第四节将讨论钢梁弹塑性弯扭屈曲问题。

16.1　双轴对称截面钢梁弯扭屈曲的板-梁理论:工字形截面

16.1.1　基本假设与问题描述

(1) 基本假设

① 刚周边假设。据此可以确定板件形心的横向位移。

② 每块平板的总变形都可分解为两部分,即平面内变形和平面外变形;与此对应的纵向位移、应变能和初应力势能等,可分别按 Euler 梁力学模型和 Kirchhoff 板力学模型确定;

③ 横向力产生的剪应力在横截面上均匀分布。

其中,假设①是 Vlasov 明确提出的,假设②是作者提出的,假设③是为了简化剪应力的计算而引入。此假设在畸变屈曲和腹板剪切屈曲中得到广泛应用,在弯扭屈曲方面被 Kitipornchai & Chan(1987 年)首次采用。本书引入此假设可避免复杂截面,比如空翼缘钢梁以及 CFST 翼缘钢梁的剪应力计算。因为剪应力属于由正应力导出的次要应力,且这种简化不影响初应力势能的正确性,因此为作者的板-梁理论所采用。

(2) 问题描述

为不失一般性,本节以图 16.1 所示的双轴对称工字形钢梁为研究对象。

为了方便描述变形,板-梁理论需要引入两套坐标系:整体坐标系 xyz 和局部坐标系 nsz。这两套坐标系与 Vlasov 的坐标系类似,且均须符合右手螺旋法则。整体坐标系的原点选在截面形心,各板件的局部坐标系原点选在板件的形心。坐标系如图 16.1(a)所示,截面变形如图 16.1(b)所示。

已知:钢材的弹性模量为 E,剪切模量为 G,泊松比为 μ;钢梁的长度为 L;翼缘的宽度为 b_f,厚度为 t_f;腹板的高度为 h_w,厚度为 t_w。

若在横向荷载 $q(z)$ 的作用下工字形钢梁发生弯扭屈曲,则钢梁的横截面的未知量有两个,即剪心(此时为形心)沿着 x 轴的侧向位移 $u(z)$ 和横截面的刚性转角 $\theta(z)$。

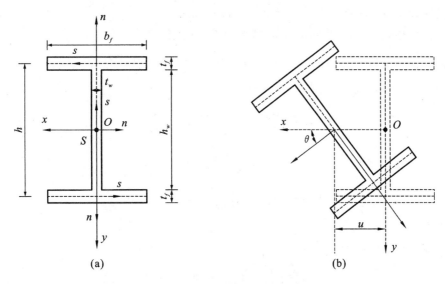

图 16.1 双轴对称工字形截面的坐标系与变形图

16.1.2 工字形钢梁弯扭屈曲的能量变分模型

16.1.2.1 弯扭变形的应变能

（1）腹板的应变能

腹板形心的整体坐标为$(0,0)$。根据刚周边假设,局部坐标系下腹板任意点$(-n,-s)$的横向位移为

$$\alpha=\frac{3\pi}{2},\quad x-x_0=-n,\quad y-y_0=-s \tag{16.1}$$

$$\begin{pmatrix} r_s \\ r_n \end{pmatrix}=\begin{pmatrix} \sin\dfrac{3\pi}{2} & -\cos\dfrac{3\pi}{2} \\ \cos\dfrac{3\pi}{2} & \sin\dfrac{3\pi}{2} \end{pmatrix}\begin{pmatrix} -n \\ -s \end{pmatrix}=\begin{pmatrix} n \\ s \end{pmatrix} \tag{16.2}$$

$$\begin{pmatrix} v_s \\ v_n \\ \theta \end{pmatrix}=\begin{pmatrix} \cos\dfrac{3\pi}{2} & \sin\dfrac{3\pi}{2} & n \\ \sin\dfrac{3\pi}{2} & -\cos\dfrac{3\pi}{2} & -s \\ 0 & 0 & 1 \end{pmatrix}\begin{pmatrix} u \\ 0 \\ \theta \end{pmatrix}=\begin{pmatrix} n\theta \\ -u-s\theta \\ \theta \end{pmatrix} \tag{16.3}$$

腹板形心的横向位移（沿着腹板n轴、s轴）和纵向位移（沿着z轴）为

$$u_{w0}=-u,\quad v_{w0}=0,\quad w_{w0}=0,\quad \theta_{w0}=\theta(z) \tag{16.4}$$

① 平面内弯曲的应变能

$$U_w^{\text{in-plane}}=0 \tag{16.5}$$

② 平面外弯曲的应变能（Kirchhoff 薄板模型）

依据变形分解假设,平面外弯曲引起的任意点横向位移为

沿着腹板n轴的位移 $\qquad u_w(s,z)=-u-s\theta \tag{16.6}$

沿着腹板 s 轴的位移 $\qquad v_w(n,z)=n\theta$ (16.7)

而纵向位移则需要依据 Kirchhoff 薄板模型来确定,即

沿着 z 轴的位移 $\quad w_w(n,s,z)=-n\left(\dfrac{\partial u_w}{\partial z}\right)=n\left(\dfrac{\partial u}{\partial z}\right)+ns\left(\dfrac{\partial \theta}{\partial z}\right)$ (16.8)

几何方程(线性应变)

$$\varepsilon_{z,w}=\frac{\partial w_w}{\partial z}=n\left(\frac{\partial^2 u}{\partial z^2}\right)+ns\left(\frac{\partial^2 \theta}{\partial z^2}\right)$$ (16.9)

$$\varepsilon_{s,w}=\frac{\partial v_w}{\partial s}=0$$ (16.10)

$$\gamma_{sz,w}=\frac{\partial w_w}{\partial s}+\frac{\partial v_w}{\partial z}=n\left(\frac{\partial \theta}{\partial z}\right)+n\left(\frac{\partial \theta}{\partial z}\right)=2n\left(\frac{\partial \theta}{\partial z}\right)$$ (16.11)

物理方程

对于 Kirchhoff 薄板模型,有

$$\sigma_{z,w}=\frac{E}{1-\mu^2}(\varepsilon_{z,w}), \quad \tau_{sz,w}=G\gamma_{sz,w}$$ (16.12)

应变能

根据

$$U=\frac{1}{2}\iiint\left[\frac{E}{1-\mu^2}(\varepsilon_{z,w}^2)+G\gamma_{sz,w}^2\right]\mathrm{d}n\mathrm{d}s\mathrm{d}z$$ (16.13)

有

$$
\begin{aligned}
U_w^{\text{out-plane}} &= \frac{1}{2}\iiint\left\{\frac{E}{1-\mu^2}\left[n\left(\frac{\partial^2 u}{\partial z^2}\right)\right]^2+\frac{E}{1-\mu^2}\left[ns\left(\frac{\partial^2 \theta}{\partial z^2}\right)\right]^2+G\left[2n\left(\frac{\partial \theta}{\partial z}\right)\right]^2\right\}\mathrm{d}n\mathrm{d}s\mathrm{d}z \\
&= \frac{1}{2}\iiint\left\{\frac{E}{1-\mu^2}\left[n^2\left(\frac{\partial^2 u}{\partial z^2}\right)^2\right]+\frac{E}{1-\mu^2}\left[n^2 s^2\left(\frac{\partial^2 \theta}{\partial z^2}\right)^2\right]+G\left[4n^2\left(\frac{\partial \theta}{\partial z}\right)^2\right]\right\}\mathrm{d}n\mathrm{d}s\mathrm{d}z \\
&= \frac{1}{2}\int_0^L\left[\frac{E}{1-\mu^2}\left(\frac{t_w^3 h_w}{12}\right)\left(\frac{\partial^2 u}{\partial z^2}\right)^2+\frac{E}{1-\mu^2}\left(\frac{t_w^3 h_w^3}{144}\right)\left(\frac{\partial^2 \theta}{\partial z^2}\right)^2+G\left(\frac{h_w t_w^3}{3}\right)\left(\frac{\partial \theta}{\partial z}\right)^2\right]\mathrm{d}z
\end{aligned}
$$
(16.14)

(2)上下翼缘的应变能

上翼缘形心的整体坐标为 $\left(0,-\dfrac{h}{2}\right)$。根据刚周边假设,局部坐标系下上翼缘任意点 $\left(s,-\left(\dfrac{h}{2}+n\right)\right)$ 的横向位移为

$$\alpha=2\pi, \quad x-x_0=s, \quad y-y_0=-\left(\frac{h}{2}+n\right)$$ (16.15)

$$\begin{pmatrix} r_s \\ r_n \end{pmatrix}=\begin{pmatrix} \sin 2\pi & -\cos 2\pi \\ \cos 2\pi & \sin 2\pi \end{pmatrix}\begin{pmatrix} s \\ -\left(\dfrac{h}{2}+n\right) \end{pmatrix}=\begin{pmatrix} \dfrac{h}{2}+n \\ s \end{pmatrix}$$ (16.16)

$$\begin{pmatrix} v_s \\ v_n \\ \theta \end{pmatrix}=\begin{pmatrix} \cos 2\pi & \sin 2\pi & \dfrac{h}{2}+n \\ \sin 2\pi & -\cos 2\pi & -s \\ 0 & 0 & 1 \end{pmatrix}\begin{pmatrix} u \\ 0 \\ \theta \end{pmatrix}=\begin{pmatrix} u+\left(\dfrac{h}{2}+n\right)\theta \\ -s\theta \\ \theta \end{pmatrix}$$ (16.17)

上翼缘形心的横向位移（沿着腹板 n 轴、s 轴）和纵向位移（沿着 z 轴）为

$$u'_{f0}=0, \quad v'_{f0}=u+\frac{h}{2}\theta, \quad w'_{f0}=0, \quad \theta'_{f0}=\theta \qquad (16.18)$$

根据变形分解原理，可将式(16.17)改写为

$$\begin{pmatrix} v_s \\ v_n \\ \theta \end{pmatrix} = \begin{pmatrix} u+\left(\dfrac{h}{2}\right)\theta \\ 0 \\ 0 \end{pmatrix}_{\text{in-plane}} + \begin{pmatrix} n\theta \\ -s\theta \\ \theta \end{pmatrix}_{\text{out-plane}} \qquad (16.19)$$

其中，第一项为平面内的横向位移（即平面内的弯曲变形），第二项为平面外的横向位移，即平面外的弯曲（扭转）变形。

① 平面内弯曲的应变能（Euler 梁模型）

依据变形分解假设，上翼缘任意点在自身平面内弯曲的横向位移为

沿着上翼缘 s 轴的位移
$$v'_f(n,z)=u+\left(\frac{h}{2}\right)\theta \qquad (16.20)$$

而纵向位移（沿着 z 轴的位移）则需要依据 Euler 梁模型来确定，即

$$w'_f(s,z)=-\frac{\partial v'_{f0}}{\partial z}s+u'_{f0}=-s\left(\frac{\partial u}{\partial z}\right)-s\left(\frac{h}{2}\right)\left(\frac{\partial \theta}{\partial z}\right) \qquad (16.21)$$

线性应变为

$$\varepsilon_{z,f}=\frac{\partial w'_f}{\partial z}=-s\left(\frac{\partial^2 u}{\partial z^2}\right)-s\left(\frac{h}{2}\right)\left(\frac{\partial^2 \theta}{\partial z^2}\right) \qquad (16.22)$$

$$\varepsilon_{s,f}=\frac{\partial v'_f}{\partial s}=0, \quad \gamma_{sz,f}=\frac{\partial w'_f}{\partial s}+\frac{\partial v'_f}{\partial z}=-\left(\frac{h}{2}\right)\left(\frac{\partial \theta}{\partial z}\right)+\left(\frac{h}{2}\right)\left(\frac{\partial \theta}{\partial z}\right)=0 \qquad (16.23)$$

平面内弯曲的应变能

$$
\begin{aligned}
U^{\text{in-plane}}_{f,T} &= \frac{1}{2}\iiint\limits_{V_f}(\sigma_{z,f}\varepsilon_{z,f})\,\mathrm{d}n\mathrm{d}s\mathrm{d}z \\
&= \frac{1}{2}\iiint\limits_{V_f}\frac{E}{1-\mu^2}\left[-s\left(\frac{\partial^2 u}{\partial z^2}\right)-s\left(\frac{h}{2}\right)\left(\frac{\partial^2 \theta}{\partial z^2}\right)\right]^2\mathrm{d}n\mathrm{d}s\mathrm{d}z \\
&= \frac{1}{2}\int_0^L\left\{\frac{E}{1-\mu^2}\left(\frac{t_f b_f^3}{12}\right)\left[\left(\frac{\partial^2 u}{\partial z^2}\right)+\left(\frac{h}{2}\right)\left(\frac{\partial^2 \theta}{\partial z^2}\right)\right]^2\right\}\mathrm{d}z \qquad (16.24)
\end{aligned}
$$

② 平面外弯曲的应变能（Kirchhoff 薄板模型）

依据变形分解假设，平面外弯曲引起的任意点横向位移为

沿着上翼缘 n 轴的位移
$$u'_f(s,z)=-s\theta \qquad (16.25)$$

沿着上翼缘 s 轴的位移
$$v'_f(n,z)=n\theta \qquad (16.26)$$

而纵向位移则需要依据 Kirchhoff 薄板模型来确定，即

沿着 z 轴的位移
$$w'_f(n,s,z)=-n\left(\frac{\partial u'_f}{\partial z}\right)=-sn\left(\frac{\partial \theta}{\partial z}\right) \qquad (16.27)$$

几何方程（线性应变）

$$\varepsilon_{z,f} = \frac{\partial w_f^t}{\partial z} = -sn\left(\frac{\partial^2\theta}{\partial z^2}\right), \quad \varepsilon_{s,f} = \frac{\partial v_f^t}{\partial s} = 0 \tag{16.28}$$

$$\gamma_{sz,f} = \frac{\partial w_f^t}{\partial s} + \frac{\partial v_f^t}{\partial z} = -n\left(\frac{\partial\theta}{\partial z}\right) - n\left(\frac{\partial\theta}{\partial z}\right) = -2n\left(\frac{\partial\theta}{\partial z}\right) \tag{16.29}$$

物理方程

$$\left.\begin{array}{c} \sigma_{z,f} = \dfrac{E}{1-\mu^2}(\varepsilon_{z,f}) \\[2mm] \tau_{sz,f} = G\gamma_{sz,f} \end{array}\right\} \tag{16.30}$$

应变能

根据

$$U = \frac{1}{2}\iiint\left[\frac{E}{1-\mu^2}(\varepsilon_{z,f}^2) + G(\gamma_{sz,f}^2)\right]dndsdz \tag{16.31}$$

有

$$\begin{aligned} U_{f,T}^{\text{out-plane}} &= \frac{1}{2}\iiint\left\{\frac{E}{1-\mu^2}\left[-sn\left(\frac{\partial^2\theta}{\partial z^2}\right)\right]^2 + G\left[-2n\left(\frac{\partial\theta}{\partial z}\right)\right]^2\right\}dndsdz \\ &= \frac{1}{2}\int_0^L\left[\frac{E}{1-\mu^2}\left(\frac{t_f^3 b_f^3}{144}\right)\left(\frac{\partial^2\theta}{\partial z^2}\right)^2 + G\left(\frac{b_f t_f^3}{3}\right)\left(\frac{\partial\theta}{\partial z}\right)^2\right]dz \end{aligned} \tag{16.32}$$

类似地可求下翼缘平面内弯曲的应变能为

$$\begin{aligned} U_{f,B}^{\text{in-plane}} &= \frac{1}{2}\iiint_{V_f}(\sigma_{z,f}\varepsilon_{z,f})dndsdz \\ &= \frac{1}{2}\iiint_{V_f}\frac{E}{1-\mu^2}\left[s\left(\frac{\partial^2 u}{\partial z^2}\right) - s\left(\frac{h}{2}\right)\left(\frac{\partial^2\theta}{\partial z^2}\right)\right]^2 dndsdz \\ &= \frac{1}{2}\int_0^L\left\{\frac{E}{1-\mu^2}\left(\frac{t_f b_f^3}{12}\right)\left[\left(\frac{\partial^2 u}{\partial z^2}\right) - \left(\frac{h}{2}\right)\left(\frac{\partial^2\theta}{\partial z^2}\right)\right]^2\right\}dz \end{aligned} \tag{16.33}$$

可以证明:下翼缘平面内弯曲的应变能与式(16.32)相同。

两个翼缘的应变能之和

$$\begin{aligned} U_f &= U_{f,T} + U_{f,B} \\ &= \frac{1}{2}\int_0^L\left\{\begin{array}{l} 2\dfrac{E}{1-\mu^2}\left(\dfrac{t_f b_f^3}{12}\right)\left(\dfrac{\partial^2 u}{\partial z^2}\right) + \\[3mm] 2\dfrac{E}{1-\mu^2}\left[\left(\dfrac{t_f b_f^3}{12}\right)\left(\dfrac{h}{2}\right)^2 + \left(\dfrac{t_f^3 b_f^3}{144}\right)\right]\left(\dfrac{\partial^2\theta}{\partial z^2}\right)^2 + 2G\left(\dfrac{b_f t_f^3}{3}\right)\left(\dfrac{\partial\theta}{\partial z}\right)^2 \end{array}\right\}dz \end{aligned} \tag{16.34}$$

(3) 工字形钢梁弯扭变形的应变能

工字形钢梁弯扭变形的应变能可简洁地表达为

$$U = \frac{1}{2}\int_0^L\left[E_1 I_y\left(\frac{\partial^2 u}{\partial z^2}\right)^2 + E_1 I_\omega\left(\frac{\partial^2\theta}{\partial z^2}\right)^2 + GJ_k\left(\frac{\partial\theta}{\partial z}\right)^2\right]dz \tag{16.35}$$

其中

$$E_1 I_y = \frac{E}{1-\mu^2}\left(2\frac{t_f b_f^3}{12}\right) \tag{16.36}$$

为绕弱轴的抗弯刚度,而

$$E_1 I_w = \frac{E}{1-\mu^2} \left[2 \frac{t_f b_f^3}{12} \left(\frac{h}{2} \right)^2 + 2 \frac{t_f^3 b_f^3}{144} + \frac{t_w^3 h_w^3}{144} \right] \tag{16.37}$$

为约束扭转刚度或称为翘曲刚度,而

$$GJ_k = G \left(2 \frac{t_f^3 b_f}{3} + \frac{t_w^3 h_w}{3} \right) \tag{16.38}$$

为自由扭转刚度。

16.1.2.2 工字形钢梁弯扭屈曲的初应力势能

(1) 腹板的初应力势能

腹板形心的整体坐标为 $(0,0)$,则在弯矩 $M(z)$ 和剪力 $Q_y(z)$ 的作用下,腹板的初应力为

$$\sigma_{z0,w} = -\frac{M}{I_x} s, \quad \tau_{sz0,w} = -\frac{Q_y}{A} \tag{16.39}$$

这里仍采用压应力为负的约定。

几何方程(非线性应变)为

$$\varepsilon_{z,w}^{\mathrm{NL}} = \frac{1}{2} \left[\left(\frac{\partial u_w}{\partial z} \right)^2 + \left(\frac{\partial v_w}{\partial z} \right)^2 \right] = \frac{1}{2} \left[(-u' - s\theta')^2 + (n\theta')^2 \right] \tag{16.40}$$

$$\tau_{sz,w}^{\mathrm{NL}} = \left(\frac{\partial u_w}{\partial s} \right) \left(\frac{\partial u_w}{\partial z} \right) + \left(\frac{\partial v_w}{\partial s} \right) \left(\frac{\partial v_w}{\partial z} \right) = -\theta(-u' - s\theta') + 0 = (u' + s\theta')\theta \tag{16.41}$$

初应力在腹板中产生的初应力势能为

$$V_w = \iiint (\sigma_{z0,w} \varepsilon_{z,w}^{\mathrm{NL}} + \tau_{sz0,w} \tau_{sz,w}^{\mathrm{NL}}) \mathrm{d}n\mathrm{d}s\mathrm{d}z$$

$$= -\iiint \left\{ \left(\frac{M}{I_x} s \right) \frac{1}{2} \left[(-u' - s\theta')^2 + (n\theta')^2 \right] + \left(\frac{Q_y}{A} \right) (u' + s\theta')\theta \right\} \mathrm{d}n\mathrm{d}s\mathrm{d}z$$

$$= -\frac{1}{2} \int_0^L \left[2 \left(\frac{M}{I_x} \right) \left(\frac{t_w h_w^3}{12} \right) u'\theta' + 2A_w \left(\frac{Q_y}{A} \right) u'\theta \right] \mathrm{d}z \tag{16.42}$$

(2) 上下翼缘的初应力势能

① 上翼缘的初应力势能

上翼缘形心的整体坐标为 $\left(0, -\frac{h}{2} \right)$,则在弯矩 $M_x(z)$ 和剪力 $Q_y(z)$ 的作用下,上翼缘的初应力为

$$\sigma_{z0,T} = -\frac{M_x}{I_x} \left(\frac{h}{2} + n \right), \quad \tau_{nz0,T} = -\frac{Q_y}{A} \tag{16.43}$$

这里仍采用压应力为负的约定。

几何方程(非线性应变)为

$$\varepsilon_{z,T}^{\mathrm{NL}} = \frac{1}{2} \left[\left(\frac{\partial u_f}{\partial z} \right)^2 + \left(\frac{\partial v_f}{\partial z} \right)^2 \right] = \frac{1}{2} \left\{ (-s\theta')^2 + \left[u' + \left(\frac{h}{2} + n \right) \theta' \right]^2 \right\} \tag{16.44}$$

$$\tau_{nz,T}^{\mathrm{NL}} = \left(\frac{\partial v_f}{\partial n} \right) \left(\frac{\partial v_f}{\partial z} \right) + \left(\frac{\partial u_f}{\partial n} \right) \left(\frac{\partial u_f}{\partial z} \right) = \theta \left[u' + \left(\frac{h}{2} + n \right) \theta' \right] \tag{16.45}$$

初应力在上翼缘中产生的初应力势能为

$$V_{fT} = \iiint (\sigma_{z0,T}\varepsilon_{z,T}^{NL} + \tau_{nz0,T}\tau_{nz,T}^{NL})\,dndsdz$$

$$= \iiint \left\{ \begin{array}{l} -\left(\dfrac{M_x}{I_x}\right)\left(\dfrac{h}{2}+n\right)\dfrac{1}{2}\left[\left(u'+\left(\dfrac{h}{2}+n\right)\theta'\right)^2 + (-s\theta')^2\right] - \\ \left(\dfrac{Q_y}{A}\right)\theta\left[u'+\left(\dfrac{h}{2}+n\right)\theta'\right] \end{array}\right\} dndsdz$$

$$= -\dfrac{1}{2}\int_0^L \left\{ \begin{array}{l} \left(\dfrac{M_x}{I_x}\right)\left(\dfrac{h}{2}\right)\left[A_f u'^2 + \dfrac{A_f(12h^2+4t_f^2)}{12h}u'\theta' + \dfrac{A_f(3h^3+hb_f^2+3ht_f^2)}{12h}\theta'^2\right] + \\ 2A_f\left(\dfrac{Q_y}{A}\right)\left[u'\theta + \left(\dfrac{h}{2}\right)\theta\theta'\right] \end{array}\right\} dz$$

$$(16.46)$$

式中，$A_f = b_f t_f$ 为上翼缘的截面面积。

② 下翼缘的初应力势能

下翼缘形心的整体坐标为 $\left(0,\dfrac{h}{2}\right)$，则在弯矩 $M(z)$ 和剪力 $V(z)$ 的作用下，下翼缘的初应力为

$$\sigma_{0f} = \dfrac{M_x}{I_x}\left(\dfrac{h}{2}+n\right), \quad \tau_{0f} = -\dfrac{Q_y}{A} \tag{16.47}$$

几何方程（非线性应变）为

$$\varepsilon_{z,f}^{NL} = \dfrac{1}{2}\left[\left(\dfrac{\partial u_f}{\partial z}\right)^2 + \left(\dfrac{\partial v_f}{\partial z}\right)^2\right] = \dfrac{1}{2}\left\{(-s\theta')^2 + \left[-u'+\left(\dfrac{h}{2}+n\right)\theta'\right]^2\right\} \tag{16.48}$$

$$\tau_{nz,f}^{NL} = \left(\dfrac{\partial v_f}{\partial n}\right)\left(\dfrac{\partial v_f}{\partial z}\right) + \left(\dfrac{\partial u_f}{\partial n}\right)\left(\dfrac{\partial u_f}{\partial z}\right) = \theta\left[-u'+\left(\dfrac{h}{2}+n\right)\theta'\right] \tag{16.49}$$

初应力在下翼缘中产生的初应力势能为

$$V_{fB} = \iiint (\sigma_{0f}\varepsilon_{z,f}^{NL} + \tau_{0f}\tau_{sz}^{NL})\,dndsdz$$

$$= \iiint \left\{ \begin{array}{l} \left(\dfrac{M_x}{I_x}\right)\left(\dfrac{h}{2}+n\right)\dfrac{1}{2}\left[\left(-u'+\left(\dfrac{h}{2}+n\right)\theta'\right)^2 + (-s\theta')^2\right] - \\ \left(\dfrac{Q_y}{A}\right)\theta\left[-u'+\left(\dfrac{h}{2}+n\right)\theta'\right] \end{array}\right\} dndsdz$$

$$= -\dfrac{1}{2}\int_0^L \left\{ \begin{array}{l} \left(\dfrac{M_x}{I_x}\right)\left(\dfrac{h}{2}\right)\left[-A_f u'^2 + \dfrac{A_f(12h^2+4t_f^2)}{12h}u'\theta' - \dfrac{A_f(3h^3+hb_f^2+3ht_f^2)}{12h}\theta'^2\right] + \\ 2A_f\left(\dfrac{Q_y}{A}\right)\left[u'\theta - \left(\dfrac{h}{2}\right)\theta\theta'\right] \end{array}\right\} dz$$

$$(16.50)$$

式中，$A_f = b_f t_f$ 为上翼缘的截面面积。

进而求得上下翼缘的初应力势能之和为

$$V_f = V_{fT} + V_{fB} = -\dfrac{1}{2}\int_0^L \left[\left(\dfrac{M_x}{I_x}\right)\left(\dfrac{1}{3}b_f t_f(3h^2+t_f^2)\right)u'\theta' + 4A_f\left(\dfrac{Q_y}{A}\right)u'\theta\right]dz$$

$$= -\dfrac{1}{2}\int_0^L \left\{\left(\dfrac{M_x}{I_x}\right)\left[4A_f\left(\dfrac{h}{2}\right)^2 + 4\times\dfrac{b_f t_f^2}{12}\right]u'\theta' + 4A_f\left(\dfrac{Q_y}{A}\right)u'\theta\right\}dz$$

$$(16.51)$$

（3）总的初应力势能

总的初应力势能为

$$V = V_w + V_f$$

$$= -\frac{1}{2}\int_0^L\left[2\left(\frac{M_x}{I_x}\right)\left(\frac{t_w h_w^3}{12}\right)u'\theta' + 2A_w\left(\frac{Q_y}{A}\right)u'\theta\right]\mathrm{d}z - $$

$$\frac{1}{2}\int_0^L\left\{\left(\frac{M_x}{I_x}\right)\left[4A_f\left(\frac{h}{2}\right)^2 + 4\times\frac{b_f t_f^2}{12}\right]u'\theta' + 4A_f\left(\frac{Q_y}{A}\right)u'\theta\right\}\mathrm{d}z$$

$$= -\frac{1}{2}\int_0^L\left\{2\left(\frac{M_x}{I_x}\right)\left[\frac{t_w h_w^3}{12} + 2A_f\left(\frac{h}{2}\right)^2 + 2\times\frac{b_f t_f^2}{12}\right]u'\theta' + 2\left(\frac{Q_y}{A}\right)(A_w + 2A_f)u'\theta\right\}\mathrm{d}z$$

$$\tag{16.52}$$

注意到上式中

$$I_x = \frac{t_w h_w^3}{12} + 2A_f\left(\frac{h}{2}\right)^2 + 2\times\frac{b_f t_f^2}{12} \tag{16.53}$$

为横截面绕强轴的惯性矩，

$$A = A_w + 2A_f \tag{16.54}$$

为横截面面积，则可将式（16.52）简化为

$$V = -\frac{1}{2}\int_0^L\left[2M_x u'\theta' + 2Q_y u'\theta\right]\mathrm{d}z \tag{16.55}$$

16.1.2.3　工字形钢梁弯扭屈曲的荷载势能

关于横向荷载 $q(z)$ 为保守力情况的荷载势能计算方法，目前多数文献都引用了 Bleich 的论述。以图 16.2 所示的情况为例，此时

$$V_q = -W = -\int_0^L q v_q \mathrm{d}z = -\int_0^L qa(1-\cos\theta)\mathrm{d}z \tag{16.56}$$

式中，$a = 0 - y_q$ 由截面形心的 y 坐标值减去加载点的 y 坐标值得到，其中 y_q 为加载点在整体坐标系的 y 坐标值。对于图 16.2 所示的情况，$a = -y_q$ 实质为加载点与剪心（形心）的距离。

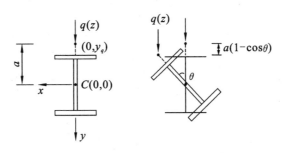

图 16.2　横向荷载 $q(z)$ 为保守力的情况

Bleich 认为在小变形时，

$$1 - \cos\theta \approx \frac{1}{2}\theta^2 \tag{16.57}$$

据此可将式(16.56)简化为

$$V_q \approx -\frac{1}{2}\int_0^L q\theta^2 \mathrm{d}z \qquad (16.58)$$

需要指出的是,Bleich 曾在刚体位移简化中采用了 $1-\cos\theta\approx0$ 的简化,这里又采用了式(16.57)的简化公式。对此,童根树教授认为这是 Bleich 理论的一个问题,即对 $1-\cos\theta$ 采用了不同的简化手法。为此,借鉴 Ma & Hughes(1996 年)在钢梁畸变屈曲中引入横向正应力的思想,童根树教授(2005 年)将横向正应力引入到钢梁弯扭屈曲中,来推导荷载势能,并得到了与 Bleich 相同的结果。

实际上,钢梁的主要应力是纵向正应力,剪应力可由正应力导出,属于次要应力,这是梁的力学特点所决定的。而横向正应力是比剪应力更次要的应力,且与 Euler 梁理论相悖,因此引入横向正应力的推导方法,不但令人费解,且与经典 Euler 梁理论的基本假设不符,更重要的是此推导既不能考虑集中荷载情况,也无法考虑非保守力情况,甚至对空翼缘钢梁都不适用。

这里作者将提出一个新的荷载势能计算方法。此方法不仅适合保守力也适合非保守力。

下面将依据虚功原理和变分方法证明:若横向荷载 $q(z)$ 是保守力,则其必为"有势的力"。

为与目前规范相衔接,下面的分析中假设横向荷载 $q(z)$ 为保守力。虽然此时横向荷载 $q(z)$ 的大小和作用方向不变,但屈曲时 $q(z)$ 的位置会发生变化,也就是会因横截面的弯扭变形而产生水平侧移和竖向位移。

因为此时横向荷载 $q(z)\mathrm{d}z$ 的大小不变,且屈曲时方向始终保持铅直向下,则与其对应的单元虚功为

$$\delta(\mathrm{d}W)=(q\times\delta v_q)\mathrm{d}z=[q\times\delta(a(1-\cos\theta))]\mathrm{d}z \qquad (16.59)$$

利用变分运算法则可将上式改写为

$$\delta(\mathrm{d}W)=[q\times(a\sin\theta)\delta\theta]\mathrm{d}z \qquad (16.60)$$

根据小变形假设,可取 $\sin\theta\approx\theta$,则可将上式简化为

$$\delta(\mathrm{d}W)=(qa\theta\delta\theta)\mathrm{d}z \qquad (16.61)$$

在钢梁长度方向,横向荷载 $q(z)$ 总虚功为

$$\delta W=\int_0^L(qa\theta\delta\theta)\mathrm{d}z \qquad (16.62)$$

运用变分的逆运算法则,还可将上式改写为

$$\delta W=\delta\left(\frac{1}{2}\int_0^L qa\theta^2\mathrm{d}z\right) \qquad (16.63)$$

上式就是横向荷载 $q(z)$ 为保守力时的总虚功。因为上式等号右端的变分符号已经与括号内的内容无关,据此可得横向荷载 $q(z)$ 的实功为

$$W=\frac{1}{2}\int_0^L qa\theta^2\mathrm{d}z \qquad (16.64)$$

从虚功式(16.63)到实功式(16.64)的变换说明,若横向荷载 $q(z)$ 为保守力,其必为"有势的力"。这就是我们依据虚功原理和变分方法推导出的重要结论。

荷载势能为实功的负值,即

$$V_q = -W = -\frac{1}{2}\int_0^L qa\theta^2\,\mathrm{d}z \tag{16.65}$$

这就是作者依据虚功原理和变分方法推导得到的荷载势能。

这种方法不但没有利用 Bleich 的简化公式(16.57),也没有引入横向正应力,更重要的是此方法可证明:保守力是"有势的力",也就是说保守力才有荷载势能。可见,此方法推理简单,通用性强,且适合非保守力情况。

16.1.2.4 工字形钢梁弯扭屈曲的总势能与能量变分模型

$$\Pi = U_w + U_f + V_w + V_f + V_q$$

$$= \frac{1}{2}\int_0^L\left[E_1I_y\left(\frac{\partial^2 u}{\partial z^2}\right)^2 + E_1I_\omega\left(\frac{\partial^2\theta}{\partial z^2}\right)^2 + GJ_k\left(\frac{\partial\theta}{\partial z}\right)^2\right]\mathrm{d}z -$$

$$\frac{1}{2}\int_0^L\left[2M_xu'\theta' + 2Q_yu'\theta\right]\mathrm{d}z - \frac{1}{2}\int_0^L qa\theta^2\,\mathrm{d}z \tag{16.66}$$

或者

$$\Pi = \frac{1}{2}\int_0^L\left\{\begin{array}{l}E_1I_y\left(\dfrac{\partial^2 u}{\partial z^2}\right)^2 + E_1I_\omega\left(\dfrac{\partial^2\theta}{\partial z^2}\right)^2 + GJ_k\left(\dfrac{\partial\theta}{\partial z}\right)^2 - \\ 2M_xu'\theta' - 2Q_yu'\theta - qa\theta^2\end{array}\right\}\mathrm{d}z \tag{16.67}$$

仿照 Bleich 提出的分部积分方法,可将上式中的第 4 项和第 5 项进行数学变换。

$$\int_0^L(-2M_xu'\theta')\,\mathrm{d}z = (-2M_xu'\theta)_0^L - \int_0^L\frac{\mathrm{d}}{\mathrm{d}z}(-2M_xu')\theta\,\mathrm{d}z \tag{16.68}$$

$$= (-2M_xu'\theta)_0^L - \int_0^L\left[-2\frac{\mathrm{d}M_x}{\mathrm{d}z}u' - 2M_x\frac{\mathrm{d}}{\mathrm{d}z}(u')\right]\theta\,\mathrm{d}z$$

若边界条件满足

$$(-2M_xu'\theta)_0^L = 0 \tag{16.69}$$

同时注意到下面的关系

$$\frac{\mathrm{d}M_x}{\mathrm{d}z} = Q_y, \quad \frac{\mathrm{d}}{\mathrm{d}z}(u') = u'' \tag{16.70}$$

则可将式(16.68)简化为

$$\int_0^L(-2M_xu'\theta')\,\mathrm{d}z = \int_0^L(2Q_yu'\theta + 2M_xu''\theta)\,\mathrm{d}z \tag{16.71}$$

将此式代入到式(16.67),可得

$$\Pi = \frac{1}{2}\int_0^L\left[E_1I_y\left(\frac{\partial^2 u}{\partial z^2}\right)^2 + E_1I_\omega\left(\frac{\partial^2\theta}{\partial z^2}\right)^2 + GJ_k\left(\frac{\partial\theta}{\partial z}\right)^2 + 2M_x\left(\frac{\partial^2 u}{\partial z^2}\right)\theta - qa\theta^2\right]\mathrm{d}z$$

$$\tag{16.72}$$

此式就是我们依据板-梁理论推导出的双轴对称工字形钢梁弹性扭转屈曲的总势能。

此式形式上与传统的 Bleich 理论完全相同,但本书没有采用 Vlasov 的扇性面积定律,其推导更自然顺畅,且用到的是最基本的 Kirchhoff 薄板理论和 Euler 梁理论。

至此,我们将双轴对称工字形钢梁弹性扭转屈曲的问题转化为这样一个能量变分模型:在 $0 \leqslant z \leqslant L$ 的区间内寻找两个函数 $u(z)$ 和 $\theta(z)$,使它们满足规定的几何边界条件,即端点约束条件,并使由下式

$$\Pi = \int_0^L F(u'', \theta, \theta', \theta') \, dz \tag{16.73}$$

其中

$$F(u'', \theta, \theta', \theta')$$

$$= \frac{1}{2} \left[E_1 I_y \left(\frac{\partial^2 u}{\partial z^2} \right)^2 + E_1 I_\omega \left(\frac{\partial^2 \theta}{\partial z^2} \right)^2 + G J_k \left(\frac{\partial \theta}{\partial z} \right)^2 + 2 M_x \left(\frac{\partial^2 u}{\partial z^2} \right) \theta - q a \theta^2 \right] \tag{16.74}$$

定义的能量泛函取最小值。

【说明】

1. 若考虑集中荷载的情况,则总势能式(16.72)应该增加一项,即

$$\Pi = \frac{1}{2} \int_0^L \left[E_1 I_y \left(\frac{\partial^2 u}{\partial z^2} \right)^2 + E_1 I_\omega \left(\frac{\partial^2 \theta}{\partial z^2} \right)^2 + G J_k \left(\frac{\partial \theta}{\partial z} \right)^2 + 2 M_x \left(\frac{\partial^2 u}{\partial z^2} \right) \theta - q a \theta^2 \right] dz - \frac{1}{2} \sum_{i=1}^{N_P} P_i a_i \theta_i^2 \tag{16.75}$$

式中,N_P 为集中荷载的总数,P_i, a_i 为第 i 个集中荷载和荷载位置参数,而 θ_i 为相应位置的截面刚性转角。

2. 上述总势能式(16.75)的适用条件是式(16.69)。若此条件不能满足,比如悬臂端作用有端弯矩的情况,则必须将式(16.69)作为总势能的一部分引入,从而得到如下的广义变分原理,即

$$\Pi = \frac{1}{2} \int_0^L \left[E_1 I_y \left(\frac{\partial^2 u}{\partial z^2} \right)^2 + E_1 I_\omega \left(\frac{\partial^2 \theta}{\partial z^2} \right)^2 + G J_k \left(\frac{\partial \theta}{\partial z} \right)^2 + 2 M_x \left(\frac{\partial^2 u}{\partial z^2} \right) \theta - q a \theta^2 \right] dz -$$
$$\frac{1}{2} \sum_{i=1}^{N_P} P_i a_i \theta_i^2 + (- M_x u' \theta)_0^L \tag{16.76}$$

否则将导致错误的结果。

16.1.3 工字形钢梁弯扭屈曲的微分方程模型

利用泛函 $F(u'', \theta, \theta', \theta')$ 的各阶导数

$$\frac{\partial F}{\partial u} = 0, \quad \frac{\partial F}{\partial u'} = 0, \quad \frac{\partial F}{\partial u''} = E_1 I_y \left(\frac{\partial^2 u}{\partial z^2} \right) + M_x \theta \tag{16.77}$$

$$\frac{\partial F}{\partial \theta} = M_x \left(\frac{\partial^2 u}{\partial z^2} \right) - q a \theta, \quad \frac{\partial F}{\partial \theta'} = G J_k \left(\frac{\partial \theta}{\partial z} \right), \quad \frac{\partial F}{\partial \theta''} = E_1 I_\omega \left(\frac{\partial^2 \theta}{\partial z^2} \right) \tag{16.78}$$

可得双轴对称工字形钢梁弹性扭转屈曲的 Euler 方程和边界条件如下:

(1) Euler 方程

第一个方程为

$$\frac{\partial F}{\partial u} - \frac{d}{dz} \left(\frac{\partial F}{\partial u'} \right) + \frac{d^2}{dz^2} \left(\frac{\partial F}{\partial u''} \right) = 0 + \frac{d^2}{dz^2} \left[E_1 I_y \left(\frac{\partial^2 u}{\partial z^2} \right) + M_x \theta \right] = 0 \tag{16.79}$$

对于等截面钢梁,$E_1 I_y = \text{const}$,则上式可改写为

$$E_1 I_y u^{(4)} + (M_x \theta)'' = 0 \tag{16.80}$$

第二个方程为

$$\frac{\partial F}{\partial \theta} - \frac{\mathrm{d}}{\mathrm{d}z}\left(\frac{\partial F}{\partial \theta'}\right) + \frac{\mathrm{d}^2}{\mathrm{d}z^2}\left(\frac{\partial F}{\partial \theta''}\right)$$

$$= \left[M_x\left(\frac{\partial^2 u}{\partial z^2}\right) - q\theta\right] - \frac{\mathrm{d}}{\mathrm{d}z}\left[GJ_k\left(\frac{\partial \theta}{\partial z}\right)\right] + \frac{\mathrm{d}^2}{\mathrm{d}z^2}\left[E_1 I_\omega\left(\frac{\partial^2 \theta}{\partial z^2}\right)\right] = 0 \quad (16.81)$$

对于等截面钢梁，$GJ_k = \mathrm{const}$，$E_1 I_\omega = \mathrm{const}$，则上式可改写为

$$E_1 I_\omega\left(\frac{\partial^4 \theta}{\partial z^4}\right) - GJ_k\left(\frac{\partial^2 \theta}{\partial z^2}\right) + M_x\left(\frac{\partial^2 u}{\partial z^2}\right) - qa\theta = 0 \quad (16.82)$$

综上所述，双轴对称工字形钢梁弹性扭转屈曲的 Euler 方程为

$$\left.\begin{array}{l} E_1 I_y u^{(4)} + (M_x\theta)'' = 0 \\ E_1 I_\omega\theta^{(4)} - GJ_k\theta'' + M_x u'' - qa\theta = 0 \end{array}\right\} \quad (16.83)$$

此方程与传统的 Bleich 理论完全相同。

（2）边界条件

① 对于剪心的侧移 $u(z)$，其边界条件为

u 给定，或者

$$\frac{\partial F}{\partial u'} - \frac{\mathrm{d}}{\mathrm{d}z}\left(\frac{\partial F}{\partial u''}\right) = E_1 I_y u''' + (M_x\theta)' = 0 \quad (16.84)$$

u' 给定，或者

$$\frac{\partial F}{\partial u''} = E_1 I_y u'' + M_x\theta = 0 \quad (16.85)$$

② 对于截面刚性转角 $\theta(z)$，其边界条件为

θ 给定，或者

$$\frac{\partial F}{\partial \theta'} - \frac{\mathrm{d}}{\mathrm{d}z}\left(\frac{\partial F}{\partial \theta''}\right) = GJ_k\theta' - E_1 I_\omega\theta''' = 0 \quad (16.86)$$

θ' 给定，或者

$$\frac{\partial F}{\partial u''} = E_1 I_\omega\theta'' = 0 \quad (16.87)$$

③ 利用上述边界条件可以组合出各种边界条件。常见的几种情况如下：

简支边

$$u = u'' = 0, \quad \theta = \theta'' = 0 \quad (16.88)$$

固定边

$$u = u' = 0, \quad \theta = \theta' = 0 \quad (16.89)$$

自由边

$$\left.\begin{array}{l} E_1 I_y u''' + (M_x\theta)' = 0 \\ E_1 I_y u'' + M_x\theta = 0 \end{array}\right\} \quad (16.90)$$

$$\left.\begin{array}{l} GJ_k\theta' - E_1 I_\omega\theta''' = 0 \\ E_1 I_\omega\theta'' = 0 \end{array}\right\} \quad (16.91)$$

【说明】

对于自由端作用集中荷载 P 的情况，依据上述方法，易得自由端的边界条件为

$$\left.\begin{array}{l} E_1 I_y u''' + (M_x\theta)' = 0 \\ \underline{E_1 I_y u'' + M_x\theta = 0} \end{array}\right\} \quad (16.92)$$

$$GJ_k\theta' - E_1 I_\omega\theta''' - Pa\theta = 0 \\ E_1 I_\omega\theta'' = 0 \Bigg\} \tag{16.93}$$

而童根树(2005年)给出的自由边界条件为

$$E_1 I_y u''' + (M_x\theta)' = 0 \\ \underline{u'' = 0} \Bigg\} \tag{16.94}$$

$$GJ_k\theta' - E_1 I_\omega\theta''' - M_x u' - Pa\theta = 0 \\ \underline{\theta' = 0} \Bigg\} \tag{16.95}$$

对比可以发现,两者的差别是画线部分。

因为本书的 Euler 方程与 Bleich 和童根树的相同,因此边界条件必然是唯一的。据此判断,童根树的上述边界条件是值得商榷的。

16.1.4 非保守力下工字形钢梁弯扭屈曲"佯谬"

若横向荷载 $q(z)$ 为非保守力,比如图16.3所示的跟随力(follower forces)情况,此时它有两个分量

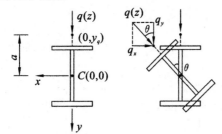

图 16.3 横向荷载 $q(z)$ 为非保守力的情况

$a=-y_q$

$$q_x = q\sin\theta, \quad q_y = q\cos\theta \tag{16.96}$$

在小变形假设下,$\sin\theta \approx \theta, \cos\theta \approx 1$,进而有

$$q_x \approx q\theta, \quad q_y \approx q \tag{16.97}$$

此时仍可将 $q_y \approx q$ 近似地看作是"有势的力",其荷载势能与式(16.65)相同。

因为水平侧移为

$$u_q = a\sin\theta \tag{16.98}$$

与 q_x 对应的单元虚功为

$$\delta(\mathrm{d}W_x) = -[q\theta\delta(a\sin\theta)]\mathrm{d}z = -[aq\theta\cos\theta(\delta\theta)]\mathrm{d}z \tag{16.99}$$

在钢梁长度方向,横向荷载 $q(z)$ 总虚功为

$$\delta W_x = -\int_0^L [aq\theta\cos\theta(\delta\theta)]\mathrm{d}z \tag{16.100}$$

在小变形假设下,$\cos\theta \approx 1$,进而有

$$\delta W_x = -\int_0^L [aq\theta(\delta\theta)]\mathrm{d}z = -\delta\left(\frac{1}{2}\int_0^L qa\theta^2 \mathrm{d}z\right) \tag{16.101}$$

上式就是横向荷载 $q(z)$ 水平分量的虚功,与其对应的实功为

$$W_x = -\frac{1}{2}\int_0^L qa\theta^2 \mathrm{d}z \tag{16.102}$$

此式负号的物理意义是,横向荷载 $q(z)$ 水平分量始终做负功,因此其作用相当于侧向弹性支撑。这与我们在前面介绍的非保守力下 Beck 柱屈曲类似。

可以证明,横向荷载 $q(z)$ 竖向分量的实功为

$$W_y = -\frac{1}{2}\int_0^L qa\theta^2 \mathrm{d}z \tag{16.103}$$

据此可知,横向荷载 $q(z)$ 若非保守力,则钢梁永远不会屈曲。这是我们首次发现的有趣的现象,作者称之为钢梁弯扭屈曲"佯谬(Paradox)"。

与非保守力下 Beck 柱屈曲类似,横向跟随力(follower forces)下钢梁也会屈曲。要求解相应的屈曲荷载,也必须从动力学观点出发,利用板-梁理论和作者基于 Hamilton 原理提出的能量变分模型来求解。限于篇幅,此不赘述,请读者详见作者近期发表的文献或参见本书关于非保守力下 Euler 柱屈曲的内容。

16.2 单轴对称截面钢梁弯扭屈曲的板-梁理论:T 形截面

16.2.1 基本假设与问题描述

(1)基本假设

其基本假设同 16.1.1 节中的基本假设。

为不失一般性,本节以图 16.4 所示的单轴对称 T 形截面钢梁为研究对象。

为方便描述变形,板-梁理论需要引入两套坐标系:整体坐标系 xyz 和局部坐标系 nsz。这两套坐标系与 Vlasov 的坐标系类似,且均须符合右手螺旋法则。整体坐标系的原点选在截面形心,各板件的局部坐标系原点选在板件的形心。坐标系和截面变形如图 16.4 所示。

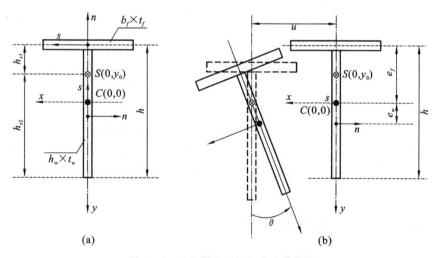

(a)　　　　　　　　　　(b)

图 16.4　T 形截面的坐标系与变形图

上图中,h 是我们在钢梁和钢柱屈曲理论中常用的一个几何量。对于本问题 $h=h_w+t_f/2$ 为上翼缘形心至腹板底面的距离。需要注意 h 与截面总高度 $H=h_w+t_f$ 的定义不同;e_f、e_w 分别为上翼缘和腹板自身形心至截面形心的距离;y_0 为剪心的坐标。需要注意的是,y_0 不是形心与剪心之间的距离,且在图示整体坐标系下 y_0 为负值。

已知:钢材的弹性模量为 E,剪切模量为 G,泊松比为 μ;钢梁的长度为 L;翼缘的宽度为 b_f,厚度为 t_f;腹板的高度为 h_w,厚度为 t_w。

若在横向荷载 $q(z)$ 作用下，工字形钢梁发生弯扭屈曲，则钢梁的横截面的未知量有两个，即剪心（此时为形心）沿着 x 轴的侧向位移 $u(z)$ 和横截面的刚性转角 $\theta(z)$。

16.2.2　形心和剪心的新定义

(1) 形心的新定义

以图 16.4 所示的 T 形截面为例，假设 e_f 为上翼缘自身形心到截面形心的距离，则根据合力矩为零的条件，必有

$$(EA_w \times 1) \times \left(\frac{h_w + t_f}{2} - e_f \right) - (EA_f \times 1)e_f = 0 \tag{16.104}$$

由此可解出

$$e_f = \frac{A_w \left(\dfrac{h_w + t_f}{2} \right)}{A_w + A_f} = \left(\frac{A_w}{A} \right) \left(\frac{h_w + t_f}{2} \right) \tag{16.105}$$

此公式与材料力学的截面形心定义一致。

(2) 剪心的新定义

所谓剪切中心，是截面只弯不扭时剪力的合力作用点，即若外力通过剪切中心，则截面才会只弯曲而不扭转。据此概念，可方便地确定剪切中心的位置。

以图 16.4 所示的 T 形截面为例，剪切中心一定在对称轴 y 轴上，但具体位置需要根据平衡条件来确定，即对上翼缘形心取矩，有

$$(-EI_{y,w}u''') \left(\frac{h_w + t_f}{2} \right) = (-EI_{y,f}u''' - EI_{y,w}u''')h_{s1} \tag{16.106}$$

从而有

$$h_{s1} = \frac{I_{y,w} \left(\dfrac{h_w + t_f}{2} \right)}{I_{y,f} + I_{y,w}} = \frac{\left(\dfrac{h_w t_w^3}{12} \right) \left(\dfrac{h_w + t_f}{2} \right)}{\left(\dfrac{h_w t_w^3}{12} \right) + \left(\dfrac{t_f b_f^3}{12} \right)} \tag{16.107}$$

我们注意到，上述的剪心定义与 Vlasov 理论不同，主要是我们考虑了腹板的作用，而 Vlasov 忽略了此项的影响。因此 Vlasov 理论导出的 T 形截面剪心恰好位于腹板和翼缘的交点处，而板-梁理论导出的 T 形截面剪心处于截面形心和上翼缘形心之间。这是板-梁理论与 Vlasov 理论的主要差别。

16.2.3　弯扭屈曲的应变能

(1) 腹板的应变能

① 腹板的变形

腹板形心的整体坐标为 $(0, e_w)$，腹板局部坐标系下任意点 (n, s) 的位移为

$$\alpha = \frac{3\pi}{2}, \quad x - x_0 = -n, \quad y - y_0 = -s + e_w - y_0 \tag{16.108}$$

$$\begin{pmatrix} r_s \\ r_n \end{pmatrix} = \begin{pmatrix} \sin \dfrac{3\pi}{2} & -\cos \dfrac{3\pi}{2} \\ \cos \dfrac{3\pi}{2} & \sin \dfrac{3\pi}{2} \end{pmatrix} \begin{pmatrix} -n \\ -s + e_w - y_0 \end{pmatrix} = \begin{pmatrix} n \\ s - e_w + y_0 \end{pmatrix} \tag{16.109}$$

$$\begin{pmatrix} v_s \\ v_n \\ \theta \end{pmatrix} = \begin{pmatrix} \cos\dfrac{3\pi}{2} & \sin\dfrac{3\pi}{2} & r_s \\ \sin\dfrac{3\pi}{2} & -\cos\dfrac{3\pi}{2} & -r_n \\ 0 & 0 & 1 \end{pmatrix} \begin{pmatrix} u \\ 0 \\ \theta \end{pmatrix} = \begin{pmatrix} n\theta \\ -u+\theta(-s+e_w-y_0) \\ \theta \end{pmatrix} \quad (16.110)$$

可得腹板形心的位移为：

$$u_w^0 = -u+\theta(e_w-y_0), \quad v_w^0=0, \quad w_w^0=0, \quad \theta_w^0=\theta \quad (16.111)$$

其中，u_w^0、v_w^0、w_w^0 分别为腹板形心沿着局部坐标系 n 轴、s 轴、z 轴方向位移。

② 腹板的位移场

a. 平面内弯曲

b. 平面外弯曲（Kirchhoff 薄板模型）

依据变形分解原理，腹板平面外的位移模式为

沿着 n 轴的位移 $\qquad u_w(s,z) = -u+\theta(-s+e_w-y_0)$ $\qquad (16.112)$

沿着 s 轴的位移 $\qquad\qquad v_w(n,z) = n\theta$ $\qquad\qquad (16.113)$

而纵向位移（沿着 z 轴的位移）则需要依据 Kirchhoff 薄板模型来确定，即

$$w_w(n,s,z) = w_w^0 - n\left(\frac{\partial u_w}{\partial z}\right)$$

$$= -n\left[-\left(\frac{\partial u}{\partial z}\right) + (-s+e_w-y_0)\left(\frac{\partial\theta}{\partial z}\right)\right] = n\left(\frac{\partial u}{\partial z}\right) + n(s-e_w+y_0)\left(\frac{\partial\theta}{\partial z}\right)$$

$$(16.114)$$

③ 腹板的几何方程（线性应变）

$$\varepsilon_{z,w} = \frac{\partial w_w}{\partial z} = n\left(\frac{\partial^2 u}{\partial z^2}\right) + n(s-e_w+y_0)\left(\frac{\partial^2\theta}{\partial z^2}\right) \quad (16.115)$$

$\varepsilon_{s,w}$，$\gamma_{sz,w}$ 同式(16.10)、式(16.11)。

④ 物理方程

对于 Kirchhoff 薄板模型，其物理方程见式(16.12)。

⑤ 腹板的应变能

a. 平面内弯曲的应变能

$$U_w^{\text{in-plane}} = 0 \quad (16.116)$$

b. 平面外弯曲的应变能（Kirchhoff 薄板模型）

根据式(16.13)有

$$U_w^{\text{out-plane}} = \frac{1}{2}\iiint\left\{\frac{E}{1-\mu^2}\left[n\left(\frac{\partial^2 u}{\partial z^2}\right) + n(s-e_w+y_0)\left(\frac{\partial^2\theta}{\partial z^2}\right)\right]^2 + G\left[2n\left(\frac{\partial\theta}{\partial z}\right)\right]^2\right\}dndsdz$$

$$(16.117)$$

注意到

$$\iint\limits_{A_w} n^2\,dnds = \int_{-\frac{h_w}{2}}^{\frac{h_w}{2}}\int_{-\frac{t_w}{2}}^{\frac{t_w}{2}} n^2\,dnds = \frac{h_w t_w^3}{12},$$

$$\iint\limits_{A_w} n^2 s^2\,dnds = \int_{-\frac{h_w}{2}}^{\frac{h_w}{2}}\int_{-\frac{t_w}{2}}^{\frac{t_w}{2}} n^2 s^2\,dnds = \frac{t_w^3 h_w^3}{144}$$

可得积分结果为

$U_w^{\text{out-plane}}$

$$= \frac{1}{2}\int_0^L \left\{ \begin{array}{l} \dfrac{E}{1-\mu^2}\left[\left(\dfrac{h_w t_w^3}{12}\right)\left(\dfrac{\partial^2 u}{\partial z^2}\right)^2 + \left(\dfrac{t_w^3 h_w^3}{144}\right)\left(\dfrac{\partial^2 \theta}{\partial z^2}\right)^2\right] + G\left(\dfrac{h_w t_w^3}{3}\right)\left(\dfrac{\partial \theta}{\partial z}\right)^2 + \\[4mm] \dfrac{E}{1-\mu^2}\left[\left(\dfrac{h_w t_w^3}{12}\right)(e_w-y_0)^2\left(\dfrac{\partial^2 \theta}{\partial z^2}\right)^2 + 2\left(\dfrac{h_w t_w^3}{12}\right)(-e_w+y_0)\left(\dfrac{\partial^2 u}{\partial z^2}\right)\left(\dfrac{\partial^2 \theta}{\partial z^2}\right)\right] \end{array} \right\} \mathrm{d}z$$

$$(16.118)$$

（2）上翼缘的应变能

① 上翼缘的变形

上翼缘形心的整体坐标为 $(0,-e_f)$，上翼缘局部坐标系下任意点 (n,s) 的位移为：

$$\alpha = 2\pi, \quad x-x_0 = s, \quad y-y_0 = -e_f-n-y_0 \tag{16.119}$$

$$\begin{pmatrix} r_s \\ r_n \end{pmatrix} = \begin{pmatrix} \sin 2\pi & -\cos 2\pi \\ \cos 2\pi & \sin 2\pi \end{pmatrix} \begin{pmatrix} s \\ -e_f-n-y_0 \end{pmatrix} = \begin{pmatrix} n+e_f+y_0 \\ s \end{pmatrix} \tag{16.120}$$

$$\begin{pmatrix} v_s \\ v_n \\ \theta \end{pmatrix} = \begin{pmatrix} \cos 0 & \sin 0 & r_s \\ \sin 0 & -\cos 0 & -r_n \\ 0 & 0 & 1 \end{pmatrix} \begin{pmatrix} u \\ 0 \\ \theta \end{pmatrix} = \begin{pmatrix} u+\theta(n+e_f+y_0) \\ -s\theta \\ \theta \end{pmatrix} \tag{16.121}$$

可得上翼缘形心的位移为：

$$u_f^0 = 0, \quad v_f^0 = u+(e_f+y_0)\theta, \quad w_f^0 = 0, \quad \theta_{f0}^0 = \theta \tag{16.122}$$

其中，u_f^0、v_f^0、w_f^0 分别为腹板形心沿着局部坐标系 n 轴、s 轴、z 轴方向位移。

根据变形分解原理，可将变形式（16.121）分解为

$$\begin{pmatrix} v_s \\ v_n \\ \theta \end{pmatrix} = \begin{pmatrix} u+\theta(n+e_f+y_0) \\ -s\theta \\ \theta \end{pmatrix} = \begin{pmatrix} u+\theta(e_f+y_0) \\ 0 \\ 0 \end{pmatrix}_{\text{in-plane}} + \begin{pmatrix} n\theta \\ -s\theta \\ \theta \end{pmatrix}_{\text{out-plane}} \tag{16.123}$$

② 上翼缘平面内弯曲（Euler 梁模型）的应变能

依据变形分解原理，上翼缘平面内的位移模式为

沿着 n 轴的位移 $\qquad u_f(z)=u_f^0=0 \tag{16.124}$

沿着 s 轴的位移 $\qquad v_f(z)=v_f^0=u+(e_f+y_0)\theta \tag{16.125}$

而纵向位移（沿着 z 轴的位移）则需要依据 Euler 梁模型来确定，即

$$w_f(s,z)=u_f^0 - \frac{\partial v_f^0}{\partial z}s$$

$$= -\frac{\partial}{\partial z}[u+(e_f+y_0)\theta]s = -s\left[\frac{\partial u}{\partial z}+(e_f+y_0)\frac{\partial \theta}{\partial z}\right] \tag{16.126}$$

几何方程（线性应变）为

$$\varepsilon_{z,f1}=\frac{\partial w_f}{\partial z}=-s\left[\frac{\partial^2 u}{\partial z^2}+(e_f+y_0)\frac{\partial^2 \theta}{\partial z^2}\right], \quad \varepsilon_{s,f}=\frac{\partial v_f}{\partial s}=0 \tag{16.127}$$

$$\gamma_{sz,f}=\frac{\partial w_f}{\partial s}+\frac{\partial v_f}{\partial z}=-\left[\frac{\partial u}{\partial z}+(e_f+y_0)\frac{\partial \theta}{\partial z}\right]+\left[\frac{\partial u}{\partial z}+(e_f+y_0)\frac{\partial \theta}{\partial z}\right]=0 \tag{16.128}$$

物理方程同式（16.30）。

应变能为

$$U=\frac{1}{2}\iiint_{V_f}(\sigma_z\varepsilon_z+\sigma_s\varepsilon_s+\tau_{sz}\gamma_{sz})\mathrm{d}n\mathrm{d}s\mathrm{d}z=\frac{1}{2}\iiint_{V_f}(\sigma_{z,f}\varepsilon_{z,f})\mathrm{d}n\mathrm{d}s\mathrm{d}z \tag{16.129}$$

有

$$U_{f,\text{top}}^{\text{in-plane}} = \frac{1}{2} \iiint_{V_f} \frac{E}{1-\mu^2} \left[-s\left(\frac{\partial^2 u}{\partial z^2} + (e_f + y_0)\frac{\partial^2 \theta}{\partial z^2} \right) \right]^2 \mathrm{d}n\mathrm{d}s\mathrm{d}z \tag{16.130}$$

积分结果为

$$
U_{f,\text{top}}^{\text{in-plane}}
$$

$$= \frac{1}{2} \int_0^L \frac{E}{1-\mu^2} \left[\begin{matrix} \left(\dfrac{t_f b_f^3}{12}\right)\left(\dfrac{\partial^2 u}{\partial z^2}\right)^2 + 2(e_f + y_0)\left(\dfrac{t_f b_f^3}{12}\right)\left(\dfrac{\partial^2 \theta}{\partial z^2}\right)\left(\dfrac{\partial^2 u}{\partial z^2}\right) + \\[2mm] (e_f + y_0)^2 \left(\dfrac{t_f b_f^3}{12}\right)\left(\dfrac{\partial^2 \theta}{\partial z^2}\right)^2 \end{matrix} \right] \mathrm{d}z \tag{16.131}$$

③ 上翼缘平面外弯曲（Kirchhoff 薄板模型）的应变能

依据变形分解原理，上翼缘平面外的位移模式为

沿着 s 轴的位移 $\qquad\qquad\qquad u_f(s,z) = -s\theta \qquad\qquad\qquad$ (16.132)

沿着 n 轴的位移 $\qquad\qquad\qquad v_f(n,z) = n\theta \qquad\qquad\qquad$ (16.133)

而纵向位移（沿着 z 轴的位移）则需要依据 Kirchhoff 薄板模型来确定，即

$$w_f(n,s,z) = -n\left(\frac{\partial u_f}{\partial z}\right) = -sn\left(\frac{\partial \theta}{\partial z}\right) \tag{16.134}$$

几何方程（线性应变）为

$$\varepsilon_{z,f} = \frac{\partial w_f}{\partial z} = -sn\left(\frac{\partial^2 \theta}{\partial z^2}\right), \quad \varepsilon_{s,f} = \frac{\partial v_f}{\partial s} = 0 \tag{16.135}$$

$$\gamma_{sz,f} = \frac{\partial w_f}{\partial s} + \frac{\partial v_f}{\partial z} = -n\left(\frac{\partial \theta}{\partial z}\right) - n\left(\frac{\partial \theta}{\partial z}\right) = -2n\left(\frac{\partial \theta}{\partial z}\right) \tag{16.136}$$

物理方程同式(16.30)。

应变能根据式(16.31)有

$$U_{f,\text{top}}^{\text{out-plane}} = \frac{1}{2} \iiint \left\{ \frac{E}{1-\mu^2}\left[-sn\left(\frac{\partial^2 \theta}{\partial z^2}\right) \right]^2 + G\left[-2n\left(\frac{\partial \theta}{\partial z}\right) \right]^2 \right\} \mathrm{d}n\mathrm{d}s\mathrm{d}z \tag{16.137}$$

积分结果为

$$U_{f,\text{top}}^{\text{out-plane}} = \frac{1}{2} \int_0^L \left[\frac{E}{1-\mu^2}\left(\frac{t_f^3 b_f^3}{144}\right)\left(\frac{\partial^2 \theta}{\partial z^2}\right)^2 + G\left(\frac{b_f t_f^3}{3}\right)\left(\frac{\partial \theta}{\partial z}\right)^2 \right] \mathrm{d}z \tag{16.138}$$

（3）单轴对称 T 形梁的总应变能

$$U = U_w + U_f$$

$$= \frac{1}{2} \int_0^L \left\{ \begin{matrix} \dfrac{E}{1-\mu^2}\left[\left(\dfrac{h_w t_w^3}{12}\right) + \left(\dfrac{t_f b_f^3}{12}\right) \right]\left(\dfrac{\partial^2 u}{\partial z^2}\right)^2 + \\[3mm] \dfrac{E}{1-\mu^2}\left[\begin{matrix}\left(\dfrac{h_w t_w^3}{12}\right)(e_w - y_0)^2 + (e_f + y_0)^2\left(\dfrac{t_f b_f^3}{12}\right) + \\[2mm] \left(\dfrac{t_w^3 h_w^3}{144}\right) + \left(\dfrac{t_f^3 b_f^3}{144}\right)\end{matrix} \right]\left(\dfrac{\partial^2 \theta}{\partial z^2}\right)^2 + \\[3mm] G\left[\left(\dfrac{h_w t_w^3}{3}\right) + \left(\dfrac{b_f t_f^3}{3}\right) \right]\left(\dfrac{\partial \theta}{\partial z}\right)^2 + \\[3mm] \dfrac{E}{1-\mu^2}\left[2\left(\dfrac{h_w t_w^3}{12}\right)(-e_w + y_0) + 2(e_f + y_0)\left(\dfrac{t_f b_f^3}{12}\right) \right]\left(\dfrac{\partial^2 u}{\partial z^2}\right)\left(\dfrac{\partial^2 \theta}{\partial z^2}\right) \end{matrix} \right\} \mathrm{d}z$$

$$\tag{16.139}$$

观察此表达式,我们发现应变能的最后一项为交叉项 $\left(\dfrac{\partial^2 u}{\partial z^2}\right)\left(\dfrac{\partial^2 \theta}{\partial z^2}\right)$ 的影响,它实际上反映的是弯扭变形的耦合作用。然而若在选择未知量 $u(z)$ 时,将其定义为某个特殊点(即剪心)沿着 x 轴的侧移,则可以达到解耦的目的。

为了从形式上消除此交叉项的影响,可令上式中最后一项为零,即

$$2\left(\frac{h_w t_w^3}{12}\right)(-e_w + y_0) + 2(e_f + y_0)\left(\frac{t_f b_f^3}{12}\right) = 0 \tag{16.140}$$

利用几何关系,可知 e_w 和 e_f 之间的关系为

$$e_w = \frac{h_w + t_f}{2} - e_f \tag{16.141}$$

则可得

$$h_{s1} = e_f + y_0 = \frac{\left(\dfrac{h_w t_w^3}{12}\right)\left(\dfrac{h_w + t_f}{2}\right)}{\dfrac{h_w t_w^3}{12} + \dfrac{t_f b_f^3}{12}} \tag{16.142}$$

显然,此式与前述的剪心新定义式(16.107)完全一致。因此,本书定义的新剪心是与板-梁理论协调一致的,即在板-梁理论框架下,剪心新定义式(16.107)是正确的。

从上述的推导过程,我们可以理解定义"剪心"的一个目的是"解耦",因为据此可以消除应变能式(16.139)交叉项 $\left(\dfrac{\partial^2 u}{\partial z^2}\right)\left(\dfrac{\partial^2 \theta}{\partial z^2}\right)$ 的影响,从而可得到较为简单的应变能和屈曲方程形式。

若令

$$E_1 I_y = \frac{E}{1 - \mu^2}\left(\frac{h_w t_w^3}{12} + \frac{t_f b_f^3}{12}\right) \tag{16.143}$$

为绕弱轴的抗弯刚度,而

$$E_1 I_\omega = \frac{E}{1 - \mu^2}\left[\left(\frac{h_w t_w^3}{12}\right)\left(\frac{h_w + t_f}{2} - h_{s1}\right)^2 + (h_{s1})^2\left(\frac{t_f b_f^3}{12}\right) + \frac{t_w^3 h_w^3}{144} + \frac{t_f^3 b_f^3}{144}\right] \tag{16.144}$$

为约束扭转刚度或称为翘曲刚度,而

$$GJ_k = G\left(\frac{h_w t_w^3}{3} + \frac{b_f t_f^3}{3}\right) \tag{16.145}$$

为自由扭转刚度,则可将单轴对称 T 形柱的总应变能简洁地表达为

$$U = \frac{1}{2}\int_0^L\left[E_1 I_y\left(\frac{\partial^2 u}{\partial z^2}\right)^2 + E_1 I_\omega\left(\frac{\partial^2 \theta}{\partial z^2}\right)^2 + GJ_k\left(\frac{\partial \theta}{\partial z}\right)^2\right]\mathrm{d}z \tag{16.146}$$

16.2.4　弯扭屈曲的初应力势能与荷载势能

(1) 弯扭屈曲的初应力势能

① 腹板的初应力势能

腹板形心的整体坐标为 $(0, e_w)$,则在弯矩 $M_x(z)$ 和剪力 $Q_y(z)$ 的作用下,腹板的初应力

$$\sigma_{z0,w} = \left(\frac{M_x}{I_x}\right)(e_w - s), \quad \tau_{sz0,w} = -\frac{Q_y}{A} \tag{16.147}$$

关于应力的正负号与材料力学的规定相同，即取拉应力为正，而压应力为负。据此，应取形心轴以上的压应力为负，而形心轴以下的拉应力为正。

几何方程（非线性应变）

$$\varepsilon_{z,w}^{\mathrm{NL}} = \frac{1}{2}\left[\left(\frac{\partial u_w}{\partial z}\right)^2 + \left(\frac{\partial v_w}{\partial z}\right)^2\right] = \frac{1}{2}\left[(-u' + \theta'(-s+\Delta_1))^2 + (n\theta')^2\right] \quad (16.148)$$

$$\tau_{sz,w}^{\mathrm{NL}} = \left(\frac{\partial u_w}{\partial s}\right)\left(\frac{\partial u_w}{\partial z}\right) + \left(\frac{\partial v_w}{\partial s}\right)\left(\frac{\partial v_w}{\partial z}\right) = -\theta[-u' + \theta'(-s+\Delta_1)] \quad (16.149)$$
$$= \theta[u' - \theta'(-s+\Delta_1)]$$

其中

$$\Delta_1 = e_w - y_0 \quad (16.150)$$

为腹板自身的形心到截面剪心的距离。

初应力在腹板中产生的初应力势能为

$$V_w = \iiint (\sigma_{z0,w}\varepsilon_{z,w}^{\mathrm{NL}} + \tau_{sz0,w}\tau_{sz,w}^{\mathrm{NL}})\,\mathrm{d}n\mathrm{d}s\mathrm{d}z$$

$$= \iiint \left[\begin{array}{l}\left(\dfrac{M_x}{I_x}\right)(e_w - s)\dfrac{1}{2}\left[(-u' + \theta'(-s+\Delta_1))^2 + (n\theta')^2\right] - \\[2mm] \left(\dfrac{Q_y}{A}\right)\theta[u' - \theta'(-s+\Delta_1)]\end{array}\right]\mathrm{d}n\mathrm{d}s\mathrm{d}z$$

$$= \int_0^L \left[\begin{array}{l}\left(\dfrac{M_x}{I_x}\right)\left(\dfrac{1}{2}e_w h_w t_w (u')^2 + \left(-\dfrac{1}{12}h_w^3 t_w - e_w h_w t_w \Delta_1\right)u'\theta' + \right. \\[3mm] \left.\left(\dfrac{1}{24}e_w h_w^3 t_w + \dfrac{1}{24}e_w h_w t_w^3 + \dfrac{1}{12}h_w^3 t_w \Delta_1 + \dfrac{1}{2}e_w h_w t_w \Delta_1^2\right)(\theta')^2\right) - \\[3mm] \left(\dfrac{Q_y}{A}\right)\theta(A_w u' - A_w \Delta_1 \theta')\end{array}\right]\mathrm{d}z$$

$$(16.151)$$

② 上翼缘的初应力势能

上翼缘形心的整体坐标为 $(0, -e_f)$，则在弯矩 $M_x(z)$ 和剪力 $Q_y(z)$ 的作用下，上翼缘的初应力为

$$\sigma_{z0,T} = \frac{M_x}{I_x}(-e_f - n), \quad \tau_{nz0,T} = -\frac{Q_y}{A} \quad (16.152)$$

几何方程（非线性应变）为

$$\varepsilon_{z,T}^{\mathrm{NL}} = \frac{1}{2}\left[\left(\frac{\partial u_f}{\partial z}\right)^2 + \left(\frac{\partial v_f}{\partial z}\right)^2\right] = \frac{1}{2}\left[(-s\theta')^2 + (u' + (\Delta_2 + n)\theta')^2\right] \quad (16.153)$$

$$\tau_{nz,T}^{\mathrm{NL}} = \left(\frac{\partial v_f}{\partial n}\right)\left(\frac{\partial v_f}{\partial z}\right) + \left(\frac{\partial u_f}{\partial n}\right)\left(\frac{\partial u_f}{\partial z}\right) = \theta[u' + (\Delta_2 + n)\theta'] \quad (16.154)$$

其中

$$\Delta_2 = e_f + y_0 \quad (16.155)$$

为上翼缘自身的形心到截面剪心的距离。

初应力在下翼缘中产生的初应力势能为

$$V_{fT} = \iiint (\sigma_{z0,T}\epsilon_{z,f}^{NL} + \tau_{nz0,T}\tau_{nz,T}^{NL})\,dn\,ds\,dz$$

$$= \iiint \left[\begin{array}{l} \left(\dfrac{M_x}{I_x}\right)(-e_f - n)\dfrac{1}{2}[\,(-\vartheta')^2 + (u' + (\Delta_2 + n)\theta')^2\,] - \\[3mm] \left(\dfrac{Q_y}{A}\right)\theta\,[u' + (\Delta_2 + n)\theta'] \end{array} \right] dn\,ds\,dz$$

$$= \int_0^L \left[\begin{array}{l} \left(\dfrac{M_x}{I_x}\right)\left(-\dfrac{1}{2}A_f e_f\,(u')^2 + \left(-\dfrac{1}{12}b_f t_f^3 - b_f e_f t_f \Delta_2\right)u'\theta' + \right. \\[3mm] \left. \left(-\dfrac{1}{24}b_f^3 e_f t_f - \dfrac{1}{24}b_f e_f t_f^3 - \dfrac{1}{12}b_f t_f^3 \Delta_2 - \dfrac{1}{2}b_f e_f t_f \Delta_2^2\right)(\theta')^2 \right) - \\[3mm] \left(\dfrac{Q_y}{A}\right)\theta\,(A_f u' + A_f \Delta_2 \theta') \end{array} \right] dz$$

$$(16.156)$$

③ 总初应力势能

$$V = V_w + V_f$$

$$= \int_0^L \left\{ \begin{array}{l} \left(\dfrac{M_x}{I_x}\right)\left[\begin{array}{l} \dfrac{1}{2}e_w h_w t_w\,(u')^2 + \left(-\dfrac{1}{12}h_w^3 t_w - e_w h_w t_w \Delta_1\right)u'\theta' + \\[3mm] \left(\dfrac{1}{24}e_w h_w^3 t_w + \dfrac{1}{24}e_w h_w t_w^3 + \dfrac{1}{12}h_w^3 t_w \Delta_1 + \dfrac{1}{2}e_w h_w t_w \Delta_1^2\right)(\theta')^2 \end{array} \right] + \\[8mm] \left(\dfrac{M_x}{I_x}\right)\left[\begin{array}{l} -\dfrac{1}{2}b_f e_f t_f\,(u')^2 + \left(-\dfrac{1}{12}b_f t_f^3 - b_f e_f t_f \Delta_2\right)u'\theta' + \\[3mm] \left(-\dfrac{1}{24}b_f^3 e_f t_f - \dfrac{1}{24}b_f e_f t_f^3 - \dfrac{1}{12}b_f t_f^3 \Delta_2 - \dfrac{1}{2}b_f e_f t_f \Delta_2^2\right)(\theta')^2 \end{array} \right] - \\[8mm] \left(\dfrac{Q_y}{A}\right)\theta\,(A_w u' - A_w \Delta_1 \theta') - \\[3mm] \left(\dfrac{Q_y}{A}\right)\theta\,(A_f u' + A_f \Delta_2 \theta') \end{array} \right\} dz$$

$$(16.157)$$

或者

$$V = \int_0^L \left[\left(\dfrac{M_x}{I_x}\right)\dfrac{1}{2}(e_w A_w - A_f e_f)\,(u')^2 \right] dz +$$

$$\int_0^L \left[-\left(\dfrac{M_x}{I_x}\right)\left(\dfrac{1}{12}h_w^3 t_w + \dfrac{1}{12}b_f t_f^3 + e_w A_w \Delta_1 + e_f A_f \Delta_2\right)u'\theta' \right] dz +$$

$$\int_0^L \left\{ \left(\dfrac{M_x}{I_x}\right)\left[\begin{array}{l} \left(\dfrac{h_w^3 t_w}{24} + \dfrac{h_w t_w^3}{24}\right)e_w + \dfrac{1}{12}h_w^3 t_w \Delta_1 + \dfrac{1}{2}e_w h_w t_w \Delta_1^2 - \\[3mm] \left(\dfrac{b_f^3 t_f}{24} + \dfrac{b_f t_f^3}{24}\right)e_f - \dfrac{1}{12}b_f t_f^3 \Delta_2 - \dfrac{1}{2}b_f e_f t_f \Delta_2^2 \end{array} \right](\theta')^2 \right\} dz +$$

$$\int_0^L \left[-\left(\dfrac{Q_y}{A}\right)(A_w + A_f)u'\theta' \right] dz +$$

$$\int_0^L \left[-\left(\dfrac{Q_y}{A}\right)(-A_w \Delta_1 + A_f \Delta_2)\theta\theta' \right] dz$$

$$(16.158)$$

上式中,第 1 项的结果为零,即

$$\left(\frac{M_x}{I_x}\right)\frac{1}{2}(e_wA_w-A_fe_f)(u')^2=0 \tag{16.159}$$

第 2 项可简化为

$$-\left(\frac{M_x}{I_x}\right)\left(\frac{1}{12}h_w^3t_w+\frac{1}{12}b_ft_f^3+e_wA_u\Delta_1+e_fA_f\Delta_2\right)u'\theta'$$

$$=-\left(\frac{M_x}{I_x}\right)\left[\frac{1}{12}h_w^3t_w+\frac{1}{12}b_ft_f^3+e_wA_w(e_w-y_0)+e_fA_f(e_f+y_0)\right]u'\theta' \tag{16.160}$$

$$=-\left(\frac{M_x}{I_x}\right)\left(\frac{1}{12}h_w^3t_w+\frac{1}{12}b_ft_f^3+A_we_w^2+e_f^2A_f\right)u'\theta'$$

因为

$$\frac{1}{12}h_w^3t_w+\frac{1}{12}b_ft_f^3+A_we_w^2+e_f^2A_f=I_x \tag{16.161}$$

$$e_wA_w-e_fA_f=0 \tag{16.162}$$

因此第 2 项的结果为

$$-\left(\frac{M_x}{I_x}\right)\left(\frac{1}{12}h_w^3t_w+\frac{1}{12}b_ft_f^3+e_wA_u\Delta_1+e_fA_f\Delta_2\right)u'\theta'=-M_xu'\theta' \tag{16.163}$$

第 3 项可简化为

$$\left(\frac{M_x}{I_x}\right)\left[\begin{array}{l}\left(\frac{h_w^3t_w}{24}+\frac{h_wt_w^3}{24}\right)e_w+\frac{1}{12}h_w^3t_w(e_w-y_0)+\frac{1}{2}e_wA_w(e_w-y_0)^2-\\\left(\frac{b_f^3t_f}{24}+\frac{b_ft_f^3}{24}\right)e_f-\frac{1}{12}b_ft_f^3(e_f+y_0)-\frac{1}{2}e_fA_f(e_f+y_0)^2\end{array}\right](\theta')^2$$

$$=\left(\frac{M_x}{I_x}\right)\left[\begin{array}{l}\left(\frac{h_w^3t_w}{8}+\frac{h_wt_w^3}{24}\right)e_w+\frac{1}{2}A_we_w^3-\left(\frac{b_f^3t_f}{24}+\frac{b_ft_f^3}{8}\right)e_f-\frac{1}{2}A_fe_f^3+\\\frac{1}{2}(e_wA_w-e_fA_f)y_0^2\end{array}\right](\theta')^2-$$

$$\left(\frac{M_x}{I_x}\right)\left(\frac{1}{12}h_w^3t_w+A_we_w^2+\frac{1}{12}b_ft_f^3+A_fe_f^2\right)y_0 \tag{16.164}$$

因为

$$\frac{1}{12}h_w^3t_w+\frac{1}{12}b_ft_f^3+A_we_w^2+e_f^2A_f=I_x \tag{16.165}$$

$$e_wA_w-e_fA_f=0 \tag{16.166}$$

因此第 3 项的结果为

$$\left(\frac{M_x}{I_x}\right)\left[\begin{array}{l}\left(\frac{h_w^3t_w}{24}+\frac{h_wt_w^3}{24}\right)e_w+\frac{1}{12}h_w^3t_w(e_w-y_0)+\frac{1}{2}e_wA_w(e_w-y_0)^2-\\\left(\frac{b_f^3t_f}{24}+\frac{b_ft_f^3}{24}\right)e_f-\frac{1}{12}b_ft_f^3(e_f+y_0)-\frac{1}{2}e_fA_f(e_f+y_0)^2\end{array}\right](\theta')^2$$

$$=M_x\beta_x(\theta')^2 \tag{16.167}$$

其中,

$$\beta_x=\left(\frac{1}{2I_x}\right)\left[\left(\frac{h_w^3t_w}{4}+\frac{h_wt_w^3}{12}\right)e_w+A_we_w^3-\left(\frac{b_f^3t_f}{12}+\frac{b_ft_f^3}{4}\right)e_f-A_fe_f^3\right]-y_0 \tag{16.168}$$

称为 T 形截面梁绕强轴的 Wagner 系数。

【说明】

不对称截面梁的 Wagner 系数，也称为截面的不对称系数。它有两种表述形式

$$\beta_x = \left(\frac{1}{2I_x}\right)\iint_A y\,(x^2 + y^2)\,\mathrm{d}A - y_0 \tag{16.169}$$

$$\beta_x = \left(\frac{1}{I_x}\right)\iint_A y\,(x^2 + y^2)\,\mathrm{d}A - 2y_0 \tag{16.170}$$

前者为国内学者和规范所采用，后者为 Vlasov、Bleich、Trahair 等国外学者所广泛采用。

需要特别注意的是，数值上，后者是前者的 2 倍。本书采用的是前者，其定义为式(16.169)。

第 4 项的结果为

$$-\left(\frac{Q_y}{A}\right)(A_w + A_f)u'\theta' = -Q_y u'\theta' \tag{16.171}$$

第 5 项可简化为

$$-\left(\frac{Q_y}{A}\right)(-A_w\Delta_1 + A_f\Delta_2)\theta\theta'$$
$$= -\left(\frac{Q_y}{A}\right)[-A_w(e_w - y_0) + A_f(e_f + y_0)]\theta\theta' \tag{16.172}$$

利用关系式(16.166)，可将上式简化为

$$-\left(\frac{Q_y}{A}\right)(-A_w\Delta_1 + A_f\Delta_2)\theta\theta' = -\left(\frac{Q_y}{A}\right)(A_w + A_f)y_0\theta\theta' = -Q_y y_0\theta\theta' \tag{16.173}$$

综上所述，初应力势能可更加简洁地写为

$$V = \frac{1}{2}\int_0^L\left[-2M_x\left(\frac{\partial u}{\partial z}\right)\left(\frac{\partial\theta}{\partial z}\right) + 2M_x\beta_x\left(\frac{\partial\theta}{\partial z}\right)^2 - 2Q_y\left(\frac{\partial u}{\partial z}\right)\left(\frac{\partial\theta}{\partial z}\right) - 2Q_y y_0\theta\left(\frac{\partial\theta}{\partial z}\right)\right]\mathrm{d}z \tag{16.174}$$

（2）弯扭屈曲的荷载势能

参照前述横向荷载 $q(z)$ 荷载势能的计算方法，假设横向荷载 $q(z)$ 为保守力。虽然此时 $q(z)$ 的大小和作用方向不变，但屈曲时 $q(z)$ 的位置会发生变化，也就是会因横截面的弯扭变形而产生水平侧移和竖向位移。

因为此时横向荷载 $q(z)\mathrm{d}z$ 的大小不变，且屈曲时方向始终保持铅直向下，因此 $q(z)\mathrm{d}z$ 在水平侧移方向不会产生虚功，则与其对应的单元虚功仅与竖向位移有关，即

$$\delta(\mathrm{d}W) = (q \times \delta v_q)\mathrm{d}z = \{q \times \delta[\bar{a}(1 - \cos\theta)]\}\mathrm{d}z \tag{16.175}$$

式中，$\bar{a} = 0 - y_q$ 由截面形心的 y 坐标值减去加载点的 y 坐标值得到，其中 y_q 为加载点在整体坐标系的 y 坐标值。对于图 16.5 所示的情况，$\bar{a} = -y_q$ 实质为加载点与形心的距离。

利用变分运算法则可将上式改写为

$$\delta(\mathrm{d}W) = [q \times (\bar{a}\sin\theta)\delta\theta]\mathrm{d}z \tag{16.176}$$

根据小变形假设，可取 $\sin\theta \approx \theta$，则可将上式简化为

$$\delta(\mathrm{d}W) = (q\bar{a}\theta\delta\theta)\mathrm{d}z \tag{16.177}$$

在钢梁长度方向，横向荷载 $q(z)$ 总虚功为

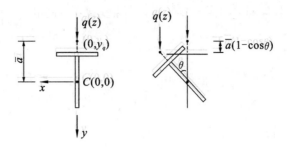

$$\bar{a}=-y_q$$

图 16.5 横向荷载 $q(z)$ 为保守力的情况

$$\delta W = \int_0^L (qa\theta\delta\theta)\,\mathrm{d}z \tag{16.178}$$

运用变分的逆运算法则,还可将上式改写为

$$\delta W = \delta\left(\frac{1}{2}\int_0^L q\bar{a}\theta^2\,\mathrm{d}z\right) \tag{16.179}$$

上式就是横向荷载 $q(z)$ 为保守力时的总虚功。因为上式等号右端的变分符号已经与括号内的内容无关,据此可得横向荷载 $q(z)$ 的实功为

$$W = \frac{1}{2}\int_0^L q\bar{a}\theta^2\,\mathrm{d}z \tag{16.180}$$

从虚功式(16.179)到实功式(16.180)的变换说明,若横向荷载 $q(z)$ 为保守力,其必为"有势的力"。这就是我们依据虚功原理和变分方法推导出的重要结论。

荷载势能为实功的负值,即

$$V_q = -W = -\frac{1}{2}\int_0^L q\bar{a}\theta^2\,\mathrm{d}z \tag{16.181}$$

这就是作者依据虚功概念和变分方法推导得到的荷载势能。

这种方法不但没有利用 Bleich 对 $(1-\cos\theta)$ 的简化公式,也没有引入横向正应力,更重要的是利用此方法可证明:保守力是"有势的力",也就是说保守力才有荷载势能。可见,此方法推理简单,通用性强,且适合非保守力情况。

16.2.5 弯扭屈曲的能量变分模型

T 形截面钢梁弯扭屈曲的总势能为

$$
\begin{aligned}
\varPi &= U + V + V_q \\
&= \frac{1}{2}\int_0^L \left[E_1 I_y \left(\frac{\partial^2 u}{\partial z^2}\right)^2 + E_1 I_\omega \left(\frac{\partial^2 \theta}{\partial z^2}\right)^2 + GJ_k \left(\frac{\partial \theta}{\partial z}\right)^2 \right]\mathrm{d}z + \\
&\quad \frac{1}{2}\int_0^L \left[\begin{aligned} &-2M_x \left(\frac{\partial u}{\partial z}\right)\left(\frac{\partial \theta}{\partial z}\right) + 2M_x\beta_x \left(\frac{\partial \theta}{\partial z}\right)^2 - \\ &2Q_y \left(\frac{\partial u}{\partial z}\right)\left(\frac{\partial \theta}{\partial z}\right) - 2Q_y y_0 \theta \left(\frac{\partial \theta}{\partial z}\right) \end{aligned} \right]\mathrm{d}z - \frac{1}{2}\int_0^L q\bar{a}\theta^2\,\mathrm{d}z \tag{16.182}
\end{aligned}
$$

下面对此总势能进行简化。

首先利用前述的分部积分结果式(16.71),可将上式简化为

$$\Pi = \frac{1}{2} \int_0^L \left[\begin{array}{l} E_1 I_y \left(\dfrac{\partial^2 u}{\partial z^2}\right)^2 + E_1 I_\omega \left(\dfrac{\partial^2 \theta}{\partial z^2}\right)^2 + GJ_k \left(\dfrac{\partial \theta}{\partial z}\right)^2 + \\ 2M_x \left(\dfrac{\partial^2 u}{\partial z^2}\right)\theta + 2M_x \beta_x \left(\dfrac{\partial \theta}{\partial z}\right)^2 - q\bar{a}\theta^2 - 2Q_y y_0 \theta\left(\dfrac{\partial \theta}{\partial z}\right) \end{array} \right] \mathrm{d}z \qquad (16.183)$$

利用 Bleich 提出的分部积分方法,还可将上式的最后一项变换为

$$\int_0^L \left[2Q_y y_0 \theta\left(\frac{\partial \theta}{\partial z}\right) \right] \mathrm{d}z = \int_0^L \left[Q_y y_0 \left(\frac{\partial}{\partial z}\theta^2\right) \right] \mathrm{d}z$$

$$= (Q_y y_0 \theta^2)_0^L - \int_0^L \frac{\mathrm{d}}{\mathrm{d}z}(Q_y y_0)\theta^2 \mathrm{d}z = (Q_y y_0 \theta^2)_0^L + \int_0^L q y_0 \theta^2 \mathrm{d}z$$

$$(16.184)$$

若梁端边界条件满足

$$(Q_y y_0 \theta^2)_0^L = 0 \qquad (16.185)$$

则可将式(16.184)简化为

$$\int_0^L \left[2Q_y y_0 \theta\left(\frac{\partial \theta}{\partial z}\right) \right] \mathrm{d}z = \int_0^L q y_0 \theta^2 \mathrm{d}z \qquad (16.186)$$

将上式代入到式(16.183),可得

$$\Pi = \frac{1}{2} \int_0^L \left[\begin{array}{l} E_1 I_y \left(\dfrac{\partial^2 u}{\partial z^2}\right)^2 + E_1 I_\omega \left(\dfrac{\partial^2 \theta}{\partial z^2}\right)^2 + GJ_k \left(\dfrac{\partial \theta}{\partial z}\right)^2 + \\ 2M_x \left(\dfrac{\partial^2 u}{\partial z^2}\right)\theta + 2M_x \beta_x \left(\dfrac{\partial \theta}{\partial z}\right)^2 - qa\theta^2 \end{array} \right] \mathrm{d}z \qquad (16.187)$$

式中,a 的定义与传统理论相同,即

$$a = y_0 - y_q \qquad (16.188)$$

由截面剪心的 y 坐标值减去加载点的 y 坐标值得到,其中 y_0 和 y_q 分别为剪心和加载点在整体坐标系的 y 坐标值。

式(16.187)就是作者依据板-梁理论推出的 T 形钢梁弹性扭转屈曲的总势能。

此式形式上与传统的 Bleich 理论完全相同,但本书没有采用 Vlasov 的扇性面积定律,其推导更自然顺畅,且用到的是最基本的 Kirchhoff 薄板理论和 Euler 梁理论。

至此,我们可将 T 形截面钢梁的弯扭屈曲问题转化为这样一个能量变分模型:在 $0 \leqslant z \leqslant L$ 的区间内寻找两个函数 $u(z)$ 和 $\theta(z)$,使它们满足规定的几何边界条件,并使由下式

$$\Pi = \int_0^L F(u'', \theta, \theta', \theta') \mathrm{d}z \qquad (16.189)$$

其中

$$F(u'', \theta, \theta', \theta')$$
$$= \frac{1}{2} \left[E_1 I_y \left(\frac{\partial^2 u}{\partial z^2}\right)^2 + E_1 I_\omega \left(\frac{\partial^2 \theta}{\partial z^2}\right)^2 + GJ_k \left(\frac{\partial \theta}{\partial z}\right)^2 + 2M_x \left(\frac{\partial^2 u}{\partial z^2}\right)\theta + 2M_x \beta_x \left(\frac{\partial \theta}{\partial z}\right)^2 - qa\theta^2 \right]$$

$$(16.190)$$

定义的能量泛函取最小值。

【说明】

1. 若考虑集中荷载的情况,则总势能(16.187)应该增加一项,即

$$\Pi = \frac{1}{2} \int_0^L \left[\begin{array}{l} E_1 I_y \left(\dfrac{\partial^2 u}{\partial z^2} \right)^2 + E_1 I_\omega \left(\dfrac{\partial^2 \theta}{\partial z^2} \right)^2 + GJ_k \left(\dfrac{\partial \theta}{\partial z} \right)^2 + \\ 2M_x \left(\dfrac{\partial^2 u}{\partial z^2} \right)\theta + 2M_x \beta_x \left(\dfrac{\partial \theta}{\partial z} \right)^2 - qa\theta^2 \end{array} \right] \mathrm{d}z - \frac{1}{2}\sum_{i=1}^{N_P} P_i \theta_i^2$$

(16.191)

式中,N_P 为集中荷载的总数,P_i 为第 i 个集中荷载,而 θ_i 为相应位置的截面刚性转角。

2. 上述总势能式(16.187)的适用条件是式(16.69)和式(16.185)。若这两个条件不能满足,比如悬臂端作用有端弯矩的情况,则必须将式(16.69)和式(16.185)作为总势能的一部分引入,从而得到如下的广义变分原理,即

$$\Pi = \frac{1}{2} \int_0^L \left[\begin{array}{l} E_1 I_y \left(\dfrac{\partial^2 u}{\partial z^2} \right)^2 + E_1 I_\omega \left(\dfrac{\partial^2 \theta}{\partial z^2} \right)^2 + GJ_k \left(\dfrac{\partial \theta}{\partial z} \right)^2 + \\ 2M_x \left(\dfrac{\partial^2 u}{\partial z^2} \right)\theta + 2M_x \beta_x \left(\dfrac{\partial \theta}{\partial z} \right)^2 - qa\theta^2 \end{array} \right] \mathrm{d}z -$$

$$\frac{1}{2}\sum_{i=1}^{N_P} P_i \theta_i^2 + (-M_x u'\theta)_0^L - (Q_y y_0 \theta^2)_0^L$$

(16.192)

否则将导致错误的结果。

16.3　单轴对称截面钢梁弯扭屈曲的板-梁理论：工字形截面

16.3.1　基本假设与问题描述

（1）基本假设

其基本假设同 16.1.1 节中的基本假设。

（2）问题描述

为不失一般性,本书以图 16.6 所示的单轴对称工字形钢梁为研究对象。

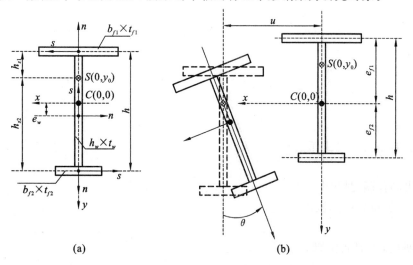

(a)　　　　　　　　　　(b)

图 16.6　单轴对称工字形截面的坐标系与变形图

为了方便描述变形，板-梁理论需要引入两套坐标系：整体坐标系 xyz 和局部坐标系 nsz。这两套坐标系与 Vlasov 的坐标系类似，且均须符合右手螺旋法则。整体坐标系的原点选在截面形心，各板件的局部坐标系原点选在板件的形心。坐标系如图 16.6(a) 所示，截面变形如图 16.6(b) 所示。

图中 $h=h_w+(t_{f1}+t_{f2})/2$ 为截面总高度；e_{f1}、e_{f2} 分别为上下翼缘形心与截面形心的距离；e_w 为腹板形心与截面形心的距离；y_0 为剪心的 y 坐标。

已知：钢材的弹性模量为 E，剪切模量为 G，泊松比为 μ；钢梁的长度为 L；上下翼缘的宽度分别为 b_{f1} 和 b_{f2}，厚度分别为 t_{f1} 和 t_{f2}；腹板的高度为 h_w，厚度为 t_w。

若在横向荷载 $q(z)$ 的作用下工字形钢梁发生弯扭屈曲，则钢梁的横截面的未知量有两个，即剪心（此时为形心）沿着 x 轴的侧向位移 $u(z)$ 和横截面的刚性转角 $\theta(z)$。

16.3.2　形心和剪心的定义

(1) 形心的新定义

以图 16.6 所示的单轴对称工字形截面为例，假设 e_{f1} 为上翼缘自身形心到截面形心的距离，则根据合力矩为零的条件，必有

$$(EA_w\times1)\times\left(\frac{h_w+t_f}{2}-e_{f1}\right)+(EA_{f2}\times1)(h-e_{f1})-(EA_{f1}\times1)e_{f1}=0 \quad (16.193)$$

由此可解出

$$e_{f1}=\frac{A_w\left(\dfrac{h_w+t_f}{2}\right)+A_{f2}h}{A_w+A_{f1}+A_{f2}} \quad (16.194)$$

此公式与材料力学的截面形心定义一致。

据此还可求出腹板和下翼缘形心到截面形心的距离分别为

$$e_w=\frac{h_w+t_f}{2}-e_{f1} \quad (16.195)$$

$$e_{f2}=h-e_{f1} \quad (16.196)$$

此时式(16.193)也可表述为

$$A_we_w+A_{f2}e_{f2}-A_{f1}e_{f1}=0 \quad (16.197)$$

此式就是弯矩为零的条件，可以用于后面推导中，以简化分析结果。

(2) 剪心的新定义

所谓剪切中心，是截面只弯不扭时剪力的合力作用点，即若外力通过剪切中心，则截面才会只弯曲而不扭转。据此概念，可方便地确定剪切中心的位置。

以图 16.6 所示的单轴对称工字形截面为例，剪切中心一定在对称轴 y 轴上，但具体位置需要根据平衡条件来确定。

若截面绕弱轴的弯曲，假设整个截面产生横向位移 u，没有扭转角，即 $\theta=0$。此时，上翼缘、下翼缘和腹板分别绕弱轴（y 轴）弯曲并产生剪力，即

$$Q_x^{f1}=-EI_{y,f_1}u''',\quad Q_x^{f2}=-EI_{y,f_2}u''',\quad Q_x^w=-EI_{y,w}u''' \quad (16.198)$$

对上翼缘形心取矩，有

$$(-EI_{y,w}u''')\left(\frac{h_w+t_f}{2}\right)+(-EI_{y,f_2}u''')h=(-EI_{y,f1}u'''-EI_{y,f_2}u'''-EI_{y,w}u''')h_{s1}$$

$$(16.199)$$

从而有

$$h_{s1}=\frac{I_{y,w}\left(\frac{h_w+t_f}{2}\right)+EI_{y,f_2}h}{I_{y,f1}+I_{y,f2}+I_{y,w}}=\frac{\left(\frac{h_wt_w^3}{12}\right)\left(\frac{h_w+t_f}{2}\right)+\left(\frac{t_{f2}b_{f2}^3}{12}\right)h}{\frac{t_{f1}b_{f1}^3}{12}+\frac{t_{f2}b_{f2}^3}{12}+\frac{h_wt_w^3}{12}}$$ (16.200)

我们注意到,上述的剪心定义与 Vlasov 理论不同,主要是我们考虑了腹板的作用,而 Vlasov 忽略了此项的影响,这是板-梁理论与 Vlasov 理论的主要差别。

16.3.3 弯扭屈曲的应变能

(1) 腹板的应变能

参见 16.2.3 节的推导可得积分结果为

$$U_w^{\text{out-plane}}=\frac{1}{2}\int_0^L\left\{\begin{array}{l}\frac{E}{1-\mu^2}\left[\left(\frac{h_wt_w^3}{12}\right)\left(\frac{\partial^2u}{\partial z^2}\right)^2+\left(\frac{t_w^3h_w^3}{144}\right)\left(\frac{\partial^2\theta}{\partial z^2}\right)^2\right]+G\left(\frac{h_wt_w^3}{3}\right)\left(\frac{\partial\theta}{\partial z}\right)^2+\\ \frac{E}{1-\mu^2}\left[\begin{array}{l}\left(\frac{h_wt_w^3}{12}\right)(-e_w+y_0)^2\left(\frac{\partial^2\theta}{\partial z^2}\right)^2+\\ 2\left(\frac{h_wt_w^3}{12}\right)(-e_w+y_0)\left(\frac{\partial^2u}{\partial z^2}\right)\left(\frac{\partial^2\theta}{\partial z^2}\right)\end{array}\right]\end{array}\right\}dz$$ (16.201)

(2) 上翼缘的应变能

① 上翼缘的变形

参见 16.2.3 节的推导可得上翼缘形心的位移为:

$$u_{f1}^0=0,\quad v_{f1}^0=u+(e_{f1}+y_0)\theta,\quad w_{f1}^0=0,\quad \theta_{f0}^0=\theta$$ (16.202)

其中,u_{f1}^0、v_{f1}^0、w_{f1}^0 分别为上翼缘形心沿着局部坐标系 n 轴、s 轴、z 轴方向位移。

根据变形分解原理,可将上述变形分解为式(16.123)的形式。

② 上翼缘平面内弯曲(Euler 梁模型)的应变能

依据变形分解原理,上翼缘平面内的位移模式为

沿着 n 轴的位移 $\quad\quad\quad u_{f1}(z)=u_{f1}^0=0$ (16.203)

沿着 s 轴的位移 $\quad\quad v_{f1}(z)=v_{f1}^0=u+(e_{f1}+y_0)\theta$ (16.204)

而纵向位移(沿着 z 轴的位移)则需要依据 Euler 梁模型来确定,即

$$w_{f1}(s,z)=u_{f1}^0-\frac{\partial v_{f1}^0}{\partial z}s$$

$$=-\frac{\partial}{\partial z}[u+(e_{f1}+y_0)\theta]s=-s\left[\frac{\partial u}{\partial z}+(e_{f1}+y_0)\frac{\partial\theta}{\partial z}\right]$$ (16.205)

几何方程(线性应变)为

$$\varepsilon_{z,f1}=\frac{\partial w_{f1}}{\partial z}=-s\left[\frac{\partial^2u}{\partial z^2}+(e_{f1}+y_0)\frac{\partial^2\theta}{\partial z^2}\right],\quad \varepsilon_{s,f1}=\frac{\partial v_{f1}}{\partial s}=0$$ (16.206)

$$\gamma_{sz,f1}=\frac{\partial w_{f1}}{\partial s}+\frac{\partial v_{f1}}{\partial z}=-\left[\frac{\partial u}{\partial z}+(e_{f1}+y_0)\frac{\partial\theta}{\partial z}\right]+\left[\frac{\partial u}{\partial z}+(e_{f1}+y_0)\frac{\partial\theta}{\partial z}\right]=0$$ (16.207)

物理方程为

$$\sigma_{z,f1}=\frac{E}{1-\mu^2}(\varepsilon_{z,f1}),\quad \tau_{sz,f1}=G\gamma_{sz,f1}$$ (16.208)

应变能为

$$U = \frac{1}{2}\iiint_{V_f}(\sigma_z\varepsilon_z + \sigma_s\varepsilon_s + \tau_{sz}\gamma_{sz})\,dndsdz = \frac{1}{2}\iiint_{V_f}(\sigma_{z,f1}\varepsilon_{z,f1})\,dndsdz \quad (16.209)$$

有

$$U_{f1}^{\text{in-plane}} = \frac{1}{2}\iiint_{V_{f1}}\frac{E}{1-\mu^2}\left[-s\left(\frac{\partial^2 u}{\partial z^2} + (e_{f1}+y_0)\frac{\partial^2\theta}{\partial z^2}\right)\right]^2 dndsdz \quad (16.210)$$

积分结果为

$$U_{f1}^{\text{in-plane}} = \frac{1}{2}\int_0^L \frac{E}{1-\mu^2}\left[\begin{array}{l}\left(\dfrac{t_{f1}b_{f1}^3}{12}\right)\left(\dfrac{\partial^2 u}{\partial z^2}\right)^2 + 2(e_{f1}+y_0)\left(\dfrac{t_{f1}b_{f1}^3}{12}\right)\left(\dfrac{\partial^2\theta}{\partial z^2}\right)\left(\dfrac{\partial^2 u}{\partial z^2}\right) + \\[2mm] (e_{f1}+y_0)^2\left(\dfrac{t_{f1}b_{f1}^3}{12}\right)\left(\dfrac{\partial^2\theta}{\partial z^2}\right)^2\end{array}\right]dz$$

$$(16.211)$$

其中，

$$\iint_{A_f}s^2\,dnds = \int_{-\frac{b_{f1}}{2}}^{\frac{b_{f1}}{2}}\int_{-\frac{t_{f1}}{2}}^{\frac{t_{f1}}{2}}s^2\,dnds = \frac{t_{f1}b_{f1}^3}{12}$$

③ 上翼缘平面外弯曲（Kirchhoff 薄板模型）的应变能

依据变形分解原理，上翼缘平面外的位移模式为

沿着 s 轴的位移　　　　　　　$u_{f1}(s,z) = -s\theta$ 　　　　　　　　　(16.212)

沿着 n 轴的位移　　　　　　　$v_{f1}(n,z) = n\theta$ 　　　　　　　　　(16.213)

而纵向位移（沿着 z 轴的位移）则需要依据 Kirchhoff 薄板模型来确定，即

$$w_{f1}(n,s,z) = -n\left(\frac{\partial u_{f1}}{\partial z}\right) = -sn\left(\frac{\partial\theta}{\partial z}\right) \quad (16.214)$$

几何方程（线性应变）为

$$\varepsilon_{z,f1} = \frac{\partial w_{f1}}{\partial z} = -sn\left(\frac{\partial^2\theta}{\partial z^2}\right); \quad \varepsilon_{s,f1} = \frac{\partial v_{f1}}{\partial s} = 0 \quad (16.215)$$

$$\gamma_{sz,f1} = \frac{\partial w_{f1}}{\partial s} + \frac{\partial v_{f1}}{\partial z} = -n\left(\frac{\partial\theta}{\partial z}\right) - n\left(\frac{\partial\theta}{\partial z}\right) = -2n\left(\frac{\partial\theta}{\partial z}\right) \quad (16.216)$$

物理方程同式（16.208）。

应变能为

根据

$$U = \frac{1}{2}\iiint\left[\frac{E}{1-\mu^2}(\varepsilon_{z,f1}^2) + G(\gamma_{sz,f1}^2)\right]dndsdz \quad (16.217)$$

有

$$U_{f1}^{\text{out-plane}} = \frac{1}{2}\iiint\left\{\frac{E}{1-\mu^2}\left[-sn\left(\frac{\partial^2\theta}{\partial z^2}\right)\right]^2 + G\left[-2n\left(\frac{\partial\theta}{\partial z}\right)\right]^2\right\}dndsdz \quad (16.218)$$

积分结果为

$$U_{f1}^{\text{out-plane}} = \frac{1}{2}\int_0^L\left[\frac{E}{1-\mu^2}\left(\frac{t_{f1}^3 b_{f1}^3}{144}\right)\left(\frac{\partial^2\theta}{\partial z^2}\right)^2 + G\left(\frac{b_{f1}t_{f1}^3}{3}\right)\left(\frac{\partial\theta}{\partial z}\right)^2\right]dz \quad (16.219)$$

其中

$$\iint_{A_{f1}}n^2 s^2\,dnds = \int_{-\frac{b_{f1}}{2}}^{\frac{b_{f1}}{2}}\int_{-\frac{t_{f1}}{2}}^{\frac{t_{f1}}{2}}n^2 s^2\,dnds = \frac{t_{f1}^3 b_{f1}^3}{144}$$

$$4 \iint\limits_{A_{f1}} n^2 \mathrm{d}n\mathrm{d}s = 4 \int_{-\frac{b_{f1}}{2}}^{\frac{b_{f1}}{2}} \int_{-\frac{t_{f1}}{2}}^{\frac{t_{f1}}{2}} n^2 \mathrm{d}n\mathrm{d}s = 4 \times \frac{b_{f1}t_{f1}^3}{12} = \frac{b_{f1}t_{f1}^3}{3}$$

（3）下翼缘的应变能

① 下翼缘的变形

下翼缘形心的整体坐标为 $(0, e_{f2})$，下翼缘局部坐标系下任意点 (n,s) 的位移为

$$\alpha = \pi, \quad x - x_0 = -s, \quad y - y_0 = e_{f2} + n - y_0 \tag{16.220}$$

$$\begin{pmatrix} r_s \\ r_n \end{pmatrix} = \begin{pmatrix} \sin\pi & -\cos\pi \\ \cos\pi & \sin\pi \end{pmatrix} \begin{pmatrix} -s \\ e_{f2} + n - y_0 \end{pmatrix} = \begin{pmatrix} e_{f2} + n - y_0 \\ s \end{pmatrix} \tag{16.221}$$

$$\begin{pmatrix} v_s \\ v_n \\ \theta \end{pmatrix} = \begin{pmatrix} \cos\pi & \sin\pi & r_s \\ \sin\pi & -\cos\pi & -r_n \\ 0 & 0 & 1 \end{pmatrix} \begin{pmatrix} u \\ 0 \\ \theta \end{pmatrix} = \begin{pmatrix} -u + \theta(n + e_{f2} - y_0) \\ -s\theta \\ \theta \end{pmatrix} \tag{16.222}$$

可得下翼缘形心的位移为：

$$u_{f2}^0 = 0, \quad v_{f2}^0 = -u + (e_{f2} - y_0)\theta, \quad w_{f2}^0 = 0, \quad \theta_{f2}^0 = \theta \tag{16.223}$$

其中，u_{f2}^0、v_{f2}^0、w_{f2}^0 分别为下翼缘形心沿着局部坐标系 n 轴、s 轴、z 轴方向位移。

② 下翼缘的应变能

同理可求：

a. 平面内弯曲的应变能（Euler 梁模型）

$$U_{f2}^{\text{in-plane}} = \frac{1}{2} \int_0^L \frac{E}{1-\mu^2} \left[\begin{array}{l} \left(\dfrac{t_{f2}b_{f2}^3}{12}\right)\left(\dfrac{\partial^2 u}{\partial z^2}\right)^2 - 2(e_{f2} - y_0)\left(\dfrac{t_{f2}b_{f2}^3}{12}\right)\left(\dfrac{\partial^2 \theta}{\partial z^2}\right)\left(\dfrac{\partial^2 u}{\partial z^2}\right) + \\ (e_{f2} - y_0)^2 \left(\dfrac{t_{f2}b_{f2}^3}{12}\right)\left(\dfrac{\partial^2 \theta}{\partial z^2}\right)^2 \end{array} \right] \mathrm{d}z \tag{16.224}$$

b. 平面外弯曲的应变能（Kirchhoff 薄板模型）

$$U_{f2}^{\text{out-plane}} = \frac{1}{2} \int_0^L \left[\frac{E}{1-\mu^2}\left(\frac{t_{f2}^3 b_{f2}^3}{144}\right)\left(\frac{\partial^2 \theta}{\partial z^2}\right)^2 + G\left(\frac{b_{f2}t_{f2}^3}{3}\right)\left(\frac{\partial \theta}{\partial z}\right)^2 \right] \mathrm{d}z \tag{16.225}$$

（4）单轴对称工字形梁弯扭屈曲的总应变能

$$U = U_w + U_f$$

$$= \frac{1}{2} \int_0^L \left\{ \begin{array}{l} \dfrac{E}{1-\mu^2}\left[\left(\dfrac{h_w t_w^3}{12}\right) + \left(\dfrac{t_{f1}b_{f1}^3}{12}\right) + \left(\dfrac{t_{f2}b_{f2}^3}{12}\right)\right]\left(\dfrac{\partial^2 u}{\partial z^2}\right)^2 + \\[4mm] \dfrac{E}{1-\mu^2}\left[\begin{array}{l} \left(\dfrac{h_w t_w^3}{12}\right)(-e_w + y_0)^2 + (e_{f1} + y_0)^2\left(\dfrac{t_{f1}b_{f1}^3}{12}\right) + \\ (e_{f2} - y_0)^2\left(\dfrac{t_{f2}b_{f2}^3}{12}\right) + \left(\dfrac{t_w^3 h_w^3}{144}\right) + \left(\dfrac{t_{f1}^3 b_{f1}^3}{144}\right) + \left(\dfrac{t_{f2}^3 b_{f2}^3}{144}\right) \end{array} \right]\left(\dfrac{\partial^2 \theta}{\partial z^2}\right)^2 + \\[4mm] G\left[\left(\dfrac{h_w t_w^3}{3}\right) + \left(\dfrac{b_{f1}t_{f1}^3}{3}\right) + \left(\dfrac{b_{f2}t_{f2}^3}{3}\right)\right]\left(\dfrac{\partial \theta}{\partial z}\right)^2 + \\[4mm] 2\dfrac{E}{1-\mu^2}\left[\begin{array}{l} \left(\dfrac{h_w t_w^3}{12}\right)(-e_w + y_0) + (e_{f1} + y_0)\left(\dfrac{t_{f1}b_{f1}^3}{12}\right) - \\ (e_{f2} - y_0)\left(\dfrac{t_{f2}b_{f2}^3}{12}\right) \end{array} \right]\left(\dfrac{\partial^2 u}{\partial z^2}\right)\left(\dfrac{\partial^2 \theta}{\partial z^2}\right) \end{array} \right\} \mathrm{d}z \tag{16.226}$$

显然,若令上式中最后一项为零,即

$$\left(\frac{h_w t_w^3}{12}\right)(-e_w+y_0)+(e_{f1}+y_0)\left(\frac{t_{f1}b_{f1}^3}{12}\right)-(e_{f2}-y_0)\left(\frac{t_{f2}b_{f2}^3}{12}\right)=0 \quad (16.227)$$

则可得

$$h_{s1}=e_{f1}+y_0=\frac{\left(\dfrac{h_w t_w^3}{12}\right)\left(\dfrac{h_w+t_{f1}}{2}\right)+\left(\dfrac{t_{f2}b_{f2}^3}{12}\right)h}{\dfrac{h_w t_w^3}{12}+\dfrac{t_{f1}b_{f1}^3}{12}+\dfrac{t_{f2}b_{f2}^3}{12}} \quad (16.228)$$

$$h_{s1}+h_{s2}=h \quad (16.229)$$

显然,此结果与前述的剪心定义式(16.200)完全一致。可见作者定义的剪心是正确的。此时若采用 Vlasov 的剪心定义,将不会消去交叉项 $\left(\dfrac{\partial^2 u}{\partial z^2}\right)\left(\dfrac{\partial^2 \theta}{\partial z^2}\right)$。因此,依据一定的理论体系来讨论哪个剪心定义更合理的问题更具有实际应用价值。

若令

$$I_y=\frac{h_w t_w^3}{12}+\frac{t_{f1}b_{f1}^3}{12}+\frac{t_{f2}b_{f2}^3}{12} \quad (16.230)$$

为绕弱轴的惯性矩,而

$$I_w=\left(\frac{h_w t_w^3}{12}\right)\left(\frac{h_w+t_{f1}}{2}-h_{s1}\right)^2+(h_{s1})^2\left(\frac{t_{f1}b_{f1}^3}{12}\right)+(h_{s2})^2\left(\frac{t_{f2}b_{f2}^3}{12}\right)+$$

$$\frac{t_w^3 h_w^3}{144}+\frac{t_{f1}^3 b_{f1}^3}{144}+\frac{t_{f2}^3 b_{f2}^3}{144} \quad (16.231)$$

为翘曲惯性矩,而

$$J_k=\frac{h_w t_w^3}{3}+\frac{b_{f1}t_{f1}^3}{3}+\frac{b_{f2}t_{f2}^3}{3} \quad (16.232)$$

为自由常数。

则单轴对称工字形梁的总应变能可简洁地表达为

$$U=\frac{1}{2}\int_0^L\left[E_1 I_y\left(\frac{\partial^2 u}{\partial z^2}\right)^2+E_1 I_w\left(\frac{\partial^2 \theta}{\partial z^2}\right)^2+GJ_k\left(\frac{\partial \theta}{\partial z}\right)^2\right]dz \quad (16.233)$$

式中,$E_1=\dfrac{E}{1-\mu^2}$。

16.3.4 弯扭屈曲的初应力势能与荷载势能

(1) 初应力势能

① 腹板的初应力势能

参见 16.2.4 节的推导可得其几何方程(非线性应变)

$$\varepsilon_{z,w}^{\mathrm{NL}}=\frac{1}{2}\left[\left(\frac{\partial u_w}{\partial z}\right)^2+\left(\frac{\partial v_w}{\partial z}\right)^2\right]=\frac{1}{2}\left\{\left[-\left(\frac{\partial u}{\partial z}\right)+(-s+\Delta_1)\left(\frac{\partial \theta}{\partial z}\right)\right]^2+\left[n\left(\frac{\partial \theta}{\partial z}\right)\right]^2\right\} \quad (16.234)$$

$$\gamma_{sz,w}^{\mathrm{NL}}=\left(\frac{\partial u_w}{\partial s}\right)\left(\frac{\partial u_w}{\partial z}\right)+\left(\frac{\partial v_w}{\partial s}\right)\left(\frac{\partial v_w}{\partial z}\right)=-\theta\left[-\left(\frac{\partial u}{\partial z}\right)+(-s+\Delta_1)\left(\frac{\partial \theta}{\partial z}\right)\right] \quad (16.235)$$

其中 Δ_1 同式(16.150)。

初应力在腹板中产生的初应力势能为同式(16.151)。

② 上翼缘的初应力势能

上翼缘形心的整体坐标为 $(0, -e_{f1})$，则在弯矩 $M_x(z)$ 和剪力 $Q_y(z)$ 的作用下，上翼缘的初应力为

$$\sigma_{z0,f1} = \left(\frac{M_x}{I_x}\right)(-e_{f1}-n), \quad \tau_{nz0,f1} = -\frac{Q_y}{A} \tag{16.236}$$

几何方程(非线性应变)为

$$\varepsilon_{z,f1}^{\mathrm{NL}} = \frac{1}{2}\left[\left(\frac{\partial u_f}{\partial z}\right)^2 + \left(\frac{\partial v_f}{\partial z}\right)^2\right] = \frac{1}{2}\left[(-s\theta')^2 + (u' + (\Delta_2 + n)\theta')^2\right] \tag{16.237}$$

$$\tau_{nz,f1}^{\mathrm{NL}} = \left(\frac{\partial v_f}{\partial n}\right)\left(\frac{\partial v_f}{\partial z}\right) + \left(\frac{\partial u_f}{\partial n}\right)\left(\frac{\partial u_f}{\partial z}\right) = \theta[u' + (\Delta_2 + n)\theta'] \tag{16.238}$$

其中

$$\Delta_2 = e_{f1} + y_0 \tag{16.239}$$

为上翼缘自身的形心到截面剪心的距离。

初应力在下翼缘中产生的初应力势能为

$$\begin{aligned}
V_{f1} &= \iiint (\sigma_{z0,T}\varepsilon_{z,f1}^{\mathrm{NL}} + \tau_{nz0,f1}\tau_{nz,f1}^{\mathrm{NL}})\,dn\,ds\,dz \\
&= \iiint \left\{ \begin{array}{l} \left(\dfrac{M_x}{I_x}\right)(-e_f-n)\dfrac{1}{2}[(-s\theta')^2 + (u'+(\Delta_2+n)\theta')^2] - \\[2mm] \left(\dfrac{Q_y}{A}\right)\theta[u'+(\Delta_2+n)\theta'] \end{array} \right\} dn\,ds\,dz \\
&= \int_0^L \left\{ \begin{array}{l} \left(\dfrac{M_x}{I_x}\right)\left[-\dfrac{1}{2}A_{f1}e_{f1}(u')^2 + \left(-\dfrac{1}{12}b_{f1}t_{f1}^3 - b_{f1}e_{f1}t_{f1}\Delta_2\right)u'\theta' + \right. \\[2mm] \left. \left(-\dfrac{1}{24}b_{f1}^3e_{f1}t_{f1} - \dfrac{1}{24}b_{f1}e_{f1}t_{f1}^3 - \dfrac{1}{12}b_{f1}t_{f1}^3\Delta_2 - \dfrac{1}{2}b_{f1}e_{f1}t_{f1}\Delta_2^2\right)(\theta')^2\right] - \\[2mm] \left(\dfrac{Q_y}{A}\right)\theta(A_{f1}u' + A_{f1}\Delta_2\theta') \end{array} \right\} dz
\end{aligned}$$
$$\tag{16.240}$$

③ 下翼缘的初应力势能

下翼缘形心的整体坐标为 $(0, e_{f2})$，则在弯矩 $M_x(z)$ 和剪力 $Q_y(z)$ 的作用下，下翼缘的初应力为

$$\sigma_{z0,f2} = \left(\frac{M_x}{I_x}\right)(e_{f2}+n), \quad \tau_{nz0,f2} = \frac{Q_y}{A} \tag{16.241}$$

几何方程(非线性应变)为

$$\varepsilon_{z,f2}^{\mathrm{NL}} = \frac{1}{2}\left[\left(\frac{\partial u_f}{\partial z}\right)^2 + \left(\frac{\partial v_f}{\partial z}\right)^2\right] = \frac{1}{2}\left[(-s\theta')^2 + (-u' + (\Delta_3 + n)\theta')^2\right] \tag{16.242}$$

$$\tau_{nz,f2}^{\mathrm{NL}} = \left(\frac{\partial v_f}{\partial n}\right)\left(\frac{\partial v_f}{\partial z}\right) + \left(\frac{\partial u_f}{\partial n}\right)\left(\frac{\partial u_f}{\partial z}\right) = \theta[-u' + (\Delta_3 + n)\theta'] \tag{16.243}$$

其中

$$\Delta_3 = e_{f2} - y_0 \tag{16.244}$$

为下翼缘自身的形心到截面剪心的距离。

初应力在下翼缘中产生的初应力势能为

$$
V_{f2} = \iiint (\sigma_{z0,f2}\varepsilon_{z,f2}^{\mathrm{NL}} + \tau_{nz0,T}\tau_{nz,f2}^{\mathrm{NL}})\,\mathrm{d}n\mathrm{d}s\mathrm{d}z
$$

$$
= \iiint \left\{ \begin{array}{l} \left(\dfrac{M_x}{I_x}\right)(e_B+n)\dfrac{1}{2}\left[\,(-s\theta')^2 + (-u' + (\Delta_3+n)\theta')^2\,\right] + \\[2mm] \left(\dfrac{Q_y}{A}\right)\theta\left[-u' + (\Delta_3+n)\theta'\right] \end{array} \right\} \mathrm{d}n\mathrm{d}s\mathrm{d}z
$$

$$
= \int_0^L \left\{ \begin{array}{l} \left(\dfrac{M_x}{I_x}\right)\left[\dfrac{1}{2}A_{f2}e_{f2}\,(u')^2 + \left(-\dfrac{1}{12}b_{f2}t_{f2}^3 - b_{f2}e_{f2}t_{f2}\Delta_3\right)u'\theta' + \right.\\[2mm] \left.\left(\dfrac{1}{24}b_{f2}^3 e_{f2}t_{f2} + \dfrac{1}{24}b_{f2}e_{f2}t_{f2}^3 + \dfrac{1}{12}b_{f2}t_{f2}^3\Delta_3 + \dfrac{1}{2}b_{f2}e_{f2}t_{f2}\Delta_3^2\right)(\theta')^2\right] - \\[2mm] \left(\dfrac{Q_y}{A}\right)\theta\left(A_{f2}u' - A_{f2}\Delta_3\theta'\right) \end{array} \right\} \mathrm{d}z
$$

$$(16.245)$$

④ 总初应力势能

$$V = V_w + V_f$$

$$
= \int_0^L \left\{ \begin{array}{l} \left(\dfrac{M_x}{I_x}\right)\left[\dfrac{1}{2}e_w h_w t_w\,(u')^2 + \left(-\dfrac{1}{12}h_w^3 t_w - e_w h_w t_w\Delta_1\right)u'\theta' + \right.\\[2mm] \left.\left(\dfrac{1}{24}e_w h_w^3 t_w + \dfrac{1}{24}e_w h_w t_w^3 + \dfrac{1}{12}h_w^3 t_w\Delta_1 + \dfrac{1}{2}e_w h_w t_w\Delta_1^2\right)(\theta')^2\right] + \\[4mm] \left(\dfrac{M_x}{I_x}\right)\left[\begin{array}{l}\left(\dfrac{1}{2}A_{f2}e_{f2} - \dfrac{1}{2}b_{f1}e_{f1}t_{f1}\right)(u')^2 + \left[\begin{array}{l}-\dfrac{1}{12}b_{f1}t_{f1}^3 - b_{f1}e_{f1}t_{f1}\Delta_2 - \\[2mm] \dfrac{1}{12}b_{f2}t_{f2}^3 - b_{f2}e_{f2}t_{f2}\Delta_3\end{array}\right]u'\theta' + \\[4mm] \left(\begin{array}{l}-\dfrac{1}{24}b_{f1}^3 e_{f1}t_{f1} - \dfrac{1}{24}b_{f1}e_{f1}t_{f1}^3 - \dfrac{1}{12}b_{f1}t_{f1}^3\Delta_2 - \dfrac{1}{2}b_{f1}e_{f1}t_{f1}\Delta_2^2 + \\[2mm] \dfrac{1}{24}b_{f2}^3 e_{f2}t_{f2} + \dfrac{1}{24}b_{f2}e_{f2}t_{f2}^3 + \dfrac{1}{12}b_{f2}t_{f2}^3\Delta_3 + \dfrac{1}{2}b_{f2}e_{f2}t_{f2}\Delta_3^2\end{array}\right)(\theta')^2\end{array}\right] - \\[8mm] \left(\dfrac{Q_y}{A}\right)\theta\left(A_w u' - A_w\Delta_1\theta'\right) - \\[2mm] \left(\dfrac{Q_y}{A}\right)\theta\left[(A_{f1} + A_{f2})u' + (A_{f1}\Delta_2 - A_{f2}\Delta_3)\theta'\right] \end{array} \right\} \mathrm{d}z
$$

$$(16.246)$$

或者

$$V = V_w + V_f$$

$$
= \int_0^L \left(\dfrac{M_x}{I_x}\right)\dfrac{1}{2}(e_w A_w + A_{f2}e_{f2} - A_{f1}e_{f1})(u')^2 \mathrm{d}z +
$$

$$
\int_0^L -\left(\dfrac{M_x}{I_x}\right)\left(\begin{array}{l}\dfrac{1}{12}h_w^3 t_w + e_w A_w\Delta_1 + \\[2mm] \dfrac{1}{12}b_{f1}t_{f1}^3 + A_{f1}e_{f1}\Delta_2 + \dfrac{1}{12}b_{f2}t_{f2}^3 + A_{f2}e_{f2}\Delta_3\end{array} \right)u'\theta'\mathrm{d}z +
$$

$$\int_0^L \left(\frac{M_x}{I_x}\right) \begin{pmatrix} \frac{1}{24}e_w h_w^3 t_w + \frac{1}{24}e_w h_w t_w^3 + \frac{1}{12}h_w^3 t_u \Delta_1 + \frac{1}{2}e_w h_w t_u \Delta_1^2 - \\ \frac{1}{24}b_{f1}^3 e_{f1} t_{f1} - \frac{1}{24}b_{f1} e_{f1} t_{f1}^3 - \frac{1}{12}b_{f1} t_{f1}^3 \Delta_2 - \frac{1}{2}b_{f1} e_{f1} t_{f1} \Delta_2^2 + \\ \frac{1}{24}b_{f2}^3 e_{f2} t_{f2} + \frac{1}{24}b_{f2} e_{f2} t_{f2}^3 + \frac{1}{12}b_{f2} t_{f2}^3 \Delta_3 + \frac{1}{2}b_{f2} e_{f2} t_{f2} \Delta_3^2 \end{pmatrix} (\theta')^2 \, \mathrm{d}z +$$

$$\int_0^L -\left(\frac{Q_y}{A}\right)(A_w + A_{f1} + A_{f2})u'\theta \, \mathrm{d}z +$$

$$\int_0^L -\left(\frac{Q_y}{A}\right)(A_{f1}\Delta_2 - A_{f2}\Delta_3 - A_u\Delta_1)\theta\theta' \, \mathrm{d}z$$

$$\tag{16.247}$$

根据形心的定义可知

$$e_w A_w + A_{f2} e_{f2} - A_{f1} e_{f1} = 0 \tag{16.248}$$

据此可知，上式中第 1 项的结果为零，即

$$\frac{1}{2}(e_w A_w + A_{f2} e_{f2} - A_{f1} e_{f1})(u')^2 = 0 \tag{16.249}$$

第 2 项可简化为

$$-\left(\frac{M_x}{I_x}\right) \begin{pmatrix} \frac{1}{12}h_w^3 t_w + e_w A_w \Delta_1 + \\ \frac{1}{12}b_{f1} t_{f1}^3 + A_{f1} e_{f1} \Delta_2 + \frac{1}{12}b_{f2} t_{f2}^3 + A_{f2} e_{f2} \Delta_3 \end{pmatrix} u'\theta'$$

$$= -\left(\frac{M_x}{I_x}\right) \begin{pmatrix} \frac{1}{12}h_w^3 t_w + \frac{1}{12}b_{f1} t_{f1}^3 + \frac{1}{12}b_{f2} t_{f2}^3 + \\ e_w A_w (e_w - y_0) + e_{f1} A_{f1} (e_{f1} + y_0) + e_{f2} A_{f2} (e_{f2} - y_0) \end{pmatrix} u'\theta'$$

$$= -\left(\frac{M_x}{I_x}\right) \left(\frac{1}{12}h_w^3 t_w + \frac{1}{12}b_f t_f^3 + A_w e_w^2 + e_{f1}^2 A_{f1} + e_{f2}^2 A_{f2}\right) u'\theta' \tag{16.250}$$

因为

$$\frac{1}{12}h_w^3 t_w + \frac{1}{12}b_f t_f^3 + A_w e_w^2 + e_{f1}^2 A_{f1} + e_{f2}^2 A_{f2} = I_x \tag{16.251}$$

利用关系式(16.248)，可得第 2 项的结果为

$$-\left(\frac{M_x}{I_x}\right) \begin{pmatrix} \frac{1}{12}h_w^3 t_w + e_w A_w \Delta_1 + \\ \frac{1}{12}b_{f1} t_{f1}^3 + A_{f1} e_{f1} \Delta_2 + \frac{1}{12}b_{f2} t_{f2}^3 + A_{f2} e_{f2} \Delta_3 \end{pmatrix} u'\theta' = -M_x u'\theta' \tag{16.252}$$

第 3 项可简化为

$$\left(\frac{M_x}{I_x}\right) \begin{bmatrix} \frac{1}{24}e_w h_w^3 t_w + \frac{1}{24}e_w h_w t_w^3 + \frac{1}{12}h_w^3 t_w (e_w - y_0) + \frac{1}{2}e_w A_w (e_w - y_0)^2 - \\ \frac{1}{24}b_{f1}^3 e_{f1} t_{f1} - \frac{1}{24}b_{f1} e_{f1} t_{f1}^3 - \frac{1}{12}b_{f1} t_{f1}^3 (e_{f1} + y_0) - \frac{1}{2}e_{f1} A_{f1} (e_{f1} + y_0)^2 + \\ \frac{1}{24}b_{f2}^3 e_{f2} t_{f2} + \frac{1}{24}b_{f2} e_{f2} t_{f2}^3 + \frac{1}{12}b_{f2} t_{f2}^3 (e_{f2} - y_0) + \frac{1}{2}e_{f2} A_{f2} (e_{f2} - y_0)^2 \end{bmatrix} (\theta')^2$$

$$=\left(\frac{M_x}{I_x}\right)\left[\begin{array}{l}\left(\dfrac{h_w^3 t_w}{8}+\dfrac{h_w t_w^3}{24}\right)e_w+\dfrac{1}{2}A_w e_w^3-\\[2mm]\left(\dfrac{b_{f1}^3 t_{f1}}{24}+\dfrac{b_{f1}t_{f1}^3}{8}\right)e_{f1}-\dfrac{1}{2}A_{f1}e_{f1}^3+\left(\dfrac{b_{f2}^3 t_{f2}}{24}+\dfrac{b_{f2}t_{f2}^3}{8}\right)e_{f2}+\dfrac{1}{2}A_{f2}e_{f2}^3+\\[2mm]\dfrac{1}{2}(e_w A_w-e_{f1}A_{f1}+e_{f2}A_{f2})y_0^2\end{array}\right](\theta')^2-$$

$$\left(\frac{M_x}{I_x}\right)\left(\frac{1}{12}h_w^3 t_w+A_w e_w^2+\frac{1}{12}b_{f1}t_{f1}^3+A_{f1}e_{f1}^2+\frac{1}{12}b_{f2}t_{f2}^3+A_{f2}e_{f2}^2\right)y_0 \qquad (16.253)$$

利用关系式(16.248)和式(16.251)，可得第 3 项的结果为

$$\left(\frac{M_x}{I_x}\right)\left(\begin{array}{l}\dfrac{1}{24}e_w h_w^3 t_w+\dfrac{1}{24}e_w h_w t_w^3+\dfrac{1}{12}h_w^3 t_w(e_w-y_0)+\dfrac{1}{2}e_w A_w(e_w-y_0)^2-\\[2mm]\dfrac{1}{24}b_{f1}^3 e_{f1}t_{f1}-\dfrac{1}{24}b_{f1}e_{f1}t_{f1}^3-\dfrac{1}{12}b_{f1}t_{f1}^3(e_{f1}+y_0)-\dfrac{1}{2}e_{f1}A_{f1}(e_{f1}+y_0)^2+\\[2mm]\dfrac{1}{24}b_{f2}^3 e_{f2}t_{f2}+\dfrac{1}{24}b_{f2}e_{f2}t_{f2}^3+\dfrac{1}{12}b_{f2}t_{f2}^3(e_{f2}-y_0)+\dfrac{1}{2}e_{f2}A_{f2}(e_{f2}-y_0)^2\end{array}\right)(\theta')^2$$

$$=M_x\beta_x(\theta')^2 \qquad\qquad (16.254)$$

其中，

$$\beta_x=\left(\frac{1}{2I_x}\right)\left(\begin{array}{l}\left(\dfrac{h_w^3 t_w}{8}+\dfrac{h_w t_w^3}{24}\right)e_w+\dfrac{1}{2}A_w e_w^3-\\[2mm]\left(\dfrac{b_{f1}^3 t_{f1}}{24}+\dfrac{b_{f1}t_{f1}^3}{8}\right)e_{f1}-\dfrac{1}{2}A_{f1}e_{f1}^3+\left(\dfrac{b_{f2}^3 t_{f2}}{24}+\dfrac{b_{f2}t_{f2}^3}{8}\right)e_{f2}+\dfrac{1}{2}A_{f2}e_{f2}^3\end{array}\right)-y_0 \qquad (16.255)$$

称为单轴对称工字形梁绕强轴的 Wagner 系数。

【说明】

不对称截面梁的 Wagner 系数，也称为截面的不对称系数。它有两种表述形式：

$$\beta_x=\left(\frac{1}{2I_x}\right)\iint_A y(x^2+y^2)\,\mathrm{d}A-y_0 \qquad (16.256)$$

$$\beta_x=\left(\frac{1}{I_x}\right)\iint_A y(x^2+y^2)\,\mathrm{d}A-2y_0 \qquad (16.257)$$

前者为国内学者和规范所采用，后者为 Vlasov、Bleich、Trahair 等国外学者所广泛采用。需要特别注意的是，数值上，后者是前者的 2 倍。本书采用的 Wagner 系数是前者，其定义为式(16.256)。对于单轴对称工字形钢梁，其截面特性和 Wagner 系数可参考图 16.7 选用。

第 4 项的结果为

$$-\left(\frac{Q_y}{A}\right)(A_w+A_{f1}+A_{f2})u'\theta'=-Q_y u'\theta' \qquad (16.258)$$

第 5 项可简化为

$$-\left(\frac{Q_y}{A}\right)(A_{f1}\Delta_2-A_{f2}\Delta_3-A_w\Delta_1)\theta\theta'$$

$$=-\left(\frac{Q_y}{A}\right)[A_{f1}(e_{f1}+y_0)-A_{f2}(e_{f2}-y_0)-A_w(e_w-y_0)]\theta\theta' \qquad (16.259)$$

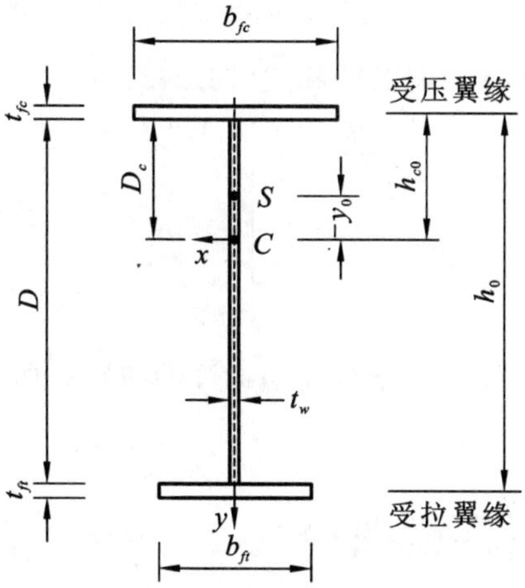

$$\alpha = \cfrac{1}{1 + \left(\cfrac{b_{fc}}{b_{ft}}\right)^3 \left(\cfrac{t_{fc}}{t_{ft}}\right)} = \cfrac{1}{\cfrac{l_{yc}}{l_{yt}} + 1}$$

$$I_{yc} = \frac{t_{fc}b_{fc}^3}{12}, \quad I_{yt} = \frac{t_{ft}b_{ft}^3}{12}$$

$$C_w = h_0^2 b_{fc}^3 t_{fc} \alpha / 12 = h_0^2 l_{yc} \alpha$$

$$y_0 = -h_{c0} + \alpha h_0$$

$$J = \frac{D t_w^3}{3} + \frac{b_{fc} t_{fc}^3}{3}\left(1 - 0.63\frac{f_{fc}}{b_{fc}}\right) + \frac{b_{ft} t_{ft}^3}{3}\left(1 - 0.63\frac{t_{ft}}{b_{ft}}\right)$$

$$\beta_x = \frac{1}{2I_x}\left[\left(\frac{b_{ft}^3}{12}(D-D_c)t_{ft} + \frac{b_{ft}^3}{24}t_{ft}^2 + b_{ft}t_{ft}(D-D_c)^3 + 1.5b_{ft}(D-D_c)^2 t_{ft}^2 + b_{ft}(D-D_c)t_{ft}^3 + \frac{b_{ft}}{4}t_{ft}^4\right) - \right.$$

$$\left(\frac{b_{fc}^3}{12}D_c t_{fc} + \frac{b_{fc}^3}{24}t_{fc}^2 + b_{fc}t_{fc}D_c^3 + 1.5b_{fc}D_c^2 t_{fc}^2 + b_{fc}D_c t_{fc}^3 + \frac{b_{fc}}{4}t_{fc}^4\right) +$$

$$\left.\left(\frac{(D-D_c)^4}{4}t_w + \frac{t_w^3}{24}(D-D_c)^2 - \frac{D_c^4}{4}t_w - \frac{t_w^3}{24}D_c^2\right)\right] - y_0$$

图 16.7　单轴对称工字形钢梁截面特性计算简图

利用关系式(16.248)，可将上式简化为

$$-\left(\frac{Q_y}{A}\right)(A_{f1}\Delta_2 + A_{f2}\Delta_3 - A_w\Delta_1)\theta\theta'$$

$$= -\left(\frac{Q_y}{A}\right)(A_{f1} + A_{f2} + A_w)y_0\theta\theta' = -Q_y y_0 \theta\theta' \tag{16.260}$$

综上所述，初应力势能可更加简洁地写为

$$V = \frac{1}{2}\int_0^L\left[-2M_x\left(\frac{\partial u}{\partial z}\right)\left(\frac{\partial \theta}{\partial z}\right) + 2M_x\beta_x\left(\frac{\partial \theta}{\partial z}\right)^2 - 2Q_y\left(\frac{\partial u}{\partial z}\right)\left(\frac{\partial \theta}{\partial z}\right) - 2Q_y y_0\theta\left(\frac{\partial \theta}{\partial z}\right)\right]\mathrm{d}z$$

$$\tag{16.261}$$

（2）荷载势能

仿照前述 T 形截面荷载势能的计算方法，假设横向荷载 $q(z)\mathrm{d}z$ 的大小不变，且屈曲时方向始终保持铅直向下，因此 $q(z)\mathrm{d}z$ 在水平侧移方向不会产生虚功，则与其对应的单元虚功仅与竖向位移有关，即

$$\delta(\mathrm{d}W) = (q \times \delta v_q)\mathrm{d}z = [q \times \delta(\bar{a}(1-\cos\theta))]\mathrm{d}z \approx (q\bar{a}\theta\delta\theta)\mathrm{d}z \tag{16.262}$$

式中，$\bar{a} = 0 - y_q$ 由截面形心的 y 坐标值减去加载点的 y 坐标值得到，其中 y_q 为加载点在整体坐标系的 y 坐标值。

运用变分的逆运算法则，可得

$$V_q = -W = -\frac{1}{2}\int_0^L q\bar{a}\theta^2\mathrm{d}z \tag{16.263}$$

（3）总势能

仿照 T 形截面钢梁弯扭屈曲总势能的简化方法，由式（16.261）和式（16.263）得

$$\Pi = \frac{1}{2}\int_0^L \left[\begin{array}{l} E_1 I_y \left(\dfrac{\partial^2 u}{\partial z^2}\right)^2 + E_1 I_\omega \left(\dfrac{\partial^2 \theta}{\partial z^2}\right)^2 + GJ_k \left(\dfrac{\partial \theta}{\partial z}\right)^2 + \\ 2M_x \left(\dfrac{\partial^2 u}{\partial z^2}\right)\theta + 2M_x \beta_x \left(\dfrac{\partial \theta}{\partial z}\right)^2 - qa\theta^2 \end{array} \right] \mathrm{d}z \qquad (16.264)$$

式中，a 的定义与传统理论相同，见式（16.188）。

式（16.264）就是作者依据板-梁理论推出的单轴对称工字形截面钢梁弹性扭转屈曲的总势能。其物理意义参见式（16.189）～式（16.190）。

16.4　工字形钢梁弹塑性弯扭屈曲：板-梁理论

众所周知，工字形钢梁主要用于承受腹板平面内的弯矩并在该平面内弯曲，当荷载达到一定数值后就可能因侧向弯曲和扭转而丧失整体稳定性，此现象称为钢梁的弯扭屈曲（Flextrural-Torsional Buckling，简称 FTB）。通常细长的钢梁易发生弹性弯扭屈曲，而中等长度的钢梁则易发生非弹性弯扭屈曲，实际工程上的中等长度梁并不少见，因而研究其非弹性弯扭屈曲问题有着重要的实用价值。

然而，目前发表的工字形钢梁非弹性弯扭屈曲研究成果，以试验和数值模拟为主，相关的解析理论研究成果却极少。这主要是因为工字形钢梁发生非弹性弯扭屈曲时，截面上的应力状态相当复杂，部分纤维屈服会形成塑性区，部分纤维超过比例极限会形成弹塑性区，而未超过比例极限的纤维则构成弹性区。也就是说此时钢梁截面会出现弹性区和弹塑性区并存的工作状态，因而截面各区域的变形模量不同。而传统的 Vlasov 屈曲理论无法解决不同模量薄壁梁的弯扭屈曲问题，因此陈惠发、Trahair、陈绍蕃等人提出用"换算截面法"来计算工字形钢梁的弹塑性弯扭屈曲问题。根据作者提出的板-梁理论可以证明，这种做法有时会导致巨大的误差，是工程上不能接受的。因而，如何从理论角度深入研究工字形钢梁的弹塑性弯扭屈曲问题，是一个尚未很好解决的重要理论课题。

本节将以简化的弹塑性力学模型为例，基于板-梁理论提出纯弯工字形简支钢梁弹塑性弯扭屈曲的能量变分模型，并根据能量变分法得到纯弯工字形简支钢梁的弹塑性弯扭屈曲临界弯矩的解析解，试图从理论层面来解释目前的弹塑性屈曲分析存在的问题。

16.4.1　简化力学模型

选取图 16.8 所示的双轴对称纯弯简支钢梁为研究对象。此时梁截面上的应力分布沿着梁长不变。

图 16.9 所示的"双翼缘"模型是 Timoshenko 在 1905 年首先提出的。此模型是如此的简明，为众多学者所喜爱，因为其力学概念清晰，能够很好地刻画工字形梁约束扭转的主要特征，即工字形梁的约束扭转刚度主要是由翼缘板在自身平面内的弯曲贡献的。M. Ojalvo 认为 Timoshenko 做的此项工作是划时代的，因为它开启了人们探究薄壁构件约束扭转力学机理的大门。

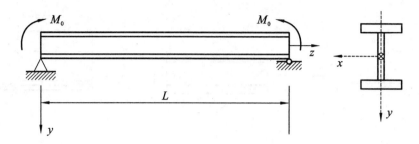

图 16.8 双轴对称纯弯简支钢梁

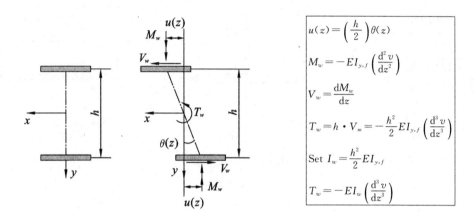

图 16.9 Timoshenko 的"双翼缘"模型

　　众所周知,对于焊接工字形钢梁的弹塑性弯扭屈曲问题,残余应力的影响是必须考虑的因素。由于翼缘的残余应力影响是主要的,为简化分析,本节参照 Timoshenko 的"双翼缘"模型,略去腹板的影响[图 16.10(a)],仅考虑上下翼缘残余应力的影响,从而得到图 16.10(b)所示的简化弹塑性力学模型。

　　计算时假设钢材的本构关系为理想弹塑性模型(图 16.11)。当截面上某一点的应变小于屈服应变 ε_y 时,弹性模量为 E,剪变模量为 G,但当应变达到或超过屈服应变 ε_y 时,变形模量 $E_y=0$,而剪切模量取 $G_y=G/4$。

　　在弹塑性阶段,上翼缘的弯曲压应力与残余压应力叠加会在上翼缘的外侧区域形成塑性区,而下翼缘的弯曲拉应力与残余拉应力叠加会在下翼缘的中央区域形成塑性区,从而形成图 16.10(c)所示的弹性区(图中未涂色部分)和塑性区(图中涂色部分)混杂的布局。图中 β 为弹性区的比例系数。随着 β 的减少,弹性区减少,塑性区增加,反之亦然。对于纯弯简支钢梁而言,截面上的应力分布情况,即此类弹塑性分布沿着梁长不变。

　　后面将证明,由于上下翼缘的弹性区和塑性的分布不同,剪心的位置会向下移动,但形心位置不变[图 16.10(a)]。这是考虑残余应力影响后双轴对称截面出现的一个特殊现象,体现了弹塑性屈曲的复杂性。

　　若此时钢梁发生弯扭屈曲,则截面将发生侧移 $u(z)$,并绕着剪心发生扭转 $\theta(z)$。截面整体变形如图 16.12 所示。

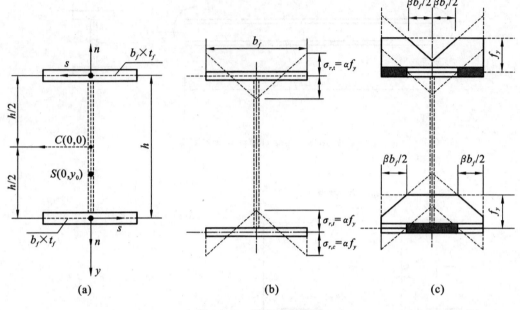

图 16.10　简化力学模型

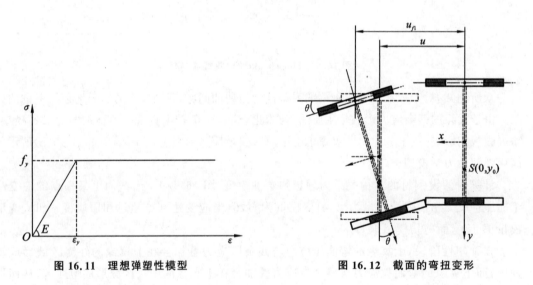

图 16.11　理想弹塑性模型　　　　图 16.12　截面的弯扭变形

16.4.2　弹塑性弯扭屈曲的应变能

（1）上翼缘的应变能

① 上翼缘的变形

上翼缘形心的整体坐标为 $\left(0,-\dfrac{h}{2}\right)$。根据刚周边假设，局部坐标系下上翼缘任意点

$\left(s,-\left(\dfrac{h}{2}+n\right)\right)$ 的横向位移为

$$\begin{pmatrix} r_s \\ r_n \end{pmatrix} = \begin{pmatrix} \sin 2\pi & -\cos 2\pi \\ \cos 2\pi & \sin 2\pi \end{pmatrix} \begin{pmatrix} s \\ -\dfrac{h}{2} - n - y_0 \end{pmatrix} = \begin{pmatrix} n + \dfrac{h}{2} + y_0 \\ s \end{pmatrix} \qquad (16.265)$$

$$\begin{pmatrix} v_{f1} \\ u_{f1} \end{pmatrix} = \begin{pmatrix} \cos 2\pi & \sin 2\pi & r_s \\ \sin 2\pi & -\cos 2\pi & -r_n \end{pmatrix} \begin{pmatrix} u \\ 0 \\ \theta \end{pmatrix} = \begin{pmatrix} u + \theta(n + \dfrac{h}{2} + y_0) \\ -s\theta \end{pmatrix} \qquad (16.266)$$

根据变形分解原理，

$$\begin{pmatrix} v_{f1} \\ u_{f2} \end{pmatrix} = \begin{pmatrix} u + \theta(\dfrac{h}{2} + y_0) \\ 0 \end{pmatrix}_{\text{in-plane}} + \begin{pmatrix} n\theta \\ -s\theta \end{pmatrix}_{\text{out-of-plane}} \qquad (16.267)$$

其中，第一项为上翼缘平面内的横向位移，即平面内的弯曲变形，第二项为上翼缘平面外的横向位移，即平面外的弯曲（扭转）变形。

② 平面内弯曲的应变能（Euler 梁模型）

依据变形分解假设，上翼缘任意点在自身平面内弯曲的横向位移为

沿着上翼缘 s 轴的位移 $\qquad v_{f1}(z) = u + \left(\dfrac{h}{2} + y_0\right)\theta \qquad (16.268)$

而纵向位移（沿着 z 轴的位移）则需要依据 Euler 梁模型来确定，即

$$w_{f1}(s,z) = -\frac{\partial v_{f1}}{\partial z}s = -\frac{\partial}{\partial z}\left[u + \left(\frac{h}{2} + y_0\right)\theta\right]s = -s\left[\frac{\partial u}{\partial z} + \left(\frac{h}{2} + y_0\right)\frac{\partial \theta}{\partial z}\right] \quad (16.269)$$

线性应变为

$$\varepsilon_{z,f1} = \frac{\partial w_{f1}}{\partial z} = -s\left[\frac{\partial^2 u}{\partial z^2} + \left(\frac{h}{2} + y_0\right)\frac{\partial^2 \theta}{\partial z^2}\right] \qquad (16.270)$$

$$\varepsilon_{s,f1} = \frac{\partial v_{f1}}{\partial s} = 0 \qquad (16.271)$$

$$\gamma_{sz,f1} = \frac{\partial w_{f1}}{\partial s} + \frac{\partial v_{f1}}{\partial z} = -\left[\frac{\partial u}{\partial z} + \left(\frac{h}{2} + y_0\right)\frac{\partial \theta}{\partial z}\right] + \left[\frac{\partial u}{\partial z} + \left(\frac{h}{2} + y_0\right)\frac{\partial \theta}{\partial z}\right] = 0 \quad (16.272)$$

物理方程为

$$\begin{pmatrix} \sigma_{z,f1} \\ \tau_{sz,f1} \end{pmatrix} = \begin{pmatrix} \dfrac{E}{1-\mu^2} & 0 \\ 0 & G \end{pmatrix} \begin{pmatrix} \varepsilon_{z,f1} \\ \gamma_{sz,f1} \end{pmatrix} \qquad (16.273)$$

平面内弯曲的应变能为

$$U_{f1}^{\text{in-plane}} = \frac{1}{2}\iiint\limits_{V_{f1}} E\left[-s\left(\frac{\partial^2 u}{\partial z^2} + \left(\frac{h}{2} + y_0\right)\frac{\partial^2 \theta}{\partial z^2}\right)\right]^2 \mathrm{d}n\mathrm{d}s\mathrm{d}z$$

$$= 4 \times \frac{1}{2}\int_0^L \int_0^{\frac{t_f}{2}} \int_0^{\frac{\beta b_f}{2}} E\left[-s\left(\frac{\partial^2 u}{\partial z^2} + \left(\frac{h}{2} + y_0\right)\frac{\partial^2 \theta}{\partial z^2}\right)\right]^2 \mathrm{d}s\mathrm{d}n\mathrm{d}z \quad (16.274)$$

积分结果为

$$U_{f1}^{\text{in-plane}} = \frac{1}{2}\int_0^L \left[\begin{array}{l} (EI_y)_{f1}\left(\dfrac{\partial^2 u}{\partial z^2}\right)^2 + (EI_y)_{f1}\left(\dfrac{h}{2} + y_0\right)^2\left(\dfrac{\partial^2 \theta}{\partial z^2}\right)^2 + \\ 2(EI_y)_{f1}\left(\dfrac{h}{2} + y_0\right)\left(\dfrac{\partial^2 \theta}{\partial z^2}\right)\left(\dfrac{\partial^2 u}{\partial z^2}\right) \end{array}\right]\mathrm{d}z \quad (16.275)$$

其中

$$(EI_y)_{f1} = E\left(\frac{\beta^3 b_f^3 t_f}{12}\right) \tag{16.276}$$

③ 平面外弯曲的应变能（Kirchhoff 薄板模型）

依据变形分解假设，平面外弯曲引起的任意点横向位移为

沿着上翼缘 n 轴的位移　　　　$u_{f1}(s,z) = -s\theta$ \hfill (16.277)

沿着上翼缘 s 轴的位移　　　　$v_{f1}(n,z) = n\theta$ \hfill (16.278)

而纵向位移则需要依据 Kirchhoff 薄板模型来确定，即

沿着 z 轴的位移　　$w_{f1}(n,s,z) = -n\left(\frac{\partial u_{f1}}{\partial z}\right) = -sn\left(\frac{\partial \theta}{\partial z}\right)$ \hfill (16.279)

几何方程（线性应变）

$$\varepsilon_{z,f1} = \frac{\partial w_{f1}}{\partial z} = -sn\left(\frac{\partial^2 \theta}{\partial z^2}\right), \quad \varepsilon_{s,f1} = \frac{\partial v_{f1}}{\partial s} = 0 \tag{16.280}$$

$$\gamma_{sz,f1} = \frac{\partial w_{f1}}{\partial s} + \frac{\partial v_{f1}}{\partial z} = -n\left(\frac{\partial \theta}{\partial z}\right) - n\left(\frac{\partial \theta}{\partial z}\right) = -2n\left(\frac{\partial \theta}{\partial z}\right) \tag{16.281}$$

物理方程为

$$\begin{pmatrix} \sigma_{z,f1} \\ \tau_{sz,f1} \end{pmatrix} = \begin{pmatrix} \dfrac{E}{1-\mu^2} & 0 \\ 0 & G \end{pmatrix} \begin{pmatrix} \varepsilon_{z,f1} \\ \gamma_{sz,f1} \end{pmatrix} \tag{16.282}$$

应变能为

根据

$$U = \frac{1}{2} \iiint \left[\frac{E}{1-\mu^2}(\varepsilon_{z,f1}^2) + G(\gamma_{sz,f1}^2)\right] \mathrm{d}n\mathrm{d}s\mathrm{d}z \tag{16.283}$$

有

$$U_{f1}^{\text{out-of-plane}} = \frac{1}{2} \iiint \left[E(\varepsilon_{z,f1}^2) + G(\gamma_{sz,f1}^2)\right] \mathrm{d}n\mathrm{d}s\mathrm{d}z$$

$$= 4 \times \frac{1}{2} \int_0^L \int_0^{\frac{t_f}{2}} \int_0^{\frac{\beta b_f}{2}} \left\{E\left[-sn\left(\frac{\partial^2 \theta}{\partial z^2}\right)\right]^2 + G\left[-2n\left(\frac{\partial \theta}{\partial z}\right)\right]^2\right\} \mathrm{d}s\mathrm{d}n\mathrm{d}z +$$

$$4 \times \frac{1}{2} \int_0^L \int_0^{\frac{t_f}{2}} \int_{\frac{\beta b_f}{2}}^{\frac{b_f}{2}} \left\{G_y\left[-2n\left(\frac{\partial \theta}{\partial z}\right)\right]^2\right\} \mathrm{d}s\mathrm{d}n\mathrm{d}z \tag{16.284}$$

积分结果为

$$U_{f1}^{\text{out-of-plane}} = \frac{1}{2} \int_0^L \left[(EI_\omega)_{f1}^S \left(\frac{\partial^2 \theta}{\partial z^2}\right)^2 + (GJ_k)_{f1}\left(\frac{\partial \theta}{\partial z}\right)^2\right] \mathrm{d}z \tag{16.285}$$

其中

$$(EI_\omega)_{f1}^S = E\left(\frac{\beta^3 t_f^3 b_f^3}{144}\right) \tag{16.286}$$

$$(GJ_k)_{f1} = G\left(\frac{(1-\beta)b_f t_f^3}{3}\right) + G_y\left(\frac{\beta b_f t_f^3}{3}\right) \tag{16.287}$$

（2）下翼缘的应变能

仿照前述的方法，可得下翼缘平面内和平面外弯曲的应变能为

$$U_{f2}^{\text{in-plane}} = \frac{1}{2}\int_0^L \left[(EI_y)_{f2}\left(\frac{\partial^2 u}{\partial z^2}\right)^2 + (EI_y)_{f2}\left(\frac{h}{2}-y_0\right)^2\left(\frac{\partial^2\theta}{\partial z^2}\right)^2 - 2(EI_y)_{f2}\left(\frac{h}{2}-y_0\right)\left(\frac{\partial^2\theta}{\partial z^2}\right)\left(\frac{\partial^2 u}{\partial z^2}\right) \right]\mathrm{d}z \quad (16.288)$$

$$U_{f2}^{\text{out-of-plane}} = \frac{1}{2}\int_0^L \left[(EI_\omega)_{f2}^S\left(\frac{\partial^2\theta}{\partial z^2}\right)^2 + (GJ_k)_{f2}\left(\frac{\partial\theta}{\partial z}\right)^2 \right]\mathrm{d}z \quad (16.289)$$

其中

$$(EI_y)_{f2} = E\left[\frac{b_f^3 t_f}{12}\beta(3+(-3+\beta)\beta)\right] \quad (16.290)$$

$$(EI_\omega)_{f2}^S = E\left[\frac{b_f^3 t_f^3}{144}\beta(3+(-3+\beta)\beta)\right] \quad (16.291)$$

$$(GJ_k)_{f1} = G\left(\frac{\beta b_f t_f^3}{3}\right)+G_y\left(\frac{(1-\beta)b_f t_f^3}{3}\right) \quad (16.292)$$

（3）翼缘的总应变能

$$U = \frac{1}{2}\int_0^L \left\{ \begin{aligned} &[(EI_y)_{f1}+(EI_y)_{f2}]\left(\frac{\partial^2 u}{\partial z^2}\right)^2 + \\ &\left[(EI_y)_{f1}\left(\frac{h}{2}+y_0\right)^2+(EI_y)_{f2}\left(\frac{h}{2}-y_0\right)^2\right]\left(\frac{\partial^2\theta}{\partial z^2}\right)^2 + \\ &[(EI_\omega)_{f1}^S+(EI_\omega)_{f2}^S]\left(\frac{\partial^2\theta}{\partial z^2}\right)^2 + [(GJ_k)_{f1}+(GJ_k)_{f2}]\left(\frac{\partial\theta}{\partial z}\right)^2 + \\ &2\left[(EI_y)_{f1}\left(\frac{h}{2}+y_0\right)-(EI_y)_{f2}\left(\frac{h}{2}-y_0\right)\right]\left(\frac{\partial^2 u}{\partial z^2}\right)\left(\frac{\partial^2\theta}{\partial z^2}\right) \end{aligned} \right\}\mathrm{d}z \quad (16.293)$$

我们注意到上式中最后一项是一个交叉项$\left(\frac{\partial^2 u}{\partial z^2}\right)\left(\frac{\partial^2\theta}{\partial z^2}\right)$。若我们在选择位移时能够保证此项等于零，即令

$$(EI_y)_{f1}\left(\frac{h}{2}+y_0\right)-(EI_y)_{f2}\left(\frac{h}{2}-y_0\right)=0 \quad (16.294)$$

从而得到

$$y_0 = \frac{(EI_y)_{f2}-(EI_y)_{f1}}{(EI_y)_{f1}+(EI_y)_{f2}}\left(\frac{h}{2}\right) = \frac{3(1-\beta)}{3-3\beta+2\beta^2}\left(\frac{h}{2}\right) \quad (16.295)$$

这就是我们得到的剪心坐标。

据此我们可以知道，定义剪心的目的在于"解耦"，即消去交叉项的影响，以简化我们的方程。若侧移$u(z)$被定义为剪心的侧移，则上述交叉项也自然消失。这就是选择剪心侧移为基本未知量的原因。

图 16.13 为剪心坐标y_0与临界弯矩之间的关系曲线。从图中可见，随着临界弯矩的增大，弹性区比例系数β逐渐变小，剪心坐标y_0也逐渐变小；在达到塑性弯矩时，$y_0=0$，即剪心与形心重合。因此，我们这里定义的剪心为"瞬时剪心"。

上述推导也说明，板-梁理论的剪心无需事先给定。可以在理论推导中，根据"解耦"的原则来确定，其结果与我们对剪心的新定义完全相同。

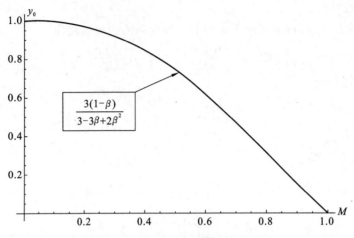

图 16.13　剪心位置与临界弯矩的关系

根据上述"瞬时剪心"的定义，可将总的应变能简化为

$$U = \frac{1}{2}\int_0^L \left[(EI_y)_{\text{eff}} \left(\frac{\partial^2 u}{\partial z^2} \right)^2 + (EI_\omega)_{\text{eff}} \left(\frac{\partial^2 \theta}{\partial z^2} \right)^2 + (GJ_k)_{\text{eff}} \left(\frac{\partial \theta}{\partial z} \right)^2 \right] \mathrm{d}z \quad (16.296)$$

其中，

$$(EI_y)_{\text{eff}} = (EI_y)_{f1} + (EI_y)_{f2} \quad (16.297)$$

为考虑塑性发展的有效抗弯刚度，而

$$(EI_\omega)_{\text{eff}}^P = (EI_y)_{f1} \left(\frac{h}{2} + y_0 \right)^2 + (EI_y)_{f2} \left(\frac{h}{2} - y_0 \right)^2 + (EI_\omega)_{f1}^S + (EI_\omega)_{f2}^S \quad (16.298)$$

为考虑塑性发展的有效约束扭转刚度，而

$$(GJ_k)_{\text{eff}} = (GJ_k)_{f1} + (GJ_k)_{f2} \quad (16.299)$$

为考虑塑性发展的有效自由扭转刚度。

16.4.3　弹塑性弯扭屈曲的初应力势能

（1）上翼缘的初应力势能

在纯弯曲状态下，双轴对称工字形钢梁上翼缘的初应力为

$$\sigma_{z0,f1} = \begin{cases} -f_y \left(\dfrac{4\alpha}{b_f} s + 1 - 2\alpha\beta \right) & \text{当 } \beta b_f/2 > s \geqslant 0 \text{ 时} \\ -f_y & \text{当 } b_f/2 \geqslant s \geqslant \beta b_f/2 \text{ 时} \end{cases} \quad (16.300)$$

非线性应变为

$$\varepsilon_{z,f1}^{\text{NL}} = \frac{1}{2}\left[\left(\frac{\partial u_{f1}}{\partial z} \right)^2 + \left(\frac{\partial v_{f1}}{\partial z} \right)^2 \right] = \frac{1}{2}\left[\left(-s\frac{\partial \theta}{\partial z} \right)^2 + \left(\frac{\partial u}{\partial z} + (n + \Delta_1)\frac{\partial \theta}{\partial z} \right)^2 \right] \quad (16.301)$$

式中，

$$\Delta_1 = \frac{h}{2} + y_0 \quad (16.302)$$

根据

$$V_{f1} = \iiint [\sigma_{z0,f1} \varepsilon_{z,f1}^{\text{NL}}] \mathrm{d}n\mathrm{d}s\mathrm{d}z \quad (16.303)$$

可得

$$V_{f1} = \iiint \sigma_{z0,f1}\varepsilon_{z,f1}^{\mathrm{NL}}\,\mathrm{d}V$$

$$= \iiint \sigma_{z0,f1} \times \frac{1}{2}\left[\left(-s\frac{\partial\theta}{\partial z}\right)^2 + \left(\frac{\partial u}{\partial z} + (n+\Delta_1)\frac{\partial\theta}{\partial z}\right)^2\right]\mathrm{d}V$$

$$= 2\times\int_0^L\int_{-\frac{t_f}{2}}^{\frac{t_f}{2}}\int_0^{\frac{\beta b_f}{2}} -f_y\left(\frac{4\alpha}{b_f}s + 1 - 2\alpha\beta\right)\times\frac{1}{2}\left[\left(-s\frac{\partial\theta}{\partial z}\right)^2 + \left(\frac{\partial u}{\partial z} + (n+\Delta_1)\frac{\partial\theta}{\partial z}\right)^2\right]\mathrm{d}s\mathrm{d}n\mathrm{d}z +$$

$$2\times\int_0^L\int_{-\frac{t_f}{2}}^{\frac{t_f}{2}}\int_{\frac{\beta b_f}{2}}^{\frac{b_f}{2}} -f_y\times\frac{1}{2}\left[\left(-s\frac{\partial\theta}{\partial z}\right)^2 + \left(\frac{\partial u}{\partial z} + (n+\Delta_1)\frac{\partial\theta}{\partial z}\right)^2\right]\mathrm{d}s\mathrm{d}n\mathrm{d}z$$

$$(16.304)$$

积分结果为

$$V_{f1} = \int_0^L\left[\begin{array}{l}\frac{1}{2}(-1+\alpha\beta^2)A_f f_y\left(\frac{\partial u}{\partial z}\right)^2 + (-1+\alpha\beta^2)A_f f_y\Delta_1\left(\frac{\partial u}{\partial z}\right)\left(\frac{\partial\theta}{\partial z}\right) +\\ \frac{1}{48}A_f f_y((-2+\alpha\beta^4)b_f^2 + 2(-1+\alpha\beta^2)(t_f^2+12\Delta_1^2))\left(\frac{\partial\theta}{\partial z}\right)^2\end{array}\right]\mathrm{d}z$$

$$(16.305)$$

（2）下翼缘的初应力势能

在纯弯曲状态下，双轴对称工字形钢梁下翼缘的初应力为

$$\sigma_{z0,f2} = \begin{cases} f_y & 当(1-\beta)b_f/2 > s \geq 0 \text{ 时} \\ f_y\left(-\frac{4\alpha}{b_f}s + 1 + 2\alpha - 2\alpha\beta\right) & 当 b_f/2 \geq s \geq (1-\beta)b_f/2 \text{ 时} \end{cases}$$

$$(16.306)$$

非线性应变为

$$\varepsilon_{z,f2}^{\mathrm{NL}} = \frac{1}{2}\left[\left(\frac{\partial u_{f1}}{\partial z}\right)^2 + \left(\frac{\partial v_{f1}}{\partial z}\right)^2\right] = \frac{1}{2}\left[\left(-s\frac{\partial\theta}{\partial z}\right)^2 + \left(-\frac{\partial u}{\partial z} + (n+\Delta_2)\frac{\partial\theta}{\partial z}\right)^2\right] \quad (16.307)$$

式中，

$$\Delta_2 = \frac{h}{2} - y_0$$

$$(16.308)$$

根据

$$V_{f2} = \iiint [\sigma_{z0,f2}\varepsilon_{z,f2}^{\mathrm{NL}}]\,\mathrm{d}n\mathrm{d}s\mathrm{d}z$$

$$(16.309)$$

可得

$$V_{f2} = \iiint \sigma_{z0,f2}\varepsilon_{z,f2}^{\mathrm{NL}}\,\mathrm{d}V$$

$$= \iiint \sigma_{z0,f2} \times \frac{1}{2}\left[\left(-s\frac{\partial\theta}{\partial z}\right)^2 + \left(-\frac{\partial u}{\partial z} + (n+\Delta_2)\frac{\partial\theta}{\partial z}\right)^2\right]\mathrm{d}V$$

$$= 2\times\int_0^L\int_{-\frac{t_f}{2}}^{\frac{t_f}{2}}\int_0^{\frac{\beta b_f}{2}} f_y\times\frac{1}{2}\left[\left(-s\frac{\partial\theta}{\partial z}\right)^2 + \left(-\frac{\partial u}{\partial z} + (n+\Delta_2)\frac{\partial\theta}{\partial z}\right)^2\right]\mathrm{d}s\mathrm{d}n\mathrm{d}z +$$

$$2\times\int_0^L\int_{-\frac{t_f}{2}}^{\frac{t_f}{2}}\int_{\frac{\beta b_f}{2}}^{\frac{b_f}{2}} f_y\left(-\frac{4\alpha}{b_f}s + 1 + 2\alpha - 2\alpha\beta\right)\times\frac{1}{2}\left[\left(-s\frac{\partial\theta}{\partial z}\right)^2 + \left(-\frac{\partial u}{\partial z} + (n+\Delta_2)\frac{\partial\theta}{\partial z}\right)^2\right]\mathrm{d}s\mathrm{d}n\mathrm{d}z$$

$$(16.310)$$

积分结果为

$$
V_{f2} = \int_0^L \left[\begin{array}{l} -\frac{1}{2}(-1+\alpha\beta^2)A_f f_y \left(\frac{\partial u}{\partial z}\right)^2 + (-1+\alpha\beta^2)A_f f_y \Delta_2 \left(\frac{\partial u}{\partial z}\right)\left(\frac{\partial \theta}{\partial z}\right) - \\ \frac{1}{48}A_f f_y \left(\begin{array}{l} (-2+\alpha\beta^2(6-4\beta+\beta^2))b_f^2 + \\ 2(-1+\alpha\beta^2)(t_f^2+12\Delta_2^2) \end{array} \right)\left(\frac{\partial \theta}{\partial z}\right)^2 \end{array} \right] dz
$$

(16.311)

（3）初应力势能

$$
V = V_{f1} + V_{f2}
$$

$$
= \int_0^L \left[\begin{array}{l} -(1-\alpha\beta^2)A_f f_y (\Delta_1+\Delta_2)\left(\frac{\partial u}{\partial z}\right)\left(\frac{\partial \theta}{\partial z}\right) + \\ \frac{1}{24}A_f f_y (\alpha\beta^2(-3+2\beta)b_f^2 + 12(-1+\alpha\beta^2)(\Delta_1^2-\Delta_2^2))\left(\frac{\partial \theta}{\partial z}\right)^2 \end{array} \right] dz
$$

(16.312)

将式（16.302）和式（16.308）代入，可得

$$
V = \int_0^L \left[\begin{array}{l} -h(1-\alpha\beta^2)A_f f_y \left(\frac{\partial u}{\partial z}\right)\left(\frac{\partial \theta}{\partial z}\right) + \\ \frac{1}{24}A_f f_y (\alpha\beta^2(-3+2\beta)b_f^2 + 24h(-1+\alpha\beta^2)y_0)\left(\frac{\partial \theta}{\partial z}\right)^2 \end{array} \right] dz
$$

(16.313)

注意到

$$
M_x = h(1-\alpha\beta^2)A_f f_y
$$

(16.314)

则可将初应力势能改写为

$$
V = \int_0^L \left[-M_x \left(\frac{\partial u}{\partial z}\right)\left(\frac{\partial \theta}{\partial z}\right) + M_x (\beta_x)_{eff} \left(\frac{\partial \theta}{\partial z}\right)^2 \right] dz
$$

(16.315)

其中

$$
(\beta_x)_{eff} = \frac{1}{24M_x}A_f f_y [\alpha\beta^2(-3+2\beta)b_f^2 + 24h(-1+\alpha\beta^2)y_0]
$$

(16.316)

将式（16.314）代入上式，简化得到

$$
(\beta_x)_{eff} = \frac{\alpha\beta^2(-3+2\beta)b_f^2}{24h(1-\alpha\beta^2)} - y_0
$$

(16.317)

这就是我们依据板-梁理论推导得到双轴对称工字形钢梁弹塑性屈曲的 Wagner 系数。

16.4.4　弹塑性弯扭屈曲的总势能

弹塑性弯扭屈曲的总势能为

$$
\Pi = U + V
$$

(16.318)

将式（16.315）和式（16.296）代入上式，可得

$$
\Pi = \frac{1}{2}\int_0^L \left\{ \begin{array}{l} (EI_y)_{eff}\left(\frac{\partial^2 u}{\partial z^2}\right)^2 + (EI_\omega)_{eff}\left(\frac{\partial^2 \theta}{\partial z^2}\right)^2 + (GJ_k)_{eff}\left(\frac{\partial \theta}{\partial z}\right)^2 + \\ 2M_x (\beta_x)_{eff}\left(\frac{\partial \theta}{\partial z}\right)^2 - 2M_x \left(\frac{\partial u}{\partial z}\right)\left(\frac{\partial \theta}{\partial z}\right) \end{array} \right\} dz
$$

(16.319)

参照前述的方法，可将上式简化为

$$\Pi = \frac{1}{2} \int_0^L \left\{ \begin{array}{l} (EI_y)_{\text{eff}} \left(\dfrac{\partial^2 u}{\partial z^2}\right)^2 + (EI_\omega)_{\text{eff}} \left(\dfrac{\partial^2 \theta}{\partial z^2}\right)^2 + (GJ_k)_{\text{eff}} \left(\dfrac{\partial \theta}{\partial z}\right)^2 + \\[3mm] 2M_x\,(\beta_x)_{\text{eff}} \left(\dfrac{\partial \theta}{\partial z}\right)^2 + 2M_x \left(\dfrac{\partial^2 u}{\partial z^2}\right)\theta \end{array} \right\} \mathrm{d}z \quad (16.320)$$

这就是我们依据板-梁理论推导得到的双轴对称工字形钢梁弹塑性弯扭屈曲的总势能。

需要特别指出的是,按照经典的 Vlasov 理论和 Bleich 理论无法直接推导得到此类总势能,因为扇性面积定律无法考虑不同模量的影响。

16.4.5　弹塑性弯扭屈曲的能量变分解答与解析解

(1) 能量变分解答

假设纯弯曲钢梁的屈曲模态为

$$\left. \begin{array}{l} u(z) = A \cdot h \sin\left(\dfrac{pz}{L}\right) \\[3mm] \theta(z) = B \cdot \sin\left(\dfrac{pz}{L}\right) \end{array} \right\} \quad (16.321)$$

其中,A 和 B 为无量纲的待定系数。

与他人的分析不同,我们在上式的第一式中引入了 h,其目的是使 A 成为无量纲的参数,从而为我们推导得到无量纲弯矩和无量纲总势能奠定基础。

显然,屈曲模态函数满足如下的简支边界条件:

$$\left. \begin{array}{ll} u(0) = u''(0) = 0, & u(L) = u''(L) = 0 \\[2mm] q(0) = q''(0) = 0, & q(L) = q''(L) = 0 \end{array} \right\} \quad (16.322)$$

因此,屈曲模态函数式(16.321)为可用函数。

后面可以证明,式(16.321)为纯弯曲钢梁的精确屈曲模态。

将式(16.321)代入总势能方程(16.320),利用变分原理易得

$$\left. \begin{array}{l} A \cdot h\,(EI_y)_{\text{eff}} \left(\dfrac{\pi}{L}\right)^4 - B \cdot M_x \left(\dfrac{\pi}{L}\right)^2 = 0 \\[3mm] A \cdot h M_x \left(\dfrac{\pi}{L}\right)^2 - B \cdot \left[(GJ_k)_{\text{eff}} \left(\dfrac{\pi}{L}\right)^2 + (EI_\omega)_{\text{eff}} \left(\dfrac{\pi}{L}\right)^4 + 2M_x\,(\beta_x)_{\text{eff}} \left(\dfrac{\pi}{L}\right)^2 \right] = 0 \end{array} \right\}$$

$$(16.323)$$

或者

$$\begin{pmatrix} h\,(EI_y)_{\text{eff}} \left(\dfrac{\pi}{L}\right)^2 & -M_x \\[3mm] -h M_x & (GJ_k)_{\text{eff}} + (EI_\omega)_{\text{eff}} \left(\dfrac{\pi}{L}\right)^2 + 2M_x\,(\beta_x)_{\text{eff}} \end{pmatrix} \begin{pmatrix} A \\ B \end{pmatrix} = \begin{pmatrix} 0 \\ 0 \end{pmatrix} \quad (16.324)$$

若保证待定系数 A 和 B 不同时为零,必有

$$\mathrm{Det} \begin{bmatrix} h\,(EI_y)_{\text{eff}} \left(\dfrac{\pi}{L}\right)^2 & -M_x \\[3mm] -h M_x & (GJ_k)_{\text{eff}} + (EI_\omega)_{\text{eff}} \left(\dfrac{\pi}{L}\right)^2 + 2M_x\,(\beta_x)_{\text{eff}} \end{bmatrix} = 0 \quad (16.325)$$

从而得到

$$M_x^2 - 2\,(EI_y)_{\text{eff}}\left(\frac{\pi}{L}\right)^2 (\beta_x)_{\text{eff}} \cdot M_x - (EI_y)_{\text{eff}}\left(\frac{\pi}{L}\right)^2 \left[(GJ_k)_{\text{eff}} + (EI_\omega)_{\text{eff}}\left(\frac{\pi}{L}\right)^2\right] = 0 \tag{16.326}$$

这就是双轴对称工字形钢梁弹塑性弯扭屈曲的屈曲方程。

(2) 无量纲临界弯矩的解析解

由屈曲方程式(16.326)，可解得无量纲临界弯矩为

$$\widetilde{M}_{x,cr} = (\widetilde{\beta}_x)_{\text{eff}} + \sqrt{(\widetilde{\beta}_x)_{\text{eff}}^2 + \eta(1 + K^{-2})} \tag{16.327}$$

式中

$$\widetilde{M}_{x,cr} = \frac{M_{x,cr}}{\left(\dfrac{\pi^2\,(EI_y)_{\text{eff}}}{L^2}\right)h}, \quad (\widetilde{\beta}_x)_{\text{eff}} = \frac{(\beta_x)_{\text{eff}}}{h} \tag{16.328}$$

$$\eta = \frac{(EI_\omega)_{\text{eff}}}{h^2\,(EI_y)_{\text{eff}}}, \quad K = \sqrt{\frac{\pi^2\,(EI_\omega)_{\text{eff}}}{(GJ_k)_{\text{eff}}L^2}} \tag{16.329}$$

(3) 无量纲临界梁长的解析解

利用上述解答即可绘制弹塑性临界弯矩与临界梁长之间的关系，Trahair 和陈骥教授采用的算法如下：

① 先给定弹性区比例 β，按照公式(16.314)计算平面内弯矩 M_x；

② 根据公式(16.327)计算弹塑性弯扭屈曲临界弯矩 M_x^E；

③ 令上述两个弯矩相等可解出与 M_x^E 对应的临界梁长。

这里将介绍作者提出的一种直接求临界梁长的方法。

实际上，上述算法是一种给定临界弯矩来反求临界梁长的方法。而屈曲方程式(16.326)不仅可用来求临界弯矩，也可用来求临界梁长，即

$$L^2 = \frac{\pi^2\,(EI_y)_{\text{eff}}(GJ_k)_{\text{eff}}}{2M_x^2} + \frac{\pi^2\,(EI_y)_{\text{eff}}(\beta_x)_{\text{eff}}}{M_x} +$$

$$\frac{\sqrt{4\pi^4\,(EI_y)_{\text{eff}}(EI_\omega)_{\text{eff}}M_x^2 + [-\pi^2\,(EI_y)_{\text{eff}}(GJ_k)_{\text{eff}} - 2\pi^2\,(EI_y)_{\text{eff}}M_x\beta_x]^2}}{2M_x^2} \tag{16.330}$$

也可将其改写为无量纲的形式，即

$$\left(\frac{L}{h}\right) = \sqrt{\widetilde{S} + \sqrt{\widetilde{S} + \widetilde{T}}} \tag{16.331}$$

式中，

$$\widetilde{S} = \frac{\pi^2\,(EI_y)_{\text{eff}}[(GJ_k)_{\text{eff}} + 2M_x\,(\beta_x)_{\text{eff}}]}{2h^2 M_x^2} \tag{16.332}$$

$$\widetilde{T} = \frac{\pi^4\,(EI_y)_{\text{eff}}(EI_\omega)_{\text{eff}}}{h^4 M_x^2} \tag{16.333}$$

16.4.6　弹塑性弯扭屈曲：数值计算方法

(1) N. S. Trahair 的方法：逐步施加应变的方法

2012 年 Trahair 研究了图 16.14 所示的工字形截面梁弹塑性弯扭屈曲问题，并提出了

逐步施加应变的方法。

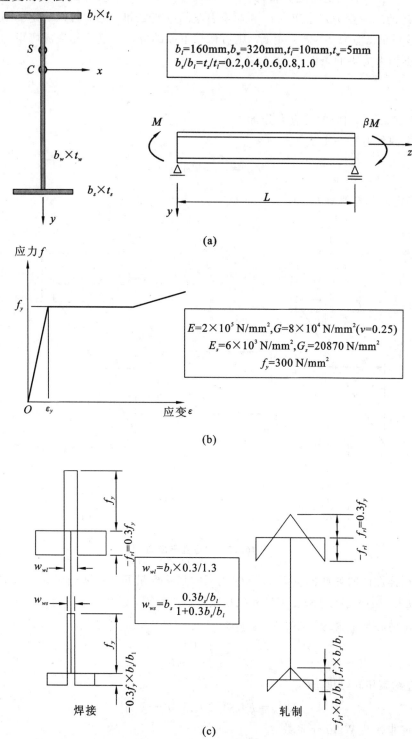

图 16.14   Trahair 的计算模型

(a)截面尺寸;(b)本构关系;(c)残余应力模式

图 16.15(a)为假设的应变分布,其中 ε_{wl} 和 ε_{ws} 分别为弯矩引起的腹板上边缘和下边缘的应变,翼缘的总应变为残余应变 ε_r 和弯矩引起的应变之和。据此可以确定图 16.15(b)所示的工字形截面总应力 f。若给定 ε_{wl},则可依据下面的方法来确定相应的弯矩:

① 根据轴力为零的条件

$$N = \int_A f \, \mathrm{d}A = 0 \qquad (16.334)$$

可以确定 ε_{ws} 和相应的总应力分布。

② 根据内外弯矩平衡条件

$$M_{iu} = \int_A f y_i \, \mathrm{d}A = 0 \qquad (16.335)$$

可以确定非弹性弯矩 M_{iu}。

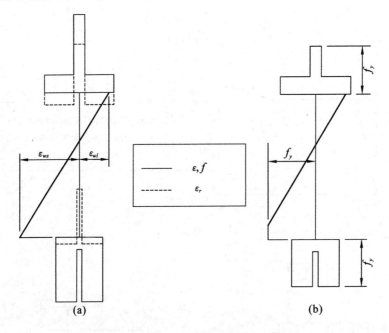

图 16.15 总应变与应力

③ 根据弹性区的弹性模量 E、G 和强化区的强化模量 E_s、G_s 来确定翼缘绕弱轴的抗弯刚度 EI_{li}、EI_{si},截面的抗弯刚度 EI_i 和抗扭刚度 GJ_i。

④ 确定剪心与上翼缘形心的距离 $\tilde{y}_{0i}$

$$\tilde{y}_{0i} = \frac{b_w EI_{si}}{EI_{li} + EI_{si}} \qquad (16.336)$$

以及非弹性约束扭转刚度 EC_{ui}

$$EC_{ui} = EI_{li} \tilde{y}_{0i}^2 + EI_{si} (b_w - \tilde{y}_{0i})^2 \qquad (16.337)$$

⑤ 确定非弹性 Wagner 系数 β_{xi}

$$\beta_{xi} = \frac{1}{M_{iu}} \int_A (\sigma_z - f_r) [x^2 + (y - \tilde{y}_0)^2] \mathrm{d}A \qquad (16.338)$$

⑥ 按下式求解临界梁长度

$$M_{iu} = \sqrt{\frac{\pi^2 EI_{yi}}{L_{iu}^2}} \left\{ \sqrt{\left\{ GJ_i + \frac{\pi^2 EC_{ui}}{L_{iu}^2} + \left[\left(\frac{\beta_{xi}}{2} \right) \sqrt{\frac{\pi^2 EI_{yi}}{L_{iu}^2}} \right]^2 \right\}} + \left(\frac{\beta_{xi}}{2} \right) \sqrt{\frac{\pi^2 EI_{yi}}{L_{iu}^2}} \right\} \quad (16.339)$$

（2）陈骥的方法：逐步施加曲率的方法

对于图 16.16 所示的工字形截面梁弹塑性弯扭屈曲问题，陈骥提出了逐步施加曲率的方法。

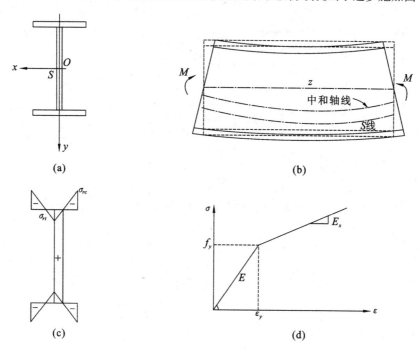

图 16.16　陈骥的计算模型

此方法的主要计算步骤如下：

① 确定与给定曲率 ϕ 对应的截面弯矩 M_x

首先将截面的翼缘和腹板划分为图 16.17 所示的若干小单元，然后假设一个中和轴位置 y_n，并根据轴力为零的条件

$$N = \sum \sigma_i A_i = 0 \quad (16.340)$$

通过迭代的方法寻找中和轴的位置 y_n，从而得到与给定曲率 ϕ 对应的截面弯矩为

$$M_x = \sum \sigma_i A_i (y_i - y_n) = f(\phi) \quad (16.341)$$

式中，A_i 为第 i 个小单元的面积；y_i、σ_i 分别为第 i 个小单元形心的坐标和应力。

② 计算非弹性的截面特性

$$EI_{ex} = \sum E_i I_{xi} + \sum E_i A_i y_i^2 \quad (16.342)$$

$$EI_{ey} = \sum E_i I_{yi} + \sum E_i A_i x_i^2 \quad (16.343)$$

式中，I_{xi} 和 I_{yi} 是每个小单元对本身轴的惯性矩，如果单元面积很小，它们对抗弯刚度的影响很小，可略去不计。

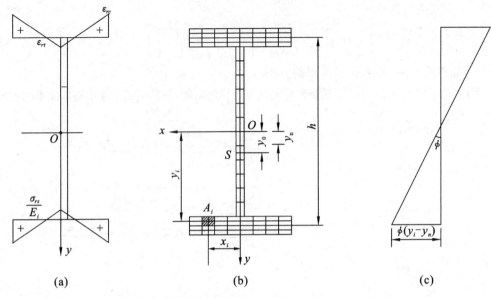

图 16.17　截面单元划分与应变分布

对于每个小单元,$I_{ti} = \dfrac{b_i t_i^3}{3}$, $I_{eti} = I_{ti} A_{ei} \Big/ \sum A_i$ 和 $I_{pti} = I_{ti} - I_{eti}$,于是

$$EI_{ew} = \frac{1}{EI_{ey}} \Big[\sum_{\text{上翼缘}} (I_{yi} + A_i x_i^2) E_i \Big] \Big[\sum_{\text{下翼缘}} (I_{yi} + A_i x_i^2) E_i \Big] h^2 \qquad (16.344a)$$

$$GI_{et} + G_t I_{pt} = G \sum I_{eti} + (G/4) \sum I_{pti} \qquad (16.344b)$$

Wagner 效应系数

$$\overline{K} = \sum \sigma_i \rho_i^2 A_i = \sum \sigma_i A_i (x_i^2 + y_i^2 - 2\tilde{y}_0 y_i + \tilde{y}_0^2) \qquad (16.345)$$

剪心坐标

$$\tilde{y}_0 = \frac{\Big[\displaystyle\sum_{\text{上翼缘}} E_i (I_{yi} + A_i x_i^2) y_i - \sum_{\text{下翼缘}} E_i (I_{yi} + A_i x_i^2) y \Big]}{EI_{ey}} \qquad (16.346a)$$

③ 按下式确定与给定曲率 ϕ 对应的纯弯临界弯矩 M_{cr}

$$M_{cr} = \frac{\pi}{l} \sqrt{EI_{ey} \left(GI_{et} + G_A I_{pt} - \overline{K} + \frac{\pi^2 EI_{qw}}{l^2} \right)} \qquad (16.346b)$$

如果 $|(M_{cr} - M_x)/M_{cr}| \leqslant 10^{-3}$,则 M_{cr} 为纯弯构件的临界弯矩,否则需调整曲率 ϕ。

16.4.7　弹塑性弯扭屈曲 Wagner 系数的讨论

本节将依据作者提出的双翼缘弹塑性分析模型来讨论 Trahair 和陈骥的 Wagner 系数表达式。

（1）Trahair 的公式

观察 Trahair 的 Wagner 系数公式(16.338),我们发现其定义沿用了西方文献的习惯,即公式(16.257)。为了与国内常用的 Wagner 系数定义式(16.256)协调,我们需在 Trahair

公式的分子中增加一个系数 2,从而得到如下的 Wagner 系数公式

$$(\bar{\beta}_x)_{\text{eff}}^{\text{Trahair}} = \frac{1}{2M_x} \int_A (\sigma_{z0} - f_r)[x^2 + (y - \tilde{y}_0)^2] \mathrm{d}A \tag{16.347}$$

式中,σ_{z0} 为总应力,f_r 为残余应力。

与传统公式不同,上式中包含了残余应力,即 $\int_A (-f_r)[x^2 + (y - \tilde{y}_0)^2] \mathrm{d}A$ 项的影响。

参照第一章公式(1.53),此项积分数值上等于纵向残余应力分布引起的 Wagner 应力合力 W_r,但符号相反。Trahair 的解释是,引入此项可大致补偿扭转过程中 W_r 不等于零的影响。

根据本书的残余应力分布图 16.10,可得

$$f_r = -\frac{4\alpha f_y}{b_f} s + \alpha f_y \quad (b_f/2 \geqslant s \geqslant 0) \tag{16.348}$$

若将本书前述的初应力公式代入 Trahair 公式(16.347),可得

$$(\beta_{x,f1})_{\text{eff}}^{\text{Trahair}} = \frac{1}{2M_x} \int_{A_{f1}} (\sigma_{z0,f1} - f_r)[s^2 + (-\Delta_1 - n)^2] \mathrm{d}s \mathrm{d}n$$

$$= \frac{1}{2M_x} 4 \int_0^{\frac{t_f}{2}} \int_0^{\frac{\beta b_f}{2}} \left[-\left(\frac{4\alpha f_y}{b_f} s + f_y - 2\alpha\beta f_y \right) - \left(-\frac{4\alpha f_y}{b_f} s + \alpha f_y \right) \right] [s^2 + (-\Delta_1 - n)^2] \mathrm{d}s \mathrm{d}n$$

$$+ \frac{1}{2M_x} 4 \int_0^{\frac{t_f}{2}} \int_{\frac{\beta b_f}{2}}^{\frac{b_f}{2}} \left[-f_y - \left(-\frac{4\alpha f_y}{b_f} s + \alpha f_y \right) \right] [s^2 + (-\Delta_1 - n)^2] \mathrm{d}s \mathrm{d}n$$

$$= \frac{b_f t_f f_y}{48 M_x} \begin{bmatrix} b_f^2 (-2 + \alpha + \alpha\beta^4) \\ + 2(-1 + \alpha\beta^2)(t_f^2 + 6t_f \Delta_1 + 12\Delta_1^2) \end{bmatrix} \tag{16.349}$$

$$(\beta_{x,f2})_{\text{eff}}^{\text{Trahair}} = \frac{1}{2M_x} \int_{A_{f2}} (\sigma_{z0,f2} - f_r)[s^2 + (\Delta_2 + n)^2] \mathrm{d}s \mathrm{d}n$$

$$= \frac{1}{2M_x} 4 \int_0^{\frac{t_f}{2}} \int_0^{\frac{(1-\beta)b_f}{2}} \left[f_y - \left(-\frac{4\alpha f_y}{b_f} s + \alpha f_y \right) \right] [s^2 + (\Delta_2 + n)^2] \mathrm{d}s \mathrm{d}n$$

$$+ \frac{1}{2M_x} 4 \int_0^{\frac{t_f}{2}} \int_{\frac{(1-\beta)b_f}{2}}^{\frac{b_f}{2}} \left[\begin{matrix} \left(-\frac{4\alpha f_y}{b_f} s + f_y + 2\alpha f_y - 2\alpha\beta f_y \right) - \\ \left(-\frac{4\alpha f_y}{b_f} s + \alpha f_y \right) \end{matrix} \right] [s^2 + (\Delta_2 + n)^2] \mathrm{d}s \mathrm{d}n$$

$$= \frac{b_f t_f f_y}{24 M_x} \left\{ \begin{matrix} (-1 + \beta) \left[\frac{1}{2}(-1 + \beta) 2 b_f^2 [-2 + \alpha(-1 + 3\beta)] + (-1 + \alpha\beta) t_f^2 \right] \\ + 6(-1 + \beta)(-1 + \alpha\beta)\Delta_2 (t_f + 2\Delta_2) \\ - \beta[-1 + \alpha(-1 + 2\beta)][(3 - 3\beta + \beta^2)b_f^2 + t_f^2 + 6t_f \Delta_2 + 12\Delta_2^2] \end{matrix} \right\} \tag{16.350}$$

式中,$\Delta_1 = \dfrac{h}{2} + \tilde{y}_0$,$\Delta_2 = \dfrac{h}{2} - \tilde{y}_0$。

将两者相加,可得

$$(\beta_x)_{\text{eff}}^{\text{Trahair}} = (\beta_{x,f1})_{\text{eff}}^{\text{Trahair}} + (\beta_{x,f2})_{\text{eff}}^{\text{Trahair}}$$

$$= \frac{b_f t_f f_y}{24 M_x}\{\alpha(1-\beta)^2(1+2\beta)b_f^2 + 6(-1+\alpha\beta^2)(\Delta_1 - \Delta_2)[t_f + 2(\Delta_1 + \Delta_2)]\}$$

$$= \frac{b_f t_f f_y}{24 M_x}\left[\alpha(1-\beta)^2(1+2\beta)b_f^2 + 24(-1+\alpha\beta^2)h\left(1+\frac{t_f}{2h}\right)y_0\right] \tag{16.351}$$

若翼缘的厚度 t_f 与 $2h$ 相比足够小,则上式可简化为

$$(\beta_x)_{\text{eff}}^{\text{Trahair}} \approx \frac{\alpha(1-\beta)^2(1+2\beta)b_f^2}{24(1-\alpha\beta^2)h} - y_0 \tag{16.352}$$

(2) 陈骥的公式

与 Trahair 直接给出 Wagner 系数不同,陈骥给出的是"Wagner 效应系数",参见式(16.345),其积分形式为

$$\overline{K} = \int_A (\sigma_{z0})[x^2 + (y - \overline{y}_0)^2]\mathrm{d}A \tag{16.353}$$

式中,σ_{z0} 为初应力。此定义与本书前述的初应力定义相同。

显然,上述两种定义类似,都是沿用了柱子弹性屈曲的思想。但 Wagner 效应系数 $\overline{K}$ 并不是一个几何量,它具有[力×长度²]的量纲。实际上,按国内常用的 Wagner 系数表达式[式(16.256)],也将陈骥的 $\overline{K}$ 转化为 Wagner 系数的形式,即

$$(\overline{\beta}_x)_{\text{eff}}^{\text{Chen}} = \frac{\overline{K}}{2M_x} = \frac{1}{2M_x}\int_A(\sigma_{z0})[x^2 + (y - \overline{y}_0)^2]\mathrm{d}A \tag{16.354}$$

若将本书前述的初应力公式代入到上式,可得

$$(\overline{\beta}_{x,f1})_{\text{eff}}^{\text{Chen}} = \frac{1}{2M_x}4\int_0^{\frac{t_f}{2}}\int_0^{\frac{\beta b_f}{2}}\left[-\left(\frac{4\alpha f_y}{b_f}s + f_y - 2\alpha\beta f_y\right)\right][s^2 + (-\Delta_1 - n)^2]\mathrm{d}s\mathrm{d}n$$

$$+ \frac{1}{2M_x}4\int_0^{\frac{t_f}{2}}\int_{\frac{\beta b_f}{2}}^{\frac{b_f}{2}}(-f_y)[s^2 + (-\Delta_1 - n)^2]\mathrm{d}s\mathrm{d}n$$

$$= \frac{b_f t_f f_y}{48 M_x}[(-2 + \alpha\beta^4)b_f^2 + 2(-1 + \alpha\beta^2)(3\Delta_1^2 + t_f^2)] \tag{16.355}$$

$$(\overline{\beta}_{x,f2})_{\text{eff}}^{\text{Chen}} = \frac{1}{2M_x}4\int_0^{\frac{t_f}{2}}\int_0^{\frac{(1-\beta)b_f}{2}}f_y[s^2 + (\Delta_2 + n)^2]\mathrm{d}s\mathrm{d}n$$

$$+ \frac{1}{2M_x}4\int_0^{\frac{t_f}{2}}\int_{\frac{(1-\beta)b_f}{2}}^{\frac{b_f}{2}}\left(-\frac{4\alpha f_y}{b_f}s + f_y + 2\alpha f_y - 2\alpha\beta f_y\right)[s^2 + (\Delta_2 + n)^2]\mathrm{d}s\mathrm{d}n$$

$$= -\frac{b_f t_f f_y}{48 M_x}\{[-2 + \alpha\beta^2(6 - 4\beta + \beta^2)]b_f^2 + 2(-1 + \alpha\beta^2)(3\Delta_2^2 + t_f^2)\} \tag{16.356}$$

式中,$\Delta_1 = \dfrac{h}{2} + \overline{y}_0$,$\Delta_2 = \dfrac{h}{2} - \overline{y}_0$。

将上述两个式子相加,可得

$$(\overline{\beta}_x)_{\text{eff}}^{\text{Chen}} = (\overline{\beta}_{x,f1})_{\text{eff}}^{\text{Chen}} + (\overline{\beta}_{x,f2})_{\text{eff}}^{\text{Chen}} = \frac{\alpha\beta^2(-3 + 2\beta)b_f^2}{24(1 - \alpha\beta^2)h} - \overline{y}_0 \tag{16.357}$$

此式即为依据双翼缘模型推导得到的陈骥 Wagner 系数表达式。此结果与作者推导的

结果[式(16.317)]相同。证明我们建立的弹塑性弯扭屈曲板-梁理论是正确的。

（3）Nethercot公式

$$\frac{M_1}{M_P} = 0.7 + \frac{0.30[1 - 0.7(M_P/M_E)]}{(0.61 - 0.30\psi + 0.07\psi^2)} \tag{16.358}$$

式中，$\psi = M_2/M_1$ 为端弯矩比，M_P 为塑性弯矩，M_E 为同样端弯矩比 ψ 下弹性屈曲弯矩。

对于纯弯屈曲情况，$\psi = -1$，此时上式变为

$$\frac{M_x}{M_P} = 0.7 + 0.306\left[1 - 0.7\left(\frac{M_P}{M_E}\right)\right] \tag{16.359}$$

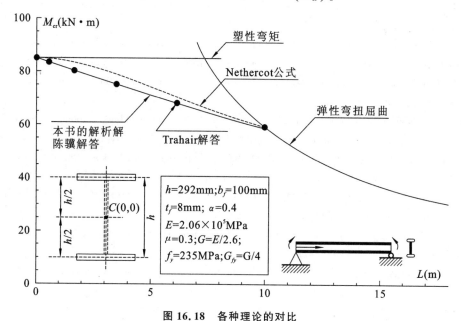

图 16.18　各种理论的对比

图 16.18 为前述各种理论的对比。从图中可见：①陈骥的理论解和本书提出的板-梁理论解完全相同；②Trahair 理论解与本书板-梁理论解差别很小，说明对于本书的折线形残余应力而言，Wagner 应力合力 $w_r = \int_A \sigma_r(x^2 + y^2)\mathrm{d}A$ 影响很小；③Nethercot 公式的结果略高于本书板-梁理论解。

参 考 文 献

[1] VLASOV V Z. Thin-walled elastic beams. 2nd ed. Jerusalem：Israel Program for Scientific Transactions，1961.

[2] 弗拉索夫.薄壁空间体系的建筑力学.北京：中国工业出版社，1962.

[3] TIMOSHENKO S P，Gere J M. Theory of elastic stability. New-York：McGraw-Hill，1961.

[4] BLEICH F.金属结构的屈曲强度.同济大学钢木结构教研室，译.北京：科学出版社，1965.

[5] TRAHAIR N S. Flexural-torsional buckling of structures. London：E & FN Spon，1993.

[6] 吕烈武，沈世钊，沈祖炎，等.钢结构构件稳定理论.北京：中国建筑工业出版社，1983.

[7] 童根树.钢结构的平面外稳定.北京：中国建筑工业出版社，2005.

[8] 陈骥.钢结构稳定理论与设计.3版.北京：科学出版社，2006.

[9] KITIPORNCHAI S,CHAN S L. Nonlinear finite element analysis of angle and Tee beam-columns. Journal of Structural Engineering,ASCE,1987,113(4):721-739.

[10] 高冈宣善. 结构杆件的扭转解析. 北京:中国铁道出版社,1982.

[11] 张文福,付烨,刘迎春,等. 工字形钢-混组合梁等效截面法的适用性问题. 第 24 届全国结构工程学术会议论文集(第Ⅱ册). 工程力学(增刊),2015.

[12] 陈绍蕃. 开口截面钢偏心压杆在弯矩作用平面外的稳定系数. 西安冶金建筑学院学报,1974:1-26.

[13] OJALVO M. Wagner hypothesis in beam and column theory. Engng. Mech. Div. ,ASCE,1981,107(4): 669-677.

[14] OJALVO M. Discussion on Buckling of monosymmetric I-beams under moment gradient. J. Struct. Engng. ,ASCE,1987,113(6):1387-1391.

[15] OJALVO M. The buckling of thin-walled open-profile bars. J. Appl. Mech. ,ASME,1989,56:633-638.

[16] OJALVO M. Thin-walled bars with open profiles. Ohio:The Olive Press,Columbus,1990.

[17] TRAHAIR N S. Discussion on Wagner hypothesis in beam and column theory. J. Engng. Mech. Div. , ASCE,1982,108(3):575-578.

[18] KITIPORNCHAI S,WANG C M,TRAHAIR N S. Closure of buckling of monosymmetric I-beams under moment gradient. J. Struct. Engng. ,ASCE,1987,113(6):1391-1395.

[19] GOTO Y,CHEN W F. On the validity of Wagner hypothesis. Int. J. Solids Struct. ,1989,25(6): 621-634.

[20] KNAG Y J,Lee S C,YOO C H. On the dispute concerning the validity of the Wagner hypothesis. Computers & Structures,1992,43(5):853-861.

[21] ALWIS W,Wang C M. Should load remain constant when a thin-walled open profile column buckles?. Int. J. Solids Struct. ,1994,31(21):2945-2950.

[22] ALWIS W,WANG C M. Wagner term in flexural-torsional buckling of thin-walled openprofile columns. Engineering Structures,1996,18(2):125-132.

[23] MOHRI F,BROUKI A,ROTH J C. Theoretical and numerical stability analyses of unrestrained monosymmetric thin-walled beams. Journal of Constructional Steel Research,2003,59(1):63-90.

[24] TRAHAIR N S. Inelastic buckling design of monosymmetric I-beams. Engineering Structures,2012, 34:564-571.

[25] ZIEMIAN R D. Guide to stability design criteria for metal structures. 6th. ed. New Jersey:John Wiley & Sons,2010.

[26] 张文福. 狭长矩形薄板自由扭转和约束扭转的统一理论. 中国科技中文在线. http://www. paper. edu. cn/html /releasepaper/2014 /04/143/.

[27] 张文福. 狭长矩形薄板扭转与弯扭屈曲的新理论. 第十五届全国现代结构工程学术研讨会论文集. 工业建筑(增刊),2015:1728-1743.

[28] ZHANG W F. New theory for mixed torsion of steel-concrete-steel composite walls. ASCCS 2015, Proc. of 11th International Conference on Advances in Steel and Concrete Composite Structures, December 3-5,2015,Beijing,China.

[29] 张文福. 工字形轴压钢柱弹性弯扭屈曲的新理论. 第十五届全国现代结构工程学术研讨会论文集. 工业建筑(增刊),2015:725-735.

[30] 张文福. 矩形薄壁轴压构件弹性扭转屈曲的新理论. 第十五届全国现代结构工程学术研讨会论文集. 工业建筑(增刊),2015:793-804.

[31] 张文福,陈克珊,宗兰,等. 方钢管混凝土自由扭转刚度的有限元验证. 第 25 届全国结构工程学术会议

论文集(第Ⅰ册). 工程力学(增刊),2016:465-468.

[32] 张文福,陈克珊,宗兰,等. 方钢管混凝土翼缘工字形梁扭转刚度的有限元验证. 第 25 届全国结构工程学术会议论文集(第Ⅰ册). 工程力学(增刊),2016:431-434.

[33] ZHANG W F. Energy variational model and its analytical solutions for the elastic flexural-tosional buckling of I-beams with concrete-filled steel tubular flange. ISSS 2015,Proc. of the 8th International Symposium on steel structures. November 5-7,2015,Jeju,Korea.

[34] 张文福. 基于连续化模型的矩形开孔蜂窝梁组合扭转理论. 第六届全国钢结构工程技术交流会论文集. 施工技术(增刊),2016:345-359.

[35] 张文福,谭英昕,陈克珊,等. 蜂窝梁自由扭转刚度误差分析. 第十六届全国现代结构工程学术研讨会论文集. 工业建筑(增刊),2016:558-566.

[36] ZHANG W F. New theory for torsional buckling of steel-concrete composite I-columns. ASCCS 2015, Proc. of 11th International Conference on Advances in Steel and Concrete Composite Structures. December 3-5,2015,Beijing,China.

[37] 张文福,邓云,李明亮,等. 单跨集中荷载下双跨钢-砼组合梁弯扭屈曲方程的近似解析解. 第十六届全国现代结构工程学术研讨会论文集. 工业建筑(增刊),2016:955-961.

[38] 张文福. 钢-混凝土组合柱扭转屈曲的新理论,第六届全国钢结构工程技术交流会论文集. 施工技术(增刊),2016:348-353.

[39] 张文福. 钢-混凝土薄壁箱梁的组合扭转理论. 第六届全国钢结构工程技术交流会论文集. 施工技术(增刊),2016:340-347.

[40] 张文福. 工字形钢梁弹塑性弯扭屈曲简化力学模型与解析解. 南京工程学院学报(自然科学版),2016, 14(4):1-9.

[41] ZHANG W F. LIU Y C,CHEN K S,et al. Dimensionless analytical solution and new design formula for lateral-torsional buckling of I-beams under linear distributed moment via linear stability theory. Mathematical Problems in Engineering,2017:1-23.

[42] ZHANG W F. Symmetric and antisymmetric lateral-torsional buckling of prestressed steel I-beams. Thin-walled structures,2018(122):463-479.

[43] 张文福. 钢梁弯扭屈曲的板-梁理论与解析理论. 大庆:东北石油大学,2015.

[44] 张文福. 薄壁构件的板-梁理论. 大庆:东北石油大学,2015.

[45] 张显杰,夏志斌. 钢梁侧扭屈曲的归一化研究. 钢结构研究论文报告选集. 第二册. 北京:中国建筑工业出版社,1983.

[46] ZHANG W F,GARDNEY L,WADEE A,et al. Analytical Solution for the Inelastic lateral-torsional buckling of I-beam under pure bending Via Plate-Beam Theory. International Journal of Steel Structures,2018(10).

17 简支梁的弹性弯扭屈曲分析

17.1 基于微分方程模型的纯弯简支梁精确解析解

如前所述,过去人们都普遍认为:对于力学问题而言,能量变分解答是弱形式的解答,而微分方程解答才是强形式的解答。也就是说,只有通过求解微分方程模型才可获得问题的精确解答。这就是在变分法的发展初期,人们认为只要利用能量变分模型能够推导出 Euler 方程和相应的边界条件,问题就可以解决了的原因。实践证明,对于工字形钢梁弯扭屈曲而言,目前可以由微分方程推出精确解析解的情况很少,多数情况均无法获得解析解,为此本书后面将花比较大的篇幅介绍如何利用能量变分解答来求解高精度的解析解。

限于篇幅,本节仅介绍图 17.1 所示纯弯曲简支梁精确解析解的求解。

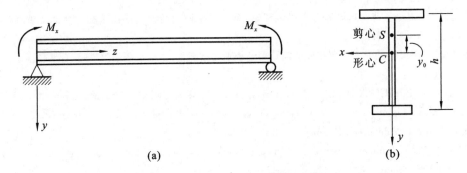

(a)   (b)

图 17.1 纯弯曲简支梁的计算简图

根据前面分析,我们知道对于纯弯曲的单轴对称工字形截面简支梁而言,其屈曲平衡方程为

$$\left.\begin{array}{c} EI_y u^{(4)} + (M_x\theta)'' = 0 \\ EI_\omega\theta^{(4)} - (GJ_k + 2M_x\beta_x)\theta'' - \dfrac{\mathrm{d}}{\mathrm{d}z}(2M_x\beta_x) \cdot \left(\dfrac{\partial\theta}{\partial z}\right) + M_x u'' = 0 \end{array}\right\} \tag{17.1}$$

简支边界条件为

$$u = u'' = 0, \quad \theta = \theta' = 0 \tag{17.2}$$

对于图 17.1 所示的纯弯曲等截面钢梁,$M_x = \mathrm{const}$,$\beta_x = \mathrm{const}$,因此上式中

$$\frac{\mathrm{d}}{\mathrm{d}z}(2M_x\beta_x) = 0 \tag{17.3}$$

从而可将式(17.1)简化为

$$\left.\begin{array}{c} EI_y u^{(4)} + (M_x\theta)'' = 0 \\ EI_\omega\theta^{(4)} - (GJ_k + 2M_x\beta_x)\theta'' + M_x u'' = 0 \end{array}\right\} \tag{17.4}$$

对上式的第一公式积分两次,可得

$$EI_y u'' + M_x\theta = Az + B \tag{17.5}$$

式中,A、B 为待定的积分常数。

根据边界条件 $u''(0)=0$,$\theta(0)=0$ 可得 $B=0$;根据 $u''(L)=0$,$\theta(L)=0$ 可得 $A=0$。这样式(17.5)变为

$$EI_y u''+M_x\theta=0 \tag{17.6}$$

据此可得

$$u''=-\left(\frac{M_x}{EI_y}\right)\theta \tag{17.7}$$

将其代入到式(17.4)的第二个公式,可得

$$EI_\omega\theta^{(4)}-(GJ_k+2M_x\beta_x)\theta''-M_x\left(\frac{M_x}{EI_y}\right)\theta=0 \tag{17.8}$$

或者简写为

$$\theta^{(4)}-k_1\theta''-k_2\theta=0 \tag{17.9}$$

式中,

$$k_1=\frac{GJ_k+2M_x\beta_x}{EI_\omega},\quad k_2=\frac{M_x^2}{EI_yEI_\omega} \tag{17.10}$$

式(17.9)的通解为

$$\theta(z)=C_1\sinh(\alpha_1 z)+C_2\cos(\alpha_1 z)+C_3\sin(\alpha_2 z)+C_4\cos(\alpha_2 z) \tag{17.11}$$

式中,

$$\alpha_1=\sqrt{\frac{k_1+\sqrt{k_1^2+k_2^2}}{2}},\quad \alpha_2=\sqrt{\frac{-k_1+\sqrt{k_1^2+k_2^2}}{2}} \tag{17.12}$$

根据边界条件 $\theta(0)=\theta'(0)=0$, $\theta(L)=\theta'(L)=0$,可得

$$\begin{pmatrix} 0 & 1 & 0 & 1 \\ 0 & \alpha_1^2 & 0 & -\alpha_2^2 \\ \sinh(\alpha_1 L) & \cosh(\alpha_1 L) & \sin(\alpha_2 L) & \cos(\alpha_2 L) \\ \alpha_1^2\sinh(\alpha_1 L) & \alpha_1^2\cosh(\alpha_1 L) & -\alpha_2^2\sin(\alpha_2 L) & -\alpha_2^2\cos(\alpha_2 L) \end{pmatrix}\begin{pmatrix} C_1 \\ C_2 \\ C_3 \\ C_4 \end{pmatrix}=\begin{pmatrix} 0 \\ 0 \\ 0 \\ 0 \end{pmatrix} \tag{17.13}$$

为了保证 C_1、C_2、C_3、C_4 不全为零,则必有上式的系数行列式为零,即

$$\begin{vmatrix} 0 & 1 & 0 & 1 \\ 0 & \alpha_1^2 & 0 & -\alpha_2^2 \\ \sinh(\alpha_1 L) & \cosh(\alpha_1 L) & \sin(\alpha_2 L) & \cos(\alpha_2 L) \\ \alpha_1^2\sinh(\alpha_1 L) & \alpha_1^2\cosh(\alpha_1 L) & -\alpha_2^2\sin(\alpha_2 L) & -\alpha_2^2\cos(\alpha_2 L) \end{vmatrix}=0 \tag{17.14}$$

据此可得

$$(\alpha_1^2+\alpha_2^2)^2\sinh(\alpha_1 L)\sin(\alpha_2 L)=0 \tag{17.15}$$

根据式(17.10)和式(17.12)可知,α_1 不能为零,否则弯矩 $M_x=0$,因此上式若成立,必有

$$\sin(\alpha_2 L)=0 \tag{17.16}$$

从而可知最小的 $\alpha_2=\pi/L$,根据式(17.10)和式(17.12)可得

$$M_{cr}=\frac{\pi^2 EI_y}{L^2}\left[\beta_x+\sqrt{\beta_x^2+\frac{EI_\omega}{EI_y}\left(1+\frac{GJ_kL^2}{\pi^2 EI_\omega}\right)}\right] \tag{17.17}$$

这就是纯弯曲简支梁弯扭屈曲临界弯矩的精确解。

若将 $\alpha_2 = \pi/L$ 代入到式(17.13),可得 $C_1 = C_2 = C_3 = 0$,这样由通解式(17.11)可知

$$\theta(z) = C_3 \sin(\alpha_2 z) = C_3 \sin \frac{\pi z}{L} \tag{17.18}$$

这就是纯弯曲简支梁弯扭屈曲时转角屈曲模态的精确解。

若将上式代入到式(17.7),经过两次积分可得

$$u(z) = \left(\frac{M_x}{EI_y}\right)\left(\frac{L}{\pi}\right)^2 C_3 \sin\left(\frac{\pi z}{L}\right) + Cz + D \tag{17.19}$$

利用边界条件 $u(0) = u(L) = 0$ 可知 $C = D = 0$,从而可得

$$u(z) = C_5 \sin \frac{\pi z}{L} \tag{17.20}$$

式中,$C_5 = \left(\frac{M_x}{EI_y}\right)\left(\frac{L}{\pi}\right)^2 C_3$。

这就是纯弯曲简支梁弯扭屈曲时剪心侧移屈曲模态的精确解。

需要注意的是,上述模态函数中,无论是 C_3 还是 C_5 为跨中的最大值,但其数值是不确定的,或者说可以是任意数值。因此屈曲模态仅表示各点屈曲变形的相对关系,即屈曲模态仅是一种屈曲形状而已。当然,若需要绘制屈曲模态图形,我们通常可以取 $C_3 = C_5 = 1$。

17.2 基于单变量总势能的简支梁弹性弯扭屈曲分析

本节将证明基于单变量的简化总势能方程,以傅里叶级数来表达模态试函数,即可获得简支梁弯扭屈曲方程的精确解。文中对三种典型荷载工况下简支梁的弹性弯扭屈曲问题进行了解析和数值模拟方法研究。

17.2.1 模态函数

对于本书涉及的简支梁弯扭屈曲问题而言,端部转角和转角的二阶导数均为零,此时无须对傅里叶级数的导数进行修正。也就是说,若选取简支梁弯扭屈曲的模态函数为如下的无穷三角级数形式,则可获得问题的精确解。

$$\theta(z) = \sum_{n=1}^{\infty} B_n \sin \frac{n\pi z}{L} \quad (n = 1, 2, 3, \cdots, \infty) \tag{17.21}$$

其中,B_n 为无量纲待定参数,也可以看成是广义坐标。

显然,该模态试函数满足简支梁两端的几何边界条件,即

$$\theta(0) = \theta'(0) = 0, \quad \theta(L) = \theta'(L) = 0 \tag{17.22}$$

17.2.2 两端承受相同弯矩的简支梁

计算简图见图 17.1。

(1) 内力函数

$$M_x(z) = M_0, \quad Q_y = \frac{dM_x}{dz} = 0 \tag{17.23}$$

其中，M_0 为简支梁端部的弯矩。

（2）总势能

本问题的总势能为

$$\Pi = \frac{1}{2} \int_L \left[EI_\omega \theta''^2 + (GJ_k + 2M_x\beta_x)\theta'^2 - \frac{M_x^2}{EI_y}\theta^2 \right] \mathrm{d}z \tag{17.24}$$

将式(17.21)和式(17.23)代入上面公式，并相应地进行积分运算，即可获得与钢梁弹性弯扭屈曲对应的总势能。以下积分均由 Mathematica 完成，为清晰起见，这里分项列出其积分结果。

$$\Pi_1 = \frac{1}{2} \int_0^L (EI_\omega \theta''^2 + GJ_k\theta'^2) \mathrm{d}z = \sum_{n=1}^{\infty} B_n^2 \cdot \left[\frac{EI_\omega}{4L^3}(n^4\pi^4) + \frac{GJ_k}{4L}(n^2\pi^2) \right] \tag{17.25}$$

$$\Pi_2 = \frac{1}{2} \int_0^L 2M_x\beta_x\theta'^2 \mathrm{d}z = \sum_{n=1}^{\infty} B_n^2 \frac{M_0 n^2\pi^2}{2L}\beta_x \tag{17.26}$$

$$\Pi_3 = \frac{1}{2} \int_0^L \left(-\frac{M_x^2}{EI_y}\theta^2 \right) \mathrm{d}z = -\sum_{n=1}^{\infty} B_n^2 \frac{M_0^2 L}{4EI_y} \tag{17.27}$$

进而有

$$\Pi = \sum_{i=1}^{3} \Pi_i = \sum_{n=1}^{\infty} B_n^2 \cdot \left[\frac{EI_\omega}{4L^3}(n^4\pi^4) + \frac{GJ_k}{4L}(n^2\pi^2) \right] + \sum_{n=1}^{\infty} B_n^2 \frac{M_0 n^2\pi^2}{2L}\beta_x - \sum_{n=1}^{\infty} B_n^2 \frac{M_0^2 L}{4EI_y} \tag{17.28}$$

此式即为本问题的总势能。

（3）屈曲方程及其解析解

根据势能驻值原理，必有

$$\frac{\partial \Pi}{\partial B_n} = 0 \tag{17.29}$$

从而得到

$$\sum_{n=1}^{\infty} B_n \left[\frac{EI_\omega}{2L^3}(n^4\pi^4) + \frac{GJ_k}{2L}(n^2\pi^2) + \frac{M_0 n^2\pi^2}{2L}\beta_x - \frac{M_0^2 L}{4EI_y} \right] = 0 \tag{17.30}$$

这是一个关于 B_n 的齐次线性方程组，由无穷多个相互独立的关于 B_* 的齐次方程构成。其存在非零解的条件是 B_n 的系数恒为零，即

$$\frac{EI_\omega}{2L^3}(n^4\pi^4) + \frac{GJ_k}{2L}(n^2\pi^2) + \frac{M_0 n^2\pi^2}{2L}\beta_x - \frac{M_0^2 L}{4EI_y} \equiv 0 \quad (n=1,2,\cdots,\infty) \tag{17.31}$$

可以证明：此式即为纯弯曲简支梁屈曲特征方程的精确解。

为后续参数分析方便，本书引入了如下的无量纲参数，即

$$\widetilde{M}_0 = \frac{M_0}{\left(\dfrac{\pi^2 EI_y}{L^2} \right)h}, \quad \check{\beta}_x = \frac{\beta_x}{h}, \quad \eta = \frac{I_1}{I_2}, \quad K = \sqrt{\frac{\pi^2 EI_\omega}{GJ_k L^2}} \tag{17.32}$$

式中，M_0 为作用在简支梁端部的弯矩，$\widetilde{M}_0$ 为无量纲的弯矩，$\check{\beta}_x$ 为无量纲的截面不对称系数，η 为受压与受拉翼缘绕 y 轴的惯性矩之比，K 为无量纲的扭转刚度参数。

在 Mathematica 推导过程中利用下面代换关系

$$\beta_x \to \check{\beta}_x h, \quad EI_\omega \to \frac{\eta h^2 EI_y}{(1+\eta)^2}, \quad GJ_k \to \frac{\pi^2 EI_\omega}{K^2 L^2}, \quad M_0 \to \frac{\widetilde{M}_0 \pi^2 h EI_y}{L^2} \tag{17.33}$$

可直接将式(17.31)转换为无量纲形式的屈曲特征方程,即

$$\frac{1}{2}\widetilde{M}_0^2 - \widetilde{M}_0 n^2 \tilde{\beta}_x - \frac{\eta}{2(1+\eta)^2}\left(n^4 + \frac{n^2}{K^2}\right) = 0 \quad (n = 1, 2, \cdots, \infty) \tag{17.34}$$

显然,当 $n=1$ 时我们将获得最小临界弯矩,此时有

$$-\frac{1}{2}\widetilde{M}_0^2 + \widetilde{M}_0 \tilde{\beta}_x + \frac{\eta}{2(1+\eta)^2}\left(1 + \frac{1}{K^2}\right) = 0 \tag{17.35}$$

从而得

$$\widetilde{M}_0 = \tilde{\beta}_x + \sqrt{\tilde{\beta}_x^2 + \frac{\eta}{(1+\eta)^2}\left(1 + \frac{1}{K^2}\right)} \tag{17.36}$$

此式即为纯弯曲简支梁无量纲临界弯矩的解析解,且为精确解。可见,只要模态试函数为精确模态,则能量变分方法将给出问题的精确解,否则只能得到近似解。

17.2.3 均布荷载作用下的简支梁

计算简图见图 17.2。

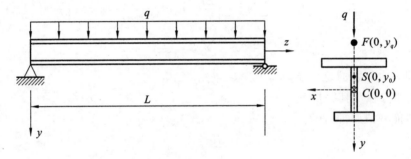

图 17.2 均布荷载下简支梁的计算简图

(1) 内力函数

$$M_x(z) = \frac{1}{2}q(Lz - z^2), \quad Q_y = \frac{dM_x}{dz} = \frac{1}{2}q(L - 2z) \tag{17.37}$$

跨中最大弯矩为

$$M_0 = \frac{qL^2}{8} \tag{17.38}$$

(2) 总势能

本问题的总势能为

$$\Pi = \frac{1}{2}\int_L \left[EI_\omega \theta''^2 + (GJ_k + 2M_x\beta_x)\theta'^2 - \frac{M_x^2}{EI_y}\theta^2 - qa_q\theta^2 \right] dz \tag{17.39}$$

与前面不同,这里首先将式(17.39)乘以公因子 $L^3/(h^2 EI_y)$,引入的无量纲参数,即

$$\widetilde{M}_0 = \frac{M_0}{\left(\dfrac{\pi^2 EI_y}{L^2}\right)h}, \quad \tilde{a}_q = \frac{a_q}{h}, \quad \tilde{\beta}_x = \frac{\beta_x}{h}, \quad \eta = \frac{I_1}{I_2}, \quad K = \sqrt{\frac{\pi^2 EI_\omega}{GJ_k L^2}} \tag{17.40}$$

式中,$M_0 = qL^2/8$ 为作用在简支梁跨中的弯矩,$\tilde{a}_q$ 为均布荷载作用的无量纲位置参数。

然后利用代换关系式(17.33),对总势能进行无量纲化处理。以下积分均由 Mathematica

完成。为清晰起见，这里分项列出积分结果。

前两项的积分比较简单，结果为

$$\Pi_1 = \left(\frac{L^3}{h^2 EI_y}\right)\frac{1}{2}\int_0^L (EI_\omega \theta''^2 + GJ_k \theta'^2)\,\mathrm{d}z = \sum_{n=1}^\infty B_n^2 \frac{n^2 \pi^4 (1+n^2 K^2)\eta}{4K^2 (1+\eta)^2} \quad (17.41)$$

但对于第三项的积分

$$\left(\frac{L^3}{h^2 EI_y}\right)\frac{1}{2}\int_0^L 2M_x \beta_x \theta'^2\,\mathrm{d}z \quad (17.42)$$

则需要分两种情况来考虑，因为 $M_x = f(z) \neq \text{const}$ 参与积分，此时正交性不复存在。

① 当两级数 n 相同时，式(17.42)的积分过程和结果为

$$\begin{aligned}
\Pi_{2a} &= \left(\frac{L^3}{h^2 EI_y}\right)\frac{1}{2}\int_0^L 2M_x \beta_x \theta'^2\,\mathrm{d}z \\
&= \left(\frac{L^3}{h^2 EI_y}\right)\frac{1}{2}\sum_{n=1}^\infty B_n^2 \int_0^L 2M_x \beta_x \left[\left(\frac{n\pi}{L}\right)\cos\left(\frac{n\pi z}{L}\right)\right]^2 \mathrm{d}z \\
&= \widetilde{M}_0 \sum_{n=1}^\infty \frac{B_n^2 \pi^2 (-3+n^2\pi^2)\tilde\beta_x}{3}
\end{aligned} \quad (17.43)$$

② 当两级数 n 相异时，式(17.42)的积分过程和结果为

$$\begin{aligned}
\Pi_{2b} &= \left(\frac{L^3}{h^2 EI_y}\right)\frac{1}{2}\int_0^L 2M_x \beta_x \theta'^2\,\mathrm{d}z \\
&= \left(\frac{L^3}{h^2 EI_y}\right)2\times\frac{1}{2}\sum_{n=1}^\infty\sum_{\substack{r=1\\r\neq n}}^\infty \int_0^L 2M_x \beta_x \cdot B_s\left(\frac{s\pi}{L}\right)\cos\left(\frac{s\pi z}{L}\right)\cdot B_r\left(\frac{r\pi}{L}\right)\cos\left(\frac{r\pi z}{L}\right)\mathrm{d}z \\
&= -\widetilde{M}_0 \sum_{s=1}^\infty\sum_{\substack{r=1\\r\neq s}}^\infty B_s B_r \frac{8\pi^2 \tilde\beta_x rs(r^2+s^2)[1+\cos(r\pi)\cos(s\pi)]}{(r^2-s^2)^2}
\end{aligned}$$

$$(17.44)$$

需要注意的是，上式的积分无需乘 2 倍，乘 2 倍是作者设定的变分准则，目的是方便用 Mathematica 求变分。

利用如下三角函数关系

$$\cos(r\pi)\cos(s\pi)=\frac{1}{2}[\cos(r-s)\pi+\cos(r+s)\pi]=\begin{cases}+1 & |r\pm s|=\text{偶数}\\ -1 & |r\pm s|=\text{奇数}\end{cases} \quad (17.45)$$

按上述关系整理后的积分结果为

$$\Pi_{2b}=-\widetilde{M}_0\sum_{s=1}^\infty\sum_{\substack{r=1\\r\neq s}}^\infty B_s B_r \frac{16\pi^2 \tilde\beta_x rs(r^2+s^2)}{(r^2-s^2)^2} \quad (|r\pm s|=\text{偶数}) \quad (17.46)$$

同理可得

$$\Pi_3 = \left(\frac{L^3}{h^2 EI_y}\right)\frac{1}{2}\int_0^L\left[-\frac{M_x^2}{EI_y}\theta^2\right]\mathrm{d}z = -\widetilde{M}_0^2\sum_{n=1}^\infty B_n^2 \frac{2(45+n^4\pi^4)}{15n^4}+$$

$$\widetilde{M}_0^2\sum_{s=1}^\infty\sum_{\substack{r=1\\r\neq s}}^\infty B_s B_r \frac{1536 rs(r^2+s^2)}{(r^2-s^2)^4} \quad (|r\pm s|=\text{偶数}) \quad (17.47)$$

$$\Pi_4 = \frac{1}{2}\int_L [-q_y a\theta^2]\mathrm{d}z = -\widetilde{M}_0\sum_{n=1}^\infty B_n^2 \cdot 2\tilde a_q \pi^2 \quad (17.48)$$

本问题的总势能为

$$\Pi = \sum \Pi_i = \Pi_1 + \Pi_{2a} + \Pi_{2b} + \Pi_3 + \Pi_4 \tag{17.49}$$

（3）屈曲方程及其数值解法

根据势能驻值原理，必有 $\dfrac{\partial \Pi}{\partial B_n} = 0$，从而得到

$$B_n \frac{n^2 \pi^4 (1 + n^2 K^2) \eta}{2K^2 (1 + \eta)^2} + \widetilde{M}_0 \left[B_n \frac{2\pi^2 (-3 + n^2 \pi^2) \widetilde{\beta}_x}{3} - \sum_{\substack{r=1 \\ r \neq n}}^{\infty} B_r \frac{16\pi^2 \widetilde{\beta}_x rn (r^2 + n^2)}{(r^2 - n^2)^2} - B_n \cdot 4\widetilde{a}_q \pi^2 \right] +$$

$$\widetilde{M}_0^2 \left[-B_n \frac{4(45 + n^4 \pi^4)}{15 n^4} + \sum_{\substack{r=1 \\ r \neq n}}^{\infty} B_r \frac{1536 rn (r^2 + n^2)}{(r^2 - n^2)^4} \right] = 0 \tag{17.50}$$

其中，$n = 1, 2, \cdots, \infty, r = 1, 2, \cdots, \infty, r \neq n$ 且 $|r \pm n| = $ 偶数。

虽然理论上根据式（17.50）可求解出均布荷载下简支梁临界弯矩的精确解，但数学上也已证明：高于 5 次的代数方程不存在解析形式的解答，为此下面讨论临界弯矩的数值解法。

实际的编程计算中只能取有限项，比如前 N 项来逼近精确解。此时，我们可将式（17.50）简洁地表达为

$$(^0 \boldsymbol{C} + \widetilde{M}_0{}^1 \boldsymbol{C} + \widetilde{M}_0^2{}^2 \boldsymbol{C}) \boldsymbol{B} = \boldsymbol{0} \tag{17.51}$$

其中，$\boldsymbol{B} = \begin{bmatrix} B_1 & B_2 & B_3 & \cdots & B_N \end{bmatrix}^{\mathrm{T}}$ 为模态系数（广义坐标）组成的列向量，$^0 \boldsymbol{C}$、$^1 \boldsymbol{C}$ 和 $^2 \boldsymbol{C}$ 分别为常系数矩阵、与 $\widetilde{M}_0$ 一次项对应的系数矩阵和与 $\widetilde{M}_0$ 二次项对应的系数矩阵。它们都是与屈曲弯矩无关的常系数矩阵（无量纲）。对于本方程，这几个矩阵的元素分别为

$$\left. \begin{aligned} ^0 C_{n,n} &= \frac{n^2 \pi^4 (1 + n^2 K^2) \eta}{2K^2 (1 + \eta)^2} \quad (n = 1, 2, \cdots, N) \\ ^0 C_{n,r} &= 0 \qquad \begin{pmatrix} r \neq n, \\ r = 1, 2, \cdots, N \end{pmatrix} \end{aligned} \right\} \tag{17.52}$$

$$\left. \begin{aligned} ^1 C_{n,n} &= -4\pi^2 \widetilde{a} + \frac{2}{3}(-3\pi^2 + n^2 \pi^4) \widetilde{\beta}_x \quad (n = 1, 2, \cdots, N) \\ ^1 C_{s,r} &= -\frac{16\pi^2 \widetilde{\beta}_x sr (s^2 + r^2)}{(s^2 - r^2)^2} \qquad \begin{pmatrix} r \neq s, \text{且} |r \pm s| = \text{偶数} \\ s = 1, 2, \cdots, N \\ r = 1, 2, \cdots, N \end{pmatrix} \\ ^1 C_{s,r} &= 0 \qquad \begin{pmatrix} r \neq s, \text{且} |r \pm s| = \text{偶数} \\ s = 1, 2, \cdots, N \\ r = 1, 2, \cdots, N \end{pmatrix} \end{aligned} \right\} \tag{17.53}$$

$$\left. \begin{aligned} ^2 C_{n,n} &= -\frac{4(45 + n^4 \pi^4)}{15 n^4} \quad (n = 1, 2, \cdots, N) \\ ^2 C_{s,r} &= \frac{1536 sr(s^2 + r^2)}{(s^2 - r^2)^4} \qquad \begin{pmatrix} r \neq s, \text{且} |r \pm s| = \text{偶数} \\ s = 1, 2, \cdots, N \\ r = 1, 2, \cdots, N \end{pmatrix} \\ ^2 C_{s,r} &= 0 \qquad \begin{pmatrix} r \neq s, \text{且} |r \pm s| = \text{奇数} \\ s = 1, 2, \cdots, N \\ r = 1, 2, \cdots, N \end{pmatrix} \end{aligned} \right\} \tag{17.54}$$

我们还发现，与常见的梁、板件和柱屈曲分析不同，从单变量总势能导出的梁屈曲方程式(17.51)是一个关于临界弯矩的二次特征值问题。如何快速高效地求解此类非线性特征值问题是数学家们近二十年来一直在努力研究解决的重要课题之一。这里我们将从工程实用的角度给出其解法。

首先将借助状态空间的概念，引入恒等式

$$I^1 B = \widetilde{M}_0 I^0 B \tag{17.55}$$

其中

$$^1 B = \widetilde{M}_0 B, ^0 B = B \tag{17.56}$$

及状态向量

$$x = \left\{ \begin{matrix} \widetilde{M}_0 B \\ B \end{matrix} \right\} = \left\{ \begin{matrix} ^1 B \\ ^0 B \end{matrix} \right\} \tag{17.57}$$

此外，将矩阵式(17.51)改写为

$$^0 C^0 B + ^1 C^1 B = -\widetilde{M}_0 {}^2 C^1 B \tag{17.58}$$

把方程式(17.58)和恒等式(17.55)综合在一起，并利用状态向量 x，可得如下方程：

$$\begin{bmatrix} ^1 C & ^0 C \\ I & 0 \end{bmatrix} \left\{ \begin{matrix} ^1 B \\ ^0 B \end{matrix} \right\} = \widetilde{M}_0 \begin{bmatrix} -^2 C & 0 \\ 0 & I \end{bmatrix} \left\{ \begin{matrix} ^1 B \\ ^0 B \end{matrix} \right\} \tag{17.59}$$

至此，我们得到了与式(17.51)等价的广义特征值问题。

$$\overline{A} x = \widetilde{M}_0 \overline{B} x \tag{17.60}$$

其中 $\overline{A}$ 和 $\overline{B}$ 仍为 $2N \times 2N$ 阶的常系数矩阵（无量纲），与屈曲弯矩无关，即

$$\overline{A} = \begin{pmatrix} ^1 C & ^0 C \\ I & 0 \end{pmatrix}, \quad \overline{B} = \begin{pmatrix} -^2 C & 0 \\ 0 & I \end{pmatrix} \tag{17.61}$$

至此我们在不损失精度前提下，利用状态空间概念实现了特征值问题降次目的，即将原二次特征值问题转化为以状态向量为特征向量的一次广义特征值问题。从理论上讲，这里提出的解决方法存在两个突出的缺点：一是扩大维数后的系数矩阵不再具有对称的数据结构，二是系数矩阵被扩大了一倍，计算效率也会降低一半。我们的算例分析表明，这些影响并不突出，因为实际上傅里叶级数的收敛速度很快，需要选取的项数并不多，此时 Matlab 等软件都可以很快给出计算结果。

（4）Matlab 计算程序与验证

我们根据前面介绍的方法编制了相应的 Matlab 程序，可以方便地进行大量参数分析，并对现行规范公式和有限元分析结果进行评价。

Matlab 程序的源代码见右边的二维码。

图 17.3 为收敛性验证。结果表明，多数情况下，取 5 项的结果可取得令人满意的精度。

作为初步验证，取 $n = 1$，即模态试函数仅取一项时，由式(17.50)得

$$\widetilde{M}_0^2 \frac{4(45 + \pi^4)}{15} + \widetilde{M}_0 \left[\frac{2\pi^2 (3 - \pi^2) \widetilde{\beta}_x}{3} + 4\widetilde{a}_q \pi^2 \right] - \frac{\pi^4 (1 + K^2) \eta}{2K^2 (1 + \eta)^2} = 0 \tag{17.62}$$

参照临界弯矩通式

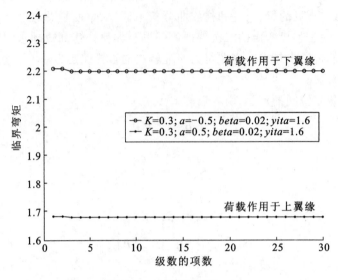

图 17.3 收敛性验证(一)

$$\widetilde{M}_{\sigma}=C_1\left[(-C_2\tilde{a}+C_3\tilde{\beta}_x)+\sqrt{(-C_2\tilde{a}+C_3\tilde{\beta}_x)^2+\frac{\eta}{(1+\eta)^2}(1+K^{-2})}\right] \quad (17.63)$$

式中,C_1 为临界弯矩修正系数,取决于荷载的形式;C_2 为荷载作用点位置的影响系数;C_3 为荷载形式不同时对单轴对称截面的修正系数。

可将式(17.62)写为下面的形式:

$$a_1\widetilde{M}_0^2+(b_0\tilde{a}+b_1\tilde{\beta}_x)\widetilde{M}_0+c_1=0 \quad (17.64)$$

其中

$$a_1=\frac{2}{\pi^4}\cdot\frac{4(45+\pi^4)}{15}=\frac{8(45+\pi^4)}{15\pi^4}, \quad b_0=\frac{2}{\pi^4}\cdot4\pi^2=\frac{8}{\pi^2},$$

$$b_1=\frac{2}{\pi^4}\cdot\frac{2\pi^2(3-\pi^2)}{3}=\frac{4(3-\pi^2)}{3\pi^2}, \quad c_1=-\frac{\eta}{(1+\eta)^2}(1+K^{-2})$$

则

$$C_1=\frac{1}{\sqrt{a_1}}=\sqrt{\frac{15\pi^4}{8(45+\pi^4)}}=1.1325,$$

$$C_2=\frac{b_0}{2\sqrt{a_1}}=\frac{4}{\pi^2}\sqrt{\frac{15\pi^4}{8(45+\pi^4)}}=0.4590,$$

$$C_3=-\frac{b_1}{2\sqrt{a_1}}=-\frac{2(3-\pi^2)}{3\pi^2}\sqrt{\frac{15\pi^4}{8(45+\pi^4)}}=0.5255$$

从而有

$$\widetilde{M}_{\sigma}=1.1325\left[(-0.4590\tilde{a}+0.5255\tilde{\beta}_x)+\sqrt{(-0.4590\tilde{a}+0.5255\tilde{\beta}_x)^2+\frac{\eta}{(1+\eta)^2}(1+K^{-2})}\right]$$

$$(17.65)$$

此式即为均布荷载作用下简支梁的临界弯矩近似公式(无量纲),此解答与众多文献的解答一致。

17.2.4　跨中作用一个集中荷载的简支梁

计算简图参见图 17.4。

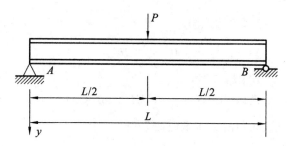

图 17.4　计算简图

（1）内力函数

$$M_x(z) = \begin{cases} Pz/2 & (0 \leqslant z \leqslant L/2) \\ P(L-z)/2 & (L/2 \leqslant z \leqslant L) \end{cases} \tag{17.66}$$

跨中最大弯矩为

$$M_0 = PL/4 \tag{17.67}$$

（2）总势能

本问题的总势能为

$$\Pi = \frac{1}{2}\int_L \left[EI_\omega \theta''^2 + (GJ_k + 2M_x\beta_x)\theta'^2 - \frac{M_x^2}{EI_y}\theta^2 \right] \mathrm{d}z - \frac{1}{2}P_i a_{P_i}\theta_i^2 \tag{17.68}$$

总势能的前两项积分结果与式（17.25）相同。

$$\Pi_2 = \frac{1}{2}\int_0^L 2M_x\beta_x\theta'^2 \mathrm{d}z$$

$$= \frac{1}{16}\sum_{n=1}^{\infty} B_n^2 \left[-2 + n^2\pi^2 + 2\cos(n\pi) \right]P\beta_x + \sum_{n=1}^{\infty}\sum_{\substack{r=1 \\ r \neq n}}^{\infty} B_n B_r \frac{nr}{(n^2 - r^2)^2} \times$$

$$\left\{ (n^2 + r^2)\left[-1 + 2\cos\frac{n\pi}{2}\cos\frac{r\pi}{2} - \cos(n\pi)\cos(r\pi) \right] + 4nr\sin\frac{n\pi}{2}\sin\frac{r\pi}{2} \right\}P\beta_x \tag{17.69}$$

$$\Pi_3 = \frac{1}{2}\int_0^L \left(-\frac{M_x^2}{EI_y}\theta^2 \right) \mathrm{d}z$$

$$= -\sum_{n=1}^{\infty} B_n^2 \frac{n^2\pi^2 - 6\cos(n\pi)}{192 n^2\pi^2} \frac{P^2 L^3}{EI_y} -$$

$$\sum_{n=1}^{\infty}\sum_{\substack{r=1 \\ r \neq n}}^{\infty} B_n B_r \frac{1}{(n^2 - r^2)^3}\left[2n\pi r(n^2 - r^2)\cos\frac{n\pi}{2}\cos\frac{r\pi}{2} + \right.$$

$$\left. \pi(n^4 - r^4)\sin\frac{n\pi}{2}\sin\frac{r\pi}{2} + n(n^2 + 3r^2)\cos(n\pi)\sin(r\pi) \right]\frac{P^2 L^3}{2\pi^3 EI_y} \tag{17.70}$$

$$\Pi_4 = -\frac{1}{2}\sum P_{yi}a_i\theta_i^2$$

$$= -\frac{Pa}{2}\times\left\{\sum_{n=1}^{\infty}B_n^2\left[\sin\left(\frac{n\pi}{2}\right)\right]^2 + 2\sum_{n=1}^{\infty}\sum_{\substack{r=1\\r\neq n}}^{\infty}B_nB_r\sin\left(\frac{n\pi}{2}\right)\sin\left(\frac{r\pi}{2}\right)\right\} \tag{17.71}$$

本问题的总势能为(详细表达式略)

$$\Pi = \sum_{i=1}^{4}\Pi_i \tag{17.72}$$

(3) 屈曲方程及其数值求解方法

首先将上述积分结果乘以公因子 $L^3/(h^2EI_y)$,引入 $M_0 = PL/4$,然后进行无量纲化处理,最后由 $\dfrac{\partial\Pi}{\partial B_n}=0$ 可得该问题的无量纲屈曲方程为

$$B_n\cdot\frac{\pi^4\eta}{2}\frac{\cdot}{(1+\eta)^2}\left(n^4+\frac{n^2}{K^2}\right) - B_n\cdot4\widetilde{M}_0\tilde{a}\pi^2\left[\sin\left(\frac{n\pi}{2}\right)\right]^2 +$$

$$B_n\cdot\frac{1}{2}\widetilde{M}_0\tilde{\beta}_x\pi^2\left[-2+n^2\pi^2+2\cos(n\pi)\right] - B_n\cdot\widetilde{M}_0^2\pi^2\frac{n^2\pi^2-6\cos(n\pi)}{6n^2} -$$

$$\sum_{\substack{r=1\\r\neq n}}^{\infty}B_r\cdot4\widetilde{M}_0\pi^2\tilde{a}\sin\frac{n\pi}{2}\sin\frac{r\pi}{2} + \sum_{\substack{r=1\\r\neq n}}^{\infty}B_r\cdot4\widetilde{M}_0\tilde{\beta}_x\pi^2\frac{nr}{(n^2-r^2)^2}$$

$$\left\{(n^2+r^2)\left[-1+2\cos\frac{n\pi}{2}\cos\frac{r\pi}{2}-\cos(n\pi)\cos(r\pi)\right]+4nr\sin\frac{n\pi}{2}\sin\frac{r\pi}{2}\right\} -$$

$$\sum_{\substack{r=1\\r\neq n}}^{\infty}B_r\cdot\frac{8\widetilde{M}_0^2\pi}{(n^2-r^2)^3}\left[2n\pi r(n^2-r^2)\cos\frac{n\pi}{2}\cos\frac{r\pi}{2}+\right.$$

$$\left.\pi(n^4-r^4)\sin\frac{n\pi}{2}\sin\frac{r\pi}{2}+n(n^2+3r^2)\cos(n\pi)\sin(r\pi)\right]=0 \tag{17.73}$$

其中,$n=1,2,\cdots,\infty$,$r=1,2,\cdots,\infty$,但 $r\neq n$。

此式即为本问题的屈曲方程精确解。

同样,我们可将式(17.73)改写为如下矩阵方程形式,即

$$(^0\boldsymbol{C}+\widetilde{M}_0\,^1\boldsymbol{C}+\widetilde{M}_0^2\,^2\boldsymbol{C})\boldsymbol{B}=0 \tag{17.74}$$

其中,$\boldsymbol{B}=(B_1\quad B_2\quad\cdots\quad B_i\quad\cdots\quad B_N)^T$ 为模态系数列向量,$^0\boldsymbol{C}$、$^1\boldsymbol{C}$ 和 $^2\boldsymbol{C}$ 分别为常系数矩阵、与 $\widetilde{M}_0$ 一次项对应的系数矩阵和与 $\widetilde{M}_0$ 二次项对应的系数矩阵,它们均是与屈曲弯矩无关的系数矩阵(无量纲)。对于本方程,这几个矩阵的元素为

$$\left.\begin{aligned}{}^0C_{n,n}&=\frac{\pi^4\eta}{2}\frac{1}{(1+\eta)^2}\left(n^4+\frac{n^2}{K^2}\right)\quad(n=1,2,\cdots,N)\\{}^0C_{n,r}&=0\qquad\qquad\qquad\qquad\qquad\begin{pmatrix}r\neq n,\\r=1,2,\cdots,N\end{pmatrix}\end{aligned}\right\} \tag{17.75}$$

$$\left.\begin{aligned}{}^1C_{n,n}&=-4\tilde{a}\pi^2\left(\sin\frac{n\pi}{2}\right)^2+\frac{1}{2}\tilde{\beta}_x\pi^2\left[-2+n^2\pi^2+2\cos(n\pi)\right]\quad(n=1,2,\cdots,N)\\{}^1C_{n,r}&=-4\tilde{a}\pi^2\sin\frac{n\pi}{2}\sin\frac{r\pi}{2}+4\tilde{\beta}_x\pi^2\frac{nr}{(n^2-r^2)^2}\{(n^2+r^2)\times\\&\quad\left[-1+2\cos\frac{n\pi}{2}\cos\frac{r\pi}{2}-\cos(n\pi)\cos(r\pi)\right]+4nr\sin\frac{n\pi}{2}\sin\frac{r\pi}{2}\}\end{aligned}\right\}\begin{pmatrix}r\neq n,\\r=1,2,\cdots,N\end{pmatrix}$$

$$\tag{17.76}$$

$$
{}^2C_{n,n} = -\pi^2 \frac{n^2\pi^2 - 6\cos(n\pi)}{6n^2} \qquad (n=1,2,\cdots,N)
$$

$$
{}^2C_{n,r} = -\frac{8\pi}{(n^2-r^2)^3}\Big[2\pi nr(n^2-r^2)\cos\frac{n\pi}{2}\cos\frac{r\pi}{2} +
$$
$$
\pi(n^4-r^4)\sin\frac{n\pi}{2}\sin\frac{r\pi}{2} + n(n^2+3r^2)\cos(n\pi)\sin(r\pi)\Big]
$$
$$
\begin{pmatrix} r\neq n,\\ r=1,2,\cdots,N \end{pmatrix}
$$

$$(17.77)$$

按前述的处理方法，引入状态向量，还可将方程式(17.74)改写为与式(17.60)和式(17.61)形式相同的线性特征值问题。

（4）Matlab 计算程序与验证

我们根据前面介绍的方法编制了相应的 Matlab 程序，可以方便地进行大量参数分析，并对现行规范的公式和有限元分析结果进行评价。

Matlab 程序的源代码见右边的二维码。

图 17.5 为收敛性验证。其结果表明，K 值越小，所需级数项数越少，通常项数取 5 项以上可达到满意的精度。

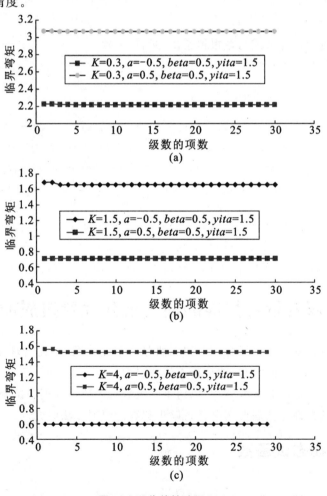

图 17.5　收敛性验证（二）

(a)$K=0.3$；(b)$K=1.5$；(c)$K=4$

作为初步验证,取 $n=1$,即模态试函数仅取一项时,由式(17.73)得

$$\widetilde{M}_0^2 \frac{(\pi^2+6)\pi^2}{6} + \widetilde{M}_0\left[\frac{\pi^2(4-\pi^2)\tilde{\beta}_x}{2}+4\tilde{a}_q\pi^2\right]-\frac{\pi^4(1+K^2)\eta}{2K^2(1+\eta)^2}=0 \quad (17.78)$$

得到

$$\widetilde{M}_{cr}=C_1\left[(-C_2\tilde{a}+C_3\tilde{\beta}_x)+\sqrt{(-C_2\tilde{a}+C_3\tilde{\beta}_x)^2+\frac{\eta}{(1+\eta)^2}(1+K^{-2})}\right]$$

其中

$$C_1=\sqrt{\frac{3\pi^2}{\pi^2+6}}=1.366, \quad C_2=\frac{4}{\pi^2}\sqrt{\frac{3\pi^2}{\pi^2+6}}=0.554,$$

$$C_3=\frac{-4+\pi^2}{2\pi^2}\sqrt{\frac{3\pi^2}{\pi^2+6}}=0.406$$

从而有

$$\widetilde{M}_{cr}=1.366\left[(-0.554\tilde{a}+0.406\tilde{\beta}_x)+\sqrt{(-0.554\tilde{a}+0.406\tilde{\beta}_x)^2+\frac{\eta}{(1+\eta)^2}(1+K^{-2})}\right]$$

$$(17.79)$$

此临界弯矩近似计算公式与童根树给出的结果一致。

对近似公式的初步评价:

```
Mcr0---本文解
Mcr---规范解
K=0.3,a=0.5,beta=0.5,yita=1.5,Mcr0=2.2210;Mcr=2.2300,err=0.4036%
K=0.3,a=-0.5,beta=0.5,yita=1.5,Mcr0=3.0696,Mcr=3.0305,err=1.2901%
K=1.0,a=0.5,beta=0.5,yita=1.5,Mcr0=0.8493,Mcr=0.8395,err=1.1663%
K=1.0,a=-0.5,beta=0.5,yita=1.5,Mcr0=1.7767,Mcr=1.7753,err=0.0830%
K=1.5,a=0.5,beta=0.5,yita=1.5,Mcr0=0.7084,Mcr=0.7000,err=1.2011%
K=1.5,a=-0.5,beta=0.5,yita=1.5,Mcr0=1.6591,Mcr=1.6625,err=-0.2061%
K=4,a=0.5,beta=0.5,yita=1.5,Mcr0=0.5952,Mcr=0.5879,err=1.2335%
K=4,a=-0.5,beta=0.5,yita=1.5,Mcr0=1.5698,Mcr=1.5772,err=-0.4667%
```

17.3 基于双变量总势能的简支梁弹性弯扭屈曲分析

虽然基于单变量开展简支梁弹性弯扭屈曲分析精度较高,但在处理刚性约束或弹性约束方面,基于双变量的弹性弯扭屈曲分析更具吸引力。

本节将基于双变量的总势能方程,以傅里叶级数来表达精确模态试函数,对三种典型荷载工况下简支梁的弹性弯扭屈曲问题进行解析和数值模拟方法研究。

17.3.1 模态试函数

$$u(z)=h\sum_{n=1}^{\infty}A_m\sin\frac{m\pi z}{L} \quad (m=1,2,3,\cdots,\infty) \quad (17.80)$$

$$\theta(z) = \sum_{n=1}^{\infty} B_n \sin \frac{n\pi z}{L} \quad (n=1,2,3,\cdots,\infty) \tag{17.81}$$

其中,h 为上下翼缘形心线之间的距离。在这里引入 h 的目的是剔除 A_m 的量纲,这样 A_m 和 B_n 一样,均为无量纲待定系数(广义坐标)。

显然,此模态试函数满足简支梁的两端几何边界条件,即

$$\left. \begin{array}{ll} u(0)=u''(0)=0, & u(L)=u''(L)=0 \\ \theta(0)=\theta'(0)=0, & \theta(L)=\theta'(L)=0 \end{array} \right\} \tag{17.82}$$

17.3.2 两端承受相同弯矩的简支梁

计算简图参见图 17.1。

(1) 内力函数[同式(17.23)]

(2) 总势能

本问题的双变量总势能为

$$\Pi = \frac{1}{2}\int_L [EI_y u''^2 + EI_\omega \theta''^2 + (GJ_k + 2M_x\beta_x)\theta'^2 + 2M_x u''\theta']\mathrm{d}z \tag{17.83}$$

以下推导均由 Mathematica 软件完成。为清晰起见,这里分项列出结果。

$$\begin{aligned} \Pi_1 &= \frac{1}{2}\int_0^L [EI_y u''^2 + EI_\omega \theta'^2 + GJ_k \theta'^2]\mathrm{d}z \\ &= \sum_{m=1}^{\infty} A_m^2 h^2 \frac{EI_y}{4L^3}(m^4\pi^4) + \sum_{n=1}^{\infty} B_n^2 \frac{EI_\omega}{4L^3}(n^4\pi^4) + \sum_{n=1}^{\infty} B_n^2 \frac{GJ_k}{4L}(n^2\pi^2) \end{aligned} \tag{17.84}$$

$$\Pi_2 = \frac{1}{2}\int_L 2M_x\beta_x\theta'^2\mathrm{d}z = \sum_{n=1}^{\infty} B_n^2 \cdot \frac{M_0\pi^2\beta_x}{2L}n^2 \tag{17.85}$$

$$\Pi_3 = \frac{1}{2}\int_L (-2M_x u'\theta')\mathrm{d}z = -\sum_{m=1}^{\infty} A_m B_m h \frac{M_0\pi^2}{2L}m^2 \tag{17.86}$$

从而有

$$\begin{aligned} \Pi = \sum_{i=1}^{3}\Pi_i = &\sum_{m=1}^{\infty} A_m^2 h^2 \frac{EI_y}{4L^3}(m^4\pi^4) + \sum_{n=1}^{\infty} B_n^2 \frac{EI_\omega}{4L^3}(n^4\pi^4) + \sum_{n=1}^{\infty} B_n^2 \frac{GJ_k}{4L}(n^2\pi^2) + \\ &\sum_{n=1}^{\infty} B_n^2 \frac{M_0\beta_x\pi^2}{2L}n^2 - \sum_{m=1}^{\infty} A_m B_m h \frac{M_0\pi^2}{2L}m^2 \end{aligned}$$
$$\tag{17.87}$$

此式即为本问题的总势能。

(3) 屈曲方程及其解析解

参见上节推导,引入无量纲参数关系式(17.40)中的 $\widetilde{M}_0$、$\check{\beta}_x$、η、K 值,对总势能进行无量纲化处理,最后由 $\frac{\partial \Pi}{\partial A_m}=0$ 和 $\frac{\partial \Pi}{\partial B_n}=0$ 可得该问题的无量纲屈曲方程为

$$A_m \frac{\pi^4 m^4}{2} - B_m \frac{\pi^4 m^2}{2}\widetilde{M}_0 = 0 \tag{17.88}$$

$$-A_n \frac{\pi^4 n^2}{2}\widetilde{M}_0 + B_n\left[\frac{\pi^4 n^2(1+n^2 K^2)\eta}{2K^2(1+\eta)^2} + \widetilde{M}_0 \pi^4 n^2 \check{\beta}_x\right] = 0 \tag{17.89}$$

其中，$m=1,2,\cdots,\infty$，$n=1,2,\cdots,\infty$。

下面将证明，屈曲方程式(17.88)和式(17.89)即为该问题的精确解。

首先由式(17.88)可得

$$A_m \frac{\pi^4 m^2}{2} = B_m \frac{\pi^4 \widetilde{M}_0}{2} \tag{17.90}$$

将式(17.90)代入式(17.89)得

$$B_n\left[-\frac{1}{2}\widetilde{M}_0^2 + \widetilde{M}_0 n^2 \tilde{\beta}_x + \frac{\eta}{2(1+\eta)^2}\left(n^4 + \frac{n^2}{K^2}\right)\right]=0 \quad (n=1,2,\cdots,\infty) \tag{17.91}$$

与前面不同，这是一个关于模态系数 B_n 的一组独立方程组，每个方程都可以独自求解并获得一个弯矩值。对于我们关心的最小临界弯矩在当 $n=1$ 时获得，此时有

$$-\frac{1}{2}\widetilde{M}_0^2 + \widetilde{M}_0 n^2 \tilde{\beta}_x + \frac{\eta}{2(1+\eta)^2}\left(1+\frac{1}{K^2}\right)=0 \tag{17.92}$$

从而得

$$\widetilde{M}_0 = \tilde{\beta}_x + \sqrt{\tilde{\beta}_x^2 + \frac{\eta}{(1+\eta)^2}\left(1+\frac{1}{K^2}\right)} \tag{17.93}$$

显然，我们从无穷三角级数的解答中推出的结果与经典精确解完全一致。因此，屈曲方程式(17.88)和式(17.89)即为纯弯简支梁弯扭屈曲方程的精确解。

上述分析再次证明，对于能量变分方法而言，只要模态试函数为精确模态，则能量变分的解答必为问题的精确解。此结论也将为我们后续的研究工作提供理论基础。

17.3.3　均布荷载作用下的简支梁

计算简图参见图 17.2。

(1) 内力函数[同式(17.37)]

(2) 总势能

本问题的双变量总势能为

$$\Pi = \frac{1}{2}\int_L \left[EI_y u''^2 + EI_\omega \theta''^2 + (GJ_k + 2M_x\beta_x)\theta'^2 + 2M_x u''\theta' - qa_q\theta^2\right]\mathrm{d}z \tag{17.94}$$

参见 17.2.3 节推导，引入无量纲参数关系式(17.40)，其中 M_0 为均布荷载下简支梁的最大弯矩，即 $M_0=qL^2/8$。

以下推导均由 Mathematica 软件完成。为清晰起见，这里分项列出积分结果。

$$\begin{aligned}\Pi_1 &= \frac{1}{2}\int_0^L \left[EI_y u''^2 + EI_\omega \theta'^2 + GJ_k\theta'^2\right]\mathrm{d}z\\ &= \sum_{m=1}^\infty A_m^2 \frac{m^4\pi^4}{4} + \sum_{n=1}^\infty B_n^2 \frac{(1+n^2K^2)n^2\pi^4\eta}{4K^2(1+\eta)^2}\end{aligned} \tag{17.95}$$

$$\Pi_2 = \frac{1}{2}\int_L 2M_x\beta_x\theta'^2\mathrm{d}z = \widetilde{M}_0 \sum_{n=1}^\infty B_n^2 \frac{\pi^2\tilde{\beta}_x(-3+n^2\pi^2)}{3} -$$

$$\widetilde{M}_0 \sum_{s=1}^\infty \sum_{\substack{r=1\\r\neq s}}^\infty B_s B_r \frac{16\pi^2\tilde{\beta}_x sr(s^2+r^2)}{(s^2-r^2)^2}, \ |s\pm r| = \text{偶数} \tag{17.96}$$

$$\Pi_3 = \frac{1}{2}\int_L (2M_x u''\theta')\,\mathrm{d}z = -\widetilde{M}_0 \sum_{m=1}^{\infty} A_m B_m \frac{\pi^2(3+m^2\pi^2)}{3} +$$

$$\widetilde{M}_0 \sum_{s=1}^{\infty} \sum_{\substack{r=1 \\ r\neq s}}^{\infty} A_s B_r \frac{16\pi^2 rs^3}{(r^2-s^2)^2},\ |s\pm r| = 偶数 \tag{17.97}$$

$$\Pi_4 = \frac{1}{2}\int_L (-q_y a_q\theta^2)\,\mathrm{d}z = -\widetilde{M}_0 \sum_{n=1}^{\infty} B_n^2 \cdot 2\tilde{a}_q\pi^2 \tag{17.98}$$

本问题的总势能为

$$\Pi = \sum_{i=1}^{4}\Pi_i \tag{17.99}$$

（3）屈曲方程及其数值解法

根据势能驻值原理，由 $\dfrac{\partial\Pi}{\partial A_m} = 0$ 得

$$\sum_{m=1}^{\infty} A_m \frac{m^4\pi^4}{2} - \widetilde{M}_0 \sum_{m=1}^{\infty} B_m \frac{\pi^2(3+m^2\pi^2)}{3} + \widetilde{M}_0 \sum_{m=1}^{\infty} \sum_{\substack{r=1 \\ r\neq m}}^{\infty} B_r \frac{16\pi^2 rm^3}{(r^2-m^2)^2} = 0,\ |m\pm r| = 偶数$$

$$\tag{17.100}$$

这里对于每个固定的 m（对应矩阵的第 m 行），上式将给出一个关于 A_m、B_m 和 B_r 的齐次方程。了解上述无穷级数方程的内部数据结构，利于我们将上式改写为矩阵形式。记

$$\boldsymbol{A}=[A_1 \quad A_2 \quad A_3 \quad \cdots]^\mathrm{T}, \quad \boldsymbol{B}=[B_1 \quad B_2 \quad B_3 \quad \cdots]^\mathrm{T} \tag{17.101}$$

由式（17.100）得

$$^0\boldsymbol{R}\boldsymbol{A}+{}^0\boldsymbol{S}\boldsymbol{B}=\widetilde{M}_0\,(^1\boldsymbol{R}\boldsymbol{A}+{}^1\boldsymbol{S}\boldsymbol{B}) \tag{17.102}$$

其中各系数矩阵的对角线和非对角线元素为

$$\left.\begin{array}{l}{}^0 R_{m,m}=\dfrac{m^4\pi^4}{2} \quad (m=1,2,\cdots,N) \\[3mm] {}^0 R_{s,r}=0 \qquad \left(\begin{array}{l} r\neq s \\ s=1,2,\cdots,N \\ r=1,2,\cdots,N \end{array}\right) \end{array}\right\} \tag{17.103}$$

$$\left.{}^1 R_{s,r}=0, \quad {}^0 S_{s,r}=0 \quad \left(\begin{array}{l} s=1,2,\cdots,N \\ r=1,2,\cdots,N \end{array}\right)\right\} \tag{17.104}$$

$$\left.\begin{array}{l}{}^1 S_{m,m}=\dfrac{\pi^2(3+m^2\pi^2)}{3} \quad (m=1,2,\cdots,N) \\[3mm] {}^1 S_{s,r}=-\dfrac{16\pi^2 rs^3}{(r^2-s^2)^2} \quad \left(\begin{array}{l} s\neq r \\ |s\pm r|=偶数 \\ s=1,2,\cdots,N \\ r=1,2,\cdots,N \end{array}\right) \end{array}\right\} \tag{17.105}$$

同理，由 $\dfrac{\partial\Pi}{\partial B_n}=0$ 得

$$-\widetilde{M}_0 \sum_{n=1}^{\infty} A_n \frac{\pi^2(3+n^2\pi^2)}{3} + \widetilde{M}_0 \sum_{n=1}^{\infty} \sum_{\substack{r=1 \\ r\neq n}}^{\infty} A_r \frac{16\pi^2 r^3 n}{(n^2-r^2)^2} + \sum_{n=1}^{\infty} B_n \frac{(1+n^2K^2)n^2\pi^4\eta}{2K^2(1+\eta)^2} +$$

$$\widetilde{M}_0 \sum_{n=1}^{\infty} B_n \left[\frac{2\pi^2\tilde{\beta}_x(-3+n^2\pi^2)}{3} - 4\tilde{a}_q\pi^2 \right] -$$

$$\widetilde{M}_0 \sum_{n=1}^{\infty} \sum_{\substack{r=1 \\ r\neq n}}^{\infty} B_r \frac{16\pi^2\tilde{\beta}_x nr(n^2+r^2)}{(n^2-r^2)^2} = 0, |n\pm r| = 偶数$$

$$(17.106)$$

采用式(17.101)的记号,也可以将式(17.106)改写成如下的矩阵形式

$$^0TA + {}^0QB = \widetilde{M}_0({}^1TA + {}^1QB) \tag{17.107}$$

其中各系数矩阵的对角线和非对角线元素为

$$^0T_{s,r} = {}^0S_{r,s} = 0 \quad \left.\begin{array}{l} s=1,2,\cdots,N \\ r=1,2,\cdots,N \end{array}\right\} \tag{17.108}$$

$$^1T_{m,m} = \frac{\pi^2(3+m^2\pi^2)}{3} \quad (m=1,2,\cdots,N)$$

$$^1T_{s,r} = -\frac{16\pi^2 r^3 s}{(s^2-r^2)^2} \quad \left.\begin{array}{l} s\neq r \\ |s\pm r|=偶数 \\ s=1,2,\cdots,N \\ r=1,2,\cdots,N \end{array}\right\} \tag{17.109}$$

即

$$^1T_{s,r} = {}^1S_{r,s} \quad \left.\begin{array}{l} s=1,2,\cdots,N \\ r=1,2,\cdots,N \end{array}\right) \tag{17.110}$$

$$^0Q_{m,m} = \frac{(1+m^2K^2)m^2\pi^4\eta}{2K^2(1+\eta)^2} \quad (m=1,2,\cdots,N)$$

$$^0Q_{s,r} = 0 \quad \left.\begin{array}{l} r\neq s \\ s=1,2,\cdots,N \\ r=1,2,\cdots,N \end{array}\right\} \tag{17.111}$$

$$^1Q_{m,m} = \frac{2\pi^2\tilde{\beta}_x(3-m^2\pi^2)}{3} + 4\tilde{a}_q\pi^2 \quad (m=1,2,\cdots,N)$$

$$^1Q_{s,r} = \frac{16\pi^2\tilde{\beta}_x sr(s^2+r^2)}{(s^2-r^2)^2} \quad \left.\begin{array}{l} r\neq s, \\ |s\pm r|=偶数 \\ s=1,2,\cdots,N \\ r=1,2,\cdots,N \end{array}\right\} \tag{17.112}$$

此外,我们还注意到这里得到的 ^0Q 与由单变量势能得到的 ^0C 相同,而 ^1Q 与由单变量势能得到的 ^1C 仅差一个负号(出现负号的原因是写法上的差别,即我们将 ^1C 从原来的等式左端移到了等式右端,需要添加一个负号,由此得到的就是 ^1Q)。

若将式(17.102)和式(17.107)合并,可写成如下分块矩阵表达的形式

$$
\begin{pmatrix} {}^{0}\boldsymbol{R} & {}^{0}\boldsymbol{S} \\ {}^{0}\boldsymbol{T} & {}^{0}\boldsymbol{Q} \end{pmatrix} \begin{Bmatrix} \boldsymbol{A} \\ \boldsymbol{B} \end{Bmatrix} = \widetilde{M}_{0} \begin{pmatrix} {}^{1}\boldsymbol{R} & {}^{1}\boldsymbol{S} \\ {}^{1}\boldsymbol{T} & {}^{1}\boldsymbol{Q} \end{pmatrix} \begin{Bmatrix} \boldsymbol{A} \\ \boldsymbol{B} \end{Bmatrix} \tag{17.113}
$$

若采用有限元中的常用表达方式,则可简写为

$$
\boldsymbol{K}_{0}\boldsymbol{U} = \lambda \boldsymbol{K}_{G}\boldsymbol{U} \tag{17.114}
$$

其中

$$
\boldsymbol{U} = (\boldsymbol{A} \quad \boldsymbol{B})^{\mathrm{T}}, \quad \lambda = \widetilde{M}_{0} \tag{17.115}
$$

$$
\boldsymbol{K}_{0} = \begin{bmatrix} {}^{0}\boldsymbol{R} & {}^{0}\boldsymbol{S} \\ {}^{0}\boldsymbol{T} & {}^{0}\boldsymbol{Q} \end{bmatrix} \tag{17.116}
$$

$$
\boldsymbol{K}_{G} = \begin{bmatrix} {}^{1}\boldsymbol{R} & {}^{1}\boldsymbol{S} \\ {}^{1}\boldsymbol{T} & {}^{1}\boldsymbol{Q} \end{bmatrix} \tag{17.117}
$$

其中,$\boldsymbol{U}$ 为待定系数(广义坐标)组成的屈曲模态,$\boldsymbol{K}_{0}$ 和 $\boldsymbol{K}_{G}$ 分别称为悬臂钢梁的线性刚度矩阵和几何刚度矩阵,需要求解的是无量纲临界弯矩 $\lambda = \widetilde{M}_{0}$ 和屈曲模态。从数学角度看,上述问题最终可归结为求解式(17.114)所表达的广义特征值问题,其中最小 $\lambda = \widetilde{M}_{0}$ 和特征向量分别为所求的无量纲临界弯矩和屈曲模态。

理论上任何求解广义特征值问题的方法都适用于此类问题,因为与大型有限元分析程序不同,这里涉及的自由度数并不多(一般在 15 个以内)。

(4) 一阶近似解析解

所谓一阶近似解即为模态函数均取 1 项的解析解答。此研究可以初步验证屈曲方程式(17.113)理论推导的正确性。

模态函数均取 1 项,即 $m=1$,由式(17.113)得

$$
\begin{pmatrix} \dfrac{\pi^{4}}{2} & 0 \\ 0 & \dfrac{(1+K^{2})\pi^{4}\eta}{2K^{2}(1+\eta)^{2}} \end{pmatrix} \begin{Bmatrix} A_{1} \\ B_{1} \end{Bmatrix} = \widetilde{M}_{0} \begin{pmatrix} 0 & \dfrac{\pi^{2}(3+\pi^{2})}{3} \\ \dfrac{\pi^{2}(3+\pi^{2})}{3} & \dfrac{2\pi^{2}\tilde{\beta}_{x}(3-\pi^{2})}{3}+4\tilde{a}_{q}\pi^{2} \end{pmatrix} \begin{Bmatrix} A_{1} \\ B_{1} \end{Bmatrix} \tag{17.118}
$$

为了保证 $A_{1}B_{1}$ 不同时为零,必有

$$
\mathrm{Det}\begin{pmatrix} \dfrac{\pi^{4}}{2} & -\widetilde{M}_{0}\dfrac{\pi^{2}(3+\pi^{2})}{3} \\ -\widetilde{M}_{0}\dfrac{\pi^{2}(3+\pi^{2})}{3} & \dfrac{(1+K^{2})\eta\pi^{4}}{2K^{2}(1+\eta)^{2}}-\widetilde{M}_{0}\left[\dfrac{2\pi^{2}\tilde{\beta}_{x}(3-\pi^{2})}{3}+4\tilde{a}_{q}\pi^{2}\right] \end{pmatrix} = 0 \tag{17.119}
$$

上式即为所求的屈曲方程,展开得到

$$
\dfrac{(1+K^{2})\eta\pi^{8}}{4K^{2}(1+\eta)^{2}} - \widetilde{M}_{0}\left[\dfrac{(3-\pi^{2})\pi^{6}\tilde{\beta}_{x}}{3}+2\pi^{6}\tilde{a}_{q}\right] - \widetilde{M}_{0}^{2}\dfrac{(3+\pi^{2})^{2}}{9}\pi^{4} = 0 \tag{17.120}
$$

其解为

$$
\widetilde{M}_{cr} = C_{1}\left[(-C_{2}\tilde{a}+C_{3}\tilde{\beta}_{x}) + \sqrt{(-C_{2}\tilde{a}+C_{3}\tilde{\beta}_{x})^{2}+\dfrac{\eta}{(1+\eta)^{2}}(1+K^{-2})}\right]
$$

其中

$$C_1 = \frac{3\pi^2}{2(3+\pi^2)} = 1.1503, C_2 = \frac{6}{3+\pi^2} = 0.4662, C_3 = \frac{-3+\pi^2}{3+\pi^2} = 0.5338$$

从而有

$$\widetilde{M}_{cr} = 1.1503 \left[(-0.4662\widetilde{a}_q + 0.5338\check{\beta}_x) + \sqrt{(-0.4662\widetilde{a}_q + 0.5338\check{\beta}_x)^2 + \frac{\eta}{(1+\eta)^2}\left(1 + \frac{1}{K^2}\right)} \right]$$

$$(17.121)$$

此式即为采用双变量总势能求得的临界弯矩公式,与现有文献的结果相同。说明前述屈曲方程式(17.113)的推导是正确的。

尚需要指出的是,前面已经证明,理论上模态函数均为无穷三角级数的情况下,无论是单变量总势能还是双变量总势能的解答均可收敛于精确解。但当模态函数取有限项的时候,两者的计算精度还是有区别的。以本节双变量总势能得到的一阶近似解析解式(17.121)为例,其计算精度要比前面单变量总势能的解答式(17.65)要低些。原因是单变量总势能隐含了水平位移模态与转角模态之间满足精确比例关系的假设,而双变量总势能没有事先强行规定水平位移模态与转角模态之间的比例关系。因此,选用双变量总势能来研究弯扭屈曲问题时,要想达到与单变量总势能解答相同的计算精度,模态函数需要选取更多的项数来逼近精确模态。

(5) Matlab 计算程序与验证

我们根据前面介绍的方法编制了相应的 Matlab 程序,可以方便地进行大量参数分析。

Matlab 程序的源代码见右边的二维码。

图 17.6 为单变量和双变量级数解的收敛性验证。从图中可见,为达到相同的精度,双变量所需的项数要多于单变量。这是因为双变量之间的级数相关性差一些。

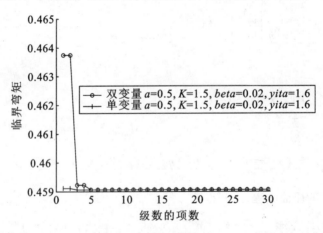

图 17.6 收敛性验证(三)

(6) 现有的设计方法的评价

受弯构件等效弯矩系数的概念在各国规范中得到了广泛的应用。对于直线型弯矩作用下的双轴对称截面简支梁,Salvadori 提出的设计公式为

$$M_{cr} = \beta_b \frac{\pi}{L} \sqrt{EI_y GJ_k \left(1 + \frac{\pi^2 EI_\omega}{GJ_k L_b^2}\right)} \tag{17.122}$$

其中,β_b 称为受弯构件等效弯矩系数,L_b 为侧向无刚性支承的长度。

① Trahair 的方法

Trahair 提出的方法为:

$$\beta_b = \begin{cases} \dfrac{1.12}{1+0.535K-0.154K^2} & \text{(荷载作用在上翼缘)} \\ 1.12(1+0.535K-0.154K^2) & \text{(荷载作用在下翼缘)} \\ 1.12 & \text{(荷载作用在剪心)} \end{cases} \tag{17.123}$$

其中,K 为无量纲的扭转刚度参数。

图 17.7 和图 17.8 所示为无量纲扭转刚度系数 K 与等效弯矩系数之间的关系、Trahair 理论与本书精确解的对比情况。从图中可见:

a. 荷载作用在上翼缘时:Trahair 理论仅适合于扭转刚度系数 $K<2$ 的钢梁,且 Trahair 理论在 $K=4.6$ 左右还会出现一个"跳跃",即数值不稳定性,这点非常令人意外;

b. 荷载作用在下翼缘时:Trahair 理论仅适合于扭转刚度系数 $K<1.5$ 的钢梁,且 Trahair 理论在 $K>5$ 时会出现等效弯矩系数为负数的情况,此结果显然是错误的;

c. 荷载作用在剪心时:Trahair 理论始终小于精确解,但偏于安全且误差不大。

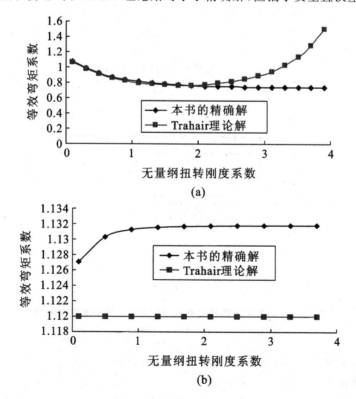

(a)

(b)

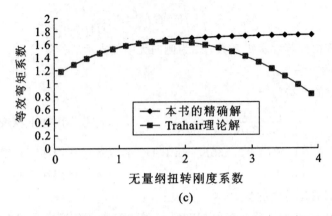

(c)

图 17.7 无量纲扭转刚度系数与等效弯矩系数之间的关系（Trahair 理论解与精确解对比）
(a)荷载作用在上翼缘；(b)荷载作用在剪心；(c)荷载作用在下翼缘

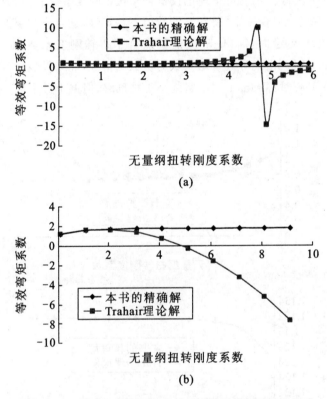

图 17.8 无量纲扭转刚度系数取值对等效弯矩系数的影响
(a)荷载作用在上翼缘；(b)荷载作用在下翼缘

② 我国《钢结构设计标准》(GB 50017—2017)的方法

当荷载作用在上翼缘时

$$\beta_b = \begin{cases} 0.69 + 0.13\xi & 当 \xi \leqslant 2.0 \ 时 \\ 0.95 & 当 \xi > 2.0 \ 时 \end{cases} \tag{17.124}$$

当荷载作用在下翼缘时

$$\beta_b = \begin{cases} 1.73 - 0.20\xi & \text{当 } \xi \leqslant 2.0 \text{ 时} \\ 1.33 & \text{当 } \xi > 2.0 \text{ 时} \end{cases} \qquad (17.125)$$

需要特别指出的是,我国规范中没有出现我们定义的无量纲扭转刚度参数 K,而是出现了一个特殊的参数 ξ。作者查阅了众多文献资料,发现没有人对参数 ξ 的物理意义或由来进行阐述。为此,作者以双轴对称截面为例,由无量纲扭转刚度参数 K 来推论参数 ξ 的物理意义。

对于双轴对称截面

$$J_k = (2bt^3 + h_w t_w^3)/3 \approx A t_1^2/3, \quad I_\omega = (h^2/4)I_y, \quad \sqrt{I_\omega/I_y} = h/2, E = 2.6G \qquad (17.126)$$

据此,可将参数 K 改写为

$$K^2 = \frac{\pi^2 E I_\omega}{G J_k L^2} = \left(\pi^2 \frac{E}{G}\right) \cdot \frac{I_\omega}{J_k L^2} = \left(\frac{\pi^2 E}{G}\right) \cdot \frac{(h^2/4)I_y}{(1/3)A t^2 \cdot L^2}$$

$$= \left(\frac{3\pi^2 E}{4G}\right) \cdot \frac{h^2 \times 2 \times \frac{tb^3}{12}}{bt^3 \cdot L^2} = \left(\frac{\pi^2 E}{8G}\right) \cdot \left(\frac{hb}{Lt}\right)^2 \qquad (17.127)$$

由此可得

$$\xi = \frac{Lt}{2bh} = \frac{\pi}{4K}\sqrt{\frac{E}{2G}} \qquad (17.128)$$

若取 $E = 2.6G$,则

$$\xi = \frac{0.8955}{K} \approx \frac{0.9}{K} \qquad (17.129)$$

至此我们发现,规范中的参数 ξ 近似为无量纲扭转刚度参数 K 倒数的 0.9 倍。因此参数 ξ 的物理意义与无量纲扭转刚度参数 K 类似,只是呈倒数关系而已。

当荷载作用在上翼缘时

$$\beta_b = \begin{cases} 0.69 + \dfrac{0.1164}{K} & \text{当 } K \leqslant 0.4477 \text{ 时} \\ 0.95 & \text{当 } K > 0.4477 \text{ 时} \end{cases} \qquad (17.130)$$

当荷载作用在下翼缘时

$$\beta_b = \begin{cases} 1.73 - \dfrac{0.1791}{K} & \text{当 } K \leqslant 0.4477 \text{ 时} \\ 1.33 & \text{当 } K > 0.4477 \text{ 时} \end{cases} \qquad (17.131)$$

不需验算稳定的条件是

$$\frac{L}{b} \leqslant 13$$

图 17.9 为我国钢结构设计方法与精确解的对比情况,可见对于扭转刚度系数 $K < 4$ 的钢梁,两者吻合较好,说明我国钢结构设计方法比 Trahair 理论更合理。

(7) 建议的设计方法

当荷载作用在上翼缘时

$$\beta_b = \begin{cases} 0.69 + 0.13\xi & \text{当 } \xi \leqslant 2.0 \text{ 时} \\ \dfrac{1.12\xi^2}{-0.12 + 0.48\xi + \xi^2} & \text{当 } \xi > 2.0 \text{ 时} \end{cases} \qquad (17.132)$$

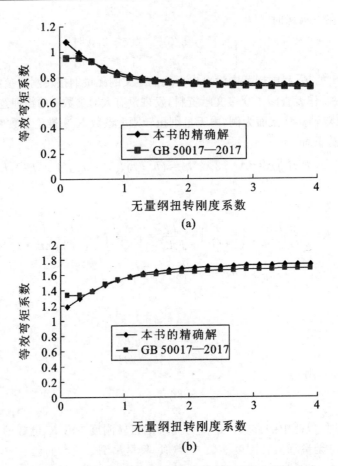

图 17.9　无量纲扭转刚度系数与等效弯矩系数之间的关系

(a)荷载作用在上翼缘；(b)荷载作用在下翼缘

当荷载作用在下翼缘时

$$\beta_b = \begin{cases} 1.73 - 0.20\xi & \text{当 } \xi \leqslant 2.0 \text{ 时} \\ 1.12 + \dfrac{0.54}{\xi} - \dfrac{0.14}{\xi^2} & \text{当 } \xi > 2.0 \text{ 时} \end{cases} \tag{17.133}$$

图 17.10 为上述设计公式与精确解的对比情况，可见对于扭转刚度系数 $K < 6$ 的钢梁，两者吻合较好。

需要指出的是，上述公式与现行规范公式类似，也采用了分段函数的表达式。实际上，上述设计公式也可改写为如下单一函数的形式。

当荷载作用在上翼缘时

$$\beta_b = 0.733 + 0.417\exp(-1.50K^{0.9}) \tag{17.134}$$

当荷载作用在下翼缘时

$$\beta_b = 1.755 - 0.681\exp(-1.20K^{0.92}) \tag{17.135}$$

当荷载作用在剪心时

$$\beta_b = 1.132 - 0.007\exp(-2.65K^{0.85}) \tag{17.136}$$

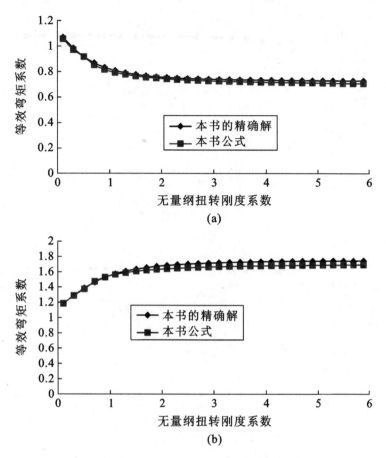

(a)

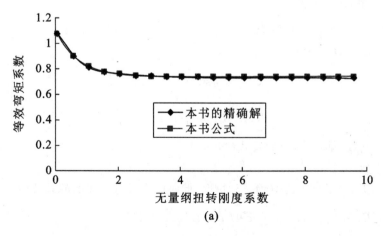

(b)

图 17.10　无量纲扭转刚度系数与等效弯矩系数之间的关系

(a)荷载作用在上翼缘；(b)荷载作用在下翼缘

图 17.11 为上述单一函数设计公式与精确解的对比情况，可见对于扭转刚度系数 $K <$ 10 的钢梁，两者吻合较好。与现行规范设计公式相比，该系列设计公式增加了荷载作用在剪心的情况，还考虑了更大 K 值的情况，因而适用范围更广且形式简单。

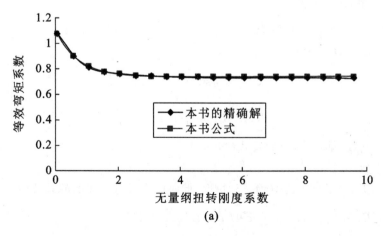

(a)

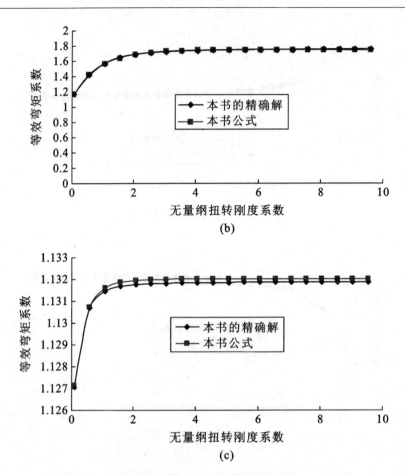

图 17.11　无量纲扭转刚度系数与等效弯矩系数之间的关系

(a)荷载作用在上翼缘；(b)荷载作用在下翼缘；(c)荷载作用在剪心

17.3.4　简支梁跨中作用一个集中荷载

计算简图参见图 17.4。

17.3.4.1　两项级数的解答

(1) 模态试函数(2 项)

$$u(z) = A_1 h \sin \frac{\pi z}{L} + A_2 h \sin \frac{2\pi z}{L} \tag{17.137}$$

$$\theta(z) = B_1 \sin \frac{\pi z}{L} + B_2 \sin \frac{2\pi z}{L} \tag{17.138}$$

(2) 内力函数[见式(17.66)及式(17.67)]

(3) 总势能

为简便起见，这里仅考虑双轴对称情况，此时简支梁弯扭屈曲的总势能为

$$\Pi_0 = \frac{1}{2} \int_L (EI_y u''^2 + EI_\omega \theta''^2 + GJ_k \theta'^2 + 2M_x u'' \theta) \mathrm{d}z - \frac{1}{2} P_{yi} a_{Pi} \theta_i^2 \tag{17.139}$$

将上述表达式代入式(17.139)并进行积分运算,可得

$$\Pi_0 = \frac{h^2\pi^4(A_1^2+16A_2^2)EI_y}{4L^3} + \frac{\pi^4(B_1^2+16B_2^2)EI_\omega}{4L^3} +$$
$$\frac{\pi^2(B_1^2+4B_2^2)GJ_k}{4L} - \frac{1}{16}hP\left[(4+\pi^2)A_1B_1+4\pi^2A_2B_2\right] - \frac{1}{2}a_PPB_1^2 \tag{17.140}$$

参见上节推导,引入无量纲式(17.40)中的 $\widetilde{M}_0$、K,$\tilde{a}_P = \dfrac{a_P}{h}$,其中,$M_0$ 为跨中集中荷载下简支梁的最大弯矩,即 $M_0 = PL/4$。

通过相应的数学代换,即可获得如下钢梁的无量纲总势能

$$\Pi_0 = \frac{1}{4}\pi^4(A_1^2+16A_2^2) + \frac{1}{16}\pi^4(B_1^2+16B_2^2) +$$
$$\frac{\pi^4(B_1^2+4B_2^2)}{16K^2} - \frac{1}{4}\widetilde{M}_0\pi^2\left[(4+\pi^2)A_1B_1+4\pi^2A_2B_2\right] - 2\tilde{a}_P\widetilde{M}_0\pi^2B_1^2 \tag{17.141}$$

(4)屈曲方程

根据势能驻值原理,由 $\dfrac{\partial\Pi}{\partial A_i}=0(i=1,2)$ 可得

$$\left.\begin{array}{r}\dfrac{\pi^4A_1}{2} - \dfrac{1}{4}\widetilde{M}_0\pi^2(4+\pi^2)B_1=0 \\[2mm] 8\pi^4A_2 - \widetilde{M}_0\pi^4B_2=0 \end{array}\right\} \tag{17.142}$$

若令

$$\boldsymbol{A}=(\boldsymbol{A}_1\quad\boldsymbol{A}_2)^{\mathrm{T}},\quad \boldsymbol{B}=(\boldsymbol{B}_1\quad\boldsymbol{B}_2)^{\mathrm{T}} \tag{17.143}$$

则有

$$\begin{pmatrix}\dfrac{\pi^4}{2} & 0 \\ 0 & 8\pi^4\end{pmatrix}\begin{Bmatrix}A_1 \\ A_2\end{Bmatrix} + \begin{bmatrix}0 & 0 \\ 0 & 0\end{bmatrix}\begin{Bmatrix}B_1 \\ B_2\end{Bmatrix}$$
$$= \widetilde{M}_0\left(\begin{bmatrix}0 & 0 \\ 0 & 0\end{bmatrix}\begin{Bmatrix}A_1 \\ A_2\end{Bmatrix} + \begin{pmatrix}\dfrac{1}{4}\pi^2(4+\pi^2) & 0 \\ 0 & -\pi^4\end{pmatrix}\begin{Bmatrix}B_1 \\ B_2\end{Bmatrix}\right) \tag{17.144}$$

或者简写为如式(17.102)的形式

$$^0\boldsymbol{R}\boldsymbol{A} + {}^0\boldsymbol{S}\boldsymbol{B} = \widetilde{M}_0({}^1\boldsymbol{R}\boldsymbol{A} + {}^1\boldsymbol{S}\boldsymbol{B})$$

其中

$$^0\boldsymbol{R}=\begin{pmatrix}\dfrac{\pi^4}{2} & 0 \\ 0 & 8\pi^4\end{pmatrix},\quad {}^0\boldsymbol{S}=\begin{bmatrix}0 & 0 \\ 0 & 0\end{bmatrix} \tag{17.145}$$

$$^1\boldsymbol{R}=\begin{bmatrix}0 & 0 \\ 0 & 0\end{bmatrix};\quad {}^1\boldsymbol{S}=\begin{pmatrix}\dfrac{1}{4}\pi^2(4+\pi^2) & 0 \\ 0 & \pi^4\end{pmatrix} \tag{17.146}$$

由 $\dfrac{\partial\Pi}{\partial B_i}=0(i=1,2)$ 可得

$$-\frac{1}{4}\widetilde{M}_0\pi^2(4+\pi^2)A_1-4\tilde{a}_P\widetilde{M}_0\pi^2B_1+\frac{\pi^4B_1}{8}+\frac{\pi^4B_1}{8K^2}=0 \left.\right\}$$
$$-\widetilde{M}_0\pi^4A_2+2\pi^4B_2+\frac{\pi^4B_2}{2K^2}=0 \left.\right\} \tag{17.147}$$

同理可得

$$\begin{bmatrix}0&0\\0&0\end{bmatrix}\begin{Bmatrix}A_1\\A_2\end{Bmatrix}+\begin{pmatrix}\dfrac{\pi^4}{8}+\dfrac{\pi^4}{8K^2}&0\\[2mm]0&2\pi^4+\dfrac{\pi^4}{2K^2}\end{pmatrix}\begin{Bmatrix}B_1\\B_2\end{Bmatrix} \tag{17.148}$$
$$=\widetilde{M}_0\left(\begin{pmatrix}\dfrac{1}{4}\pi^2(4+\pi^2)&0\\[2mm]0&\pi^4\end{pmatrix}\begin{Bmatrix}A_1\\A_2\end{Bmatrix}+\begin{pmatrix}4\tilde{a}_P\pi^2&0\\0&0\end{pmatrix}\begin{Bmatrix}B_1\\B_2\end{Bmatrix}\right)$$

或者简写为如式(17.107)的形式

$$^0\boldsymbol{T}\boldsymbol{A}+{}^0\boldsymbol{Q}\boldsymbol{B}=\widetilde{M}_0\,({}^1\boldsymbol{T}\boldsymbol{A}+{}^1\boldsymbol{Q}\boldsymbol{B})$$

其中

$$^0\boldsymbol{T}=\begin{bmatrix}0&0\\0&0\end{bmatrix},\quad {}^0\boldsymbol{Q}=\begin{pmatrix}\dfrac{\pi^4}{8}+\dfrac{\pi^4}{8K^2}&0\\[2mm]0&2\pi^4+\dfrac{\pi^4}{2K^2}\end{pmatrix} \tag{17.149}$$

$$^1\boldsymbol{T}=\begin{pmatrix}\dfrac{\pi^2}{4}(4+\pi^2)&0\\[2mm]0&\pi^4\end{pmatrix},\quad {}^1\boldsymbol{Q}=\begin{pmatrix}4\tilde{a}_P\pi^2&0\\0&0\end{pmatrix} \tag{17.150}$$

若将式(17.102)和式(17.107)合并,可写成如下分块矩阵表达的无量纲屈曲弯矩方程

$$\begin{bmatrix}{}^0\boldsymbol{R}&{}^0\boldsymbol{S}\\{}^0\boldsymbol{T}&{}^0\boldsymbol{Q}\end{bmatrix}\begin{Bmatrix}\boldsymbol{A}\\\boldsymbol{B}\end{Bmatrix}=\widetilde{M}_0\begin{bmatrix}{}^1\boldsymbol{R}&{}^1\boldsymbol{S}\\{}^1\boldsymbol{T}&{}^1\boldsymbol{Q}\end{bmatrix}\begin{Bmatrix}\boldsymbol{A}\\\boldsymbol{B}\end{Bmatrix} \tag{17.151}$$

其中

$$\begin{Bmatrix}\boldsymbol{A}\\\boldsymbol{B}\end{Bmatrix}=[A_1\quad A_2\quad B_1\quad B_2]^{\mathrm{T}} \tag{17.152}$$

上述写法利于 Matlab 编程,方便数值求解。为此,对于无穷级数的屈曲方程写法,本书基本都沿用了与式(17.151)相同的表述方式。

17.3.4.2　一阶与二阶近似解析解

(1) 二阶近似解析解

深入研究可以发现,屈曲方程式(17.151)实际上存在显式的解析解。为此首先将式(17.151)写为如下形式

$$\begin{pmatrix}\dfrac{\pi^4}{2}&0&0&0\\[2mm]0&8\pi^4&0&0\\[2mm]0&0&\dfrac{\pi^4}{8}+\dfrac{\pi^4}{8K^2}&0\\[2mm]0&0&0&2\pi^4+\dfrac{\pi^4}{2K^2}\end{pmatrix}\begin{Bmatrix}A_1\\A_2\\B_1\\B_2\end{Bmatrix}$$

$$=\widetilde{M}_0 \begin{pmatrix} 0 & 0 & \frac{1}{4}\pi^2(4+\pi^2) & 0 \\ 0 & 0 & 0 & \pi^4 \\ \frac{1}{4}\pi^2(4+\pi^2) & 0 & 4\tilde{a}_P\pi^2 & 0 \\ 0 & \pi^4 & 0 & 0 \end{pmatrix} \begin{Bmatrix} A_1 \\ A_2 \\ B_1 \\ B_2 \end{Bmatrix} \tag{17.153}$$

这是一个齐次代数方程,为保证其有非零解,其系数行列式必为零,即

$$\mathrm{Det} \begin{pmatrix} \frac{\pi^4}{2} & 0 & -\frac{1}{4}\widetilde{M}_0\pi^2(4+\pi^2) & 0 \\ 0 & 8\pi^4 & 0 & -\widetilde{M}_0\pi^4 \\ -\frac{1}{4}\widetilde{M}_0\pi^2(4+\pi^2) & 0 & -4\tilde{a}_P\widetilde{M}_0\pi^2+\frac{\pi^4}{8}+\frac{\pi^4}{8K^2} & 0 \\ 0 & -\widetilde{M}_0\pi^4 & 0 & 2\pi^4+\frac{\pi^4}{2K^2} \end{pmatrix}=0$$

$$\tag{17.154}$$

解之可得

$$\widetilde{M}_{cr}=\frac{-16\tilde{a}_P K+\sqrt{256\tilde{a}_P^2 K^2+(1+K^2)(4+\pi^2)^2}}{K(4+\pi^2)^2}\pi^2 \tag{17.155}$$

这就是由本书首次给出的临界弯矩解析解,它是我们根据两项三角级数的模态函数推导得到的,可称之为“二阶近似解析解”。

可以证明,该二阶近似解析解的计算精度略高于即将给出的一阶近似解析解。

(2)一阶近似解析解

所谓一阶近似解析解即为模态函数均取 1 项的解析解答。若取第 1 项三角函数,由式(17.153)可得

$$\begin{pmatrix} \frac{\pi^4}{2} & 0 \\ 0 & \frac{\pi^4}{8}+\frac{\pi^4}{8K^2} \end{pmatrix} \begin{Bmatrix} A_1 \\ B_1 \end{Bmatrix}=\widetilde{M}_0 \begin{pmatrix} 0 & \frac{1}{4}\pi^2(4+\pi^2) \\ \frac{1}{4}\pi^2(4+\pi^2) & 4\tilde{a}_P\pi^2 \end{pmatrix} \begin{Bmatrix} A_1 \\ B_1 \end{Bmatrix} \tag{17.156}$$

根据上式中系数行列式为零的条件,可得到

$$\widetilde{M}_{cr}=C_1\left[-C_2\tilde{a}_P+\sqrt{(-C_2\tilde{a})^2+\frac{1}{4}(1+K^{-2})}\right]$$

其中

$$C_1=\frac{2\pi^2}{4+\pi^2}=1.4232,\quad C_2=\frac{8}{4+\pi^2}=0.5768 \tag{17.157}$$

从而有

$$\widetilde{M}_{cr}=1.4232\left[-0.5768\tilde{a}_q+\sqrt{(-0.5768\tilde{a}_q)^2+\frac{1}{4}(1+K^{-2})}\right] \tag{17.158}$$

此式即为跨中集中荷载作用下钢梁的临界弯矩近似计算公式。

17.3.4.3　无穷级数的解答

(1)内力函数及跨中最大弯矩同式(17.66)及式(17.67)。

（2）总势能

本问题的双变量总势能为

$$\Pi = \frac{1}{2}\int_L [EI_y u''^2 + EI_\omega \theta''^2 + (GJ_k + 2M_x\beta_x)\theta'^2 + 2M_x u''\theta']\,\mathrm{d}z - \frac{1}{2}P_i a_{Pi}\theta_i^2$$

(17.159)

引入无量纲参数式(17.40)，其中 $\tilde{a}_P = \dfrac{a_P}{h}$，$M_0$ 为跨中集中荷载下简支梁的最大弯矩，即 $M_0 = PL/4$。

实际上，对于简支梁总势能中前三项不受荷载工况的影响，即与式(17.95)相同，因此集中荷载引起的弯矩变化仅影响总势能中与弯矩有关的后两项。这两项的积分结果（由 Mathematica 软件完成）为

$$\Pi_2 = \frac{1}{2}\int_0^L 2M_x\beta_x\theta'^2\,\mathrm{d}z$$

$$= \widetilde{M}_0 \sum_{n=1}^\infty B_n^2 \frac{1}{4}\pi^2\tilde{\beta}_x[-2+n^2\pi^2+2\cos(n\pi)] + \widetilde{M}_0 \sum_{s=1}^\infty \sum_{\substack{r=1\\r\neq s}}^\infty B_sB_r \frac{4\pi^2 sr\beta_x}{(s^2-r^2)^2} \times$$

$$\left\{(s^2+r^2)\left[-1+2\cos\frac{s\pi}{2}\cos\frac{r\pi}{2}-\cos(s\pi)\cos(r\pi)\right]+4sr\sin\frac{s\pi}{2}\sin\frac{r\pi}{2}\right\}$$

(17.160)

$$\Pi_3 = \frac{1}{2}\int_0^L 2M_x u''\theta'\,\mathrm{d}z$$

$$= -\widetilde{M}_0 \sum_{m=1}^\infty A_m B_m \frac{1}{4}\pi^2[2+m^2\pi^2-2\cos(m\pi)] + \widetilde{M}_0 \sum_{s=1}^\infty \sum_{\substack{r=1\\r\neq s}}^\infty A_sB_r \frac{4\pi^2 s^2}{(s^2-r^2)^2} \times$$

$$\left[rs-2rs\cos\frac{s\pi}{2}\cos\frac{r\pi}{2}+rs\cos(s\pi)\cos(r\pi)-(s^2+r^2)\sin\frac{s\pi}{2}\sin\frac{r\pi}{2}\right]$$

(17.161)

$$\Pi_4 = -\frac{1}{2}P_i a_{Pi}\theta_i^2$$

$$= -\widetilde{M}_0 \sum_{n=1}^\infty B_n^2 \cdot 2\tilde{a}_P\pi^2\left(\sin\frac{n\pi}{2}\right)^2 - \widetilde{M}_0 \sum_{s=1}^\infty \sum_{\substack{r=1\\r\neq s}}^\infty B_sB_r \cdot 4\tilde{a}_P\pi^2\sin\frac{s\pi}{2}\sin\frac{r\pi}{2}$$

(17.162)

（3）屈曲方程

根据势能驻值原理，由 $\dfrac{\partial\Pi}{\partial A_m}=0$ 得（这里仅考虑上面列出的三项变分）

$$-\widetilde{M}_0 \sum_{m=1}^\infty B_m \frac{1}{4}\pi^2[2+m^2\pi^2-2\cos(m\pi)] + \widetilde{M}_0 \sum_{s=1}^\infty \sum_{\substack{r=1\\r\neq s}}^\infty B_r \frac{4\pi^2 s^2}{(s^2-r^2)^2} \times$$

$$\left[rs-2rs\cos\frac{s\pi}{2}\cos\frac{r\pi}{2}+rs\cos(s\pi)\cos(r\pi)-(s^2+r^2)\sin\frac{s\pi}{2}\sin\frac{r\pi}{2}\right]=0 \quad (17.163)$$

对照下面的矩阵[同式(17.102)]

$$^0\mathbf{RA}+^0\mathbf{SB}=\widetilde{M}_0(^1\mathbf{RA}+^1\mathbf{SB})$$

可得到$^1\boldsymbol{S}$矩阵的对角线和非对角线元素为(子矩阵$^0\boldsymbol{R}$、$^0\boldsymbol{S}$、$^1\boldsymbol{R}$与均布荷载相同)

$$\left.\begin{array}{l}^1S_{m,m}=\dfrac{1}{4}\pi^2\left[2+m^2\pi^2-2\cos(m\pi)\right] \qquad (m=1,2,\cdots,N)\\[3mm] ^1S_{s,r}=-\dfrac{4\pi^2s^2}{(s^2-r^2)^2}\times\Big[rs-2rs\cos\dfrac{s\pi}{2}\cos\dfrac{r\pi}{2}+ \quad \begin{array}{l}s\neq r\\ s=1,2,\cdots,N\\ r=1,2,\cdots,N\end{array}\\[3mm] rs\cos(s\pi)\cos(r\pi)-(s^2+r^2)\sin\dfrac{s\pi}{2}\sin\dfrac{r\pi}{2}\Big]\end{array}\right\} \quad (17.164)$$

同理,由$\dfrac{\partial\varPi}{\partial B_n}=0$得

$$-\widetilde{M}_0\sum_{n=1}^{\infty}A_n\frac{1}{4}\pi^2\left[2+n^2\pi^2-2\cos(n\pi)\right]+$$

$$\widetilde{M}_0\sum_{s=1}^{\infty}\sum_{\substack{r=1\\r\neq s}}^{\infty}A_r\frac{4\pi^2r^2}{(s^2-r^2)^2}\times\left\{rs-2rs\cos\frac{s\pi}{2}\cos\frac{r\pi}{2}+rs\cos(s\pi)\cos(r\pi)-(s^2+r^2)\sin\frac{s\pi}{2}\sin\frac{r\pi}{2}\right\}+$$

$$\widetilde{M}_0\sum_{n=1}^{\infty}B_n\left\{\frac{1}{2}\pi^2\tilde{\beta}_x\left[-2+n^2\pi^2+2\cos(n\pi)\right]-4\tilde{a}_P\pi^2\left(\sin\frac{n\pi}{2}\right)^2\right\}+$$

$$\widetilde{M}_0\sum_{s=1}^{\infty}\sum_{\substack{r=1\\r\neq s}}^{\infty}B_r\frac{4\pi^2sr\beta_x}{(s^2-r^2)^2}\times\left\{(s^2+r^2)\left[-1+2\cos\frac{s\pi}{2}\cos\frac{r\pi}{2}-\cos(s\pi)\cos(r\pi)\right]+4sr\sin\frac{s\pi}{2}\sin\frac{r\pi}{2}\right\}-$$

$$\widetilde{M}_0\sum_{s=1}^{\infty}\sum_{\substack{r=1\\r\neq s}}^{\infty}B_r\cdot4\tilde{a}_P\pi^2\sin\frac{s\pi}{2}\sin\frac{r\pi}{2}=0$$

$$(17.165)$$

对照下面的矩阵[同式(17.107)]

$$^0\boldsymbol{T}\boldsymbol{A}+^0\boldsymbol{Q}\boldsymbol{B}=\widetilde{M}_0\left(^1\boldsymbol{T}\boldsymbol{A}+^1\boldsymbol{Q}\boldsymbol{B}\right)$$

得到$^1\boldsymbol{T}$和$^1\boldsymbol{Q}$矩阵的对角线和非对角线元素为(子矩阵$^0\boldsymbol{T}$、$^0\boldsymbol{Q}$与均布荷载相同)

$$^1T_{s,r}=^1S_{r,s} \quad \begin{pmatrix}s=1,2,\cdots,N\\ r=1,2,\cdots,N\end{pmatrix} \qquad (17.166)$$

$$\left.\begin{array}{l}^1Q_{m,m}=-\dfrac{1}{2}\pi^2\tilde{\beta}_x\left[-2+n^2\pi^2+2\cos(n\pi)\right]+4\tilde{a}_P\pi^2\left(\sin\dfrac{n\pi}{2}\right)^2 \qquad (m=1,2,\cdots,N)\\[3mm] ^1Q_{s,r}=4\tilde{a}_P\pi^2\sin\dfrac{s\pi}{2}\sin\dfrac{r\pi}{2}-\dfrac{4\pi^2sr\beta_x}{(s^2-r^2)^2}\times \qquad\qquad \begin{array}{l}r\neq s\\ s=1,2,\cdots,N\\ r=1,2,\cdots,N\end{array}\\[3mm] \left\{(s^2+r^2)\left[-1+2\cos\dfrac{s\pi}{2}\cos\dfrac{r\pi}{2}-\cos(s\pi)\cos(r\pi)\right]+4sr\sin\dfrac{s\pi}{2}\sin\dfrac{r\pi}{2}\right\}\end{array}\right\}$$

$$(17.167)$$

可见,这里的$^1\boldsymbol{Q}$与由单变量势能得到$^1\boldsymbol{C}$仅差一个负号。证明了上述推导的正确性。

若将式(17.102)和式(17.107)合并,可写成如下分块矩阵表达的屈曲方程

$$\begin{pmatrix}^0\boldsymbol{R} & ^0\boldsymbol{S}\\ ^0\boldsymbol{T} & ^0\boldsymbol{Q}\end{pmatrix}\begin{Bmatrix}\boldsymbol{A}\\ \boldsymbol{B}\end{Bmatrix}=\widetilde{M}_0\begin{pmatrix}^1\boldsymbol{R} & ^1\boldsymbol{S}\\ ^1\boldsymbol{T} & ^1\boldsymbol{Q}\end{pmatrix}\begin{Bmatrix}\boldsymbol{A}\\ \boldsymbol{B}\end{Bmatrix} \qquad (17.168)$$

若采用有限元中的常用表达方式,则屈曲方程可简写为同式(17.114)～式(17.117)的形式

$$\boldsymbol{K}_0\boldsymbol{U}=\lambda\boldsymbol{K}_G\boldsymbol{U}$$

其中

$$U = (A \quad B)^{\mathrm{T}}, \quad \lambda = \widetilde{M}_0$$

$$K_0 = \begin{pmatrix} {}^0R & {}^0S \\ {}^0T & {}^0Q \end{pmatrix}, \quad K_G = \begin{pmatrix} {}^1R & {}^1S \\ {}^1T & {}^1Q \end{pmatrix}$$

其中，U 为待定系数(广义坐标)组成的屈曲模态，K_0 和 K_G 分别称为悬臂钢梁的线性刚度矩阵和几何刚度矩阵，需要求解无量纲临界弯矩 $\lambda = \widetilde{M}_0$(最小特征值)和屈曲模态(特征向量)。

(4) 一阶近似解析解

作为初步验证，下面来考察式(17.168)的一阶近似解。所谓一阶近似解析解即为模态函数均取 1 项的解析解答。此时取 $m=1$，由式(17.168)可得

$$\begin{pmatrix} \dfrac{\pi^4}{2} & 0 \\ 0 & \dfrac{(1+K^2)\pi^4\eta}{2K^2(1+\eta)^2} \end{pmatrix} \begin{Bmatrix} A_1 \\ B_1 \end{Bmatrix} = \widetilde{M}_0 \begin{pmatrix} 0 & \dfrac{(4+\pi^2)\pi^2}{4} \\ \dfrac{(4+\pi^2)\pi^2}{4} & 4\tilde{a}_P\pi^2 - \dfrac{(-4+\pi^2)\pi^2}{2}\tilde{\beta}_x \end{pmatrix} \begin{Bmatrix} A_1 \\ B_1 \end{Bmatrix}$$

$$(17.169)$$

根据上式中系数行列式为零的条件，可得到

$$\widetilde{M}_{cr} = C_1 \left[(-C_2\tilde{a} + C_3\tilde{\beta}_x) + \sqrt{(-C_2\tilde{a} + C_3\tilde{\beta}_x)^2 + \dfrac{\eta}{(1+\eta)^2}(1+K^{-2})} \right]$$

其中

$$C_1 = \dfrac{2\pi^2}{4+\pi^2} = 1.4232, \quad C_2 = \dfrac{8}{4+\pi^2} = 0.5768, \quad C_3 = \dfrac{-4+\pi^2}{4+\pi^2} = 0.4232$$

从而有

$$\widetilde{M}_{cr} = 1.4232 \left[(-0.5768\tilde{a}_q + 0.4232\tilde{\beta}_x) + \sqrt{(-0.5768\tilde{a}_q + 0.4232\tilde{\beta}_x)^2 + \dfrac{\eta}{(1+\eta)^2}(1+K^{-2})} \right]$$

$$(17.170)$$

此式即为当屈曲模态取两项三角级数时，跨中集中荷载作用下钢梁的临界弯矩近似计算公式。

还可证明，当取 $m=2$ 时，屈曲方程式(17.168)与二项级数的屈曲方程式(17.151)完全一致，说明前述的推导正确。

(5) Matlab 计算程序与验证

我们根据前面介绍的方法编制了相应的 Matlab 程序，可以方便地进行大量参数分析，并对现行规范的公式和有限元分析结果进行评价。

Matlab 程序的源代码见右边的二维码。

(6) 现有的设计方法的评价

① Trahair 的方法

$$\beta_b = \begin{cases} \dfrac{1.35}{1+0.649K-0.180K^2} & (荷载作用在上翼缘) \\ 1.35(1+0.649K-0.180K^2) & (荷载作用在下翼缘) \\ 1.35 & (荷载作用在剪心) \end{cases} \quad (17.171)$$

其中，K 为无量纲的扭转刚度参数。

图 17.12 为 Trahair 方法与精确解的对比情况。从图中可见：

a. 荷载作用在翼缘时：Trahair 方法仅适合于扭转刚度系数 $K<2$ 的钢梁；

b. 荷载作用在剪心时：Trahair 方法基本都是小于精确解的，且误差不大。

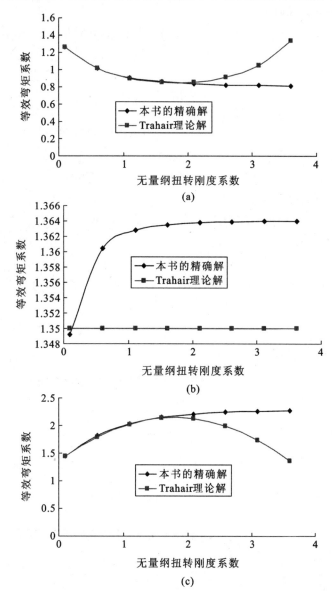

图 17.12　无量纲扭转刚度系数与等效弯矩系数之间的关系（Trahair 理论解与精确解的对比）
（a）荷载作用在上翼缘；（b）荷载作用在剪心；（c）荷载作用在下翼缘

② 我国《钢结构设计标准》(GB 50017—2017)的方法

当荷载作用在上翼缘时

$$\beta_b = \begin{cases} 0.73 + 0.18\xi & \text{当 } \xi \leqslant 2.0 \text{ 时} \\ 1.09 & \text{当 } \xi > 2.0 \text{ 时} \end{cases} \tag{17.172}$$

或者

$$\beta_b = \begin{cases} 0.73 + \dfrac{0.1612}{K} & \text{当 } K \leqslant 0.4477 \text{ 时} \\ 1.09 & \text{当 } K > 0.4477 \text{ 时} \end{cases} \qquad (17.173)$$

当荷载作用在下翼缘时

$$\beta_b = \begin{cases} 2.23 - 0.28\xi & \text{当 } \xi \leqslant 2.0 \text{ 时} \\ 1.67 & \text{当 } \xi > 2.0 \text{ 时} \end{cases} \qquad (17.174)$$

或者

$$\beta_b = \begin{cases} 2.23 - \dfrac{0.2507}{K} & \text{当 } K \leqslant 0.4477 \text{ 时} \\ 1.67 & \text{当 } K > 0.4477 \text{ 时} \end{cases} \qquad (17.175)$$

当荷载作用在上翼缘时

$$\beta_b = 0.804 + 0.591 \exp(-1.56 K^{0.83}) \qquad (17.176)$$

当荷载作用在下翼缘时

$$\beta_b = 2.300 - 1.012 \exp(-1.18 K^{0.93}) \qquad (17.177)$$

当荷载作用在剪心时

$$\beta_b = 1.364 - 0.022 \exp(-2.66 K^{0.84}) \qquad (17.178)$$

图 17.13 为 GB 50017—2017 中的方法与精确解的对比情况,可见对于扭转刚度系数 $K < 6$ 的钢梁,两者吻合较好。

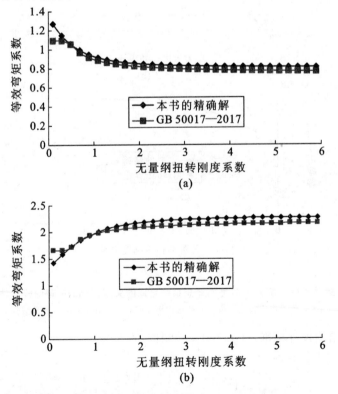

图 17.13 无量纲扭转刚度系数与等效弯矩系数之间的关系(GB 50017—2017 与精确解对比)

(a)荷载作用在上翼缘;(b)荷载作用在下翼缘

　　图 17.14 为上述设计公式与精确解的对比情况,可见对于扭转刚度系数 $K<10$ 的钢梁,两者吻合较好。

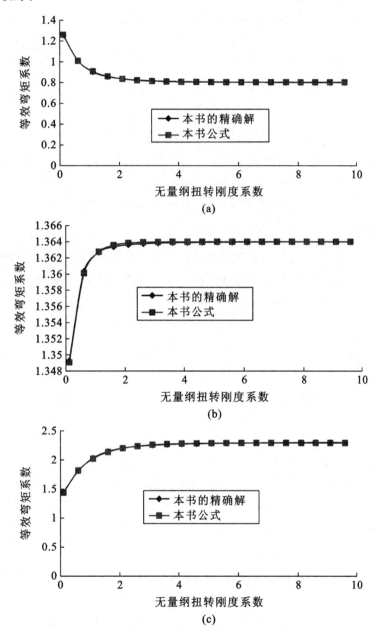

图 17.14　无量纲扭转刚度系数与等效弯矩系数之间的关系(本书公式与精确解对比)
(a)荷载作用在上翼缘;(b)荷载作用在剪心;(c)荷载作用在下翼缘

17.3.5　线性变化弯矩作用下的简支梁

计算简图参见图 17.15。

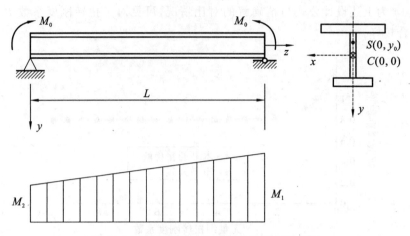

图 17.15　不等弯矩作用下简支梁的计算简图

（1）内力函数

与以往文献不同，我们这里定义绝对值最大的端弯矩为 M_1（取正值），则另一端弯矩为 M_2。若 M_2 与 M_1 使构件在弯矩作用平面内产生同向曲率，则 M_2 取正值，反之 M_2 取负值。

线性变化弯矩的变化规律为

$$M_x(z) = k M_1 + (1-k) M_1 \frac{z}{L} \tag{17.179}$$

其中，$k = M_2/M_1$ 为端弯矩之比，$k \in [-\infty, \infty]$。

（2）总势能

本问题的双变量总势能为

$$\Pi = \frac{1}{2} \int_L [EI_y u''^2 + EI_\omega \theta''^2 + (GJ_k + 2M_x \beta_x)\theta'^2 + 2M_x u''\theta'] \mathrm{d}z \tag{17.180}$$

首先将各项势能乘以公因子 $L^3/(h^2 EI_y)$，然后引入无量纲参数式（17.40）（其中取 $M_0 = M_1$）进行相应的代换，这样可以直接求得此工况下钢梁的无量纲总势能。

实际上，简支梁总势能中前三项不受荷载工况的影响[与式（17.95）相同]，即线性变化弯矩仅影响总势能中与弯矩有关的后两项。这两项的积分结果（由 Mathematica 软件完成）为

$$\Pi_2 = \frac{1}{2} \int_L 2M_x \beta_x \theta'^2 \mathrm{d}z = \widetilde{M}_0 \sum_{n=1}^{\infty} B_n^2 \frac{(1+k) m^2 \pi^4 \tilde{\beta}_x}{4} +$$

$$\widetilde{M}_0 \sum_{s=1}^{\infty} \sum_{\substack{r=1 \\ r \neq s \\ |s \pm r| = 奇数}}^{\infty} B_s B_r \frac{4(-1+k)\pi^2 rs(r^2+s^2)\tilde{\beta}_x}{(r^2-s^2)^2} \tag{17.181}$$

$$\Pi_3 = \frac{1}{2} \int_L (2M_x u''\theta') \mathrm{d}z = -\widetilde{M}_0 \sum_{m=1}^{\infty} A_m B_m \frac{(1+k) m^2 \pi^4}{4} -$$

$$\widetilde{M}_0 \sum_{s=1}^{\infty} \sum_{\substack{r=1 \\ r \neq s \\ |s \pm r| = 奇数}}^{\infty} A_s B_r \frac{4(-1+k)\pi^2 rs^3}{(r^2-s^2)^2} \tag{17.182}$$

本问题的总势能为

$$\Pi = \sum_{i=1}^{3} \Pi_i \qquad (17.183)$$

（3）屈曲方程

根据势能驻值原理，由 $\dfrac{\partial \Pi}{\partial A_m}=0$ 得（这里仅考虑后两项的变分）

$$-\widetilde{M}_0 \sum_{m=1}^{\infty} B_m \frac{(1+k)m^2\pi^4}{4} - \widetilde{M}_0 \sum_{m=1}^{\infty} \sum_{\substack{r=1 \\ r\neq m \\ |m\pm r|=奇数}}^{\infty} B_r \frac{4(-1+k)\pi^2 rm^3}{(r^2-m^2)^2} = 0 \quad (17.184)$$

对照下面的矩阵［同式(17.102)］

$$^0\boldsymbol{RA} + {}^0\boldsymbol{SB} = \widetilde{M}_0\,({}^1\boldsymbol{RA} + {}^1\boldsymbol{SB})$$

可得到 $^1\boldsymbol{S}$ 矩阵的对角线和非对角线元素为（子矩阵 $^0\boldsymbol{R}$、$^0\boldsymbol{S}$、$^1\boldsymbol{R}$ 与均布荷载相同）

$$\left.\begin{array}{l}
{}^1S_{m,m} = \dfrac{(1+k)m^2\pi^4}{4} \qquad (m=1,2,\cdots,N) \\[4mm]
{}^1S_{s,r} = \dfrac{4(-1+k)\pi^2 rs^3}{(r^2-s^2)^2} \quad \left(\begin{array}{l} s\neq r \\ |s\pm r|=奇数 \\ s=1,2,\cdots,N \\ r=1,2,\cdots,N \end{array}\right)
\end{array}\right\} \qquad (17.185)$$

同理，由 $\dfrac{\partial \Pi}{\partial B_n}=0$ 得

$$-\widetilde{M}_0 \sum_{n=1}^{\infty} A_n \frac{(1+k)n^2\pi^4}{4} - \widetilde{M}_0 \sum_{n=1}^{\infty} \sum_{\substack{r=1 \\ r\neq n}}^{\infty} A_r \frac{4(-1+k)\pi^2 nr^3}{(n^2-r^2)^2} +$$

$$\widetilde{M}_0 \sum_{n=1}^{\infty} B_n \frac{(1+k)n^2\pi^4 \tilde{\beta}_x}{2} + \widetilde{M}_0 \sum_{n=1}^{\infty} \sum_{\substack{r=1 \\ r\neq n \\ |n\pm r|=奇数}}^{\infty} B_r \frac{4(-1+k)\pi^2 m(r^2+n^2)\tilde{\beta}_x}{(r^2-n^2)^2} = 0$$

$$(17.186)$$

对照下面的矩阵［同式(17.107)］

$$^0\boldsymbol{TA} + {}^0\boldsymbol{QB} = \widetilde{M}_0\,({}^1\boldsymbol{TA} + {}^1\boldsymbol{QB})$$

得到 $^1\boldsymbol{T}$ 和 $^1\boldsymbol{Q}$ 矩阵的对角线和非对角线元素为（子矩阵 $^0\boldsymbol{T}$、$^0\boldsymbol{Q}$ 与均布荷载相同）

$$^1T_{s,r} = {}^1S_{r,s} \quad \left(\begin{array}{l} s=1,2,\cdots,N \\ r=1,2,\cdots,N \end{array}\right) \qquad (17.187)$$

$$\left.\begin{array}{l}
{}^1Q_{m,m} = -\dfrac{(1+k)m^2\pi^4 \tilde{\beta}_x}{2} \qquad (m=1,2,\cdots,N) \\[4mm]
{}^1Q_{s,r} = -\dfrac{4(-1+k)\pi^2 rs(r^2+s^2)\tilde{\beta}_x}{(r^2-s^2)^2} \quad \left(\begin{array}{l} r\neq s \\ |s\pm r|=奇数 \\ s=1,2,\cdots,N \\ r=1,2,\cdots,N \end{array}\right)
\end{array}\right\} \qquad (17.188)$$

将式(17.102)和式(17.107)合并,则可简写为如式(17.114)~式(17.117)的形式

$$K_0U=\lambda K_GU$$

其中

$$U=[A \quad B]^{\mathrm{T}}, \quad \lambda=\widetilde{M}_0$$

$$K_0=\begin{bmatrix} {}^0R & {}^0S \\ {}^0T & {}^0Q \end{bmatrix}, \quad K_G=\begin{bmatrix} {}^1R & {}^1S \\ {}^1T & {}^1Q \end{bmatrix}$$

(4) Matlab 计算程序与验证

我们根据前面介绍的方法编制了相应的 Matlab 程序,可以方便地进行大量参数分析,并对现行规范的公式和有限元分析结果进行评价。

Matlab 程序的源代码见右边的二维码。

首先研究一下收敛性的问题。从图 17.16 可以看到,端弯矩比 k 不同,收敛速度不同。总体的规律是,异号端弯矩的收敛速度明显慢于异号端弯矩;随着 k 从-1 到 1 变化,收敛速度逐渐加快,获得精确解所需要的项数逐渐减少;$k=-1$,即正负端弯矩绝对值相等时,收敛速度最慢,此时需要在模态函数中取 22 项以上方可收敛于精确解;而在相等端弯矩作用下($k=1$),即纯弯曲状态时,仅取 1 项就可获得精确解。根据此分析结论,我们在后面的参数分析中一律选取 $N=30$。

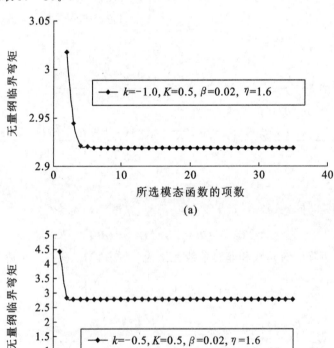

(a)

(b)

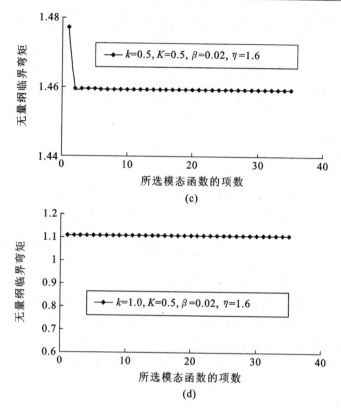

图 17.16 收敛性的验证(四)

(a)$k=-1$(从 $N=22$ 开始收敛);(b)$k=-0.5$(从 $N=16$ 开始收敛);

(c)$k=0.5$(从 $N=14$ 开始收敛);(d)$k=1$($N=1$ 即可收敛)

虽然,根据前面的研究我们知道,对于 $k\neq1$ 的情况,模态函数仅取 1 项不能获得精确解,但作为初步验证,我们取 $m=1$,由式(17.114)得

$$\begin{pmatrix} \dfrac{\pi^4}{2} & 0 \\ 0 & \dfrac{(1+K^2)\pi^4\eta}{2K^2(1+\eta)^2} \end{pmatrix}\begin{Bmatrix} A_1 \\ B_1 \end{Bmatrix}=\widetilde{M}_0\begin{pmatrix} 0 & \dfrac{(1+k)\pi^4}{4} \\ \dfrac{(1+k)\pi^4}{4} & -\dfrac{(1+k)\pi^4\tilde{\beta}_x}{2} \end{pmatrix}\begin{Bmatrix} A_1 \\ B_1 \end{Bmatrix} \tag{17.189}$$

根据上式中系数行列式为零的条件,可得到

$$\widetilde{M}_{cr}=C_1\left[(-C_2\tilde{a}+C_3\tilde{\beta}_x)+\sqrt{(-C_2\tilde{a}+C_3\tilde{\beta}_x)^2+\dfrac{\eta}{(1+\eta)^2}(1+K^{-2})}\right]$$

其中

$$C_1=\dfrac{2}{\sqrt{(1+k)^2}},\quad C_2=0,\quad C_3=-\dfrac{b_1}{2\sqrt{a_1}}=\dfrac{1+k}{\sqrt{(1+k)^2}} \tag{17.190}$$

从而有

$$\widetilde{M}_{cr}=\dfrac{2}{\sqrt{(1+k)^2}}\left[\left(\dfrac{1+k}{\sqrt{(1+k)^2}}\tilde{\beta}_x\right)+\sqrt{\left(\dfrac{1+k}{\sqrt{(1+k)^2}}\tilde{\beta}_x\right)^2+\dfrac{\eta}{(1+\eta)^2}(1+K^{-2})}\right]$$

$$\tag{17.191}$$

此式为我们利用双变量总势能得到的钢梁临界弯矩近似计算公式。

同理，利用单变量总势能还可以得到

$$C_1 = \frac{\sqrt{6}\pi}{\sqrt{-3(-1+k)^2+2(1+k+k^2)\pi^2}}, \quad C_2 = 0, \quad C_3 = \frac{\sqrt{\frac{3}{2}}(1+k)\pi}{\sqrt{-3(-1+k)^2+2(1+k+k^2)\pi^2}}$$

$$(17.192)$$

从而有

$$\widetilde{M}_{cr} = \frac{\sqrt{6}\pi}{\sqrt{-3(-1+k)^2+2(1+k+k^2)\pi^2}}\left[\frac{\sqrt{\frac{3}{2}}(1+k)\pi}{\sqrt{-3(-1+k)^2+2(1+k+k^2)\pi^2}}+\right.$$

$$\left.\sqrt{\left(\frac{\sqrt{\frac{3}{2}}(1+k)\pi}{\sqrt{-3(-1+k)^2+2(1+k+k^2)\pi^2}}\tilde{\beta}_x\right)^2+\frac{\eta}{(1+\eta)^2}(1+K^{-2})}\right]$$

$$(17.193)$$

此式为利用单变量总势能得到的钢梁临界弯矩近似计算公式。

这两个近似计算公式的精度如何？从图 17.17 中可以看出，近似式(17.193)与精确解基本吻合，而近似式(17.191)仅在 $0\leqslant k\leqslant 1$ 范围内与本文获得的精确解吻合较好，在 $-1\leqslant k\leqslant 0$ 范围内与精确解的误差较大，且总体变化趋势与精确解相反。

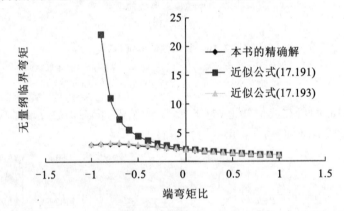

图 17.17　近似公式的精度验证($K=0.5$; $\beta=0.02$; $\eta=1.6$)

（5）有限元验证

为了验证前述屈曲方程无穷级数解的正确性，我们首先利用有限元软件 ANSYS 建立钢梁的有限元模型。

采用 SHELL181 单元来模拟钢梁翼缘与腹板。为防止有限元模型过早出现局部屈曲或者畸变屈曲，有人提出沿着梁跨度方向每隔一段距离增设 1 道加劲肋。然而，我们的 FEM 数值模拟实践证明，当端部弯矩同向时，有时即使增加加劲肋也无法得到所需的弯扭屈曲模态。为此我们率先提出一种新的刚周边模拟方法，即利用 CERIG 命令对处于同一截面的 SHELL181 单元节点的转动自由度进行约束，使得所有从属节点转动自由度与剪心处节点（主节点）的转动自由度相同（图 17.18）。结果表明，此方法比增设加劲肋、薄膜单元等方法更简便，且 FEM 模拟失效的几率比较小。

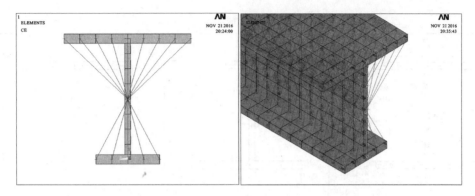

图 17.18　利用"CERIG"命令模拟 Vlasov 的刚性周边假设

为准确模拟钢梁的"夹支",即叉形支座边界条件,除了需要限制一端形心节点沿着纵轴的移动外,尚需限制上下翼缘沿着强轴(x 轴)方向的平动自由度,以满足钢梁端截面不能绕纵轴(z 轴)转动,但可以自由翘曲的条件(图 17.19)。同时,为在有限元模型中施加端弯矩,在梁端部设置接触单元 TARGE170 和 CONTA175,将弯矩施加在端截面节点上(图 17.20)。

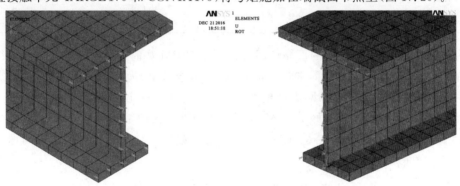

图 17.19　夹支座(叉形支座)的模拟

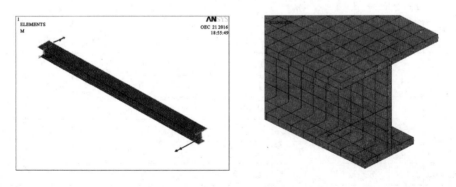

图 17.20　端弯矩的模拟

与前述的无量纲屈曲方程不同,有限元分析属于有量纲分析。为此需要先给定构件的截面尺寸和长度。考虑这些 FEM 分析是验证性的,为此选取了三种典型截面(表 17.1):截面 A 为双轴对称截面,截面 B 和截面 C 均为单轴对称截面。跨度为三种:6m、8m 和 12m。

表 17.1 截面尺寸

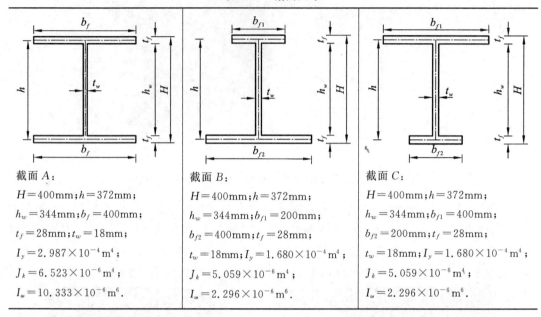

截面 A：

$H=400\text{mm}; h=372\text{mm};$

$h_w=344\text{mm}; b_f=400\text{mm};$

$t_f=28\text{mm}; t_w=18\text{mm};$

$I_y=2.987\times10^{-4}\text{m}^4;$

$J_k=6.523\times10^{-6}\text{m}^4;$

$I_\omega=10.333\times10^{-6}\text{m}^6.$

截面 B：

$H=400\text{mm}; h=372\text{mm};$

$h_w=344\text{mm}; b_{f1}=200\text{mm};$

$b_{f2}=400\text{mm}; t_f=28\text{mm};$

$t_w=18\text{mm}; I_y=1.680\times10^{-4}\text{m}^4;$

$J_k=5.059\times10^{-6}\text{m}^4;$

$I_\omega=2.296\times10^{-6}\text{m}^6.$

截面 C：

$H=400\text{mm}; h=372\text{mm};$

$h_w=344\text{mm}; b_{f1}=400\text{mm};$

$b_{f2}=200\text{mm}; t_f=28\text{mm};$

$t_w=18\text{mm}; I_y=1.680\times10^{-4}\text{m}^4;$

$J_k=5.059\times10^{-6}\text{m}^4;$

$I_\omega=2.296\times10^{-6}\text{m}^6.$

为了验证前述 FEM 模型的可靠性,我们分别用 FEM 和前述理论对纯弯钢梁进行了对比研究。表 17.2 为有限元结果与前述屈曲方程无穷级数解(简称理论解)的对比情况。结果表明:①SHELL 单元和本书刚周边模拟结果与理论解吻合较好,说明本书的 FEM 模型是正确的;②对于单轴对称截面,BEAM189 单元的 FEM 模拟结果与理论解相差较大,其中对于受拉翼缘加强的钢梁误差达 61.35%(高估临界弯矩),对于受压翼缘加强的钢梁误差达 -39.11%(低估临界弯矩)。

表 17.2 纯弯简支梁的无量纲临界弯矩

截面	K	L(m)	η	k	β_x	$N=6$ $M_{cr\,\text{Theory}}$	$N=30$ $M_{cr\,\text{Theory}}$	$M_{cr\,\text{SHELL}}$	Diff.1(%)	$M_{cr\,\text{BEAM}}$	Diff.2(%)
	1.063	6	1	1	0	0.687	0.687	0.680	0.91	0.689	-0.35
A	0.797	8	1	1	0	0.802	0.802	0.801	0.22	0.808	-0.66
	0.531	12	1	1	0	1.066	1.066	1.068	-0.23	1.076	-0.96
	0.569	6	0.125	1	-0.322	0.391	0.391	0.383	1.85	0.641	61.35
B	0.427	8	0.125	1	-0.322	0.541	0.541	0.535	1.15	0.809	46.51
	0.284	12	0.125	1	-0.322	0.871	0.871	0.867	0.52	1.162	30.43
	0.569	6	8	1	0.322	1.035	1.035	1.048	-1.28	0.641	-39.11
C	0.427	8	8	1	0.322	1.185	1.185	1.204	-1.55	0.809	-33.11
	0.284	12	8	1	0.322	1.515	1.515	1.539	-1.53	1.162	-25.02

注:1. $M_{cr\,\text{Theory}}$ 为本书的理论解;$M_{cr\,\text{SHELL}}$ 为本书的 SHELL 有限元解;$M_{cr\,\text{BEAM}}$ 为本书的 BEAM189 有限元解;

2. Diff.1$=\dfrac{(M_{cr\,\text{Theory}}-M_{cr\,\text{SHELL}})}{M_{cr\,\text{SHELL}}}\times100\%$;Diff.2$=\dfrac{(M_{cr\,\text{Theory}}-M_{cr\,\text{BEAM}})}{M_{cr\,\text{BEAM}}}\times100\%$。

表 17.3 为不同端弯矩比下有限元结果与前述屈曲方程无穷级数解(简称理论解)的对比情况。图 17.21 为不同端弯矩比下钢梁(截面 A)的屈曲模态对比。结果表明:①SHELL 单元模拟的临界弯矩和屈曲模态均与理论解吻合较好,说明本书的屈曲方程无穷级数解是正确的;②端弯矩比为 -1 时,FEM 解与理论解的误差最大,因为,此时属于反对称屈曲情况,但最大误差仅为 3.48%,证明本书的刚周边模拟方法比增设加劲肋的方法更有效。

表 17.3 不同端弯矩比下简支梁的无量纲临界弯矩

截面	K	$L(\text{m})$	η	k	β_x	$N=6$ $M_{cr\,\text{Theory}}$	$N=30$ $M_{cr\,\text{Theory}}$	$M_{cr\,\text{SHELL}}$	Diff.1(%)
	1.063	6	1	0.5	0	0.906	0.906	0.897	0.99
	1.063	6	1	0.1	0	1.179	1.179	1.164	1.30
	1.063	6	1	0	0	1.265	1.265	1.247	1.45
A	1.063	6	1	-0.1	0	1.357	1.357	1.336	1.63
	1.063	6	1	-0.5	0	1.766	1.766	1.720	2.69
	1.063	6	1	-1	0	1.872	1.872	1.809	3.48
	0.569	6	0.125	0.5	-0.322	0.512	0.512	0.502	1.92
	0.569	6	0.125	0.1	-0.322	0.649	0.649	0.635	2.18
B	0.569	6	0.125	0	-0.322	0.689	0.689	0.673	2.29
	0.569	6	0.125	-0.1	-0.322	0.730	0.730	0.713	2.41
	0.569	6	0.125	-0.5	-0.322	0.908	0.908	0.883	2.88
	0.569	6	0.125	-1	-0.322	1.075	1.075	1.088	-1.19
	0.569	6	8	0.5	0.322	1.365	1.365	1.385	-1.50
	0.569	6	8	0.1	0.322	1.767	1.767	1.784	-0.93
C	0.569	6	8	0	0.322	1.889	1.889	1.900	-0.56
	0.569	6	8	-0.1	0.322	2.017	2.017	2.029	-0.60
	0.569	6	8	-0.5	0.322	2.263	2.262	2.228	1.55
	0.569	6	8	-1	0.322	1.126	1.126	1.090	3.29

注:1. $M_{cr\,\text{Theory}}$ 为本书的理论解;$M_{cr\,\text{SHELL}}$ 为本书的 SHELL 有限元解;

2. $\text{Diff.1} = \dfrac{(M_{cr\,\text{Theory}} - M_{cr\,\text{SHELL}})}{M_{cr\,\text{SHELL}}} \times 100\%$

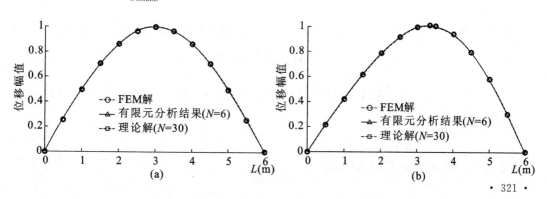

(a) (b)

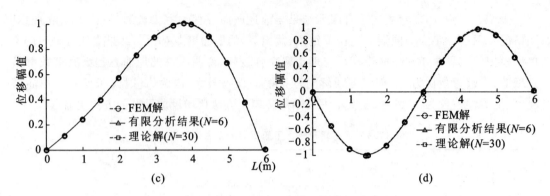

图 17.21　不同端弯矩比下钢梁的屈曲模态图(截面 A)

(a)$k=1$;(b)$k=0.5$;(c)$k=-0.5$;(d)$k=-1$

研究还表明,与本书的理论相比,有限元的分析结果误差缺乏一致性。对于截面 A 和截面 B 而言,多数的有限元结果略低于理论解,而对于截面 C 而言,有限元结果则略高于理论解。因此,FEM 结果并不适合用来回归设计公式。

(6) 现有的设计方法及评价

① 我国《钢结构设计标准》(GB 50017—2017)的方法

$$\beta_b=1.75-1.05k+0.3k^2\leqslant2.3 \tag{17.194}$$

其中,$k=M_2/M_1$,M_1 和 M_2 均为端弯矩,它们使构件在弯矩作用平面内产生同向曲率时取同号,而且要求 $M_1\geqslant M_2$;它们使构件在弯矩作用平面内产生异向曲率时取异号,而且要求 $|M_1|\geqslant|M_2|$。该公式适用于 $-1\leqslant k\leqslant1$ 情况。

② 欧洲钢结构规范 EC3 的方法

$$\beta_b=1.88-1.4k+0.52k^2\leqslant2.7 \tag{17.195}$$

③ 英国钢结构规范 BS5950(1990)的方法

$$\beta_t=\frac{1}{\beta_b}=0.57+0.33k+0.1k^2\geqslant0.43 \tag{17.196}$$

④ AISC LRFD 和 AASHTO LRFD 的方法

假定荷载作用在截面的半高位置,此时

$$\beta_b=\frac{12.5M_{max}}{2.5M_{max}+3M_A+4M_B+3M_C} \tag{17.197}$$

其中,M_{max} 为 L_b 范围内最大弯矩之绝对值,M_A、M_B、M_C 分别为对应 $L_b/4$、$L_b/2$、$3L_b/4$ 位置弯矩之绝对值。

对于弯矩直线型变化的情况,式(17.197)的 4 个弯矩的绝对值可以表达为

$$M_{max}=|M_1|,\quad M_A=\left|\frac{1}{4}(1+3k)\right|\cdot|M_1| \tag{17.198}$$

$$M_B=\left|\frac{1}{2}(1+k)\right|\cdot|M_1|,M_C=\left|\frac{1}{4}(3+k)\right|\cdot|M_1| \tag{17.199}$$

⑤ 童根树的公式

$$\beta_b=1.84-0.84\sin(0.5\pi k) \tag{17.200}$$

该公式适用于 $-1\leqslant k\leqslant1$ 的情况。

图 17.22 给出了等效弯矩系数的对比。从图中可以看到,各公式在 $0 \leqslant k \leqslant 1$ 范围内差别很小,但在 $-1 \leqslant k \leqslant 0$ 范围内中国、美国、英国的钢结构规范中的等效弯矩系数公式基本一致,而 EC3 和童根树的公式总体趋势较接近。我们还发现 EC3 在 $-0.5 \leqslant k \leqslant 1$ 时与本节给出的近似公式(17.193)吻合得相当好。

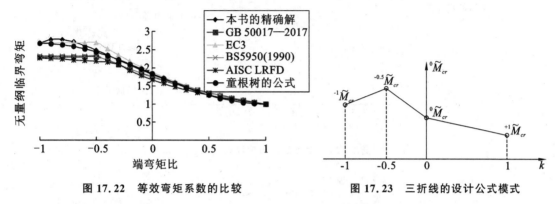

图 17.22 等效弯矩系数的比较   图 17.23 三折线的设计公式模式

(7) 建议的设计公式

从图 17.22 可见,由于问题的复杂性,试图用单一函数的设计公式来涵盖所有可能情况是困难的,为此本书提出图 17.23 所示三折线的设计公式模式。此模型有四个控制参数,即 $^{-1}M_{cr}$,$^{-0.5}M_{cr}$,$^{0}M_{cr}$ 和 $^{+1}M_{cr}$(左上角的数字代表端弯矩比)。因为 $^{+1}M_{cr}$ 为纯弯钢梁屈曲的临界弯矩,有精确解可用,因此需要确定的仅有三个参数 $^{-1}M_{cr}$,$^{-0.5}M_{cr}$ 和 $^{0}M_{cr}$。

$$\widetilde{M}_{cr} = C_1 \left[(C_3 \tilde{\beta}_x) + \sqrt{(C_3 \tilde{\beta}_x)^2 + \frac{C_4 \eta}{(C_5 + C_6 \eta)^2}(1 + K^{-2})} \right] \tag{17.201}$$

其中,C_1,C_3,C_4,C_5 和 C_6 为回归参数;$\widetilde{M}_0 = \dfrac{M_1}{(\pi^2 EI_y/L^2)h}$;$\tilde{\beta}_x = \dfrac{\beta_x}{h}$;$\eta = \dfrac{I_1}{I_2}$;$K = \sqrt{\dfrac{\pi^2 EI_\omega}{GJ_k L^2}}$。

参数分析中,对于每个固定的端弯矩比,仅 $K,\eta,\tilde{\beta}_x$ 是变化的,其中 K 从 0.2~5.0 变化,步长为 0.02~0.05;η 从 0.1~10.0,步长为 0.05~1.0;$\tilde{\beta}_x$ 从 -0.4~0.4,步长为 0.01。

利用国产的 1stOpt 软件可回归得到不同端弯矩比下的 C_1,C_3,C_4,C_5 和 C_6,如表 17.4 所示。图 17.24 为三种截面的设计公式计算结果与理论解的对比。从图中可见,虽然三种截面的临界弯矩变化趋势不同,但本书的三折线公式都可以给出较好的预测结果,说明本书的设计公式具有较好的适用性,可供设计者参考。

表 17.4　不等端弯矩下简支钢梁屈曲的设计公式与参数表

	$k=-1$	$k=-0.5$	$k=-0$	$k=+1$
C_1	0.234(2.220)	1.387(1.095)	5.983	1
C_3	4.674(−0.459)	0.822(0.922)	0.287	1
C_4	72.762(7.259)	0.615(10.860)	11.468	1
C_5	0.861(1.482)	0.587(1.629)	11.713	1
C_6	0.566(2.736)	0.273(1.154)	10.446	1

注:1. 括号内数字仅适用于上翼缘加强的工字形截面简支梁;

2. 适用范围:$K=0.2$~5.0;$\eta=0.1$~10.0;$\tilde{\beta}_x=-0.4$~$+0.4$。

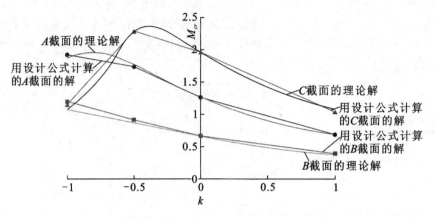

图 17.24　设计公式与理论解的对比

参 考 文 献

［1］ VLASOV V Z. Thin walled elastic beams. Jerusalem：Israel Program for Scientific Translations，1961.

［2］ TIMOSHENKO S P，GERE J. Theory of elastic stability. 2nd ed. New York：McGraw-Hill，1961.

［3］ BLEICH F. Buckling strength of metal structures. New York：McGraw-Hill，1952.

［4］ TRAHAIR N S. Flexural-torsional buckling of structures. 1st ed. London：Chapman & Hall，1993.

［5］ 吕烈武，沈世钊，沈祖炎，等. 钢结构构件稳定理论. 北京：中国建筑工业出版社，1983.

［6］ 陈骥. 钢结构稳定：理论和设计. 5 版. 北京：科学出版社，2011.

［7］ 童根树. 钢结构的平面外稳定. 北京：中国建筑工业出版社，2005.

［8］ 张文福. 钢梁弯扭屈曲的板-梁理论与解析理论. 大庆：东北石油大学，2015.

［9］ 张文福. 薄壁构件的板-梁理论. 大庆：东北石油大学，2015.

［10］ ZHANG W F，LIU Y C，CHEN K S，et al. Dimensionless analytical solution and new design formula for lateral-torsional buckling of I-beams under linear distributed moment via linear stability theory. Mathematical Problems in Engineering，2017：1-23.

18 双等跨连续梁的弹性弯扭屈曲分析

18.1 基于单变量总势能的均布荷载下双等跨连续梁弹性弯扭屈曲分析

本节将基于单变量的简化总势能方程,采用三角级数为模态试函数,对图 18.1 所示的均布荷载作用下,双轴对称截面双等跨连续梁的弹性弯扭屈曲问题进行解析研究。

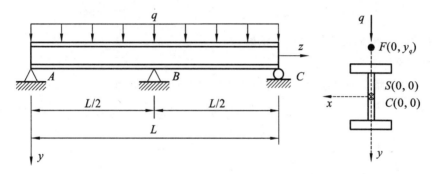

图 18.1 均布荷载下双等跨连续梁的计算简图

18.1.1 三项级数的解答

(1) 模态函数

以反对称屈曲为最不利情况,选择如下 3 项正弦函数的试函数为模态函数,即

$$\theta(z) = B_2 \sin\frac{2\pi z}{L} + B_4 \sin\frac{4\pi z}{L} + B_6 \sin\frac{6\pi z}{L} \tag{18.1}$$

显然,此试函数满足连续梁的两端几何边界条件

$$\theta(0) = \theta'(0) = 0, \quad \theta(L) = \theta'(L) = 0 \tag{18.2}$$

保留中间支座的约束条件

$$\theta(L/2) = \theta'(L/2) = 0 \tag{18.3}$$

(2) 内力函数

支座反力:

$$R_A = R_C = \frac{3}{16}qL, \quad R_B = \frac{5}{8}qL \tag{18.4}$$

弯矩:

$$M_x(z) = M_{x1}(z) = \frac{3}{16}qLz - \frac{qz^2}{2}, \qquad\qquad 0 \leqslant z \leqslant L/2$$

$$M_x(z) = M_{x2}(z) = \frac{3}{16}qLz - \frac{qz^2}{2} + \left(\frac{5}{8}qL\right)\left(z - \frac{L}{2}\right)$$

$$= -\frac{2}{16}qLz - \frac{qz^2}{2} + \frac{5}{8}qLz, \qquad L/2 \leqslant z \leqslant L \tag{18.5}$$

验证：

中间支座的弯矩

$$M_{x1}(L/2) = (3/16)qL \cdot (L/2) - q(L/2)^2/2$$
$$= (3/32)qL^2 - qL^2/8 = -(1/32)qL^2 \tag{18.6}$$

右端支座的弯矩

$$M_{x2}(L) = -\frac{2}{16}qL^2 - \frac{qL^2}{2} + \frac{5}{8}qL^2 = -\frac{10}{16}qL^2 + \frac{5}{8}qL^2 = 0 \tag{18.7}$$

经验证，式(18.5)的弯矩表达式正确。

（3）总势能

双轴对称截面双等跨连续钢梁弯扭屈曲的单变量总势能为

$$\Pi = \frac{1}{2}\int_L \left(EI_\omega\theta''^2 + GJ_k\theta'^2 - \frac{M_x^2}{EI_y}\theta^2 - qa_q\theta^2\right)\mathrm{d}z \tag{18.8}$$

将式(18.1)和式(18.5)代入上式，积分可得

$$\Pi_1 = \frac{1}{2}\int_0^L EI_\omega\theta'^2\,\mathrm{d}z = \frac{4\pi^4 EI_\omega}{L^3}(B_2^2 + 16B_4^2 + 81B_6^2) \tag{18.9}$$

$$\Pi_2 = \frac{1}{2}\int_0^L GJ_k\theta'^2\,\mathrm{d}z = \frac{\pi^2 GJ_k}{L}(B_2^2 + 4B_4^2 + 9B_6^2) \tag{18.10}$$

$$\Pi_3 = \frac{1}{2}\int_L(-q_y a_q\theta^2)\,\mathrm{d}z = -\frac{1}{4}Lqa_q(B_2^2 + B_4^2 + B_6^2) \tag{18.11}$$

$$\Pi_4 = \frac{1}{2}\int_0^L\left(-\frac{M_x^2}{EI_y}\theta^2\right)\mathrm{d}z = \frac{1}{2}\int_0^{L/2}\left(-\frac{M_x^2}{EI_y}\theta^2\right)\mathrm{d}z + \frac{1}{2}\int_{L/2}^L\left(-\frac{M_x^2}{EI_y}\theta^2\right)\mathrm{d}z$$

$$= \frac{q^2 L^5}{552960000\pi^4 EI_y}\{-20736B_4 B_6(-1248 + 125\pi^2) +$$

$$13500B_2^2(240 - 25\pi^2 + 2\pi^2) + 3375B_4^2(60 - 25\pi^2 + 8\pi^4) +$$

$$500B_6^2(80 - 75\pi^2 + 54\pi^4) -$$

$$6250B_2[-81B_6(12 + \pi^2) + 128B_4(-32 + 3\pi^2)]\} \tag{18.12}$$

总势能为

$$\Pi = \Pi_1 + \Pi_2 + \Pi_3 + \Pi_4 \tag{18.13}$$

（4）屈曲方程

根据势能驻值原理，必有

$$\frac{\partial\Pi}{\partial B_i} = 0 \quad (i = 2, 4, 6) \tag{18.14}$$

将上式各项乘以公因子 $L^3/(h^2 EI_y)$，引入无量纲参数式，即

$$\widetilde{M}_0=\frac{M_0}{\left(\dfrac{\pi^2 EI_y}{L^2}\right)h}, \quad K=\sqrt{\frac{\pi^2 EI_\omega}{GJ_k L^2}}, \quad \widetilde{a}_q=\frac{a_q}{h} \tag{18.15}$$

其中，M_0 为名义弯矩，取 $M_0=qL^2/8$（即将双跨连续梁看成简支梁）。

以及代换关系

$$4I_\omega=I_y h^2, \quad EI_\omega \pi^2=GJ_k L^2 K \tag{18.16}$$

经过相应的数学代换，可得到以下相应的无量纲屈曲方程为

$$\boldsymbol{CB}=\boldsymbol{0} \tag{18.17}$$

其中

$$\boldsymbol{B}=(B_2 \quad B_4 \quad B_6)^{\mathrm{T}} \tag{18.18}$$

$$\boldsymbol{C}=\begin{pmatrix} C_{11} & C_{12} & C_{13} \\ & C_{22} & C_{23} \\ 对称 & & C_{33} \end{pmatrix} \tag{18.19}$$

其中，$\boldsymbol{C}$ 矩阵中各元素的具体表达式为

$$\left.\begin{aligned} C_{11}&=\left(2\pi^4+\frac{\pi^2}{2K^2}\right)-4\widetilde{a}_q \pi^2 \widetilde{M}_0+\widetilde{M}_0^2\left(-\frac{3}{4}+\frac{5\pi^2}{64}-\frac{\pi^4}{160}\right) \\ C_{22}&=\left(32\pi^4+\frac{2\pi^2}{K^2}\right)-4\widetilde{a}_q \pi^2 \widetilde{M}_0+\widetilde{M}_0^2\left(-\frac{3}{64}+\frac{5\pi^2}{256}-\frac{\pi^4}{160}\right) \\ C_{33}&=\left(162\pi^4+\frac{9\pi^2}{2K^2}\right)-4\widetilde{a}_q \pi^2 \widetilde{M}_0+\widetilde{M}_0^2\left(-\frac{1}{108}+\frac{5\pi^2}{576}-\frac{\pi^4}{160}\right) \\ C_{12}&=\widetilde{M}_0^2\left(-\frac{80}{27}+\frac{5\pi^2}{18}\right), C_{13}=\widetilde{M}_0^2\left(\frac{45}{64}-\frac{15\pi^2}{256}\right) \\ C_{23}&=\widetilde{M}_0^2\left(-\frac{1872}{625}+\frac{3\pi^2}{10}\right) \end{aligned}\right\} \tag{18.20}$$

因屈曲时，$\boldsymbol{B}$ 的元素不能全为零，此时必有

$$\mathrm{Det}\boldsymbol{C}=\begin{vmatrix} C_{11} & C_{12} & C_{13} \\ & C_{22} & C_{23} \\ 对称 & & C_{33} \end{vmatrix}=0 \tag{18.21}$$

理论上，求解此特征方程可获得无量纲的临界弯矩值。然而，遗憾的是若采用常规方法无法得到临界弯矩值，原因是上述系数行列式并不是临界弯矩值的线性函数，而是临界弯矩值的二次函数。

注意到式(18.20)的数据结构，我们可以将 $\boldsymbol{C}$ 改写为

$$\boldsymbol{C}=(\boldsymbol{C}_0+\widetilde{M}_0\boldsymbol{C}_1+\widetilde{M}_0^2\boldsymbol{C}_2) \tag{18.22}$$

其中

$$\boldsymbol{C}_0=\mathrm{diag}\left(2\pi^4+\frac{\pi^2}{2K^2}, 32\pi^4+\frac{2\pi^2}{K^2}, 162\pi^4+\frac{9\pi^2}{2K^2}\right) \tag{18.23}$$

$$C_1 = (-4\tilde{a}_q \pi^2)\, \mathrm{diag}\,(1,1,1) \tag{18.24}$$

$$C_2 = \begin{pmatrix} -\dfrac{3}{4} + \dfrac{5\pi^2}{64} - \dfrac{\pi^4}{160} & -\dfrac{80}{27} + \dfrac{5\pi^2}{18} & \dfrac{45}{64} - \dfrac{15\pi^2}{256} \\[2mm] & -\dfrac{3}{64} + \dfrac{5\pi^2}{256} - \dfrac{\pi^4}{160} & -\dfrac{1872}{625} + \dfrac{3\pi^2}{10} \\[2mm] \text{对称} & & -\dfrac{1}{108} + \dfrac{5\pi^2}{576} - \dfrac{\pi^4}{160} \end{pmatrix} \tag{18.25}$$

显然,与通常梁、板、柱屈曲是线性特征值问题不同,这里遇到的是一个二次非线性特征值问题。为了获得无量纲的临界弯矩值,我们不得不采用状态空间的方法。参考曹志浩(1979 年)的论著《矩阵计算和方程求根》,首先引入状态变量:

$$B^{(0)} = B, \quad B^{(1)} = \tilde{M}_0 B \tag{18.26}$$

然后利用状态空间的方法,将二次非线性特征值问题转化为如下的广义特征值问题:

$$\begin{pmatrix} 0 & I \\ C_0 & C_1 \end{pmatrix} \begin{Bmatrix} B^{(0)} \\ B^{(1)} \end{Bmatrix} = \tilde{M}_0 \begin{pmatrix} I & 0 \\ 0 & C_2 \end{pmatrix} \begin{Bmatrix} B^{(0)} \\ B^{(1)} \end{Bmatrix} \tag{18.27}$$

或者

$$Ax = \lambda Bx \tag{18.28}$$

其中

$$A = \begin{pmatrix} 0 & I \\ C_0 & C_1 \end{pmatrix}_{6\times 6}, \quad B = \begin{pmatrix} I & 0 \\ 0 & C_2 \end{pmatrix}_{6\times 6} \tag{18.29}$$

$$x = \begin{pmatrix} B^{(0)} \\ B^{(1)} \end{pmatrix}_{6\times 1} = \begin{pmatrix} B \\ \tilde{M}_0 B \end{pmatrix}_{6\times 1}, \quad \lambda = \tilde{M}_0 \tag{18.30}$$

求解此广义特征问题即可获得无量纲的临界弯矩值 $\lambda = \tilde{M}_0$。

同时可以发现,由于采用了状态空间方法,矩阵的维数被扩大了一倍,因此这种方法的缺点就是会导致相应的计算量有所增加。

(5) Matlab 程序

Matlab 程序源代码见右边二维码。

18.1.2 无穷级数的解答

(1) 模态试函数

以反对称屈曲为最不利情况,为了得到问题的精确解,选择如下无穷级数为屈曲模态的试函数,即

$$\theta(z) = \sum_{n=1}^{\infty} B_n \sin \frac{n\pi z}{L} \tag{18.31}$$

显然,此试函数满足简支梁的两端几何边界条件:

$$\theta(0) = \theta'(0) = 0, \quad \theta(L) = \theta'(L) = 0 \tag{18.32}$$

和中间支座的约束条件:

$$\theta(L/2) = \theta'(L/2) = 0 \tag{18.33}$$

（2）总势能

$$\Pi_1 = \frac{1}{2}\int_0^L EI_\omega \theta'^2 \, \mathrm{d}z = \frac{1}{2}EI_\omega \sum_{n=1}^{\infty} B_n^2 \left(\frac{n\pi}{L}\right)^4 \int_0^L \left(\sin\frac{n\pi}{L}\right)^2 \mathrm{d}z$$

$$= \frac{1}{2}EI_\omega \sum_{n=1}^{\infty} B_n^2 \left(\frac{n\pi}{L}\right)^4 \frac{L}{2} = EI_\omega \sum_{n=1}^{\infty} \frac{B_n^2}{4L^3}(n^4\pi^4) \tag{18.34}$$

$$\Pi_2 = \frac{1}{2}\int_0^L GJ_k \theta'^2 \, \mathrm{d}z = GJ_k \sum_{n=1}^{\infty} \frac{B_n^2}{4L}(n^2\pi^2) \tag{18.35}$$

$$\Pi_3 = \frac{1}{2}\int_L (-q_y a\theta^2) \, \mathrm{d}z = -\frac{1}{4}Lqa \sum_{n=1}^{\infty} B_n^2 \tag{18.36}$$

下面讨论关于弯矩的积分问题。

首先利用如下三角函数关系初步简化积分结果：

$$\sin(r\pi)\sin(n\pi) = 0 \quad (n, r \text{ 为任意整数})$$

$$\sin(r\pi)\cos(n\pi) = 0 \quad (n, r \text{ 为任意整数})$$

$$\cos(r\pi)\cos(n\pi) = \frac{1}{2}\{\cos[(r-n)\pi] + \cos[(r+n)\pi]\} = \begin{cases} +1 & r \pm n = \text{偶数} \\ -1 & r \pm n = \text{奇数} \end{cases}$$

同时注意下面两个关系是错误的：

$$\sin\frac{r\pi}{2}\sin\frac{n\pi}{2} = \frac{1}{2}\left\{\cos\left[\left(\frac{r-n}{2}\right)\pi\right] - \cos\left[\left(\frac{r+n}{2}\right)\pi\right]\right\} = 0$$

$$\cos\frac{r\pi}{2}\cos\frac{n\pi}{2} = \frac{1}{2}\left\{\cos\left[\left(\frac{r-n}{2}\right)\pi\right] + \cos\left[\left(\frac{r+n}{2}\right)\pi\right]\right\} = \begin{cases} -1 & r \pm n = \text{偶数} \\ 0 & r \pm n = \text{奇数} \end{cases}$$

两级数 n 相同的乘积积分为

$$\Pi_4 = \frac{1}{2}\int_0^L \left(-\frac{M_x^2}{EI_y}\theta^2\right)\mathrm{d}z = \frac{1}{2}\int_0^{L/2} \left(-\frac{M_x^2}{EI_y}\theta^2\right)\mathrm{d}z + \frac{1}{2}\int_{L/2}^L \left(-\frac{M_x^2}{EI_y}\theta^2\right)\mathrm{d}z$$

$$= -\frac{q^2 L^5}{20480EI_y} \sum_{n=1}^{\infty} \frac{B_n^2}{n^4\pi^4}[720 + n^4\pi^4 - 50(n^2\pi^2 - 24)(-1)^n] \tag{18.37}$$

两级数 n 相异的乘积积分为

$$\Pi_5 = \frac{1}{2}\int_0^L \left(-\frac{M_x^2}{EI_y}\theta^2\right)\mathrm{d}z = \frac{1}{2}\int_0^{L/2} \left(-\frac{M_x^2}{EI_y}\theta^2\right)\mathrm{d}z + \frac{1}{2}\int_{L/2}^L \left(-\frac{M_x^2}{EI_y}\theta^2\right)\mathrm{d}z$$

$$= \frac{q^2 L^5}{256EI_y\pi^4} \sum_{n=1}^{\infty} \sum_{\substack{r=1 \\ r \neq n}}^{\infty} \frac{B_n B_r}{(n^2-r^2)^5}\Big\{1152r(n^5 - nr^4) +$$

$$10nr(-n^2 + r^2)[\pi^2 n^4 - 192r^2 + \pi^2 r^4 - 2n^2(96 + \pi^2 r^2)]\cos\frac{n\pi}{2}\cos\frac{r\pi}{2} -$$

$$5(n^2 - r^2)\begin{bmatrix} \pi^2 n^6 + r^4(-96 + \pi^2 r^2) \\ -n^4(96 + \pi^2 r^2) - n^2 r^2(576 + \pi^2 r^2) \end{bmatrix}\sin\frac{n\pi}{2}\sin\frac{r\pi}{2}\Big\}$$

$$\tag{18.38}$$

这里，$|r \pm n| =$ 偶数。

$$\Pi = \sum_{i=1}^{5} \Pi_i = \frac{EI_\omega}{4L^3} \sum_{m=1}^{\infty} B_n^2(n^4\pi^4) + \frac{GJ_k}{4L} \sum_{n=1}^{\infty} B_n^2(n^2\pi^2) - \frac{1}{4}Lqa \sum_{n=1}^{\infty} B_n^2 -$$

$$\frac{q^2L^5}{20480EI_y} \sum_{n=1}^{\infty} \frac{B_n^2}{n^4\pi^4} [720 + n^4\pi^4 - 50(n^2\pi^2 - 24)(-1)^n] +$$

$$\frac{q^2L^5}{256EI_y\pi^4} \sum_{n=1}^{\infty} \sum_{\substack{r=1 \\ r \neq n}}^{\infty} \frac{B_nB_r}{(n^2 - r^2)^5} \Big\{ 1152r(n^5 - nr^4) +$$

$$10nr(-n^2 + r^2)[\pi^2n^4 - 192r^2 + \pi^2r^4 - 2n^2(96 + \pi^2r^2)]\cos\frac{n\pi}{2}\cos\frac{r\pi}{2} -$$

$$5(n^2 - r^2)\begin{bmatrix} \pi^2n^6 + r^4(-96 + \pi^2r^2) - \\ n^4(96 + \pi^2r^2) - n^2r^2(576 + \pi^2r^2) \end{bmatrix}\sin\frac{n\pi}{2}\sin\frac{r\pi}{2} \Big\}$$

$$(18.39)$$

这里，$|r \pm n| =$ 偶数。

（3）屈曲方程的推导

根据势能驻值原理，必有

$$\frac{\partial \Pi}{\partial B_n} = 0 \tag{18.40}$$

注意到，B_n 和 B_r 具有相同的性质，仅在 n 和 r 须用不同数值时，才采取不同的写法以示区别。故

$$\frac{\partial \Pi}{\partial B_n}(B_nB_r) \text{ 相同于} \frac{\partial \Pi}{\partial B_r}(B_r^2) = 2B_r \tag{18.41}$$

从而有

$$\frac{\partial \Pi}{\partial B_n} = \frac{EI_\omega}{2L^3} \sum_{n=1}^{\infty} B_n(n^4\pi^4) + \frac{GJ_k}{2L} \sum_{n=1}^{\infty} B_n(n^2\pi^2) - \frac{1}{2}Lqa \sum_{n=1}^{\infty} B_n -$$

$$\frac{q^2L^5}{10240EI_y} \frac{B_n}{n^4\pi^4} [720 + n^4\pi^4 - 50(n^2\pi^2 - 24)(-1)^n] +$$

$$\frac{q^2L^5}{128EI_y\pi^4} \sum_{n=1}^{\infty} \sum_{\substack{r=1 \\ r \neq n}}^{\infty} \frac{B_nB_r}{(n^2 - r^2)^5} \Big\{ 1152r(n^5 - nr^4) +$$

$$10nr(-n^2 + r^2)[\pi^2n^4 - 192r^2 + \pi^2r^4 - 2n^2(96 + \pi^2r^2)]\cos\frac{n\pi}{2}\cos\frac{r\pi}{2} -$$

$$5(n^2 - r^2)\begin{bmatrix} \pi^2n^6 + r^4(-96 + \pi^2r^2) - \\ n^4(96 + \pi^2r^2) - n^2r^2(576 + \pi^2r^2) \end{bmatrix}\sin\frac{n\pi}{2}\sin\frac{r\pi}{2} \Big\} = 0$$

$$(18.42)$$

这里，$|r \pm n| =$ 偶数。

由于 n 为任意正整数，必然有

$$B_n\left\{\left[\frac{EI_\omega}{2L^3}(n^4\pi^4)+\frac{GJ_k}{2L}(n^2\pi^2)\right]-\right.$$

$$\frac{q^2L^5}{10240EI_y\pi^4}\frac{[720+n^4\pi^4-50(n^2\pi^2-24)(-1)^n]}{n^4}-\frac{1}{2}qLa\right\}+$$

$$\frac{q^2L^5}{128EI_y\pi^4}\sum_{\substack{r=1\\r\neq n}}^{\infty}\frac{B_nB_r}{(n^2-r^2)^5}\left\{1152r(n^5-nr^4)+\right.$$

$$10nr(-n^2+r^2)[\pi^2n^4-192r^2+\pi^2r^4-2n^2(96+\pi^2r^2)]\cos\frac{n\pi}{2}\cos\frac{r\pi}{2}-$$

$$5(n^2-r^2)\left[\begin{matrix}\pi^2n^6+r^4(-96+\pi^2r^2)-\\n^4(96+\pi^2r^2)-n^2r^2(576+\pi^2r^2)\end{matrix}\right]\sin\frac{n\pi}{2}\sin\frac{r\pi}{2}\right\}=0 \tag{18.43}$$

这里，$|r\pm n|=$偶数。

将上述方程中各项均乘以公因子 $L^3/(h^2EI_y)$，引入式(18.15)中的无量纲参数以及代换关系式(18.16)，经过相应的数学代换，可得到以下无量纲屈曲方程为

$$B_n\left\{\left(\frac{n^4\pi^4}{8}+\frac{n^2\pi^2}{8K^2}\right)-4\pi^2\tilde{a}\widetilde{M}_0-\frac{\widetilde{M}_0^2}{160}\frac{[720+n^4\pi^4-50(n^2\pi^2-24)(-1)^n]}{n^4}\right\}+$$

$$\frac{\widetilde{M}_0^2}{2}\sum_{\substack{r=1\\r\neq n}}^{\infty}\frac{B_nB_r}{(n^2-r^2)^5}\left\{1152r(n^5-nr^4)+\right.$$

$$10nr(-n^2+r^2)[\pi^2n^4-192r^2+\pi^2r^4-2n^2(96+\pi^2r^2)]\cos\frac{n\pi}{2}\cos\frac{r\pi}{2}-$$

$$5(n^2-r^2)\left[\begin{matrix}\pi^2n^6+r^4(-96+\pi^2r^2)-\\n^4(96+\pi^2r^2)-n^2r^2(576+\pi^2r^2)\end{matrix}\right]\sin\frac{n\pi}{2}\sin\frac{r\pi}{2}\right\}=0 \tag{18.44}$$

这里，$|r\pm n|=$偶数。

(4) 屈曲方程求解的状态空间法

实际计算中只能取有限项，比如前 N 项来逼近精确解。与上节一样，此时屈曲方程式(18.44)可写为

$$(\boldsymbol{C}_0+\widetilde{M}_0\boldsymbol{C}_1+\widetilde{M}_0^2\boldsymbol{C}_2)\boldsymbol{B}=\boldsymbol{0} \tag{18.45}$$

其中

$$\boldsymbol{B}=(B_2\quad B_4\quad B_6\quad\cdots\quad B_N)_{N\times1}^{\mathrm{T}} \tag{18.46}$$

为系数列向量。

$\boldsymbol{C}_0$ 为对角矩阵，其对角元素的表达式为

$$C_{0n,n}=\frac{n^4\pi^4}{8}+\frac{n^2\pi^2}{8K^2} \tag{18.47}$$

$\boldsymbol{C}_1$ 亦为对角矩阵，其对角元素的表达式为

$$C_{1n,n}=-4\pi^2\tilde{a} \tag{18.48}$$

$\boldsymbol{C}_2$ 则为满矩阵，其对角元素的表达式为

$$C_{1n,n}=-\frac{1}{160}\frac{720+n^4\pi^4-50(n^2\pi^2-24)(-1)^n}{n^4} \tag{18.49}$$

非对角元素的表达式分两种情况:

当 $|r\pm n|$ =偶数时

$$C_{n,r}=\frac{1}{2\,(n^2-r^2)^5}\left\{1152r\,(n^5-nr^4)+\right.$$

$$10nr(-n^2+r^2)\left[\pi^2n^4-192r^2+\pi^2r^4-2n^2\,(96+\pi^2r^2)\right]\cos\frac{n\pi}{2}\cos\frac{r\pi}{2}-$$

$$5\,(n^2-r^2)\left[\begin{array}{l}\pi^2n^6+r^4\,(-96+\pi^2r^2)-\\n^4\,(96+\pi^2r^2)-n^2r^2\,(576+\pi^2r^2)\end{array}\right]\left.\sin\frac{n\pi}{2}\sin\frac{r\pi}{2}\right\}$$

$$\tag{18.50}$$

当 $|r\pm n|$ =奇数时

$$C_{n,r}=0 \tag{18.51}$$

显然,式(18.45)不是常规的线性特征值问题,而是一个二次特征值问题。

与上节类似,为了求解它,首先需要引入如下状态变量:

$$\boldsymbol{B}^{(0)}=\boldsymbol{B},\quad\boldsymbol{B}^{(1)}=\widetilde{M}_0\boldsymbol{B} \tag{18.52}$$

然后引入状态空间的概念,可以将其转化为如下的广义特征值问题:

$$\begin{pmatrix}\boldsymbol{0}&\boldsymbol{I}\\\boldsymbol{C}_0&\boldsymbol{C}_1\end{pmatrix}\begin{Bmatrix}\boldsymbol{B}^{(0)}\\\boldsymbol{B}^{(1)}\end{Bmatrix}=\widetilde{M}_0\begin{pmatrix}\boldsymbol{I}&\boldsymbol{0}\\\boldsymbol{0}&\boldsymbol{C}_2\end{pmatrix}\begin{Bmatrix}\boldsymbol{B}^{(0)}\\\boldsymbol{B}^{(1)}\end{Bmatrix} \tag{18.53}$$

或者

$$\boldsymbol{Ax}=\lambda\boldsymbol{Bx} \tag{18.54}$$

其中

$$\boldsymbol{A}=\begin{pmatrix}\boldsymbol{0}&\boldsymbol{I}\\\boldsymbol{C}_0&\boldsymbol{C}_1\end{pmatrix}_{2N\times2N},\quad\boldsymbol{B}=\begin{pmatrix}\boldsymbol{I}&\boldsymbol{0}\\\boldsymbol{0}&\boldsymbol{C}_2\end{pmatrix}_{2N\times2N}$$

$$\boldsymbol{x}=\begin{pmatrix}\boldsymbol{B}^{(0)}\\\boldsymbol{B}^{(1)}\end{pmatrix}_{2N\times1}=\begin{pmatrix}\boldsymbol{B}\\\widetilde{M}_0\boldsymbol{B}\end{pmatrix}_{2N\times1},\quad\lambda=\widetilde{M}_0 \tag{18.55}$$

求解此广义特征值问题即可获得无量纲的临界弯矩值 $\lambda=\widetilde{M}_0$。

可见,由于采用了状态空间方法,矩阵的维数被扩大了一倍,因此这种方法会导致相应的计算量有所增加。实际上,本节采用的三角级数收敛速度还是比较快的,一般10项左右就可满足精度要求,因此上述缺点并不会严重影响计算速度。

(5) Matlab 程序

Matlab 程序的源代码见右边二维码。

(6) 三角级数收敛性的验证

采用上述 Matlab 程序可以来研究三角级数的收敛性问题。模态试函数分别取 $N=2、4、6、8、10、12、14、16、18、20、30、40、50、60$,计算结果如图18.2所示,结果表明,一般取 6～10 项即可满足精度要求。注意:图中横坐标乘以 2 即为实际所取的模态试函数级数。

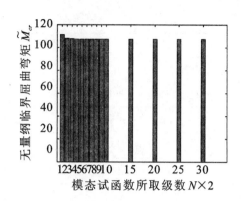

图 18.2 无量纲临界弯矩 $\widetilde{M}_{cr}$ 与模态函数所取级数 $N\times2$ 的关系($\tilde{a}=-0.5, K=0.1$)

18.1.3 屈曲理论的 ANSYS 有限元验证与结果分析

（1）模型梁的设计

根据前述的理论分析可知,对于有限元模型而言,无论其跨度是多少,截面尺寸如何,只要无量纲扭转刚度参数 K 的数值相同,则其无量纲的临界弯矩就必然相同。显然,依据无量纲扭转刚度参数 K 来选择 FEM 分析模型,不仅有利于减少 FEM 分析的模型梁数量,提高了工作效率,还有助于提高 FEM 验证的可靠性。

很多研究者没有注意到这个基本问题,导致虽然有限元模型算例很多,但实际上其无量纲扭转刚度参数 K 值变化幅度很小,因此其实质的 FEM 验证范围很窄,所得结论的可靠性自然不会很高。

为此,本节以无量纲扭转刚度参数 K 作为模型梁的选择依据。首先选取三类截面,即 7 种国产 H 型钢截面、8 种美标 W 系列型钢截面和 13 种自行设计截面,考虑了常用的 7 种总跨度(指两跨梁的总长度),即 6m、8m、10m、12m、14m、16m 和 18m,计算得到 28 种截面共计 196 种模型梁的无量纲扭转刚度参数 K 值,详细参见表 18.1。

从表中可以看出,7 种国产 H 型钢截面的 K 值变化范围为 $0.21\sim1.83$;13 种自行设计截面的 K 值变化范围为 $0.73\sim3.92$;8 种美标 W 系列型钢截面的 K 值变化范围为 $0.38\sim2.26$。

表 18.1 无量纲扭转刚度参数 K 值表

截面	扭转刚度参数 K						
	6m	8m	10m	12m	14m	16m	18m
国产 H 型钢截面							
H200×200×8×12	0.62219	0.46664	0.37331	0.3111	0.26665	0.23332	0.2074
H250×250×9×14	0.84143	0.63107	0.50486	0.42071	0.36061	0.31554	0.28048
H300×300×10×15	1.1303	0.84772	0.67818	0.56515	0.48441	0.42386	0.37677
H400×400×13×21	1.449	1.0867	0.86938	0.72449	0.62099	0.54336	0.48299

续表 18.3

截面	扭转刚度参数 K						
	6m	8m	10m	12m	14m	16m	18m
H582×300×12×17	1.8318	1.3739	1.0991	0.9159	0.78506	0.68693	0.6106
H600×200×11×17	1.2326	0.92443	0.73954	0.61628	0.52824	0.46221	0.41086
H700×300×13×24	1.6479	1.2359	0.98873	0.82395	0.70624	0.61796	0.5493
自行设计的 H 型钢截面							
H500×300×6×10	2.8653	2.149	1.7192	1.4327	1.228	1.0745	0.9551
H500×300×6×11	2.6491	1.9868	1.5895	1.3246	1.1353	0.99341	0.88303
H500×300×6×12	2.4563	1.8423	1.4738	1.2282	1.0527	0.92113	0.81878
H500×300×8×12	2.3175	1.7381	1.3905	1.1588	0.99322	0.86907	0.7725
H500×300×8×13	2.1803	1.6352	1.3082	1.0901	0.93441	0.8176	0.72676
H600×300×6×10	3.3984	2.5488	2.039	1.6992	1.4564	1.2744	1.1328
H600×300×6×11	3.1534	2.365	1.892	1.5767	1.3514	1.1825	1.0511
H600×300×6×12	2.9321	2.1991	1.7592	1.466	1.2566	1.0995	0.97736
H600×300×8×12	2.7383	2.0537	1.643	1.3692	1.1736	1.0269	0.91277
H700×300×6×10	3.9166	2.9374	2.3499	1.9583	1.6785	1.4687	1.3055
H700×300×6×11	3.6464	2.7348	2.1878	1.8232	1.5627	1.3674	1.2155
H700×300×6×12	3.3993	2.5495	2.0396	1.6997	1.4568	1.2747	1.1331
H700×300×8×12	3.1443	2.3582	1.8866	1.5721	1.3475	1.1791	1.0481
美标 W 系列							
W24×176	1.1473	0.86051	0.68841	0.57367	0.49172	0.43026	0.38245
W27×161	1.6809	1.2607	1.0086	0.84046	0.72039	0.63034	0.56031
W30×191	1.8315	1.3736	1.0989	0.91575	0.78493	0.68682	0.6105
W33×221	1.9607	1.4706	1.1764	0.98037	0.84032	0.73528	0.65358
W36×256	1.2175	0.91313	0.7305	0.60875	0.52179	0.45656	0.40584
W40×211	1.5276	1.1457	0.91656	0.7638	0.65469	0.57285	0.5092
W40×249	2.084	1.563	1.2504	1.042	0.89313	0.78149	0.69466
W44×262	2.2591	1.6943	1.3555	1.1295	0.96818	0.84716	0.75303

注:①美标 W 系列型钢如 W24×176 中,24 是高度,单位为 in,176 是单重,单位为 pounds/ft;

②对于两等跨连续梁,本节所提到的跨度均指两跨梁的总长度,因此上述 K 值实际是按总长度计算的,即按简支梁计算 K 值,应用中需要注意此点。

（2）简支梁的 FEM 模型与理论验证

① 单元类型的选择

目前，有限元分析作为一种有效的手段被广泛应用于科研和实际工程中。本节拟采用通用有限元软件来完成双等跨连续梁弯扭屈曲的验证工作。

虽然 ANSYS 提供了两种薄壁截面梁单元 BEAM188 和 BEAM189。但是研究发现，由于这两种单元不能考虑薄壁构件中的 Wagner 效应，因此不能用于分析单轴对称截面薄壁构件的弯扭屈曲；此外，ABAQUS 中的开口薄壁截面梁单元 B31OS 和 B32OS 也存在着类似的问题。

综上所述，本节选用 ANSYS 的 SHELL63 单元来模拟钢梁弯扭屈曲。

② 刚周边假设的 FEM 模拟

虽然采用壳单元可以克服 BEAM188 和 BEAM189 固有的缺点，避免了错误结论的出现，但随之而来的问题是，使用壳单元分析薄壁构件的稳定性时，可能会由于板件（比如翼缘或腹板）尺寸配置不合理等因素的影响，提早出现板件的局部屈曲（Local Buckling）和截面的畸变屈曲（Distortional Buckling），从而不能得到整体弯扭屈曲的临界荷载。因此，为了保证仅出现整体弯扭屈曲，必须在建立 FEM 模型时满足整体弯扭屈曲的基本假设，即刚周边假设。

为此，童根树等提出了一个壳体有限元模型[图 18.3(a)]，其中加劲肋采用壳体单元，建模时加劲肋与截面的腹板共用节点，但是在加劲肋与翼缘交界处两者分别使用同一位置的两个节点，然后再将同一位置的两个节点的平面内位移[图 18.3(b)中的 x 和 y 方向]进行耦合。这一壳体单元模型可以有效防止构件的局部屈曲，满足薄壁构件的"刚周边假定"，同时又不增加构件的刚度。对加劲肋的模拟也可以采用另一种类似的方法[图 18.3(c)]，这种方法中，工字形截面的每块加劲肋使用 3 个薄膜单元（没有弯曲刚度）模拟，在翼缘与腹板交界处两者的单元共用节点，不需要进行节点的耦合处理。通过大量的计算发现，通常情况下，在每个薄壁截面梁模型中布置 5～7 道加劲肋（采用上面两种方法中的任意一种），就可以达到理想的效果。

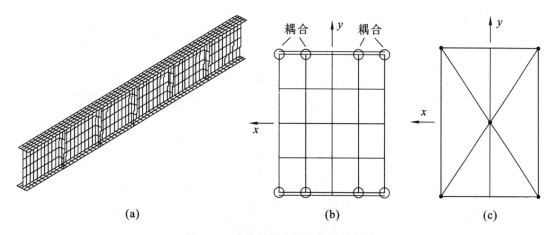

(a)　　　　　　　(b)　　　　　　　(c)

图 18.3　壳体单元有限元模型示意图

　　另外,在使用板壳单元模型分析薄壁构件的稳定性时,边界条件的正确模拟也是分析的关键。在简支梁的端部,可以通过约束两端部截面所有节点的平面内(x 和 y 方向)的位移和构件任一节点的纵向位移来实现,这样既可以保证梁端部的铰接要求,而且可以保证端截面的"刚周边"特性。

　　③ 简支梁弯扭屈曲 FEM 模拟方法的理论验证

　　选取 6m 长的三种 H 型钢截面简支梁(表 18.2),建立双轴双对称截面简支梁的 ANSYS 有限元模型来进行特征值屈曲分析。

表 18.2　本节选取的 H 型钢截面(单位:mm)

组号	H	h	b_1	t_1	h_w	t_w	b_2	t_2	L	L/h	b/t	K
1	200	188	200	12	176	8	200	12	6000	31.91	16.67	0.62219
2	300	285	300	15	270	10	300	15	6000	21.05	20	1.1303
3	600	583	200	17	566	11	200	17	6000	10.29	11.76	1.2326

　　注:表中 H 表示型钢截面高度;h 表示型钢截面上下翼缘中轴线之间的高度;b_1 和 t_1 表示上翼缘的宽度和厚度;h_w 和 t_w 表示腹板的高度和厚度;b_2 和 t_2 表示下翼缘的宽度和厚度;L 表示梁长;K 表示扭转刚度参数。

　　横向集中荷载作用下单跨简支梁弯扭屈曲的临界弯矩计算公式为:

$$M_{cr} = 1.366 \frac{\pi^2 E I_y}{l^2} \left[\begin{array}{c} -0.544a + 0.406\beta_y + \\ \sqrt{(-0.544a + 0.406\beta_y)^2 + \dfrac{I_\omega}{I_y}\left(1 + \dfrac{GJl^2}{\pi^2 E I_\omega}\right)} \end{array} \right] \quad (18.56)$$

　　横向均布荷载作用下单跨简支梁弯扭的临界弯矩计算公式为:

$$M_{cr} = 1.15 \frac{\pi^2 E I_y}{l^2} \left[\begin{array}{c} -0.466a + 0.534\beta_y + \\ \sqrt{(-0.466a + 0.534\beta_y)^2 + \dfrac{I_\omega}{I_y}\left(1 + \dfrac{GJl^2}{\pi^2 E I_\omega}\right)} \end{array} \right] \quad (18.57)$$

　　为了验证有限元模型的正确性,依据式(18.56)和式(18.57),对跨中作用集中荷载和满跨均布荷载作用下的双轴对称截面单跨简支梁弯扭屈曲进行了计算与分析。表 18.3 为 ANSYS 计算结果和理论解的比较。从表中可以看出,在考虑不同的荷载作用高度和荷载形式的情况下,本节的有限元分析结果与按照式(18.56)和式(18.57)计算的理论解吻合很好,说明本节的有限元模型是可靠的。

表 18.3　双轴对称截面简支梁临界弯矩的 ANSYS 计算结果和理论解

截面	荷载形式	荷载作用点位置	梁理论解 M_{mcr}(kN·m)	FEM 值 M_{pcr}(kN·m)	$\left\| \dfrac{M_{mcr} - M_{pcr}}{M_{mcr}} \right\|$
H200×200×8×12 $L=6$m	跨中集中荷载	上翼缘	165.333	168.102	1.67%
		剪心	223.512	222.973	0.24%
		下翼缘	302.162	305.939	1.25%
	满跨均布荷载	上翼缘	145.858	148.066	1.51%
		下翼缘	242.753	241.290	0.60%

截面	荷载形式	荷载作用 点位置	梁理论解 M_{mcr}(kN·m)	FEM 值 M_{pcr}(kN·m)	$\left\|\dfrac{M_{mcr}-M_{pcr}}{M_{mcr}}\right\|$
H300×300×10×15 L=6m	跨中 集中荷载	上翼缘	675.252	685.969	1.59%
		剪心	1020.80	1030.253	0.93%
		下翼缘	1541.01	1539.682	0.09%
	满跨 均布荷载	上翼缘	605.310	613.132	1.29%
		下翼缘	1218.39	1195.597	1.87%
H600×200×11×17 L=6m	跨中 集中荷载	上翼缘	438.728	441.596	0.65%
		剪心	669.477	670.123	0.10%
		下翼缘	1024.59	1014.915	0.94%
	满跨 均布荷载	上翼缘	393.836	394.340	0.13%
		下翼缘	806.587	783.391	2.88%

注:①单元划分情况:1组和2组型钢截面,翼缘沿宽度方向为8个,腹板沿高度方向为8个,沿长度方向为240个。

3组型钢截面,翼缘沿宽度方向为8个,腹板沿高度方向为16个,沿长度方向为240个。

②加劲肋:在长度方向每隔L/6设一加劲肋,共5个。

(3) 双等跨连续梁弹性弯扭屈曲方程解答的 FEM 验证

本节选取 8 种国产 H 型钢截面、8 种美标 W 系列型钢截面、12 种自行设计的截面,梁总跨度分别为 6、8、10、12、14、16、18(m),采用 SHELL63 单元建立有限元模型,并进行两等跨连续梁的特征值屈曲分析,共计 $28×7×2=392$ 组数据(但并非都是弯扭屈曲,有一部分仍然出现了局部屈曲现象,见后文)。

分析结果表明,有限元值与本节屈曲方程数值解的吻合良好,如表 18.4 所示。

注意:对于两等跨连续梁,本节所提到的跨度均指两跨梁的总长度。

双等跨钢梁的弯扭屈曲(即整体失稳)为反对称屈曲,如图 18.4 所示,图中网格是经过稀疏划分后所绘的,实际网格划分较密。

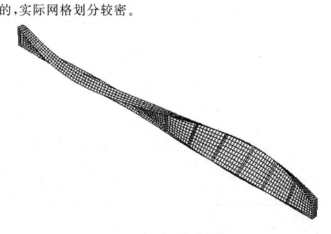

图 18.4　弯扭屈曲模态

表 18.4　本文临界弯矩理论值与有限元解的对比

截面	跨度(m)	荷载位置	无量纲临界弯矩 $\widetilde{M}_{cr}$		误差	屈曲荷载 (kN/m)
			ANSYS	理论		
H200×200×8×12	6	上翼缘	12.067	11.964	0.86%	455.757
	8	上翼缘	14.922	14.716	1.40%	178.328
		下翼缘	47.189	46.498	1.49%	563.919
	10	上翼缘	18.252	17.930	1.79%	89.342
		下翼缘	50.377	49.607	1.55%	246.586
	12	上翼缘	21.864	21.485	1.76%	51.610
		下翼缘	54.492	53.057	2.70%	128.632
	14	上翼缘	25.703	25.294	1.62%	32.750
		下翼缘	58.558	56.764	3.16%	74.613
	16	上翼缘	29.72	29.287	1.48%	22.198
		下翼缘	62.673	60.663	3.31%	46.810
	18	上翼缘	33.873	33.420	1.35%	15.794
		下翼缘	66.859	64.710	3.32%	31.175
H250×250×9×14	6	上翼缘	10.277	10.229	0.47%	1110.189
	8	上翼缘	11.745	11.860	−0.97%	401.423
	10	上翼缘	13.938	13.828	0.80%	195.137
		下翼缘	43.971	45.640	−3.66%	615.599
	12	上翼缘	16.288	16.071	1.35%	109.967
		下翼缘	48.514	47.807	1.48%	327.541
	14	上翼缘	18.807	18.534	1.47%	68.538
		下翼缘	51.056	50.193	1.72%	186.065
	16	上翼缘	21.479	21.174	1.44%	45.883
		下翼缘	54.044	52.755	2.44%	115.451
	18	上翼缘	24.279	23.955	1.35%	32.379
		下翼缘	57.016	55.460	2.81%	76.038

截面	跨度(m)	荷载位置	无量纲临界弯矩 $\widetilde{M}_{cr}$		误差	屈曲荷载(kN/m)
			ANSYS	理论		
H300×300×10×15	6	上翼缘	9.6148	9.248	3.97%	2322.136
	8	上翼缘	10.35	10.197	1.50%	790.921
	10	上翼缘	11.287	11.371	−0.73%	353.288
	12	上翼缘	12.849	12.740	0.85%	193.952
	14	上翼缘	14.493	14.280	1.49%	118.089
		下翼缘	46.382	46.077	0.66%	377.908
	16	上翼缘	16.24	15.966	1.72%	77.564
		下翼缘	48.091	47.706	0.81%	229.684
	18	上翼缘	18.087	17.774	1.76%	53.930
		下翼缘	50.318	49.456	1.74%	150.032
H400×400×13×21	8	上翼缘	9.5884	9.349	2.56%	3233.395
	10	上翼缘	10.023	10.092	−0.69%	1384.442
	12	上翼缘	11.221	10.973	2.26%	747.443
	14	上翼缘	11.867	11.979	−0.93%	426.666
	16	上翼缘	13.117	13.096	0.16%	276.456
	18	上翼缘	14.417	14.314	0.72%	189.692
		下翼缘	45.784	46.109	−0.70%	602.412
H582×300×12×17	8	上翼缘	9.0064	8.843	1.85%	1547.418
	10	上翼缘	9.5586	9.319	2.57%	672.683
	12	上翼缘	9.8791	9.890	−0.11%	335.279
	14	上翼缘	10.715	10.549	1.57%	196.290
		下翼缘	41.427	42.478	−2.47%	758.909
	16	上翼缘	11.58	11.290	2.57%	124.353
		下翼缘	42.953	43.192	−0.55%	461.246
	18	上翼缘	12.04	12.106	−0.55%	80.716
		下翼缘	43.918	43.978	−0.14%	294.420
H600×200×11×17	6	上翼缘	9.0671	9.049	0.20%	1507.911
	8	上翼缘	9.6487	9.856	−2.10%	507.721
	10	上翼缘	10.912	10.858	0.49%	235.188
		下翼缘	41.943	42.776	−1.95%	904.022

续表 18.4

截面	跨度(m)	荷载位置	无量纲临界弯矩 $\widetilde{M}_{cr}$		误差	屈曲荷载 (kN/m)
			ANSYS	理论		
H600×200×11×17	12	上翼缘	12.253	12.036	1.81%	127.364
		下翼缘	42.921	43.911	−2.25%	446.128
	14	上翼缘	13.699	13.367	2.49%	76.861
		下翼缘	45.005	45.194	−0.42%	252.503
	16	上翼缘	15.251	14.832	2.83%	50.158
		下翼缘	46.022	46.609	−1.26%	151.356
	18	上翼缘	16.901	16.413	2.98%	34.701
		下翼缘	48.089	48.138	−0.10%	98.734
H500×300×8×12	10	上翼缘	8.8475	8.823	0.28%	379.363
	12	上翼缘	8.8543	9.187	−3.63%	183.090
	14	上翼缘	9.5071	9.612	−1.09%	106.113
	16	上翼缘	10.287	10.094	1.91%	67.304
	18	上翼缘	10.91	10.629	2.64%	44.563
		下翼缘	40.784	42.555	−4.16%	166.585
H600×300×6×10	12	上翼缘	7.9924	8.545	−3.63%	140.573
	14	上翼缘	8.5785	8.749	−1.94%	96.454
	16	上翼缘	8.6689	8.981	−3.48%	57.136
	18	上翼缘	9.0828	9.242	−1.73%	37.372
H600×300×6×11	14	上翼缘	8.6416	8.872	−2.59%	106.697
	16	上翼缘	8.7872	9.140	−3.86%	63.598
	18	上翼缘	9.2511	9.442	−2.02%	41.799
H600×300×6×12	14	上翼缘	8.7051	9.009	−3.38%	117.051
	16	上翼缘	8.9163	9.318	−4.31%	70.277
	18	上翼缘	9.4376	9.664	−2.34%	46.439
W24×176 (641×327×19.1×34)	14	上翼缘	14.372	14.094	1.97%	733.071
		下翼缘	43.887	45.896	−4.38%	2238.549
	16	上翼缘	16.393	15.735	4.18%	490.152
		下翼缘	47.294	47.482	−0.40%	1414.064
	18	上翼缘	18.233	17.498	4.20%	340.338
		下翼缘	49.689	49.189	1.02%	927.498

截面	跨度 (m)	荷载位置	无量纲临界弯矩 $\widetilde{M}_{cr}$		误差	屈曲荷载 (kN/m)
			ANSYS	理论		
W27×161 (701×356×16.8×27.4)	12	上翼缘	10.076	10.240	−1.60%	1098.299
	14	上翼缘	11.059	11.013	0.42%	650.643
		下翼缘	41.154	42.925	−4.13%	2421.286
	16	上翼缘	12.297	11.878	3.52%	424.102
		下翼缘	41.741	43.759	−4.61%	1439.554
	18	上翼缘	13.34	12.828	3.99%	287.209
		下翼缘	43.66	44.675	−2.27%	940.036

18.1.4　影响参数分析与弹性弯扭屈曲的临界弯矩计算公式

（1）影响参数分析

根据第 3 章的分析以及前述的屈曲方程表达式，我们可以发现，对于均布荷载下的双等跨双轴对称连续梁而言，影响无量纲临界弯矩 $\widetilde{M}_{cr}$ 的参数仅有两个，即无量纲扭转刚度参数 K 和无量纲荷载作用位置 $\tilde{a}_q$。

图 18.5 为无量纲扭转刚度参数 K 与无量纲临界弯矩 $\widetilde{M}_{cr}$ 的关系。从图中可以看出，当扭转刚度参数 $K<1.5$ 时，$\widetilde{M}_{cr}$ 与扭转刚度参数 K 之间呈现强非线性关系，且随着扭转刚度参数 K 的增大，临界弯矩 $\widetilde{M}_{cr}$ 迅速减小；当扭转刚度参数 $K \geqslant 1.5$ 时，随着扭转刚度参数 K 的增大，临界弯矩 $\widetilde{M}_{cr}$ 的减小程度趋缓。

图 18.6 为无量纲荷载作用位置 $\tilde{a}$ 与无量纲临界弯矩 $\widetilde{M}_{cr}$ 的关系。从图中可以看出，当荷载作用在剪心以下，即 $\tilde{a}<0$ 时，$\widetilde{M}_{cr}$ 与 $\tilde{a}$ 之间基本呈线性关系；当荷载作用在剪心以上，即 $\tilde{a}>0$ 时，$\widetilde{M}_{cr}$ 与 $\tilde{a}$ 之间则呈现非线性关系。

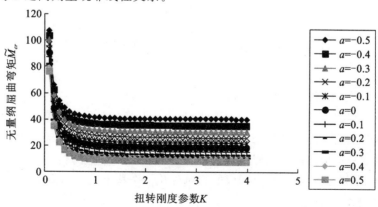

图 18.5　无量纲临界弯矩 $\widetilde{M}_{cr}$ 随扭转刚度参数 K 的变化趋势

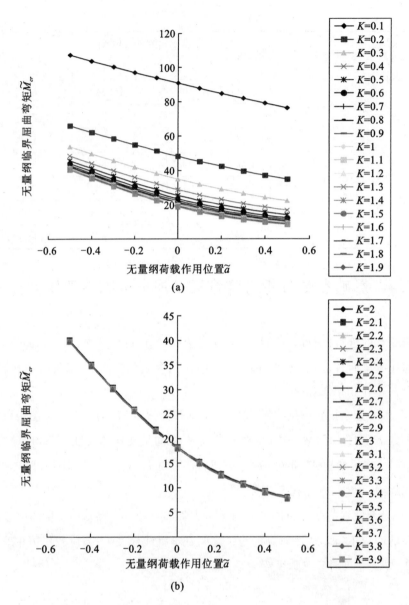

图 18.6　无量纲临界屈曲弯矩 $\tilde{M}_{cr}$ 与无量纲荷载作用位置 $\tilde{a}$ 的关系

(a)荷载作用在剪心以下；(b)荷载作用在剪心以上

（2）弹性弯扭屈曲的临界弯矩计算公式

　　虽然本章已得到屈曲方程的精确表达式，但由于其形式为无穷级数表达的解析解，目前尚无方法直接借助前述理论模型来建立简化的弹性弯扭屈曲设计公式。为此，我们提出依据前述的能量变分法推出的精确屈曲方程（无穷级数形式），通过编程来开展大量的多参数影响分析，然后以多参数分析数据为基础，通过优化拟合技术来获得临界弯矩的计算公式。

　　① 参数变化范围的选择

　　根据我们在第 2 章的分析可知，对于双轴对称截面，无量纲扭转刚度参数 K 的大致变

化范围为 $0.22\sim7.70$。考虑到 K 比较大时对临界弯矩的影响较小,本节的分析中采用的 K 变化范围为 $0.1\sim4$,步长为 0.1。

无量纲荷载作用位置 $\tilde{a}$ 取 $-0.5\sim0.5$,步长为 0.1。

依据上节推导得到的屈曲方程的精确表达式,采用 MATLAB 计算出均布荷载作用下双等跨连续梁的无量纲临界弯矩 $\widetilde{M}_{cr}$,然后采用国产数据优化分析软件 1stOpt 拟合其计算公式。

② 1stOpt 软件简介

1stOpt(First Optimization)是七维高科有限公司(7D-Soft High Technology Inc.)独立开发,拥有完全自主知识产权的一套数学优化分析综合工具软件包。在非线性回归、曲线拟合、非线性复杂工程模型参数估算求解等领域居世界领先地位。除去简单易用的界面,其计算核心为七维高科有限公司科研人员十多年的革命性研究成果“通用全局优化算法”(Universal Global Optimization—UGO),该算法的最大特点是克服了当今世界上在优化计算领域中使用迭代法必须给出合适初始值的难题,即用户无需给出参数初始值,而由 1stOpt 随机给出,通过其独特的全局优化算法,最终找出最优解。以非线性回归为例,目前世界上在该领域最有名的软件工具包诸如 OriginPro、Matlab、SAS、SPSS、DataFit、GraphPad、TableCurve2D、TableCurve3D 等,均需用户提供适当的参数初始值以便计算能够收敛并找到最优解。如果设定的参数初始值不当则计算难以收敛,其结果是无法求得正确结果。而在实际应用当中,对大多数用户来说,给出(猜出)恰当的初始值是件相当困难的事,特别是在参数量较多的情况下,更无异于是场噩梦。而 1stOpt 凭借其超强的寻优、容错能力,在大多数情况下(大于 90%),从任一随机初始值开始,都能求得正确结果。

1stOpt 是目前唯一能以任何初始值而求得美国国家标准与技术研究院(NIST:National Institute of Standards and Technology)非线性回归测试题集最优解的软件包。可广泛用于水文水资源及其他工程模型优化计算。内镶 VB 及 Pascal 语言,可帮助描述处理复杂模型,并且可以连接由任何语言(C++、Fortran、Basic、Pascal…)编译而成的外部目标函数动态连接库或命令行可执行文件。界面简单友好,使用方便,并可以直接读存 Excel、CSV 等格式文件。

③ 临界弯矩计算公式

本节通过大量的参数影响计算和优化分析,提出双等跨双轴对称连续梁均布荷载作用下的无量纲临界弯矩计算公式为:

$$\widetilde{M}_{cr}=C_1\left[-C_2\tilde{a}+\sqrt{(-C_2\tilde{a})^2+0.25(C_4+K^{-2})}\right] \tag{18.58}$$

其中,

$$\widetilde{M}_{cr}=\frac{M_0}{\left(\dfrac{\pi^2EI_y}{L^2}\right)h},\quad q=\frac{8M_0}{L^2},\quad \tilde{a}=\frac{a}{h},\quad K=\sqrt{\frac{\pi^2EI_\omega}{GJ_kL^2}} \tag{18.59}$$

式中,C_1 为临界弯矩修正系数,取决于荷载的形式;C_2 为荷载作用点位置的影响系数;C_4 为扭转刚度参数 K 的修正参数。

当 $\tilde{a}\geqslant0$ 时,$C_1=17.9$,$C_2=1.83$,$C_4=4.086$;当 $\tilde{a}<0$ 时,$C_1=17.731$,$C_2=1.783$,$C_4=4.305$。

也可以写成

$$M_{cr} = C_1 \left(\frac{\pi^2 E I_y}{L^2} \right) h \left[-C_2 \tilde{a} + \sqrt{(-C_2 \tilde{a})^2 + 0.25(C_4 + K^{-2})} \right] \qquad (18.60)$$

按照该公式计算无量纲临界屈曲荷载值与理论值误差均不超过 1%,其中正误差最大为 0.63%,$\tilde{a}=0.5$,$K=4$ 时获得;负误差最大为 -0.66%,$\tilde{a}=0.5$,$K=0.3$ 或 0.2 时获得。

为保证本节计算公式的适用范围,随机选取 6 种 H 型钢截面,并从 4~7.7 中任选 4 个 K 值进行验算,荷载作用位置 $\tilde{a}$ 随机生成,具体数据参见表 18.5。表中 $\widetilde{M}_{cr0}$ 为本节屈曲方程的数值解,$\widetilde{M}_{cr1}$ 为本节式(18.58)的计算值。图 18.7 为双等跨连续梁临界弯矩的本节理论数值解和公式计算值的比较。另外部分公式计算结果与理论解的比较参见表 18.6。结果表明,本节的临界弯矩计算公式计算精度非常高。

表 18.5 计算公式适用性的随机性验算

截面	跨度(m)	$\tilde{a}$	K	$\widetilde{M}_{cr0}$	$\widetilde{M}_{cr1}$	$\dfrac{\widetilde{M}_{cr0} - \widetilde{M}_{cr1}}{\widetilde{M}_{cr0}}$
H200×200×8×12	12	0.5	0.3111	21.485	21.347	0.64%
		-0.3	0.3111	44.835	44.704	0.29%
H300×300×10×15	12	0.2	0.56515	18.440	18.369	0.39%
		-0.5	0.56515	44.590	44.692	-0.23%
H600×200×11×17	12	0.1	0.61628	20.228	20.154	0.37%
		-0.4	0.61628	39.269	39.202	0.17%
H700×300×13×24	12	0.4	0.82395	11.734	11.736	-0.01%
		0	0.82395	21.159	21.102	0.27%
W33×221	12	0.2	0.98037	14.763	14.746	0.12%
		-0.5	0.98037	41.617	41.692	-0.18%
W44×262	12	0.1	1.1295	16.774	16.745	0.18%
		-0.4	1.1295	36.383	36.308	0.21%
—		0.5	4.5	8.055	8.106	-0.63%
		-0.5	4.5	40.079	40.140	-0.15%
—		0.3	5.1	10.799	10.836	-0.34%
		-0.2	5.1	25.851	25.851	0.00%
—	—	0.4	6.6	9.229	9.276	-0.51%
		-0.5	6.6	40.037	40.098	-0.15%
—		0.3	7.5	10.758	10.796	-0.35%
		-0.5	7.5	40.028	40.089	-0.15%

注:①$\widetilde{M}_{cr0}$ 是本节精确屈曲方程式(18.53)的数值解;

②$\widetilde{M}_{cr1}$ 是本节临界弯矩式(18.58)的计算值。

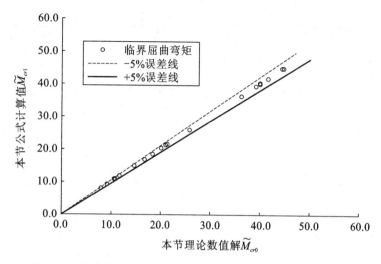

图 18.7 本节屈曲方程的数值解和式(18.58)计算值的误差比较

表 18.6 双轴对称截面双等跨连续梁临界弯矩计算公式的拟合数据

$\tilde{a}$	K	$\widetilde{M}_{cr0}$	$\widetilde{M}_{cr1}$	$\dfrac{\widetilde{M}_{cr1}-\widetilde{M}_{cr0}}{\widetilde{M}_{cr0}}$	$\tilde{a}$	K	$\widetilde{M}_{cr0}$	$\widetilde{M}_{cr1}$	$\dfrac{\widetilde{M}_{cr1}-\widetilde{M}_{cr0}}{\widetilde{M}_{cr0}}$
−0.5	0.1	107.340	107.720	0.35%	0.5	0.1	76.536	76.389	−0.19%
−0.5	0.2	66.084	66.336	0.38%	0.5	0.2	34.822	34.593	−0.66%
−0.5	0.3	53.860	54.037	0.33%	0.5	0.3	22.311	22.165	−0.66%
−0.5	0.4	48.527	48.662	0.28%	0.5	0.4	16.815	16.730	−0.50%
−0.5	0.5	45.739	45.851	0.24%	0.5	0.5	13.931	13.886	−0.32%
−0.5	0.6	44.110	44.207	0.22%	0.5	0.6	12.242	12.223	−0.16%
−0.5	0.7	43.080	43.168	0.20%	0.5	0.7	11.174	11.172	−0.02%
−0.5	0.8	42.391	42.472	0.19%	0.5	0.8	10.458	10.468	0.09%
−0.5	0.9	41.907	41.985	0.19%	0.5	0.9	9.956	9.974	0.18%
−0.5	1	41.556	41.630	0.18%	0.5	1	9.591	9.615	0.25%
−0.5	1.1	41.293	41.365	0.17%	0.5	1.1	9.317	9.346	0.31%
−0.5	1.2	41.091	41.161	0.17%	0.5	1.2	9.107	9.140	0.36%
−0.5	1.3	40.932	41.001	0.17%	0.5	1.3	8.943	8.978	0.40%
−0.5	1.4	40.806	40.874	0.17%	0.5	1.4	8.811	8.849	0.43%
−0.5	1.5	40.703	40.770	0.16%	0.5	1.5	8.705	8.744	0.45%
−0.5	1.6	40.619	40.685	0.16%	0.5	1.6	8.617	8.658	0.48%
−0.5	1.7	40.549	40.615	0.16%	0.5	1.7	8.545	8.587	0.50%
−0.5	1.8	40.491	40.556	0.16%	0.5	1.8	8.483	8.527	0.51%

续表 18.6

$\tilde{a}$	K	$\widetilde{M}_{cr0}$	$\widetilde{M}_{cr1}$	$\dfrac{\widetilde{M}_{cr1}-\widetilde{M}_{cr0}}{\widetilde{M}_{cr0}}$	$\tilde{a}$	K	$\widetilde{M}_{cr0}$	$\widetilde{M}_{cr1}$	$\dfrac{\widetilde{M}_{cr1}-\widetilde{M}_{cr0}}{\widetilde{M}_{cr0}}$
−0.5	1.9	40.441	40.505	0.16%	0.5	1.9	8.432	8.476	0.53%
−0.5	2	40.398	40.462	0.16%	0.5	2	8.387	8.432	0.54%
−0.5	2.1	40.361	40.425	0.16%	0.5	2.1	8.349	8.395	0.55%
−0.5	2.2	40.330	40.393	0.16%	0.5	2.2	8.316	8.362	0.56%
−0.5	2.3	40.302	40.365	0.16%	0.5	2.3	8.287	8.334	0.57%
−0.5	2.4	40.277	40.340	0.16%	0.5	2.4	8.261	8.309	0.57%
−0.5	2.5	40.256	40.318	0.16%	0.5	2.5	8.239	8.287	0.58%
−0.5	2.6	40.236	40.299	0.16%	0.5	2.6	8.219	8.267	0.58%
−0.5	2.7	40.219	40.282	0.16%	0.5	2.7	8.201	8.250	0.59%
−0.5	2.8	40.204	40.266	0.16%	0.5	2.8	8.185	8.234	0.59%
−0.5	2.9	40.190	40.252	0.16%	0.5	2.9	8.171	8.220	0.60%
−0.5	3	40.178	40.240	0.15%	0.5	3	8.158	8.207	0.60%
−0.5	3.1	40.166	40.229	0.15%	0.5	3.1	8.146	8.196	0.61%
−0.5	3.2	40.156	40.218	0.15%	0.5	3.2	8.136	8.185	0.61%
−0.5	3.3	40.147	40.209	0.15%	0.5	3.3	8.126	8.176	0.61%
−0.5	3.4	40.138	40.200	0.15%	0.5	3.4	8.117	8.167	0.61%
−0.5	3.5	40.131	40.193	0.15%	0.5	3.5	8.109	8.159	0.62%
−0.5	3.6	40.124	40.185	0.15%	0.5	3.6	8.102	8.152	0.62%
−0.5	3.7	40.117	40.179	0.15%	0.5	3.7	8.095	8.145	0.62%
−0.5	3.8	40.111	40.173	0.15%	0.5	3.8	8.088	8.139	0.62%
−0.5	3.9	40.105	40.167	0.15%	0.5	3.9	8.083	8.133	0.62%
−0.5	4	40.100	40.162	0.15%	0.5	4	8.077	8.128	0.63%

注：①$\widetilde{M}_{cr0}$ 是本节精确屈曲方程(18.53)的数值解；

②$\widetilde{M}_{cr1}$ 是本节临界弯矩式(18.58)的计算值。

18.2 基于双变量总势能的双等跨连续梁弹性弯扭屈曲分析

由于双变量总势能在处理复杂问题，比如带有侧向弹性支撑的弯扭屈曲问题时，有更好的适应性。为此本节将基于双变量总势能，采用三角级数为模态试函数，对双轴对称截面双等跨连续梁的弹性弯扭屈曲问题进行解析理论研究。

18.2.1 均布荷载下双等跨连续梁的弹性弯扭屈曲分析

首先对图 18.1 所示的均布荷载作用下，双轴对称截面双等跨连续梁的弹性弯扭屈曲问题进行解析理论研究。

（1）两项级数的解答

① 模态试函数（2 项）

以反对称屈曲为最不利情况，选取如下试函数：

$$\left.\begin{array}{l} u(z)=A_1 h\sin\dfrac{2\pi z}{L}+A_2 h\sin\dfrac{4\pi z}{L} \\[2mm] \theta(z)=B_1\sin\dfrac{2\pi z}{L}+B_2\sin\dfrac{4\pi z}{L} \end{array}\right\} \tag{18.61}$$

显然，模态试函数满足双等跨连续梁的几何边界条件：

$$\left.\begin{array}{ll} u(0)=u''(0)=0, & u(L)=u''(L)=0 \\[2mm] \theta(0)=\theta'(0)=0, & \theta(L)=\theta'(L)=0 \\[2mm] u\left(\dfrac{L}{2}\right)=u''\left(\dfrac{L}{2}\right)=0, & \theta\left(\dfrac{L}{2}\right)=\theta'\left(\dfrac{L}{2}\right)=0 \end{array}\right\} \tag{18.62}$$

② 内力函数［同式（18.5）］

中间支座的负弯矩为

$$M_x\left(\frac{L}{2}\right)=\frac{3}{16}qL\left(\frac{L}{2}\right)-q\left(\frac{L}{2}\right)^2\bigg/2=-\frac{1}{32}qL^2 \tag{18.63}$$

③ 总势能

双等跨连续钢梁弯扭屈曲的总势能为

$$\Pi=\frac{1}{2}\int_L[EI_y u''^2+EI_\omega\theta''^2+(GJ_k+2M_x\beta_x)\theta'^2+2M_x u''\theta-qa_q\theta^2]\,\mathrm{d}z \tag{18.64}$$

将式（18.61）、式（18.5）代入上式，并进行积分运算，即可获得双等跨连续钢梁弯扭屈曲的总势能如下：

$$\Pi_1=\int_0^L EI_y u''^2\,\mathrm{d}z=\frac{8(A_1^2+16A_2^2)EI_y h^2\pi^4}{L^3} \tag{18.65}$$

$$\Pi_2=\int_0^L EI_w\theta''^2\,\mathrm{d}z=\frac{8(B_1^2+16B_2^2)EI_w\pi^4}{L^3} \tag{18.66}$$

$$\Pi_3=\int_0^L GJ_k\theta'^2\,\mathrm{d}z=\frac{2(B_1^2+4B_2^2)GJ_k\pi^2}{L} \tag{18.67}$$

$$\Pi_4=\int_0^{\frac{L}{2}}2M_{x1}\beta_x\theta'^2\,\mathrm{d}z+\int_{\frac{L}{2}}^L 2M_{x2}\beta_x\theta'^2\,\mathrm{d}z=0 \tag{18.68}$$

$$\Pi_5=\int_0^{\frac{L}{2}}2M_{x1}u''\theta\,\mathrm{d}z+\int_{\frac{L}{2}}^L 2M_{x2}u''\theta\,\mathrm{d}z$$

$$=-\frac{1}{144}qhL\left\{\begin{array}{l}4A_2[32B_1+3(3+\pi^2)]B_2+\\ A_1[32B_2+3(12+\pi^2)B_1]\end{array}\right\} \tag{18.69}$$

$$\Pi_6 = \int_L (-qa_q\theta^2)\,\mathrm{d}z = -\frac{1}{2}(B_1^2 + B_2^2)Lqa_q \tag{18.70}$$

本节所研究的均为双轴对称截面，$\beta_x = 0$，$\Pi_4 = 0$。

此时的总势能为

$$\begin{aligned}
\Pi &= \frac{1}{2}(\Pi_1 + \Pi_2 + \Pi_3 + \Pi_5 + \Pi_6) \\
&= \frac{4(A_1^2 + 16A_2^2)EI_y h^2 \pi^4}{L^3} + \\
&\quad \frac{4(B_1^2 + 16B_2^2)EI_w \pi^4}{L^3} + \frac{(B_1^2 + 4B_2^2)GJ_k \pi^2}{L} - \frac{1}{4}(B_1 + B_2)^2 Lqa_q - \\
&\quad \frac{1}{288}qhL\{4A_2[32B_1 + 3B_2(3 + \pi^2)] + A_1[32B_2 + 3B_1(12 + \pi^2)]\} \tag{18.71}
\end{aligned}$$

④ 屈曲方程

根据势能驻值原理，必有

$$\left.\begin{aligned}
\frac{\partial \Pi}{\partial A_i} &= 0 \quad (i = 1,2) \\
\frac{\partial \Pi}{\partial B_i} &= 0 \quad (i = 1,2)
\end{aligned}\right\} \tag{18.72}$$

引入无量纲参数式(18.15)[其中，M_0 为式(18.63)所求中间支座弯矩的绝对值，即 $M_0 = \dfrac{qL^2}{32}$]以及代换关系式(18.16)，经过数学代换，从而得到

$$\left.\begin{aligned}
8\pi^4 A_1 - \frac{1}{3}\pi^2(12 + \pi^2)\widetilde{M}_\sigma B_1 - \frac{32}{9}\pi^2 \widetilde{M}_\sigma B_2 &= 0 \\
128\pi^4 A_2 - \frac{128}{9}\pi^2 \widetilde{M}_\sigma B_1 - \frac{4}{3}\pi^2(3 + \pi^2)\widetilde{M}_\sigma B_2 &= 0 \\
-\frac{1}{3}\pi^2(12 + \pi^2)\widetilde{M}_\sigma A_1 - \frac{128}{9}\pi^2 \widetilde{M}_\sigma A_2 + \left(2\pi^4 + \frac{\pi^4}{2K^2} - 16\pi^2 \tilde{a}_q \widetilde{M}_\sigma\right)B_1 &= 0 \\
-\frac{32}{9}\pi^2 \widetilde{M}_\sigma A_1 - \frac{4}{3}\pi^2(3 + \pi^2)\widetilde{M}_\sigma A_2 + \left(32\pi^4 + \frac{2\pi^4}{K^2} - 16\pi^2 \tilde{a}_q \widetilde{M}_\sigma\right)B_2 &= 0
\end{aligned}\right\} \tag{18.73}$$

整理可得此问题屈曲方程的矩阵形式为

$$\begin{pmatrix}
8\pi^4 + 2\tilde{k}_L & 0 & 0 & 0 \\
& 128\pi^4 & 0 & 0 \\
& & \frac{\pi^4}{2K^2} + 2\pi^4 & 0 \\
& & & \frac{2\pi^4}{K^2} + 32\pi^4
\end{pmatrix}\begin{Bmatrix} A_1 \\ A_2 \\ B_1 \\ B_2 \end{Bmatrix}$$

$$= \widetilde{M}_\sigma \begin{pmatrix}
0 & 0 & \frac{(12 + \pi^2)\pi^2}{3} & \frac{32\pi^2}{9} \\
0 & \frac{128\pi^2}{9} & \frac{4(3 + \pi^2)\pi^2}{3} \\
16\pi^2 \tilde{a}_q & 0 \\
& 16\pi^2 \tilde{a}_q
\end{pmatrix}\begin{Bmatrix} A_1 \\ A_2 \\ B_1 \\ B_2 \end{Bmatrix} \tag{18.74}$$

这是一个齐次代数方程,其有非零解的条件是系数行列式为零,即

$$
\mathrm{Det}
\begin{vmatrix}
\begin{pmatrix}
8\pi^4+2\tilde{k}_L & 0 & 0 & 0 \\
 & 128\pi^4 & 0 & 0 \\
 & & \dfrac{\pi^4}{2K^2}+2\pi^4 & 0 \\
 & & & \dfrac{2\pi^4}{K^2}+32\pi^4
\end{pmatrix} - \\
\tilde{M}_{cr}
\begin{pmatrix}
0 & 0 & \dfrac{(12+\pi^2)\pi^2}{3} & \dfrac{32\pi^2}{9} \\
0 & \dfrac{128\pi^2}{9} & \dfrac{4(3+\pi^2)\pi^2}{3} \\
 & 16\pi^2\tilde{a}_q & 0 \\
 & & 16\pi^2\tilde{a}_q
\end{pmatrix}
\end{vmatrix}=0
\tag{18.75}
$$

解之可得无量纲临界弯矩的解析表达式,不过其表达式过于繁杂,此处不予列出。

(2) 无穷级数的解答

① 模态函数

以反对称屈曲为最不利情况,选择如下试函数:

$$
\left.
\begin{aligned}
u(z) &= \sum_{m=1}^{\infty} A_m h \sin\frac{2m\pi z}{L} \quad (m=1,2,3,\cdots,\infty) \\
\theta(z) &= \sum_{n=1}^{\infty} B_n \sin\frac{2n\pi z}{L} \quad (n=1,2,3,\cdots,\infty)
\end{aligned}
\right\}
\tag{18.76}
$$

显然,此试函数满足双跨连续梁的两端几何边界条件和中间支座的约束条件。

② 内力函数

内力函数与式(18.5)相同。

③ 总势能

$$
\Pi_1 = \int_0^L EI_y u''^2 \,\mathrm{d}z = \sum_{m=1}^{\infty} \frac{8EI_y h^2 m^4 \pi^4 A_m^2}{L^3}
\tag{18.77}
$$

$$
\Pi_2 = \int_0^L EI_w \theta''^2 \,\mathrm{d}z = \sum_{n=1}^{\infty} \frac{8EI_w n^4 \pi^4 B_n^2}{L^3}
\tag{18.78}
$$

$$
\Pi_3 = \int_0^L GJ_k \theta'^2 \,\mathrm{d}z = \sum_{n=1}^{\infty} \frac{2GJ_k n^2 \pi^2 B_n^2}{L}
\tag{18.79}
$$

$$
\Pi_4 = \int_0^{\frac{L}{2}} 2M_{x1}\beta_x \theta'^2 \,\mathrm{d}z + \int_{\frac{L}{2}}^L 2M_{x2}\beta_x \theta'^2 \,\mathrm{d}z = 0
\tag{18.80}
$$

$$
\begin{aligned}
\Pi_5 &= \int_0^{\frac{L}{2}} 2M_{x1} u''\theta \,\mathrm{d}z + \int_{\frac{L}{2}}^L 2M_{x2} u''\theta \,\mathrm{d}z \\
&= -\sum_{m=1}^{\infty} \frac{1}{48} hLq(12+m^2\pi^2)A_m B_m + \sum_{m=1}^{\infty}\sum_{\substack{n=1\\n\neq m}}^{\infty} \frac{4hLqm^3 n}{(m-n)^2(m+n)^2}A_m B_n
\end{aligned}
\tag{18.81}
$$

$$\Pi_6 = \int_L (-qa_q\theta^2)\,\mathrm{d}z = -\sum_{n=1}^{\infty} \frac{a_q q L B_n^2}{2} \tag{18.82}$$

$$\Pi = \frac{1}{2}(\Pi_1 + \Pi_2 + \Pi_3 + \Pi_4 + \Pi_5 + \Pi_6)$$

$$= \sum_{m=1}^{\infty} \frac{4EI_y h^2 m^4 \pi^4 A_m^2}{L^3} + \sum_{n=1}^{\infty} \frac{4EI_w n^4 \pi^4 B_n^2}{L^3} + \sum_{n=1}^{\infty} \frac{GJ_k n^2 \pi^2 B_n^2}{L} +$$

$$\sum_{m=1}^{\infty}\sum_{\substack{n=1\\n\neq m}}^{\infty} \frac{2hLqm^3 n}{(m-n)^2(m+n)^2}A_m B_n - \sum_{m=1}^{\infty}\frac{1}{96}hLq(12+m^2\pi^2)A_m B_m -$$

$$\sum_{n=1}^{\infty} \frac{a_q q L B_n^2}{4} \tag{18.83}$$

此式即为本问题的总势能。

④ 屈曲方程

根据势能驻值原理,必有 $\dfrac{\partial\Pi}{\partial A_m} = 0$,从而得到

$$\sum_{m=1}^{\infty} \frac{8EI_y h^2 m^4 \pi^4 A_m}{L^3} - \sum_{m=1}^{\infty} \frac{1}{96}hLq(12+m^2\pi^2)B_m +$$

$$\sum_{m=1}^{\infty}\sum_{\substack{r=1\\r\neq m}}^{\infty} \frac{2hLqm^3 r}{(m-r)^2(m+r)^2}B_r = 0 \tag{18.84}$$

由于 m 的任意性,必有

$$\frac{8EI_y h^2 m^4 \pi^4 A_m}{L^3} - \frac{hLq(12+m^2\pi^2)B_m}{96} + \sum_{\substack{r=1\\r\neq m}}^{\infty} \frac{2hLqm^3 r B_r}{(m-r)^2(m+r)^2} = 0 \tag{18.85}$$

同理,由 $\dfrac{\partial\Pi}{\partial B_n} = 0$ 可得

$$\sum_{n=1}^{\infty} \frac{2GJ_k n^2 \pi^2 B_n}{L} + \sum_{n=1}^{\infty} \frac{8EI_w n^4 \pi^4 B_n}{L^3} - \frac{1}{2}\sum_{n=1}^{\infty} a_q Lq B_n -$$

$$\sum_{n=1}^{\infty}\frac{1}{96}hLq(12+n^2\pi^2)A_n + \sum_{n=1}^{\infty}\sum_{\substack{r=1\\r\neq n}}^{\infty} \frac{2hLqr^3 n}{(n-r)^2(n+r)^2}A_r = 0 \tag{18.86}$$

由于 n 的任意性,必有

$$\frac{2GJ_k n^2 \pi^2 B_n}{L} + \frac{8EI_w n^4 \pi^4 B_n}{L^3} - \frac{1}{2}a_q Lq B_n -$$

$$\frac{1}{96}hLq(12+n^2\pi^2)A_n + \sum_{\substack{r=1\\r\neq n}}^{\infty} \frac{2hLqr^3 n}{(n-r)^2(n+r)^2}A_r = 0 \tag{18.87}$$

将式(18.85)和式(18.87)各项乘以公因子 $L^3/(h^2 EI_y)$,引入无量纲参数式(18.15)[其中,M_0 为中间支座弯矩的绝对值,即 $M_0 = qL^2/32$] 以及代换关系式(18.16),经过相应的数学代换,可得到以下相应的无量纲屈曲方程:

$$\left.\begin{array}{l} (8m^4\pi^4)A_m - \dfrac{1}{3}(12+m^2\pi^2)\pi^2 B_m\widetilde{M}_0 + \\[2mm] \displaystyle\sum_{\substack{r=1\\ r\neq m}}^{\infty} \dfrac{64m^3 r\pi^2}{(m-r)^2(m+r)^2}B_r\widetilde{M}_0 = 0 \\[6mm] \left(2n^4\pi^4 + \dfrac{n^2\pi^4}{2K^2}\right)B_n - \dfrac{12+n^2\pi^2}{3}\pi^2\widetilde{M}_0 A_n + \\[2mm] \displaystyle\sum_{\substack{r=1\\ r\neq m}}^{\infty} \dfrac{64r^3 n\pi^2}{(n-r)^2(n+r)^2}\widetilde{M}_0 A_r - 16\pi^2\tilde{a}_q\widetilde{M}_0 B_n = 0 \end{array}\right\} \tag{18.88}$$

或者将其写成如下分块矩阵表达的特征值问题：

$$\begin{bmatrix} {}^0\boldsymbol{R} & {}^0\boldsymbol{S} \\ {}^0\boldsymbol{T} & {}^0\boldsymbol{Q} \end{bmatrix} \begin{Bmatrix} \boldsymbol{A} \\ \boldsymbol{B} \end{Bmatrix} = \widetilde{M}_0 \begin{bmatrix} {}^1\boldsymbol{R} & {}^1\boldsymbol{S} \\ {}^1\boldsymbol{S} & {}^1\boldsymbol{Q} \end{bmatrix} \begin{Bmatrix} \boldsymbol{A} \\ \boldsymbol{B} \end{Bmatrix} \tag{18.89}$$

其中各个子块矩阵的元素为

$$\left.\begin{array}{l} {}^0R_{m,m} = 8m^4\pi^4 \quad (m=1,2,\cdots,N) \\[2mm] {}^0R_{m,r} = 0 \qquad \begin{pmatrix} r\neq m \\ r=1,2,\cdots,N \end{pmatrix} \end{array}\right\} \tag{18.90}$$

$$\left.\begin{array}{l} {}^0S_{m,m} = 0 \quad (m=1,2,\cdots,N) \\[2mm] {}^0S_{m,r} = 0 \qquad \begin{pmatrix} r\neq m \\ r=1,2,\cdots,N \end{pmatrix} \end{array}\right\} \tag{18.91}$$

$$\left.\begin{array}{l} {}^0T_{n,n} = 0 \quad (n=1,2,\cdots,N) \\[2mm] {}^0T_{n,r} = 0 \qquad \begin{pmatrix} r\neq n \\ r=1,2,\cdots,N \end{pmatrix} \end{array}\right\} \tag{18.92}$$

$$\left.\begin{array}{l} {}^0Q_{n,n} = 2n^4\pi^4 + \dfrac{n^2\pi^4}{2K^2} \quad (n=1,2,\cdots,N) \\[2mm] {}^0Q_{n,r} = 0 \qquad\qquad \begin{pmatrix} r\neq n \\ r=1,2,\cdots,N \end{pmatrix} \end{array}\right\} \tag{18.93}$$

$$\left.\begin{array}{l} {}^1R_{m,r} = 0 \quad \begin{pmatrix} m=1,2,\cdots,N \\ r=1,2,\cdots,N \end{pmatrix} \end{array}\right\} \tag{18.94}$$

$$\left.\begin{array}{l} {}^1S_{m,m} = \dfrac{1}{3}(12+m^2\pi^2)\pi^2 \qquad (m=1,2,\cdots,N) \\[2mm] {}^1S_{m,r} = -\dfrac{64m^3 r\pi^2}{(m-r)^2(m+r)^2} \quad \begin{pmatrix} r\neq m \\ r=1,2,\cdots,N \end{pmatrix} \end{array}\right\} \tag{18.95}$$

$$\left.\begin{array}{l} {}^1T_{n,n} = \dfrac{12+n^2\pi^2}{3}\pi^2 \qquad (n=1,2,\cdots,N) \\[2mm] {}^1T_{n,r} = -\dfrac{64r^3 n\pi^2}{(n-r)^2(n+r)^2} \quad \begin{pmatrix} r\neq n \\ r=1,2,\cdots,N \end{pmatrix} \end{array}\right\} \tag{18.96}$$

$$\left.\begin{array}{l} {}^1Q_{n,n} = 16\pi^2\tilde{a}_q \quad (n=1,2,\cdots,N) \\[2mm] {}^1Q_{n,r} = 0 \qquad\qquad \begin{pmatrix} r\neq n \\ r=1,2,\cdots,N \end{pmatrix} \end{array}\right\} \tag{18.97}$$

18.2.2 集中荷载下双等跨连续梁的弹性弯扭屈曲分析

下面将对图 18.8 所示的集中荷载作用下,双轴对称截面双等跨连续梁的弹性弯扭屈曲问题进行解析理论研究。

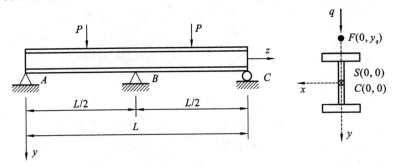

图 18.8 集中荷载下双等跨连续梁的计算简图

(1) 六项级数的解答

研究发现,当模态函数的三角级数取六项时,临界弯矩值可以收敛。下面给出其六项级数的解答。

① 模态试函数(六项)

$$
\left.\begin{aligned}
u(z) &= A_1 h\sin\frac{2\pi z}{L} + A_2 h\sin\frac{4\pi z}{L} + A_3 h\sin\frac{6\pi z}{L} + A_4 h\sin\frac{8\pi z}{L} + \\
&\quad A_5 h\sin\frac{10\pi z}{L} + A_6 h\sin\frac{12\pi z}{L} \\
\theta(z) &= B_1\sin\frac{2\pi z}{L} + B_2\sin\frac{4\pi z}{L} + B_3\sin\frac{6\pi z}{L} + B_4\sin\frac{8\pi z}{L} + \\
&\quad B_5\sin\frac{10\pi z}{L} + B_6\sin\frac{12\pi z}{L}
\end{aligned}\right\}
\tag{18.98}
$$

显然,此模态试函数满足简支梁的两端几何边界条件和中间支座的约束条件同式(18.62)。

② 内力函数

当 $0\leqslant z\leqslant L/4$ 时, $\qquad M_x(z)=\dfrac{5Pz}{16}$ \hfill (18.99)

当 $L/4 < z\leqslant L/2$ 时, $\qquad M_x(z)=\dfrac{PL}{4}-\dfrac{11Pz}{16}$ \hfill (18.100)

当 $L/2 < z\leqslant 3L/4$ 时, $\qquad M_x(z)=-\dfrac{7PL}{16}+\dfrac{11Pz}{16}$ \hfill (18.101)

当 $3L/4 < z\leqslant L$ 时, $\qquad M_x(z)=\dfrac{5P}{16}(L-z)$ \hfill (18.102)

中间支座的弯矩为

$$
M(L/2)=\frac{PL}{4}-\frac{11P}{16}\left(\frac{L}{2}\right)=-\frac{3}{32}PL
\tag{18.103}
$$

③ 总势能

集中荷载下双轴对称双等跨连续钢梁弯扭屈曲的总势能为

$$\Pi = \frac{1}{2}\int_L (EI_y u''^2 + EI_\omega \theta''^2 + GJ_k \theta'^2 + 2M_x u''\theta)\mathrm{d}z -$$

$$\frac{1}{2}\sum P_{yi}a_i\theta_i^2 \tag{18.104}$$

将式(18.98)及式(18.99)～式(18.103)代入式(18.104)并进行积分运算,即可获得钢梁总势能的表达式如下:

$$\Pi_1 = \int_0^L EI_y u''^2 \mathrm{d}z$$
$$= \frac{8Eh^2 I_y \pi^4}{L^3}(A_1^2 + 16A_2^2 + 81A_3^2 + 256A_4^2 + 625A_5^2 + 1296A_6^2) \tag{18.105}$$

$$\Pi_2 = \int_0^L EI_\omega \theta''^2 \mathrm{d}z$$
$$= \frac{8EI_\omega \pi^4}{L^3}(B_1^2 + 16B_2^2 + 81B_3^2 + 256B_4^2 + 625B_5^2 + 1296B_6^2) \tag{18.106}$$

$$\Pi_3 = \int_0^L GJ_k \theta'^2 \mathrm{d}z$$
$$= \frac{2GJ_k \pi^2}{L}(B_1^2 + 4B_2^2 + 9B_3^2 + 16B_4^2 + 25B_5^2 + 36B_6^2) \tag{18.107}$$

$$\Pi_4 = 2\left(\int_0^{\frac{L}{4}} 2M_{x1}u''\theta \mathrm{d}z + \int_{\frac{L}{4}}^{\frac{L}{2}} 2M_{x2}u''\theta \mathrm{d}z\right) \tag{18.108}$$

$$\Pi_5 = -\left[Pa_P\theta\left(\frac{L}{4}\right)^2 + Pa_P\theta\left(\frac{3L}{4}\right)^2\right] = -2(B_1 - B_3 + B_5)^2 a_P P \tag{18.109}$$

$$\Pi = \frac{1}{2}(\Pi_1 + \Pi_2 + \Pi_3 + \Pi_4 + \Pi_5) \tag{18.110}$$

此式即为集中荷载作用下具有侧向支撑双等跨连续梁弯扭屈曲的总势能。

④ 屈曲方程

根据势能驻值原理[式(18.72),其中 $i=1,2,3,4,5,6$]

将式(18.110)的各项乘以公因子 $L^3/(h^2 EI_y)$,引入如下的无量纲参数,即

$$\widetilde{M}_0 = \frac{M_0}{\left(\frac{\pi^2 EI_y}{L^2}\right)h}, \quad K = \sqrt{\frac{\pi^2 EI_\omega}{GJ_k L^2}}, \quad \tilde{a}_P = \frac{a_P}{h}, \quad \tilde{k}_L = \frac{k_L}{\left(\frac{EI_y}{L^3}\right)}, \quad \tilde{a}_L = \frac{a_L}{h} \tag{18.111}$$

其中,M_0 为中间支座弯矩(18.103)的绝对值,即 $M_0 = 3PL/32$。

以及代换关系式(18.16),整理可得到以下无量纲屈曲弯矩方程[同式(18.89)]

$$\begin{pmatrix} ^0\boldsymbol{R} & ^0\boldsymbol{S} \\ ^0\boldsymbol{T} & ^0\boldsymbol{Q} \end{pmatrix}\begin{Bmatrix} \boldsymbol{A} \\ \boldsymbol{B} \end{Bmatrix} = \widetilde{M}_0\begin{pmatrix} ^1\boldsymbol{R} & ^1\boldsymbol{S} \\ ^1\boldsymbol{T} & ^1\boldsymbol{Q} \end{pmatrix}\begin{Bmatrix} \boldsymbol{A} \\ \boldsymbol{B} \end{Bmatrix}$$

其中

$$^0\boldsymbol{R} = \begin{pmatrix} 8\pi^4 & 0 & 0 & 0 & 0 & 0 \\ & 128\pi^4 & 0 & 0 & 0 & 0 \\ & & 648\pi_L^4 & 0 & 0 & 0 \\ & & & 2048\pi^4 & 0 & 0 \\ & \text{对称} & & & 5000\pi^4 & 0 \\ & & & & & 10368\pi^4 \end{pmatrix} \tag{18.112}$$

$$
{}^{0}\boldsymbol{S}=\boldsymbol{0},\; {}^{0}\boldsymbol{T}=
\begin{pmatrix}
2\tilde{k}_L\tilde{a}_L & 0 & -2\tilde{k}_L\tilde{a}_L & 0 & 2\tilde{k}_L\tilde{a}_L & 0 \\
& 0 & 0 & 0 & 0 & 0 \\
& & 2\tilde{k}_L\tilde{a}_L & 0 & -2\tilde{k}_L\tilde{a}_L & 0 \\
& & & 0 & 0 & 0 \\
& & & & 2\tilde{k}_L\tilde{a}_L & 0 \\
\text{对称} & & & & & 0
\end{pmatrix}
\tag{18.113}
$$

$$
{}^{0}\boldsymbol{Q}=
\begin{pmatrix}
2\pi^4+\dfrac{\pi^4}{2K^2} & 0 & 0 & 0 & 0 & 0 \\[2mm]
& 32\pi^4+\dfrac{2\pi^4}{K^2} & 0 & 0 & 0 & 0 \\[2mm]
& & \dfrac{9\pi^4}{2K^2}+162\pi^4 & 0 & 0 & 0 \\[2mm]
& & & 512\pi^4+\dfrac{8\pi^4}{K^2} & 0 & 0 \\[2mm]
\text{对称} & & & & \dfrac{25\pi^4}{2K^2}+1250\pi^4 & 0 \\[2mm]
& & & & & 2592\pi^4+\dfrac{18\pi^4}{K^2}
\end{pmatrix}
\tag{18.114}
$$

$$
{}^{1}\boldsymbol{R}=\boldsymbol{0},\; {}^{1}\boldsymbol{Q}=\frac{8}{3}
\begin{pmatrix}
8\tilde{a}\pi^2 & 0 & -8\tilde{a}\pi^2 & 0 & 8\tilde{a}\pi^2 & 0 \\
& 0 & 0 & 0 & 0 & 0 \\
& & 8\tilde{a}\pi^2 & 0 & -8\tilde{a}\pi^2 & 0 \\
& & & 0 & 0 & 0 \\
\text{对称} & & & & 8\tilde{a}\pi^2 & 0 \\
& & & & & 0
\end{pmatrix}
\tag{18.115}
$$

$$
{}^{1}\boldsymbol{S}=\frac{8}{3}
\begin{pmatrix}
\dfrac{\pi^2(16+\pi^2)}{8} & \dfrac{4\pi^2}{3} & -2\pi^2 & \dfrac{8\pi^2}{75} & \dfrac{2\pi^2}{9} & \dfrac{36\pi^2}{1225} \\[3mm]
\dfrac{16\pi^2}{3} & \dfrac{\pi^4}{2} & \dfrac{144\pi^2}{25} & -\dfrac{64\pi^2}{9} & \dfrac{80\pi^2}{147} & 0 \\[3mm]
-18\pi^2 & \dfrac{324\pi^2}{25} & 2\pi^2+\dfrac{9\pi^4}{8} & \dfrac{648\pi^2}{49} & -18\pi^2 & \dfrac{4\pi^2}{3} \\[3mm]
\dfrac{128\pi^2}{75} & -\dfrac{256\pi^2}{9} & \dfrac{1152\pi^2}{49} & 2\pi^4 & \dfrac{640\pi^2}{27} & -\dfrac{768\pi^2}{25} \\[3mm]
\dfrac{50\pi^2}{9} & \dfrac{500\pi^2}{147} & 50\pi^2 & 2\pi^2+\dfrac{25\pi^4}{8} & 2\pi^2+\dfrac{25\pi^4}{8} & \dfrac{4500\pi^2}{121} \\[3mm]
\dfrac{1296\pi^2}{1225} & 0 & \dfrac{16\pi^2}{3} & -\dfrac{1728\pi^2}{25} & \dfrac{6480\pi^2}{121} & \dfrac{9\pi^4}{2}
\end{pmatrix}
\tag{18.116}
$$

$$^{1}\boldsymbol{T} = \frac{8}{3}\begin{pmatrix} \dfrac{\pi^{2}(16+\pi^{2})}{8} & \dfrac{16\pi^{2}}{3} & -18\pi^{2} & \dfrac{128\pi^{2}}{75} & \dfrac{50\pi^{2}}{9} & \dfrac{1296\pi^{2}}{1225} \\[3mm] \dfrac{4\pi^{2}}{3} & \dfrac{\pi^{4}}{2} & \dfrac{324\pi^{2}}{25} & -\dfrac{256\pi^{2}}{9} & \dfrac{500\pi^{2}}{147} & 0 \\[3mm] -2\pi^{2} & \dfrac{144\pi^{2}}{25} & \dfrac{144\pi^{2}}{25} & \dfrac{1152\pi^{2}}{49} & 50\pi^{2} & \dfrac{16\pi^{2}}{3} \\[3mm] \dfrac{8\pi^{2}}{75} & -\dfrac{64\pi^{2}}{9} & \dfrac{648\pi^{2}}{49} & 2\pi^{4} & 2\pi^{2}+\dfrac{25\pi^{4}}{8} & -\dfrac{1728\pi^{2}}{25} \\[3mm] \dfrac{2\pi^{2}}{9} & \dfrac{80\pi^{2}}{147} & -18\pi^{2} & \dfrac{640\pi^{2}}{27} & 2\pi^{2}+\dfrac{25\pi^{4}}{8} & \dfrac{6480\pi^{2}}{121} \\[3mm] \dfrac{36\pi^{2}}{1225} & 0 & \dfrac{4\pi^{2}}{3} & -\dfrac{768\pi^{2}}{25} & \dfrac{4500\pi^{2}}{121} & \dfrac{9\pi^{4}}{2} \end{pmatrix}$$

$$(18.117)$$

根据式(18.89)算出的最小特征值 $\widetilde{M}_0$ 和特征向量,即为侧向支撑双跨连续梁的无量纲临界弯矩和相应的屈曲模态。

(2) 无穷级数的解答

① 模态试函数

为了得到问题的精确解,可选择无穷三角级数为屈曲模态的试函数,同式(18.76)。

② 内力函数

内力函数与上节相同。

③ 总势能

$\Pi_1 \sim \Pi_3$ 的取值见式(18.77)～式(18.79)。

$$\Pi_4 = 2\left(\int_0^{\frac{L}{4}} 2M_{x1}u''\theta \mathrm{d}z + \int_{\frac{L}{4}}^{\frac{L}{2}} 2M_{x2}u''\theta \mathrm{d}z\right) \tag{18.118}$$

$$\Pi_{4\text{偶数}} = \sum_{m=1}^{\infty}\sum_{n=1}^{\infty}\left\{-\frac{1}{(m^2-n^2)^2}2hm^2P\begin{bmatrix} 2\left(-2+\cos\left(\dfrac{3(m-n)\pi}{2}\right)\right)mn + \\[2mm] 2mn\cos\dfrac{m\pi}{2}\cos\dfrac{n\pi}{2} + \\[2mm] (m^2+n^2)\sin\dfrac{m\pi}{2}\sin\dfrac{n\pi}{2} \end{bmatrix}A_mB_n\right\} \quad (m\pm n = \text{偶数})$$

$$(18.119)$$

$$\Pi_{4\text{奇数}} = \sum_{m=1}^{\infty}\sum_{n=1}^{\infty} -\frac{1}{(m^2-n^2)^2}hm^2P\left[3mn + 4mn\cos\frac{m\pi}{2}\cos\frac{n\pi}{2} + 2(m^2+n^2)\sin\frac{m\pi}{2}\sin\frac{n\pi}{2}\right]A_mB_n \quad (m\pm n = \text{奇数}) \tag{18.120}$$

$$\Pi_5 = -\left[Pa_P\theta\left(\frac{L}{4}\right)^2 + Pa_P\theta\left(\frac{3L}{4}\right)^2\right]$$

$$= \sum_{n=1}^{\infty}\left[-Pa_P\sin\left(\frac{n\pi}{2}\right)^2 B_n^2 - Pa_P\sin\left(\frac{3n\pi}{2}\right)^2 B_n^2\right] \tag{18.121}$$

$$\Pi = \frac{1}{2}(\Pi_1 + \Pi_2 + \Pi_3 + \Pi_4 + \Pi_5) \tag{18.122}$$

此式即为本问题的总势能。

将式(18.122)各项乘以公因子 $L^3/(h^2EI_y)$，引入无量纲参数，即

$$\widetilde{M}_0=\frac{M_0}{\left(\dfrac{\pi^2EI_y}{L^2}\right)h}, \quad K=\sqrt{\frac{\pi^2EI_\omega}{GJ_kL^2}}, \quad \tilde{a}_P=\frac{a_P}{h}, \quad \tilde{k}_L=\frac{k_L}{\left(\dfrac{EI_y}{L^3}\right)}, \quad \tilde{a}_L=\frac{a_L}{h} \quad (18.123)$$

其中，M_0 为每跨的跨中弯矩，即 $M_0=3PL/32$。

以及代换关系式(18.16)，通过相应的数学代换，即可得到相应的无量纲总势能(略)。

④ 屈曲方程

根据势能驻值原理，必有 $\dfrac{\partial \Pi}{\partial A_m}=0$ 和 $\dfrac{\partial \Pi}{\partial B_n}=0$，据此可得到以下相应的无量纲屈曲方程：

当 $m\pm n=$ 偶数时，

$$\frac{1}{12}\pi^2\left\{96m^4\pi^2A_m-\frac{1}{(m^2-n^2)^2}\left\{\begin{array}{l}128m^2\widetilde{M}_02mn\left(-2+\cos\left(\frac{3}{2}(m-n)\pi\right)\right)+\\[2mm]2mn\cos\frac{m\pi}{2}\cos\frac{n\pi}{2}+\\[2mm](m^2+n^2)\sin\frac{m\pi}{2}\sin\frac{n\pi}{2}\end{array}\right\}B_n\right\}+$$

$$\frac{1}{\pi^2}\left\{6\tilde{k}_L\left[\left(\sin\frac{m^2\pi^2}{4}+\sin\frac{9m^2\pi^2}{4}\right)A_m+\right.\right.$$

$$\left.\left.\tilde{a}_L\left(\sin\frac{m\pi}{2}\sin\frac{n\pi}{2}+\sin\frac{3m\pi}{2}\sin\frac{3n\pi}{2}\right)B_n\right]\right\}=0 \qquad (18.124)$$

$$\frac{1}{6K^2}\pi^2\left\{-\frac{1}{(m^2-n^2)^2}\left[64K^2m^2\widetilde{M}_0\cdot 2mn\left(-2+\cos\left(\frac{3\pi}{2}m-\frac{3\pi}{2}n\right)\right)+\right.\right.$$

$$\left.\left.2mn\cos\frac{m\pi}{2}\cos\frac{n\pi}{2}+(m^2+n^2)\sin\frac{m\pi}{2}\sin\frac{n\pi}{2}\right]A_m\right\}+$$

$$3n^2\pi^2B_n+12K^2n^4\pi^2B_n-64K^2\tilde{a}_P\widetilde{M}_0\sin\left(\frac{n\pi}{2}\right)^2B_n-64K^2\tilde{a}_P\widetilde{M}_0\sin\left(\frac{3n\pi}{2}\right)^2B_n+$$

$$\frac{1}{\pi^2}\left\{3K^2\tilde{a}_L\tilde{k}_L\left(\sin\frac{m\pi}{2}\sin\frac{n\pi}{2}+\sin\frac{3m\pi}{2}\sin\frac{3n\pi}{2}\right)A_m+\right.$$

$$\left.\tilde{a}_L\left[\sin\left(\frac{n\pi}{2}\right)^2+\sin\left(\frac{3n\pi}{2}\right)^2\right]B_n\right]\right\}=0$$

$$(18.125)$$

当 $m\pm n=$ 奇数时

$$\frac{1}{12}\pi^2\left\{96m^4\pi^2A_m-\frac{64m^2\widetilde{M}_0\left[3mn+4mn\cos\frac{m\pi}{2}\cos\frac{n\pi}{2}+2(m^2+n^2)\sin\frac{m\pi}{2}\sin\frac{n\pi}{2}\right]B_n}{(m^2-n^2)^2}+\right.$$

$$\left.\frac{6\tilde{k}_L\left[\left(\sin\frac{m^2\pi^2}{4}+\sin\frac{9m^2\pi^2}{4}\right)A_m+\tilde{a}_L\left(\sin\frac{m\pi}{2}\sin\frac{n\pi}{2}+\sin\frac{3m\pi}{2}\sin\frac{3n\pi}{2}\right)B_n\right]}{\pi^2}\right\}=0$$

$$(18.126)$$

$$\frac{1}{12K^2}\pi^2\left\{-\frac{64K^2m^2\widetilde{M}_0\left[3mn+4mn\cos\frac{m\pi}{2}\cos\frac{n\pi}{2}+2(m^2+n^2)\sin\frac{m\pi}{2}\sin\frac{n\pi}{2}\right]A_m}{(m^2-n^2)^2}+\right.$$

$$6n^2\pi^2B_n+24K^2n^4\pi^2B_n-128K^2\tilde{a}_P\widetilde{M}_0\sin\left(\frac{n\pi}{2}\right)^2B_n-128K^2\tilde{a}_P\widetilde{M}_0\sin\left(\frac{3n\pi}{2}\right)^2B_n+$$

$$\left.\frac{6K^2\tilde{a}_L\tilde{k}_L\left[\left(\sin\frac{m\pi}{2}\sin\frac{n\pi}{2}+\sin\frac{3m\pi}{2}\sin\frac{3n\pi}{2}\right)A_m+\tilde{a}_L\left[\sin\left(\frac{n\pi}{2}\right)^2+\sin\left(\frac{3n\pi}{2}\right)^2\right]B_n\right]}{\pi^2}\right\}=0$$

$$(18.127)$$

为便于编程,我们用分块矩阵形式将屈曲方程改写成特征值问题,参见式(18.89),

$$\begin{bmatrix}{}^0\boldsymbol{R} & {}^0\boldsymbol{S}\\ {}^0\boldsymbol{T} & {}^0\boldsymbol{Q}\end{bmatrix}\begin{Bmatrix}\boldsymbol{A}\\ \boldsymbol{B}\end{Bmatrix}=\widetilde{M}_0\begin{bmatrix}{}^1\boldsymbol{R} & {}^1\boldsymbol{S}\\ {}^1\boldsymbol{T} & {}^1\boldsymbol{Q}\end{bmatrix}\begin{Bmatrix}\boldsymbol{A}\\ \boldsymbol{B}\end{Bmatrix}$$

其中各个子块矩阵的元素为

$$\left.\begin{aligned}{}^0R_{m,m}&=8m^4\pi^4\quad(m=1,2,\cdots,N)\\ {}^0R_{m,r}&=0\qquad\begin{pmatrix}r\neq m\\ r=1,2,\cdots,N\end{pmatrix}\end{aligned}\right\}\qquad(18.128)$$

$${}^0S_{m,r}=0\quad\begin{pmatrix}m=1,2,\cdots,N\\ r=1,2,\cdots,N\end{pmatrix}\qquad(18.129)$$

$${}^0T_{m,r}={}^0S_{m,r}\qquad(18.130)$$

$$\left.\begin{aligned}{}^0Q_{m,m}&=\frac{m^2\pi^4}{2K^2}(1+4K^2m^2)\quad(m=1,2,\cdots,N)\\ {}^0Q_{m,r}&=0\qquad\begin{pmatrix}r\neq m\\ r=1,2,\cdots,N\end{pmatrix}\end{aligned}\right\}\qquad(18.131)$$

$${}^1R_{m,r}=0\quad\begin{pmatrix}m=1,2,\cdots,N\\ r=1,2,\cdots,N\end{pmatrix}\qquad(18.132)$$

$$\left.\begin{aligned}{}^1S_{m,m}&=\frac{16\pi^2}{3}\left(\sin\frac{m\pi}{2}+\frac{m^2\pi^2}{16}\right)\qquad(m=1,2,\cdots,N)\\ {}^1S_{m,r}&=\frac{1}{3\,(m-r)^2}\begin{bmatrix}64m^2\pi^2\left\{2mr\cos\frac{m\pi}{2}\cos\frac{r\pi}{2}+\right.\\ 2mr\left[-2+\cos\left(\frac{3}{2}(m-r)\pi\right)\right]+\\ (m^2+r^2)\sin\frac{m\pi}{2}\sin\frac{r\pi}{2}\right\}\end{bmatrix}\quad\begin{pmatrix}r\neq m\\ m\pm r=偶数\end{pmatrix}\\ {}^1S_{m,r}&=\frac{1}{3\,(m-r)^2}\begin{bmatrix}16m^2\pi^2\left[4mr\cos\frac{m\pi}{2}\cos\frac{r\pi}{2}+\right.\\ 3mr+2(m^2+r^2)\sin\frac{m\pi}{2}\sin\frac{r\pi}{2}\end{bmatrix}\quad\begin{pmatrix}r\neq m\\ m\pm r=奇数\end{pmatrix}\end{aligned}\right\}$$

$$(18.133)$$

$${}^1T_{m,r}={}^1S_{r,m}\quad\begin{pmatrix}m=1,2,\cdots,N\\ r=1,2,\cdots,N\end{pmatrix}\qquad(18.134)$$

$$^1Q_{m,r} = \frac{64}{3}\pi^2 \tilde{a}_P \sin\frac{m\pi}{2}\sin\frac{r\pi}{2} \qquad \begin{pmatrix} m=1,2,\cdots,N \\ r=1,2,\cdots,N \end{pmatrix} \qquad (18.135)$$

依据我们上述推出的无穷级数表达的屈曲方程式特征值表达式,即可方便地开展相关的参数影响分析,并为回归得到临界弯矩计算公式奠定理论基础。

参 考 文 献

[1] VLASOV V Z. Thin walled elastic beams. Jerusalem:Israel Program for Scientific Translations,1961.

[2] TIMOSHENKO S P,GERE J. Theory of elastic stability. 2nd ed. New York:McGraw-Hill,1961.

[3] BLEICH F. Buckling strength of metal structures. New York:McGraw-Hill,1952.

[4] TRAHAIR N S. Flexural-torsional buckling of structures. 1st ed. London:Chapman & Hall,1993.

[5] 吕烈武,沈世钊,沈祖炎,等. 钢结构构件稳定理论. 北京:中国建筑工业出版社,1983.

[6] 陈骥. 钢结构稳定:理论和设计. 5版. 北京:科学出版社,2011.

[7] 童根树. 钢结构的平面外稳定. 北京:中国建筑工业出版社,2005.

[8] 张文福. 钢梁弯扭屈曲的板-梁理论与解析理论. 大庆:东北石油大学,2015.

[9] 张文福. 薄壁构件的板-梁理论. 大庆:东北石油大学,2015.

19 悬臂梁的弹性弯扭屈曲分析

19.1 端部集中荷载作用下等截面悬臂梁的弹性弯扭屈曲分析

端部集中荷载作用下悬臂梁计算简图如图 19.1 所示。

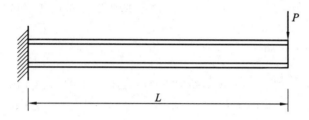

图 19.1 集中荷载作用下悬臂梁计算简图

19.1.1 六项级数的解答

（1）模态试函数

$$u(z) = A_1 h \left(1 - \cos \frac{\pi z}{2L}\right) + A_3 h \left(1 - \cos \frac{3\pi z}{2L}\right) + A_5 h \left(1 - \cos \frac{5\pi z}{2L}\right) +$$

$$A_7 h \left(1 - \cos \frac{7\pi z}{2L}\right) + A_9 h \left(1 - \cos \frac{9\pi z}{2L}\right) + A_{11} h \left(1 - \cos \frac{11\pi z}{2L}\right) \tag{19.1}$$

$$\theta(z) = B_1 \left(1 - \cos \frac{\pi z}{2L}\right) + B_3 \left(1 - \cos \frac{3\pi z}{2L}\right) + B_5 \left(1 - \cos \frac{5\pi z}{2L}\right) +$$

$$B_7 \left(1 - \cos \frac{7\pi z}{2L}\right) + B_9 \left(1 - \cos \frac{9\pi z}{2L}\right) + B_{11} \left(1 - \cos \frac{11\pi z}{2L}\right) \tag{19.2}$$

此模态试函数满足悬臂梁的两端几何边界条件，即

$$\left. \begin{array}{ll} u(0) = u'(0) = 0, & u''(L) = 0 \\ \theta(0) = \theta'(0) = 0, & \theta'(L) = 0 \end{array} \right\} \tag{19.3}$$

（2）内力函数

$$M_x(z) = -P(L - z) \tag{19.4}$$

上式的符号按下纤维受拉为正给出，端部集中荷载作用下固端弯矩的数值为

$$M_0 = PL \tag{19.5}$$

（3）总势能

对于双轴对称截面钢梁，其弹性弯扭屈曲的总势能为

$$\Pi = \frac{1}{2}\int_L (EI_y u''^2 + EI_\omega \theta''^2 + GJ_k \theta'^2 +$$

$$2M_x u''\theta - qa_q \theta^2)\mathrm{d}z - \frac{1}{2}\sum P_i(a_{Pi} + \beta_x)\theta_i^2 \tag{19.6}$$

将式(19.1)、式(19.2)、式(19.4)代入上式,通过简单的积分运算,即可获得此钢梁的总势能。

积分运算结果如下:

$$\Pi_1 = \int_0^L EI_y u''^2 \mathrm{d}z$$

$$= \frac{EI_y h^2 \pi^4}{32L^3}(A_1^2 + 81A_3^2 + 625A_5^2 + 2401A_7^2 + 6561A_9^2 + 14641A_{11}^2) \tag{19.7}$$

$$\Pi_2 = \int_0^L EI_\omega \theta''^2 \mathrm{d}z$$

$$= \frac{EI_\omega \pi^4}{32L^3}(B_1^2 + 81B_3^2 + 625B_5^2 + 2401B_7^2 + 6561B_9^2 + 14641B_{11}^2) \tag{19.8}$$

$$\Pi_3 = \int_0^L GJ_k \theta'^2 \mathrm{d}z$$

$$= \frac{GJ_k \pi^2}{8L}(B_1^2 + 9B_3^2 + 25B_5^2 + 49B_7^2 + 81B_9^2 + 121B_{11}^2) \tag{19.9}$$

$$\Pi_4 = \int_0^L 2M_x u''\theta \mathrm{d}z \tag{19.10}$$

$$\Pi_5 = -[Pa_P \theta(L)^2]$$

$$= -(B_1 + B_3 + B_5 + B_7 + B_9 + B_{11})^2 a_P P \tag{19.11}$$

$$\Pi = \frac{1}{2}(\Pi_1 + \Pi_2 + \Pi_3 + \Pi_4 + \Pi_5 + \Pi_6) \tag{19.12}$$

此式即为端部集中荷载作用下悬臂梁的总势能。

(4) 屈曲方程

根据势能驻值原理,必有

$$\left.\begin{array}{l} \dfrac{\partial \Pi}{\partial A_i} = 0 \quad (i = 1,3,5,7,9,11) \\[3mm] \dfrac{\partial \Pi}{\partial B_i} = 0 \quad (i = 1,3,5,7,9,11) \end{array}\right\} \tag{19.13}$$

将式(19.12)各式乘以公因子 $L^3/(h^2 EI_y)$,并利用无量纲参数

$$\widetilde{M}_0 = \frac{M_0}{\left(\dfrac{\pi^2 EI_y}{L^2}\right)h}, \quad \tilde{a} = \frac{a_P}{h} \tag{19.14}$$

及代换关系式

$$P = \frac{M_0}{L}, \quad 4I_\omega = I_y h^2, \quad EI_\omega \pi^2 = GJ_k L^2 K^2 \tag{19.15}$$

整理可得到以下无量纲的屈曲方程:

$$\begin{bmatrix} {}^{0}\!\boldsymbol{R} & {}^{0}\!\boldsymbol{S} \\ {}^{0}\!\boldsymbol{T} & {}^{0}\!\boldsymbol{Q} \end{bmatrix} \begin{Bmatrix} \boldsymbol{A} \\ \boldsymbol{B} \end{Bmatrix} = \widetilde{M}_{0} \begin{bmatrix} {}^{1}\!\boldsymbol{R} & {}^{1}\!\boldsymbol{S} \\ {}^{1}\!\boldsymbol{T} & {}^{1}\!\boldsymbol{Q} \end{bmatrix} \begin{Bmatrix} \boldsymbol{A} \\ \boldsymbol{B} \end{Bmatrix} \tag{19.16}$$

其中

$$
{}^{0}\!\boldsymbol{R} = \begin{pmatrix}
\dfrac{\pi^{4}}{32} & 0 & 0 & 0 & 0 & 0 \\[2mm]
& \dfrac{81\pi^{4}}{32} & 0 & 0 & 0 & 0 \\[2mm]
& & \dfrac{625\pi^{4}}{32} & 0 & 0 & 0 \\[2mm]
& & & \dfrac{2401\pi^{4}}{32} & 0 & 0 \\[2mm]
& \text{对称} & & & \dfrac{6561\pi^{4}}{32} & 0 \\[2mm]
& & & & & \dfrac{14641\pi^{4}}{32}
\end{pmatrix} \tag{19.17}
$$

$$ {}^{0}\!\boldsymbol{T} = {}^{0}\!\boldsymbol{S}^{\mathrm{T}} = \boldsymbol{0} \tag{19.18} $$

$$
{}^{0}\!\boldsymbol{Q} = \begin{pmatrix}
\dfrac{(4+K^{2})\pi^{4}}{128K^{2}} & 0 & 0 & 0 & 0 & 0 \\[3mm]
& \dfrac{9(4+9K^{2})\pi^{4}}{128K^{2}} & 0 & 0 & 0 & 0 \\[3mm]
& & \dfrac{25(4+25K^{2})\pi^{4}}{128K^{2}} & 0 & 0 & 0 \\[3mm]
& & & \dfrac{49(4+49K^{2})\pi^{4}}{128K^{2}} & 0 & 0 \\[3mm]
& \text{对称} & & & \dfrac{81(4+81K^{2})\pi^{4}}{128K^{2}} & 0 \\[3mm]
& & & & & \dfrac{121(4+121K^{2})\pi^{4}}{128K^{2}}
\end{pmatrix} \tag{19.19}
$$

$$ {}^{1}\!\boldsymbol{R} = \boldsymbol{0} \tag{19.20} $$

$$
{}^{1}\!\boldsymbol{Q} = \begin{pmatrix}
\pi^{2}\widetilde{a} & \pi^{2}\widetilde{a} & \pi^{2}\widetilde{a} & \pi^{2}\widetilde{a} & \pi^{2}\widetilde{a} & \pi^{2}\widetilde{a} \\
& \pi^{2}\widetilde{a} & \pi^{2}\widetilde{a} & \pi^{2}\widetilde{a} & \pi^{2}\widetilde{a} & \pi^{2}\widetilde{a} \\
& & \pi^{2}\widetilde{a} & \pi^{2}\widetilde{a} & \pi^{2}\widetilde{a} & \pi^{2}\widetilde{a} \\
& & & \pi^{2}\widetilde{a} & \pi^{2}\widetilde{a} & \pi^{2}\widetilde{a} \\
& \text{对称} & & & \pi^{2}\widetilde{a} & \pi^{2}\widetilde{a} \\
& & & & & \pi^{2}\widetilde{a}
\end{pmatrix} \tag{19.21}
$$

$$
{}^1\boldsymbol{S}=\begin{pmatrix}
\dfrac{3\pi^2}{4}-\dfrac{\pi^4}{16} & \dfrac{3\pi^2}{4} & \dfrac{35\pi^2}{36} & \dfrac{35\pi^2}{36} & \dfrac{99\pi^2}{100} & \dfrac{99\pi^2}{100} \\[2mm]
-\dfrac{5\pi^2}{4} & \dfrac{3\pi^2}{4}-\dfrac{9\pi^4}{16} & -\dfrac{5\pi^2}{4} & \dfrac{91\pi^2}{100} & \dfrac{3\pi^2}{4} & \dfrac{187\pi^2}{196} \\[2mm]
\dfrac{11\pi^2}{36} & -\dfrac{21\pi^2}{4} & \dfrac{3\pi^2}{4}-\dfrac{25\pi^4}{16} & -\dfrac{21\pi^2}{4} & \dfrac{171\pi^2}{196} & \dfrac{11\pi^2}{36} \\[2mm]
-\dfrac{13\pi^2}{36} & \dfrac{51\pi^2}{100} & -\dfrac{45\pi^2}{4} & \dfrac{3\pi^2}{4}-\dfrac{49\pi^4}{16} & -\dfrac{45\pi^2}{4} & \dfrac{275\pi^2}{324} \\[2mm]
\dfrac{19\pi^2}{100} & -\dfrac{5\pi^2}{4} & \dfrac{115\pi^2}{196} & -\dfrac{77\pi^2}{4} & \dfrac{3\pi^2}{4}-\dfrac{49\pi^4}{16} & -\dfrac{77\pi^2}{4} \\[2mm]
-\dfrac{21\pi^2}{100} & \dfrac{75\pi^2}{196} & -\dfrac{85\pi^2}{36} & \dfrac{203\pi^2}{324} & -\dfrac{117\pi^2}{4} & \dfrac{3\pi^2}{4}-\dfrac{49\pi^4}{16}
\end{pmatrix}
$$

$$\text{(19.22)}$$

$$
{}^1\boldsymbol{T}={}^1\boldsymbol{S}^{\mathrm{T}} \tag{19.23}
$$

根据式(19.16)的特征值分析可得到屈曲特征值和屈曲模态,其中算出的最小特征值 $\widetilde{M}_0$ 即为集中荷载作用下悬臂梁的无量纲临界弯矩值。

19.1.2　无穷级数的解答

(1) 模态试函数

选择如下试函数:

$$
u(z)=\sum_{m=1}^{\infty}A_mh\left(1-\cos\frac{(2m-1)\pi z}{2L}\right)\quad(m=1,2,3,\cdots,\infty) \tag{19.24}
$$

$$
\theta(z)=\sum_{n=1}^{\infty}B_n\left(1-\cos\frac{(2n-1)\pi z}{2L}\right)\quad(n=1,2,3,\cdots,\infty) \tag{19.25}
$$

(2) 内力函数

内力函数与式(19.4)相同。

(3) 总势能

与前面的推导方法不同,这里首先将各项势能乘以公因子 $L^3/(h^2EI_y)$,引入无量纲参数关系式(19.14)及代换关系式(19.15),并进行相应的代换,这样可以直接获得钢梁弹性弯扭屈曲的无量纲总势能,即

$$
\varPi_1=\frac{1}{2}\int_0^L EI_y u''^2\,\mathrm{d}z=\sum_{m=1}^{\infty}\frac{A_m^2(2m-1)^4\pi^4}{64} \tag{19.26}
$$

$$
\varPi_2=\frac{1}{2}\int_0^L EI_w \theta''^2\,\mathrm{d}z=\sum_{n=1}^{\infty}\frac{B_n^2(2n-1)^4\pi^4}{256} \tag{19.27}
$$

$$
\varPi_3=\frac{1}{2}\int_0^L GJ_k \theta'^2\,\mathrm{d}z=\sum_{n=1}^{\infty}\frac{B_n^2(2n-1)^2\pi^4}{64K^2} \tag{19.28}
$$

$$\Pi_4 = \frac{1}{2}\int_0^L 2M_x u''\theta \mathrm{d}z = \widetilde{M}_0 \sum_{m=1}^{\infty} \frac{A_m B_m \pi^2}{16}[-12+(2m-1)^2\pi^2]-$$

$$\widetilde{M}_0 \sum_{s=1}^{\infty}\sum_{\substack{r=1\\r\neq s}}^{\infty} \frac{A_s B_r \pi^2}{8(r-s)^2(r+s-1)^2}\times$$

$$\{(2r-1)^2[-1+2(-1+r)r-6(-1+s)s]+(-1+2r)(-1+2s)^3(-1)^r(-1)^s\}$$
$$\tag{19.29}$$

这是一个比较复杂的积分,其积分结果应该由两项组成,且需采用非对角元素标示,即 $u''(s)\cdot\theta(r)$ 和 $u''(r)\cdot\theta(s)$。

$$\Pi_5 = -\frac{1}{2}Pa_P\theta(L)^2 = -\widetilde{M}_0 \sum_{n=1}^{\infty} 2\tilde{a}_P B_n^2 \pi^2 \sin\left[\frac{1}{4}(-1+2n)\pi\right]^4 -$$

$$\widetilde{M}_0 \sum_{s=1}^{\infty}\sum_{\substack{r=1\\r\neq s}}^{\infty} 4\tilde{a}_P B_s B_r \pi^2 \sin\left[\frac{1}{4}(-1+2s)\pi\right]^2 \sin\left[\frac{1}{4}(-1+2r)\pi\right]^2 \tag{19.30}$$

为方便应用 mathematica 求导,这里特意将第二项的积分结果乘以 2 倍。利用熟知的三角函数关系,还可将上式简写为

$$\Pi_5 = -\frac{1}{2}Pa_P\theta(L)^2 = -\widetilde{M}_0 \sum_{n=1}^{\infty} \frac{B_n^2 \tilde{a}_P \pi^2}{2} - \widetilde{M}_0 \sum_{s=1}^{\infty}\sum_{\substack{r=1\\r\neq s}}^{\infty} B_s B_r \tilde{a}_P \pi^2 \tag{19.31}$$

从而有

$$\Pi=\Pi_1+\Pi_2+\Pi_3+\Pi_4+\Pi_5 \tag{19.32}$$

此式即为本问题的总势能。

(4)屈曲方程

由 $\frac{\partial\Pi}{\partial A_m}=0$ 得

$$\sum_{m=1}^{\infty}\frac{A_m(2m-1)^4\pi^4}{32} + \widetilde{M}_0 \sum_{m=1}^{\infty}\frac{B_m\pi^2}{16}[-12+(2m-1)^2\pi^2]-$$

$$\widetilde{M}_0 \sum_{m=1}^{\infty}\sum_{\substack{r=1\\r\neq m}}^{\infty}\frac{B_r\pi^2}{8(r-m)^2(r+m-1)^2}\times$$

$$\{(2r-1)^2[-1+2(-1+r)r-6(-1+m)m]+$$
$$(-1+2r)(-1+2m)^3(-1)^r(-1)^m\}=0 \tag{19.33}$$

这里对于每个 m(对应 m 行),上式为 A_m 系数值及 m 行 r 列 B_* 的系数值组成的一个齐次方程。仅取一项即可观察出这种数据结构。比如当 $m=1$ 时,上式可写为

$$\frac{A_1\pi^4}{32} + \widetilde{M}_0 \frac{B_1\pi^2}{16}(-12+\pi^2) - \widetilde{M}_0 \sum_{r=2}^{3}\frac{B_r\pi^2}{8(r-1)^2 r^2}\times$$

$$\{(2r-1)^2[-1+2(-1+r)r]-(-1+2r)(-1)^r\}=0 \tag{19.34}$$

或者

$$\frac{A_1\pi^4}{32} + \widetilde{M}_0 \frac{B_1\pi^2}{16}(-12+\pi^2) - \frac{3}{4}B_2\pi^2\widetilde{M}_0 - \frac{35}{36}B_3\pi^2\widetilde{M}_0 = 0 \tag{19.35}$$

了解此方程的内部数据结构,可以将式(19.33)改写成矩阵的形式,记为

$$\boldsymbol{A}=[A_1 \quad A_2 \quad A_3 \quad \cdots]^{\mathrm{T}}, \quad \boldsymbol{B}=[B_1 \quad B_2 \quad B_3 \quad \cdots]^{\mathrm{T}} \tag{19.36}$$

由式(19.33)得

$$^{0}RA + ^{0}SB = \widetilde{M}_{0}(^{1}RA + ^{1}SB) \tag{19.37}$$

其中各系数矩阵的对角线和非对角线元素为

$$^{0}R_{m,m} = \frac{(2m-1)^{4}\pi^{4}}{32} \quad (m=1,2,\cdots,N) \left.\begin{array}{c} \\ \\ \end{array}\right\}$$

$$^{0}R_{s,r} = 0 \qquad \left(\begin{array}{l} r \neq s \\ s=1,2,\cdots,N \\ r=1,2,\cdots,N \end{array}\right) \tag{19.38}$$

$$^{1}R_{s,r} = 0 \quad ^{0}S_{s,r} = 0 \quad \left(\begin{array}{l} s=1,2,\cdots,N \\ r=1,2,\cdots,N \end{array}\right) \tag{19.39}$$

$$^{1}S_{m,m} = \frac{3\pi^{2}}{4} - \frac{(2m-1)^{2}}{16}\pi^{4} \qquad (m=1,2,\cdots,N) \left.\begin{array}{c} \\ \\ \\ \end{array}\right\}$$

$$^{1}S_{s,r} = \frac{\pi^{2}}{8(r-s)^{2}(r+s-1)^{2}} \times$$

$$\{(2r-1)^{2}[-1+2(-1+r)r-6(-1+s)s] + \qquad \left(\begin{array}{l} s \neq r \\ s=1,2,\cdots,N \\ r=1,2,\cdots,N \end{array}\right) \tag{19.40}$$
$$(-1+2r)(-1+2s)^{3}(-1)^{r}(-1)^{s}\}$$

同理,由 $\dfrac{\partial \Pi}{\partial B_{n}} = 0$ 得

$$\widetilde{M}_{0}\sum_{n=1}^{\infty}\frac{A_{n}\pi^{2}}{16}[-12+(2n-1)^{2}\pi^{2}] - \widetilde{M}_{0}\sum_{n=1}^{\infty}\sum_{\substack{r=1\\r\neq n}}^{\infty}\frac{A_{r}\pi^{2}}{8(n-r)^{2}(n+r-1)^{2}} \times$$

$$\{(2n-1)^{2}[-1+2(-1+n)n-6(-1+r)r]+(-1+2n)(-1+2r)^{3}(-1)^{n}(-1)^{r}\} +$$

$$\sum_{n=1}^{\infty}\frac{B_{n}(2n-1)^{4}\pi^{4}}{128} + \sum_{n=1}^{\infty}\frac{B_{n}(2n-1)^{2}\pi^{4}}{32K^{2}} - \widetilde{M}_{0}\sum_{n=1}^{\infty}B_{n}\tilde{a}_{P}\pi^{2} - \widetilde{M}_{0}\sum_{n=1}^{\infty}\sum_{\substack{r=1\\r\neq s}}^{\infty}B_{r}\tilde{a}_{P}\pi^{2} = 0$$

$$\tag{19.41}$$

仅取一项观察其数据结构。比如当 $n=1$ 时,上式关于 A_{*}(前两项)的形式为

$$\widetilde{M}_{0}\frac{A_{1}\pi^{2}}{16}(-12+\pi^{2}) -$$

$$\widetilde{M}_{0}\sum_{\substack{r=2\\r\neq 1}}^{3}\frac{A_{r}\pi^{2}}{8(1-r)^{2}r^{2}} \times \{[-1-6\times(-1+r)r]-(-1+2r)^{3}(-1)^{r}\} \tag{19.42}$$

因此,上式为对于每个 n(对应 n 行)的 n 行 r 列 A_{*}、B_{*} 系数值组成的一个齐次方程。采用式(19.36)的记号,也可以将式(19.41)改写成如下矩阵的形式,即

$$^{0}TA + ^{0}QB = \widetilde{M}_{0}(^{1}TA + ^{1}QB) \tag{19.43}$$

其中各系数矩阵的对角线和非对角线元素为

$$^{0}T_{s,r} = ^{0}S_{r,s} = 0 \quad \left(\begin{array}{l} s=1,2,\cdots,N \\ r=1,2,\cdots,N \end{array}\right) \tag{19.44}$$

$$^1T_{m,m}=\frac{3\pi^2}{4}-\frac{(2m-1)^2}{16}\pi^4 \quad (m=1,2,\cdots,N) \left.\begin{array}{l}\\ \\ \\ \\ \\ \\ \\ \end{array}\right\}$$

$$^1T_{s,r}=\frac{\pi^2}{8\,(s-r)^2\,(s+r-1)^2}\times$$
$$\{(2s-1)^2\,[-1+2\times(-1+s)s-6\times(-1+r)r]+$$
$$(-1+2s)(-1+2r)^3\,(-1)^s\,(-1)^r\} \quad \left(\begin{array}{l}s\neq r\\ s=1,2,\cdots,N\\ r=1,2,\cdots,N\end{array}\right)$$

$$(19.45)$$

$$^1S_{r,s}=^1T_{s,r} \quad \left(\begin{array}{l}s=1,2,\cdots,N\\ r=1,2,\cdots,N\end{array}\right) \tag{19.46}$$

$$^0Q_{m,m}=\frac{(2m-1)^2\,[4+(2m-1)^2K^2]\pi^4}{128K^2} \quad (m=1,2,\cdots,N)$$

$$^0Q_{s,r}=0 \quad \left(\begin{array}{l}r\neq s\\ s=1,2,\cdots,N\\ r=1,2,\cdots,N\end{array}\right) \tag{19.47}$$

$$^1Q_{s,r}=\pi^2\widetilde{a} \quad \left(\begin{array}{l}s=1,2,\cdots,N\\ r=1,2,\cdots,N\end{array}\right) \tag{19.48}$$

将式(19.37)和式(19.43)合并,可写成如下分块矩阵表达的形式,即

$$\begin{bmatrix}^0\boldsymbol{R} & ^0\boldsymbol{S}\\ ^0\boldsymbol{T} & ^0\boldsymbol{Q}\end{bmatrix}\begin{Bmatrix}\boldsymbol{A}\\ \boldsymbol{B}\end{Bmatrix}=\widetilde{M}_0\begin{bmatrix}^1\boldsymbol{R} & ^1\boldsymbol{S}\\ ^1\boldsymbol{T} & ^1\boldsymbol{Q}\end{bmatrix}\begin{Bmatrix}\boldsymbol{A}\\ \boldsymbol{B}\end{Bmatrix}$$

经验算,当 N 取 6 项时,此式与式(19.16)的系数矩阵完全相同,说明前述的无穷级数解答和推导过程是正确的。

若采用有限元的常用表达方式,则可将上式简写为

$$\boldsymbol{K}_0\boldsymbol{U}=\lambda\boldsymbol{K}_G\boldsymbol{U} \tag{19.49}$$

其中

$$\boldsymbol{U}=(\boldsymbol{A}\quad \boldsymbol{B})^{\mathrm{T}}, \quad \lambda=\widetilde{M}_0 \tag{19.50}$$

$$\boldsymbol{K}_0=\begin{bmatrix}^0\boldsymbol{R} & ^0\boldsymbol{S}\\ ^0\boldsymbol{T} & ^0\boldsymbol{Q}\end{bmatrix} \tag{19.51}$$

$$\boldsymbol{K}_G=\begin{bmatrix}^1\boldsymbol{R} & ^1\boldsymbol{S}\\ ^1\boldsymbol{T} & ^1\boldsymbol{Q}\end{bmatrix} \tag{19.52}$$

其中,$\boldsymbol{U}$ 为待定系数(广义坐标)组成的屈曲模态,$\boldsymbol{K}_0$ 和 $\boldsymbol{K}_G$ 分别称为悬臂钢梁的线性刚度矩阵和几何刚度矩阵,需要求解的是最小的特征值,即无量纲临界弯矩 $\lambda=\widetilde{M}_0$ 及其相应的特征向量,即屈曲模态。从数学角度看,求无量纲临界弯矩 $\lambda=\widetilde{M}_0$ 的问题最终可归结为求解式(19.49)的广义特征值问题,其中无量纲临界弯矩 $\lambda=\widetilde{M}_0$ 为所求的最小特征值。理论上,任何求解广义特征值问题的方法都适用于此类问题,而无须采用子空间迭代等特殊的方法,因为与大型有限元分析程序不同,这里涉及的自由度数并不多(一般在 10 以内)。

（5）计算程序与级数收敛性的验证

根据式(19.16)编制的 Matlab 程序见右边二维码。

图 19.2 为收敛性的验证。从图中可以看出，本节选用的三角级数收敛速度很快，一般在 5 项左右即可取得比较满意的结果。

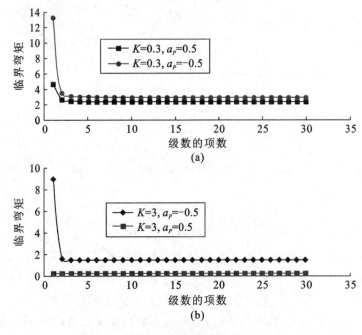

图 19.2 收敛性的验证

19.2 均布荷载作用下等截面悬臂梁的弹性弯扭屈曲分析

均布荷载作用下悬臂梁计算简图如图 19.3 所示。

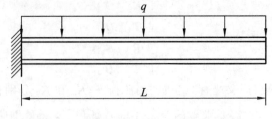

图 19.3 均布荷载作用下悬臂梁计算简图

19.2.1 三项级数的解答

（1）模态试函数

$$u(z)=A_1 h\left(1-\cos\frac{\pi z}{2L}\right)+A_3 h\left(1-\cos\frac{3\pi z}{2L}\right)+A_5 h\left(1-\cos\frac{5\pi z}{2L}\right) \tag{19.53}$$

$$\theta(z)=B_1\left(1-\cos\frac{\pi z}{2L}\right)+B_3\left(1-\cos\frac{3\pi z}{2L}\right)+B_5\left(1-\cos\frac{5\pi z}{2L}\right) \tag{19.54}$$

此模态试函数满足悬臂梁的两端几何边界条件同式(19.3)。

（2）内力函数

$$M_x(z)=-q\,(L-z)^2/2 \tag{19.55}$$

上式的符号按下纤维受拉为正给出。均布荷载作用下固端弯矩的数值为

$$M_0=qL^2/2 \tag{19.56}$$

（3）总势能

这里首先引入无量纲参数式(19.14)及代换关系式

$$q=\frac{2M_0}{L^2},\quad 4I_\omega=I_y h^2,\quad EI_\omega\pi^2=GJ_k L^2 K^2 \tag{19.57}$$

并进行相应的代换,这样可以直接获得如下的无量纲总势能：

$$\Pi_1=\frac{1}{2}\int_0^L EI_y u''^2\,\mathrm{d}z=\frac{\pi^4}{64}(A_1^2+81A_3^2+625A_5^2) \tag{19.58}$$

$$\Pi_2=\frac{1}{2}\int_0^L EI_\omega\theta''^2\,\mathrm{d}z=\frac{\pi^4}{256}(B_1^2+81B_3^2+625B_5^2) \tag{19.59}$$

$$\Pi_3=\frac{1}{2}\int_0^L GJ_k\theta'^2\,\mathrm{d}z=\frac{\pi^4}{64K^2}(B_1^2+9B_3^2+25B_5^2) \tag{19.60}$$

$$\Pi_4=\frac{1}{2}\int_0^L 2M_x u''\theta\,\mathrm{d}z \tag{19.61}$$

$$\Pi_5=-\frac{1}{2}\int_0^L qa_q\theta^2\,\mathrm{d}z \tag{19.62}$$

$$\Pi=\Pi_1+\Pi_2+\Pi_3+\Pi_4+\Pi_5 \tag{19.63}$$

式(19.63)即为均布荷载作用下悬臂梁的总势能。

（4）屈曲方程

根据势能驻值原理,必有

$$\left.\begin{aligned}\frac{\partial\Pi}{\partial A_i}&=0\quad(i=1,3,5)\\\frac{\partial\Pi}{\partial B_i}&=0\quad(i=1,3,5)\end{aligned}\right\} \tag{19.64}$$

整理可得到以下无量纲的屈曲方程：

$$\begin{pmatrix}{}^0\boldsymbol{R}&{}^0\boldsymbol{S}\\{}^0\boldsymbol{T}&{}^0\boldsymbol{Q}\end{pmatrix}\begin{Bmatrix}\boldsymbol{A}\\\boldsymbol{B}\end{Bmatrix}=\widetilde{M}_0\begin{pmatrix}{}^1\boldsymbol{R}&{}^1\boldsymbol{S}\\{}^1\boldsymbol{T}&{}^1\boldsymbol{Q}\end{pmatrix}\begin{Bmatrix}\boldsymbol{A}\\\boldsymbol{B}\end{Bmatrix} \tag{19.65}$$

其中

$$\boldsymbol{A}=\begin{Bmatrix}A_1\\A_3\\A_5\end{Bmatrix},\quad \boldsymbol{B}=\begin{Bmatrix}B_1\\B_3\\B_5\end{Bmatrix} \tag{19.66}$$

$${}^0\boldsymbol{R}=\begin{pmatrix}\dfrac{\pi^4}{32}&0&0\\&\dfrac{81\pi^4}{32}&0\\\text{对称}&&\dfrac{625\pi^4}{32}\end{pmatrix} \tag{19.67}$$

$$^1R = 0, \quad ^0S = 0 \tag{19.68}$$

$$^1S = \begin{pmatrix} \dfrac{-\pi}{24}(96-42\pi+\pi^3) & \dfrac{\pi}{16}(-64+27\pi) & -4\pi+\dfrac{275\pi^2}{144} \\[3mm] \dfrac{-\pi}{48}(-64+39\pi) & \dfrac{-\pi}{24}(-32-42\pi+9\pi^3) & \dfrac{4\pi}{3}-\dfrac{25\pi^2}{64} \\[3mm] \dfrac{-\pi}{720}(576+185\pi) & \dfrac{-\pi}{320}(256+1485\pi) & \dfrac{-\pi}{120}(96-210\pi+125\pi^3) \end{pmatrix} \tag{19.69}$$

$$^0T = 0 \tag{19.70}$$

$$^0Q = \begin{pmatrix} \dfrac{(4+K^2)\pi^4}{128} & 0 & 0 \\[3mm] & \dfrac{9(4+9K^2)\pi^4}{128} & 0 \\[3mm] 对称 & & \dfrac{25(4+25K^2)\pi^4}{128} \end{pmatrix} \tag{19.71}$$

$$^1T = {}^1S^T \tag{19.72}$$

$$^1Q = \pi\tilde{a}_q \begin{pmatrix} (3\pi-8) & \dfrac{2}{3}(3\pi-4) & \dfrac{2}{5}(5\pi-12) \\[3mm] & \dfrac{1}{3}(9\pi+8) & \dfrac{2}{15}(\pi+4) \\[3mm] 对称 & & \dfrac{1}{5}(15\pi-8) \end{pmatrix} \tag{19.73}$$

根据式(19.65)得出的最小 $\widetilde{M}_0$，即为均布荷载作用下悬臂梁的无量纲临界弯矩值。

此外，对比式(19.65)和式(19.16)可以发现，荷载类型(均布荷载和端部集中荷载)不同，仅影响右端的矩阵，即几何刚度矩阵。注意到这点将有助于简化我们的推导。

19.2.2　无穷级数的解答

(1) 模态试函数
模态试函数与式(19.24)、式(19.25)相同。

(2) 内力函数
内力函数与式(19.55)相同。

(3) 总势能
此时，总势能的前三项与端部集中荷载下悬臂梁的前三项势能相同。

$$\Pi_4 = \frac{1}{2}\int_0^L 2M_x u''\theta \, \mathrm{d}z$$

$$= \widetilde{M}_0 \sum_{m=1}^{\infty} \frac{A_m B_m \pi}{-24+48m}\{\pi[42-84m+(-1+2m)^3\pi^2]-96\cos(m\pi)\}+$$

$$\widetilde{M}_0 \sum_{s=1}^{\infty}\sum_{\substack{r=1 \\ r\neq s}}^{\infty} \frac{A_s B_r \pi}{4}\left\{-\frac{\pi(2r-1)^2[-1+2(-1+r)r-6(-1+s)s]}{(r-s)^2(r+s-1)^2}+\frac{16\cos(s\pi)}{1-2s}\right\}$$

$$\tag{19.74}$$

$$\Pi_5 = -\frac{1}{2}\int_0^L qa_q\theta^2\,\mathrm{d}z = \widetilde{M}_0\sum_{n=1}^{\infty}\frac{B_n^2\tilde{a}_P\pi[3\pi-6m\pi-8\cos(m\pi)]}{2(-1+2m)}+$$

$$\widetilde{M}_0\sum_{s=1}^{\infty}\sum_{\substack{r=1\\r\neq s}}^{\infty}B_sB_r\tilde{a}_P\pi\left[-2\pi+\frac{4\cos(s\pi)}{1-2s}+\frac{4\cos(r\pi)}{1-2r}\right] \tag{19.75}$$

$$\Pi_{4,5}=\Pi_4+\Pi_5 \tag{19.76}$$

（4）屈曲方程

由 $\dfrac{\partial\Pi_{4,5}}{\partial A_m}=0$ 得

$$\widetilde{M}_0\sum_{m=1}^{\infty}\frac{B_m\pi}{-24+48m}\{\pi[42-84m+(-1+2m)^3\pi^2]-96\cos(m\pi)\}+$$

$$\widetilde{M}_0\sum_{s=1}^{\infty}\sum_{\substack{r=1\\r\neq s}}^{\infty}\frac{B_r\pi}{4}\left\{-\frac{\pi(2r-1)^2[-1+2(-1+r)r-6(-1+s)s]}{(r-s)^2(r+s-1)^2}+\frac{16\cos(s\pi)}{1-2s}\right\}=0$$

$$\tag{19.77}$$

此方程也可写成如下的矩阵形式：

$${}^0\boldsymbol{R}\boldsymbol{A}+{}^0\boldsymbol{S}\boldsymbol{B}=\widetilde{M}_0\,({}^1\boldsymbol{R}\boldsymbol{A}+{}^1\boldsymbol{S}\boldsymbol{B}) \tag{19.78}$$

其中，${}^0\boldsymbol{R}$、${}^0\boldsymbol{S}$ 和 ${}^1\boldsymbol{R}$ 的系数取法与式（19.37）相同。注意到式（19.77）中 s 和 r 分别为行号和列号，则根据对应关系，由式（19.77）可以得到

$${}^1S_{m,m}=\frac{\pi}{24-48m}\{\pi[42-84m+(-1+2m)^3\pi^2]-96\,(-1)^m\}\quad(m=1,2,\cdots,N)$$

$${}^1S_{s,r}=\frac{\pi}{4}\left\{\frac{\pi(2r-1)^2[-1+2(-1+r)r-6(-1+s)s]}{(r-s)^2(r+s-1)^2}-\frac{16\,(-1)^s}{1-2s}\right\}\begin{pmatrix}s\neq r\\s=1,2,\cdots,N\\r=1,2,\cdots,N\end{pmatrix}$$

$$\tag{19.79}$$

可验算，当 N 取 3 项时，上式与式（19.65）的对应项相同。

由 $\dfrac{\partial\Pi_{4,5}}{\partial B_n}=0$ 得

$$\widetilde{M}_0\sum_{n=1}^{\infty}\frac{A_n\pi}{-24+48n}\{\pi[42-84n+(-1+2n)^3\pi^2]-96\cos(n\pi)\}+$$

$$\widetilde{M}_0\sum_{s=1}^{\infty}\sum_{\substack{r=1\\r\neq s}}^{\infty}\frac{A_r\pi}{4}\left\{-\frac{\pi\{(2s-1)^2[-1+2(-1+s)s-6(-1+r)r]\}}{(r-s)^2(r+s-1)^2}+\frac{16\cos(r\pi)}{1-2r}\right\}+$$

$$\widetilde{M}_0\sum_{n=1}^{\infty}\frac{B_n\tilde{a}_P\pi[3\pi-6m\pi-8\cos(m\pi)]}{(-1+2m)}+$$

$$\widetilde{M}_0\sum_{s=1}^{\infty}\sum_{\substack{r=1\\r\neq s}}^{\infty}B_r\tilde{a}_P\pi\left[-2\pi+\frac{4\cos(s\pi)}{1-2s}+\frac{4\cos(r\pi)}{1-2r}\right]=0$$

$$\tag{19.80}$$

此方程也可写成如下的矩阵形式：

$$^0\boldsymbol{TA}+{}^0\boldsymbol{QB}=\widetilde{M}_0\,(\,^1\boldsymbol{TA}+{}^1\boldsymbol{QB}\,)\tag{19.81}$$

其中，$^0\boldsymbol{T}$、$^0\boldsymbol{Q}$ 和 $^1\boldsymbol{T}$ 的系数取法与式(19.43)相同。注意到式(19.80)中 s 和 r 分别为行号和列号，则根据对应关系，由式(19.80)可以得到

$$\left.\begin{array}{l}{}^1T_{m,m}=\dfrac{\pi}{24-48m}\left\{\pi\left[42-84m+(-1+2m)^3\pi^2\right]-96\,(-1)^m\right\}\quad(m=1,2,\cdots,N)\\[4mm]{}^1T_{s,r}=\dfrac{\pi}{4}\left\{\dfrac{\pi\,(2s-1)^2\left[-1+2(-1+s)s-6(-1+r)r\right]}{(r-s)^2\,(r+s-1)^2}-\dfrac{16\,(-1)^r}{1-2r}\right\}\quad\begin{pmatrix}s\neq r\\ s=1,2,\cdots,N\\ r=1,2,\cdots,N\end{pmatrix}\end{array}\right\}\tag{19.82}$$

即

$$^1T_{m,r}={}^1S_{r,m}\quad\begin{pmatrix}m=1,2,\cdots,N\\ r=1,2,\cdots,N\end{pmatrix}\tag{19.83}$$

$$\left.\begin{array}{l}{}^1Q_{m,m}=\dfrac{-\tilde{a}_P\pi\left[3\pi-6m\pi-8\,(-1)^m\right]}{2m-1}\quad(m=1,2,\cdots,N)\\[4mm]{}^1Q_{s,r}=-\tilde{a}_P\pi\left[-2\pi+\dfrac{4\,(-1)^s}{1-2s}+\dfrac{4\,(-1)^r}{1-2r}\right]\quad\begin{pmatrix}r\neq m\\ r=1,2,\cdots,N\end{pmatrix}\end{array}\right\}\tag{19.84}$$

将式(19.78)和式(19.81)合并，同样可得到如下分块矩阵表达的形式：

$$\begin{bmatrix}^0\boldsymbol{R}&^0\boldsymbol{S}\\ ^0\boldsymbol{T}&^0\boldsymbol{Q}\end{bmatrix}\begin{Bmatrix}\boldsymbol{A}\\ \boldsymbol{B}\end{Bmatrix}=\widetilde{M}_0\begin{bmatrix}^1\boldsymbol{R}&^1\boldsymbol{S}\\ ^1\boldsymbol{T}&^1\boldsymbol{Q}\end{bmatrix}\begin{Bmatrix}\boldsymbol{A}\\ \boldsymbol{B}\end{Bmatrix}\tag{19.85}$$

经验算，当 N 取 3 项时，式(19.85)与式(19.65)的系数矩阵完全一致，说明这里的推导过程是正确的。

(5) 计算程序与级数收敛性的验证

根据式(19.85)编制的 Matlab 程序见右边的二维码。

图 19.4 为收敛性的验证。从图中可以看出，与集中荷载情况相比，本节选用的三角级数收敛速度更快，一般在 3 项左右即可取得比较满意的结果。

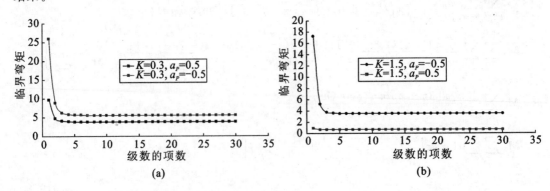

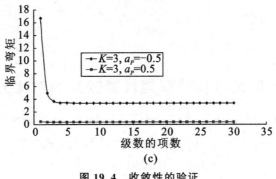

图 19.4　收敛性的验证

(a)$K=0.3$；(b)$K=1.5$；(c)$K=3$

a_p 为荷载作用位置参数

19.3　悬臂梁临界弯矩计算公式的验证

19.3.1　童根树的临界弯矩计算公式

在《钢结构的平面外稳定》一书中,童根树教授提出如下的双轴对称截面悬臂梁的临界弯矩计算公式:

$$M_{cr}=C_1\frac{\pi^2EI_y}{(2L)^2}\left[-C_2a+\sqrt{(-C_2a)^2+\frac{I_\omega}{I_y}\left(C_4+\frac{GJ_k(2L)^2}{\pi^2EI_\omega}\right)}\right] \tag{19.86}$$

式中,a 为荷载作用点与截面剪心的距离,当作用点位于剪心之上时为正。公式适用于 $k=0.1\sim2.5$ 的情况。

参照本节提出的无量纲临界弯矩表达式,可将其改写为如下的无量纲形式:

$$\widetilde{M}_0=\frac{M_{cr}}{\dfrac{\pi^2EI_y}{L^2}h}=\frac{C_1}{4}\left[-C_2\tilde{a}+\sqrt{(-C_2\tilde{a})^2+\frac{1}{4}\left(C_4+\frac{4}{K^2}\right)}\right] \tag{19.87}$$

C_1 取值如下:

自由端集中荷载作用

$$C_1=\frac{4.9(1+K)}{\sqrt{4+K^2}} \tag{19.88}$$

横向均布荷载作用

$$C_1=\frac{7.9+11.4K}{\sqrt{4+K^2}} \tag{19.89}$$

C_2 取值如下:

① 作用自由端集中荷载的悬臂梁

荷载作用点位于剪心之上　　$C_2=2.165-0.28(K-2.4)^2$　$(0\leqslant m\leqslant1)$ (19.90)

荷载作用点位于剪心之下　　$C_2=\dfrac{0.69K+0.6}{1-Km}$　　　　　$(-2\leqslant m<0)$ (19.91)

② 作用横向均布荷载的悬臂梁

荷载作用点位于剪心之上　　$C_2=2.32-0.2(K-2.4)^2$　$(0\leqslant m\leqslant1)$ (19.92)

荷载作用点位于剪心之下 $\quad C_2=\dfrac{0.69K+1.72}{1.5-Km}\qquad (-2\leqslant m<0)\qquad(19.93)$

式中，$m=2a/h$，h 为上下翼缘形心之间的距离。

19.3.2 本章理论与临界弯矩计算公式的对比分析

对于集中荷载以及均布荷载作用的悬臂梁，分别取荷载作用于上翼缘、剪心、下翼缘三种情况，即 $a=0.5$、$a=0$、$a=-0.5$ 时，对本章理论值与童根树教授提出的公式值进行对比。对比结果如表 19.1、表 19.2 和图 19.5、图 19.6 所示。

由以上数据可以看出，本章推导计算出的理论值与童根树教授的公式值吻合非常好，进而可以验证本章理论的正确性，也说明童根树教授的公式精度较高。

表 19.1 集中荷载作用下本章理论值与童根树公式值对比

| 刚度系数 | 集中荷载作用下无量纲临界弯矩 $\widetilde{M}_{cr}$ | | | | | |
| | $a=0.5$ | | $a=0$ | | $a=-0.5$ | |
K	童公式值	理论值	童公式值	理论值	童公式值	理论值
0.23	2.974	2.983608	3.2755	3.29355	3.5145	3.53991
0.33	2.1109	2.094765	2.4686	2.457049	2.7313	2.721603
0.43	1.6269	1.602517	2.0369	2.019858	2.323	2.305016
0.53	1.3108	1.282272	1.7682	1.752271	2.077	2.059487
0.63	1.0861	1.055298	1.5847	1.571559	1.9155	1.901656
0.73	0.9178	0.88682	1.4515	1.440856	1.8034	1.794112
0.83	0.7879	0.758374	1.3505	1.341423	1.7223	1.717636
0.93	0.6854	0.658662	1.2711	1.262847	1.6619	1.661415
1.03	0.6033	0.580128	1.2072	1.198937	1.6157	1.618954
1.13	0.5368	0.517476	1.1545	1.145804	1.5796	1.586155
1.23	0.4825	0.466896	1.1105	1.100884	1.5509	1.560329
1.33	0.4378	0.425605	1.073	1.062414	1.5277	1.539654
1.43	0.4008	0.391544	1.0408	1.029129	1.5086	1.522862
1.53	0.3698	0.363174	1.0128	1.000094	1.4927	1.509047
1.63	0.3439	0.33933	0.9883	0.974595	1.4792	1.497553
1.73	0.322	0.319123	0.9665	0.952075	1.4675	1.487893
1.83	0.3035	0.301866	0.9472	0.932089	1.4573	1.479699
1.93	0.2878	0.287022	0.9299	0.914275	1.4484	1.472692
2.03	0.2745	0.274171	0.9142	0.898335	1.4403	1.466654
2.13	0.2632	0.262976	0.9001	0.884023	1.433	1.461417
2.23	0.2537	0.253168	0.8872	0.871131	1.4264	1.456846
2.33	0.2456	0.244532	0.8754	0.859483	1.4203	1.452832
2.43	0.2389	0.236889	0.8646	0.848929	1.4146	1.44929

表 19.2　均布荷载作用下本章理论值与童根树公式值对比

刚度系数	均布荷载作用下无量纲临界弯矩 $\widetilde{M}_{cr}$					
	$a=-0.5$		$a=0.5$		$a=0$	
K	童公式值	理论值	童公式值	理论值	童公式值	理论值
0.23	4.8885	4.866856	5.7185	5.728277	6.4718	6.530265
0.33	3.4889	3.415179	4.4174	4.376641	5.2486	5.259896
0.43	2.7049	2.623386	3.7215	3.673423	4.6276	4.634741
0.53	2.1952	2.120205	3.2882	3.244027	4.2656	4.276682
0.63	1.835	1.77122	2.9925	2.954638	4.0371	4.051486
0.73	1.5671	1.515269	2.7777	2.745783	3.8853	3.90039
0.83	1.3611	1.320277	2.6148	2.587184	3.7808	3.794039
0.93	1.199	1.167662	2.4868	2.461959	3.7066	3.716354
1.03	1.0693	1.045803	2.3837	2.360054	3.6527	3.6579
1.13	0.9641	0.946982	2.2989	2.275163	3.6126	3.612831
1.23	0.8778	0.865827	2.2278	2.203153	3.5819	3.577367
1.33	0.8064	0.798462	2.1675	2.141205	3.5578	3.548974
1.43	0.7468	0.742019	2.1156	2.087323	3.5383	3.525899
1.53	0.6967	0.694327	2.0704	2.040048	3.5219	3.506901
1.63	0.6543	0.653723	2.0308	1.998279	3.5078	3.491078
1.73	0.6183	0.618909	1.9958	1.961161	3.4953	3.477765
1.83	0.5876	0.588867	1.9646	1.928018	3.4837	3.466461
1.93	0.5613	0.562786	1.9367	1.898301	3.473	3.456784
2.03	0.5387	0.540017	1.9115	1.87156	3.4627	3.448437
2.13	0.5194	0.520037	1.8886	1.847419	3.4527	3.44119
2.23	0.5028	0.502417	1.8678	1.825561	3.4429	3.434859
2.33	0.4886	0.486808	1.8488	1.805717	3.4334	3.429295
2.43	0.4766	0.472922	1.8314	1.787656	3.4239	3.424382

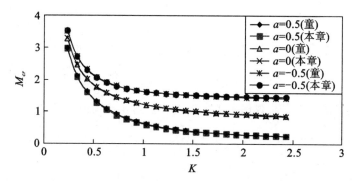

图 19.5　集中荷载作用下悬臂梁的临界弯矩与扭转刚度系数 K 的关系

图中童是指用童根树公式计算所得值

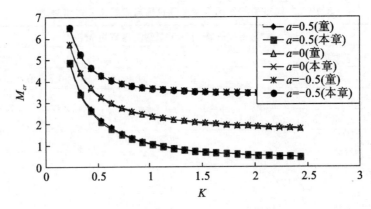

图 19.6　均布荷载作用下悬臂梁的临界弯矩与扭转刚度系数 K 的关系

19.4　端部集中荷载作用下楔形悬臂梁的弹性弯扭屈曲分析

19.4.1　楔形梁弹性弯扭屈曲分析基础

对于双轴对称截面的楔形梁,若沿梁长度方向翼缘板宽度和厚度不变,仅腹板高度对称的线性变化。此时,各截面的剪心与形心重合,这将极大地简化楔形梁的计算分析。

若以楔形梁的小端截面形心为纵轴 z 的坐标原点,则有

$$h(z)=d_0+(d_1-d_0)\frac{z}{L} \tag{19.94}$$

其中,$h(z)$ 为上下翼缘板中面之间的距离,d_0、d_1 分别为小端截面高度和大端截面高度,L 为梁长。

由式(19.94)易得其导数为

$$h'(z)=\frac{d_1-d_0}{L} \tag{19.95}$$

该式反映了楔形构件的倾斜度,在文献资料中通常称之为楔率(taper ratio),即

$$\gamma=\frac{d_1-d_0}{d_0} \tag{19.96}$$

若翼缘板的中心线与形心轴间的夹角为 α,则 α 与楔率之间的关系为

$$\tan\alpha=(d_1-h_0)\frac{1}{2L}=\frac{\gamma}{2} \tag{19.97}$$

在均布荷载和端部集中荷载作用下楔形梁弹性弯扭屈曲的总势能可以表述为

$$\Pi=\frac{1}{2}\int_L [EI_y u''^2+EI_\omega \theta''^2+(GJ_k+2EI''_\omega)\theta'^2+2EI'_\omega \theta'\theta''] \, \mathrm{d}z+$$
$$\frac{1}{2}\int_L (2M_x u''\theta-qa_q\theta^2)\mathrm{d}z-\frac{1}{2}\sum P_i a_{Pi}\theta_i^2 \tag{19.98}$$

其中

$$I_y = I_y^* = \frac{t_f b_f^3}{6} \cos^3\alpha \tag{19.99}$$

$$I_\omega(z) = I_y \cdot \left[\frac{h(z)}{2}\right]^2 = I_\omega^* \left[\frac{h(z)}{d_0}\right]^2 = \frac{t_f b_f^3}{6}\left[\frac{h(z)}{2}\right]^2 \cos^3\alpha \tag{19.100}$$

$$I_\omega^* = I_y \cdot \left(\frac{d_1}{2}\right)^2 \tag{19.101}$$

$$I_\omega'(z) = I_y h(z)\tan\alpha = \frac{t_f b_f^3}{6}h(z)\sin\alpha\,\cos^2\alpha \tag{19.102}$$

$$I_\omega''(z) = 2I_y \tan^2\alpha = \frac{t_f b_f^3}{3}\sin^2\alpha\cos\alpha \tag{19.103}$$

$$\left.\begin{array}{l} J_k^* = J_{kf}^* + J_{kw}^* \\[2mm] J_{kf}^* = \dfrac{2}{3}b_f\,(t_f\cos\alpha)^3 \\[2mm] J_{kw}^* = \dfrac{d_1 t_w^3}{3} \\[2mm] J_{kw}(z) = J_{kw}^* \dfrac{h(z)}{d_1} = \dfrac{h(z)t_w^3}{3} \\[2mm] J_k(z) = J_{kf}^* + J_{kw}(z) \end{array}\right\} \tag{19.104}$$

$$K_f = \sqrt{\frac{\pi^2 E I_\omega}{G J_{kf}^* L^2}}, \quad K_w = \sqrt{\frac{\pi^2 E I_\omega}{G J_{kw}^* L^2}}, \quad K = \sqrt{\frac{\pi^2 E I_\omega}{G J_k^* L^2}} \tag{19.105}$$

$$\frac{1}{K^2} = \frac{1}{K_f^2} + \frac{1}{K_w^2} \tag{19.106}$$

$$\frac{K_f}{K_w} = \frac{1}{2}\left(\frac{d_1}{b_f}\right)\left(\frac{t_w}{t\cos\alpha}\right)^3 \tag{19.107}$$

$$\xi = L/d_1 \tag{19.108}$$

其中，b_f、t_f 分别为上下翼缘板的宽度和厚度。

19.4.2　三项级数的解答

（1）模态试函数

$$\left.\begin{array}{l} u(z) = A_1 h_s\left(1-\cos\dfrac{\pi z}{2L}\right) + A_2 h_s\left(1-\cos\dfrac{3\pi z}{2L}\right) + A_3 h_s\left(1-\cos\dfrac{5\pi z}{2L}\right) \\[3mm] \theta(z) = B_1\left(1-\cos\dfrac{\pi z}{2L}\right) + B_2\left(1-\cos\dfrac{3\pi z}{2L}\right) + B_3\left(1-\cos\dfrac{5\pi z}{2L}\right) \end{array}\right\} \tag{19.109}$$

此模态试函数满足悬臂梁的两端几何边界条件同式（19.3）。

（2）内力函数与截面高度变化函数

内力函数同式（19.4），截面高度变化函数为

$$h(z) = d_1 + (d_0 - d_1)\frac{z}{L} \tag{19.110}$$

（3）总势能

将式（19.109）、式（19.4）、式（19.110）代入式（19.98），并进行积分运算，即可获得此钢

梁的总势能,即

$$\Pi_1 = \int_0^L EI_y u''^2 \, \mathrm{d}z \tag{19.111}$$

$$\Pi_2 = \int_0^L EI_w \theta''^2 \, \mathrm{d}z$$

$$= \frac{EI_w \pi^4}{32L^3}(B_1^2 + 81B_3^2 + 625B_5^2 + 2401B_7^2 + 6561B_9^2 + 14641B_{11}^2) \tag{19.112}$$

用 $d_1 = (\gamma + 1)d_0$

$$\Pi_3 = \int_0^L GJ_k \theta'^2 \, \mathrm{d}z$$

$$= \frac{GJ_k \pi^2}{8L}(B_1^2 + 9B_3^2 + 25B_5^2 + 49B_7^2 + 81B_9^2 + 121B_{11}^2) \tag{19.113}$$

$$\Pi_4 = \int_0^L 2M_x \beta_x \theta'^2 \, \mathrm{d}z = 0 \tag{19.114}$$

$$\Pi_5 = \int_0^L 2M_x u'' \theta \, \mathrm{d}z \tag{19.115}$$

$$\Pi_6 = -[Pa_P \theta \, (L)^2] = -(B_1 + B_3 + B_5 + B_7 + B_9 + B_{11})^2 a_P P \tag{19.116}$$

$$\Pi = \frac{1}{2}(\Pi_1 + \Pi_2 + \Pi_3 + \Pi_4 + \Pi_5 + \Pi_6) \tag{19.117}$$

上式即为端部集中荷载作用下悬臂梁的总势能。

(4) 屈曲方程

根据势能驻值原理,参见式(19.13)、式(19.14)及代换关系式

$$P = \frac{M_0}{L}, \quad 4I_\omega^* = I_y d_1^2, \quad GJ_{kf}^* = \frac{EI_\omega^* \pi^2}{L^2 K_f^2}, \quad GJ_{kw}^* = \frac{EI_\omega^* \pi^2}{L^2 K_w^2} \tag{19.118}$$

整理可得到以下无量纲的屈曲方程:

$$\begin{bmatrix} {}^0\boldsymbol{R} & {}^0\boldsymbol{S} \\ {}^0\boldsymbol{T} & {}^0\boldsymbol{Q} \end{bmatrix} \begin{Bmatrix} \boldsymbol{A} \\ \boldsymbol{B} \end{Bmatrix} = \widetilde{M}_0 \begin{bmatrix} {}^1\boldsymbol{R} & {}^1\boldsymbol{S} \\ {}^1\boldsymbol{T} & {}^1\boldsymbol{Q} \end{bmatrix} \begin{Bmatrix} \boldsymbol{A} \\ \boldsymbol{B} \end{Bmatrix} \tag{19.119}$$

其中

$$\boldsymbol{A} = \begin{Bmatrix} A_1 \\ A_3 \\ A_5 \end{Bmatrix}, \quad \boldsymbol{B} = \begin{Bmatrix} B_1 \\ B_3 \\ B_5 \end{Bmatrix} \tag{19.120}$$

$$ {}^0\boldsymbol{R} = \begin{pmatrix} \dfrac{\pi^4}{32} & 0 & 0 \\ 0 & \dfrac{81\pi^4}{32} & 0 \\ 0 & 0 & \dfrac{625\pi^4}{32} \end{pmatrix}, \quad {}^0\boldsymbol{T} = {}^0\boldsymbol{S}^{\mathrm{T}} = \boldsymbol{0} \tag{19.121}$$

$$ {}^0\boldsymbol{Q} = \begin{pmatrix} C_{11} & C_{12} & C_{13} \\ C_{21} & C_{22} & C_{23} \\ C_{31} & C_{32} & C_{33} \end{pmatrix} \tag{19.122}$$

$$C_{11}=\frac{\pi^4}{32K_f^2}+\frac{\pi^4(2+\gamma)-4\pi^2\gamma}{64K_w^2}+\frac{\pi^2\gamma(2+\gamma)\xi}{16(1+\gamma)}+$$

$$\frac{1}{8}\pi^2\gamma^2\xi^2+\frac{\pi^2(3\pi^2+12\gamma+3\pi^2\gamma+6\gamma^2+\pi^2\gamma^2)}{384(1+\gamma)^2} \tag{19.123}$$

$$C_{12}=C_{21}=\frac{3\pi^2\gamma}{16(1+\gamma)K_w^2}+\frac{9\pi^2\gamma(8+5\gamma)}{256(1+\gamma)^2}-\frac{3\pi^2\gamma\xi}{8(1+\gamma)} \tag{19.124}$$

$$C_{13}=C_{31}=-\frac{5\pi^2\gamma}{144(1+\gamma)K_w^2}+\frac{25\pi^2\gamma(8+13\gamma)}{2304(1+\gamma)^2}+\frac{5\pi^2\gamma\xi}{8(1+\gamma)} \tag{19.125}$$

$$C_{22}=\frac{9\pi^4}{32K_f^2}+\frac{9\pi^4(2+\gamma)-4\pi^2\gamma}{64(1+\gamma)K_w^2}+\frac{9\pi^2\gamma(2+\gamma)\xi}{16(1+\gamma)}+$$

$$\frac{9}{8}\pi^2\gamma^2\xi^2+\frac{9\pi^2(9\pi^2+4\gamma+9\pi^2\gamma+2\gamma^2+3\pi^2\gamma^2)}{128(1+\gamma)^2} \tag{19.126}$$

$$C_{23}=C_{32}=\frac{15\pi^2\gamma}{16(1+\gamma)K_w^2}+\frac{225\pi^2\gamma(32+17\gamma)}{1024(1+\gamma)^2}-\frac{15\pi^2\gamma\xi}{8(1+\gamma)} \tag{19.127}$$

$$C_{33}=\frac{25\pi^4}{32K_f^2}+\frac{25\pi^4(2+\gamma)-4\pi^2\gamma}{64(1+\gamma)K_w^2}+\frac{25\pi^2\gamma(2+\gamma)\xi}{16(1+\gamma)}+$$

$$\frac{25}{8}\pi^2\gamma^2\xi^2+\frac{25\pi^2(75\pi^2+12\gamma+75\pi^2\gamma+6\gamma^2+25\pi^2\gamma^2)}{384(1+\gamma)^2} \tag{19.128}$$

$${}^1\boldsymbol{R}=\boldsymbol{0},\quad {}^1\boldsymbol{Q}=\begin{pmatrix} \pi^2\tilde{a} & \pi^2\tilde{a} & \pi^2\tilde{a} \\ \pi^2\tilde{a} & \pi^2\tilde{a} & \pi^2\tilde{a} \\ \pi^2\tilde{a} & \pi^2\tilde{a} & \pi^2\tilde{a} \end{pmatrix} \tag{19.129}$$

$${}^1\boldsymbol{S}=\begin{pmatrix} \dfrac{3\pi^2}{4}-\dfrac{\pi^4}{16} & \dfrac{3\pi^2}{4} & \dfrac{35\pi^2}{36} \\[2mm] -\dfrac{5\pi^2}{4} & \dfrac{3\pi^2}{4}-\dfrac{9\pi^4}{16} & -\dfrac{5\pi^2}{4} \\[2mm] \dfrac{11\pi^2}{36} & -\dfrac{21\pi^2}{4} & \dfrac{3\pi^2}{4}-\dfrac{25\pi^4}{16} \end{pmatrix} \tag{19.130}$$

$${}^1\boldsymbol{T}={}^1\boldsymbol{S}^{\mathrm{T}}=\begin{pmatrix} \dfrac{3\pi^2}{4}-\dfrac{\pi^4}{16} & -\dfrac{5\pi^2}{4} & \dfrac{11\pi^2}{36} \\[2mm] \dfrac{3\pi^2}{4} & \dfrac{3\pi^2}{4}-\dfrac{9\pi^4}{16} & -\dfrac{21\pi^2}{4} \\[2mm] \dfrac{35\pi^2}{36} & -\dfrac{5\pi^2}{4} & \dfrac{3\pi^2}{4}-\dfrac{25\pi^4}{16} \end{pmatrix} \tag{19.131}$$

根据式(19.119)算出的最小 $\widetilde{M}_0$，即为集中荷载作用下悬臂梁无量纲的临界弯矩值。

（5）Mathematica 程序

Mathematica 程序的源代码见右边二维码。

19.4.3　无穷级数的解答

（1）模态试函数

选择试函数同式(19.24)、式(19.25)。

（2）内力函数

内力函数与式(19.4)相同。

（3）总势能

由式(19.14)及代换关系式(19.118)积分得到

$$\Pi_1 = \frac{1}{2}\int_0^L EI_y u''^2 \mathrm{d}z = \sum_{m=1}^{\infty} \frac{A_m^2 (2m-1)^4 \pi^4}{64} \tag{19.132}$$

$$\Pi_2 = \frac{1}{2}\int_0^L EI_\omega \theta''^2 \mathrm{d}z = \sum_{n=1}^{\infty} \frac{B_n^2 (2n-1)^2 \pi^2}{768 (1+\gamma)^2} \times$$

$$[6\gamma(2+\gamma)+(\pi-2n\pi)^2(3+3\gamma+\gamma^2)] + \sum_{n=1}^{\infty}\sum_{\substack{r=1\\r\neq n}}^{\infty} \frac{B_n B_r (2n-1)^2 \pi^2 (1-2r)^2 \gamma}{64 (n-r)^2 (n+r-1)^2 (1+\gamma)^2} \times$$

$$[1+2(-1+n)n+2(-1+r)r(1+r)+(1-2n)(-1+2r)(-1)^n(-1)^r] \tag{19.133}$$

为方便应用 mathematica 求导，这里将第二项的积分结果乘以 2 倍。

$$\Pi_3 = \frac{1}{2}\int_0^L GJ_k \theta'^2 \mathrm{d}z = \sum_{n=1}^{\infty} \frac{B_n^2 \pi^2}{128 K_f^2 K_w^2 (1+\gamma)} \times$$

$$[2K_w^2 (2n\pi-\pi)^2 (1+\gamma)+K_f^2(-4\gamma+(2n\pi-\pi)^2(2+\gamma))] -$$

$$\sum_{n=1}^{\infty}\sum_{\substack{r=1\\r\neq n}}^{\infty} \frac{B_n B_r \pi^2 (-1+2n)(-1+2r)\gamma}{32 K_w^2 (n-r)^2 (n+r-1)^2 (1+\gamma)} \times$$

$$\{-1+n(2-4r)+2r+[1+2(-1+n)n+2(-1+r)r](-1)^n(-1)^r\} \tag{19.134}$$

其中，第二项的积分结果已乘以 2 倍。

$$\Pi_4 = \frac{1}{2}\int_L 2EI''_\omega \theta'^2 \mathrm{d}z = \sum_{n=1}^{\infty} \frac{B_n^2 (1-2n)^2 \pi^2 \gamma^2 \xi^2}{16} \tag{19.135}$$

$$\Pi_5 = \frac{1}{2}\int_L 2EI'_\omega \theta'\theta'' \mathrm{d}z = \sum_{n=1}^{\infty} \frac{B_n^2 (1-2n)^2 \pi^2 \gamma(2+\gamma)\xi}{32(1+\gamma)}$$

$$\sum_{n=1}^{\infty}\sum_{\substack{r=1\\r\neq n}}^{\infty} \frac{B_n B_r \pi^2 (-1+2n)(-1+2r)(-1)^n(-1)^r \gamma \xi}{8(1+\gamma)} \tag{19.136}$$

这是一个比较复杂且容易出错的积分，因为被积函数涉及同一个三角函数的一阶导数与二阶导数乘积的积分方法问题。研究发现，此时积分结果应该由三项组成，即 $\theta'(m)\cdot\theta'(m)$，$\theta'(m)\cdot\theta'(r)$，$\theta'(r)\cdot\theta'(m)$。

$$\Pi_6 = \frac{1}{2}\int_0^L 2M_x u''\theta \mathrm{d}z = \widetilde{M}_0 \sum_{m=1}^{\infty} \frac{A_m B_m \pi^2}{16}[-12+(2m-1)^2\pi^2] -$$

$$\widetilde{M}_0 \sum_{s=1}^{\infty}\sum_{\substack{r=1\\r\neq s}}^{\infty} \frac{A_s B_r \pi^2}{8 (r-s)^2 (r+s-1)^2} \times$$

$$\{(2r-1)^2[-1+2(-1+r)r-6(-1+s)s]+$$

$$(-1+2r)(-1+2s)^3(-1)^r(-1)^s\} \tag{19.137}$$

这里的积分结果应该由两项组成,且需采用非对角元素标示,即 $u''(s) \cdot \theta(r)$ 和 $u''(r) \cdot \theta(s)$。

$$\Pi_7 = -\frac{1}{2} P a_P \theta(L)^2 = -\sum_{n=1}^{\infty} 2\tilde{a}_P B_n^2 \widetilde{M}_0 \pi^2 \sin\left[\frac{1}{4}(-1+2n)\pi\right]^4 -$$

$$\sum_{s=1}^{\infty}\sum_{\substack{r=1\\r\neq n}}^{\infty} 4\tilde{a}_P B_s B_r \widetilde{M}_0 \pi^2 \sin\left[\frac{1}{4}(-1+2s)\pi\right]^4 \sin\left[\frac{1}{4}(-1+2r)\pi\right]^4 \quad (19.138)$$

其中,第二项的积分结果已乘以 2 倍。

$$\Pi = \Pi_1 + \Pi_2 + \Pi_3 + \Pi_4 + \Pi_5 + \Pi_6 + \Pi_7 \quad (19.139)$$

上式即为本问题的总势能。

（4）屈曲方程

根据势能驻值原理,必有 $\frac{\partial \Pi}{\partial A_m}=0$、$\frac{\partial \Pi}{\partial B_n}=0$,引入前述的无量纲参数及代换关系式,并进行相应的数学代换,可得到相应的无量纲屈曲方程为:

$$\widetilde{M}_0 \sum_{n=1}^{\infty}\frac{A_n\pi^2}{16}[-12+(2n-1)^2\pi^2]-\widetilde{M}_0\sum_{n=1}^{\infty}\sum_{\substack{r=1\\r\neq n}}^{\infty}\frac{A_r\pi^2}{8(n-r)^2(n+r-1)^2}\times$$

$$\{(2n-1)^2[-1+2(-1+n)n-6(-1+r)r]+(-1+2n)(-1+2r)^3(-1)^n(-1)^r\}+$$

$$\sum_{n=1}^{\infty}\frac{B_n(2n-1)^2\pi^2}{384(1+\gamma)^2}\times[6\gamma(2+\gamma)+(\pi-2n\pi)^2(3+3\gamma+\gamma^2)]+$$

$$\sum_{n=1}^{\infty}\frac{B_n\pi^2}{64K_f^2K_w^2(1+\gamma)}\times[2K_w^2(2n\pi-\pi)^2(1+\gamma)+K_f^2(-4\gamma+(2n\pi-\pi)^2(2+\gamma))]+$$

$$\sum_{n=1}^{\infty}\frac{B_n(1-2n)^2\pi^2\gamma^2\xi^2}{8}+\sum_{n=1}^{\infty}\frac{B_n(1-2n)^2\pi^2\gamma(2+\gamma)\xi}{16(1+\gamma)}-$$

$$\sum_{n=1}^{\infty}4\tilde{a}_P B_n\widetilde{M}_0\pi^2\sin\left[\frac{1}{4}(-1+2n)\pi\right]^4+\sum_{n=1}^{\infty}\sum_{\substack{r=1\\r\neq n}}^{\infty}\frac{B_r(2n-1)^2\pi^2(1-2r)^2\gamma}{64(n-r)^2(n+r-1)^2(1+\gamma)^2}\times$$

$$\{[1+2(-1+n)n+2(-1+r)r(1+r)]+(1-2n)(-1+2r)(-1)^n(-1)^r\}-$$

$$\sum_{n=1}^{\infty}\sum_{\substack{r=1\\r\neq n}}^{\infty}\frac{B_r\pi^2(-1+2n)(-1+2r)\gamma}{32K_w^2(n-r)^2(n+r-1)^2(1+\gamma)}\times$$

$$\{-1+n(2-4r)+2r+[1+2(-1+n)n+2(-1+r)r](-1)^n(-1)^r\}+$$

$$\sum_{n=1}^{\infty}\sum_{\substack{r=1\\r\neq n}}^{\infty}\frac{B_r\pi^2(-1+2n)(-1+2r)(-1)^n(-1)^r\gamma\xi}{8(1+\gamma)}-$$

$$\sum_{n=1}^{\infty}\sum_{\substack{r=1\\r\neq n}}^{\infty}4\tilde{a}_P B_r\widetilde{M}_0\pi^2\sin\left[\frac{1}{4}(-1+2n)\pi\right]^4\sin\left[\frac{1}{4}(-1+2r)\pi\right]^4=0$$

$$(19.140)$$

据此可将屈曲方程改写成分块矩阵表达的广义特征值问题,即

$$\begin{pmatrix}{}^0\boldsymbol{R} & {}^0\boldsymbol{S}\\ {}^0\boldsymbol{T} & {}^0\boldsymbol{Q}\end{pmatrix}\begin{Bmatrix}\boldsymbol{A}\\ \boldsymbol{B}\end{Bmatrix}=\widetilde{M}_0\begin{pmatrix}{}^1\boldsymbol{R} & {}^1\boldsymbol{S}\\ {}^1\boldsymbol{T} & {}^1\boldsymbol{Q}\end{pmatrix}\begin{Bmatrix}\boldsymbol{A}\\ \boldsymbol{B}\end{Bmatrix} \quad (19.141)$$

其中各个子块矩阵的元素为

$$^0R_{m,m} = \frac{(2m-1)^4\pi^4}{32} \quad (m=1,2,\cdots,N)$$

$$^0R_{s,r} = 0 \quad \begin{pmatrix} s \neq r \\ s=1,2,\cdots,N \\ r=1,2,\cdots,N \end{pmatrix} \tag{19.142}$$

$$^0S_{s,r} = 0 \quad \begin{pmatrix} s=1,2,\cdots,N \\ r=1,2,\cdots,N \end{pmatrix} \tag{19.143}$$

$$^0T_{s,r} = 0 \quad \begin{pmatrix} s=1,2,\cdots,N \\ r=1,2,\cdots,N \end{pmatrix} \tag{19.144}$$

$$^0Q_{m,m} = \frac{(2m-1)^2\pi^2}{384\,(1+\gamma)^2}[6\gamma(2+\gamma)+(\pi-2m\pi)^2(3+3\gamma+\gamma^2)]+$$

$$\frac{\pi^2}{64K_f^2K_w^2(1+\gamma)} \times [2K_w^2(2m\pi-\pi)^2(1+\gamma)+K_f^2(-4\gamma+(2m\pi-\pi)^2(2+\gamma))]+$$

$$\frac{(1-2m)^2\pi^2\gamma^2\xi^2}{8}+\frac{(1-2m)^2\pi^2\gamma(2+\gamma)\xi}{16(1+\gamma)} \quad (m=1,2,\cdots,N)$$

$$^0Q_{s,r} = \frac{(2s-1)^2\pi^2\,(1-2\gamma)^2\gamma}{64\,(s-r)^2\,(s+r-1)^2\,(1+\gamma)^2} \times$$

$$\{[1+2(-1+s)s+2(-1+r)r(1+r)]+(1-2s)(-1+2r)(-1)^s\,(-1)^r\}+$$

$$\frac{B_r\pi^2\,(-1+2s)\,(-1+2r)\gamma}{32K_w^2\,(s-r)^2\,(s+r-1)^2\,(1+\gamma)} \times$$

$$\{-1+s(2-4r)+2r+[1+2(-1+s)s+2(-1+r)r](-1)^s\,(-1)^r\}+$$

$$\frac{\pi^2(-1+2s)(-1+2r)(-1)^s\,(-1)^r\gamma\xi}{8(1+\gamma)} \quad \begin{pmatrix} s=1,2,\cdots,N \\ r=1,2,\cdots,N \end{pmatrix} \tag{19.145}$$

$$^1R_{s,r} = 0 \quad \begin{pmatrix} s=1,2,\cdots,N \\ r=1,2,\cdots,N \end{pmatrix} \tag{19.146}$$

$$^1S_{m,m} = \frac{3\pi^2}{4}-\frac{(2m-1)^2}{16}\pi^4 \quad (m=1,2,\cdots,N)$$

$$^1S_{s,r} = \frac{\pi^2}{8\,(r-s)^2\,(r+s-1)^2} \times$$

$$\{(2r-1)^2[-1+2(-1+r)r-6(-1+s)s]+ (-1+2r)(-1+2s)^3\,(-1)^r\,(-1)^s\} \quad \begin{pmatrix} s \neq r, \\ s=1,2,\cdots,N \\ r=1,2,\cdots,N \end{pmatrix} \tag{19.147}$$

$$^1\boldsymbol{T} = {}^1\boldsymbol{S}^{\mathrm{T}} \tag{19.148}$$

$$^1Q_{s,r} = \pi^2\tilde{a} \quad \begin{pmatrix} s=1,2,\cdots,N \\ r=1,2,\cdots,N \end{pmatrix} \tag{19.149}$$

经验算,当 m、r 均取 6 项时,结果与式(19.30)相同。证明上述屈曲方程的推导是正确的。

参 考 文 献

［1］ VLASOV V Z. Thin-walled elastic beams. Jerusalem：Israel program for scientific translations，1961.

［2］ TIMOSHENKO S P，GERE J. Theory of elastic stability. 2nd ed. New York：McGraw-Hill，1961.

［3］ BLEICH F. Buckling strength of metal structures. New York：McGraw-Hill，1952.

［4］ TRAHAIR N S. Flexural-torsional buckling of structures. 1st ed. London：Chapman & Hall，1993.

［5］ 吕烈武，沈世钊，沈祖炎，等. 钢结构构件稳定理论. 北京：中国建筑工业出版社，1983.

［6］ 陈骥. 钢结构稳定：理论和设计. 5 版. 北京：科学出版社，2011.

［7］ 童根树. 钢结构的平面外稳定. 北京：中国建筑工业出版社，2005.

［8］ 张文福. 钢梁弯扭屈曲的板-梁理论与解析理论. 大庆：东北石油大学，2015.

［9］ 张文福. 薄壁构件的板-梁理论. 大庆：东北石油大学，2015.

20　弹性支撑钢梁的弯扭屈曲分析

20.1　弹性支撑的类型和刚度

20.1.1　弹性支撑的类型

结构系统中设置弹性支撑有两个功能,其一是抵抗一些次要荷载,比如风荷载;其二是通过抵抗最弱方向的变形来增加单个构件的强度。对于后一种情况,结构支撑通过限制单个构件的侧向位移或截面转角来提高其屈曲强度。通常,可根据钢梁弹性支撑的作用将其分为两类:侧向支撑(图 20.1)和扭转支撑(图 20.2)。数学上,又可将每类支撑进一步细分为两类:离散支撑和连续支撑。力学上,侧向支撑和扭转支撑可用图 20.3 所示的弹簧单元来模拟。

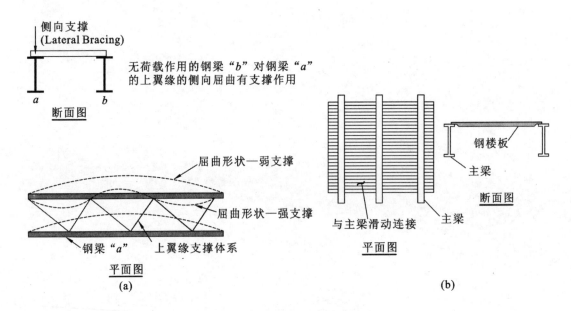

图 20.1　钢梁弹性侧向支撑的类型

(a)离散支撑(Discrete Bracing);(b)连续支撑(Continuous Bracing)

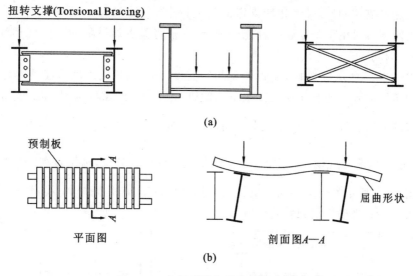

(a)

预制板

A

A

平面图

屈曲形状

剖面图A—A

(b)

图 20.2　钢梁弹性扭转支撑的类型

（a)离散支撑;(b)连续支撑

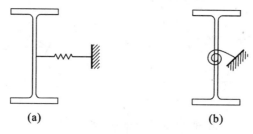

(a)　　　　　　　　(b)

图 20.3　侧向支撑和扭转支撑的弹簧单元

（a)侧向支撑抵抗侧向位移;(b)扭转支撑抵抗转角

20.1.2　弹性支撑的刚度

工程实践中,常规弹性侧向支撑的形式都比较简单(图 20.1),要么是类似抗风的水平支撑桁架(图 20.4),要么是类似刚性系杆的单杆支撑。因此,这些弹性侧向支撑的刚度可以参照常规建筑结构的方法加以确定,此不赘述。

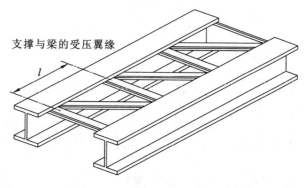

支撑与梁的受压翼缘

l

图 20.4　双梁的弹性侧向支撑

与弹性侧向支撑相比,弹性扭转支撑的类型较丰富(图 20.2),且形式独特。为了定量研究弹性扭转支撑对钢梁弹性屈曲性能的影响,本节将重点讨论如何确定此类弹性支撑的扭转刚度 k_T 的问题。

首先以图 20.5 所示桥梁中常见的双梁扭转支撑为例,其扭转刚度与连系梁的位置有关,因为不同的布置方式可能会使钢梁发生不同的屈曲。若两根钢梁的间距始终是依靠楼板或甲板来维持的,则钢梁的屈曲必然是同向的,此时扭转刚度为 $k_T = \dfrac{6EI_b}{S}$。另一方面,对于图 20.5(b)所示的敞开式钢梁,若相邻钢梁的受压翼缘可以分离,则扭转刚度为 $k_T = \dfrac{2EI_b}{S}$。

对于图 20.6 所示的桁架型扭转支撑,钢梁的屈曲基本都是同向的,据此可按照图 20.6 所示的方法和公式来确定其弹性扭转刚度。

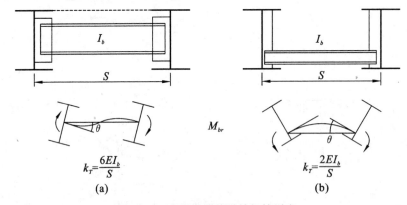

图 20.5 双梁支撑的弹性扭转刚度

(a)钢梁同向屈曲;(b)钢梁反向屈曲

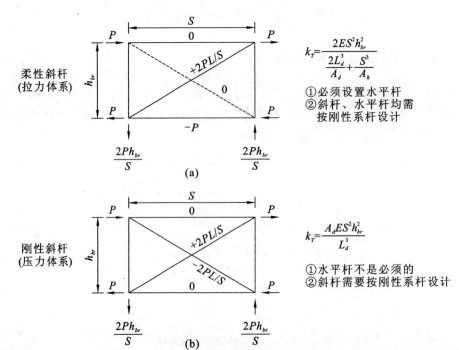

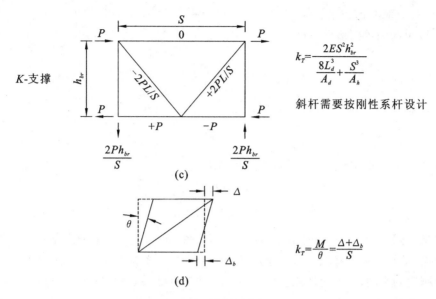

$$k_T = \frac{2ES^2 h_{br}^2}{\dfrac{8L_d^3}{A_d} + \dfrac{S^3}{A_h}}$$

斜杆需要按刚性系杆设计

$$k_T = \frac{M}{\theta} = \frac{\Delta + \Delta_b}{S}$$

图 20.6　双梁支撑的弹性扭转刚度

A_d—斜杆的面积;A_h—水平杆的面积;L_d—斜杆的长度;E—弹性模量;S—主梁的间距

在工程实践中还有一种常见的弹性支撑,那就是与钢梁或钢柱相连接的隔撑(图 20.7)。为了提高斜梁的整体稳定性,我国的门刚规程规定:斜梁受压翼缘的两侧必须设置隔撑。然而,由于目前国内外关于隔撑的理论和试验研究成果较少,因此,规程的相关表述并不够全面,其结果是在网上经常会看到一些相关讨论。比如,对于设置隔撑的钢梁,侧向支承点间的距离应该如何取值? 有人建议取 3000mm,有人建议取 1500mm。

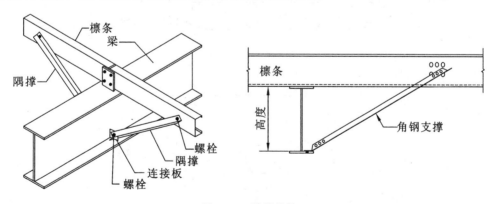

图 20.7　隔撑构造

此外,在屈曲分析中,隔撑应该属于侧向支撑还是扭转支撑? 各国学者尚有不同的看法。美国学者 Zahn(1984 年)认为对受约束梁而言,隔撑—檩条系统[图 20.8(a)]相当于弹性扭转支撑,其作用主要是为梁提供弹性扭转约束。Zahn 假设梁同向屈曲[图 20.8(b)],以两个反弯点之间的隔离体为研究对象[图 20.8(c)]。假设反弯点处的剪力为 Q,则隔离体所受的扭矩 T 为

$$T = QS \tag{20.1}$$

式中，S 为梁的间距，即檩条长度。

剪力 Q 引起的单侧檩条侧移 Δ 为

$$\Delta = \frac{Q\left(\frac{S}{2}\right)^3}{3EI_p} \tag{20.2}$$

据此可知，与 T 相应的转角 θ 为

$$\theta = \frac{2\Delta}{S} \tag{20.3}$$

因此，Zahn 给出的隔撑—檩条系统的扭转刚度为

$$k_T = \frac{T}{\frac{2\Delta}{S}} = \frac{QS}{2\Delta} = \frac{6EI_p}{S} \tag{20.4}$$

此结果与图 20.5(a) 所示的结果相同。然而，图 20.5(b) 为等截面梁，而图 20.8(b) 属于变截面梁，即与隔撑连接段的抗弯刚度要大于单纯的檩条抗弯刚度。据此可断定，由于忽略了隔撑刚度的影响，因而扭转刚度公式(20.4)的计算结果必然偏小，即 Zahn 低估了隔撑-檩条系统的扭转刚度。

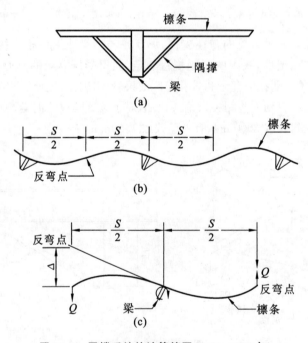

图 20.8 隔撑系统的计算简图（Zahn，1984 年）

国内有研究者则认为隔撑对钢梁受压翼缘提供的是侧向约束。基于图 20.9 所示的双梁隔撑计算简图，假设檩条和钢梁腹板的汇交点为不动点，依据隔撑对梁的水平支撑力

$$F\cos\alpha = k_L u_B \tag{20.5}$$

可推导得到隔撑的弹性侧移刚度计算公式为

$$k_L = \left(\frac{(1-2\beta)l_p}{2EA_p} + (a+h)\frac{(3-4\beta)}{6EI_p}\beta l_p^2 \tan\alpha + \frac{l_k^2}{\beta l_p EA_k \cos\alpha}\right)^{-1} \tag{20.6}$$

式中，a 为檩条作用点（B 点）到钢梁顶部的距离；h 为钢梁的高度；α 为隔撑与檩条之间的夹角；l_k 为隔撑的长度；EA_p、EI_p 分别为檩条的轴向刚度和抗弯刚度；EA_k 为隔撑的轴向刚度；β 的几何意义参见图 20.9。

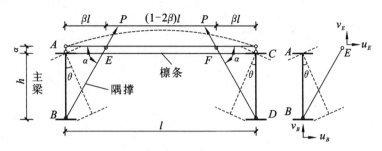

图 20.9　隔撑-檩条支撑体系模型

实际上，隔撑本身并不具备为钢梁提供侧向约束的能力，它需要借助檩条和钢梁截面来构成一个协同工作的结构体系，方可达到防止钢梁屈曲的目的。因此，作者倾向于欧美学者的观点，即将隔撑-檩条视为弹性扭转支撑体系。

与图 20.5 所示的双梁扭转支撑类似，隔撑的扭转刚度计算简图也有两种，即钢梁同向屈曲模型[图 20.10(a)]和钢梁反向屈曲模型[图 20.10(b)]。限于篇幅，这里仅给出钢梁同向屈曲时隔撑扭转刚度的推导过程。

选取图 20.10(a)为隔撑扭转刚度的计算简图。图中 l_0 为钢梁间距，也是檩条长度；θ 为隔撑与钢梁腹板之间的夹角；h_p 和 α_p 的几何意义参见图 20.10(a)。其他符号意义同式(20.6)。

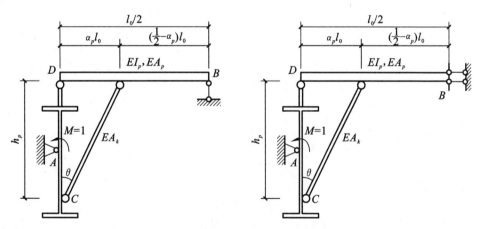

图 20.10　隔撑扭转刚度的计算简图

(a) 钢梁同向屈曲；(b) 钢梁反向屈曲

根据此计算简图，即可利用结构力学的单位荷载法来推导隔撑的弹性扭转刚度。显然，若在钢梁上某点 A 施加单位扭矩，则相应的转角比较容易求解。

取整体研究，求得 A、B 的支座反力为

$$R_{Ax}=0, \quad R_{Ay}=\frac{2M}{l_0}, \quad R_{By}=\frac{2M}{l_0} \tag{20.7}$$

取工字钢断面为研究对象，求得

$$X_C = \frac{M}{h_p}, \quad X_D = \frac{M}{h_p} \tag{20.8}$$

选取工字钢断面以外的结构分析，受力简图如图 20.11 所示。

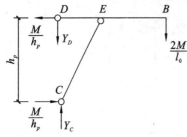

图 20.11　结构受力简图　　　　图 20.12　BD 杆受力简图

对 C 点进行受力分析，则：

$$\sum F_X = 0, \quad 即 \frac{M}{h_p} = N_{CE}\sin\theta \tag{20.9}$$

从而有

$$N_{CE} = \frac{M}{h_p\sin\theta} \tag{20.10}$$

取 BD 杆研究，受力图如图 20.12 所示

根据 $\sum M_B = 0$ 有

$$Y_D \cdot \frac{l_0}{2} = \left(\frac{1}{2} - \alpha_p\right)l_0 \cdot N_{CE} \cdot \cos\theta \tag{20.11}$$

得到

$$Y_D = (1 - 2\alpha_p) \cdot N_{CE} \cdot \cos\theta = (1 - 2\alpha_p) \cdot \frac{M}{h_p\tan\theta} \tag{20.12}$$

求 E 点弯矩

$$M_E = Y_D\alpha_p l_0 = \alpha_p l_0(1 - 2\alpha_p) \cdot \frac{M}{h_p\tan\theta} \tag{20.13}$$

又因为 $\tan\theta = \frac{\alpha_p l_0}{h_p}$，则

$$M_E = \alpha_p l_0(1 - 2\alpha_p) \cdot \frac{M}{h_p} \cdot \frac{h_p}{\alpha_p l_0} = (1 - 2\alpha_p)M \tag{20.14}$$

在弯矩 M 作用下檩条-隅撑体系的弯矩图（M_P 图）如图 20.13(a) 所示，轴力图（N_P 图）如图 20.13(b) 所示。

若令图 20.13 中的 $M = 1$，即可得到单位弯矩作用下的弯矩图（$\overline{M}$ 图）和轴力图（$\overline{N}$ 图）。

下面利用图乘法来求 A 点转角，计算公式如下：

$$\bar{\theta}_A = \sum\int\left(\frac{\overline{M}^2}{EI} + \frac{\overline{N}^2}{EA}\right)\mathrm{d}s \tag{20.15}$$

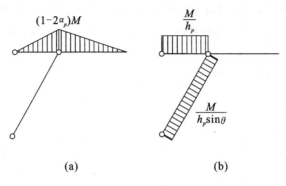

图 20.13　内力图

(a) 弯矩图(M_P 图)；(b) 轴力图(N_P 图)

$$\sum \int \left(\frac{\overline{M}^2}{EI}\right) \mathrm{d}s = \sum \frac{\omega y_c}{EI}$$

$$= \frac{1}{EI_p} \cdot \left(\begin{array}{l} \dfrac{1}{2}\alpha_p l_0 \cdot (1-2\alpha_p) \cdot \dfrac{2}{3}(1-2\alpha_p) \\[2mm] + \dfrac{1}{2}\left(\dfrac{1}{2}-\alpha_p\right)l_0 \cdot (1-2\alpha_p) \cdot \dfrac{2}{3}(1-2\alpha_p) \end{array} \right)$$

$$= \frac{l_0 \, (1-2\alpha_p)^2}{6EI_p} \tag{20.16}$$

$$\sum \int \left[\frac{\overline{N}^2 l}{EA}\right] \mathrm{d}s = \sum \frac{\overline{N}^2 l}{EA} = \frac{1}{EA_p} \cdot \left(\frac{1}{h_p}\right)^2 \cdot \alpha_p l_0 + \frac{1}{EA_k} \cdot \left(\frac{1}{h_p \sin\theta}\right)^2 \cdot l_k$$

$$= \frac{1}{EA_p} \cdot \frac{\alpha_p l_0}{h_p^2} + \frac{1}{EA_k} \cdot \frac{l_k}{h_p^2 \sin^2\theta}$$

$$= \frac{\tan\theta}{EA_p h_p} + \frac{1}{EA_k} \cdot \frac{\dfrac{h_p}{\cos\theta}}{h_p^2 \sin^2\theta}$$

$$= \frac{\tan\theta}{EA_p h_p} + \frac{1}{EA_k h_p} \cdot \frac{1}{\sin^2\theta\cos\theta}$$

$$\tag{20.17}$$

式中，l_k 为隔撑的长度。

据此可知，若在钢梁上点 A 施加单位扭矩，则隔撑产生的转角为

$$\bar{\theta}_A = \frac{l_0 \, (1-2\alpha_p)^2}{6EI_p} + \frac{\tan\theta}{EA_p h_p} + \frac{1}{EA_k h_p} \cdot \frac{1}{\sin^2\theta\cos\theta} \tag{20.18}$$

从而可得隔撑体系的弹性扭转刚度为

$$k_{T,1} = \frac{1}{\bar{\theta}_A} = \left(\frac{1}{EA_k h_p} \frac{1}{\sin^2\theta\cos\theta} + \frac{\tan\theta}{EA_p h_p} + \frac{(1-2\alpha_p)^2 l_0}{6EI_p} \right)^{-1} \tag{20.19}$$

或者

$$k_{T,1} = \left(\frac{1}{EA_k h_p} \frac{1}{\sin^2\theta\cos\theta} + \frac{\alpha_p l_p}{EA_p h_p^2} + \frac{(1-2\alpha_p)^2 l_p}{6EI_p} \right)^{-1} \tag{20.20}$$

对于图 20.10(b)所示的钢梁反向屈曲情况,同理可求得檩条-隔撑体系在弯矩 M 作用下的内力图如图 20.14 所示(求解过程略)。与图 20.13 对比发现,两者的轴力图相同,仅檩条的弯矩图不同。

利用图乘法来求 A 点转角,其中

$$\sum \int \left[\frac{\overline{M}^2}{EI}\right]\mathrm{d}s = \sum \frac{\omega y_c}{EI}$$

$$= \frac{1}{EI_p} \cdot \left[\frac{1}{2}\alpha_p l_0 \cdot 1 \cdot \frac{2}{3} \cdot 1 + \left(\frac{1}{2}-\alpha_p\right)l_0 \cdot 1 \cdot 1\right] = \frac{l_0(3-4\alpha_p)}{6EI_p}$$

$$(20.21)$$

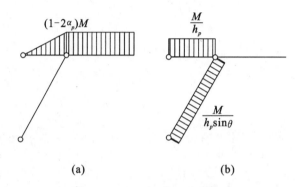

图 20.14　檩条-隔撑体系内力图

(a)弯矩图(M_P图);(b)轴力图(N_P图)

进而可求得钢梁反向屈曲时隔撑体系的弹性扭转刚度为

$$k_T = \left(\frac{1}{EA_k h_p \sin^2\theta\cos\theta} + \frac{\alpha_p l_0}{EA_p h_p^2} + \frac{(3-4\alpha_p)l_0}{6EI_p}\right)^{-1} \qquad (20.22)$$

如前所述,国内部分学者仅给出了隔撑的弹性侧移刚度。为了便于与本书公式(20.22)对比,可将式(20.6)的两端均乘以 h_p^2,则可得到隔撑弹性扭转刚度的近似公式为

$$k_{T,2} = \left(\frac{1}{EA_k h_p \sin^2\theta\cos\theta} + \frac{(1-2\alpha_p)l_0}{2EA_p h_p^2} + \frac{(3-4\alpha_p)l_0}{6EI_p}\right)^{-1} \qquad (20.23)$$

对比发现,上述两式的唯一区别是第二项,这体现了两者对隔撑作用认识的不同。

为了验证前述弹性扭转刚度公式的正确性,应用 ANSYS 软件建立了两种钢梁-隔撑-檩条支撑体系有限元模型,分别是钢梁同向屈曲模型[图 20.15(a)]和钢梁反向屈曲模型[图 20.15(b)]。

FEM 模型中钢材的弹性模量 $E=2.06\times10^5\,\mathrm{N/mm^2}$,泊松比 $\nu=0.3$,采用 Beam3 单元模拟檩条,Link1 单元模拟隔撑,Beam3 单元模拟钢梁截面。为保证钢梁屈曲的刚周边假设,在设置钢梁 Beam3 单元材料常数时,通过增大弹性模量值使其近似满足刚性体要求。在图 20.15 中 2、5 节点施加单位弯矩后,根据 1、2 节点的侧移和 h_p 可求得隔撑-檩条支撑体系作用下钢梁的转角,然后将其换算为隔撑-檩条支撑体系的弹性扭转刚度系数。

这里共设计了 16 组双梁扭转支撑系统,相关参数列于表 20.1。

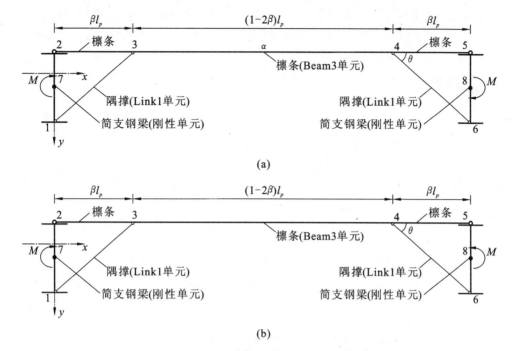

图 20.15 隔撑-檩条支撑体系有限元模型

(a)钢梁同向屈曲;(b)钢梁反向屈曲

表 20.1 隔撑-檩条支撑体系部件参数表

构件编号	檩条跨度 (mm)	檩条型号	隔撑型号	A_p(mm²)	h_p(mm)	I_p(mm⁴)	θ(°)	A_k(mm²)
1(9)		[160×60× 20×2	L50×3	607	680	2365900	45	297
2(10)	3000		L56×5	607	680	2365900	45	541.5
3(11)		[160×70× 20×3	L50×3	945	680	2365900	45	297
4(12)			L56×5	945	680	2365900	45	541.5
5(13)		[160×60× 20×2	L50×3	607	680	2365900	45	297
6(14)	6000		L56×5	607	680	2365900	45	541.5
7(15)		[160×70× 20×3	L50×3	945	680	2365900	45	297
8(16)			L56×5	945	680	2365900	45	541.5

注:构件编号1~8为钢梁同向屈曲,构件编号9~16为钢梁反向屈曲。

根据上述参数建立有限元模型,经分析后得到图 20.16 所示的钢梁-隔撑-檩条支撑体系转动变形图。可见本书的 FEM 模型能够较好地模拟钢梁同向屈曲和反向屈曲后的隔撑体系的变形特点。

表 20.2 为 FEM 计算结果、本书公式、近似公式的对比情况。从表中数据可以看出:①本书基于两种钢梁屈曲模式所推导得到的隔撑弹性扭转刚度计算公式正确;②对于钢梁

反向屈曲情况,本书的公式比近似公式(20.23)具有更高的精确度;③钢梁反向屈曲的弹性扭转刚度均小于钢梁同向屈曲情况。据此可以判定,在建筑工程中钢梁以反向屈曲为主,此时应该按公式(20.22)来计算隔撑弹性扭转刚度。

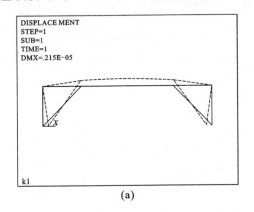
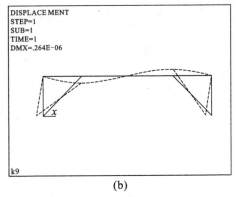

(a)　　　　　　　　　　　　　　(b)

图 20.16　有限元模型变形图

(a)对称单位弯矩作用;(b)反对称单位弯矩作用

表 20.2　扭转刚度的 ANSYS 模拟结果与理论结果比较

构件编号	有限元解 $k_{\theta0}$ (rad/mm)	公式(20.23) $k_{\theta1}$ (rad/mm)	公式(20.22) $k_{\theta2}$ (rad/mm)	$k_{\theta1}/k_{\theta0}$	$k_{\theta2}/k_{\theta0}$	构件编号	有限元解 k_θ (rad/mm)	公式(20.20) $k_{\theta3}$ (rad/mm)	$k_{\theta3}/k_\theta$
1	7.4789×10^4	7.4748×10^4	7.4828×10^4	0.999	1.001	9	4.3011×10^5	4.3137×10^5	1.003
2	7.5834×10^4	7.5791×10^4	7.5874×10^4	0.999	1.001	10	4.6716×10^5	4.6862×10^5	1.003
3	1.1605×10^5	1.1599×10^5	1.1611×10^5	0.999	1.001	11	6.1628×10^5	6.1797×10^5	1.003
4	1.1859×10^5	1.1852×10^5	1.1859×10^5	0.999	1.001	12	6.9530×10^5	6.9738×10^5	1.003
5	3.1409×10^4	3.1250×10^4	3.1417×10^4	0.995	1.000	13	1.2743×10^5	1.2753×10^5	1.001
6	3.1592×10^4	3.1431×10^4	3.1600×10^4	0.995	1.000	14	1.3048×10^5	1.3060×10^5	1.001
7	4.9237×10^4	4.8985×10^4	4.9248×10^4	0.995	1.000	15	1.9532×10^5	1.9549×10^5	1.001
8	4.9688×10^4	4.9431×10^4	4.9699×10^4	0.995	1.000	16	2.0261×10^5	2.0279×10^5	1.001

需要指出的是,上述推导仅考虑了单侧布置隔撑的情况。对于钢梁两侧均布置隔撑的情况,则需将前述公式计算的弹性扭转刚度加倍。

20.2　弹性支撑纯弯简支梁的弯扭屈曲分析

对于跨中设有弹性侧向支撑和扭转支撑的纯弯简支梁弯扭屈曲问题,国内学者曾于1988 年基于平衡法的微分方程模型推导得到其解析解答。平衡法的优点是易懂,缺点是容易出错,因为很多力学量都涉及正负号的规定,而能量法则可以克服此缺点。此外,对于屈曲分析中经常遇到的变系数微分方程问题,能量法还可提供一种简单有效的求解方法。

20.2.1 弹性扭转支撑纯弯简支梁的弯扭屈曲分析
——微分方程模型

20.2.1.1 基于能量变分法推导平衡方程与边界条件

图 20.17 为在跨中设置扭转支撑的纯弯简支梁。图 20.18 为钢梁屈曲变形示意图。$u(z)$ 和 $\theta(z)$ 分别为钢梁屈曲的侧向位移和截面刚性转角。为了研究弹簧扭转刚度对钢梁屈曲性能的影响，必须先依据平衡法或者能量法来建立关于 $u(z)$ 和 $\theta(z)$ 的数学模型。

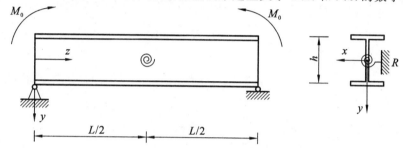

图 20.17 跨中设置扭转支撑的纯弯简支梁

本节先依据能量法来推导该问题的平衡方程和边界条件。

（1）总势能及其一阶变分

若跨间设有弹性扭转支撑，则此时钢梁弯扭屈曲时的总势能为两项之和，即

$$\Pi = \Pi_B + U_T \tag{20.24}$$

上式中，Π_B 为无弹性约束钢梁弯扭屈曲的总势能，即

$$\Pi_B = \frac{1}{2} \int_L [EI_y u''^2 + EI_\omega \theta''^2 + (GJ_k + 2M_x\beta_x)\theta'^2 + 2M_x u''\theta' - q_y a\theta^2] dz \tag{20.25}$$

Π_T 为弹性扭转支撑的应变能。因为弹性扭转支撑应变能与扭转弹簧的摆放位置无关，仅与截面扭转角有关（图 20.18），因而其表达式也比较简单。

若跨中仅设有一道弹性扭转支撑，则弹性扭转支撑的应变能为

$$U_T = \frac{1}{2} k_T \theta^2 \tag{20.26}$$

式中，k_T 为扭转支撑的扭转刚度。

如果跨中布置多道弹性扭转支撑，则钢梁屈曲时弹性扭转支撑积蓄的总应变能为

$$U_T = \frac{1}{2} \sum_{i=1}^{N_T} k_{Ti} [\theta_{Ti}(z_i)]^2 \tag{20.27}$$

式中，k_{Ti} 为第 i 个扭转支撑的扭转刚度，N_T 为跨间扭转支撑的总数。

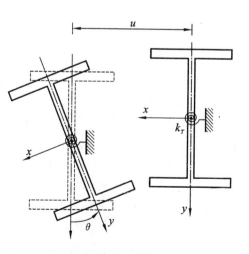

图 20.18 扭转弹簧约束下钢梁的弯扭屈曲变形图

同理,若跨中布置有连续的弹性扭转支撑,则此时的应变能由上式的求和形式转变为如下的积分形式

$$U_T = \frac{1}{2}\int_0^L \overline{k}_T \theta^2 \, dz \tag{20.28}$$

其中,$\overline{k}_T$ 为分布扭转支撑的弹性扭转刚度,即单位长度的弹性扭转刚度。

对于图 20.17 所示的纯弯简支梁,仅有一个扭转支撑,此时可将考虑弹性扭转支撑影响的总势能写为

$$\Pi = 2\times\frac{1}{2}\int_0^{L/2}[EI_y u''^2 + EI_\omega \theta''^2 + (GJ_k + 2M_x\beta_x)\theta'^2 + 2M_x u''\theta]\,dz + \frac{1}{2}k_T\theta\left(\frac{L}{2}\right)^2 \tag{20.29}$$

其一阶变分为

$$\delta\Pi = 2\int_0^{L/2}[EI_y u''\delta u'' + EI_\omega \theta''\delta\theta'' + (GJ_k + 2M_x\beta_x)\theta'\delta\theta' + M_x\theta\delta u'' + M_x u''\delta\theta]\,dz$$
$$+ k_T\theta\left(\frac{L}{2}\right)\delta\theta\left(\frac{L}{2}\right) \tag{20.30}$$

上式中各项的分部积分为

$$\int_0^{L/2}EI_y u''\delta u''\,dz$$
$$= [EI_y u''\delta u']_0^{L/2} - \int_0^{L/2}(EI_y u'')'\delta u'\,dz$$
$$= [EI_y u''\delta u']_0^{L/2} - [(EI_y u'')'\delta u]_0^{L/2} + \int_0^{L/2}(EI_y u'')''\delta u\,dz \tag{20.31}$$

$$\int_0^{L/2}EI_\omega \theta''\delta\theta''\,dz$$
$$= [EI_\omega \theta''\delta\theta']_0^{L/2} - \int_0^{L/2}(EI_\omega \theta'')'\delta\theta'\,dz$$
$$= [EI_\omega \theta''\delta\theta']_0^{L/2} - [(EI_\omega \theta'')'\delta\theta]_0^{L/2} + \int_0^{L/2}(EI_\omega \theta'')''\delta\theta\,dz \tag{20.32}$$

$$\int_0^{L/2}(GJ_k + 2M_x\beta_x)\theta'\delta\theta'\,dz$$
$$= [(GJ_k + 2M_x\beta_x)\theta'\delta\theta]_0^{L/2} - \int_0^{L/2}[(GJ_k + 2M_x\beta_x)\theta']'\delta\theta\,dz \tag{20.33}$$

$$\int_0^{L/2}M_x\theta\delta u''\,dz$$
$$= [M_x\theta\delta u']_0^{L/2} - \int_0^{L/2}[M_x\theta]'\delta u'\,dz$$
$$= [M_x\theta\delta u']_0^{L/2} - [[M_x\theta]'\delta u]_0^{L/2} + \int_0^{L/2}[M_x\theta]''\delta u\,dz \tag{20.34}$$

一阶变分的结果可汇总如下

$$\delta \Pi = 2 \int_0^{L/2} \left[(EI_y u'')'' + (M_x \theta)'' \right] \delta u \, dz$$

$$+ 2 \int_0^{L/2} \left\{ (EI_\omega \theta'')'' - \left[(GJ_k + 2M_x \beta_x) \theta' \right]' + M_x u'' \right\} \delta \theta \, dz$$

$$- 2 \left\{ \left[(EI_y u'')' + (M_x \theta)' \right] \delta u \right\}_0^{L/2} + 2 \left[(EI_y u'' + M_x \theta) \delta u' \right]_0^{L/2}$$

$$+ 2 \left\{ \left[-(EI_\omega \theta'')' + (GJ_k + 2M_x \beta_x) \theta' \right] \delta \theta \right\}_0^{L/2} + 2 \left(EI_\omega \theta'' \delta \theta' \right)_0^{L/2}$$

$$+ k_L \theta \left(\frac{L}{2} \right) \delta \theta \left(\frac{L}{2} \right) \tag{20.35}$$

（2）平衡方程与边界条件

依据上述的一阶变分结果式（20.35），易得到如下的平衡方程和边界条件。

① 平衡方程

对纯弯梁，弯矩为常数，即 $M_x = M = \text{const}$

对 δu：
$$EI_y u'''' + M\theta'' = 0 \tag{20.36}$$

对 $\delta\theta$：
$$EI_\omega \theta'''' - (GJ_k + 2M\beta_x)\theta'' + Mu'' = 0 \tag{20.37}$$

上式就是我们依据能量法得到的纯弯钢梁弯扭屈曲的平衡方程。

② 边界条件

a. $z = 0$ 时的边界条件

对 $\delta u'$：　　　$u' = 0$ 　或　 $EI_y u'' + M\theta = 0$ 　　　(20.38)

对 δu：　　　$u = 0$ 　或　 $EI_y u''' + M\theta' = 0$ 　　　(20.39)

对 $\delta\theta'$：　　　$\theta' = 0$ 　或　 $EI_\omega \theta'' = 0$ 　　　(20.40)

对 $\delta\theta$：　　　$\theta = 0$ 　或　 $-EI_\omega \theta''' + (GJ_k + 2M\beta_x)\theta' = 0$ 　　　(20.41)

对于简支边界条件可简化为

$$\theta(0) = u(0) = \theta'(0) = u''(0) = 0 \tag{20.42}$$

b. $z = L/2$ 时的边界条件

对 $\delta u'$：　　$u'\left(\dfrac{L}{2}\right) = 0$ 　或者　 $EI_y u''\left(\dfrac{L}{2}\right) + M\theta\left(\dfrac{L}{2}\right) = 0$ 　　(20.43)

对 δu：　　$u\left(\dfrac{L}{2}\right) = 0$ 　或者　 $-2\left[EI_y u'''\left(\dfrac{L}{2}\right) + M\theta'\left(\dfrac{L}{2}\right)\right] = 0$ 　　(20.44)

对 $\delta\theta'$：　　$\theta'\left(\dfrac{L}{2}\right) = 0$ 　或者　 $-EI_\omega \theta''\left(\dfrac{L}{2}\right) = 0$ 　　(20.45)

对 $\delta\theta$：　$\theta\left(\dfrac{L}{2}\right) = 0$ 　或者　 $2\left[-EI_\omega \theta'''\left(\dfrac{L}{2}\right) + (GJ_k + 2M\beta_x)\theta'\left(\dfrac{L}{2}\right)\right] + k_T\theta\left(\dfrac{L}{2}\right) = 0$

$$\tag{20.46}$$

上式就是我们依据能量法得到的纯弯钢梁弯扭屈曲的边界条件。其中 $z = L/2$ 时的边界条件非常复杂，用平衡法比较容易出错，而能量法则不用考虑侧向支撑力的正负号问题，这就是采用能量法处理复杂问题的方便之处。

③ 对称和反对称边界条件

依据钢梁的对称屈曲和反对称屈曲，还可将 $z = L/2$ 时的边界条件分解为两类边界条件：对称边界条件和反对称边界条件。

a. 对称边界条件(对称屈曲)

对 $\delta u'$：
$$u'\left(\frac{L}{2}\right) = 0 \tag{20.47}$$

对 δu：
$$-2EI_y u'''\left(\frac{L}{2}\right) = 0 \tag{20.48}$$

对 $\delta \theta'$：
$$\theta'\left(\frac{L}{2}\right) = 0 \tag{20.49}$$

对 $\delta \theta$：
$$-2EI_\omega \theta'''\left(\frac{L}{2}\right) + k_T \theta\left(\frac{L}{2}\right) = 0 \tag{20.50}$$

b. 反对称边界条件(反对称屈曲)

对 $\delta u'$：
$$EI_y u''\left(\frac{L}{2}\right) + M\theta\left(\frac{L}{2}\right) = 0 \tag{20.51}$$

对 δu：
$$u\left(\frac{L}{2}\right) = 0 \tag{20.52}$$

对 $\delta \theta'$：
$$-EI_\omega \theta''\left(\frac{L}{2}\right) = 0 \tag{20.53}$$

对 $\delta \theta$：
$$\theta\left(\frac{L}{2}\right) = 0 \tag{20.54}$$

我们发现此时的边界条件与前述的简支边界条件式(20.42)完全等价。即钢梁的反对称屈曲时,屈曲荷载可以按半跨简支梁来确定。后面我们将仅讨论钢梁对称屈曲的问题。

(3) 对称屈曲平衡方程的简化

① 关于 u 方程的简化

将式(20.36)积分一次,得
$$EI_y u''' + M\theta' = A_1 \tag{20.55}$$

利用 $z = L/2$ 处的对称边界条件,即 $\theta'\left(\frac{L}{2}\right) = 0$ 和 $-2EI_y u''\left(\frac{L}{2}\right) = 0$,可得 $A_1 = 0$。

将式(20.55)再积分一次,有
$$EI_y u'' + M_x \theta = A_1 z + B_1 \tag{20.56}$$

利用 $z = 0$, $\theta = u'' = 0$,得到 $B_1 = 0$,从而有
$$EI_y u'' + M\theta = 0 \tag{20.57}$$

② 关于 θ 方程的简化

将式(20.37)积分一次,得
$$EI_\omega \theta''' - (GJ_k + 2M\beta_x)\theta' + Mu' = A_0 \tag{20.58}$$

在 $z = L/2$ 处的对称边界条件[式(20.47)、式(20.49)、式(20.50)]可得
$$A_0 = \frac{M_z}{2}$$

化简后的两个方程变为

δu：
$$EI_y u'' + M\theta = 0 \tag{20.59}$$

$\delta \theta$：
$$EI_\omega \theta''' - (GJ_k + 2M\beta_x)\theta' + Mu' - \frac{M_z}{2} = 0 \tag{20.60}$$

可见,上述方程与式(20.6)相同。证明我们依据能量法推导得到的平衡方程和边界条件是正确的。

20.2.1.2　对称屈曲微分方程的解答与屈曲方程

(1) θ 方程的解答

根据方程式(20.59)有

$$u'' = -\frac{M}{EI_y}\theta \tag{20.61}$$

将其代入式(20.37)可得

$$EI_\omega \theta'''' - [GJ_k + 2M\beta_x]\theta'' + \frac{M^2}{EI_y}\theta = 0 \tag{20.62}$$

或者

$$\theta'''' - \left[\frac{GJ_k + 2M\beta_x}{EI_\omega}\right]\theta'' - \frac{M^2}{EI_\omega EI_y}\theta = 0 \tag{20.63}$$

上式还可简写为

$$\theta'''' - \beta^2\theta' - k^4\theta = 0 \tag{20.64}$$

式中

$$\beta^2 = \frac{GJ_k + 2M\beta_x}{EI_\omega}, \quad k^4 = \frac{M^2}{EI_\omega EI_y} \tag{20.65}$$

令式(20.65)的解答为

$$\theta = G_0 e^{sz} \tag{20.66}$$

则

$$\theta'''' = S^4 G_0 e^{sz}, \quad \theta' = S^2 G_0 e^{sz} \tag{20.67}$$

从而有

$$\theta'''' - \beta^2\theta' - k^4\theta$$
$$= S^4 G_0 e^{sz} - \beta^2 S^2 G_0 e^{sz} - k^4 G_0 e^{sz} = G_0 e^{sz}(S^4 - \beta^2 S^2 - k^4) = 0 \tag{20.68}$$

根据

$$S^4 - \beta^2 S^2 - k^4 = 0 \tag{20.69}$$

求得

$$S_{1,2} = \pm i\frac{1}{\sqrt{2}}\sqrt{\sqrt{\beta^4 + 4k^4} - \beta^2} = \pm i\gamma_2 \tag{20.70}$$

$$S_{3,4} = \pm \frac{1}{\sqrt{2}}\sqrt{\sqrt{\beta^4 + 4k^4} + \beta^2} = \pm \gamma_1 \tag{20.71}$$

式中

$$\gamma_1 = \frac{1}{\sqrt{2}}\sqrt{\sqrt{\beta^4 + 4k^4} + \beta^2}, \quad \gamma_2 = \frac{1}{\sqrt{2}}\sqrt{\sqrt{\beta^4 + 4k^4} - \beta^2} \tag{20.72}$$

利用 Euler 公式

$$e^{\pm is} = \cos s \pm \sin s, \quad e^{\pm s} = \cosh s \pm \sinh s \tag{20.73}$$

则上述方程的解答为

$$\theta = C_1 \cosh\gamma_1 z + C_2 \sinh\gamma_1 z + C_3 \sin\gamma_2 z + C_4 \cos\gamma_2 z \tag{20.74}$$

利用 $z = 0$ 时，$\theta = 0$ 和 $\theta' = 0$ 的条件，可推得 $C_1 = C_4 = 0$。

这样式(20.75)可简化为

$$\theta = C_2 \sinh\gamma_1 z + C_3 \sin\gamma_2 z \tag{20.75}$$

$$\theta' = C_2 \gamma_1 \cosh\gamma_1 z + C_3 \gamma_2 \cos\gamma_2 z \tag{20.76}$$

$$\theta' = C_2 \gamma_1^2 \sinh\gamma_1 z - C_3 \gamma_2^2 \sin\gamma_2 z \tag{20.77}$$

$$\theta''' = C_2 \gamma_1^3 \cosh\gamma_1 z - C_3 \gamma_2^3 \cos\gamma_2 z \tag{20.78}$$

(2) u 方程的解答

首先将方程式(20.60)变换为

$$Mu' = -EI_\omega \theta''' + (GJ_k + 2M\beta_x)\theta' + \frac{M_z}{2} \tag{20.79}$$

将关于 θ 的解答代入到上面的方程，得到

$$Mu' = -EI_\omega (C_2 \gamma_1^3 \cosh\gamma_1 z - C_3 \gamma_2^3 \cos\gamma_2 z)$$
$$+ (GJ_k + 2M\beta_x)(C_2 \gamma_1 \cosh\gamma_1 z + C_3 \gamma_2 \cos\gamma_2 z) + \frac{M_z}{2} \tag{20.80}$$

对上式积分一次，并利用 $z = 0, u(0) = 0$ 条件消去积分常数，得到

$$u = -\frac{EI_\omega}{M}(C_2 \gamma_1^2 \sinh\gamma_1 z - C_3 \gamma_2^2 \sin\gamma_2 z)$$
$$+ \frac{GJ_k + 2M\beta_x}{M}(C_2 \sinh\gamma_1 z + C_3 \sin\gamma_2 z) + \frac{M_z}{2M}z \tag{20.81}$$

或者

$$u = \frac{M_z}{2M}z + \frac{GJ_k + 2M\beta_x}{M}\left[C_2\left(1 - \frac{\gamma_1^2}{\beta^2}\right)\sinh\gamma_1 z + C_3\left(1 - \frac{\gamma_2^2}{\beta^2}\right)\sin\gamma_2 z\right] \tag{20.82}$$

$$u' = \frac{M_z}{2M} + \frac{GJ_k + 2M\beta_x}{M}\left[C_2\gamma_1\left(1 - \frac{\gamma_1^2}{\beta^2}\right)\cosh\gamma_1 z + C_3\gamma_2\left(1 - \frac{\gamma_2^2}{\beta^2}\right)\cos\gamma_2 z\right] \tag{20.83}$$

(3) 屈曲方程

由边界条件 $u'\left(\dfrac{L}{2}\right) = 0$[式(20.47)]可得

$$C_2 \cosh\left[\frac{L\gamma_1}{2}\right]\gamma_1 + C_3 \cos\left[\frac{L\gamma_2}{2}\right]\gamma_2 = 0 \tag{20.84}$$

由边界条件 $\theta'\left(\dfrac{L}{2}\right) = 0$[式(20.49)]可得

$$\frac{M_z}{2} + C_2 \cosh\left(\frac{L\gamma_1}{2}\right)(GJ_k + 2M\beta_x)\gamma_1 - C_2 \cosh\left(\frac{L\gamma_1}{2}\right)EI_w\gamma_1^3$$
$$+ C_3 \cos\left(\frac{L\gamma_2}{2}\right)(GJ_k + 2M\beta_x)\gamma_2 + C_3 \cos\left(\frac{L\gamma_2}{2}\right)EI_w\gamma_2^3 = 0 \tag{20.85}$$

联立求解式(20.84)和式(20.85)，可得

$$C_2 = \frac{\operatorname{sech}\left(\dfrac{L\gamma_1}{2}\right)M_z}{2EI_w\gamma_1(\gamma_1^2 + \gamma_2^2)}, \quad C_3 = -\frac{\sec\left(\dfrac{L\gamma_2}{2}\right)M_z}{2EI_w\gamma_2(\gamma_1^2 + \gamma_2^2)} \tag{20.86}$$

将上述结果代入式(20.75),可得

$$\theta\left(\frac{L}{2}\right)=-\frac{M_z\tan\left(\frac{L\gamma_2}{2}\right)}{2EI_w\gamma_1^2\gamma_2+2EI_w\gamma_2^3}+\frac{M_z\tanh\left(\frac{L\gamma_1}{2}\right)}{2EI_w\gamma_1^3+2EI_w\gamma_1\gamma_2^2}\tag{20.87}$$

根据定义可知

$$M_z=k_T\theta\left(\frac{L}{2}\right)=M_zk_T\left[\frac{\tanh\left(\frac{L\gamma_1}{2}\right)}{2EI_w\gamma_1^3+2EI_w\gamma_1\gamma_2^2}-\frac{\tan\left(\frac{L\gamma_2}{2}\right)}{2EI_w\gamma_1^2\gamma_2+2EI_w\gamma_2^3}\right]\tag{20.88}$$

从上式中消去 M_z 可得

$$\frac{k_T}{2EI_w(\gamma_1^2+\gamma_2^2)}\left[\frac{\tanh\left(\frac{L\gamma_1}{2}\right)}{\gamma_1}-\frac{\tan\left(\frac{L\gamma_2}{2}\right)}{\gamma_2}\right]=1\tag{20.89}$$

此式即为跨中设置弹性扭转支撑纯弯简支梁的弯扭屈曲方程。

为了使此屈曲方程更具一般性,下面依据本书提出的无量纲参数

$$\widetilde{M}_0=\frac{M_0}{\left(\frac{\pi^2EI_y}{L^2}\right)h},\quad\tilde{\beta}_x=\frac{\beta_x}{h},\quad\eta=\frac{I_1}{I_2},\quad K=\sqrt{\frac{\pi^2EI_\omega}{GJ_kL^2}},\quad\tilde{k}_T=\frac{k_TL^3}{h^2EI_y}\tag{20.90}$$

和无量纲的代换关系

$$EI_\omega\rightarrow\frac{\eta}{(1+\eta)^2}h^3EI_y\tag{20.91}$$

对屈曲方程式(20.89)进行无量纲处理。

首先令

$$\tilde{\beta}^2=(\beta L)^2=\frac{(GJ_k+2M\beta_x)L^2}{EI_\omega}=\frac{\pi^2}{K^2}+\frac{2\pi^2\tilde{\beta}_x(1+\eta)^2}{\eta}\widetilde{M}\tag{20.92}$$

$$\tilde{\alpha}^4=(\alpha L)^4=\frac{M^2L^4}{EI_\omega EI_y}=\widetilde{M}^2\frac{\pi^4(1+\eta)^2}{\eta}\tag{20.93}$$

则有

$$\tilde{\gamma}_1=\gamma_1L=\frac{1}{\sqrt{2}}\sqrt{\sqrt{\tilde{\beta}^4+4\tilde{\alpha}^4}+\tilde{\beta}^2},\quad\tilde{\gamma}_2=\gamma_2L=\frac{1}{\sqrt{2}}\sqrt{\sqrt{\tilde{\beta}^4+4\tilde{\alpha}^4}-\tilde{\beta}^2}\tag{20.94}$$

据此可将屈曲方程式(20.89)改写为

$$\frac{k_TL^3}{2EI_w(\tilde{\gamma}_1^2+\tilde{\gamma}_2^2)}\left[\frac{\tanh\left(\frac{\tilde{\gamma}_1}{2}\right)}{\tilde{\gamma}_1}-\frac{\tan\left(\frac{\tilde{\gamma}_2}{2}\right)}{\tilde{\gamma}_2}\right]=1\tag{20.95}$$

利用无量纲关系式(20.91),还可将上式改写为

$$\frac{(1+\eta)^2}{2\eta(\tilde{\gamma}_1^2+\tilde{\gamma}_2^2)}\left[\frac{\tanh\left(\frac{\tilde{\gamma}_1}{2}\right)}{\tilde{\gamma}_1}-\frac{\tan\left(\frac{\tilde{\gamma}_2}{2}\right)}{\tilde{\gamma}_2}\right]=\frac{1}{\tilde{k}_T}\tag{20.96}$$

此式即为无量纲形式的跨中设置弹性扭转支撑纯弯简支梁的弯扭屈曲方程。

20.2.1.3 有限元验证

为了验证前述屈曲方程解析解的正确性,我们将应用通用有限元软件 ANSYS 建立可考虑扭转刚度影响的钢梁有限元模型。

众所周知,ANSYS 中 BEAM18X 系列的梁单元存在严重理论缺陷,无法正确模拟单轴对称截面钢梁的弯扭屈曲临界荷载,为此本书将采用 SHELL181 单元来模拟钢梁翼缘与腹板。但 SHELL181 有限元模型与钢梁弯扭屈曲模型不符,即不满足 Vlasov 的刚周边假设。为防止有限元模型过早出现局部屈曲或者畸变屈曲问题,利用 CERIG 命令对处于同一截面的 SHELL181 单元节点施加刚性周边(图 20.19)。这是作者提出的一种新的刚周边模拟方法。无约束钢梁的 FEM 屈曲分析实践证明,此方法比增设加劲肋、薄膜单元等方法更简便,且失效的几率比较小。然而,本次的 FEM 数值模拟却意外发现,若单纯采用 CERIG 命令其效果并不理想(图 20.20)。研究表明,采用 SHELL181 来模拟双轴对称截面钢梁时,若在跨中增加一道加劲肋,则其模拟效果与 BEAM189 类似,与理论解吻合较好。为此我们在后续的 FEM 分析中,均在跨中设置了一道加劲肋。

扭转支撑用 COMBIN14 弹簧单元来模拟,通过设置 Keyopt(2)选项来定义其绕钢梁纵轴(z 轴)的扭转弹簧,其实常数的取值为扭转刚度 k_T,扭转支撑设置在跨中截面的剪心处。

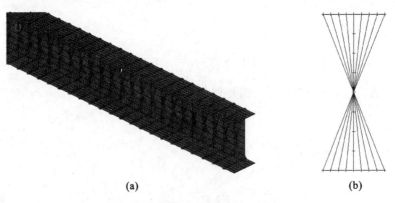

(a)   (b)

图 20.19 刚周边模拟的 CERIG 命令

(a)刚周边;(b)主从节点

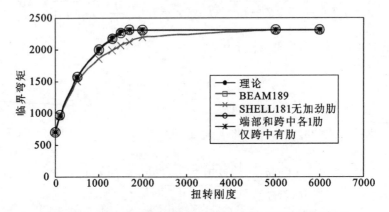

图 20.20 钢梁(双轴对称截面)临界弯矩与扭转刚度关系曲线

为准确模拟钢梁的"夹支"边界条件,除了需要限制一端形心节点沿着纵轴的移动外,尚需限制上下翼缘沿着强轴(x 轴)方向的平动自由度,以满足钢梁端截面不能绕纵轴(z 轴)转动,但可以自由翘曲的条件。同时,为了在有限元模型中施加端弯矩,在梁端部设置接触单元 TARGE170 和 CONTA175,将等效节点弯矩施加在端截面节点上。图 20.21 为跨中设置弹性扭转支撑的纯弯钢梁的有限元模型。

为分析不同钢梁截面类型、高跨比(h/L)等因素对钢梁临界弯矩的影响,选取三种钢梁截面类型,每种类型再选取 6 个不同的高跨比(具体尺寸见表 20.3)。

图 20.22 为不同扭转刚度下纯弯钢梁的屈曲变形曲线,前者是扭转支撑的扭转刚度比较小的情况,此时钢梁发生的依然是常规的对称屈曲;后者则是扭转刚度比较大的情况,此时钢梁发生非对称屈曲,且屈曲荷载得到了很大的提高。

临界弯矩计算结果与比较列于表 20.3,高跨比 $h/L = 30$ 的钢梁临界弯矩与扭转刚度的关系曲线如图 20.23 所示。计算结果表明,理论计算结果与有限元模拟结果总体上比较吻合,验证了本文前述的理论推导和公式的正确性。

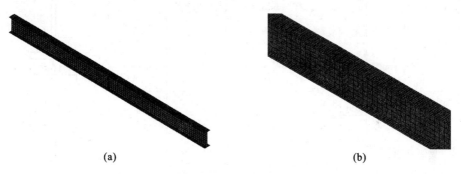

(a)   (b)

图 20.21　扭转支撑下简支梁有限元模型

(a)简支梁;(b)跨中扭转支撑

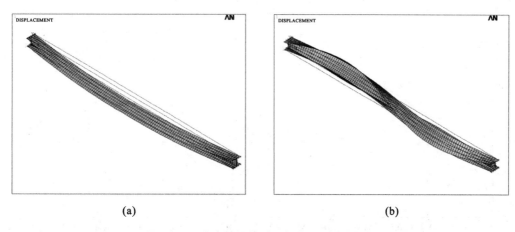

(a)   (b)

图 20.22　纯弯钢梁的对称屈曲和反对称屈曲

(a)对称屈曲;(b)反对称屈曲

表 20.3　钢梁临界弯矩有限元计算结果与理论结果的比较

钢梁截面类型	钢梁高跨比 (h/L)	公式(20.96) 理论解 M_{zcr1} (kN·m)	有限元解 M_{zcr2} (kN·m)	M_{zcr2}/M_{zcr1}	截面基本参数(mm)
双轴对称截面：H190×200×6.5×10	13.2	1625	1455.6	0.90	
	15.8	1147.23	1067.2	0.93	
	20	738.14	707.86	0.96	
	23.7	543.40	526.94	0.97	
	26.3	451.13	439.40	0.97	
	30	360.04	353.55	0.98	
加强上翼缘截面：190×200×100×6.5×10	13.2	1444.4	1257.2	0.87	
	15.8	1018.90	929.46	0.91	
	20	653.83	619.81	0.95	
	23.7	479.88	462	0.96	
	26.3	397.38	385.61	0.97	
	30	315.85	308.83	0.98	
加强下翼缘截面：190×100×200×6.5×10	13.2	274.09	266.96	0.97	
	15.8	206.14	202.65	0.98	
	20	147.25	145.79	0.99	
	23.7	118.64	117.39	0.99	
	26.3	104.76	103.84	0.99	
	30	90.69	90.03	0.99	

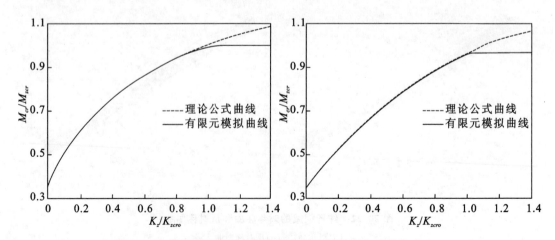

图 20.23　钢梁临界弯矩与扭转刚度关系曲线对比（高跨比为 30）

(a)双轴对称截面；(b)加强下翼缘截面

20.2.2 弹性侧向支撑纯弯简支梁的弯扭屈曲分析
——能量变分模型

上节的理论推导过程表明:即使对于仅布置 1 个弹性约束的纯弯钢梁屈曲问题,微分方程模型求解也异常复杂。为了克服上述微分方程模型的求解困难,本节将研究图 20.24 所示跨中设有弹性侧向支撑的纯弯简支梁弯扭屈曲问题。先给出其屈曲方程的无穷级数解,然后给出其临界弯矩的一阶和二阶近似解析解。

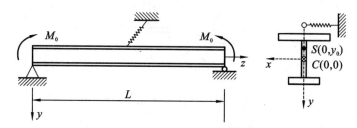

图 20.24 纯弯简支梁的计算简图

20.2.2.1 无穷级数解

(1) 总势能

若跨间设有弹性侧向支撑,则此时钢梁弯扭屈曲时的总势能也为两项之和,即

$$\Pi = \Pi_B + U_L \tag{20.97}$$

上式中,Π_B 为无弹性约束钢梁弯扭屈曲的总势能,即

$$\Pi_B = \frac{1}{2}\int_L [EI_y u''^2 + EI_\omega \theta''^2 + (GJ_k + 2M_x\beta_x)\theta'^2 + 2M_x u''\theta' - q_y a\theta^2]\,\mathrm{d}z \tag{20.98}$$

U_L 为弹性侧向支撑的应变能。

以图 20.25 所示的弹性侧向支撑钢梁截面为例,此时梁截面发生了弯扭屈曲,相应的屈曲位移有侧向位移 u 和截面转角 θ。假设弹性侧向支撑可以上下自由移动,即弹性侧向支撑始终保持处于水平位置,则此时侧向支撑的压缩量为

$$\Delta = u + a_L \cdot \sin\theta \tag{20.99}$$

考虑到钢梁的弯扭屈曲为线性屈曲,即截面转角 θ 很小,则上式可以简化为

$$\Delta \approx u + a_L \cdot \theta \tag{20.100}$$

根据应变能的定义可知,若跨中设有一道弹性侧向支撑,则该弹性支撑积蓄的应变能为

$$U_L = \frac{1}{2}k_L\Delta^2 \approx \frac{1}{2}k_L\left[u\left(\frac{L}{2}\right) + a_L \cdot \theta\left(\frac{L}{2}\right)\right]^2 \tag{20.101}$$

式中,k_L 为侧向支撑的侧移刚度。

若跨中设有多道弹性侧向支撑时,则钢梁屈曲时弹性侧向支撑积蓄的总应变能为

$$U_L = \frac{1}{2}\sum_{i=1}^{N_L} k_{Li}\,[u_{Li}(z_i)]^2 = \frac{1}{2}\sum_{i=1}^{N_L} k_{Li}\,[u(z_i) + a_{Li}\theta(z_i)]^2$$

$$= \frac{1}{2}\sum_{i=1}^{N_L} k_{Li}\,[u\,(z_i)^2 + 2a_{Li}u(z_i)\theta(z_i) + a_{Li}^2\theta\,(z_i)^2] \tag{20.102}$$

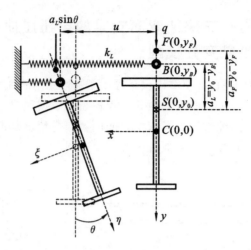

图 20.25　弹性侧向支撑的钢梁截面变形

式中，k_{Li} 为第 i 个侧向支撑的侧移刚度；N_L 为跨间侧向支撑的总数。

如果上式中 $N_L \to \infty$，则属于跨中设有连续弹性侧向支撑的情况，此时的应变能由式（20.102）的求和形式转变为如下的积分形式

$$U_L = \frac{1}{2} \int_0^L \bar{k}_L \left(u^2 + 2a_L u\theta + a_L^2 \theta^2 \right) \mathrm{d}z \tag{20.103}$$

其中，$\bar{k}_L$ 为分布侧向支撑的侧移刚度，即单位长度的侧移刚度。

（2）屈曲方程

对于图 20.24 所示跨中设有弹性侧向支撑的纯弯简支梁，仅有 1 道侧向支撑，此时可将考虑弹性侧向支撑影响后的总势能改写为

$$\Pi = \frac{1}{2} \int_L \left[EI_y u''^2 + EI_\omega \theta''^2 + (GJ_k + 2M_x \beta_x)\theta'^2 + 2M_x u''\theta' \right] \mathrm{d}z$$

$$+ \frac{1}{2} k_L \left[u\left(\frac{L}{2}\right)^2 + 2a_L u\left(\frac{L}{2}\right)\theta\left(\frac{L}{2}\right) + a_L^2 \theta\left(\frac{L}{2}\right)^2 \right] \tag{20.104}$$

式中，k_L 为弹性侧向支撑的侧移刚度。

设钢梁屈曲模态试函数为

$$u(z) = h \sum_{n=1}^{\infty} A_m \sin\left(\frac{m\pi z}{L}\right) \qquad (m = 1,2,3,\cdots,\infty) \tag{20.105}$$

$$\theta(z) = \sum_{n=1}^{\infty} B_n \sin\left(\frac{n\pi z}{L}\right) \qquad (n = 1,2,3,\cdots,\infty) \tag{20.106}$$

式中，h 为上下翼缘形心线之间的距离；A_m 和 B_n 均为无量纲待定系数（广义坐标）。

将屈曲模态试函数代入总势能公式积分，并引入如下的无量纲参数

$$\widetilde{M}_0 = \frac{M_0}{\left(\dfrac{\pi^2 EI_y}{L^2}\right)h}; \quad \tilde{\beta}_x = \frac{\beta_x}{h}; \quad \eta = \frac{I_1}{I_2}; \quad K = \sqrt{\frac{\pi^2 EI_\omega}{GJ_k L^2}} \tag{20.107}$$

$$\tilde{k}_{Li} = \frac{k_{Li} L^3}{EI_y}; \quad \tilde{a}_{Li} = \frac{a_{Li}}{h} \tag{20.108}$$

对总势能进行无量纲化处理,最后由 $\dfrac{\partial \Pi}{\partial A_m}=0$ 和 $\dfrac{\partial \Pi}{\partial B_n}=0$ 可得该问题的无量纲屈曲方程为

$$\begin{bmatrix} {}^0\boldsymbol{R} & {}^0\boldsymbol{S} \\ {}^0\boldsymbol{T} & {}^0\boldsymbol{Q} \end{bmatrix}\begin{Bmatrix} \boldsymbol{A} \\ \boldsymbol{B} \end{Bmatrix}=\widetilde{M}_0\begin{bmatrix} {}^1\boldsymbol{R} & {}^1\boldsymbol{S} \\ {}^1\boldsymbol{T} & {}^1\boldsymbol{Q} \end{bmatrix}\begin{Bmatrix} \boldsymbol{A} \\ \boldsymbol{B} \end{Bmatrix} \tag{20.109}$$

其中各个子块矩阵的元素表达式如下

$$\left.\begin{aligned} {}^0R_{m,m}&=\frac{m^4\pi^4}{2}+\tilde{k}_L\left[\sin\left(\frac{m\pi}{2}\right)\right]^2 \quad (m=1,2,\cdots,N) \\ {}^0R_{s,r}&=\tilde{k}_L\sin\left(\frac{s\pi}{2}\right)\sin\left(\frac{r\pi}{2}\right) \qquad\qquad \left(\begin{aligned} &r\neq s \\ &s=1,2,\cdots,N \\ &r=1,2,\cdots,N \end{aligned}\right) \end{aligned}\right\} \tag{20.110}$$

$$\left.\begin{aligned} {}^0S_{m,m}&=\tilde{k}_L\tilde{a}_L\left[\sin\left(\frac{m\pi}{2}\right)\right]^2 \quad (m=1,2,\cdots,N) \\ {}^0S_{s,r}&=\tilde{k}_L\tilde{a}_L\sin\left(\frac{s\pi}{2}\right)\sin\left(\frac{r\pi}{2}\right) \quad \left(\begin{aligned} &r\neq s \\ &s=1,2,\cdots,N \\ &r=1,2,\cdots,N \end{aligned}\right) \end{aligned}\right\} \tag{20.111}$$

$$\left.\begin{aligned} {}^0T_{m,m}&=\tilde{k}_L\tilde{a}_L\left[\sin\left(\frac{m\pi}{2}\right)\right]^2 \quad (m=1,2,\cdots,N) \\ {}^0T_{s,r}&=\tilde{k}_L\tilde{a}_L\sin\left(\frac{n\pi}{2}\right)\sin\left(\frac{r\pi}{2}\right) \quad \left(\begin{aligned} &r\neq s \\ &s=1,2,\cdots,N \\ &r=1,2,\cdots,N \end{aligned}\right) \end{aligned}\right\} \tag{20.112}$$

$$\left.\begin{aligned} {}^0Q_{m,m}&=\frac{\pi^4m^2(1+m^2K^2)\eta}{2K^2(1+\eta)^2}+\tilde{k}_L\tilde{a}_L^2\left[\sin\left(\frac{m\pi}{2}\right)\right]^2 \quad (m=1,2,\cdots,N) \\ {}^0Q_{s,r}&=\tilde{k}_L\tilde{a}_L^2\sin\left(\frac{s\pi}{2}\right)\sin\left(\frac{r\pi}{2}\right) \qquad\qquad \left(\begin{aligned} &r\neq s \\ &s=1,2,\cdots,N \\ &r=1,2,\cdots,N \end{aligned}\right) \end{aligned}\right\} \tag{20.113}$$

$$\left.{}^1R_{s,r}=0 \quad \left(\begin{aligned} &s=1,2,\cdots,N \\ &r=1,2,\cdots,N \end{aligned}\right)\right\} \tag{20.114}$$

$$\left.\begin{aligned} {}^1S_{m,m}&=\frac{m^2\pi^4}{2} \quad (m=1,2,\cdots,N) \\ {}^1S_{s,r}&=0 \qquad\qquad \left(\begin{aligned} &r\neq s \\ &s=1,2,\cdots,N \\ &r=1,2,\cdots,N \end{aligned}\right) \end{aligned}\right\} \tag{20.115}$$

$$\left.\begin{aligned} {}^1T_{m,m}&=\frac{m^2\pi^4}{2} \quad (m=1,2,\cdots,N) \\ {}^1T_{s,r}&=0 \qquad\qquad \left(\begin{aligned} &r\neq s \\ &s=1,2,\cdots,N \\ &r=1,2,\cdots,N \end{aligned}\right) \end{aligned}\right\} \tag{20.116}$$

$$
\left.
\begin{array}{l}
{}^{1}\boldsymbol{Q}_{m,m} = -m^{2}\pi^{4}\tilde{\beta}_{x} \quad (m=1,2,\cdots,N) \\[2mm]
{}^{1}\boldsymbol{Q}_{s,r} = 0 \quad\quad\quad \begin{pmatrix} r \neq s \\ s=1,2,\cdots,N \\ r=1,2,\cdots,N \end{pmatrix}
\end{array}
\right\}
\tag{20.117}
$$

（3）Matlab 程序（见二维码）

图 20.26 为依据该程序分析得到的弹性侧向支撑位置对纯弯钢梁屈曲荷载的影响，从图中可见，侧向支撑布置在下翼缘（受拉翼缘）时效果最差；侧向支撑布置在剪心或者上翼缘（受压翼缘）对纯弯钢梁屈曲荷载的影响相近。

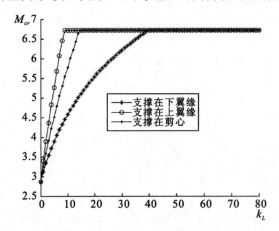

图 20.26　弹性侧向支撑位置的影响

20.2.2.2　一阶和二阶近似解析解

本节将基于能量变分模型给出跨中布置弹性侧向支撑纯弯钢梁的一阶和二阶近似解析解。

（1）一阶近似解析解

参照上节的屈曲方程式（20.109），若模态函数仅取一项，此时相应的无量纲屈曲方程为

$$
A\left(\frac{\pi^{4}}{2}+\tilde{k}_{L}\right)+B\left(-\frac{\widetilde{M}_{0}\pi^{4}}{2}+\tilde{a}_{L}\tilde{k}_{L}\right)=0
\tag{20.118}
$$

$$
A\left(-\frac{\widetilde{M}_{0}\pi^{4}}{2}+\tilde{a}_{L}\tilde{k}_{L}\right)+B\left[\tilde{a}_{L}^{2}\tilde{k}_{L}+\frac{(1+K^{2})\pi^{4}\eta}{2K^{2}(1+\eta)^{2}}+\widetilde{M}_{0}\pi^{4}\tilde{\beta}_{x}\right]=0
\tag{20.119}
$$

或者

$$
\begin{bmatrix}
\dfrac{\pi^{4}}{2}+\tilde{k}_{L} & -\dfrac{\widetilde{M}_{0}\pi^{4}}{2}+\tilde{a}_{L}\tilde{k}_{L} \\[3mm]
-\dfrac{\widetilde{M}_{0}\pi^{4}}{2}+\tilde{a}_{L}\tilde{k}_{L} & \widetilde{M}_{0}\pi^{4}\tilde{\beta}_{x}+\dfrac{(1+K^{2})\pi^{4}\eta}{2K^{2}(1+\eta)^{2}}+\tilde{a}_{L}^{2}\tilde{k}_{L}
\end{bmatrix}
\begin{Bmatrix} A \\ B \end{Bmatrix}=0
\tag{20.120}
$$

或者

$$
\left(
\begin{bmatrix}
\dfrac{\pi^{4}}{2}+\tilde{k}_{L} & \tilde{a}_{L}\tilde{k}_{L} \\[3mm]
\tilde{a}_{L}\tilde{k}_{L} & \tilde{a}_{L}^{2}\tilde{k}_{L}+\dfrac{(1+K^{2})\eta}{2K^{2}(1+\eta)^{2}}
\end{bmatrix}
+\widetilde{M}_{0}
\begin{bmatrix}
0 & -\dfrac{\pi^{4}}{2} \\[3mm]
-\dfrac{\pi^{4}}{2} & \pi^{4}\tilde{\beta}_{x}
\end{bmatrix}
\right)
\begin{Bmatrix} A \\ B \end{Bmatrix}=0
\tag{20.121}
$$

为了保证 A、B 不同时为零，必有

$$\mathrm{Det}\left\{\begin{pmatrix}\dfrac{\pi^4}{2}+\tilde{k}_L & \tilde{a}_L\tilde{k}_L \\[3mm] \tilde{a}_L\tilde{k}_L & \tilde{a}_L^2\tilde{k}_L+\dfrac{(1+K^2)\eta}{2K^2(1+\eta)^2}\end{pmatrix}+\widetilde{M}_0\begin{pmatrix}0 & -\dfrac{\pi^4}{2} \\[3mm] -\dfrac{\pi^4}{2} & \pi^4\tilde{\beta}_x\end{pmatrix}\right\}=0 \qquad (20.122)$$

展开得到

$$\frac{1}{2}\widetilde{M}_0^2-\left[\frac{2\pi^4\tilde{k}_L(\tilde{a}_L+\tilde{\beta}_x)}{\pi^8}+\tilde{\beta}_x\right]\widetilde{M}_0-\left[\frac{\tilde{a}_L^2\tilde{k}_L}{\pi^4}+\frac{(1+K^2)(\pi^4+2\tilde{k}_L)\eta}{2\pi^4K^2(1+\eta)^2}\right]=0 \quad (20.123)$$

上式即为所求的屈曲方程。

若无弹性侧向支撑，即取 $\tilde{k}_L=0$，则有

$$\frac{1}{2}\widetilde{M}_0^2-[\tilde{\beta}_x]\widetilde{M}_0-\frac{\eta}{2(1+\eta)^2}\left(1+\frac{1}{K^2}\right)=0 \qquad (20.124)$$

此式与经典解析解完全一致，初步证明上节给出的无穷级数解式(20.109)是正确的。

（2）二阶近似解析解

① 模态试函数（2 项）

$$u(z)=A_1 h\sin\frac{\pi z}{L}+A_2 h\sin\frac{2\pi z}{L} \qquad (20.125)$$

$$\theta(z)=B_1\sin\frac{\pi z}{L}+B_2\sin\frac{2\pi z}{L} \qquad (20.126)$$

② 内力函数

$$M_x(z)=M_0 \qquad (20.127)$$

③ 总势能

仅考虑双轴对称情况，此时简支梁弯扭屈曲的总势能为

$$\Pi=\frac{1}{2}\int_L(EI_yu''^2+EI_\omega\theta''^2+GJ_k\theta'^2+2M_xu''\theta)\mathrm{d}z$$

$$+\frac{1}{2}k_L\left[u\left(\frac{L}{2}\right)+a_L\cdot\theta\left(\frac{L}{2}\right)\right]^2 \qquad (20.128)$$

将上式各项乘以公因子 $L^3/(h^2EI_y)$，再将式(20.125)～式(20.127)代入上式并进行积分运算，然后再利用如下的无量纲参数

$$\widetilde{M}_0=\frac{M_0}{\left(\dfrac{\pi^2EI_y}{L^2}\right)h},\quad K=\sqrt{\frac{\pi^2EI_\omega}{GJ_kL^2}},\quad \tilde{k}_L=\frac{k_L}{\left(\dfrac{EI_y}{L^3}\right)},\quad \tilde{a}_L=\frac{a_L}{h} \qquad (20.129)$$

其中，M_0 为简支梁的两端弯矩。

通过相应的数学代换，即可获得如下钢梁的无量纲总势能

$$\Pi=\frac{1}{4}\pi^4(A_1^2+16A_2^2)+\frac{\pi^4(B_1^2+4B_2^2)}{16K^2}+\frac{1}{16}\pi^4(B_1^2+16B_2^2)$$

$$-\frac{1}{2}\pi^4(A_1B_1+4A_2B_2)\widetilde{M}_{cr}+\frac{1}{2}(A_1+\tilde{a}_LB_1)^2\tilde{k}_L \qquad (20.130)$$

④ 屈曲方程

根据势能驻值原理,必有

$$\frac{\partial \Pi}{\partial A_i}=0 \quad (i=1,2), \quad \frac{\partial \Pi}{\partial B_i}=0 \quad (i=1,2) \tag{20.131}$$

从而有

$$\begin{Bmatrix} \dfrac{\pi^4}{2}+\tilde{k}_L & 0 & \tilde{a}_L\tilde{k}_L-\dfrac{1}{2}\pi^4\widetilde{M}_{cr} & 0 \\ 0 & 8\pi^4 & 0 & -2\pi^4\widetilde{M}_{cr} \\ \tilde{a}_L\tilde{k}_L-\dfrac{1}{2}\pi^4\widetilde{M}_{cr} & 0 & \dfrac{\pi^4}{8}+\dfrac{\pi^4}{8K^2}+\tilde{a}_L^2\tilde{k}_L & 0 \\ 0 & -2\pi^4\widetilde{M}_{cr} & 0 & 2\pi^4+\dfrac{\pi^4}{2K^2} \end{Bmatrix} \begin{Bmatrix} A_1 \\ A_2 \\ B_1 \\ B_2 \end{Bmatrix}=\begin{Bmatrix} 0 \\ 0 \\ 0 \\ 0 \end{Bmatrix} \tag{20.132}$$

上式即为二阶近似的无量纲屈曲弯矩方程。

⑤ 近似解析解

研究发现,屈曲方程式(20.132)实际上存在显式的解析解,这将为我们简化弹性支撑的分析提供极大的方便。

因为屈曲方程式(20.132)是一个齐次代数方程,为保证其有非零解,必有

$$\mathrm{Det}\begin{Bmatrix} \dfrac{\pi^4}{2}+\tilde{k}_L & 0 & \tilde{a}_L\tilde{k}_L-\dfrac{1}{2}\pi^4\widetilde{M}_{cr} & 0 \\ 0 & 8\pi^4 & 0 & -2\pi^4\widetilde{M}_{cr} \\ \tilde{a}_L\tilde{k}_L-\dfrac{1}{2}\pi^4\widetilde{M}_{cr} & 0 & \dfrac{\pi^4}{8}+\dfrac{\pi^4}{8K^2}+\tilde{a}_L^2\tilde{k}_L & 0 \\ 0 & -2\pi^4\widetilde{M}_{cr} & 0 & 2\pi^4+\dfrac{\pi^4}{2K^2} \end{Bmatrix}=0 \tag{20.133}$$

解之可得两个根

$$\widetilde{M}_{cr1}=\frac{\sqrt{1+4K^2}}{K} \tag{20.134}$$

$$\widetilde{M}_{cr2}=\frac{4K^2\tilde{a}_L\tilde{k}_L+\sqrt{K^2(\pi^4+2\tilde{k}_L)[(1+K^2)\pi^4+8K^2\tilde{a}_L^2\tilde{k}_L^2]}}{2K^2\pi^4} \tag{20.135}$$

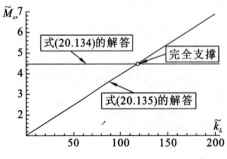

图 20.27　两个解析解答的关系图解

这两个表达式分别为纯弯简支梁在完全支撑和非完全支撑情况下的无量纲临界弯矩。图 20.27 为上述两个解答的适用范围和关系图。

上述解答就是本书首次给出的跨中布置单个弹性侧向支撑、纯弯简支梁的临界弯矩近似解析解,它是我们根据两项三角级数的模态函数推导得到的,可称之为"二阶近似解析解"。

(3) 完全支撑的门槛刚度

研究弹性支撑问题的工程目的是为设计者提供一个量化的完全支撑最小刚度要求,即设计多大截面的支撑方可达到与刚性支撑相同的效果。

为了与传统的刚性支撑(理论上,刚性支撑的刚度为无穷大)相区别,国外文献提出了"完全支撑"(Full Brace)的概念。所谓"完全支撑"是指这样一类弹性支撑,即其截面和刚度为有限值,但其作用效果与刚性支撑作用相同。据此可将刚好达到刚性支撑效果的支撑刚度定义为门槛刚度。根据此定义,将刚度不小于门槛刚度的弹性支撑视为"完全支撑"。

以本节跨中设置弹性侧向支撑的纯弯简支梁为例,完全支撑的门槛刚度是恰好使钢梁屈曲模态由单个半波转变为两个半波的支撑侧移刚度,因此令上节得到的两个解答相等,即可解出完全支撑门槛刚度 $\tilde{k}_{L\min}$。其解析解为

$$\tilde{k}_{L\min}=\frac{3\pi^4\left(1+6K^2+5K^4-8K\sqrt{1+4K^2}\tilde{a}_L-40K^3\sqrt{1+4K^2}\tilde{a}_L+4K^2\tilde{a}_L^2+20K^4\tilde{a}_L^2\right)}{2\left(1+2K^2+K^4-56K^2\tilde{a}_L^2-248K^4\tilde{a}_L^2+16K^4\tilde{a}_L^4\right)}$$

$$(20.136)$$

图 20.28 为两个参数对完全支撑门槛刚度 $\tilde{k}_{L\min}$ 的影响示意图,从图中可以看出,K 对 $\tilde{k}_{L\min}$ 的影响最为显著,且随着 K 值增大 $\tilde{k}_{L\min}$ 逐渐减小,而支撑作用位置的影响很小,可以忽略。

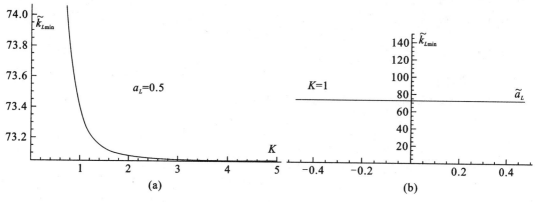

图 20.28 完全支撑门槛刚度的影响参数分析

(a)K 的影响;(b)$\tilde{a}_L$ 的影响

20.3 弹性支撑均布荷载下简支梁的弯扭屈曲分析

对于钢梁的弯扭屈曲问题,可直接从微分方程获得显式解析解的只有一种情况,即纯弯简支梁情况,这是因为此时的微分方程为常系数的,可用高等数学方法求解。对于其他荷载工况(如均布荷载、集中荷载等)的简支梁或者其他边界条件的悬臂梁、连续梁等,相关的屈曲微分方程均为变系数的,此时只能借助其他方法求解。

从本节开始,我们将依据能量变分法来求解弹性支撑下承受均布荷载的简支梁、悬臂梁和双跨连续梁弯扭屈曲问题。

20.3.1 弹性侧向支撑均布荷载下简支梁的弯扭屈曲分析

对于跨中布置弹性侧向支撑、承受均布荷载的简支梁情况,其计算简图如图 20.29 所示。

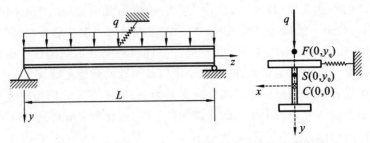

图 20.29　弹性侧向支撑均布荷载下简支梁的计算简图

20.3.1.1　两项级数的解答

(1) 模态试函数[2 项,见式(20.125)、式(20.126)]

(2) 内力函数

$$M_x(z)=\frac{1}{2}q(Lz-z^2) \tag{20.137}$$

跨中最大弯矩为

$$M_0=\frac{qL^2}{8} \tag{20.138}$$

(3) 总势能

仅考虑双轴对称情况,此时简支梁弯扭屈曲的总势能为

$$\Pi=\frac{1}{2}\int_L(EI_yu''^2+EI_\omega\theta''^2+GJ_k\theta'^2+2M_xu''\theta)\mathrm{d}z \tag{20.139}$$

$$-\frac{1}{2}\int_Lqa_q\theta^2\mathrm{d}z+\frac{1}{2}k_L\left[u\left(\frac{L}{2}\right)+a_L\cdot\theta\left(\frac{L}{2}\right)\right]^2$$

将上式各项乘以公因子 $L^3/(h^2EI_y)$,再将式(20.125)、式(20.126)、式(20.137)代入上式并进行积分运算,然后再利用如下的无量纲参数

$$\widetilde{M}_0=\frac{M_0}{\left(\frac{\pi^2EI_y}{L^2}\right)h},\quad K=\sqrt{\frac{\pi^2EI_\omega}{GJ_kL^2}},\quad \tilde{a}_q=\frac{a_q}{h},\quad \tilde{k}_L=\frac{k_L}{\left(\frac{EI_y}{L^3}\right)},\quad \tilde{a}_L=\frac{a_L}{h} \tag{20.140}$$

其中,M_0 为均布荷载作用下简支梁的最大弯矩,$M_0=qL^2/8$。

通过相应的数学代换,即可获得钢梁的无量纲总势能

$$\Pi=\frac{1}{4}\pi^4(A_1^2+16A_2^2)+\frac{\pi^4(B_1^2+4B_2^2)}{16K^2}+\frac{1}{16}\pi^4(B_1^2+16B_2^2)$$

$$-\frac{1}{3}\pi^2[(3+\pi^2)A_1B_1+(3+4\pi^2)A_2B_2]\widetilde{M}_{cr}+2\pi^2\tilde{a}_q(B_1^2+B_2^2)\widetilde{M}_{cr}$$

$$+\frac{1}{2}(A_1+\tilde{a}_LB_1)^2\tilde{k}_L \tag{20.141}$$

(4) 屈曲方程

根据势能驻值原理,可得到式(20.131),从而有

$$\left.\begin{aligned}
&\left(\frac{\pi^4}{2}+\tilde{k}_L\right)A_1+\left(\tilde{a}_L\tilde{k}_L-\frac{1}{3}\pi^2\,(3+\pi^2)\,\widetilde{M}_{cr}\right)B_1=0 \\
&8\pi^4 A_2-\frac{1}{3}\pi^2\,(3+4\pi^2)\,\widetilde{M}_{cr}B_2=0 \\
&\left(\tilde{a}_L\tilde{k}_L-\frac{1}{3}\pi^2\,(3+\pi^2)\,\widetilde{M}_{cr}\right)A_1+\left(\frac{\pi^4}{8}+\frac{\pi^4}{8K^2}+\tilde{a}_L^2\tilde{k}_L+4\pi^2\tilde{a}_q\widetilde{M}_{cr}\right)B_1=0 \\
&-\frac{1}{3}\pi^2\,(3+4\pi^2)\,\widetilde{M}_{cr}A_2+\left(2\pi^4+\frac{\pi^4}{2K^2}+4\pi^2\tilde{a}_q\widetilde{M}_{cr}\right)B_2=0
\end{aligned}\right\} \quad (20.142)$$

或者

$$\begin{pmatrix}
\dfrac{\pi^4}{2}+\tilde{k}_L & 0 & \tilde{a}_L\tilde{k}_L-\dfrac{1}{3}\pi^2\,(3+\pi^2)\,\widetilde{M}_{cr} & 0 \\[2mm]
0 & 8\pi^4 & 0 & -\dfrac{1}{3}\pi^2\,(3+4\pi^2)\,\widetilde{M}_{cr} \\[2mm]
\tilde{a}_L\tilde{k}_L-\dfrac{1}{3}\pi^2\,(3+\pi^2)\,\widetilde{M}_{cr} & 0 & \dfrac{\pi^4}{8}+\dfrac{\pi^4}{8K^2}+\tilde{a}_L^2\tilde{k}_L+4\pi^2\tilde{a}_q\widetilde{M}_{cr} & 0 \\[2mm]
0 & -\dfrac{1}{3}\pi^2\,(3+4\pi^2)\,\widetilde{M}_{cr} & 0 & 2\pi^4+\dfrac{\pi^4}{2K^2}+4\pi^2\tilde{a}_q\widetilde{M}_{cr}
\end{pmatrix}
\begin{Bmatrix} A_1 \\ A_2 \\ B_1 \\ B_2 \end{Bmatrix}$$

$$=\begin{Bmatrix} 0 \\ 0 \\ 0 \\ 0 \end{Bmatrix} \quad (20.143)$$

上式即为矩阵表达的无量纲屈曲弯矩方程,当然也可表达为如下的形式

$$\left(\begin{bmatrix} {}^0\boldsymbol{R} & {}^0\boldsymbol{S} \\ {}^0\boldsymbol{T} & {}^0\boldsymbol{Q} \end{bmatrix}+\begin{bmatrix} {}^L\boldsymbol{R} & {}^L\boldsymbol{S} \\ {}^L\boldsymbol{T} & {}^L\boldsymbol{Q} \end{bmatrix}\right)\begin{Bmatrix} \boldsymbol{A} \\ \boldsymbol{B} \end{Bmatrix}=\widetilde{M}_0\begin{bmatrix} {}^1\boldsymbol{R} & {}^1\boldsymbol{S} \\ {}^1\boldsymbol{T} & {}^1\boldsymbol{Q} \end{bmatrix}\begin{Bmatrix} \boldsymbol{A} \\ \boldsymbol{B} \end{Bmatrix} \quad (20.144)$$

其中

$$\begin{Bmatrix} \boldsymbol{A} \\ \boldsymbol{B} \end{Bmatrix}=[A_1 \quad A_2 \quad B_1 \quad B_2]^{\mathrm{T}} \quad (20.145)$$

20.3.1.2　二阶近似解析解

因为屈曲方程式(20.143)是一个齐次代数方程,为保证其有非零解,必有

$$\mathrm{Det}\begin{pmatrix}
\dfrac{\pi^4}{2}+\tilde{k}_L & 0 & \tilde{a}_L\tilde{k}_L-\dfrac{1}{3}\pi^2\,(3+\pi^2)\,\widetilde{M}_{cr} & 0 \\[2mm]
0 & 8\pi^4 & 0 & -\dfrac{1}{3}\pi^2\,(3+4\pi^2)\,\widetilde{M}_{cr} \\[2mm]
\tilde{a}_L\tilde{k}_L-\dfrac{1}{3}\pi^2\,(3+\pi^2)\,\widetilde{M}_{cr} & 0 & \dfrac{\pi^4}{8}+\dfrac{\pi^4}{8K^2}+\tilde{a}_L^2\tilde{k}_L+4\pi^2\tilde{a}_q\widetilde{M}_{cr} & 0 \\[2mm]
0 & -\dfrac{1}{3}\pi^2\,(3+4\pi^2)\,\widetilde{M}_{cr} & 0 & 2\pi^4+\dfrac{\pi^4}{2K^2}+4\pi^2\tilde{a}_q\widetilde{M}_{cr}
\end{pmatrix}$$

$$=0 \quad (20.146)$$

解之可得两个根

$$\widetilde{M}_{cr1}=\frac{6\pi^2\left(24K^2a_q+\sqrt{K^2\left(1+4K^2\right)\left(3+4\pi^2\right)^2+576K^4a_q^2}\right)}{K^2\left(3+4\pi^2\right)^2} \qquad (20.147)$$

$$\widetilde{M}_{cr2}=\frac{3}{4K^2\pi^2\left(3+\pi^2\right)^2}$$

$$\left[\begin{matrix}4K^2\left[\left(3+\pi^2\right)a_Lk_L+3a_q\left(\pi^4+2k_L\right)\right]+\\ \sqrt{K^2\left(\pi^4+2k_L\right)\{\left(1+K^2\right)\pi^4\left(3+\pi^2\right)^2+8K^2\{18\pi^4a_q^2+\left[\left(3+\pi^2\right)a_L+6a_q\right]^2k_L\}\}}\end{matrix}\right]$$

$$(20.148)$$

上述解答是我们根据两项三角级数的模态函数推导得到的，可称之为"二阶近似解析解"。

20.3.1.3 无穷级数的解答

仿照上一节的方法，可将钢梁屈曲问题转化为分块矩阵表达的特征值问题，即

$$\begin{bmatrix}{}^0\!\boldsymbol{R}&{}^0\!\boldsymbol{S}\\ {}^0\!\boldsymbol{T}&{}^0\!\boldsymbol{Q}\end{bmatrix}\begin{Bmatrix}\boldsymbol{A}\\ \boldsymbol{B}\end{Bmatrix}=\widetilde{M}_0\begin{bmatrix}{}^1\!\boldsymbol{R}&{}^1\!\boldsymbol{S}\\ {}^1\!\boldsymbol{T}&{}^1\!\boldsymbol{Q}\end{bmatrix}\begin{Bmatrix}\boldsymbol{A}\\ \boldsymbol{B}\end{Bmatrix} \qquad (20.149)$$

其中各子块矩阵的元素为

$$\left.\begin{matrix}{}^0\!R_{m,m}=\dfrac{m^4\pi^4}{2}+\tilde{k}_L\left[\sin\left(\dfrac{m\pi}{2}\right)\right]^2 \qquad (m=1,2,\cdots,N)\\[3mm] {}^0\!R_{m,r}=\tilde{k}_L\sin\left(\dfrac{m\pi}{2}\right)\sin\left(\dfrac{r\pi}{2}\right) \qquad \begin{pmatrix}r\neq m\\ r=1,2,\cdots,N\end{pmatrix}\end{matrix}\right\} \qquad (20.150)$$

$$\left.\begin{matrix}{}^0\!S_{m,m}=\tilde{k}_L\tilde{a}_L\left[\sin\left(\dfrac{m\pi}{2}\right)\right]^2 \qquad (m=1,2,\cdots,N)\\[3mm] {}^0\!S_{m,r}=\tilde{k}_L\tilde{a}_L\sin\left(\dfrac{m\pi}{2}\right)\sin\left(\dfrac{r\pi}{2}\right) \qquad \begin{pmatrix}r\neq m\\ r=1,2,\cdots,N\end{pmatrix}\end{matrix}\right\} \qquad (20.151)$$

$$\left.\begin{matrix}{}^0\!T_{n,n}=\tilde{k}_L\tilde{a}_L\left[\sin\left(\dfrac{n\pi}{2}\right)\right]^2 \qquad (n=1,2,\cdots,N)\\[3mm] {}^0\!T_{n,r}=\tilde{k}_L\tilde{a}_L\sin\left(\dfrac{n\pi}{2}\right)\sin\left(\dfrac{r\pi}{2}\right) \qquad \begin{pmatrix}r\neq n\\ r=1,2,\cdots,N\end{pmatrix}\end{matrix}\right\} \qquad (20.152)$$

$$\left.\begin{matrix}{}^0\!Q_{n,n}=\dfrac{\pi^4n^2\left(1+n^2K^2\right)\eta}{2K^2\left(1+\eta\right)^2}+\tilde{k}_L\tilde{a}_L^2\left[\sin\left(\dfrac{n\pi}{2}\right)\right]^2 \qquad (n=1,2,\cdots,N)\\[3mm] {}^0\!Q_{n,r}=\tilde{k}_L\tilde{a}_L^2\sin\left(\dfrac{n\pi}{2}\right)\sin\left(\dfrac{r\pi}{2}\right) \qquad \begin{pmatrix}r\neq n\\ r=1,2,\cdots,N\end{pmatrix}\end{matrix}\right\} \qquad (20.153)$$

$$\left.{}^1\!R_{m,r}=0 \quad \begin{pmatrix}m=1,2,\cdots,N\\ r=1,2,\cdots,N\end{pmatrix}\right\} \qquad (20.154)$$

$$\left.\begin{matrix}{}^1\!S_{m,m}=\dfrac{3+m^2\pi^2}{3}\pi^2 \qquad (m=1,2,\cdots,N)\\[3mm] {}^1\!S_{m,n}=\dfrac{16m^3n}{\left(m^2-n^2\right)^2}\pi^2 \qquad \begin{pmatrix}n\neq m\\ m=1,2,\cdots,N\\ m+n=偶数\end{pmatrix}\end{matrix}\right\} \qquad (20.155)$$

$$
\left.
\begin{aligned}
{}^1T_{n,n} &= \frac{3+n^2\pi^2}{3}\pi^2 \qquad (n=1,2,\cdots,N) \\
{}^1T_{n,r} &= -\frac{16r^3n}{(r^2-n^2)^2}\pi^2 \qquad \left(\begin{matrix} r\neq n \\ r=1,2,\cdots,N \\ r+n=\text{偶数} \end{matrix}\right)
\end{aligned}
\right\}
\tag{20.156}
$$

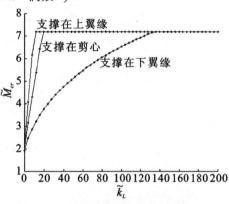

$$
\left.
\begin{aligned}
{}^1Q_{n,n} &= 4\pi^2\tilde{a} - \frac{2(-3+n^2\pi^2)}{3}\pi^2\tilde{\beta}_x \qquad (n=1,2,\cdots,N) \\
{}^1Q_{n,r} &= \frac{16nr(n^2+r^2)}{(n^2-r^2)^2}\pi^2\tilde{\beta}_x \qquad \left(\begin{matrix} r\neq n \\ r=1,2,\cdots,N \\ r+n=\text{偶数} \end{matrix}\right)
\end{aligned}
\right\}
\tag{20.157}
$$

图 20.30 为依据无穷级数解分析得到的弹性侧向支撑位置对均布荷载作用下钢梁屈曲荷载的影响。从图中可见,侧向支撑布置在下翼缘(受拉翼缘)时效果最差;侧向支撑布置在剪心或者上翼缘(受压翼缘)对纯弯钢梁屈曲荷载的影响相近。

图 20.30   弹性侧向支撑位置的影响
(均布荷载作用下)

20.3.2   弹性扭转支撑均布荷载下简支梁的弯扭屈曲分析

本节将对弹性扭转支撑均布荷载作用下简支梁(双轴对称截面)进行弯扭屈曲分析,扭转支撑布置在截面剪心处,计算简图如图 20.31 所示。图中,L 为简支梁跨度,q_y 为均布荷载,h 为上、下翼缘形心间距离,k_T 为扭转支撑刚度。

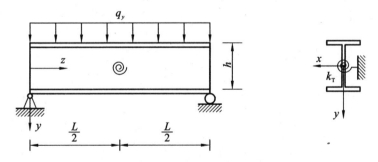

图 20.31   扭转支撑均布荷载下简支梁的计算简图

20.3.2.1   两项级数的解答

(1) 模态试函数[2 项,见式(20.125)、式(20.126)]

(2) 内力函数见式(20.137),跨中最大弯矩见式(20.138)。

(3) 总势能

仅考虑双轴对称情况,此时简支梁弯扭屈曲的总势能为

$$
\Pi = \frac{1}{2}\int_L (EI_y u''^2 + EI_\omega\theta''^2 + GJ_k\theta'^2 + 2M_x u''\theta)\mathrm{d}z - \frac{1}{2}\int_L qa_q\theta^2\mathrm{d}z + \frac{1}{2}k_L\theta\left(\frac{L}{2}\right)^2
$$

$$
\tag{20.158}
$$

将上式各项乘以公因子 $L^3/(h^2EI_y)$，再将式(20.125)、式(20.126)、式(20.137)代入上式并进行积分运算，然后利用如下的无量纲参数

$$\widetilde{M}_0 = \frac{M_0}{\left(\frac{\pi^2 EI_y}{L^2}\right)h}; \quad K = \sqrt{\frac{\pi^2 EI_\omega}{GJ_k L^2}}; \quad \tilde{a}_q = \frac{a_q}{h}; \quad \tilde{k}_T = \frac{k_T}{h^2\left(\frac{EI_y}{L^3}\right)} \tag{20.159}$$

其中，M_0 为均布荷载作用下简支梁的最大弯矩，$M_0 = qL^2/8$。

通过相应的数学代换，即可获得钢梁的无量纲总势能

$$\begin{aligned}\Pi &= \frac{1}{4}\pi^4(A_1^2 + 16A_2^2) + \frac{\pi^4(B_1^2 + 4B_2^2)}{16K^2} + \frac{1}{16}\pi^4(B_1^2 + 16B_2^2)\\&\quad - \frac{1}{3}\pi^2[(3+\pi^2)A_1 B_1 + (3+4\pi^2)A_2 B_2]M_{cr}\\&\quad + \frac{1}{2}B_1^2 k_T + 2\pi^2 a_q(B_1^2 + B_2^2)M_{cr}\end{aligned} \tag{20.160}$$

（4）屈曲方程

根据势能驻值原理，必有

$$\frac{\partial \Pi}{\partial A_i} = 0 \quad (i=1,2), \quad \frac{\partial \Pi}{\partial B_i} = 0 \quad (i=1,2) \tag{20.161}$$

从而有

$$\begin{pmatrix}\frac{\pi^4}{2} & 0 & -\frac{1}{3}\pi^2(3+\pi^2)\widetilde{M}_{cr} & 0\\[2mm] 0 & 8\pi^4 & 0 & -\frac{1}{3}\pi^2(3+4\pi^2)\widetilde{M}_{cr}\\[2mm] -\frac{1}{3}\pi^2(3+\pi^2)\widetilde{M}_{cr} & 0 & \frac{\pi^4}{8}+\frac{\pi^4}{8K^2}+\tilde{k}_T+4\pi^2\tilde{a}_q\widetilde{M}_{cr} & 0\\[2mm] 0 & -\frac{1}{3}\pi^2(3+4\pi^2)\widetilde{M}_{cr} & 0 & 2\pi^4+\frac{\pi^4}{2K^2}+4\pi^2\tilde{a}_q\widetilde{M}_{cr}\end{pmatrix}\begin{Bmatrix}A_1\\A_2\\B_1\\B_2\end{Bmatrix}$$

$$= \begin{Bmatrix}0\\0\\0\\0\end{Bmatrix} \tag{20.162}$$

上式即为二阶近似的无量纲屈曲弯矩方程。因为此屈曲方程是一个齐次代数方程，为保证其有非零解，必有

$$\mathrm{Det}\begin{pmatrix}\frac{\pi^4}{2} & 0 & -\frac{1}{3}\pi^2(3+\pi^2)\widetilde{M}_{cr} & 0\\[2mm] 0 & 8\pi^4 & 0 & -\frac{1}{3}\pi^2(3+4\pi^2)\widetilde{M}_{cr}\\[2mm] -\frac{1}{3}\pi^2(3+\pi^2)\widetilde{M}_{cr} & 0 & \frac{\pi^4}{8}+\frac{\pi^4}{8K^2}+\tilde{k}_T+4\pi^2\tilde{a}_q\widetilde{M}_{cr} & 0\\[2mm] 0 & -\frac{1}{3}\pi^2(3+4\pi^2)\widetilde{M}_{cr} & 0 & 2\pi^4+\frac{\pi^4}{2K^2}+4\pi^2\tilde{a}_q\widetilde{M}_{cr}\end{pmatrix}$$

$$= 0 \tag{20.163}$$

解之可得两个根

$$\widetilde{M}_{cr1} = \frac{6\pi^2\left[24K^2a_q + \sqrt{K^2\left(1+4K^2\right)\left(3+4\pi^2\right)^2 + 576K^4a_q^2}\right]}{K^2\left(3+4\pi^2\right)^2} \tag{20.164}$$

$$\widetilde{M}_{cr2} = \frac{3\left\{12K^2\pi^2a_q + \sqrt{144K^4\pi^4a_q^2 + K^2\left(3+\pi^2\right)^2\left[\left(1+K^2\right)\pi^4 + 8K^2k_T\right]}\right\}}{4K^2\left(3+\pi^2\right)^2} \tag{20.165}$$

上述解答就是我们给出的跨中布置弹性侧向支撑、均布荷载作用下简支梁的临界弯矩近似解析解，它是我们根据两项三角级数的模态函数推导得到的，可称之为"二阶近似解析解"，分别为完全支撑和非完全支撑情况下的无量纲临界弯矩。

20.3.2.2 六项级数的解答

（1）模态试函数

$$u(z) = \sum_{i=1}^{6} A_i h \sin\left(\frac{i\pi z}{L}\right) \tag{20.166}$$

$$\theta(z) = \sum_{i=1}^{6} B_i \sin\left(\frac{i\pi z}{L}\right) \tag{20.167}$$

式中，$u(z)$、$\theta(z)$分别为钢梁屈曲时截面的侧向位移和绕剪切中心的扭转角，是关于变量z的函数；A_i、$B_i(i=1,2,3,4,5,6)$为待定系数。

显然，位移和转角的模态试函数满足以下简支梁的边界条件

$$\left.\begin{array}{l} u(0)=u(L)=0; \quad u''(0)=u''(L)=0 \\ \theta(0)=\theta(L)=0; \quad \theta'(0)=\theta'(L)=0 \end{array}\right\} \tag{20.168}$$

（2）截面内力函数

均布荷载下简支梁任意截面的M_x为以下表达式：

$$M_x(z) = \frac{q_y L z}{2} - \frac{q_y z^2}{2}, \quad 0 \leqslant z \leqslant L \tag{20.169}$$

（3）总势能方程

根据前述的板-梁理论，无扭转支撑作用均布荷载下简支梁弯扭屈曲的总势能表达式为

$$\Pi_B = \frac{1}{2}\int_0^L\left[EI_yu''^2 + EI_w\theta''^2 + GJ_k\theta'^2 + 2M_xu''\theta - q_ya\theta^2\right]\mathrm{d}z \tag{20.170}$$

式中，E为弹性模量；I_y为钢梁绕弱y的惯性矩；I_w为截面的翘曲惯性矩；G为剪切模量；J_k为截面自由扭转常数。

将式(20.166)、式(20.167)和式(20.169)代入式(20.170)中，则无支撑时的总势能可进一步表示为

$$\Pi_B = \frac{h^2\pi^4EI_y}{4L^3}\sum_{i=1}^{6}i^4A_i^2 + \frac{\pi^4EI_w}{4L^3}\sum_{i=1}^{6}i^4B_i^2 + \frac{\pi^4GJ_k}{4L}\sum_{i=1}^{6}i^2B_i^2$$

$$+ \int_0^L\left[q_yLzu''\theta - q_yz^2u''\theta\right]\mathrm{d}z + \frac{aq_yL}{4}\sum_{i=1}^{6}B_i^2 \tag{20.171}$$

跨中扭转支撑势能为

$$\Pi_T = \frac{1}{2}k_T\left(\theta\left[\frac{L}{2}\right]\right)^2 \tag{20.172}$$

将式(20.167)代入式(20.172),则支撑势能可进一步表示为:

$$\Pi_T = \frac{1}{2}R\left[B_1 - B_3 + B_5\right]^2 \tag{20.173}$$

综上可知均布荷载作用下扭转支撑简支梁的总势能为

$$\Pi = \Pi_B + \Pi_T = \frac{h^2\pi^4 EI_y}{4L^3}\sum_{i=1}^6 i^4 A_i^2 + \frac{\pi^4 EI_w}{4L^3}\sum_{i=1}^6 i^4 B_i^2 + \frac{\pi^4 GJ_k}{4L}\sum_{i=1}^6 i^2 B_i^2$$

$$+ \int_0^L \left[q_y Lzu''\theta - q_y z^2 u''\theta\right]\mathrm{d}z + \frac{aq_y L}{4}\sum_{i=1}^6 B_i^2 + \frac{R}{2}(B_1 - B_3 + B_5)^2 \tag{20.174}$$

(4)无量纲屈曲方程

根据势能驻值原理,则有:

$$\left.\begin{array}{l}\dfrac{\partial\Pi}{\partial A_i}=0 \quad (i=1,2,3,4,5,6)\\[3mm]\dfrac{\partial\Pi}{\partial B_i}=0 \quad (i=1,2,3,4,5,6)\end{array}\right\} \tag{20.175}$$

将屈曲方程引入以下无量纲参数和相关表达式,

$$\widetilde{M}_{cr}=\frac{M_{cr}L^2}{\pi^2 hEI_y}, \quad \tilde{k}_T=\frac{k_T L^3}{h^2 EI_y}, \quad EI_w=\frac{h^2 EI_y}{4}, \quad GJ_k=\frac{\pi^2 EI_w}{K^2 L^2}, \quad \tilde{a}=\frac{a}{h}, \quad M_{cr}=\frac{q_y L^2}{8} \tag{20.176}$$

式中,$\widetilde{M}_{cr}$ 为均布荷载作用下扭转支撑作用简支梁弯扭屈曲的无量纲临界弯矩;$\tilde{k}_T$ 为无量纲的扭转支撑刚度;$\tilde{a}$ 为无量纲荷载作用位置参数;M_{cr} 为均布荷载作用下扭转支撑作用简支梁弯扭屈曲的临界弯矩;K 为无量纲扭转刚度参数。

将式(20.175)乘以 $L^3/(h^2 EI_y)$,并将式(20.176)中的无量纲参数代入其中,则可得用无量纲表示的屈曲方程,可用以下矩阵的形式表示

$$\begin{bmatrix}{}^0\boldsymbol{R} & {}^0\boldsymbol{S}\\ {}^0\boldsymbol{T} & {}^0\boldsymbol{Q}\end{bmatrix}\begin{Bmatrix}\boldsymbol{A}\\ \boldsymbol{B}\end{Bmatrix}=\widetilde{M}_{cr}\begin{bmatrix}{}^1\boldsymbol{R} & {}^1\boldsymbol{S}\\ {}^1\boldsymbol{T} & {}^1\boldsymbol{Q}\end{bmatrix}\begin{Bmatrix}\boldsymbol{A}\\ \boldsymbol{B}\end{Bmatrix} \tag{20.177}$$

其中各子块矩阵元素表达式为

$${}^0\boldsymbol{R}=\begin{pmatrix}\frac{\pi^4}{2} & 0 & 0 & 0 & 0 & 0\\ 0 & 8\pi^4 & 0 & 0 & 0 & 0\\ 0 & 0 & \frac{81\pi^4}{2} & 0 & 0 & 0\\ 0 & 0 & 0 & 128\pi^4 & 0 & 0\\ 0 & 0 & 0 & 0 & \frac{625\pi^4}{2} & 0\\ 0 & 0 & 0 & 0 & 0 & 648\pi^4\end{pmatrix}; \quad {}^0\boldsymbol{S}=0; \quad {}^0\boldsymbol{T}=0;$$

$$
{}^{0}\boldsymbol{Q}=\begin{pmatrix}
\tilde{k}_T+\dfrac{\pi^4(1+K^2)}{8K^2} & 0 & -\tilde{k}_T & 0 & \tilde{k}_T & 0 \\[2ex]
0 & \pi^4\left(2+\dfrac{1}{2K^2}\right) & 0 & 0 & 0 & 0 \\[2ex]
-\tilde{k}_T & -\tilde{k}_T & \tilde{k}_T+\dfrac{\pi^4(9+81K^2)}{8K^2} & 0 & -\tilde{k}_T & 0 \\[2ex]
0 & 0 & 0 & \pi^4\left(32+\dfrac{2}{K^2}\right) & 0 & 0 \\[2ex]
\tilde{k}_T & 0 & -\tilde{k}_T & 0 & \tilde{k}_T+\dfrac{25\pi^4(1+25K^2)}{8K^2} & 0 \\[2ex]
0 & 0 & 0 & 0 & 0 & \dfrac{\pi^4(9+36K^2)}{2K^2}
\end{pmatrix};
$$

$$
{}^{1}R=0;
$$

$$
{}^{1}\boldsymbol{S}=\begin{pmatrix}
\dfrac{(3\pi^2+\pi^4)}{3} & 0 & -\dfrac{3\pi^2}{4} & 0 & -\dfrac{5\pi^2}{36} & 0 \\[2ex]
0 & \dfrac{(3\pi^2+4\pi^4)}{3} & 0 & -\dfrac{32\pi^2}{9} & 0 & -\dfrac{3\pi^2}{4} \\[2ex]
-\dfrac{27\pi^2}{4} & 0 & \pi^2+3\pi^4 & 0 & -\dfrac{135\pi^2}{16} & 0 \\[2ex]
0 & -\dfrac{128\pi^2}{9} & 0 & \dfrac{(225\pi^2+1200\pi^4)}{225} & 0 & -\dfrac{384\pi^2}{25} \\[2ex]
-\dfrac{125\pi^2}{36} & 0 & -\dfrac{375\pi^2}{16} & 0 & \dfrac{(144\pi^2+1200\pi^4)}{144} & 0 \\[2ex]
0 & -\dfrac{27\pi^2}{4} & 0 & -\dfrac{864\pi^2}{25} & 0 & \dfrac{(100\pi^2+1200\pi^4)}{100}
\end{pmatrix};
$$

$$
{}^{1}\boldsymbol{T}=\begin{pmatrix}
\dfrac{(3\pi^2+\pi^4)}{3} & 0 & -\dfrac{27\pi^2}{4} & 0 & -\dfrac{125\pi^2}{36} & 0 \\[2ex]
0 & \dfrac{(3\pi^2+4\pi^4)}{3} & 0 & -\dfrac{128\pi^2}{9} & 0 & -\dfrac{27\pi^2}{4} \\[2ex]
-\dfrac{3\pi^2}{4} & 0 & \pi^2+3\pi^4 & 0 & -\dfrac{375\pi^2}{16} & 0 \\[2ex]
0 & -\dfrac{32\pi^2}{9} & 0 & \dfrac{(225\pi^2+1200\pi^4)}{225} & 0 & -\dfrac{864\pi^2}{25} \\[2ex]
-\dfrac{5\pi^2}{36} & 0 & -\dfrac{135\pi^2}{16} & 0 & \dfrac{(144\pi^2+1200\pi^4)}{144} & 0 \\[2ex]
0 & -\dfrac{3\pi^2}{4} & 0 & -\dfrac{384\pi^2}{25} & 0 & \dfrac{(100\pi^2+1200\pi^4)}{100}
\end{pmatrix};
$$

$$
{}^{1}\boldsymbol{Q}=\begin{pmatrix}
4\pi^2\tilde{a} & 0 & 0 & 0 & 0 & 0 \\
0 & 4\pi^2\tilde{a} & 0 & 0 & 0 & 0 \\
0 & 0 & 4\pi^2\tilde{a} & 0 & 0 & 0 \\
0 & 0 & 0 & 4\pi^2\tilde{a} & 0 & 0 \\
0 & 0 & 0 & 0 & 4\pi^2\tilde{a} & 0 \\
0 & 0 & 0 & 0 & 0 & 4\pi^2\tilde{a}
\end{pmatrix}
$$

由式(20.177)所求得的最小特征值即为均布荷载下扭转支撑简支梁的无量纲临界弯矩。

（5）无量纲临界弯矩公式与有限元验证

根据我们前述的研究可知，无量纲扭转刚度参数 K 的大致变化范围为 $0.22\sim7.7$，无量纲扭转支撑刚度 $\pi\tilde{k}_T$ 的范围为 $0\sim8000$。我们在实际分析中，K 和 $\pi\tilde{k}_T$ 的步长分别取 0.1 和 20，考虑荷载作用于上翼缘、剪心和下翼缘三种情况，则可获得 30035 组无量纲临界弯矩解析解。

采用 1stOpt 数学优化分析软件进行非线性回归，拟合得到扭转支撑均布荷载下简支梁无量纲临界弯矩计算公式为

$$\widetilde{M}_{cr}=C_1\left\{a_1\pi\tilde{k}_T+\sqrt{(C_2+a_2\pi\tilde{k}_T)K^{-2}+[a_3\ (\pi\tilde{k}_T)^4+a_4\ (\pi\tilde{k}_T)^3+a_5\ (\pi k_T)^2+a_6\ (\pi\tilde{k}_T)+a_7]}\right\}$$

$$(20.178)$$

式中，C_1、C_2、a_1、a_2、a_3、a_4、a_5、a_6、a_7 为回归系数，其取值见表 20.4。

表 20.4　式（20.178）中各参数取值

系数	0.5		0		−0.5	
	$\tilde{R}<\tilde{R}_T$	$\tilde{R}\geq\tilde{R}_T$	$\tilde{R}<\tilde{R}_T$	$\tilde{R}\geq\tilde{R}_T$	$\tilde{R}<\tilde{R}_T$	$\tilde{R}\geq\tilde{R}_T$
C_1	8.39×10^{-5}	1.25×10^{-3}	1.67×10^{-4}	3.7×10^{-4}	9.14×10^{-4}	4.11×10^{-4}
C_2	37497716	1018021	11381083	12905858	438112.8	11528491
a_1	2.33714	−0.02781	−2.5125	0.04848	−1.1304	0.1671
a_2	9528.43	11.8945	4329.749	−70.3148	199.6295	−214.538
a_3	-7.3×10^{-7}	9×10^{-12}	-8.6×10^{-8}	-5.1×10^{-11}	1.5×10^{-9}	-1.7×10^{-10}
a_4	0.015927	-1.81×10^{-7}	0.00105	1.01×10^{-6}	-7.85×10^{-5}	3.43×10^{-6}
a_5	−171.119	0.002019	−3.255	−0.00467	2.2217	0.00373
a_6	832806.8	101.568	337149.5	−685.525	16249.09	−2431.87
a_7	15654119	3536728	11345673	52526532	947631	55659463

注：$\tilde{R}=\pi\tilde{k}_T$。

为了验证前述理论的正确性，我们采用 ANSYS 有限元软件模拟均布荷载下加扭转支撑的简支梁弯扭屈曲。

采用 SHELL63 单元来模拟工字形钢梁的翼缘与腹板，并用 CERIG 命令来模拟刚周边假定。

扭转支撑用弹簧单元 COMBINE14 来模拟，通过设置 Keyopt(2)选项来定义为绕 z 轴的扭转弹簧，扭转刚度可由其单元的实常数来定义，扭转支撑布置在简支梁跨中的剪心处。为了保证 COMBINE14 可以将扭转约束传递到整个钢梁，则在跨中设置一道加劲肋。

简支梁的左端支座，约束其截面上任意点在平面内 x 和 y 方向的位移，右端支座约束其任意点平面内 y 方向位移，以及约束两端截面绕 x 轴的转动。

选取两种常见的国标 H 型钢，其尺寸分别为 $H450\times200\times8\times12$（跨度 $L=10\text{m}$）和 $H600\times200\times10\times15$（跨度 $L=15\text{m}$），应用 ANSYS 进行特征值屈曲分析，获取其临界屈曲荷载系数，进而计算得到临界屈曲弯矩的有限元解。

屈曲分析中考虑了三种荷载作用位置，荷载分别作用在上翼缘、剪心和下翼缘。扭转弹

簧刚度与钢梁屈曲弯矩之间的关系如图 20.32、图 20.33 所示,有限元解与按式(20.178)所计算的理论解之间的对比结果如表 20.5 所示。

表 20.5　理论解与有限元解的对比

$\tilde{a}$	$\tilde{R}$	截面 H450×200×8×12　($L=10$m)			截面 H600×200×10×15　($L=15$m)		
		M_{cr1}(FEM) (kN·m)	M_{cr2}(理论) (kN·m)	误差 (%)	M_{cr1}(FEM) (kN·m)	M_{cr2}(理论) (kN·m)	误差 (%)
0.5	0	98.13	102.4	4.35	100.92	104.47	3.52
	50	127.01	129.77	2.17	117.58	120.54	2.52
	100	150.87	152.31	0.95	132.24	134.66	1.83
	150	171.57	171.83	0.15	145.42	147.38	1.35
	200	190.01	189.91	0.05	157.43	159.01	1.00
	300	221.82	219.71	0.95	178.77	179.8	0.58
	400	248.71	246.04	1.07	197.33	198.12	0.40
	600	293.03	290.31	0.93	228.77	229.51	0.32
	800	328.38	327.05	0.41	254.71	255.97	0.49
	1000	357.54	358.56	0.29	276.68	278.86	0.79
0	0	130.29	127.47	2.16	125.63	122.85	2.21
	50	160.21	158.01	1.37	132.75	141.1	1.74
	100	184.83	182.66	1.17	157.77	156.75	0.65
	150	206.17	203.74	1.18	171.25	170.57	0.40
	200	224.98	222.36	1.16	183.53	183.07	0.25
	300	257.55	254.43	1.21	205.28	205.08	0.10
	400	285.2	281.77	1.2	224.41	224.19	0.10
	600	330.65	327.28	1.02	256.6	256.54	0.02
	800	367.01	364.84	0.59	283.12	283.54	0.15
	1000	397.19	397	0.05	305.65	306.87	0.40
−0.5	0	172.71	165.84	3.98	156.27	149.23	4.51
	50	202	196.68	2.63	173.18	168.35	2.79
	100	226.24	221.83	1.95	188.1	184.68	1.82
	150	247.45	243.36	1.65	201.5	199.04	1.22
	200	266.26	262.37	1.46	213.8	211.94	0.87
	300	298.96	295.08	1.3	235.77	234.56	0.51
	400	326.74	322.89	1.18	254.9	254.12	0.31
	600	372.69	369.17	0.94	287.28	287	0.10
	800	409.81	407.17	0.64	314.36	314.42	0.02
	1000	440.74	439.87	0.2	337.47	338.14	0.20

注:$\tilde{R}=\pi\hat{k}_T$;误差$=\dfrac{[M_{cra}(\text{FEM})-M_{cr2}(\text{理论})]}{M_{cr1}(\text{FEM})}\times100\%$。

由上述图表可见:①公式(20.178)的计算结果与有限元分析结果吻合良好,表明该公式具有较高的准确性;②随着无量纲扭转支撑刚度的增加,钢梁弯扭屈曲的临界弯矩不断提高,但随着支撑刚度进一步增大,无量纲临界弯矩也趋于稳定值。这表明,一定范围内,提高支撑的刚度对提高钢梁的整体稳定性是有利的。

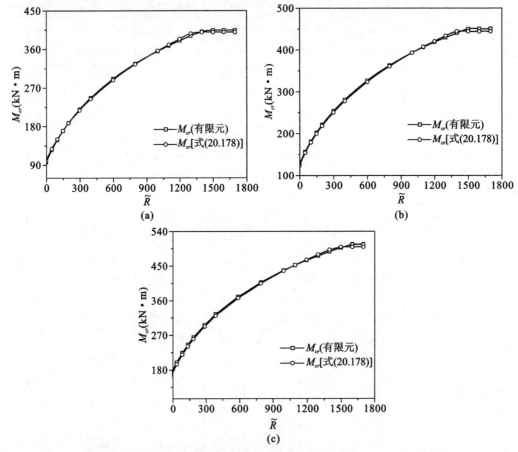

图 20.32　理论解与有限元的对比图(H450×200×8×12)

(a)上翼缘;(b)剪心;(c)下翼缘

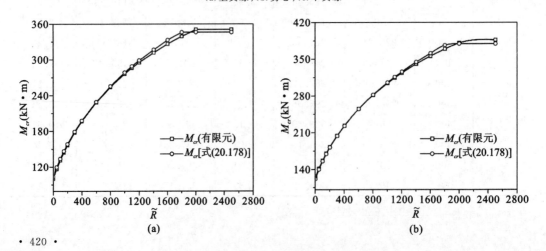

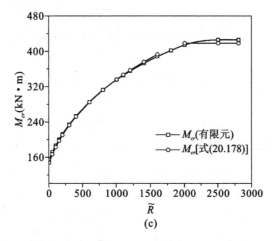

图 20.33 理论解与有限元的对比图(H600×200×10×15)

(a)上翼缘;(b)剪心;(c)下翼缘

20.4 弹性支撑均布荷载下悬臂梁的弹性弯扭屈曲分析

21.4.1 弹性侧向支撑均布荷载下悬臂梁的弹性弯扭屈曲分析

均布荷载作用下悬臂梁计算简图如图 20.34 所示,其中在悬臂端设置有弹性侧向支撑。

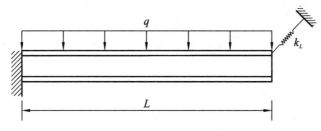

图 20.34 均布荷载作用下悬臂梁计算简图

20.4.1.1 六项级数的解答

(1)模态试函数(六项)

$$
\left.
\begin{aligned}
u(z) = {} & A_1 h\left(1-\cos\frac{\pi z}{2L}\right) + A_3 h\left(1-\cos\frac{3\pi z}{2L}\right) + A_5 h\left(1-\cos\frac{5\pi z}{2L}\right) \\
& + A_7 h\left(1-\cos\frac{7\pi z}{2L}\right) + A_9 h\left(1-\cos\frac{9\pi z}{2L}\right) + A_{11} h\left(1-\cos\frac{11\pi z}{2L}\right) \\
\theta(z) = {} & B_1\left(1-\cos\frac{\pi z}{2L}\right) + B_3\left(1-\cos\frac{3\pi z}{2L}\right) + B_5\left(1-\cos\frac{5\pi z}{2L}\right) \\
& + B_7\left(1-\cos\frac{7\pi z}{2L}\right) + B_9\left(1-\cos\frac{9\pi z}{2L}\right) + B_{11}\left(1-\cos\frac{11\pi z}{2L}\right)
\end{aligned}
\right\} \quad (20.179)
$$

此模态试函数满足悬臂梁的两端几何边界条件

$$\left. \begin{array}{ll} u(0)=u'(0)=0; & u''(L)=0 \\ \theta(0)=\theta'(0)=0; & \theta'(L)=0 \end{array} \right\} \tag{20.180}$$

（2）内力函数

$$M_x(z)=-q\,(L-z)^2/2 \tag{20.181}$$

（3）未加支撑时的总势能

弹性侧向支撑悬臂钢梁弯扭屈曲的总势能由两部分组成，即未加弹性支撑时的总势能和弹性支撑势能，其中未加弹性支撑时的总势能为

$$\Pi = \frac{1}{2}\int_L [EI_y u''^2 + EI_\omega \theta''^2 + (GJ_k + 2M_x \beta_x)\theta'^2$$

$$+ 2M_x u''\theta - q_y a\theta^2]\mathrm{d}z - \frac{1}{2}\sum P_{yi}a_i\theta_i^2 \tag{20.182}$$

将式（20.179）、式（20.181）代入上式并进行积分运算，即可获得未加支撑时钢梁的总势能。

$$\Pi_1 = \int_0^L EI_y u''^2 \mathrm{d}z$$

$$= \frac{EI_y h^2 \pi^4}{32L^3}(A_1^2 + 81A_3^2 + 625A_5^2 + 2401A_7^2 + 6561A_9^2 + 14641A_{11}^2) \tag{20.183}$$

$$\Pi_2 = \int_0^L EI_\omega \theta''^2 \mathrm{d}z$$

$$= \frac{EI_\omega \pi^4}{32L^3}(B_1^2 + 81B_3^2 + 625B_5^2 + 2401B_7^2 + 6561B_9^2 + 14641B_{11}^2) \tag{20.184}$$

$$\Pi_3 = \int_0^L GJ_k \theta'^2 \mathrm{d}z$$

$$= \frac{GJ_k \pi^2}{8L}(B_1^2 + 9B_3^2 + 25B_5^2 + 49B_7^2 + 81B_9^2 + 121B_{11}^2) \tag{20.185}$$

$$\Pi_4 = \int_0^L 2M_x\beta_x\theta'^2 \mathrm{d}z = 0 \tag{20.186}$$

$$\Pi_5 = \int_0^L 2M_x u''\theta \mathrm{d}z \tag{20.187}$$

$$\Pi_6 = \int_0^L (-a_q q\theta^2 \mathrm{d}z') \tag{20.188}$$

$$\Pi_7 = \frac{1}{2}(\Pi_1 + \Pi_2 + \Pi_3 + \Pi_4 + \Pi_5 + \Pi_6) \tag{20.189}$$

（4）侧向支撑势能

$$u(L)=A_1 h+A_3 h+A_5 h+A_7 h+A_9 h+A_{11} h \tag{20.190}$$

$$\theta(L)=B_1+B_3+B_5+B_7+B_9+B_{11} \tag{20.191}$$

$$U_L = \frac{1}{2}k_L [u(L)+a_L\theta(L)]^2$$

$$= \frac{1}{2}k_L \left[\begin{array}{l} a_L(B_1+B_3+B_5+B_7+B_9+B_{11}) \\ +A_1 h+A_3 h+A_5 h+A_7 h+A_9 h+A_{11}h \end{array} \right]^2 \tag{20.192}$$

（5）侧向支撑悬臂梁总势能

$$\Pi = \Pi_7 + U_L \tag{20.193}$$

（6）屈曲方程

根据势能驻值原理，必有

$$\left.\begin{array}{l} \dfrac{\partial \Pi}{\partial A_i}=0 \quad (i=1,3,5,7,9,11) \\[3mm] \dfrac{\partial \Pi}{\partial B_i}=0 \quad (i=1,3,5,7,9,11) \end{array}\right\} \tag{20.194}$$

将上式各项乘以公因子 $L^3/(h^2 EI_y)$，引入无量纲参数式

$$\widetilde{M}_0 = \frac{M_0}{\left(\frac{\pi^2 EI_y}{L^2}\right)h}, \quad K=\sqrt{\frac{\pi^2 EI_\omega}{GJ_k L^2}}, \quad \tilde{a}_q=\frac{a_q}{h}, \quad \tilde{k}_L=\frac{k_L}{\left(\frac{EI_y}{L^3}\right)}, \quad \tilde{a}_L=\frac{a_L}{h} \tag{20.195}$$

其中，M_0 为悬臂端弯矩，即 $M_0 = qL^2/2$。

以及代换关系

$$4I_\omega = I_y h^2, \quad EI_\omega \pi^2 = GJ_k L^2 K \tag{20.196}$$

经过相应的数学代换，整理可得如下的无量纲屈曲方程

$$\begin{bmatrix} {}^0\boldsymbol{R} & {}^0\boldsymbol{S} \\ {}^0\boldsymbol{T} & {}^0\boldsymbol{Q} \end{bmatrix} \begin{Bmatrix} \boldsymbol{A} \\ \boldsymbol{B} \end{Bmatrix} = \widetilde{M}_0 \begin{bmatrix} {}^1\boldsymbol{R} & {}^1\boldsymbol{S} \\ {}^1\boldsymbol{T} & {}^1\boldsymbol{Q} \end{bmatrix} \begin{Bmatrix} \boldsymbol{A} \\ \boldsymbol{B} \end{Bmatrix} \tag{20.197}$$

其中

$${}^0\boldsymbol{R}=\begin{pmatrix} \frac{\pi^4}{32}+\tilde{\beta}_L & \tilde{\beta}_L & \tilde{\beta}_L & \tilde{\beta}_L & \tilde{\beta}_L & \tilde{\beta}_L \\ & \frac{81\pi^4}{32}+\tilde{\beta}_L & \tilde{\beta}_L & \tilde{\beta}_L & \tilde{\beta}_L & \tilde{\beta}_L \\ & & \frac{625\pi^4}{32}+\tilde{\beta}_L & \tilde{\beta}_L & \tilde{\beta}_L & \tilde{\beta}_L \\ & & & \frac{2401\pi^4}{32}+\tilde{\beta}_L & \tilde{\beta}_L & \tilde{\beta}_L \\ & \text{对称} & & & \frac{6561\pi^4}{32}+\tilde{\beta}_L & \tilde{\beta}_L \\ & & & & & \frac{14641\pi^4}{32}+\tilde{\beta}_L \end{pmatrix}$$

$${}^0\boldsymbol{S}=\begin{pmatrix} \tilde{a}_L\tilde{\beta}_L & \tilde{a}_L\tilde{\beta}_L & \tilde{a}_L\tilde{\beta}_L & \tilde{a}_L\tilde{\beta}_L & \tilde{a}_L\tilde{\beta}_L & \tilde{a}_L\tilde{\beta}_L \\ & \tilde{a}_L\tilde{\beta}_L & \tilde{a}_L\tilde{\beta}_L & \tilde{a}_L\tilde{\beta}_L & \tilde{a}_L\tilde{\beta}_L & \tilde{a}_L\tilde{\beta}_L \\ & & \tilde{a}_L\tilde{\beta}_L & \tilde{a}_L\tilde{\beta}_L & \tilde{a}_L\tilde{\beta}_L & \tilde{a}_L\tilde{\beta}_L \\ & & & \tilde{a}_L\tilde{\beta}_L & \tilde{a}_L\tilde{\beta}_L & \tilde{a}_L\tilde{\beta}_L \\ & \text{对称} & & & \tilde{a}_L\tilde{\beta}_L & \tilde{a}_L\tilde{\beta}_L \\ & & & & & \tilde{a}_L\tilde{\beta}_L \end{pmatrix} \qquad {}^0\boldsymbol{T}={}^0\boldsymbol{S}$$

$^0Q=$

$$
\begin{pmatrix}
\dfrac{(4+K^2)\pi^4}{128K^2}+\tilde{a}_L^2\check{\beta}_L & \tilde{a}_L^2\check{\beta}_L & \tilde{a}_L^2\check{\beta}_L & \tilde{a}_L^2\check{\beta}_L & \tilde{a}_L^2\check{\beta}_L & \tilde{a}_L^2\check{\beta}_L \\
& \dfrac{9(4+9K^2)\pi^4}{128K^2}+\tilde{a}_L^2\check{\beta}_L & \tilde{a}_L^2\check{\beta}_L & \tilde{a}_L^2\check{\beta}_L & \tilde{a}_L^2\check{\beta}_L & \tilde{a}_L^2\check{\beta}_L \\
& & \dfrac{25(4+25K^2)\pi^4}{128K^2}+\tilde{a}_L^2\check{\beta}_L & \tilde{a}_L^2\check{\beta}_L & \tilde{a}_L^2\check{\beta}_L & \tilde{a}_L^2\check{\beta}_L \\
& & & \dfrac{49(4+49K^2)\pi^4}{128K^2}+\tilde{a}_L^2\check{\beta}_L & \tilde{a}_L^2\check{\beta}_L & \tilde{a}_L^2\check{\beta}_L \\
& \text{对称} & & & \dfrac{81(4+81K^2)\pi^4}{128K^2}+\tilde{a}_L^2\check{\beta}_L & \tilde{a}_L^2\check{\beta}_L \\
& & & & & \dfrac{121(4+121K^2)\pi^4}{128K^2}+\tilde{a}_L^2\check{\beta}_L
\end{pmatrix}
$$

$$
^1R=
\begin{pmatrix}
0 & 0 & 0 & 0 & 0 & 0 \\
 & 0 & 0 & 0 & 0 & 0 \\
 & & 0 & 0 & 0 & 0 \\
 & & & 0 & 0 & 0 \\
 & \text{对称} & & & 0 & 0 \\
 & & & & & 0
\end{pmatrix}
$$

$$
^1T_{m,n}=\,^1S_{n,m}
$$

$$
^1Q=\pi\tilde{a}
\begin{pmatrix}
(3\pi-8) & \dfrac{2}{3}(3\pi-4) & \dfrac{2}{5}(5\pi-12) & \dfrac{2}{7}(7\pi-12) & \dfrac{2}{9}(9\pi-20) & \dfrac{2}{11}(11\pi-20) \\
 & \dfrac{1}{3}(9\pi+8) & \dfrac{2}{15}(15\pi+4) & \dfrac{2}{21}(21\pi+20) & \dfrac{2}{9}(9\pi+4) & \dfrac{2}{33}(33\pi+28) \\
 & & \dfrac{1}{5}(15\pi-8) & \dfrac{2}{35}(35\pi-4) & \dfrac{2}{45}(45\pi-28) & \dfrac{2}{55}(55\pi-12) \\
 & & & \dfrac{1}{7}(21\pi+8) & \dfrac{2}{63}(63\pi+4) & \dfrac{2}{77}(77\pi+36) \\
 & \text{对称} & & & \dfrac{1}{9}(27\pi-8) & \dfrac{2}{99}(99\pi-4) \\
 & & & & & \dfrac{1}{11}(33\pi+8)
\end{pmatrix}
$$

根据式(20.197)算出的最小特征值 $\widetilde{M}_0$ 和特征向量,即为侧向支撑集中荷载作用下悬臂梁的无量纲临界弯矩值 $\widetilde{M}_{cr}$ 和相应的屈曲模态。

20.4.1.2 无穷级数的解答

（1）模态函数

$$u(z) = h \sum_{m=1}^{\infty} A_m \left\{ 1 - \cos\left[\frac{(2m-1)\pi z}{2L}\right] \right\} \quad (m = 1,2,3,\cdots,\infty) \left.\right\}$$

$$\theta(z) = \sum_{n=1}^{\infty} B_n \left\{ 1 - \cos\left[\frac{(2n-1)\pi z}{2L}\right] \right\} \quad (n = 1,2,3,\cdots,\infty) \left.\right\}$$ (20.198)

（2）内力函数

内力函数与式（20.181）相同。

（3）未加支撑时的总势能

$$\Pi_1 = \int_0^L EI_y u''^2 \, dz = \sum_{m=1}^{\infty} \frac{EI_y h^2 (2m-1)^4 \pi^4 A_m^2}{32L^3}$$ (20.199)

$$\Pi_2 = \int_0^L EI_w \theta''^2 \, dz = \sum_{n=1}^{\infty} \frac{EI_w (2n-1)^4 \pi^4 B_n^2}{32L^3}$$ (20.200)

$$\Pi_3 = \int_0^L GJ_k \theta'^2 \, dz = \sum_{n=1}^{\infty} \frac{GJ_k (2n-1)^2 \pi^2 B_n^2}{8L}$$ (20.201)

$$\Pi_4 = 0$$ (20.202)

$$\Pi_5 = \int_0^L 2M_x u'' \theta \, dz$$ (20.203)

$$\Pi_6 = \int_0^L -aq\theta^2 \, dz = \sum_{n=1}^{\infty} \frac{aLq[3\pi - 6n\pi - 8\cos(n\pi)]B_n^2}{2(-1+2n)\pi}$$ (20.204)

$$\Pi_B = \frac{1}{2}(\Pi_1 + \Pi_2 + \Pi_3 + \Pi_4 + \Pi_5 + \Pi_6)$$ (20.205)

（4）支撑势能

$$u(L) = h \sum_{m=1}^{\infty} \left\{ 1 - \cos\left[\frac{1}{2}(2m-1)\pi\right] \right\} A_m$$ (20.206)

$$\theta(L) = \sum_{n=1}^{\infty} \left\{ 1 - \cos\left[\frac{1}{2}(2n-1)\pi\right] \right\} B_n$$ (20.207)

$$U_L = \frac{1}{2}\beta_L \left[u(L) + a_L\theta(L) \right]^2$$ (20.208)

（5）侧向支撑悬臂梁总势能

$$\Pi = \Pi_B + U_L$$ (20.209)

此式即为本问题的总势能。

（6）屈曲方程

根据势能驻值原理，必有 $\frac{\partial \Pi}{\partial A_m} = 0, \frac{\partial \Pi}{\partial B_n} = 0$，将所得结果的各项乘以公因子 $L^3/$ $(h^2 EI_y)$，引入式（20.195）的无量纲参数[其中，M_0 为悬臂端弯矩，即 $M_0 = qL^2/2$]以及代换关系式（20.196），经过相应的数学代换，整理可得如下的无量纲屈曲方程

$$\frac{1}{32}\left\{(-1+2m)^4\pi^4 A_m-4(1-2m)^2\pi^4\widetilde{M}_0\left[-\frac{2}{(m-n)^2\pi^2}\right.\right.$$

$$-\frac{2}{(-1+m+n)^2\pi^2}+\frac{16}{(\pi-2m\pi)^2}-\frac{4\cos(m\pi)}{\pi-2m\pi}$$

$$\left.-\frac{4[-8+(1-2m)^2\pi^2]\cos(m\pi)}{(-1+2m)^3\pi^3}\right]B_n$$

$$\left.+64\tilde{\beta}_L\sin\left[\frac{1}{4}(-1+2m)\pi\right]^2(A_m+\tilde{a}_LB_n)\right\}=0 \qquad (20.210)$$

$$\frac{1}{128K^2}\left\{-16(K-2Km)^2\pi^4\widetilde{M}_0\left[-\frac{2}{(m-n)^2\pi^2}-\frac{2}{(-1+m+n)^2\pi^2}\right.\right.$$

$$\left.+\frac{16}{(\pi-2m\pi)^2}-\frac{4\cos(m\pi)}{\pi-2m\pi}-\frac{4[-8+(1-2m)^2\pi^2]\cos(m\pi)}{(-1+2m)^3\pi^3}\right]A_m$$

$$+K^2(-1+2n)^4\pi^4 B_n+4(-1+2n)^2\pi^4 B_n$$

$$+\frac{128K^2\pi\tilde{a}\,\widetilde{M}_0[3\pi-6n\pi-8\cos(n\pi)]B_n}{-1+2n}$$

$$\left.+256K^2\,\widetilde{a_L}\tilde{\beta}_L\sin\left[\frac{1}{4}(-1+2n)\pi\right]^2(A_m+\tilde{a}_LB_n)\right\}=0 \qquad (20.211)$$

为编程方便,还可将上述屈曲方程写成分块矩阵表达的特征值问题

$$\begin{bmatrix}{}^0\boldsymbol{R} & {}^0\boldsymbol{S}\\ {}^0\boldsymbol{T} & {}^0\boldsymbol{Q}\end{bmatrix}\begin{Bmatrix}\boldsymbol{A}\\ \boldsymbol{B}\end{Bmatrix}=\widetilde{M}_0\begin{bmatrix}{}^1\boldsymbol{R} & {}^1\boldsymbol{S}\\ {}^1\boldsymbol{T} & {}^1\boldsymbol{Q}\end{bmatrix}\begin{Bmatrix}\boldsymbol{A}\\ \boldsymbol{B}\end{Bmatrix} \qquad (20.212)$$

其中各个子块矩阵的元素为

$${}^0R_{m,m}=\frac{1}{32}\left\{(2m-1)^4\pi^4+64\sin^2\left[\frac{1}{4}(2m-1)\pi\right]\tilde{\beta}_L\right\}\quad(m=1,2,\cdots,N)$$

$${}^0R_{m,r}=\tilde{\beta}_L \qquad \begin{pmatrix}r\neq m\\ r=1,2,\cdots,N\end{pmatrix}$$

$${}^0S_{m,r}=\tilde{\beta}_L\tilde{a}_L\quad\begin{pmatrix}m=1,2,\cdots,N\\ r=1,2,\cdots,N\end{pmatrix}$$

$${}^0T_{m,r}={}^0S_{m,r}$$

$${}^0Q_{m,m}=\frac{(2m-1)^2[4+(2m-1)^2K^2]\pi^4}{128}+\tilde{a}_L^2\tilde{\beta}_L\quad(m=1,2,\cdots,N)$$

$${}^0Q_{m,r}=\tilde{a}_L^2\tilde{\beta}_L\quad\begin{pmatrix}r\neq m\\ r=1,2,\cdots,N\end{pmatrix}$$

$${}^1R_{m,r}=0\quad\begin{pmatrix}m=1,2,\cdots,N\\ r=1,2,\cdots,N\end{pmatrix}$$

$${}^1S_{m,m}=\frac{(2m-1)^2\pi^2}{4}\left[-\frac{1}{(2m-1)^2}+\frac{8}{(2m-1)^2}+\frac{16\cos(m\pi)}{(2m-1)^3\pi}-\frac{\pi^2}{6}\right]\quad(m=1,2,\cdots,N)$$

$${}^1S_{m,r}=\frac{(2m-1)^2\pi^2}{4}\left[-\frac{1}{(m-r)^2}-\frac{1}{(m+r-1)^2}+\frac{8}{(2m-1)^2}+\frac{16\cos(m\pi)}{(2m-1)^3\pi}\right]\quad\begin{pmatrix}r\neq m\\ r=1,2,\cdots,N\end{pmatrix}$$

$${}^1T_{m,r}={}^1S_{r,m}\quad\begin{pmatrix}m=1,2,\cdots,N\\ r=1,2,\cdots,N\end{pmatrix}$$

$$^1Q_{m,m}=\frac{6m\pi-3\pi+8\cos(m\pi)}{(2m-1)}\pi\tilde{a}\qquad(m=1,2,\cdots,N)$$

$$^1Q_{m,r}=\frac{2(2m-1)(2r-1)\pi+8\cos(m\pi)(m+r-1)}{(2m-1)(2r-1)}\pi\tilde{a}\qquad\begin{pmatrix}m=1,2,\cdots,N\\r=1,2,\cdots,N\\m\pm r=偶数\end{pmatrix}$$

$$^1Q_{m,r}=\frac{2(2m-1)(2r-1)\pi+8\cos(m\pi)(r-m)}{(2m-1)(2r-1)}\pi\tilde{a}\qquad\begin{pmatrix}m=1,2,\cdots,N\\r=1,2,\cdots,N\\m\pm r=奇数\end{pmatrix}$$

20.4.1.3　临界弯矩计算公式与有限元验证

（1）临界弯矩计算公式

依据前述的屈曲方程编制相应的 Matlab 程序，即可计算出均布荷载作用下悬臂梁的无量纲屈曲弯矩 $\widetilde{M}_{cr}$，采用国产数据优化分析软件 1stopt 拟合其计算公式。

计算中的荷载作用点 $\tilde{a}$ 考虑三种情况，即上翼缘、剪心和下翼缘；$\tilde{a}_L$ 均取 0.5。其中扭转刚度系数 K 取 0.23～7.23，变化步长为 0.1；支撑刚度系数 $\check{\beta}_L$ 取 0～210，变化步长为 3，共 5041 组数据，由 1stopt 拟合出双轴对称悬臂梁的临界屈曲弯矩计算公式为：

$$\widetilde{M}_{cr}=C_1\left[a_1\check{\beta}_L+\sqrt{(C_2+a_2\check{\beta}_L)K^{-2}+(a_3\check{\beta}_L^2+a_4\check{\beta}_L+a_5)}\right]\qquad(20.213)$$

式中

$$\widetilde{M}_{cr}=\frac{M_0}{\left(\dfrac{\pi^2EI_y}{L^2}\right)h};\quad K=\sqrt{\frac{\pi^2EI_\omega}{GJ_kL^2}};\quad \check{k}_L=\frac{k_L}{\left(\dfrac{EI_y}{L^3}\right)}\qquad(20.214)$$

其中，M_0 为名义弯矩，即集中荷载 $M_0=PL$，均布荷载 $M_0=qL^2/2$。

式(20.213)中其他各系数取值如表 20.6 所示。

表 20.6　式(20.213)中各系数值

荷载形式	荷载位置	C_1	C_2	a_1	a_2	a_3	a_4	a_5
集中荷载	上翼缘	0.00805	14025.17	−0.46868	61.89197	0.120919	68.53615	365.2166
	剪心	0.076335	167.9515	−2.0957	12.40753	4.356454	121.9658	106.783
	下翼缘	0.231495	17.26117	−1.07167	2.156276	1.144616	24.42143	38.75915
均布荷载	上翼缘	0.041797	1570.892	−0.16845	7.881375	0.010379	11.07473	98.74586
	剪心	0.427396	14.41863	−1.02946	2.013348	1.055916	24.9779	14.06596
	下翼缘	0.37488	18.68301	−1.67414	4.29948	2.796683	60.57788	81.52443

（2）ADINA 有限元验证

为验证前述弯扭屈曲理论和临界弯矩计算公式的正确性，开展一定数量模型梁的有限元数值模拟分析验证是非常必要的。这里选用的有限元软件为 ADINA。

本文钢梁模型采用 SHELL 单元建立,弹性侧向支撑采用 ADINA 提供的弹簧单元 Spring 单元来模拟。为满足弯扭屈曲的刚周边假设,防止在屈曲分析中出现局部屈曲和畸变屈曲,在所有的有限元模型中设置了加劲肋。加劲肋均采用 SHELL 单元模拟,翼缘与腹板交接处共用节点,不需要进行节点耦合处理。

悬臂梁边界条件如下:约束固定端 x、y、z 三方向的位移。

图 20.35 为钢梁屈曲模态。图中网格是经过稀疏划分后所绘,实际网格划分较密。从图中可较为直观地了解侧向支撑刚度对悬臂梁弯扭屈曲模态的影响。

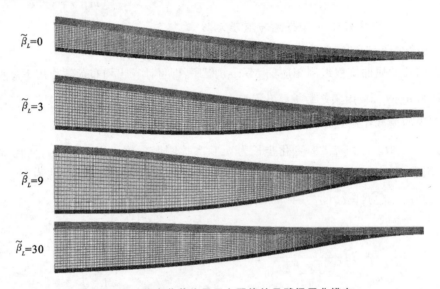

图 20.35　均布荷载作用于上翼缘的悬臂梁屈曲模态

利用前述的 ADINA 有限元模型,模拟了弹性侧向支撑均布荷载作用下悬臂梁临界弯矩 M_{cr} 与侧向支撑刚度 $\tilde{k}_L$ 之间的关系。图 20.36 为均布荷载下 ADINA 有限元的计算结果和理论值的对比情况。研究表明,本文的理论值与 ADINA 有限元值吻合良好,证明本节的弯扭屈曲理论是正确的。

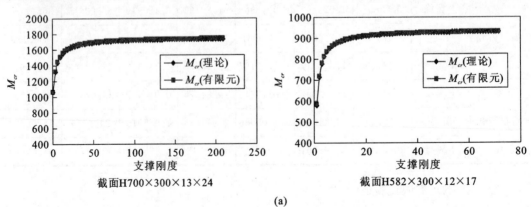

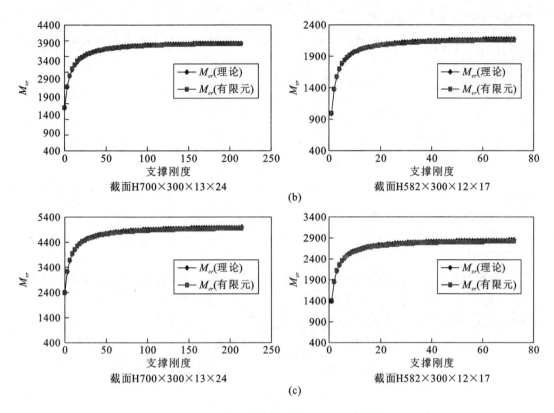

图 20.36 均布荷载下悬臂梁的 M_{cr} 与 $\tilde{k}_L$ 关系图

（a)作用于上翼缘；(b)作用于剪心；(c)作用于下翼缘

20.4.2 弹性扭转支撑均布荷载下悬臂梁的弹性弯扭屈曲分析

均布荷载作用下悬臂梁计算简图如图 20.37 所示，其中在悬臂端设置有弹性扭转支撑。

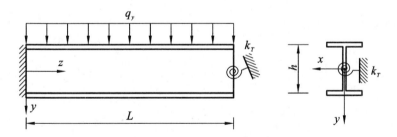

图 20.37 均布荷载作用下悬臂梁计算简图

20.4.2.1 六项级数的解答

（1）模态试函数［六项，同式（20.179）］

此模态试函数满足悬臂梁的两端几何边界条件见式（20.180）

（2）内力函数［同式（20.181）］

（3）未加支撑时的总势能

将式（20.179）、式（20.181）代入（20.182）并进行积分运算即可获得未加支撑时钢梁的总势能。

其中 Π_1、Π_2、Π_3、Π_4、Π_5、Π_6 的值见式（20.183）～式（20.188）。

$$\Pi_B = \frac{1}{2}(\Pi_1 + \Pi_2 + \Pi_3 + \Pi_4 + \Pi_5 + \Pi_6) \tag{20.215}$$

（4）扭转支撑势能

$$\theta(L) = B_1 + B_3 + B_5 + B_7 + B_9 + B_{11} \tag{20.216}$$

$$U_R = \frac{1}{2}k_T\left[\theta(L)\right]^2 \tag{20.217}$$

（5）扭转支撑悬臂梁总势能

$$\Pi = \Pi_B + U_L \tag{20.218}$$

（6）屈曲方程

根据势能驻值原理，并将式（20.194）中各项乘以公因子 $L^3/(h^2EI_y)$，引入无量纲参数式（20.195）[其中，M_0 为悬臂端弯矩，即 $M_0 = qL^2/2$ 以及代换关系式（20.196），经过相应的数学代换，整理可得如下的无量纲屈曲方程

$$\begin{bmatrix} {}^0\boldsymbol{R} & {}^0\boldsymbol{S} \\ {}^0\boldsymbol{T} & {}^0\boldsymbol{Q} \end{bmatrix}\begin{Bmatrix} \boldsymbol{A} \\ \boldsymbol{B} \end{Bmatrix} = \widetilde{M}_0 \begin{bmatrix} {}^1\boldsymbol{R} & {}^1\boldsymbol{S} \\ {}^1\boldsymbol{T} & {}^1\boldsymbol{Q} \end{bmatrix}\begin{Bmatrix} \boldsymbol{A} \\ \boldsymbol{B} \end{Bmatrix} \tag{20.219}$$

其中

$${}^0\boldsymbol{R} = \begin{pmatrix} \dfrac{\pi^4}{32} & 0 & 0 & 0 & 0 & 0 \\ & \dfrac{81\pi^4}{32} & 0 & 0 & 0 & 0 \\ & & \dfrac{625\pi^4}{32} & 0 & 0 & 0 \\ & & & \dfrac{2401\pi^4}{32} & 0 & 0 \\ \text{对称} & & & & \dfrac{6561\pi^4}{32} & 0 \\ & & & & & \dfrac{14641\pi^4}{32} \end{pmatrix}$$

$${}^0\boldsymbol{S} = {}^0\boldsymbol{T} = {}^1\boldsymbol{R} = \begin{pmatrix} 0 & 0 & 0 & 0 & 0 & 0 \\ & 0 & 0 & 0 & 0 & 0 \\ & & 0 & 0 & 0 & 0 \\ & & & 0 & 0 & 0 \\ \text{对称} & & & & 0 & 0 \\ & & & & & 0 \end{pmatrix};$$

$${}^0\boldsymbol{Q}=$$

$$\begin{pmatrix} \dfrac{(4+K^2)\pi^4}{128K^2}+\tilde{k}_T & \tilde{k}_T & \tilde{k}_T & \tilde{k}_T & \tilde{k}_T & \tilde{k}_T \\[2mm] & \dfrac{9(4+9K^2)\pi^4}{128K^2}+\tilde{k}_T & \tilde{k}_T & \tilde{k}_T & \tilde{k}_T & \tilde{k}_T \\[2mm] & & \dfrac{25(4+25K^2)\pi^4}{128K^2}+\tilde{k}_T & \tilde{k}_T & \tilde{k}_T & \tilde{k}_T \\[2mm] & & & \dfrac{49(4+49K^2)\pi^4}{128K^2}+\tilde{k}_T & \tilde{k}_T & \tilde{k}_T \\[2mm] & \text{对称} & & & \dfrac{81(4+81K^2)\pi^4}{128K^2}+\tilde{k}_T & \tilde{k}_T \\[2mm] & & & & & \dfrac{121(4+121K^2)\pi^4}{128K^2}+\tilde{k}_T \end{pmatrix}$$

$${}^1\boldsymbol{S}=$$

$$\pi\begin{pmatrix} \dfrac{-\pi^3+42\pi-96}{24} & \dfrac{27\pi}{16}-4 & \dfrac{275\pi}{144}-4 & \dfrac{1127\pi}{576}-4 & \dfrac{3159\pi}{1600}-4 & \dfrac{7139\pi}{3600}-4 \\[3mm] \dfrac{-39\pi}{48}+\dfrac{4}{3} & \dfrac{-9\pi^3+42\pi+32}{24} & \dfrac{-25\pi}{64}+\dfrac{4}{3} & \dfrac{539\pi}{400}+\dfrac{4}{3} & \dfrac{81\pi+64}{48} & \dfrac{5687\pi}{3136}+\dfrac{4}{3} \\[3mm] \dfrac{-185\pi}{720}-\dfrac{4}{5} & \dfrac{-1485\pi}{320}-\dfrac{4}{5} & \dfrac{-125\pi^3+210\pi-96}{120} & \dfrac{-3185\pi}{720}-\dfrac{4}{5} & \dfrac{243\pi}{784}-\dfrac{4}{5} & \dfrac{2783\pi}{2304}-\dfrac{4}{5} \\[3mm] \dfrac{-73\pi}{576}+\dfrac{4}{7} & \dfrac{-621\pi}{400}+\dfrac{4}{7} & \dfrac{-1525\pi}{144}+\dfrac{4}{7} & \dfrac{-49\pi^3}{24}+\dfrac{7\pi}{4}+\dfrac{4}{7} & \dfrac{-2673\pi}{256}+\dfrac{4}{7} & \dfrac{-1573\pi}{1296}+\dfrac{4}{7} \\[3mm] \dfrac{-121\pi}{1600}-\dfrac{4}{9} & \dfrac{-117\pi}{144}-\dfrac{4}{9} & \dfrac{-2725\pi}{784}-\dfrac{4}{9} & \dfrac{-4753\pi}{256}-\dfrac{4}{9} & \dfrac{-243\pi^3+126\pi-32}{72} & \dfrac{-7381\pi}{400}-\dfrac{4}{9} \\[3mm] \dfrac{-181\pi}{3600}+\dfrac{4}{11} & \dfrac{-1593\pi}{3136}+\dfrac{4}{11} & \dfrac{-4225\pi}{2304}+\dfrac{4}{11} & \dfrac{-7693\pi}{1296}+\dfrac{4}{11} & \dfrac{-11421\pi}{400}+\dfrac{4}{11} & \dfrac{-1331\pi^3+462\pi+96}{264} \end{pmatrix}$$

$${}^1\boldsymbol{T}=$$

$$\pi\begin{pmatrix} \dfrac{-\pi^3+42\pi-96}{24} & \dfrac{-39\pi}{48}+\dfrac{4}{3} & \dfrac{-185\pi}{720}-\dfrac{4}{5} & \dfrac{-73\pi}{576}+\dfrac{4}{7} & \dfrac{-121\pi}{1600}-\dfrac{4}{9} & \dfrac{-181\pi}{3600}+\dfrac{4}{11} \\[3mm] \dfrac{27\pi}{16}-4 & \dfrac{-9\pi^3+42\pi+32}{24} & \dfrac{-1485\pi}{320}-\dfrac{4}{5} & \dfrac{-621\pi}{400}+\dfrac{4}{7} & \dfrac{-117\pi}{144}-\dfrac{4}{9} & \dfrac{-1593\pi}{3136}+\dfrac{4}{11} \\[3mm] \dfrac{275\pi}{144}-4 & \dfrac{-25\pi}{64}+\dfrac{4}{3} & \dfrac{-125\pi^3+210\pi-96}{120} & \dfrac{-1525\pi}{144}+\dfrac{4}{7} & \dfrac{-2725\pi}{784}-\dfrac{4}{9} & \dfrac{-4225\pi}{2304}+\dfrac{4}{11} \\[3mm] \dfrac{1127\pi}{576}-4 & \dfrac{539\pi}{400}+\dfrac{4}{3} & \dfrac{-3185\pi}{720}-\dfrac{4}{5} & \dfrac{-49\pi^3}{24}+\dfrac{7\pi}{4}+\dfrac{4}{7} & \dfrac{-4753\pi}{256}-\dfrac{4}{9} & \dfrac{-7693\pi}{1296}+\dfrac{4}{11} \\[3mm] \dfrac{3159\pi}{1600}-4 & \dfrac{81\pi+64}{48} & \dfrac{243\pi}{784}-\dfrac{4}{5} & \dfrac{-2673\pi}{256}+\dfrac{4}{7} & \dfrac{-243\pi^3+126\pi-32}{72} & \dfrac{-11421\pi}{400}+\dfrac{4}{11} \\[3mm] \dfrac{7139\pi}{3600}-4 & \dfrac{5687\pi}{3136}+\dfrac{4}{3} & \dfrac{2783\pi}{2304}-\dfrac{4}{5} & \dfrac{-1573\pi}{1296}+\dfrac{4}{7} & \dfrac{-7381\pi}{400}-\dfrac{4}{9} & \dfrac{-1331\pi^3+462\pi+96}{264} \end{pmatrix}$$

$${}^1Q=$$

$$\begin{pmatrix}
\pi(-8+3\pi)\tilde{a} & \dfrac{2\pi}{3}(-4+3\pi)\tilde{a} & \dfrac{2\pi}{5}(-12+5\pi)\tilde{a} & \dfrac{2\pi}{7}(-12+7\pi)\tilde{a} & \dfrac{2\pi}{9}(-20+9\pi)\tilde{a} & \dfrac{2\pi}{11}(-20+11\pi)\tilde{a} \\[2mm]
& \dfrac{\pi}{3}(8+9\pi)\tilde{a} & \dfrac{2\pi}{15}(4+15\pi)\tilde{a} & \dfrac{2\pi}{21}(20+21\pi)\tilde{a} & \dfrac{2\pi}{9}(4+9\pi)\tilde{a} & \dfrac{2\pi}{33}(28+33\pi)\tilde{a} \\[2mm]
& & \dfrac{\pi}{5}(-8+15\pi)\tilde{a} & \dfrac{2\pi}{35}(-4+35\pi)\tilde{a} & \dfrac{2\pi}{45}(-28+45\pi)\tilde{a} & \dfrac{2\pi}{55}(-12+55\pi)\tilde{a} \\[2mm]
& & & \dfrac{\pi}{7}(8+21\pi)\tilde{a} & \dfrac{2\pi}{63}(4+63\pi)\tilde{a} & \dfrac{2\pi}{77}(36+77\pi)\tilde{a} \\[2mm]
& \text{对称} & & & \dfrac{\pi}{9}(-8+27\pi)\tilde{a} & \dfrac{2\pi}{99}(-4+99\pi)\tilde{a} \\[2mm]
& & & & & \dfrac{\pi}{11}(8+33\pi)\tilde{a}
\end{pmatrix}$$

根据式(20.197)算出的最小特征值 $\widetilde{M}_0$ 和特征向量,即为扭转支撑集中荷载作用下悬臂梁的无量纲临界弯矩值 $\widetilde{M}_{cr}$ 和相应的屈曲模态。

20.4.2.2 临界弯矩计算公式与有限元验证

(1) 临界弯矩计算公式

本节我们选取荷载作用点分别为上翼缘、剪心、下翼缘,即 $a=0.5$、$a=0$、$a=-0.5$。按照一定步长变化 K 和 $\tilde{k}_T$。其中无量纲扭转刚度参数 K 从 0.23 到 7.23,变化步长为 0.1;扭转支撑刚度系数 $\tilde{k}_T$ 从 0 到 300。根据上述屈曲方程可编制相关的 Matlab 程序,进而可快速计算出均布荷载作用下悬臂梁的无量纲屈曲弯矩 $\widetilde{M}_{cr}$ 与扭转刚度 $\tilde{k}_T$ 的关系。依据 79526 组 $(\widetilde{M}_{cr},\tilde{k}_T)$ 的分析数据,采用国产数据优化分析软件 1stopt,即可拟合得到扭转支撑均布荷载作用下悬臂梁的临界弯矩计算公式为

$$\widetilde{M}_{cr}=C_1\left[a_1\pi\tilde{k}_T+\sqrt{(C_2+a_2\pi\tilde{k}_T)K^{-2}+(a_3\pi^2\tilde{k}_T{}^2+a_4\pi\tilde{k}_T+a_5)}\,\right] \tag{20.220}$$

其中:

$$\widetilde{M}_{cr}=\frac{M_0}{\left(\dfrac{\pi^2EI_y}{L^2}\right)h}; \quad K=\sqrt{\frac{\pi^2EI_\omega}{GJ_kL^2}}; \quad \tilde{k}_T=\frac{k_TL^3}{EI_yh^2} \tag{20.221}$$

其中,M_0 为名义弯矩,即集中荷载 $M_0=PL$,均布荷载 $M_0=qL^2/2$。

式(20.220)中其他各系数取值如表 20.7 所示。

表 20.7 C_1、C_2、a_1、a_2、a_3、a_4 和 a_5 的取值

$\tilde{a}$	C_1	C_2	a_1	a_2	a_3	a_4	a_5
0.5	0.107761	83.2556	−0.751086	5.6262	0.563914	33.8593	0.450580
0	0.222653	34.6262	−1.069876	3.5126	1.145500	27.7209	63.6583
−0.5	0.005200	93850.2443	0.391876	−39.8071	0.100000	−466.0302	432093.0632

(2) 有限元验证

为了验证前述设计公式的正确性,我们应用有限元软件 ANSYS 建立可考虑扭转刚度

影响的钢梁有限元模型。相关的 FEM 建模方法参见 20.2.1 节的介绍。

临界弯矩计算结果与比较列于表 20.8。计算结果表明,公式(20.220)的计算结果与有限元模拟结果总体上比较吻合,说明该公式是正确的。

表 20.8 临界弯矩的对比

$\tilde{a}$	H450×200×9×14				H600×200×11×17			
	$\pi\tilde{k}_T$	M_{cr} (FEM) (kN·m)	M_{cr} [式(20.220)] (kN·m)	Diff1 (%)	$\pi\tilde{k}_T$	M_{cr} (FEM) (kN·m)	M_{cr} [式(20.220)] (kN·m)	Diff2 (%)
0.5	0	324.11	327.09	0.91	0	339.12	346.41	2.11
	20	522.36	530.82	1.59	20	445.35	455.65	2.26
	40	604.30	600.74	−0.59	40	500.55	510.16	1.88
	60	645.79	637.42	−1.31	60	533.02	540.04	1.30
	80	670.24	660.38	−1.49	80	553.99	559.21	0.93
	100	686.22	676.19	−1.48	100	568.59	572.63	0.71
	150	709.11	700.31	−1.26	150	590.70	593.48	0.47
	200	721.25	713.94	−1.02	200	603.16	605.48	0.38
	250	728.72	722.67	−0.84	250	611.09	613.27	0.36
	300	733.79	728.73	−0.69	300	616.49	618.72	0.36
	350	737.48	733.16	−0.59	350	620.52	622.73	0.36
0	0	647.35	661.42	2.13	0	552.97	565.25	2.17
	20	761.78	774.30	1.62	20	615.03	639.25	3.79
	40	801.71	811.12	1.16	40	644.82	668.49	3.54
	60	821.96	827.88	0.72	60	662.31	682.17	2.91
	80	834.19	837.64	0.41	80	673.77	690.22	2.38
	100	842.38	844.11	0.20	100	681.86	695.59	1.97
	150	854.46	853.86	−0.07	150	694.46	703.69	1.31
	200	861.07	859.59	−0.17	200	701.79	708.42	0.94
	250	865.22	863.59	−0.19	250	706.52	711.69	0.73
	300	868.11	866.69	−0.16	300	709.90	714.19	0.60
	350	870.19	869.25	−0.11	350	712.36	716.23	0.54
−0.5	0	962.54	975.89	1.37	0	756.40	762.83	0.84
	20	982.85	1003.39	2.05	20	773.61	800.86	3.40
	40	992.70	1004.55	1.18	40	783.62	801.73	2.26

续表 20.8

$\tilde{a}$	H450×200×9×14				H600×200×11×17			
	$\pi\tilde{k}_T$	M_{cr} (FEM) (kN·m)	M_{cr} [式(20.220)] (kN·m)	Diff1 (%)	$\pi\tilde{k}_T$	M_{cr} (FEM) (kN·m)	M_{cr} [式(20.220)] (kN·m)	Diff2 (%)
−0.5	60	998.53	1005.70	0.71	60	789.97	802.59	1.57
	80	1002.32	1006.83	0.45	80	794.54	803.44	1.11
	100	1005.06	1007.94	0.29	100	797.90	804.28	0.79
	150	1009.32	1010.65	0.13	150	803.45	806.33	0.36
	200	1011.87	1013.24	0.14	200	806.79	808.31	0.19
	250	1013.47	1015.70	0.22	250	809.12	810.21	0.13
	300	1014.61	1018.03	0.34	300	810.72	812.03	0.16
	350	1015.48	1020.21	0.46	350	812.06	813.76	0.21

* Diff=$\left|\left\{M_{cr}[式(20.220)]-M_{cr}(FEM)\right\}/M_{cr}[式(20.220)]\right|$

20.5 弹性支撑均布荷载下双跨连续梁的弹性弯扭屈曲分析

20.5.1 弹性侧向支撑均布荷载下双跨连续梁的弹性弯扭屈曲分析

弹性侧向支撑均布荷载下的双等跨连续梁计算简图如图 20.38 所示。其中每跨的跨中均设置有一道侧向弹性支撑。

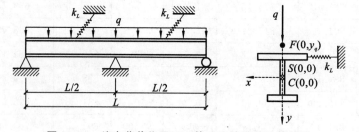

图 20.38 均布荷载作用下双等跨连续梁的计算简图

20.5.1.1 两项级数的解答

(1) 模态试函数(2 项)

以反对称屈曲为最不利情况,选取如下试函数

$$u(z)=A_1 h\sin\frac{2\pi z}{L}+A_2 h\sin\frac{4\pi z}{L}$$
$$\theta(z)=B_1\sin\frac{2\pi z}{L}+B_2\sin\frac{4\pi z}{L}$$

(20.222)

显然,模态试函数满足双等跨连续梁的几何边界条件

$$\left.\begin{array}{ll} u(0)=u''(0)=0; & u(L)=u''(L)=0 \\ \theta(0)=\theta''(0)=0; & \theta(L)=\theta''(L)=0 \\ u\left(\dfrac{L}{2}\right)=u''\left(\dfrac{L}{2}\right)=0; & \theta\left(\dfrac{L}{2}\right)=\theta''\left(\dfrac{L}{2}\right)=0 \end{array}\right\} \quad (20.223)$$

（2）内力函数

$$\left.\begin{array}{ll} M_x(z)=\dfrac{3}{16}qLz-qz^2/2, & 0\leqslant z\leqslant L/2 \\ M_x(z)=-\dfrac{2}{16}qLz-qz^2/2+\dfrac{5}{8}qLz, & L/2\leqslant z\leqslant L \end{array}\right\} \quad (20.224)$$

中间支座的负弯矩为

$$M_x\left(\dfrac{L}{2}\right)=\dfrac{3}{16}qL\left(\dfrac{L}{2}\right)-\left[q\left(\dfrac{L}{2}\right)^2\Big/2\right]=-\dfrac{1}{32}qL^2 \quad (20.225)$$

（3）总势能

侧向弹性支撑双等跨连续钢梁弯扭屈曲的总势能,由未加弹性支撑时的总势能和弹性支撑势能两部分组成,即

$$\Pi=\dfrac{1}{2}\int_L[EI_yu''^2+EI_w\theta''^2+(GJ_k+2M_x\beta_x)\theta'^2+2M_xu''\theta]\mathrm{d}z$$
$$-\dfrac{1}{2}\int_L qa_q\theta^2\mathrm{d}z+\sum\dfrac{1}{2}k_{Li}\,[u(z_i)+a_L\theta(z_i)]^2 \quad (20.226)$$

将式(20.222)、式(20.224)代入上式,并进行积分运算,即可获得双等跨连续钢梁弯扭屈曲的总势能如下

$$\Pi_1=\int_0^L EI_yu''^2\mathrm{d}z=\dfrac{8(A_1^2+16A_2^2)EI_yh^2\pi^4}{L^3} \quad (20.227)$$

$$\Pi_2=\int_0^L EI_w\theta''^2\mathrm{d}z=\dfrac{8(B_1^2+16B_2^2)EI_w\pi^4}{L^3} \quad (20.228)$$

$$\Pi_3=\int_0^L GJ_k\theta'^2\mathrm{d}z=\dfrac{2(B_1^2+4B_2^2)GJ_k\pi^2}{L} \quad (20.229)$$

$$\Pi_4=\int_0^{\frac{L}{2}}2M_{x1}\beta_x\theta'^2\mathrm{d}z+\int_{\frac{L}{2}}^L 2M_{x2}\beta_x\theta'^2\mathrm{d}z=0 \quad (20.230)$$

$$\Pi_5=\int_0^{\frac{L}{2}}2M_{x1}u''\theta\mathrm{d}z+\int_{\frac{L}{2}}^L 2M_{x2}u''\theta\mathrm{d}z$$
$$=-\dfrac{1}{144}qhL\{4A_2[32B_1+3(3+\pi^2)]B_2+A_1[32B_2+3(12+\pi^2)B_1]\} \quad (20.231)$$

$$\Pi_6=\int_L(-qa\theta^2)\mathrm{d}z=-\dfrac{1}{2}(B_1^2+B_2^2)a_qLq \quad (20.232)$$

$$U_L=\dfrac{1}{2}k_L\left[u\left(\dfrac{L}{4}\right)+a_L\theta\left(\dfrac{L}{4}\right)\right]^2+\dfrac{1}{2}k_L\left[u\left(\dfrac{3L}{4}\right)+a_L\theta\left(\dfrac{3L}{4}\right)\right]^2$$
$$=2\times\dfrac{1}{2}k_L\left[u\left(\dfrac{L}{4}\right)+a_L\theta\left(\dfrac{L}{4}\right)\right]^2=k_L(a_LB_1+A_1h)^2 \quad (20.233)$$

本文所研究的均为双轴对称截面,$\beta_x=0$,$\Pi_4=0$。

此时的总势能为

$$\Pi = \frac{1}{2}(\Pi_1 + \Pi_2 + \Pi_3 + \Pi_5 + \Pi_6) + U_L$$

$$= \frac{4(A_1^2 + 16A_2^2)EI_y h^2 \pi^4}{L^3}$$

$$+ \frac{4(B_1^2 + 16B_2^2)EI_w \pi^4}{L^3} + \frac{(B_1^2 + 4B_2^2)GJ_k \pi^2}{L} - \frac{1}{4}(B_1 + B_2)^2 a_q L q$$

$$- \frac{1}{288}qhL\{4A_2[32B_1 + 3B_2(3+\pi^2)] + A_1[32B_2 + 3B_1(12+\pi^2)]\} + k_L(a_L B_1 + A_1 h)^2$$

$$\tag{20.234}$$

（4）屈曲方程

根据势能驻值原理，必有

$$\left.\begin{array}{l} \dfrac{\partial \Pi}{\partial A_i} = 0 \quad (i=1,2) \\[2mm] \dfrac{\partial \Pi}{\partial B_i} = 0 \quad (i=1,2) \end{array}\right\}\tag{20.235}$$

将式(20.235)的各项乘以因子 $L^3/(h^2 EI_y)$，并引入同式(20.195)的无量纲参数[其中，M_0 为中间支座弯矩(20.225)的绝对值，即 $M_0 = \dfrac{qL^2}{32}$]以及代换关系式(20.196)经过数学代换，从而得到

$$\left.\begin{array}{l} A_1(8\pi^4 + 2\tilde{k}_L) + \left[2\tilde{a}_L\tilde{k}_L - \dfrac{1}{3}\pi^2(12+\pi^2)\widetilde{M}_{cr}\right]B_1 - \dfrac{32}{9}\pi^2\widetilde{M}_{cr}B_2 = 0 \\[3mm] 128\pi^4 A_2 - \dfrac{128}{9}\pi^2\widetilde{M}_{cr}B_1 - \dfrac{4}{3}\pi^2(3+\pi^2)\widetilde{M}_{cr}B_2 = 0 \\[3mm] \left[2\tilde{a}_L\tilde{k}_L - \dfrac{1}{3}\pi^2(12+\pi^2)\widetilde{M}_{cr}\right]A_1 - \dfrac{128}{9}\pi^2\widetilde{M}_{cr}A_2 \\[3mm] \quad + \left(2\pi^4 + \dfrac{\pi^4}{2K^2} + 2\tilde{a}_L^2\tilde{k}_L - 16\pi^2\tilde{a}_q\widetilde{M}_{cr}\right)B_1 = 0 \\[3mm] -\dfrac{32}{9}\pi^2\widetilde{M}_{cr}A_1 - \dfrac{4}{3}\pi^2(3+\pi^2)\widetilde{M}_{cr}A_2 + \left(32\pi^4 + \dfrac{2\pi^4}{K^2} - 16\pi^2\tilde{a}_q\widetilde{M}_{cr}\right)B_2 = 0 \end{array}\right\}\tag{20.236}$$

整理可得此问题屈曲方程的矩阵形式为

$$\begin{pmatrix} 8\pi^4 + 2\tilde{k}_L & 0 & 2\tilde{k}_L\tilde{a}_L & 0 \\ & 128\pi^4 & 0 & 0 \\ & & \dfrac{\pi^4}{2K^2} + 2\pi^4 + 2\tilde{k}_L\tilde{a}_L^2 & 0 \\ & & & \dfrac{2\pi^4}{K^2} + 32\pi^4 \end{pmatrix} \begin{Bmatrix} A_1 \\ A_2 \\ B_1 \\ B_2 \end{Bmatrix}$$

$$= \widetilde{M}_{cr}\begin{pmatrix} 0 & 0 & \dfrac{(12+\pi^2)\pi^2}{3} & \dfrac{32\pi^2}{9} \\ 0 & \dfrac{128\pi^2}{9} & \dfrac{4(3+\pi^2)\pi^2}{3} \\ & 16\pi^2\tilde{a}_q & 0 \\ & & 16\pi^2\tilde{a}_q \end{pmatrix} \begin{Bmatrix} A_1 \\ A_2 \\ B_1 \\ B_2 \end{Bmatrix}\tag{20.237}$$

这是一个齐次代数方程,其有非零解的条件是系数行列式为零,即

$$
\text{Det}\left|
\begin{pmatrix}
8\pi^4+2\tilde{k}_L & 0 & 2\tilde{k}_L\tilde{a}_L & 0 \\
 & 128\pi^4 & 0 & 0 \\
 & & \dfrac{\pi^4}{2K^2}+2\pi^4+2\tilde{k}_L\tilde{a}_L^2 & 0 \\
 & & & \dfrac{2\pi^4}{K^2}+32\pi^4
\end{pmatrix}
-\widetilde{M}_{cr}
\begin{pmatrix}
0 & 0 & \dfrac{(12+\pi^2)\pi^2}{3} & \dfrac{32\pi^2}{9} \\
0 & \dfrac{128\pi^2}{9} & \dfrac{4(3+\pi^2)\pi^2}{3} \\
 & 16\pi^2\tilde{a}_q & 0 \\
 & & 16\pi^2\tilde{a}_q
\end{pmatrix}
\right|=0 \tag{20.238}
$$

解之可得无量纲临界弯矩的解析表达式。不过其表达式过于繁杂,此处不予列出。

20.5.1.2　无穷级数的解答

(1) 模态试函数

以反对称屈曲为最不利情况。选择如下试函数

$$
\left.
\begin{array}{l}
u(z)=\displaystyle\sum_{m=1}^{\infty}A_m h\sin\left(\dfrac{2m\pi z}{L}\right),\quad (m=1,2,3,\cdots,\infty) \\[3mm]
\theta(z)=\displaystyle\sum_{n=1}^{\infty}B_n\sin\left(\dfrac{2n\pi z}{L}\right),\qquad (n=1,2,3,\cdots,\infty)
\end{array}
\right\} \tag{20.239}
$$

显然,此试函数满足双跨连续梁的两端几何边界条件和中间支座的约束条件。

(2) 求内力函数 [同式 (20.224)]

(3) 未加支撑时的总势能

$$
\Pi_1=\int_0^L EI_y u''^2\,\mathrm{d}z=\sum_{m=1}^{\infty}\frac{8EI_y h^2 m^4\pi^4 A_m^2}{L^3} \tag{20.240}
$$

$$
\Pi_2=\int_0^L EI_w\theta''^2\,\mathrm{d}z=\sum_{n=1}^{\infty}\frac{8EI_w n^4\pi^4 B_n^2}{L^3} \tag{20.241}
$$

$$
\Pi_3=\int_0^L GJ_k\theta'^2\,\mathrm{d}z=\sum_{n=1}^{\infty}\frac{2GJ_k n^2\pi^2 B_n^2}{L} \tag{20.242}
$$

$$
\Pi_4=\int_0^{\frac{L}{2}}2M_{x1}\beta_x\theta'^2\,\mathrm{d}z+\int_{\frac{L}{2}}^L 2M_{x2}\beta_x\theta'^2\,\mathrm{d}z=0 \tag{20.243}
$$

$$
\Pi_5=\int_0^{\frac{L}{2}}2M_{x1}u''\theta\,\mathrm{d}z+\int_{\frac{L}{2}}^L 2M_{x2}u''\theta\,\mathrm{d}z
$$

$$
=-\sum_{m=1}^{\infty}\frac{1}{48}hLq(12+m^2\pi^2)A_m B_m+\sum_{m=1}^{\infty}\sum_{\substack{n=1\\n\neq m}}^{\infty}\frac{4hLqm^3 n}{(m-n)^2(m+n)^2}A_m B_n \tag{20.244}
$$

$$
\Pi_6=\int_L(-qa_q\theta^2)\,\mathrm{d}z=-\sum_{n=1}^{\infty}\frac{a_q qLB_n^2}{2} \tag{20.245}
$$

$$\Pi_0 = \frac{1}{2}(\Pi_1 + \Pi_2 + \Pi_3 + \Pi_4 + \Pi_5 + \Pi_6)$$

$$= \sum_{m=1}^{\infty} \frac{4EI_y h^2 m^4 \pi^4 A_m^2}{L^3} + \sum_{n=1}^{\infty} \frac{4EI_w n^4 \pi^4 B_n^2}{L^3} + \sum_{n=1}^{\infty} \frac{GJ_k n^2 \pi^2 B_n^2}{L}$$

$$+ \sum_{\substack{m=1 \\ n \neq m}}^{\infty} \sum_{n=1}^{\infty} \frac{2hLqm^3 n}{(m-n)^2 (m+n)^2} A_m B_n - \sum_{m=1}^{\infty} \frac{1}{96} hLq(12 + m^2 \pi^2) A_m B_m$$

$$- \sum_{n=1}^{\infty} \frac{a_q qL B_n^2}{4} \tag{20.246}$$

（4）支撑势能

$$u\left(\frac{L}{4}\right)^2 = \sum_{m=1}^{\infty} A_m^2 h^2 \sin^2\left(\frac{m\pi}{2}\right) + 2\sum_{\substack{m=1 \\ r \neq m}}^{\infty}\sum_{r=1}^{\infty} A_m A_r h^2 \sin\left(\frac{m\pi}{2}\right)\sin\left(\frac{r\pi}{2}\right) \tag{20.247}$$

$$\theta\left(\frac{L}{4}\right)^2 = \sum_{n=1}^{\infty} B_n^2 \sin^2\left(\frac{n\pi}{2}\right) + 2\sum_{\substack{n=1 \\ r \neq n}}^{\infty}\sum_{r=1}^{\infty} B_n B_r \sin\left(\frac{n\pi}{2}\right)\sin\left(\frac{r\pi}{2}\right) \tag{20.248}$$

$$u\left(\frac{L}{4}\right)\theta\left(\frac{L}{4}\right) = \sum_{m=1}^{\infty} A_m B_m h \sin^2\left(\frac{m\pi}{2}\right) + \sum_{\substack{m=1 \\ r \neq m}}^{\infty}\sum_{r=1}^{\infty} A_m B_r h \sin\left(\frac{m\pi}{2}\right)\sin\left(\frac{r\pi}{2}\right)$$

$$= \sum_{n=1}^{\infty} A_n B_n h \sin^2\left(\frac{n\pi}{2}\right) + \sum_{\substack{n=1 \\ r \neq n}}^{\infty}\sum_{r=1}^{\infty} A_r B_n h \sin\left(\frac{n\pi}{2}\right)\sin\left(\frac{r\pi}{2}\right) \tag{20.249}$$

$$u\left(\frac{3L}{4}\right)^2 = \sum_{m=1}^{\infty} A_m^2 h^2 \sin^2\left(\frac{3m\pi}{2}\right) + 2\sum_{\substack{m=1 \\ r \neq m}}^{\infty}\sum_{r=1}^{\infty} A_m A_r h^2 \sin\left(\frac{3m\pi}{2}\right)\sin\left(\frac{3r\pi}{2}\right) \tag{20.250}$$

$$\theta\left(\frac{3L}{4}\right)^2 = \sum_{m=1}^{\infty} B_n^2 \sin^2\left(\frac{3n\pi}{2}\right) + 2\sum_{\substack{n=1 \\ r \neq n}}^{\infty}\sum_{r=1}^{\infty} B_n B_r \sin\left(\frac{3n\pi}{2}\right)\sin\left(\frac{3r\pi}{2}\right) \tag{20.251}$$

$$u\left(\frac{3L}{4}\right)\theta\left(\frac{3L}{4}\right) = \sum_{m=1}^{\infty} A_m B_m h \sin^2\left(\frac{3m\pi}{2}\right) + \sum_{\substack{m=1 \\ r \neq m}}^{\infty}\sum_{r=1}^{\infty} A_m B_r h \sin\left(\frac{3m\pi}{2}\right)\sin\left(\frac{3r\pi}{2}\right)$$

$$= \sum_{n=1}^{\infty} A_n B_n h \sin^2\left(\frac{3n\pi}{2}\right) + \sum_{\substack{n=1 \\ r \neq n}}^{\infty}\sum_{r=1}^{\infty} A_r B_n h \sin\left(\frac{3n\pi}{2}\right)\sin\left(\frac{3r\pi}{2}\right) \tag{20.252}$$

$$U_L = \frac{1}{2} k_L \left[\begin{array}{l} u\left(\frac{L}{4}\right)^2 + a_L^2 \theta\left(\frac{L}{4}\right)^2 + 2a_L u\left(\frac{L}{4}\right)\theta\left(\frac{L}{4}\right) + u\left(\frac{3L}{4}\right)^2 \\ + a_L^2 \theta\left(\frac{3L}{4}\right)^2 + 2a_L u\left(\frac{3L}{4}\right)\theta\left(\frac{3L}{4}\right) \end{array} \right] \tag{20.253}$$

侧向支撑双跨连续梁总势能为

$$\Pi = \Pi_0 + U_L \tag{20.254}$$

此式即为本问题的总势能。

（5）屈曲方程

根据势能驻值原理，必有 $\dfrac{\partial \Pi}{\partial A_m} = 0$，从而得到（考虑 m 的任意性）

$$\frac{8EI_y h^2 m^4 \pi^4 A_m}{L^3} - \frac{hLq(12 + m^2 \pi^2)B_m}{96} + \sum_{\substack{r=1 \\ r \neq m}}^{\infty} \frac{2hLqm^3 rB_r}{(m-r)^2 (m+r)^2}$$

$$+ k_L h^2 \left[\sin^2\left(\frac{m\pi}{2}\right)A_m + \sum_{\substack{r=1 \\ r \neq m}}^{\infty} \sin\left(\frac{m\pi}{2}\right)\sin\left(\frac{r\pi}{2}\right)A_r \right]$$

$$+ k_L a_L h \left[\sin^2\left(\frac{m\pi}{2}\right)B_m + \sum_{\substack{r=1 \\ r \neq m}}^{\infty} \sin\left(\frac{m\pi}{2}\right)\sin\left(\frac{r\pi}{2}\right)B_r \right]$$

$$+ k_L h^2 \left[\sin^2\left(\frac{3m\pi}{2}\right)A_m + \sum_{\substack{r=1 \\ r \neq m}}^{\infty} \sin\left(\frac{3m\pi}{2}\right)\sin\left(\frac{3r\pi}{2}\right)A_r \right]$$

$$+ k_L a_L h \left[\sin^2\left(\frac{3m\pi}{2}\right)B_m + \sum_{\substack{r=1 \\ r \neq m}}^{\infty} \sin\left(\frac{3m\pi}{2}\right)\sin\left(\frac{3r\pi}{2}\right)B_r \right] = 0 \qquad (20.255)$$

同理，由 $\dfrac{\partial \Pi}{\partial B_n} = 0$ 可得（考虑 n 的任意性）

$$\frac{2GJ_k n^2 \pi^2 B_n}{L} + \frac{8EI_w n^4 \pi^4 B_n}{L^3} - \frac{1}{2}a_q LqB_n$$

$$- \frac{1}{96}hLq(12 + n^2 \pi^2)A_n + \sum_{\substack{r=1 \\ r \neq n}}^{\infty} \frac{2hLqr^3 n}{(n-r)^2 (n+r)^2}A_r$$

$$+ k_L a_L h \left[\sin^2\left(\frac{n\pi}{2}\right)A_n + \sum_{\substack{r=1 \\ r \neq n}}^{\infty} \sin\left(\frac{n\pi}{2}\right)\sin\left(\frac{r\pi}{2}\right)A_r \right]$$

$$+ k_L a_L^2 \left[\sin^2\left(\frac{n\pi}{2}\right)B_n + \sum_{\substack{r=1 \\ r \neq n}}^{\infty} \sin\left(\frac{n\pi}{2}\right)\sin\left(\frac{r\pi}{2}\right)B_r \right]$$

$$+ k_L a_L h \left[\sin^2\left(\frac{3n\pi}{2}\right)A_n + \sum_{\substack{r=1 \\ r \neq n}}^{\infty} \sin\left(\frac{3n\pi}{2}\right)\sin\left(\frac{3r\pi}{2}\right)A_r \right]$$

$$+ k_L a_L^2 \left[\sin^2\left(\frac{3n\pi}{2}\right)B_n + \sum_{\substack{r=1 \\ r \neq n}}^{\infty} \sin\left(\frac{3n\pi}{2}\right)\sin\left(\frac{3r\pi}{2}\right)B_r \right] = 0 \qquad (20.256)$$

将式(20.255)和式(20.256)各项乘以公因子 $L^3/(h^2 EI_y)$，引入同式(20.195)的无量纲参数[其中，M_0 为中间支座弯矩的绝对值，即 $M_0 = qL^2/32$]以及代换关系式(20.196)，经过相应的数学代换，可得到以下相应的无量纲屈曲方程

$$\begin{bmatrix} {}^0\boldsymbol{R} & {}^0\boldsymbol{S} \\ {}^0\boldsymbol{T} & {}^0\boldsymbol{Q} \end{bmatrix} \begin{Bmatrix} \boldsymbol{A} \\ \boldsymbol{B} \end{Bmatrix} = \widetilde{M}_0 \begin{bmatrix} {}^1\boldsymbol{R} & {}^1\boldsymbol{S} \\ {}^1\boldsymbol{T} & {}^1\boldsymbol{Q} \end{bmatrix} \begin{Bmatrix} \boldsymbol{A} \\ \boldsymbol{B} \end{Bmatrix} \qquad (20.257)$$

其中各个子块矩阵的元素为

$$\left. \begin{aligned} {}^0R_{m,m} &= 8m^4 \pi^4 + \tilde{k}_L \left[\sin^2\left(\frac{m\pi}{2}\right) + \sin^2\left(\frac{3m\pi}{2}\right) \right] \qquad (m = 1, 2, \cdots, N) \\ {}^0R_{m,r} &= \tilde{k}_L \left[\sin\left(\frac{m\pi}{2}\right)\sin\left(\frac{r\pi}{2}\right) + \sin\left(\frac{3m\pi}{2}\right)\sin\left(\frac{3r\pi}{2}\right) \right] \qquad \begin{matrix} r \neq m \\ r = 1, 2, \cdots, N \end{matrix} \end{aligned} \right\} (20.258)$$

$$
\left.
\begin{aligned}
{}^{0}S_{m,m} &= \tilde{k}_L \tilde{a}_L \left[\sin^2\left(\frac{m\pi}{2}\right) + \sin^2\left(\frac{3m\pi}{2}\right) \right] && (m=1,2,\cdots,N) \\
{}^{0}S_{m,r} &= \tilde{k}_L \tilde{a}_L \left[\sin\left(\frac{m\pi}{2}\right)\sin\left(\frac{r\pi}{2}\right) + \sin\left(\frac{3m\pi}{2}\right)\sin\left(\frac{3r\pi}{2}\right) \right] && \begin{pmatrix} r\neq m \\ r=1,2,\cdots,N \end{pmatrix}
\end{aligned}
\right\} \quad (20.259)
$$

$$
\left.
\begin{aligned}
{}^{0}T_{n,n} &= \tilde{k}_L \tilde{a}_L \left[\sin^2\left(\frac{n\pi}{2}\right) + \sin^2\left(\frac{3n\pi}{2}\right) \right] && (n=1,2,\cdots,N) \\
{}^{0}T_{n,r} &= \tilde{k}_L \tilde{a}_L \left[\sin\left(\frac{n\pi}{2}\right)\sin\left(\frac{r\pi}{2}\right) + \sin\left(\frac{3n\pi}{2}\right)\sin\left(\frac{3r\pi}{2}\right) \right] && \begin{pmatrix} r\neq n \\ r=1,2,\cdots,N \end{pmatrix}
\end{aligned}
\right\} \quad (20.260)
$$

$$
\left.
\begin{aligned}
{}^{0}Q_{n,n} &= 2n^4\pi^4 + \frac{n^2\pi^4}{2K^2} + \tilde{k}_L \tilde{a}_L^2 \left[\sin^2\left(\frac{n\pi}{2}\right) + \sin^2\left(\frac{3n\pi}{2}\right) \right] && (n=1,2,\cdots,N) \\
{}^{0}Q_{n,r} &= \tilde{k}_L \tilde{a}_L^2 \left[\sin\left(\frac{n\pi}{2}\right)\sin\left(\frac{r\pi}{2}\right) + \sin\left(\frac{3n\pi}{2}\right)\sin\left(\frac{3r\pi}{2}\right) \right] && \begin{pmatrix} r\neq n \\ r=1,2,\cdots,N \end{pmatrix}
\end{aligned}
\right\} \quad (20.261)
$$

$$
\left.
{}^{1}R_{m,r} = 0 \quad \begin{pmatrix} m=1,2,\cdots,N \\ r=1,2,\cdots,N \end{pmatrix}
\right\} \quad (20.262)
$$

$$
\left.
\begin{aligned}
{}^{1}S_{m,m} &= \frac{1}{3}(12+m^2\pi^2)\pi^2 && (m=1,2,\cdots,N) \\
{}^{1}S_{m,r} &= -\frac{64m^3r\pi^2}{(m-r)^2(m+r)^2} && \begin{pmatrix} r\neq m \\ r=1,2,\cdots,N \end{pmatrix}
\end{aligned}
\right\} \quad (20.263)
$$

$$
\left.
\begin{aligned}
{}^{1}T_{n,n} &= \frac{12+n^2\pi^2}{3}\pi^2 && (n=1,2,\cdots,N) \\
{}^{1}T_{n,r} &= -\frac{64r^3n\pi^2}{(n-r)^2(n+r)^2} && \begin{pmatrix} r\neq n \\ r=1,2,\cdots,N \end{pmatrix}
\end{aligned}
\right\} \quad (20.264)
$$

$$
\left.
\begin{aligned}
{}^{1}Q_{n,n} &= 16\pi^2\tilde{a}_q && (n=1,2,\cdots,N) \\
{}^{1}Q_{n,r} &= 0 && \begin{pmatrix} r\neq n \\ r=1,2,\cdots,N \end{pmatrix}
\end{aligned}
\right\} \quad (20.265)
$$

经过大量计算分析可以发现,当模态函数的三角级数取六项时,临界弯矩值可以收敛。

20.5.2 弹性扭转支撑均布荷载下双跨连续梁的弹性弯扭屈曲分析

弹性扭转支撑和均布荷载下的双等跨连续梁计算简图如图 20.39 所示。其中每跨的跨中均设置一道弹性侧向支撑。

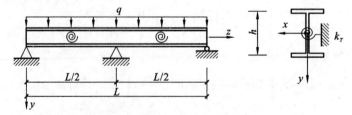

图 20.39 均布荷载作用下双等跨连续梁的计算简图

(1) 模态函数(2 项)

以反对称屈曲为最不利情况,选取同式(20.222)的试函数,显然,模态试函数满足双等跨连续梁的几何边界条件[式(20.223)]。

（2）内力函数[同式(20.224)、式(20.225)]

（3）总势能

扭转弹性支撑双等跨连续钢梁弯扭屈曲的总势能，由未加弹性支撑时的总势能和弹性支撑势能两部分组成，即

$$\Pi = \Pi_b + U_T \tag{20.266}$$

其中

$$\Pi_b = \frac{1}{2}\int_L [EI_y u''^2 + EI_\omega \theta''^2 + (GJ_k + 2M_x\beta_x)\theta'^2 + 2M_x u''\theta]\,\mathrm{d}z - \frac{1}{2}\int_L q a_q \theta^2\,\mathrm{d}z \tag{20.267}$$

$$U_T = \sum \frac{1}{2}k_{Ti}\,[\theta(z_i)]^2 = \frac{1}{2}k_T\left[\theta\left(\frac{L}{4}\right)\right]^2 + \frac{1}{2}k_T\left[\theta\left(\frac{3L}{4}\right)\right]^2 \tag{20.268}$$

将上式各项乘以公因子 $L^3/(h^2 EI_y)$，再将式(20.222)和式(20.224)代入式(20.266)，同时引入如下的无量纲参数

$$\widetilde{M}_0 = \frac{M_0}{\left(\frac{\pi^2 EI_y}{L^2}\right)h}, \quad K = \sqrt{\frac{\pi^2 EI_\omega}{GJ_k L^2}}, \quad \tilde{k}_T = \frac{k_T}{h^2\left(\frac{EI_y}{L^3}\right)} \tag{20.269}$$

其中，M_0 为中间支座弯矩的绝对值，即 $M_0 = qL^2/32$。

以及代换关系式(20.196)，通过相应的数学代换，即可获得如下无量纲总势能

$$\Pi = 4\pi^4(A_1^2 + 16A_2^2) + \frac{\pi^4(B_1^2 + 4B_2^2)}{4K^2} + \pi^4(B_1^2 + 16B_2^2)$$

$$- \frac{1}{9}\pi^2\{A_1[3(12+\pi^2)B_1 + 32B_2] + 4A_2[32B_1 + 3(3+\pi^2)B_2]\}\widetilde{M}_0$$

$$- 8\pi^2\tilde{a}_q(B_1^2 + B_2^2)\widetilde{M}_0 + B_1^2\tilde{k}_T \tag{20.270}$$

（4）屈曲方程

根据势能驻值原理，必有

$$\frac{\partial \Pi}{\partial A_i} = 0 \quad (i=1,2), \quad \frac{\partial \Pi}{\partial B_i} = 0 \quad (i=1,2) \tag{20.271}$$

从而有

$$\begin{Bmatrix} 8\pi^4 & 0 & -\frac{1}{3}\pi^2(12+\pi^2)\widetilde{M}_0 & -\frac{32}{9}\pi^2\widetilde{M}_0 \\ 0 & 128\pi^4 & -\frac{128}{9}\pi^2\widetilde{M}_0 & -\frac{4}{3}\pi^2(3+\pi^2)\widetilde{M}_0 \\ -\frac{1}{3}\pi^2(12+\pi^2)\widetilde{M}_0 & -\frac{128}{9}\pi^2\widetilde{M}_0 & 2\pi^4 + \frac{\pi^4}{2K^2} + 2k_T - 16\pi^2\tilde{a}_q\widetilde{M}_0 & 0 \\ -\frac{32}{9}\pi^2\widetilde{M}_0 & -\frac{4}{3}\pi^2(3+\pi^2)\widetilde{M}_0 & 0 & 32\pi^4 + \frac{2\pi^4}{K^2} - 16\pi^2\tilde{a}_q\widetilde{M}_0 \end{Bmatrix}\begin{Bmatrix} A_1 \\ A_2 \\ B_1 \\ B_2 \end{Bmatrix}$$

$$= \begin{Bmatrix} 0 \\ 0 \\ 0 \\ 0 \end{Bmatrix} \tag{20.272}$$

上式即为矩阵表达的无量纲屈曲方程。令此屈曲方程的系数行列式为零，整理可得

$$65536\pi^{16}+\frac{1024\pi^{16}}{K^4}+\frac{20480\pi^{16}}{K^2}$$

$$+\left(-557056\pi^{14}a_q-\frac{40960\pi^{14}a_q}{K^2}\right)\widetilde{M}_{cr}+$$

$$\left(\begin{array}{c}-\dfrac{9785600\pi^{12}}{81}-\dfrac{664640\pi^{12}}{81K^2}-\dfrac{33280\pi^{14}}{3}\\[2mm]-\dfrac{2176\pi^{14}}{3K^2}-\dfrac{4352\pi^{16}}{9}-\dfrac{320\pi^{16}}{9K^2}+262144\pi^{12}a_q^2\end{array}\right)\widetilde{M}_{cr}^2+$$

$$\left(\frac{7014400\pi^{10}a_q}{81}+\frac{20480\pi^{12}a_q}{3}+\frac{4096\pi^{14}a_q}{9}\right)\widetilde{M}_{cr}^3+$$

$$\left(\frac{7840000\pi^8}{6561}-\frac{112000\pi^{10}}{243}+\frac{10000\pi^{12}}{729}+\frac{160\pi^{14}}{27}+\frac{16\pi^{16}}{81}\right)\widetilde{M}_{cr}^4=0 \qquad (20.273)$$

这是一个关于无量纲临界弯矩 $\widetilde{M}_{cr}$ 的一元四次方程，存在显式的解析解，但表达式过于复杂，此处不予列出。

参 考 文 献

[1] WINTER G. Lateral bracing of columns and beams. Transaction of ASCE,1958(125):809-825.

[2] WINTER G. Lateral bracing of columns and beams. Proc. ASCE,1960(84):1561-1561.

[3] CHEN S,TONG G. Design for stability:correct use of braces. Steel Struct. J. Singapore Struct. 1994 (5):15-23.

[4] YURA J A. The effective length of columns in unbraced frames. Steel Const,1971(8):37-42.

[5] MUTTON B R,TRAHAIR N S. Stiffness requirements for lateral bracing. ASCE. Journal of Structural Division. 1973(99):2167-2182.

[6] TONG G,CHEN S. Buckling of laterally and torsionally braced beams. J. Const. Steel Res.,1988(11): 41-55.

[7] FLINT A R. The Stability of beams loaded through secondary members. Civil Engineering Public Works Review,1951(46):259-260.

[8] YURA J A. Bracing for stability-state-of-the-art. Structures Congress XIII,1995(4):88-103.

[9] YURA J A. Fundamentals of beam bracing. Journal of Engineering,2001(11):11-26.

[10] 门式刚架轻型房屋钢结构技术规范:GB 51022—2015. 北京:中国建筑工业出版社,2016.

[11] ZAHN J J. Bracing requirements for lateral stability. ASCE,Journal of Structural Engineering,1984 (110):1786-1862.

[13] 童根树. 钢结构的平面外稳定. 北京:中国建筑工业出版社,2006.

[14] ZHANG W F,LIU Y C,CHEN K S,et al. Dimensionless analytical solution and new design formula for lateral-torsional buckling of I-beams under linear distributed moment via linear stability theory. Mathematical Problems in Engineering,2017:1-23.